福建师范大学教材出版立项资助项目

3ds Max 基础与实例教程

叶良斌　王廷银　编著

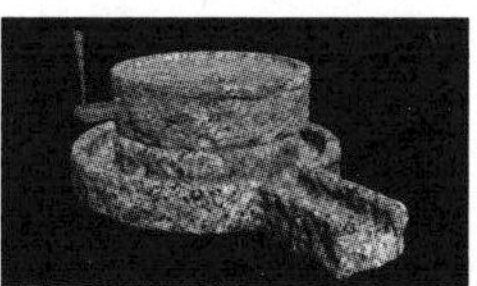

中国电力出版社
CHINA ELECTRIC POWER PRESS

内容提要

本书共分 11 章，主要内容包括 3ds Max 入门，3ds Max 基础训练，3ds Max 样条线，3ds Max 二维编辑器，3ds Max 三维编辑器，3ds Max 摄影机、渲染和灯光，3ds Max 多边形建模，3ds Max 复合对象，3ds Max 材质，3ds Max MassFX 动力学和粒子系统以及 3ds Max 特效。

本书除第 1 章外，其他 10 章全部通过实验的方式来讲解，共包含近 80 个实验，每个实验都有具体的操作步骤，每一步都有对应的图示，一步一图，易懂易学；部分实验后附有相应实例图片作为拓展作业，让读者练习，以巩固学习效果。通过图文结合的讲解方式，让读者由浅入深地掌握 3ds Max 软件的使用技巧。本书还有配套的数字资源，可使读者在学习过程中直观、清晰地看到操作的过程及效果，以便于理解。

本书适合 3ds Max 软件的初学者，也可作为普通高等学校相关专业的教材。

图书在版编目（CIP）数据

3ds Max 基础与实例教程/叶良斌，王廷银编著．—北京：中国电力出版社，2023.8
ISBN 978-7-5198-7760-6

Ⅰ．①3… Ⅱ．①叶… ②王… Ⅲ．①三维动画软件－教材 Ⅳ．①TP391.414

中国国家版本馆 CIP 数据核字（2023）第 071339 号

出版发行：中国电力出版社
地　　址：北京市东城区北京站西街 19 号（邮政编码 100005）
网　　址：http://www.cepp.sgcc.com.cn
责任编辑：刘　炽（010-63412395）
责任校对：黄　蓓　常燕昆
装帧设计：赵姗姗
责任印制：杨晓东

印　　刷：北京雁林吉兆印刷有限公司
版　　次：2023 年 8 月第一版
印　　次：2023 年 8 月北京第一次印刷
开　　本：787 毫米×1092 毫米　16 开本
印　　张：18.25
字　　数：385 千字
定　　价：88.00 元

前　言

3ds Max 是 Autodesk 公司开发的一款三维动画制作软件，兼具技术性和艺术性，在影视、动画、广告、建筑、设计、游戏、辅助教学以及工程可视化等领域有着广泛的应用。

本书根据 3ds Max 的特点，采用深入浅出的教学方法，使对 3ds Max 零基础的学生能够快速掌握软件的实际操作；通过对软件功能及相应实例的系统讲解，突出培养学生的实际操作能力、创新能力和空间构想力，以及设计观念和审美意识，丰富创作思维，激发创作热情，引导学生寻求适合自身的思维模式和绘图方式，从而提升学生的综合素质。同时，通过规范制图的每个步骤，培养学生严谨的工作作风和团队精神，以形成良好的职业道德；通过强调细节的重要性，培养学生的工匠精神，帮助他们树立正确的世界观、人生观和价值观。

在课程讲授方面，本书从实战出发，将繁杂的命令归类，并采用比较浅显、有趣的方法来讲授模型制作，把命令和实际操作结合起来，由浅入深，从基础开始，以激发学生的学习兴趣，使其能快速入门，为将来更深入地学习该软件打下良好的基础。本书是按照教学进度来安排实例讲解的，讲解过程以基础知识和基本技能为主，尽量不跨越讲授没有介绍过的命令，以确保知识的连贯性，方便学生学习，循序渐进地掌握 3ds Max 建模、材质、灯光、渲染以及动画制作的基本流程和工作方法。另外，本书的配套数字资源中有讲解实例制作过程的音视频教学文件，以辅助学生的学习和训练。

本书获得福建师范大学教材出版立项资助。本书由福建师范大学叶良斌主编，参加编写的有王廷银等。在本书的编写过程中参阅了近年来出版的一些书籍和刊物，以及互联网的资源，在此对这些作者表示衷心的感谢。

由于编者水平有限，书中难免存在疏漏和不妥之处，欢迎广大读者和同仁批评指正。

编　者

2023 年 6 月

扫码获取学习视频

前 言

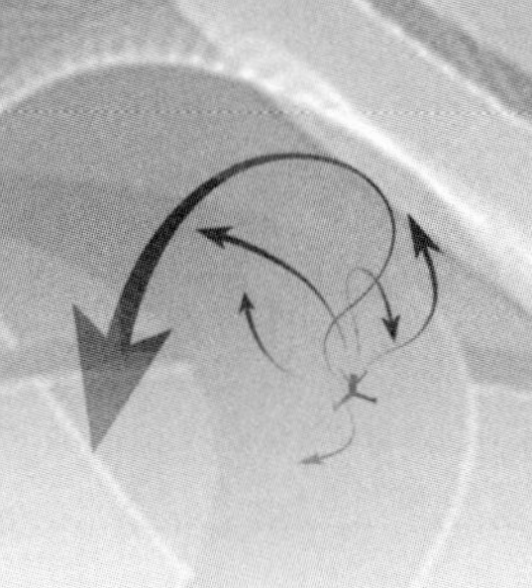
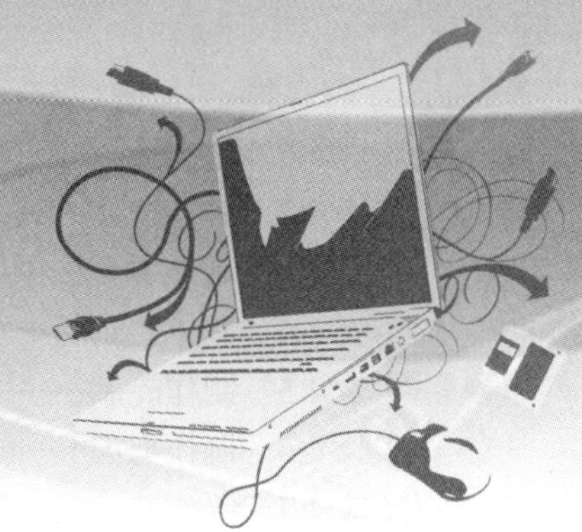

目　　录

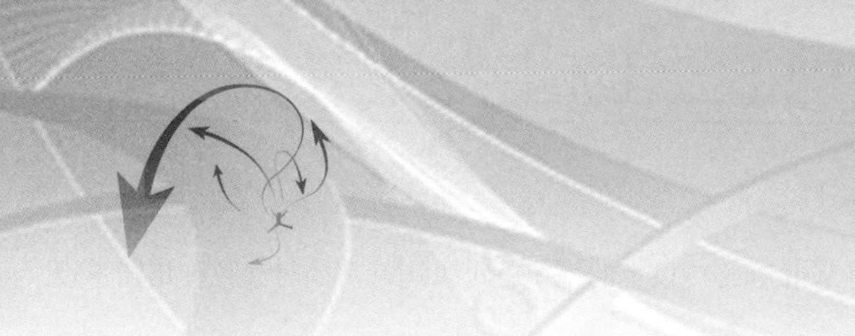

第 1 章　3ds Max 入门

1.1　初　识　3ds Max

1.1.1　3ds Max 软件

3ds Max 是由 Autodesk 公司的一款集三维建模、渲染及动画于一体的三维动画软件。3ds Max 有着简明的操作界面、便利的操作方式，在建筑设计、辅助设计、虚拟现实、游戏场景、影视特效、影视动画、科学研究、教育教学、工业产品等多个领域都有着广泛的应用。随着版本的不断升级，3ds Max 的功能越来越强大，应用范围也越来越广泛，各高等学校都把 3ds Max 作为学生学习三维动画的入门课程。

⚠ 基于个人计算机的三维图形制作软件有很多，对于三维图形制作的初学者来说，将 3ds Max 作为入门软件绝对是首选。不管是哪款三维软件，底层的理论和工作流程都是一样的，学精一款，对其他的三维软件都能够触类旁通、灵活运用。“工欲善其事，必先利其器。”不同的行业有不同的选择，真正适合自己的工具才是好工具。因此，无须纠结去学哪款三维软件，每款软件都有自己的优点和相关的领域的优势，根据自己的专业需要和兴趣爱好去选择即可。

1.1.2　三维动画的制作流程

动画是指通过一系列静止图像以足够快的帧速播放，从而使得二维图像呈现出动感，如图 1.1 所示。

20 世纪 80—90 年代，大量三维软件公司成立。1995 年，好莱坞推出第一部三维动画片《玩具总动员》，是全球第一部全计算机动画电影。计算机生成图像改变了电影的制作和体验方式，同时影响了更广泛的娱乐行业。

图 1.1　三维动画示例

三维动画的制作流程分为前期制作、中期制作、后期制作三个阶段。

（1）前期制作包括文学剧本编写、角色造型设计、场景设计、分镜头设计创作、录音制作。

（2）中期制作指在计算机中通过相关制作软件制作出动画片段，包括模型制作、材质贴图、灯光效果制作、摄影机控制、动画制作、渲染等。

（3）后期制作指对中期制作的内容进行剪辑、合成、添加配音等，最终成为可供人们观看的动画作品。

1.1.3　3ds Max 的安装流程

3ds Max 在个人计算机上使用 Windows 7 以上的系统就可以运行，同时建议使用图形设计专用显示卡。

> ⚠ 有关软件版本的选择：可以根据计算机配置的高低，选择不同版本的三维软件。最新的未必就是最好的，一定要和计算机相匹配；而且产品是层出不穷的，也不一定每年都需要更新升级。3ds Max 的不同版本在功能上差别不是太大，因此无须纠结安装哪个版本，只要掌握其中一个版本即可。当然如果计算机配置够好，最好安装最新的版本。

3ds Max 的安装：运行安装程序开始安装，目录中不要带有中文字符，软件会自动检测并安装相关软件，等待安装完成即可。安装完成后的 3ds Max 为试用版，有 30 天的试用期，若要使用正版软件，则需要激活。登录 Autodesk 公司官网，按要求来完成软件的正版注册，就可以体验 3ds Max 的魅力了。

> ⚠ 如果要卸载软件，不可删除目录，应该用官方的专业软件来进行卸载。

1.2　3ds Max 的工作界面

3ds Max 的工作界面非常地有序分为标题栏、菜单栏、主工具栏、功能区、作图区、命令面板、脚本区、时间滑块、提示栏、状态栏、动画控制区、视图控制区等几大块，如图 1.2 所示。

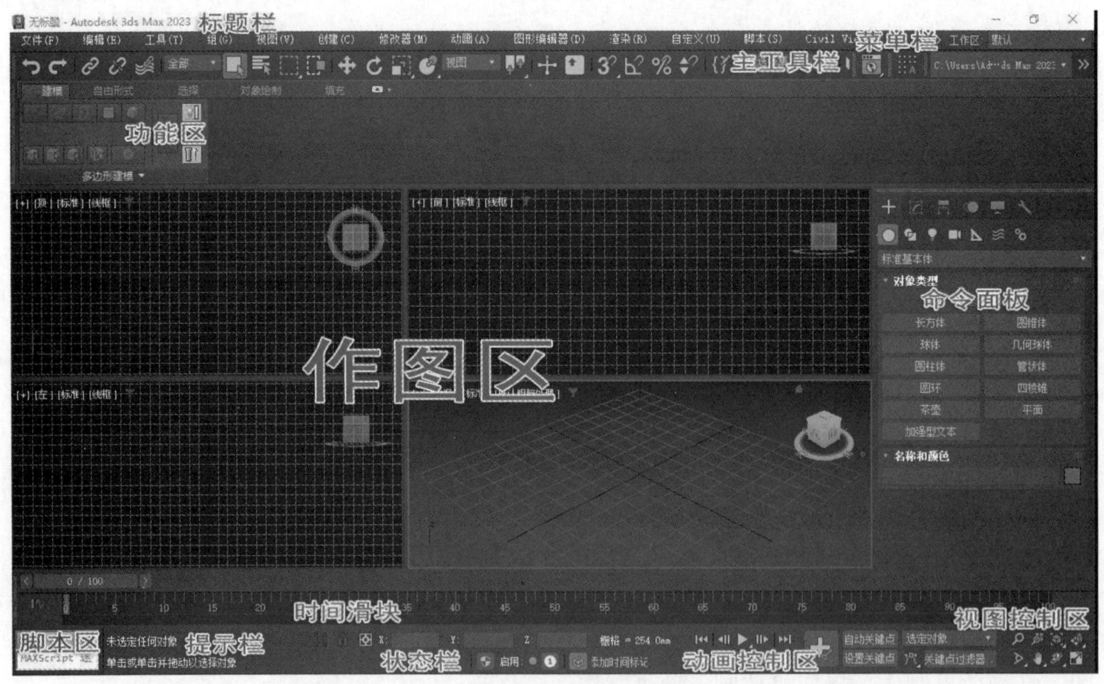

图 1.2　3ds Max 的工作界面

（1）标题栏。标题栏位于屏幕的顶端，用来显示软件标志、当前文件夹名称和 3ds Max 的版本信息。

（2）菜单栏。菜单栏整合了 3ds Max 中的所有命令。菜单栏中的命令与主工具栏、命令面板中的部分命令有重复，在实际操作中使用命令面板较多，因为命令面板上有快捷键，可大大节省操作时间。

菜单栏包含文件、编辑、工具、组、视图、创建、编辑器、动画、图形编辑器、渲染、自定义、脚本、Civil View 等命令，也包含用户安装的一些插件。

（3）主工具栏。主工具栏位于菜单栏下面，是常用工具按钮的集合区，包含了使用频率最高的主要工具。

：撤销（Ctrl+Z）、重做（Ctrl+Y）。

：选择并链接、断开选择、绑定到空间扭曲。

全部：选择过滤器列表，即按种类过滤可被选择的物体。

：选择对象（Q）、按名称选择，可单击空白处取消选择。

："选择区域"弹出按钮有矩形、圆形、围栏、套索、绘制五种，用于在特定区域或体积内选择对象。

：窗口与交叉选择模式切换。

：选择并移动（W）、选择并旋转（E）。

：选择并均匀缩放、选择并非均匀缩放、选择并挤压。

："选择并放置"弹出按钮。

视图："参考坐标系"下拉列表，包括视图、屏幕、世界、父对象、局部、万向、栅格、工作、局部对齐、拾取，各个坐标系要配合坐标中心类型一起使用。

：坐标中心类型，包括使用轴点中心、使用选择中心、使用变换坐标中心。

：选择并操纵。

：键盘快捷键覆盖切换。

：捕捉开关（S），可用于捕捉标记、角度，包括 2D 捕捉、2.5D 捕捉、3D 捕捉三种方式。

：角度捕捉切换（A），对象的旋转将以固定的角度单位进行。

：百分比捕捉切换，对象的缩放将以固定的百分比跳跃式进行。

：微调器捕捉切换，可用微调器控制对象的缩放。

：编辑命名选择，可用于管理子对象的命名选择集。

创建选择集："命令选择集"列表，用于命名选择集，并重新调用选择以便后续使用。

镜像：将对象沿着指定的坐标轴镜像复制到另一个方向。

对齐：可以将选择的对象与目标对象对齐，包括对齐、快速对齐、法线对齐、放置高光、对齐摄影机、对齐到视图六种方式。

：切换"场景资源管理器"。

：切换"层资源管理器"。

：切换"功能区"：单击该按钮可以隐藏功能区，再次单击可以显示功能区。功能区采用工具栏的形式，可以按照水平或垂直方向停靠，也可以按照垂直方向浮动，如图 1.3 所示。

图 1.3 功能区

：曲线编辑器，可用于处理在图形上表示为函数曲线的运动，是用户对动画信息进行操作编辑的最直接的窗口。

：图解视图，可用于设置场景中元素的显示方式等。

：材质编辑器，提供创建和编辑材质及贴图的功能。

：渲染设置，使用该按钮可以基于 3D 场景创建 2D 图像或动画，从而可以使用所设置的灯光、所应用的材质及环境设置（如背景和大气）为场景的几何体着色。

：渲染帧窗口，用于显示渲染输出。

：“渲染”弹出按钮，包括渲染产品、渲染迭代、ActiveShade、在线渲染几种渲染选项。

⚠ 在主工具栏的空白处点击右键，可以看到很多隐藏的命令，点击“打开”即可将其显示在主工具栏上，可以将其移动到相应位置上。主工具栏中并不能显示所有的工具，大部分会被隐藏起来。一般右下角带有三角标识的工具图标，都有其他工具或者子命令隐藏其中。若要打开隐藏命令，用鼠标左键点击图标不放，在图标下方就会有新的工具列表出现，鼠标下移点击所需要的图标即可。

（4）命令面板。命令面板是 3ds Max 中的核心区域，几乎所有的创建及修改命令都可以在这里找到。命令面板分为六个标签面板，其中的很多命令与菜单中的命令是相同的。

：创建面板，可创建的对象包括几何体、图形、灯光、摄影机、辅助对象、空间扭曲和系统 7 类。

：修改面板，可以针对已创建的对象进行修改 修改器列表，包括修改对象的参数和特征属性。

：层次面板，可以对对象的对象轴等 轴 IK 链接信息 进行操作，以调解相互链接的物体的层级关系。

：运动面板，用于设置运动参数和显示物体对象的运动轨迹 参数 运动路径。

：显示面板，对场景中的对象在视图中的显示状态进行控制 显示颜色 按类别隐藏 冻结 显示属性。

：实用程序面板，可利用外部的程序完成一些特殊功能 实用程序。

（5）脚本区。在该区域 MAXScript 迷你侦听器 输入脚本可实现对命令的调整。

（6）时间滑块与动画控制区。

时间滑块用于关键点模式和时间配置，可处于浮动和停靠状态 0 / 100。

动画控制区位于程序窗口底部的状态栏和视口导航控件之间。

（7）提示栏。提示栏显示用户当前使用的命令状况 选择了1个对象 单击或单击并拖动以选择对象。

（8）状态栏。状态栏用于显示场景和活动命令的状态信息。

孤立当前选择：当出现多个对象时，孤立其他对象，只查看一个对象。

锁定对象：即当对某一对象锁定时，无法对其他对象进行操作。其快捷键为空格键。

坐标显示：用于显示光标的位置或变换的状态，并且可以输入新的变换值。输入模式包括以下两种：

绝对模式变换输入：当使用该命令时，该对象的坐标原点从交汇点改变到对象所在位置，以世界坐标为准。

相对模式变换输入：以自身坐标为准。

X、Y、Z 轴所对应的数据并不是一成不变的，而是会根据命令的变化而变化。

1.3　3ds Max 的文件格式

3ds Max 的文件格式有很多，不同的格式适用于不同的操作方式。没有最好的存储格式，只有适合的存储格式，要在实际操中灵活运用。

保存和归档：利用归档操作不仅可以保存文件，并且可以把所有用过的材质包括路径一起打包并保存起来。保存和归档也存在版本问题，尽量保存较低版本，以供其他三维制图软件使用。3ds Max 支持的文件格式如图 1.4 所示。

导入和导出：导入是指将利用不同三维软件生成的文件导入场景中；导出是指可以选择多种文件保存类型，以便在其他软件中打开使用。3ds Max 文件的导入和导出如图 1.5 所示。

图 1.4　3ds Max 支持的文件格式

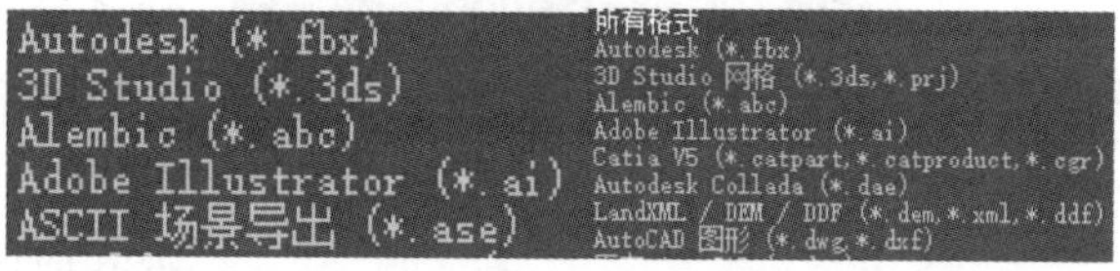

图 1.5　3ds Max 文件的导入和导出

⚠ 高级版本与低级版本之间存在一些可以转换的文件类型，如 3DS、DWG、FBX、OBJ 等，当然此时不能使用“保存”选项，而要使用“导出”选项。

3ds Max 常用的文件格式如下：

（1）Max：默认的软件格式，一般只在 3ds Max 软件的各个版本才能识别。

（2）3DS：可以在 3ds Max 不同版本的软件中转换，即无论版本高低，3ds Max 软件都可以打开该类型的文件，但只保留某些网格的状态或者把图形变成多边形的状态，相当于 Max 文件中的模型塌陷。

（3）FBX：3D 通用模型文件格式。FBX 文件包含动画、材质特性、贴图、骨骼动画、灯光、摄影机等信息。

（4）OBJ：主要支持多边形模型，也支持曲线、表面，但不包含动画、动力学、粒子等信息。OBJ 文件很适合用于 3D 软件模型之间的互导，MTL 是其材质包，需要一起拷贝。

（5）AI：可以导入 Adobe Illustrator 的文件，主要用于一些矢量线的导入。

（6）DWG：导入 AutoCAD 绘图图形的格式。

⚠ AutoCAD 软件在使用 DWG 文件和 DXF 文件时也会受到版本的影响，用哪个版本的 3ds Max 软件导出的文件就只能用该版本或者更低版本的 AutoCAD 软件打开。例如，3ds Max 2009 导出的软件只能在 AutoCAD 2009 或者其更低版本中使用；再如，AI 文件就需要保存为较低版本才可以导入。

在保存时，文件名不显示版本信息，为防止忘记可以做上记号。如果只用原版本软件来编辑，则无所谓；为便于交流，最好导出为可交换的文件格式。例如，OBJ 文件格式。3ds Max 2023 能够打开 3ds Max 2023 之前的任何文件，但 3ds Max 2020 无法打开 3ds Max 2021 文件。在实际应用中，提交给客户的是渲染好的动画文件或者素材，一般是 JPG 文件或者视频文件。

1.4 3ds Max 的基本配置

在建模前首先要根据自己的工作习惯，选择自己的工作界面，做好基本配置。

1.4.1 自动备份

点击菜单栏的“自定义”选项，会出现“首选项”选框；在打开的“首选项”中，再点击“文件”，会出现“自动备份”选项，如图 1.6 所示。在“自动备份”下勾选“启用”则可以启用自动备份，要注意，在不清楚的情况下不要轻易把钩去掉或者打钩，因为如果没有及时还原将会在建模时出现错误。可以根据自己需要，设置备份的文件数和时间间隔，如果备份间隔是 5 则会每过五分钟备份一次；还可以根据自己的情况修改自动备份文件名。

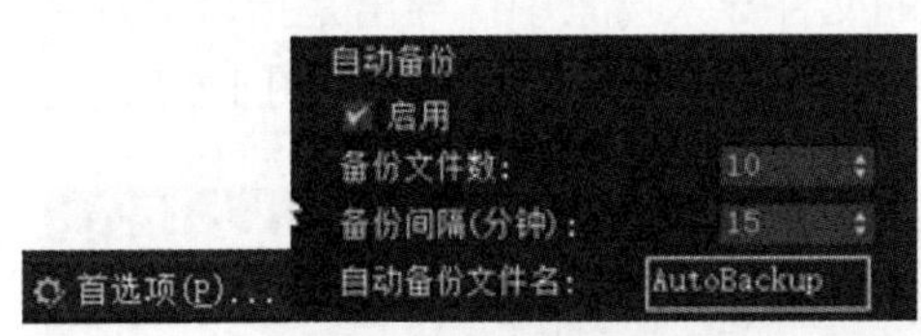

图 1.6 自动备份

⚠ 自动备份的使用可以避免突然停电或者计算机突然死机以及其他故障所带来的文件丢失问题。但是，当建模图形较大时，备份间隔也不宜太短，否则会在操作时不停地存盘，进而出现卡顿，所以如果对自己的设备比较放心，可将备份间隔调整到 10 分钟以上。

自动备份的文件将会被存储于本台计算机的“文档”中。打开“计算机”，点击“文档”中的 3ds Max 文件夹，再点击“AutoBack”文件夹，就可以看见根据设置的时间间隔，每隔一个时间间隔自动备份的文件。但是，建议将备份文件存储到自己的常用的磁盘中，以免丢失或找不到。

1.4.2 单位设置

单位设置是建模前比较重要的一项工作。点击“自定义”中的“单位设置”，点击“系统单位设置”，将单位设置成自己需要的单位即可，如图 1.7 所示。需要注意的是，在“显示单位比例”中的“公制”中，也要将单位设置成

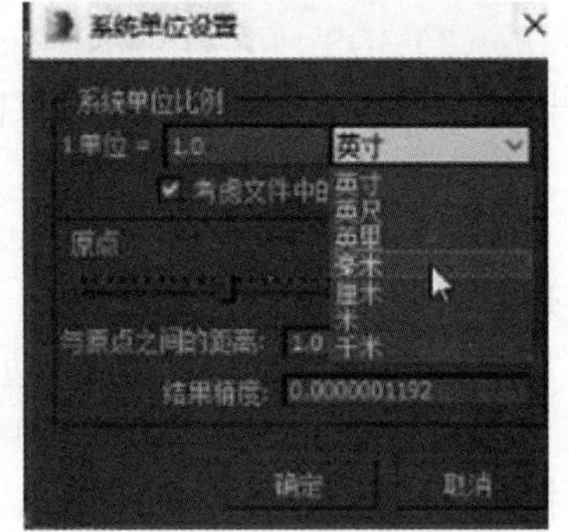

图 1.7 单位设置

对应的单位。

⚠ 设置好单位，会使尺寸比较精确。结合使用的其他软件，一般建议选择毫米作为单位，因为毫米是比较精确的单位，而且相对于国内单位来说也比较好转换。特别是涉及灯光时，灯的强度与所要照亮的环境大小有关。

1.4.3　改变视口背景颜色

点击菜单“自定义”选项，出现“自定义用户界面”，如图 1.8 所示。点击选择“颜色”，在“元素”选框下选择“视口背景”后，即可在选框的右侧点击颜色：，选择适合自己的视口背景颜色。要注意的是，选择好适合自己的颜色之后，不需要点击“保存”，只要退出该界面即可。如果要复原，则点击“重置”即可。

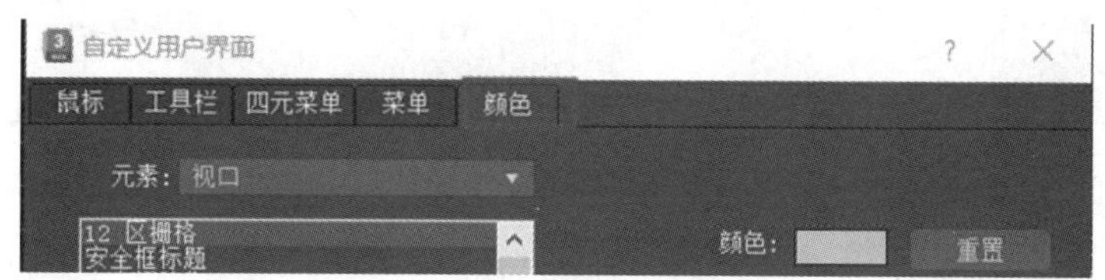

图 1.8　改变视口背景颜色

⚠ 经常使用图形软件的人会发现，许多图形软件的背景颜色都是深色的，而在 3ds Max 软件中默认的背景颜色是中性偏深灰色的。那是因为在使用 3ds Max 软件建模制图时很可能会建深色的模型，如果背景颜色也是深色，则模型不太能够被显现。而灰色中性偏深灰色既可以把比较亮的颜色显现出来，也可以把较深的颜色显现出来。3ds Max 软件视口背景颜色对比示例如图 1.9 所示。

为什么视口背景颜色不用白色？因为用户在工作中如果长期盯着明亮的背景会使眼睛产生疲劳进而对眼睛造成伤害，而且也不便于显现浅色的物体，所以视口背景颜色通常不采用白色。

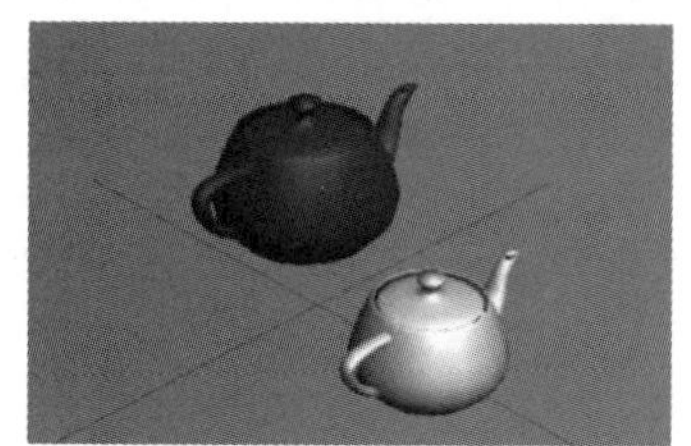

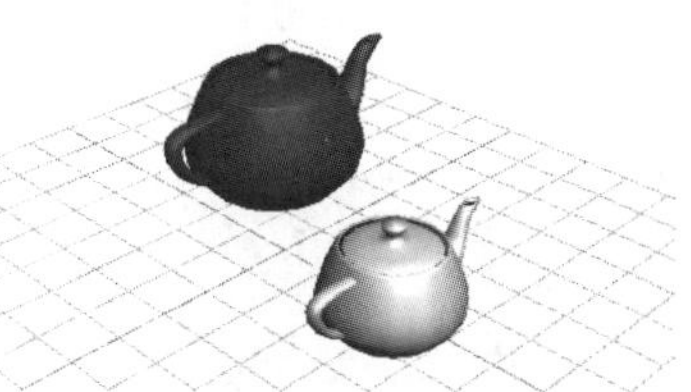

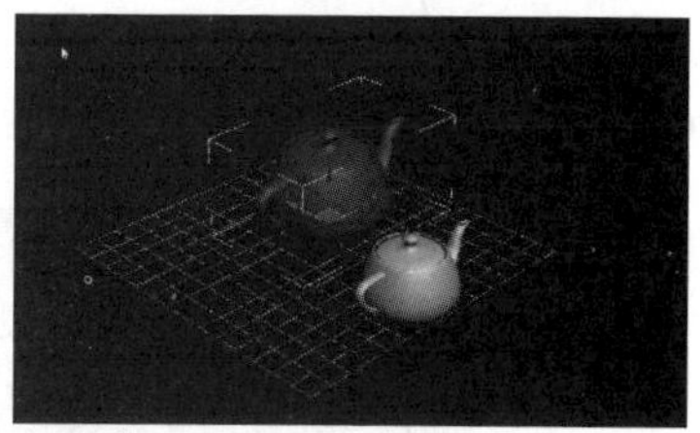

图 1.9　软件视口背景颜色对比示例

1.4.4　还原为启动布局

在使用过程中，如果界面改变了，或是某个工具栏看不到了，可以使用“还原为启动布局”这一功能，如图 1.10 所示。

1.4.5　切换视图视角窗口

3ds Max 利用各个正视图来反映几何体各个立面的具体形态，并将其在透视图中展示出来。所以用户在建立三维模型时，操作区域应在各个正视图中，而透视图只是用来观察结果的窗口。应尽量避免在透视图中进行各项操作，因为在透视图中方向和距离不易控制。

自定义用户界面(C)...
热键编辑器...
加载自定义用户界面方案...
保存自定义用户界面方案...
自定义默认设置切换器...
还原为启动 UI 布局(R)
锁定 UI 布局(K)

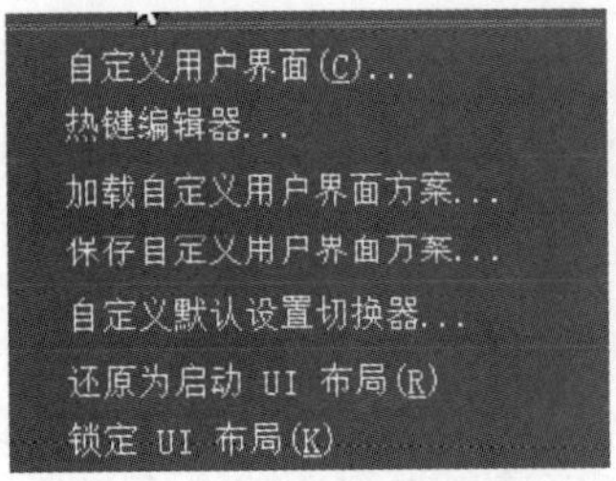

图 1.10 还原为启动布局

默认情况下，视图区为四视图显示，包括三个正交视图和透视图，如图 1.11 所示。每个视图的左上角为视图标题，左下角为世界坐标。视图可分为顶视图（T）、前视图（F）、左视图（L）、右视图（R）、后视图（K）、底视图（B）、透视图（P）、用户视图（U）、摄影机视图（C）。

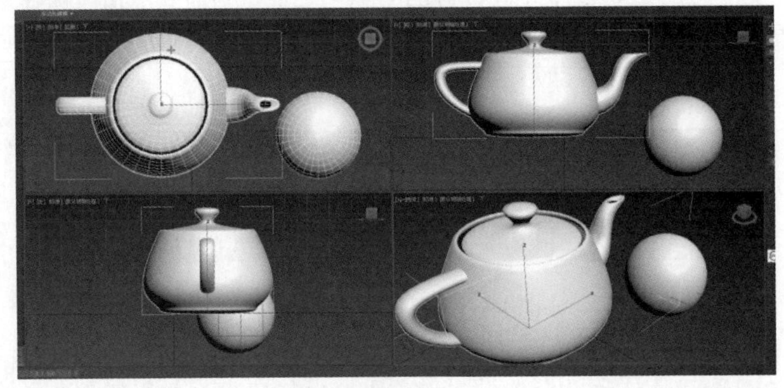

图 1.11 四视图

⚠ 任意一个视图都不是固定的，可在顶视图、左视图、前视图等各种视图之间进行切换。

在默认状态下，四视图的大小是相等的，但用户可以改变其大小。另外，将光标放在各视窗的交界线处，拖动鼠标，便可自由改变各视窗的尺寸。要想恢复默认状态，可在各视窗交界线处单击鼠标右键，选择“重置布局”命令即可。每个视图都有垂直和水平线，这些线组成了 3ds Max 的主栅格。主栅格包含黑色垂直线和水平线，这两条线在三维空间的中心相交，交点坐标的 X、Y、Z 值都是 0，其余栅格都显示为灰色。视图尺寸操作如图 1.12 所示。

[+] [顶] [标准] [边面]
摄影机
灯光
透视 P
正交 U
顶 T
底
前 F
后
左 L
右
重置布局

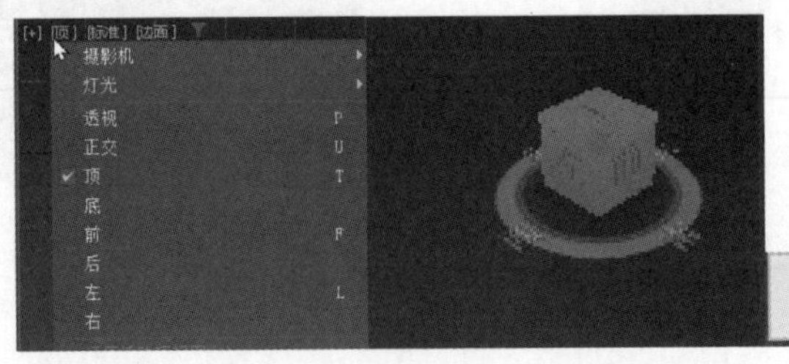

图 1.12 视图尺寸操作

1.4.6 视口对象显示方式

视口对象有默认明暗处理、面、边界框、平面颜色、隐藏线、黏土、模型帮助以及格式化 8 种显示方式。实体模式与线框模式之间的切换：快捷键为“F3”；实体模式与线框模式的结合：快捷键为“F4”。视口对象的显示方式如图 1.13 所示。

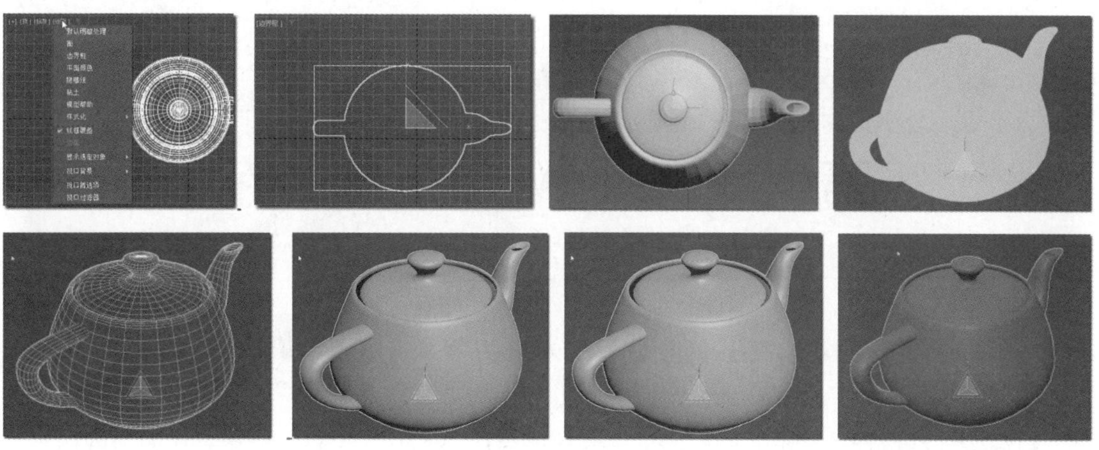

图 1.13　视口对象的显示方式

第 2 章　3ds Max 基础训练

实验 2.1　创 建 基 本 体

【概述】 几何体是场景中的实体三维对象，是在 3ds Max 中进行建模工作的基础模型，也构成场景的主题和渲染的主要对象。在 3ds Max 中，无论是简单物体，如桌子，还是复杂物体，如机械、人体，都可以创建出来。但无论复杂与否，现实世界的物体都可以归结为最基本的几何体。3ds Max 就是通过不断修改最简单的几何体以增加其复杂程度来制作物体的。

建模是三维设计过程的第一步，而建模是从最基本的几何体开始，像搭积木一样。3ds Max 建模更多是用一些基本体来构造物体的模型，其最终模型都是通过这些基本体通过修改、编辑而得到的。

3ds Max 中的基本体分为标准基本体和扩展基本体。标准基本体是一些基础形体，扩展基本体是对标准基本体的补充。利用扩展基本体所创建的几何体要比利用标准基本体所创建的几何体更复杂，往往可直接作为表现特定目的的物体来使用。所谓扩展基本体，就是一些更加复杂的三维造型，其可调参数更多，物体造型更复杂，从而可使用户在建模过程中省去一些不必要的步骤。在本实验中，将创建一些标准基本体和扩展基本体。

【知识要点】 了解标准基本体和扩展基本体，重点掌握创建基本体的参数设置和常用命令。

【操作步骤】

步骤 1：视图控制区操作。打开 3ds Max 软件，进入主界面，中间最大的区域即为视图区，也是 3ds Max 的工作区，所有的操作基本都在该区域进行。在用户界面的右下角是视图控制区，使用该区域的按钮，配合鼠标左、右键及滚动轮，可以调整各种缩放选项，控制视口中对象的显示效果，如图 2.1 所示。

 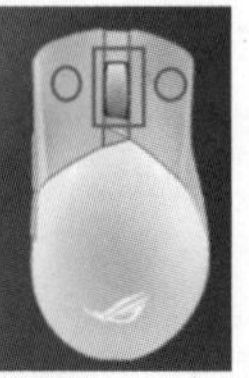

图 2.1　视图控制区操作

视图控制区按钮包含对象的缩放、缩放所有视图、对象的最大化、所有视图最大化显示选定对象、缩放区域、对象的平移、环绕子对象、最大化视口切换。对象的缩放、对象的平移一般通过鼠标滚动轮来控制。对象的最大化一般通过按“Z”键来实现。环绕子对象一般通过“Alt+鼠标滚动轮”来实现。最大化视口切换通过快捷键“Alt+W”来实现。

⚠ “Z”键是最常用的快捷键，当视图中没有任何对象时，按下“Z”键可复位主栅格；当视图中有对象且所有的对象未被选择时，按下“Z”键可使所有的对象在所有的视图中全屏显示；当视图中有对象且有对象被选择时，按下“Z”键可使选择的对象在所有的视图中全屏显示。

步骤 2：文件的打开。文件的打开方式有两种：一是通过“文件→打开”选项打开；二是直接从资源管理器拖动文件到作图区，此时 3ds Max 软件会自动选择是利用“导入文件”方式打开还是直接通过“打开文件”方式打开。后一种方式更快速简便一些。针对不同的文件类型会出现不同的打开选项，如图 2.2 所示。

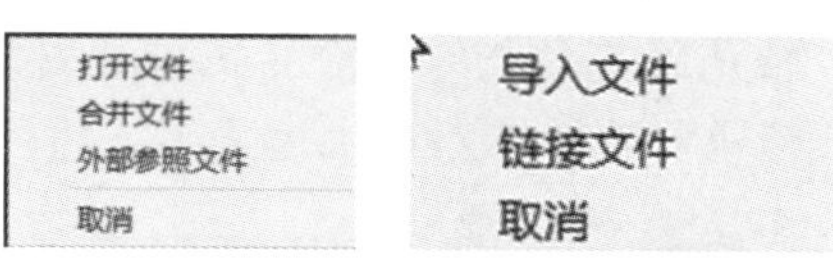

图 2.2　“文件”菜单打开选项

⚠ 打开文件时，只能打开比所用 3ds Max 软件版本低的文件而不能打开比该软件版本高的文件。

步骤 3：新建与重置。在“文件”菜单中，对于“新建”选项，可以选择只新建对象还是新建对象和层次；而对于“重置”选项，则别无选择，会把对象和层次都重置了。“新建”选项执行后所在的视图不会发生改变，而“重置”选项执行后则会把所在的视图恢复到打开 3ds Max 软件时的原始界面。因此，当需要将文件恢复到原始状态时可以使用“重置”选项，而当仅需要清除文件中的内容时可以使用“新建”选项。

步骤 4：暂存与取回。在“编辑”菜单中，暂存是将当前场景暂存于个人计算机内存中；而取回是将暂存的场景取回。与保存的区别在于，暂存的文件不存于硬盘，关机断电无法取回。

步骤 5：选择基本体类型。3ds Max 中有两种基本体，即标准基本体和扩展基本体。若选择标准基本体，会出现几种标准基本体类型，点击选择需要的对象类型，即可开始创建标准基本体，如图 2.3 所示。

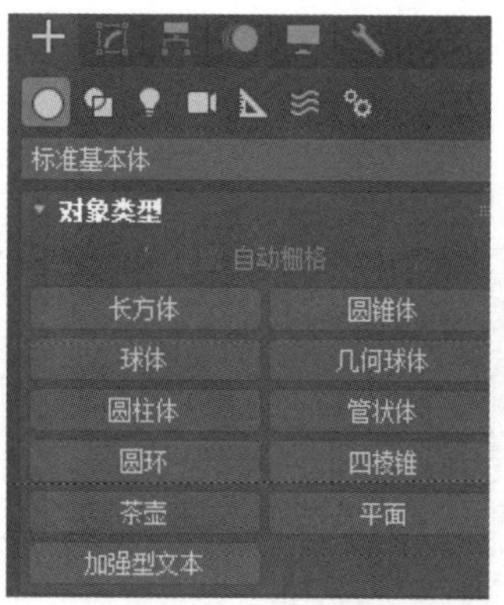

图 2.3　创建标准基本体

步骤 6：创建长方体。用鼠标左键点击“长方体”，在透视图任意一点点击鼠标左键并拖动以确定长方体的长和宽，然后放开鼠标左键并上下拖动以确定长方体的高度，最后点击鼠标右键完成绘制。点击选中对象，可以在“修改参数设置”中对其长、宽、高的值进行修改，也可以在创建时直接设置列表下方参数栏中的参数再进行绘制。

⚠ 第一次修改长、宽、高参数，可以在创建物体时直接修改；第二次修改，则要进入修改面板才可修改，如图 2.4 所示。选中要修改的物体，物体的位置坐标显示在底部，可以通过更改坐标值来直接改变物体的位置。由此可知，物体创建好以后，在中间有一个对象的轴心，在该轴心 X 轴和 Y 轴是平行方向的，Z 轴是上下方向的，但这并不是绝对的。如果要切换到前视图，则按“F”键。按下“F3”键，选择“着色显示”，可以看到 Y 轴是向上的。要注意，在不同的视图中，对象呈现出的方向是不同的。不可认为 Z 轴是固定向上的，除非把该视图的轴心点切换到世界坐标系，也就是默认的坐标系。在该坐标系中，Z 轴永远是向上的，在其他视图上也是一样，对此轴心的变化在创建图形时要注意。

步骤 7：创建立方体。在创建长方体的面板中勾选“立方体”，创建第二个长方体。这样创建的长方体其长、宽、高是一样的，创建时，对象的默认放置高度在高度为零的栅格位置。如果想在该对象上创建对象并贴合该对象的某个面的话，点击“创建”后，勾选“自动栅格”，那么轴心就会跟随鼠标移动，如此就可以直接在其上创建对象，如图 2.5 所示。

图 2.4　修改物体长、宽、高参数

图 2.5　勾选“自动栅格”

步骤 8：设置颜色。物体创建好以后会发现，每次对象的颜色都不同，这是因为颜色是随机分配的。点击颜色位置，就会看到有“分配随机颜色”选项。如果不需要随机分配颜色，而需要固定颜色，则可以去掉“分配随机颜色”选项前的“√”，选择自己认为合适的颜色，这样接下来创建的所有对象的颜色都是设定好的颜色，如图 2.6 所示。

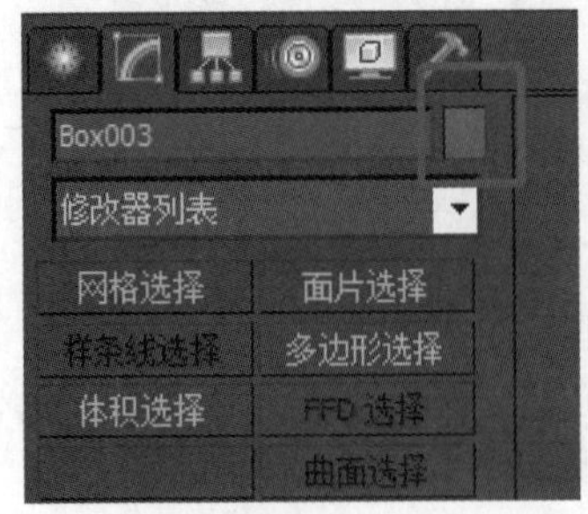

图 2.6　设置颜色

步骤 9：设置对象的段数与面数。物体的段数与面数是相互联系的，如图 2.7 所示。当增加物体的段数时，物体的面数也随之增加。段、面越多，物体的表面就越光滑。通过快捷键“7”可以显示对象的多边形数和顶点数。对象的分段越多，形成的面和点也就越多。在创建模型时，应根据实际需求来决定其段数的多少。分段越多，运行速度越慢，因为要处理更多的点、线和面。同样地，对圆柱体设置不同的段数，其结果也会完全不同，如图 2.8 所示。

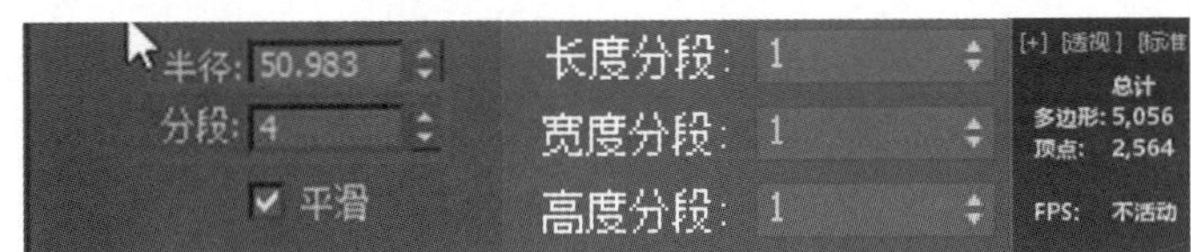

图 2.7　对象的段数与面数

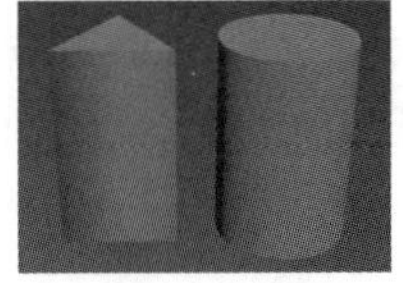

图 2.8　不同的段数的圆柱体

步骤 10：移动对象。点击主工具栏内的移动按钮，可按需求移动对象，其快捷键为“W”。如要精确移动对象，右键点击图标则出现旋转变换输入对话框。图标有红、绿、蓝三种颜色，分别对应 X、Y、Z 轴。用鼠标按住任一方向的箭头，箭头变黄则表明已选中。按两坐标轴之间构成的矩形，可多向移动。可按“+”来放大图标，按“–”来缩小图标。多边形的点、边、面、边界、元素等都可以通过该方法来移动。移动轴心图标如图 2.9 所示。

步骤 11：旋转对象。点击旋转对象按钮，可按需求旋转对象，其快捷键为“E”。对对象进行旋转时，选中对象后按住鼠标左键上下拖动即可。如要精确旋转对象，右键点击图标则出现旋转变换输入对话框。旋转轴心图标如图 2.10 所示。

步骤 12：缩放对象。点击缩放对象按钮，可按需求缩放对象，其快捷键为“R”。对象的缩放又分为选择并均匀缩放、选择并非均匀缩放、选择并压缩三种形式。如要精确缩放对象，右键点击图标则出现旋转变换输入对话框。缩放轴心图标如图 2.11 所示。

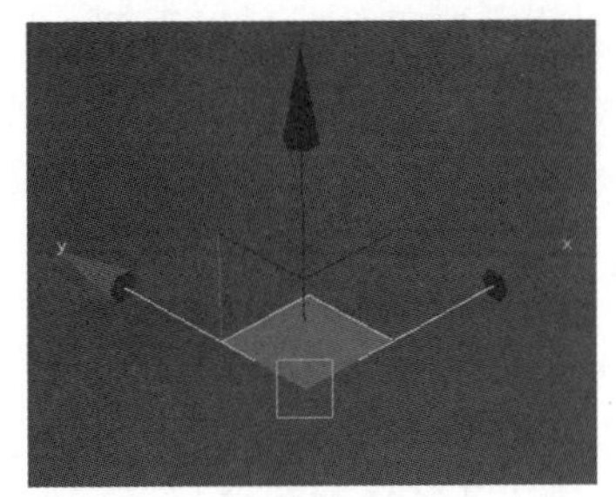

图 2.9　移动轴心图标

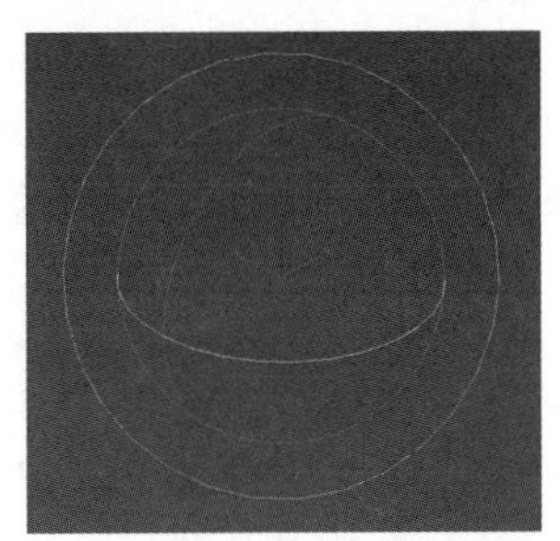

图 2.10　旋转轴心图标

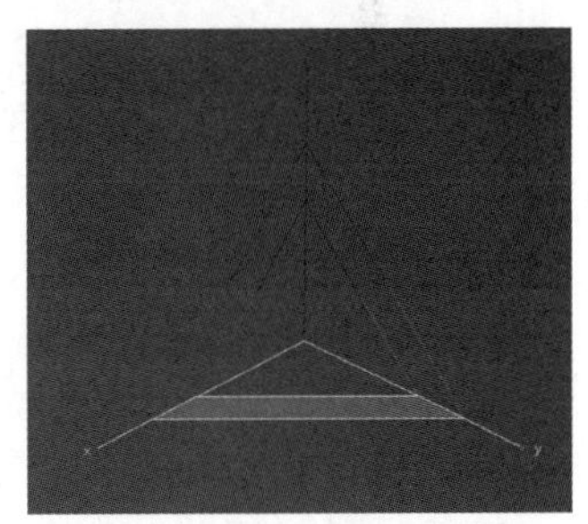

图 2.11　缩放轴心图标

步骤 13：复制对象。在移动、旋转、缩放等命令的基础之上按住“Shift”键，可通过鼠标拖动对象来复制对象，也可通过镜像、阵列命令来复制对象，还可通过克隆命令“Ctrl+V”来复制对象。

步骤 14：创建圆锥体。

步骤 15：创建球体和几何球体。用鼠标左键点击球体，在透视图的任意一点拖动鼠标来确定其大小，松开鼠标左键结束。“半径”用于控制球体的大小，“分段”用于设置球体的光滑程度。创建球体有两种方法：一是“中心”法，即当创建球体时就从该圆的中心点拉出来，此时其轴心默认在中间；二是“边”法，即点击创建球体时鼠标在球体的最外边。球体和几何球体的构成方式是不一样的。几何球体是由三角面构成的，球体是由四边面构成的。通过不同的方式构成的球体，有其不同的用途。按“F4”键，球体和几何球体会显示不同的结果，如图 2.12 所示。

⚠ 可以通过修改圆的分段来得到其他形状，如图 2.13 所示。取消平滑，在分段处点击鼠标右键得到最小分段，就可以得到一个八边形。按鼠标右键结束以后，依然可以通过修改面板来修改对象的分段及平滑的参数。勾选平滑就可以实现自动平滑过渡，按“F4”键可以看到平滑的对象。

图 2.12 球体与几何球体的对比

图 2.13 修改圆的分段

步骤 16：创建圆柱体、圆环、四棱锥、茶壶和管状体。

步骤 17：创建平面。用鼠标左键点击“平面”，在视图窗口中按住鼠标左键并拖动，即可完成平面的创建。平面对象就是厚度为零的平面，因此也可以通过创建长方体并将其高度改为零来获得。平面对象相当于高度为零的立方体。对象都有正面和反面，当厚度为零时背面是透明的。

步骤 18：创建加强型文本 加强型文本。创建加强型文本，也就是创建立体的文字。加强型文本是在普通文本的基础上增加了挤出倒角的命令。可以在前视图或者其他视图上直接点击“加强型文本”完成创建，然后修改该文本的文字厚度、高度以及文本内容，此时可以看到，虽然已将其修改为汉字，但是这里却没有显示出来。这是因为要选择中文字体才可以显示，选择完字体，文本就创建好了。创建好文本以后，除了文字的大小，其余操作和 Word 中的文字处理是一样的。对多段文本，可以使用段落来进行编辑修改。

⚠ 创建标准基本体时要注意一个问题，在不同视图上创建对象时，对象的直立方向会发生变换。例如，创建圆锥体时，默认是在地面上创建的。如果要创建倒着的或者侧着的，可以通过以下两种方式：一种是切换到其他视图，因为其默认是从底部创建，所以当切换到侧面图时，可以创建不同方向的基本体；另一种是在对象的面上创建，只需要勾选“自动栅格”，则可在某个对象的侧面上创建，如在正方体的正面和侧面创建圆锥。这样做很方便，因为不需要将正面创建好以后再去旋转，而只需要在某个面上直接创建即可，该面是由法线来决定的。同样，一个圆锥体如果其表面是不平的，那么一定有某个垂直于它的面，如果选择斜面，就可以创建垂直于该斜面的圆锥。创建不同方向的标准基本体，如图 2.14 所示。

步骤 19：创建扩展基本体。点击创建面板，选择扩展基本体，会出现扩展基本体列表，点击选择需要的对象类型，即可创建扩展基本体，如图 2.15 所示。

图 2.14　创建不同方向的标准基本体

图 2.15　创建扩展基本体

步骤 20：创建异面体、切角长方体、切角圆柱体、油罐、纺锤体、球棱柱、环形波、棱柱、环形结、胶囊、L-Ext、C-Ext和软管。

【小结】 本实验介绍了标准基本体和扩展基本体的类型和创建方法。在基本体的基础上，通过进一步编辑操作，可以形成非常复杂的物体。对于初学者来说，应该注意基本体参数变化的灵活性和多变性。在 3ds Max 建模中，将标准基本体和扩展基本体结合，就可以组合出所需的基本形状。对这些形状用编辑命令或者多边形编辑等，可得到更多复杂的形状。

实验 2.2　选 择 对 象 

【概述】在所有的三维软件操作中，无论要制作什么，首先接触的一定是选择。在 3ds Max 环境中，因为所有工具都是面向对象的，所以必须要先选择对象才能进行下一步的工作。在 3ds Max 中，选择工具是很常见的一种工具，选择操作是建立模型和设置动画过程的基础。只有选得好，才能画得好、画得快。在用 3ds Max 建模的工作中有一大半的时间是在进行各种选择，对视图中的对象进行移动、旋转、缩放等变换，设置对象材质贴图，调整灯光、摄影机参数等操作，都必须选中所要操作的对象。灵活应用选择工具、使用合适的选择方式会极大地提高工作效率。

【知识要点】 掌握 3ds Max 软件提供的多种选择工具并灵活运用，掌握主工具栏上的对象选择模式按钮。

【操作步骤】

步骤 1：对象选择工具。“从场景选择”对话框方便易用。“编辑”菜单提供了很多常规选择命令，以及按属性选择对象的方法。基于场景资源管理器可以使用各种方法选择对象，还可以编辑对象的层次和属性。利用“轨迹视图”和“图解视图”可以从层次列表中选择对象。对象选择工具如图 2.16 所示。

图 2.16　对象选择工具

步骤 2：创建场景。利用命令面板工具创建两个茶壶。

步骤 3：明暗处理选定对象。点击菜单栏中“视图→明暗处理选定对象 明暗处理选定对象(H)”后，选中对象会显示为明暗效果，未选中对象则显示为普通边线网格效果。使用快捷键“F3”切换线框，然后用鼠标左键单击选择对象，所选中的对象有明暗处理效果，而其余对象则为线框显示效果，如图 2.17 所示。

图 2.17　明暗处理选定对象

步骤 4：直接选择对象。使用鼠标左键单击对象，其快捷键为“Q”。该快捷键只用于选择，不包含任何编辑命令。被选中的对象在视图中以白色的线框方式显示，而在透视图和摄影机视图中对象外有白色的边框。

步骤 5：框选。在状态下框选时，框碰到就可以选中对象，不一定要把对象完全框起来，这是交叉选择，如图 2.18 所示；在状态下框选时，则需要用线框完全包裹所选的对象才可选中，这是窗口选择，如图 2.19 所示。

图 2.18　交叉选择

图 2.19　窗口选择

⚠ 在“交叉”模式中，可以选择区域内的所有对象，以及与区域边界相交的任何对象。在“交叉”模式中，当使用不同的框选方式时，虚线框所涉及的所有物体都被选择，即使只有部分在框选范围内。在“窗口”模式中，当使用不同的框选方式时，只有完全被包含在虚线框内的物体才被选择，部分在虚线框内的物体将不被选择（注意观察部分在虚线框内的物体）。

步骤 6：加选对象。使用“Ctrl+鼠标左键”单击对象进行加选对象操作。如果当前选择了对象，还想加选其他对象，可以按住“Ctrl”键单击其他对象，这样即可同时选择多个对象。

步骤 7：减选对象。在选择全部对象的情况下，使用“Alt+鼠标左键”点击对象进行减选对象操作。

步骤 8：全选操作。使用快捷键“Ctrl+A”对所有对象进行全选操作。

步骤 9：反选操作。使用快捷键“Ctrl+I”对对象进行反选操作。

步骤 10：使用区域选择工具进行对象选择。矩形工具已经在前面使用过，这里以圆形区域选择工具为例，长按区域选框，选择圆形区域选择工具，接着使用该工具进行对象选择，如图 2.20 所示。

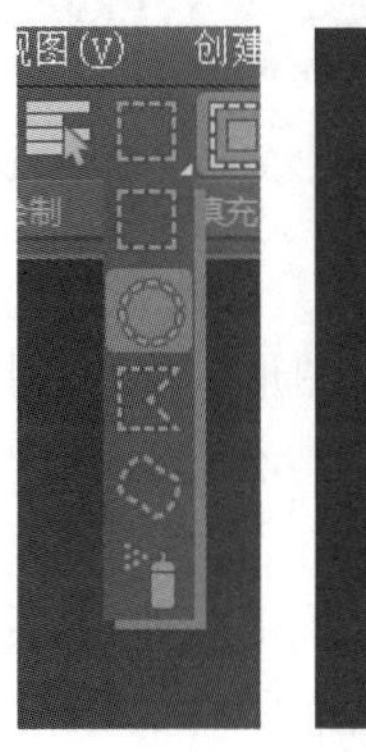

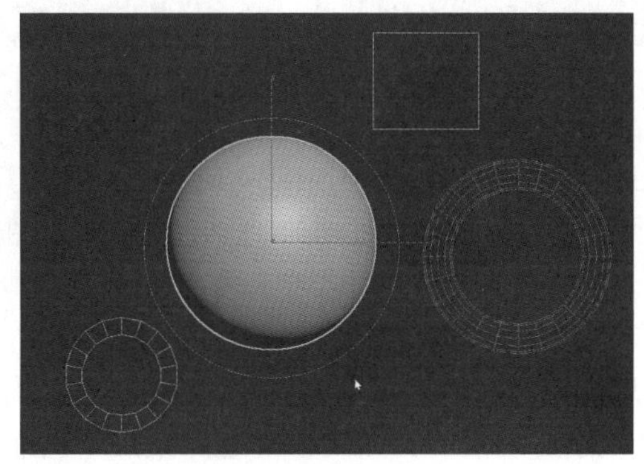

图 2.20　使用圆形区域选择工具

步骤 11：使用围栏选择工具进行对象选择。首先选择围栏区域选择工具，接着使用该工具绘制边框形成闭环进行对象选择，如图 2.21 所示。

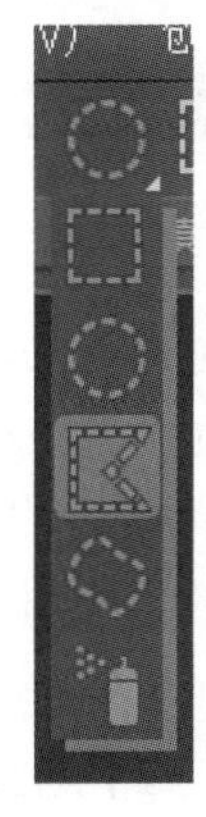
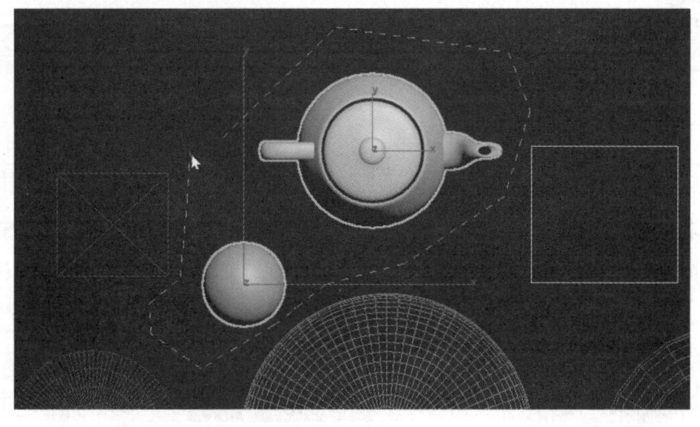

图 2.21　使用围栏区域选择工具

步骤 12：使用套索选择工具进行对象选择。首先选择套索区域选择工具，接着使用该工具绘制边框形成闭环进行对象选择。

步骤 13：从四元菜单中进行选择。选择对象的最快方式是从四元菜单的“变换”区域中进行选择，从中可以方便地在“移动”“旋转”“缩放”和“选择”模式之间切换。选择任意模式，然后单击要在视口中选择的对象即可。

步骤 14：从场景选择。选择对象的另外一种快捷方法是使用“从场景选择”命令。按“H”键打开“从场景选择”对话框，然后在列表中按名称选择对象，如图 2.22 所示。场景中有许多重叠对象，这是确保选择正确对象的可靠方式。

步骤 15：孤立当前选择。这是一种特殊的对象选择方法，可以将选择的对象单独显示出来，以便对其进行编辑。切换孤立当前选择的方法主要有以下两种：一是执行“工具”“孤立当前选择”菜单命令或者直接按快捷键“Alt+Q”；二是在视图中单击鼠标右键，然后在弹出的快捷菜单中选择“孤立当前选择”命令，如图 2.23 所示。

图 2.22 按场景选择

图 2.23 孤立当前选择

步骤 16：过滤选择集。3ds Max 提供了一种过滤选择类型的方法，即可以把不想选择的类型过滤掉。可以过滤的类型有几何体、图形、灯光、摄影机、辅助对象、扭曲等，如果选择了列表中的任何一种类型，那么在场景中执行选择操作时，除了列表中选择的类型外，其余的对象一概不能被选择，如图 2.24 所示。

步骤 17：锁定选择集。锁定选择集是在进行一些细微操作时，防止不小心释放选择的对象所设置的。如果锁定选择集后，当前所有的操作只能对被选择对象进行，而对其他对象不仅操作失效，而且选择也无效。锁定的方法是，单击界面底部的图标，再次单击该图标即可解除锁定，如图 2.25 所示。锁定的快捷方式是点击空格键，再次按空格键即可解除锁定。

图 2.24 过滤选择集

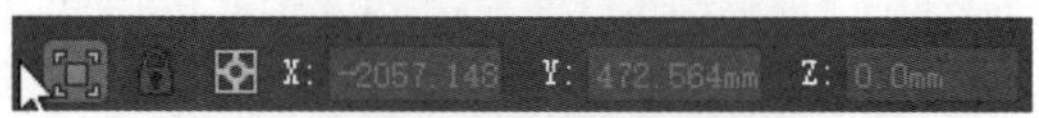

图 2.25 锁定选择集

步骤 18：根据颜色选择对象。通过某一对象的线框颜色来选择相同的对象，其基本操作步骤是：从“编辑”菜单下选取“选择方式”“颜色”。单击含有某一种颜色的对象，所有与该对象颜色相同的对象都会被选择。

步骤 19：根据材质选择对象。选择材质编辑器中“工具”菜单下的“按材质选择对象”命令，点击“编辑”中的“选择 ID”按钮。

步骤 20：根据命名选择集选择对象。可以为固定的几个选择集命名，以便在需要时重新调用。其基本操作步骤为：定义对象选择集，单击工具栏中“命名选择集”的方框。在“命名选择集”方框中为选择集输入定义的名称，按“Enter”键确认。

【小结】本实验介绍了选择对象的几种不同方式，这是 3ds Max 基础操作中的重要一环。通过练习可以进一步熟悉选择对象操作的使用，了解提升效率的操作方法和快捷键使用方法。

实验 2.3 复制、实例及参考

【概述】 在 3ds Max 的制作场景中，有些对象可能会重复出现，不过在重复出现时，其位置、角度或大小会发生一些改变。这些重复出现的对象互为副本，制作副本的过程就是复制。复制是一种省时省力的建模方法，有时需要进行大规模的复制操作，以使几个简单的模型变成复杂的场景。复制不是简单地对对象进行重复，复制方式包含复制、实例、参考等。

【知识要点】 学会创建基本体和使用修改编辑器调整几何体的大小参数；利用复制命令得到多个几何体；理解复制与实例以及参考命令的区别；掌握不同视图的常用快捷键。

【操作步骤】

步骤 1：创建场景。在场景中创建一个长方体，这时的对象是凭手感视觉效果绘制出来的，因此需要进行修改。点击修改面板，然后选中对象，就可以看到该对象的长、宽、高，在对应框中输入数值，可以对其基本参数如长、宽、高及分段进行修改。

步骤 2：复制对象。按“W”键对对象进行拖动。在移动命令下按住“Shift”键并用鼠标左键拖动，在跳出的对话框中输入副本数 3，克隆选项选择“复制”并按“确定”按钮，即可复制出 3 个对象。这里将复制的 3 个对象的颜色改为绿色，如图 2.26 所示。

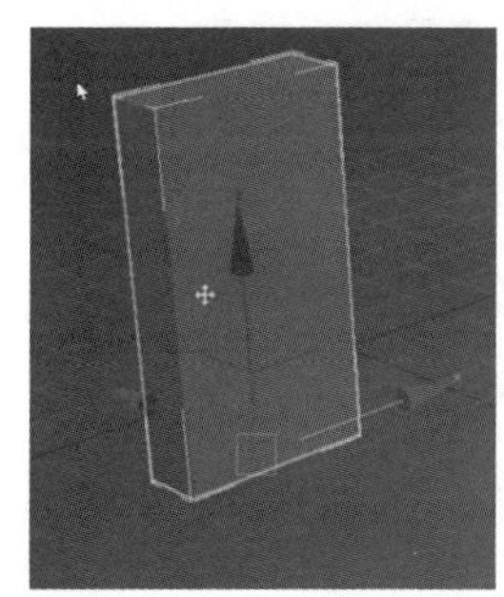
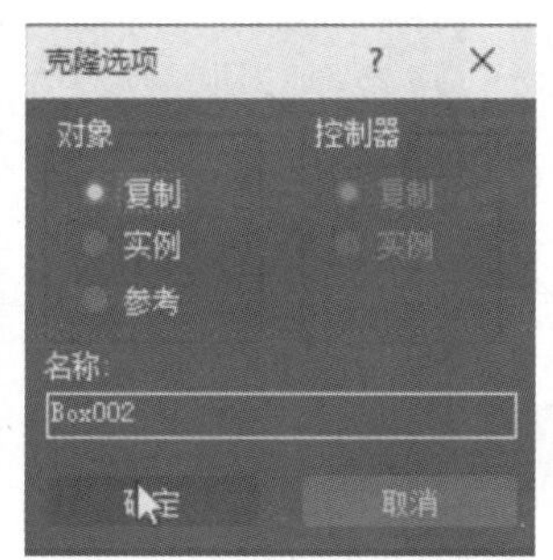

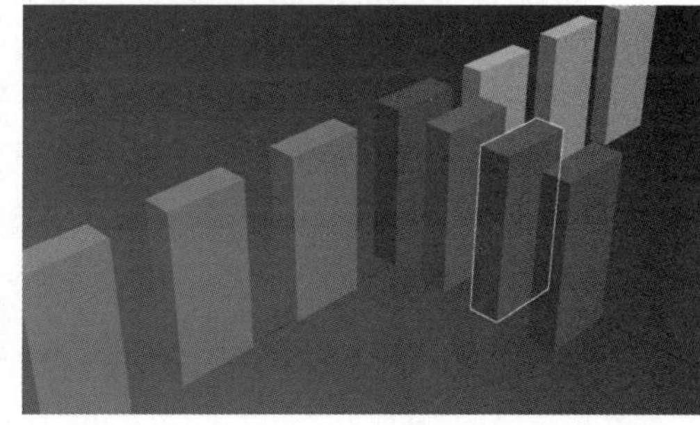

图 2.26 复制方式

步骤 3：实例。用同样的方法拖动对象。这里使用实例方式复制 3 个对象，然后将 3 个对象的颜色也修改一下，以区别于采用复制方式复制的对象，如图 2.27 所示。

步骤 4：参考。用同样的方法拖动对象，选择参考方式复制出 3 个对象，如图 2.28 所示。

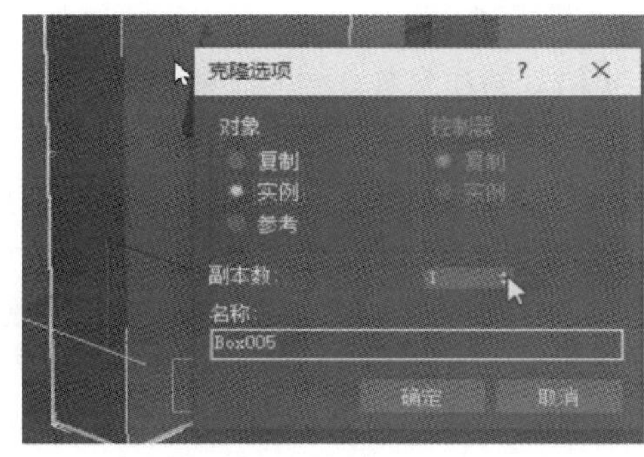

图 2.27 实例方式

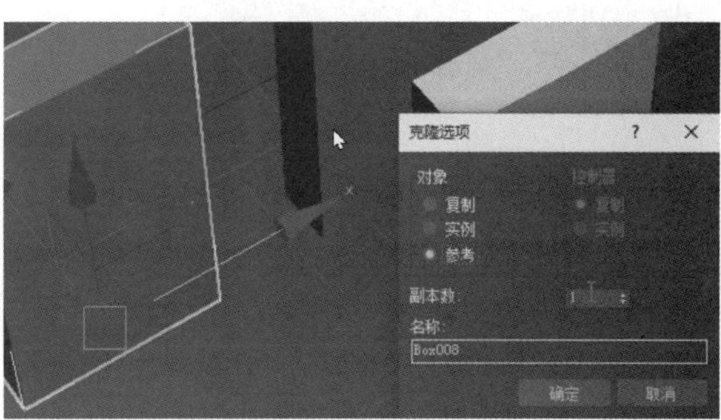

图 2.28 参考方式

步骤 5：三种复制对象的区别。从表面上看，三者都是复制对象，没有区别。但是，若改变原对象的大小，将直接影响到实例对象和参考对象，而对复制对象没有任何影响，如图 2.29 所示。

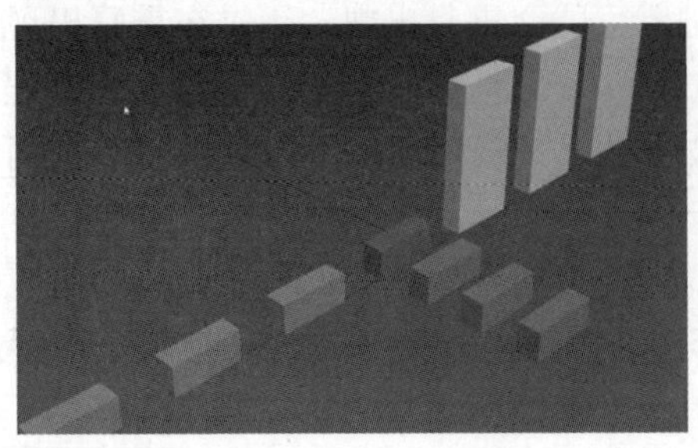
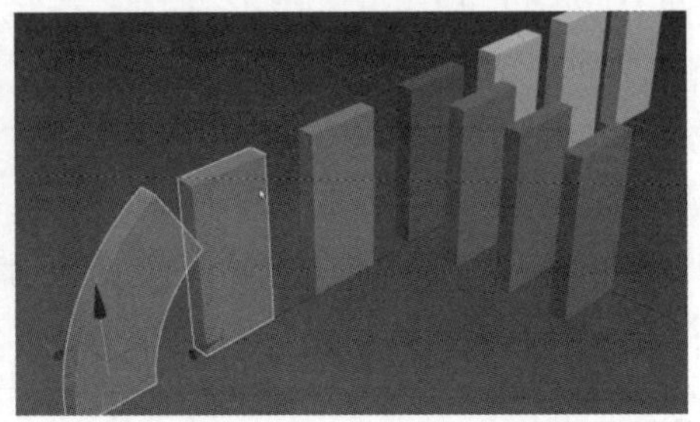

图 2.29 三种复制对象的区别

步骤 6：实例对象变化的影响。只要改变实例对象或者原对象（原对象是指最初创建的对象），那么实例对象、原对象以及参考对象都会发生变化。实例方式和参考方式的效果是一样的，但若原对象发生变化，复制出来的参考对象也会发生变化，那么实例对象也会发生变化，只有对复制的对象没有影响。实例对象变化的影响如图 2.30 所示。

图 2.30 实例对象变化的影响

步骤 7：摆脱原对象或实例对象改变的影响。若想在原对象或者实例对象发生改变时不受影响，可以使用“使唯一”命令。该命令在命令面板堆栈下方。在堆栈里选择对象或者编辑器，即可使用“使唯一”命令。点击“使唯一”按钮，则该对象就可以独立出来，不受影响了，就像复制出来的对象一样。实例对象、参考对象都可以使用“使唯一”命令。

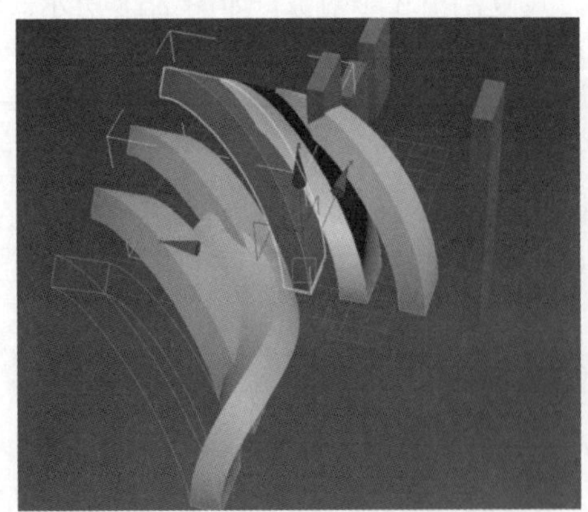

图 2.31 对原对象添加“使唯一”命令

步骤 8：实例复制和参考复制的区别。例如，对参考对象添加弯曲，当参考对象发生扭曲时，原对象和实例对象并没有发生变化，而且“使唯一”按钮变黑，无法使用了。这是因为对参考对象使用编辑器时无法改变原对象和实例对象。但是，参考对象的参数改变会影响实例对象和原对象。如果对原对象添加了弯曲，则参考复制和实例复制都会受影响。对原对象添加“使唯一”命令，此时原对象将不受参考对象和实例对象的影响，如图 2.31 所示。

【小结】 本实验介绍了复制、实例、参考这三种复制方式，以及三者之间的关系，为后期制动画或使用其他命令打下基础。

实验 2.4　对齐、克隆并对齐

【概述】 在 3ds Max 的建模操作中，经常会需要精确调整两个物体的相对位置，这时可以使用主工具栏中的“对齐”按钮。对齐是指使两个以上事物配合或接触得整齐，而在 3ds Max 中则是指编辑、操作的辅助工具，是常用的建模工具之一。对齐工具可将不同物体完美契合，区别于 3ds Max 中的移动操作命令，这是一种省时省力的快速移动对象的建模方法。有时需要进行大规模的对齐并克隆操作，使几个简单的模型变成复杂的场景。对齐操作的快捷键为“Alt+A”。对齐功能包括对齐、快速对齐、法线对齐、对齐高光、对齐摄影机、对齐视图。

【知识要点】 掌握对齐操作的步骤；掌握目标对象的选择方法；掌握克隆并对齐操作的运用，这也是本实验的重点和难点。

【操作步骤】

步骤 1：创建铅笔。创建圆柱体并调整参数，设置圆柱体边数，取消平滑选项 平滑 ，否则铅笔笔杆的棱角将无法显示，创建圆锥体并使其下部半径和圆柱体一样，上部小些；复制圆锥体并修改参数，形成笔芯，如图 2.32 所示。

步骤 2：笔头与笔杆对齐。选择红色的笔杆部分，单击主工具栏上的“对齐”按钮，将附有一对十字线的光标移到黄色目标对象上并单击完成对齐操作。或者使用快捷键“Alt+A”，弹出“对齐当前选择”对话框。在该对话框中，勾选对齐位置，即 X 位置、Y 位置、Z 位置；当前对象选择轴心；目标对象选择轴心，然后点击“应用”按钮。接着勾选当前对象为最小（指距离红色圆柱体轴心的最远处），目标对象为最大（指距离黄色圆锥轴心的最近处，即轴心），对齐位置为 Z 位置，点击“应用”按钮，再点击“确定”按钮完成操作。要注意的是，在对齐过程中，应在点击“应用”后再勾选另一个轴对齐。笔头与笔杆的对齐效果如图 2.33 所示。

图 2.32　创建铅笔的三个部分

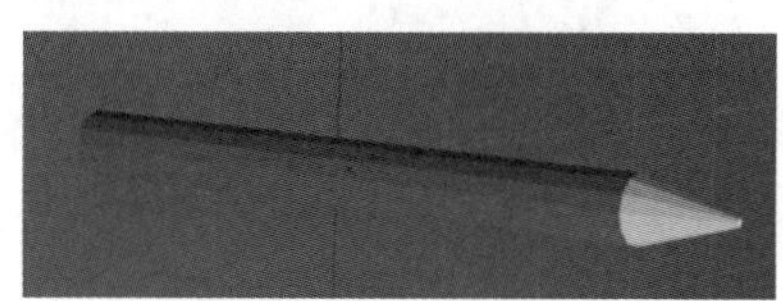

图 2.33　笔头与笔杆的对齐效果

步骤 3：笔芯与笔头对齐。操作方法与上述方法一致，将绿色圆锥以同种方法对齐于黄色圆锥之上，与黄色圆锥紧密相接。与前述方法的区别在于此时的对象选择，即原对象为绿色圆锥，目标对象为黄色圆锥。笔芯与笔头的对齐操作及效果如图 2.34 所示。

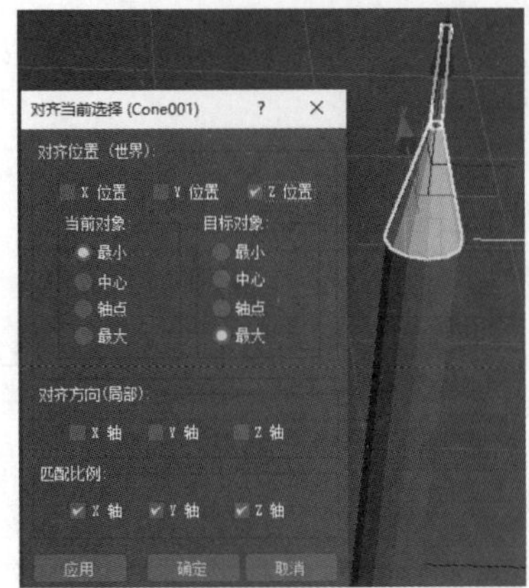

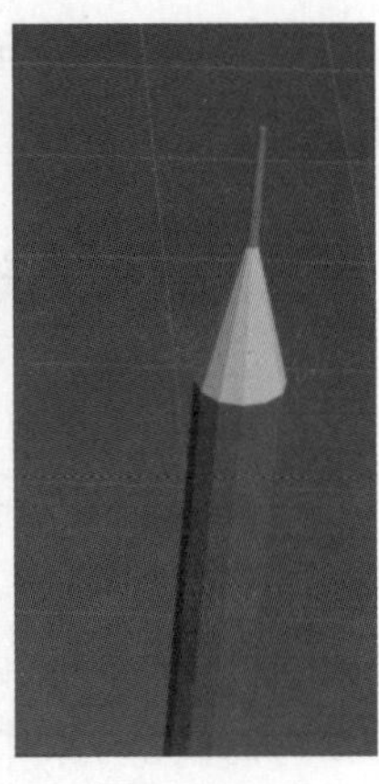

图 2.34　笔芯与笔头的对齐操作及效果

⚠ 对齐工具可以精确地实现捕捉不方便的图形的对齐，其“最小”就是对象的最低处，“最大”就是对象的最高处。快速对齐是使一个对象向另一个对象的轴心对齐，如果需要向其他位置对齐就不能使用快速对齐。快速对齐相当于小的对齐命令。

⚠ 法线对齐是指使物体沿着指定表面进行相切的一种对齐方式；对齐并克隆是指使两个或两个以上的物体沿轴心快速对齐的一种对齐方式。

步骤 4：创建圆锥体并克隆。首先，创建一个圆锥体，并复制几个同等的圆锥体。将 5 个圆锥体放置于不同高度，而且从俯视图视角看 5 个圆锥体之间没有重叠区域，此时再创建白色球体，如图 2.35 所示。

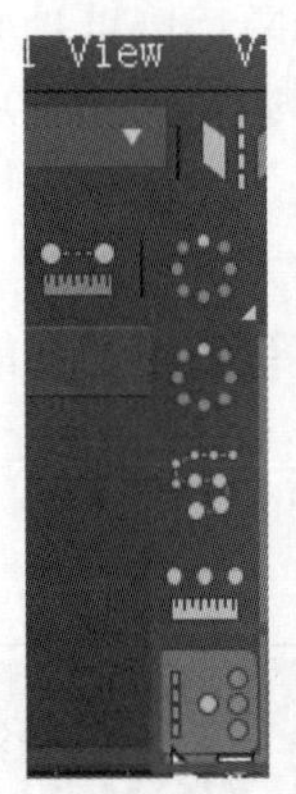

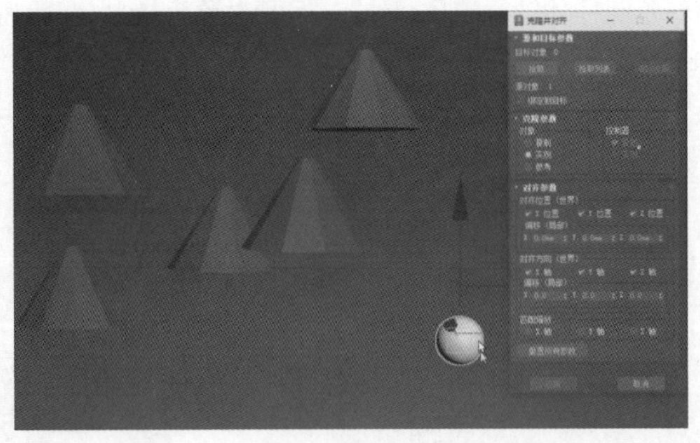

图 2.35　创建圆锥体并克隆

步骤 5：克隆并对齐。选取白色球体作为原对象，点击“克隆并对齐”工具。点击“拾取”按钮，再点击“完成”按钮，结果如图 2.36 所示。拾取操作方法有两种：第一种是直接逐个选取蓝色圆锥体，第二种是点击拾取列表后勾选所要选取的对象，这里采用第二种方法。这种对齐方式的优点是对于处理多个物体的对齐较为便利，会使得复制的问题简单化。

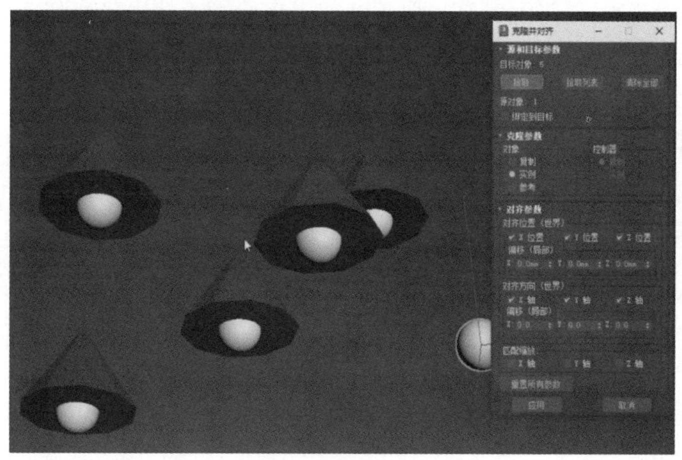

图 2.36　克隆并对齐

【小结】 通过本实验的演示操作，可以掌握对齐方式的基本原理和操作方法，掌握对齐工具中“最小”“中心”“最大”和“轴心”的意义。

实验 2.5　选 择 并 放 置 

【概述】 “选择并放置”工具有点接近对齐中的法线对齐、自动栅格。利用该工具不仅可以快速地移动对象，还可以很灵活地调整对象的方向。使用“选择和放置”工具可将对象准确地定位到另一个对象的曲面上。

【知识要点】 掌握“选择并放置”工具的基本原理和操作方法。

【操作步骤】

步骤 1：打开场景。如图 2.37 所示，用鼠标右键点击“选择并放置”，可以打开“选择并放置”工具选项。

步骤 2：放置单个对象。要放置单个对象，无须先将其选中。当该工具处于活动状态时，单击对象进行选择，并拖动鼠标以移动该对象。默认情况下，基础曲面的接触点是对象的轴心。若要转而使用对象的底座作为接触点，可以启用“使用底座作为轴心”，如图 2.38 所示。

步骤 3：选择并放置操作。点击“选择并放置”，然后选择需要放置的对象，再选择目标对象。这里先选择圆球，再选择大的圆环。使用该工具时要注意对象上的轴向，如果要准确地放置对象，必须要在“放置设置”对话框的“对象上方向轴”上激活所需要的轴向，默认的是+Z 轴。随着对象的拖动，其方向将基于基本曲面的法线和“对象上方向轴”的设置进行更改。例如，使用默认的+Z 设置时，会将对象的局部坐标系的 Z 轴与基本曲面法线对齐，并沿着其局部轴旋转对象。选择并放置操作后的结果如图 2.39 所示。

步骤 4：选择并旋转。“选择并放置”工具还提供“选择并旋转”工具。当“旋转”选项处于活动状态时，它执行的功能与“选择并放置”的功能相同。

步骤 5：使用底座作为轴心。将对象的底座作为与其他对象接触的接触点。对于轴尚未放置在底部的对象而言，该控件最为适用。例如，球体的轴默认情况下位于其中心。因此，如果使用“选择并放置”将球体放置到另一个对象上，球体的下半部将落在对象的曲面下，因为“选择并放置”将中心作为底座。但是，如果启用了“使用底座作为轴心”并将“对象上方向轴”设置为+Z 轴（默认设置），则“选择并放置”将使用局部坐标系的–Z 轴和球体曲面的交点作为底座。

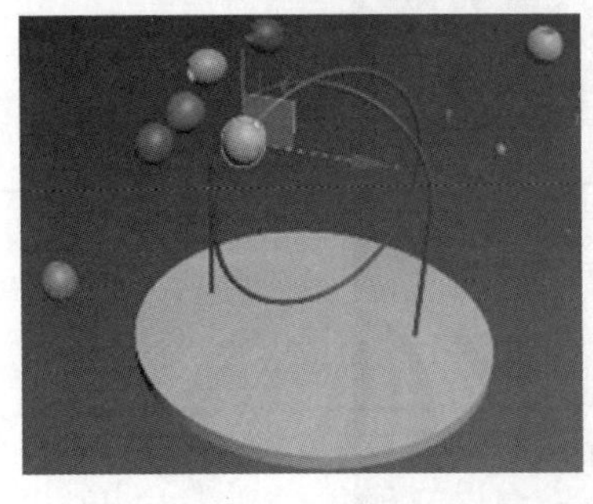

图 2.37 打开场景

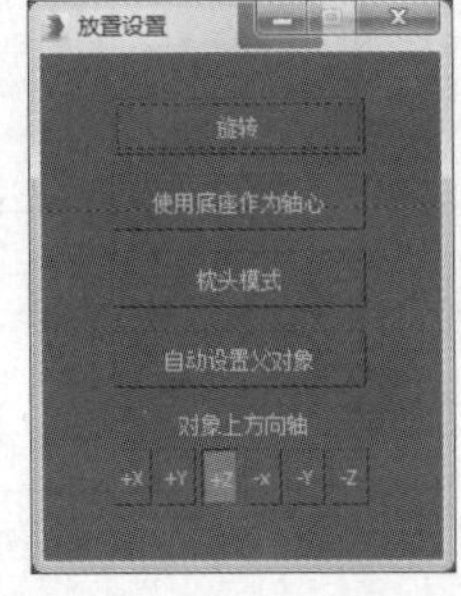

图 2.38 使用底座作为轴心

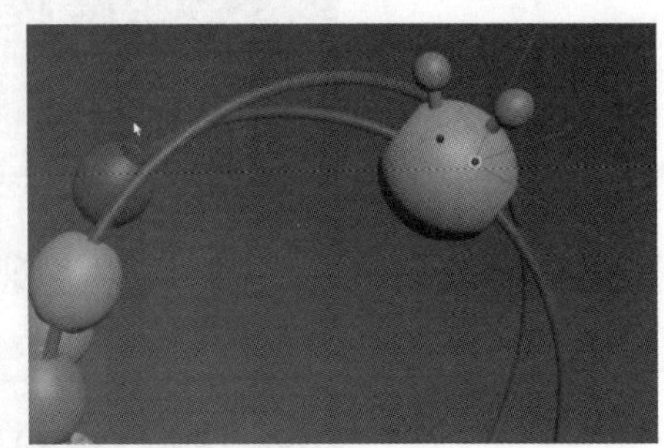

图 2.39 选择并放置操作后的结果

步骤 6：枕头模式。围绕某个对象移动对象，但对象之间不相交。在不平坦的表面上移动对象时，该选项非常有用。放置时对象的一半会被埋进去。这时勾选“枕头模式”，就不会被埋进去；如果需要埋进去，去掉“枕头模式”即可。

步骤 7：自动设置父对象。移动父对象时，被放置的对象也随之移动，所以在选择并放置父对象时只要勾选“自动设置父对象”即可。该命令相当于“选择并链接”，即链接具有层次关系的对象。启用该控件后，如果将一个对象与其他对象接触放置，被放置的对象将成为另一对象的子对象。

⚠ 使用“选择并放置”工具时有多个快捷键可用：若要克隆一个对象，按住“Shift”键并拖动它；若要沿“对象上方向轴”调整对象的位置，按住“Ctrl”键并拖动它；若要防止被放置的对象旋转，拖动时按住“Alt”键即可。可以同时放置多个对象，方法是：选择多个对象，然后激活“选择并放置”，或在“放置”模式处于活动状态时，按住“Ctrl”键并选择其他对象。每个对象都根据自身的轴进行移动。

【小结】 选择并放置对象，不仅仅是一个移动命令，它还具有自动旋转、链接和改变对象轴心点的作用。

实验 2.6 参考坐标系

【概述】 通过“参考坐标系”列表，可以指定变换（移动、旋转和缩放）所用的坐标系。选项包括“视图”“屏幕”“世界”“父对象”“局部”“万向”“栅格”“工作”和“拾取”。在主工具栏点击“参考坐标系”下拉菜单。在“屏幕”坐标系中，所有视图都使用视口屏幕坐标。视图坐标系是世界坐标系和屏幕坐标系的混合体。使用“视图”坐标系时，所有正交视图都使用“屏幕”坐标系，而透视视图使用“世界”坐标系。因为坐标系的设置基于逐个变换，所以应先选择变换，然后指定坐标系。在物体中红、绿、蓝所示三个方向的坐标称为坐标系，也称物体的轴心点。它默认的位置在物体的中心或者正下方。在物体变换的过程中，坐标系起着至关重要的作用。用户可以通过+和–来放大或者缩小轴心点，也可以通过菜单中“视图”“显示变换” ✔ 显示变换 Gizmo(Z) 轴心点来关闭或者打开轴心点。

【知识要点】了解参考坐标系选项，掌握各类坐标系以及它们之间的联系和区别。

【操作步骤】

步骤 1：视图坐标系。先创建一个物体，如茶壶，如图 2.40 所示。在默认的“视图”坐标系中，所有正交视口中的 X、Y、Z 轴都相同。使用该坐标系移动对象时，会相对于视口空间移动。X 轴始终朝右，Y 轴始终朝上，Z 轴始终垂直于屏幕指向用户。当切换到前视图时，对象只有两个方向，分别为 X 和 Y 轴方向。在不同的视图中，显示效果是不太一样的，所以称为视图坐标系。

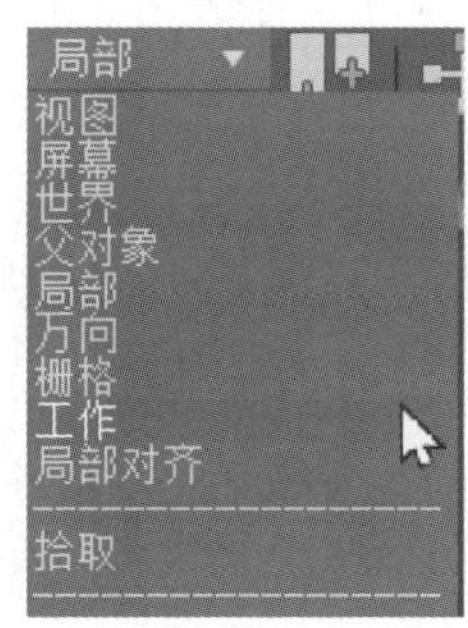

图 2.40　视图坐标系

⚠ 视图坐标系混合了世界坐标系与屏幕坐标系，如图 2.41 所示。其中，在正视图（如前视图、俯视图、左视图、右视图等）中使用屏幕坐标系，而在透视等非正交视图中使用世界坐标系。

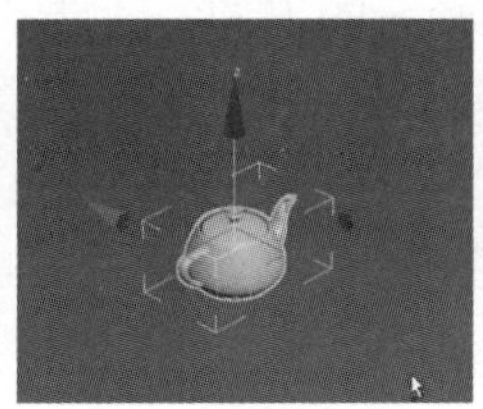

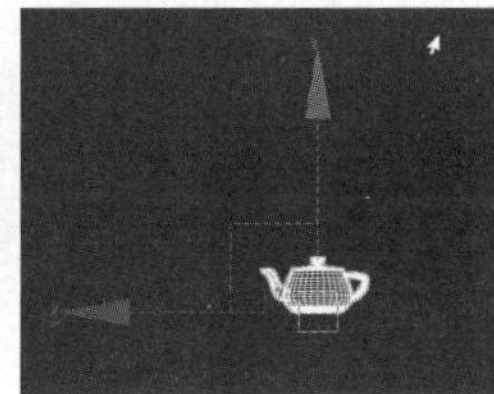

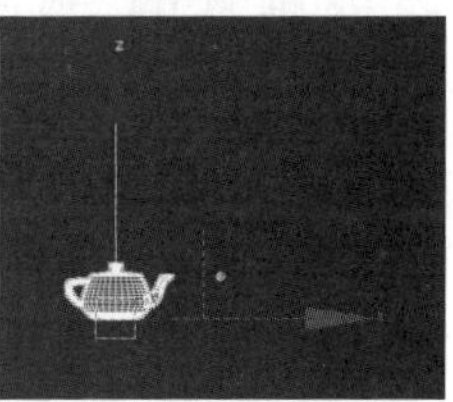

图 2.41　视图坐标系与世界坐标系、屏幕坐标系的关系

步骤 2：屏幕坐标系。切换到屏幕坐标系，此时将使用活动视口屏幕作为坐标系。屏幕坐标系永远是垂直的，有点像前视图的坐标系，无论物体如何倾斜，坐标系永远与用户平行。无论切换到任一视图，坐标系都是垂直的，这就是屏幕坐标系。X 轴为水平方向，正向朝右；Y 轴为垂直方向，正向朝上；Z 轴为深度方向，正向指向用户。

步骤 3：世界坐标系。切换到世界坐标系时，从正面看，X 轴正向朝右，Z 轴正向朝上，Y 轴正向指向背离用户的方向。“世界”坐标系始终固定，无论从哪个视图看都是向上的，不因视图或角度的改变而改变。

⚠ 世界轴显示世界坐标系视口的当前方向。可以在每个视口的左下角找到它。世界坐标系的 X 轴为红色，Y 轴为绿色，Z 轴为蓝色。可以通过禁用“首选项设置”对话框中“视口”面板上的“显示世界坐标轴”来切换所有视口中世界坐标轴的显示。

步骤 4：父对象坐标系。切换到父对象坐标系。使用选定对象的父对象的坐标系。如果对象未链接至特定对象，则其为世界坐标系的子对象，其父坐标系与世界坐标系相同。先创建一个长方体，再将其倾斜一个角度，在长方体的基础上，创建一个茶壶（选择“边”法创建，因为其底面都在下面，所以可以直接创建并勾起自动栅格），如图 2.42 所示。在视图坐标系中，如果想移动对象，可以看到茶壶移动方向不一定平行于长方体，不会贴着长方体移动。用链接的方式将茶壶连接到长方体上，这时茶壶的坐标发生了倾斜，茶壶的 Z 轴垂直于长方体。当移动茶壶时，茶壶平行于长方体移动方向。这就是父对象坐标系。

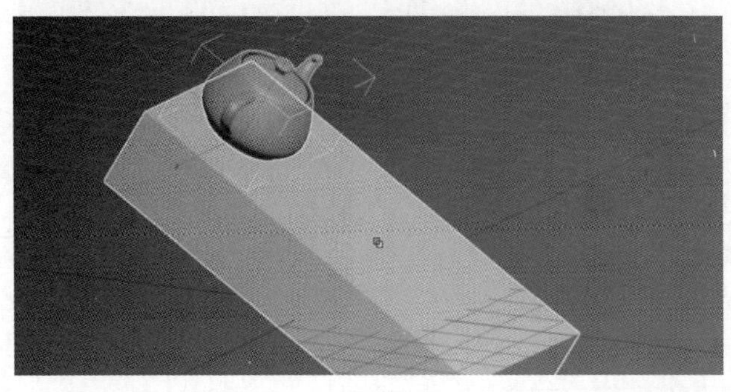
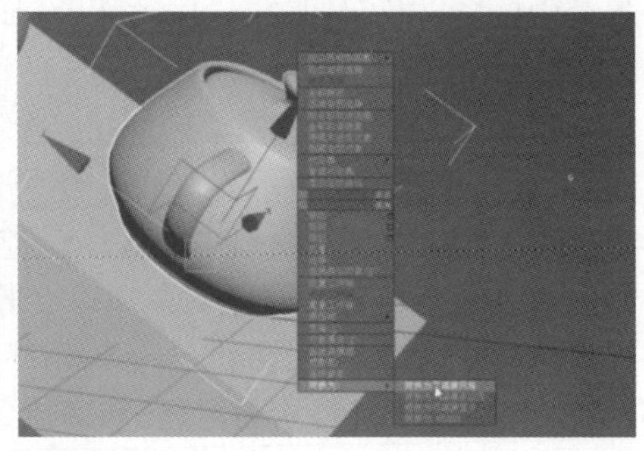

图 2.42 父对象坐标系

步骤 5：局部坐标系。切换到局部坐标系。局部坐标系又称物体空间，是指使用所选物体本身的坐标系。对象的局部坐标系由其轴心点变换中心支持。使用层次面板上的选项，可以相对对象调整局部坐标系的位置和方向。

步骤 6：万向坐标系。切换到万向坐标系。例如，创建一个球体，在正常的坐标系中 X、Y、Z 轴的方向是互相垂直的。如果需要特殊的方向，点击旋转时，在正常的坐标系中 X、Y、Z 轴的方向不会发生改变。当改到万向坐标系时，X、Y、Z 轴可以改变角度，可以不互相垂直。

步骤 7：栅格坐标系。栅格坐标系是指使用活动栅格的坐标系。它是根据栅格所形成的坐标系。点击“创建/辅助对象/栅格”命令后，就可以像创建其他物体那样在视图窗口中创建栅格对象。选择栅格对象并使用右键单击，从弹出的菜单中选择“激活栅格”；当用户选择“栅格”坐标系后，创建的对象将使用与“栅格”对象相同的坐标系，如图 2.43 所示。例如，有一个斜面。创建栅格对象后，正常的栅格与 Z 轴是垂直的，与 X、Y 轴是平行的，而该栅格与长方体有一定的角度，如果激活栅格，则所创建的对象都以该平面为地平面。如果创建茶壶，都是直接在该平面上创建，这时不需要对对象进行旋转就能直接移动到该位置，可以直接用栅格作为其平面对象进行创建。

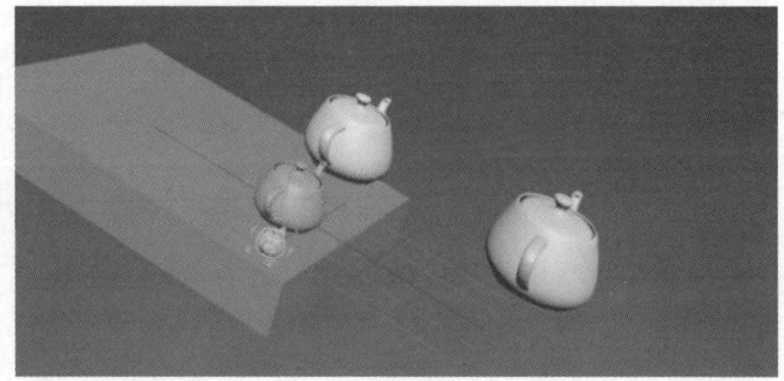

图 2.43 栅格坐标系

步骤 8：拾取坐标系。使用场景中另一个对象的坐标系。选择“拾取”后，单击选择要使用其坐标系的单个对象。对象的名称会显示在“变换坐标系”列表中。由于 3ds Max 将对象的名称保存在该列表中，因此可以拾取对象的坐标系，更改活动坐标系，并在以后重新使用该对象的坐标系。例如，创建一个圆环，在圆环的基础上创建一个球。不需要通过层次命令来移动该对象的旋转轴，选择球体的直径点并将其移动到圆环的中间，这时可以看到球体绕圆环中心点旋转。当复制球时，可以看到几个圆球会绕着圆环中心点旋转，如图 2.44 所示。

【小结】 正确、灵活地使用参考坐标系能够帮助用户很快地把对象移动到所需要的位置，或者更加快速地调整对象。这对不规则视图非常有用，不要仅使用默认视图坐标系来变换对象。在实际操作中要根据不同的对象切换到不同的坐标系。

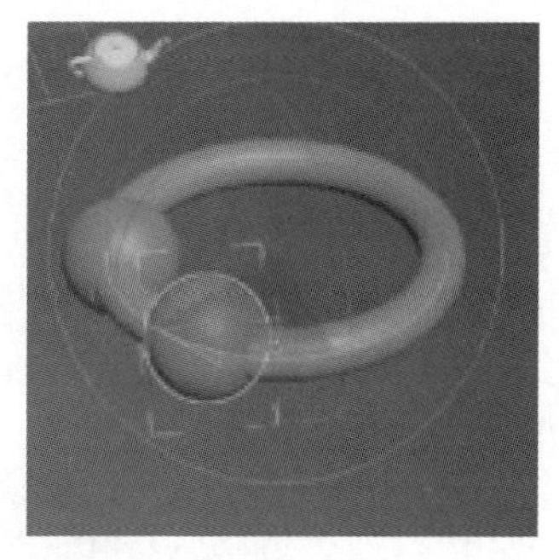

图 2.44　球体绕圆环中心点旋转

实验 2.7　对 象 的 轴 心 点 

【概述】对象的轴心点工具在主工具栏中。对象的轴心点工具通常和参考坐标系配合起来使用。轴心在三维空间应该是一个点，轴心是三个坐标轴的交点。

【知识要点】 掌握各类轴心点的使用方法，以及与单个和多个对象旋转、世界中心旋转、层次命令仅影响轴、编辑工作轴和捕捉工具轴的结合运用。

【操作步骤】

步骤 1：创建一个长方体。可看到该对象中间有一个轴心，用 X、Y、Z 轴来表示。

步骤 2：按下移动旋转缩放命令。例如，按下“W”键激活该轴心，就可以对其进行移动。该轴心点的图标以红、绿、蓝三色来显示，红的表示 X 轴，绿的表示 Y 轴，蓝的表示 Z 轴。

步骤 3：改变轴心点的大小。可以通过加号和减号来改变轴心点的大小，也可以通过视图显示、关闭和打开轴心点，如图 2.45 所示。通常情况下是不需要关闭轴心点的，打开就可以，而且越大越好，这样看得清楚，移动就更方便。

步骤 4：对象的轴心。对象的轴心默认位于对象的中心部位或者底部的中心部位。当然，创建对象时可以选择创建方式。如果将该对象进行旋转操作，如旋转一定角度，再打开移动命令时就会发现，轴心点不会随着物体的旋转而发生变化，如图 2.46 所示。

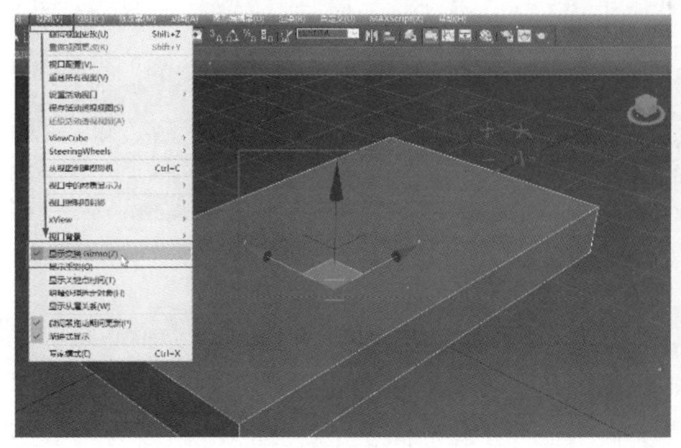

图 2.45　改变轴心点的大小

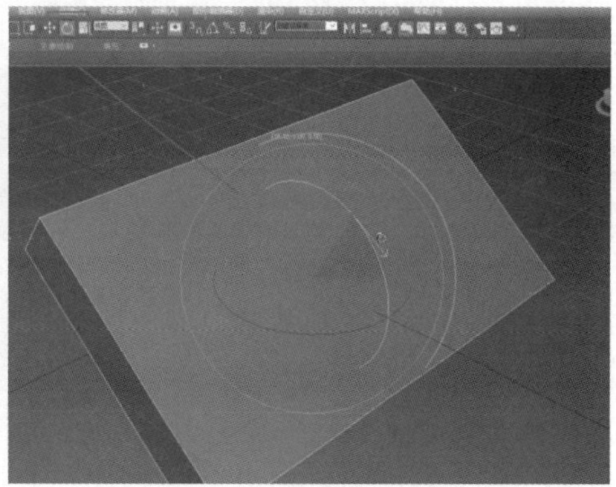

图 2.46　对象的轴心

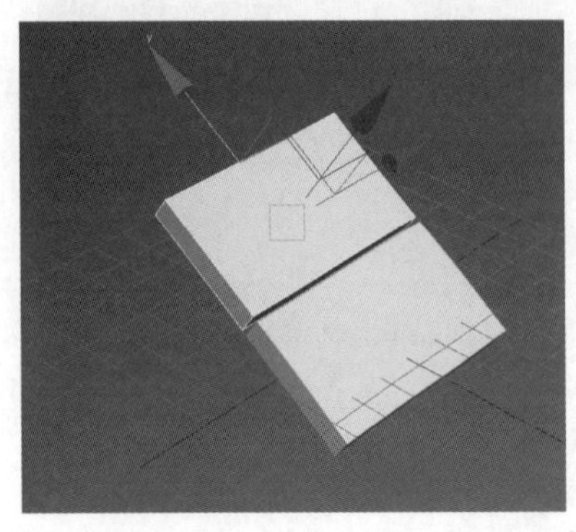

图 2.47 局部坐标系

步骤 5：切换到局部坐标系。如果创建的对象是倾斜的、有角度的，这时切换到局部坐标系就会很方便。可以通过视图打开局部坐标系，此时环形轴心点与该对象垂直，这样就可以很方便地去移动或者缩放、旋转对象，如图 2.47 所示。

步骤 6：单个和多个对象旋转。单个对象旋转时，默认状态下是以创建对象时的轴心点来进行旋转或者变换的。正常情况下，当选择多个对象时，会自动切换到选择中心。所谓选择中心，就是两个对象的公共中心部位。按下“E”键进行旋转的同时按住“Shift”键，可以看到轴心点就在两个对象的中间。可以通过“A”键来打开锁定角度按钮，切换到 90°。将其旋转 90°，即可得到对称复制出来的对象，如图 2.48 所示。

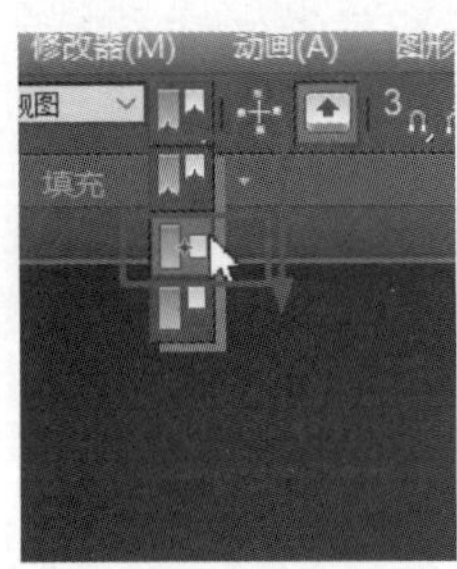

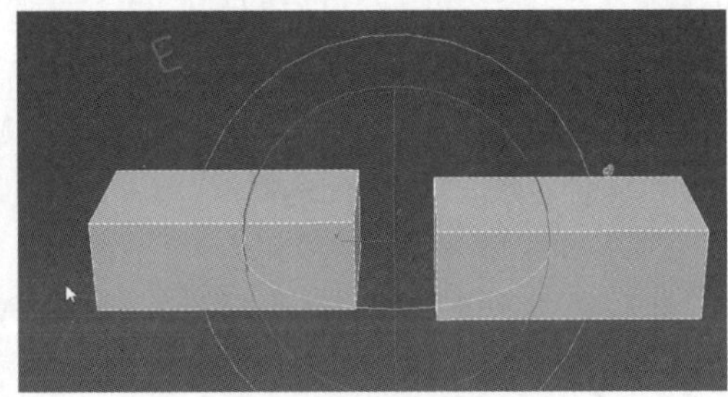

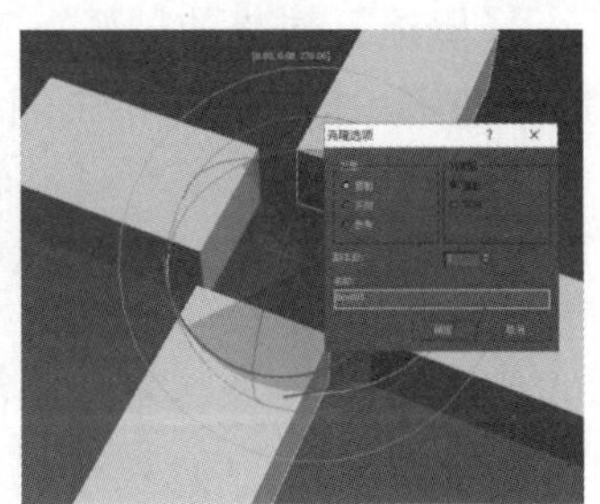

图 2.48 多个对象旋转

步骤 7：通过改变轴心点的多个对象旋转。进行多个对象的旋转时，先让各个对象自身来旋转，而不是通过公共的选择中心来旋转，这样就会改变对象的轴心点。首先选择对象，然后改到轴中心，这样就可以自身的轴中心来进行旋转。通过改变轴心点的多个对象旋转，如图 2.49 所示。

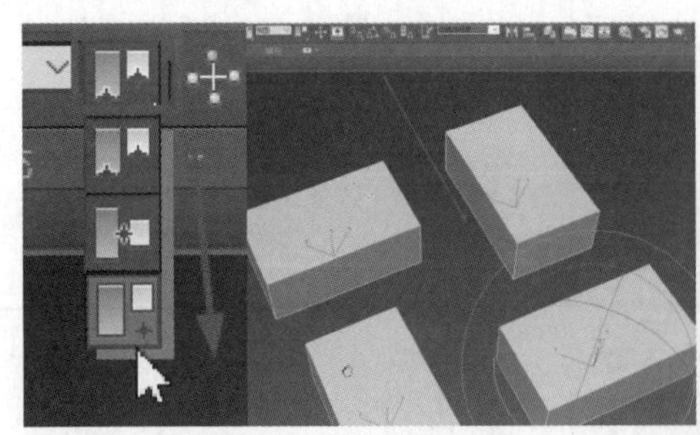

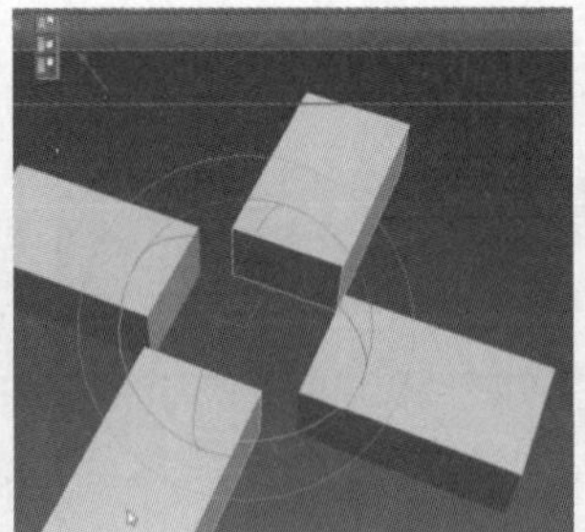

图 2.49 改变轴心点的多个对象旋转

步骤 8：轴心点的选择。轴心点分为以下三种状况：一是以世界坐标原点为轴心点；二是以自身为轴心点；三是以选择中心为轴心点。但是，如果多个对象或者单个对象以世界坐标原点为轴心点，将其改为“使用变换坐标中心”，这时就以世界坐标的原点为轴心点了。建模时为了方便使用轴心点，通常会将对象移动到世界坐标的原点来进行操作，如图 2.50 所示。

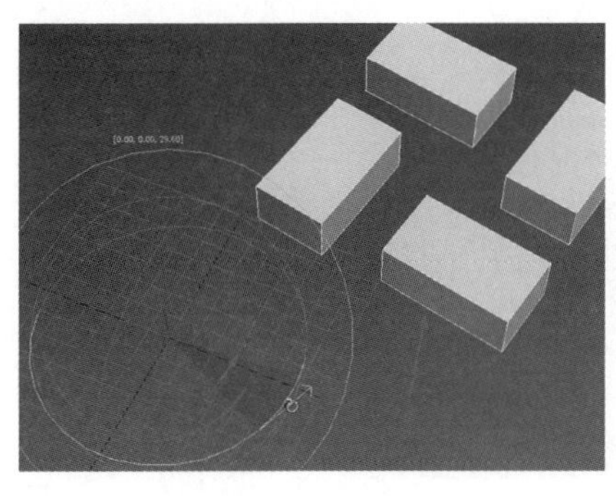

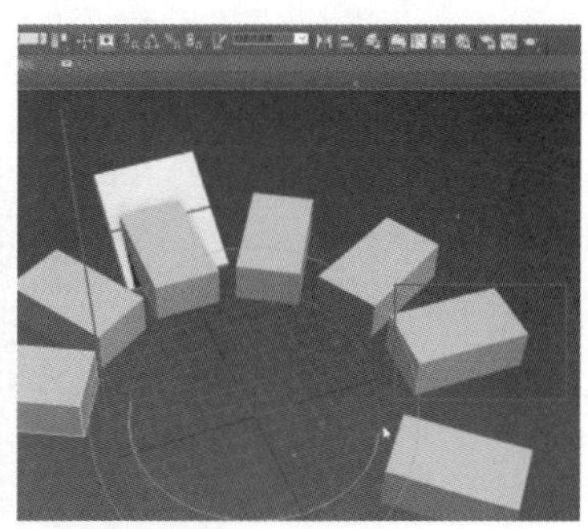

图 2.50　轴心点的三种状况

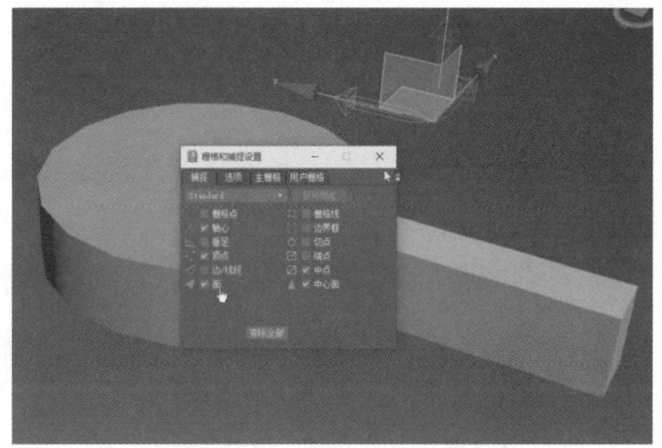

图 2.51　创建圆柱体和长方体

步骤 9：层次命令仅影响轴。选择层次命令，弹出专门用来调整轴的对话框，勾选“仅影响轴”，此时便只能移动轴。对象的轴心点位置修改完毕后，就可以退出“仅影响轴”，这样就可以通过移动旋转的命令来改变轴心点的位置。

步骤 10：创建对象。创建一个圆柱体，在该圆柱体上再创建一个长方体，如图 2.51 所示。

步骤 11：编辑工作轴。所创建的对象的轴心点在圆柱体的中心部位。如果要求该长方体围绕圆柱体转一圈，应该如何旋转该对象的轴呢？最简单的方法是通过轴心点的命令将轴移上去。其实可以使用命令“编辑工作轴”。首先，在层次面板中选择“编辑工作轴”，用捕捉命令把轴心点移到圆柱体的中心部位；然后勾选“使用工作轴”，此时无论在任何状态下，该对象都是以该对象的轴为中心了，如图 2.52 所示。按住“E”键再进行对象旋转时，就可以直接使用该旋转轴来控制对象，多复制几个，即可得到如图 2.53 所示的对象，而无须通过拾取坐标系来拾取对象。

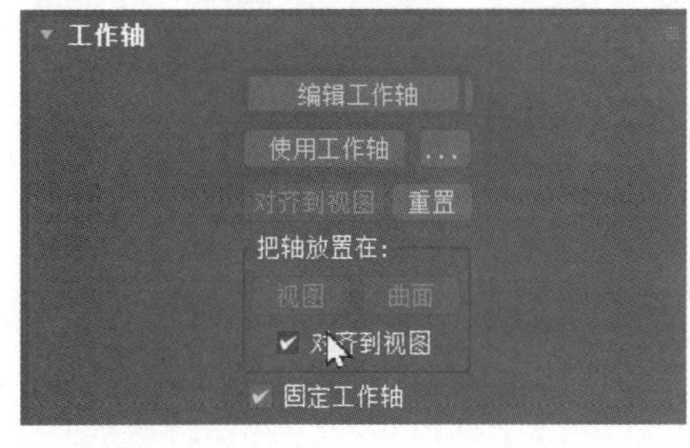

图 2.52　使用工作轴

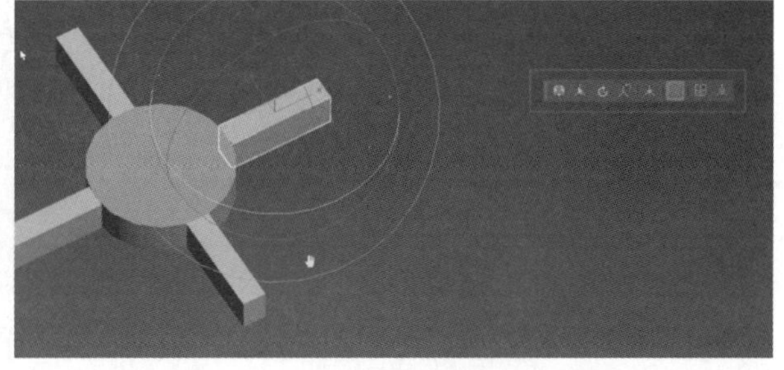

图 2.53　使用工作轴实例

步骤 12：捕捉工具轴。创建一个圆锥体，将其面改到只有三个。如果要迎着某个面进行对象移动时，无论是视图坐标系还是局部坐标系，都是一样的，因为其本质是圆锥体，轴心点在其底部的中间部位。如果需要圆锥做垂直于侧面的运动，就要打开“捕捉工作轴工具”，如图 2.54 所示。

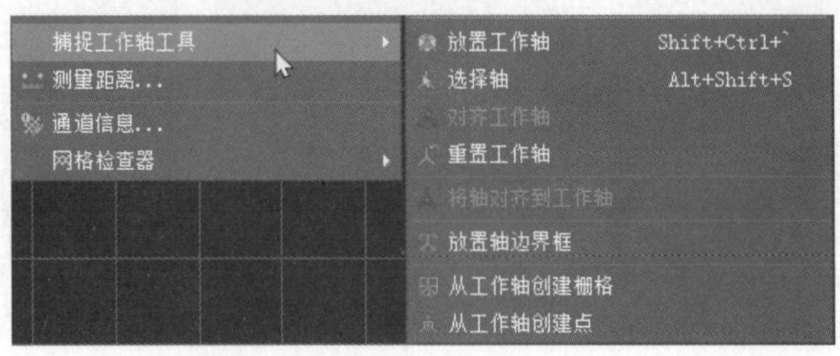

图 2.54 打开“捕捉工作轴”工具

步骤 13：放置工作轴。勾选“放置工作轴”，此时对象的参考坐标系会自动切换到工作坐标系，如图 2.55 所示。此时，在选择的对象上会出现一条绿色的法线，该法线在这个面的垂直方向。如此该工作轴就会移动到圆锥体的侧面来进行变换操作，变换的方向不是平行方向，而是迎着该圆锥体侧面的垂直方向。这样就可以直接移动对象到垂直面，进行对象的工作轴放置工作。

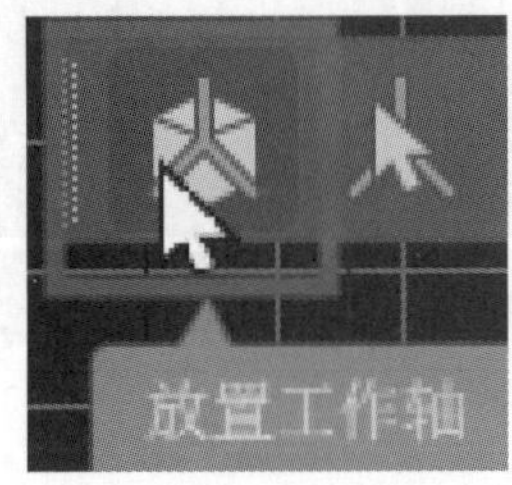

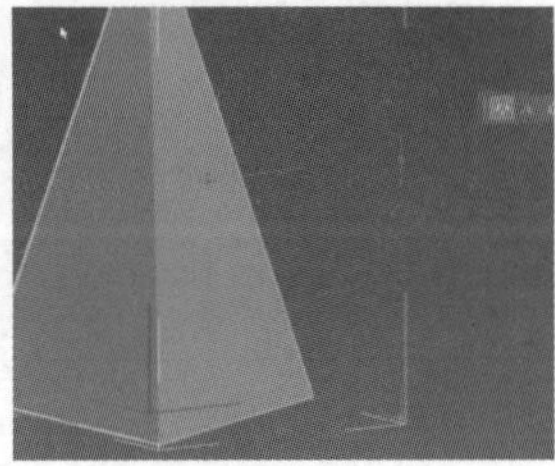
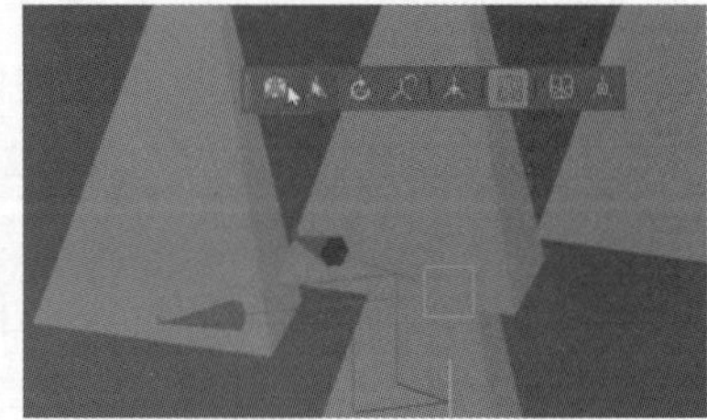

图 2.55 切换到工作坐标系

【小结】 通过本实验可以认识对象的轴心点，了解编辑工作轴和捕捉工具轴的使用，并初步使用对象的轴心点。可以根据对象的不同编辑方向，随时随地用不同的方法来改变对象的轴，从而影响对象的操作。

【拓展作业】 根据如图 2.56 所示的图片完成拓展练习。

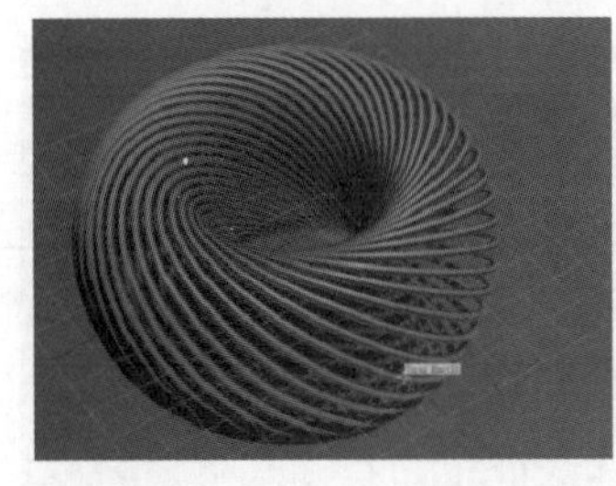
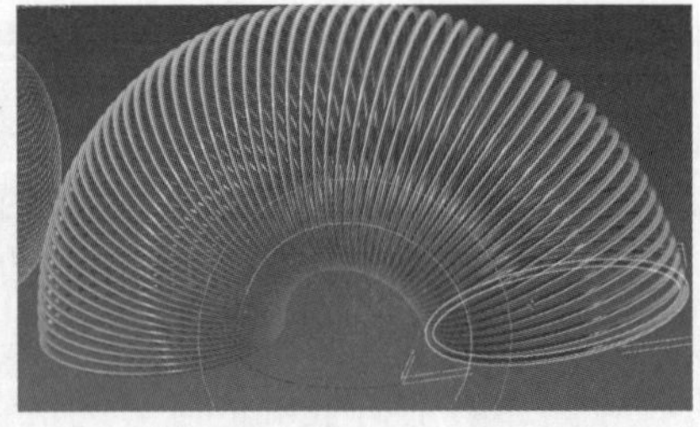
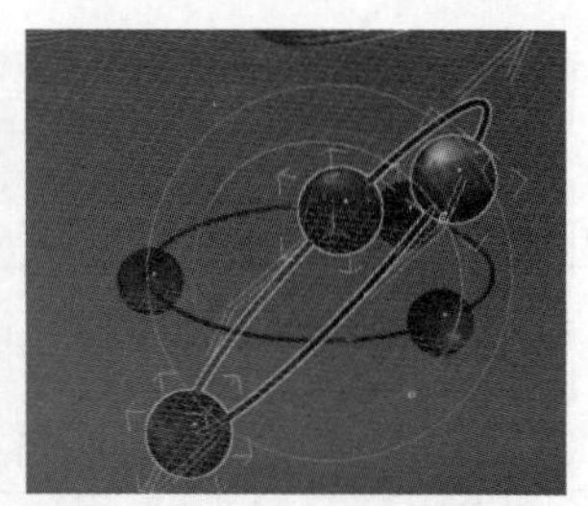

图 2.56 拓展作业——对象的轴心点

实验 2.8 对 象 的 捕 捉 

【概述】 在创建和变换对象时，可以捕捉几何体的特定部分。捕捉工具可以更好地在三维空间中锁定需要的位置。当对象与指定的捕捉位置足够近时，对象会自动捕捉到该位置。

【知识要点】 了解对象捕捉的类型，掌握捕捉命令的基本用法和操作步骤，并将其应用于三维制图。

【操作步骤】

步骤 1：创建对象并旋转。创建一个立方体，对它进行阵列处理，这样便创建好了一个对象。全部选中该对象，对其进行旋转。对象旋转默认的捕捉方式是 5°。如果选择按 45°旋转，则每转动一次就是 45°，这就是对每次旋转角度的控制，如图 2.57 所示。

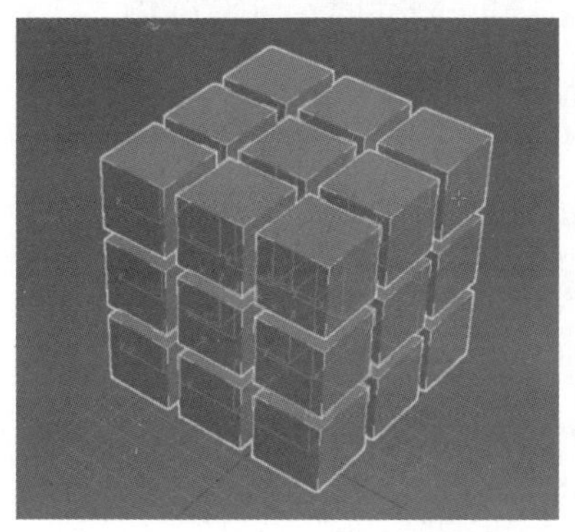

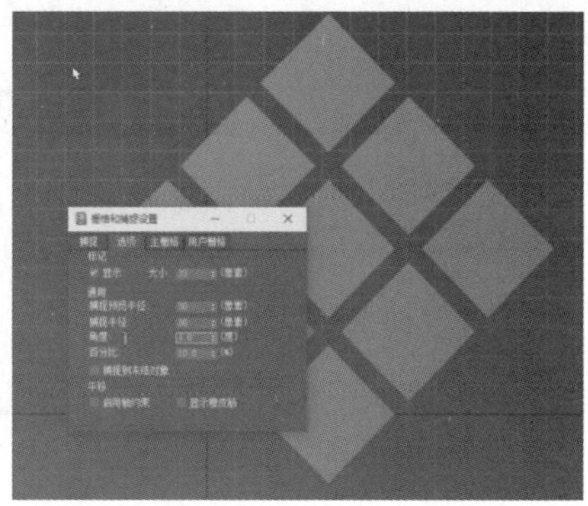

图 2.57　对象的旋转

步骤 2：对象的缩放。如果要对该对象进行缩放，可以锁定缩放百分比。当锁定缩放百分比时，可以使用缩放命令选择对象，这样每次缩放都是按百分比进行的。例如，在对应输入框中输入数值 10，那么每次都是以 10%的比例来增加或缩小；如果以 50%的比例放大，只要对应输入 50 即可，如图 2.58 所示。

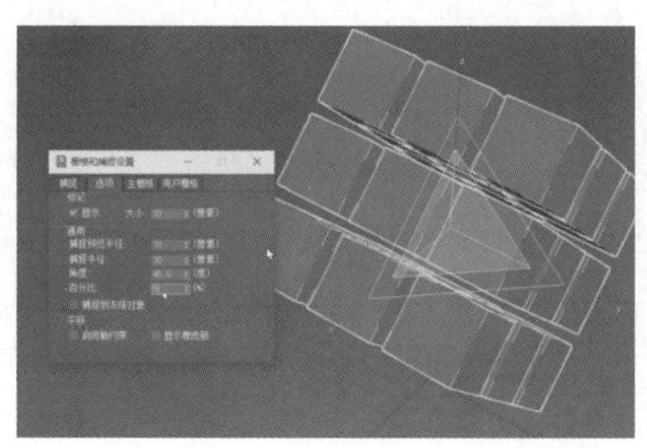

图 2.58　对象的缩放

步骤 3：使用“点”捕捉方式。在移动过程中如何捕捉对象？首先创建几个立方体，对其中一个立方体增加分段数。要想将一个对象移动到另外一个对象所需要的位置上去，通常可以使用移动命令或者对齐命令，但是它们缺乏精确度，不能很精确地一步到位，这时就可以使用对象的捕捉。首先选择三维捕捉，点击右键，选择捕捉方式，如选择“点”捕捉方式，当把对象移动到点附近时，它就自动被吸附过去，这样被移动对象的点和目标对象的点会完全重合但不会进行旋转。

步骤 4：使用“边”捕捉方式。使用“点”捕捉方式不方便，或者不需要用“点”捕捉方式时，就去掉“点”而改选“边或线段”，选择该对象的边后就可以捕捉到对象边，把边拖到另外一个对象的边上去，如图 2.59 所示。

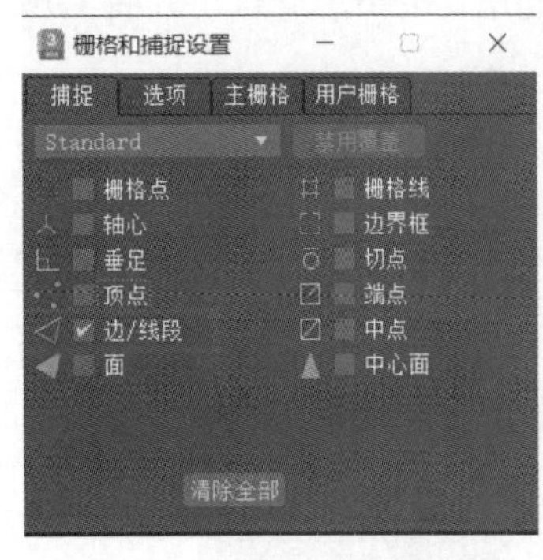

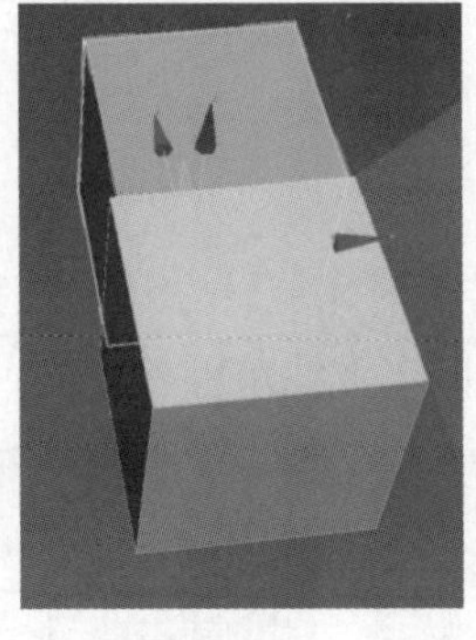

图 2.59　使用“边”捕捉方式

步骤 5：使用“面”捕捉方式。如果不使用“边”而使用“面”捕捉方式，只要勾选“面”即可。

步骤 6：使用“中点”捕捉方式。勾起边的中点，这时选择的边就是边的中点。每个面也有中点。

步骤 7：使用“轴心”捕捉范式。创建两个不同大小的圆环，若想将这两个对象对齐，由于它们的大小不一样，通过“点”和“边”捕捉方式都很难做到，则可以使用“轴心”捕捉方式。首先选择“轴心”，然后选择其中一个对象，利用移动命令将其拖动到另外一个对象上，选择对象的另外一个轴心，即可将这两个对象对齐，如图 2.60 所示。

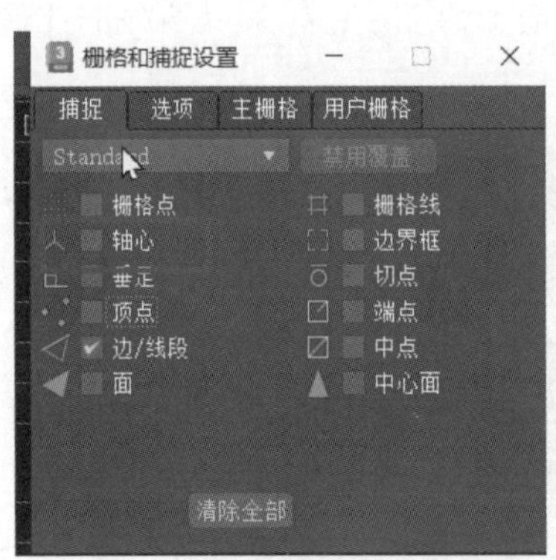

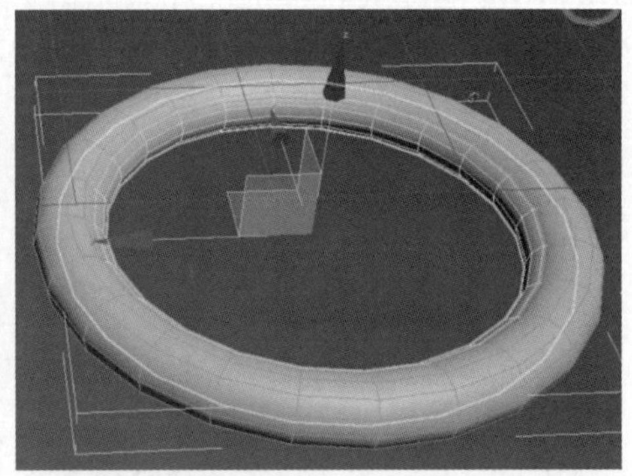

图 2.60　使用“轴心”捕捉方式

⚠ 对齐一些不规则的对象，无须去选择它的顶点，只要靠近它，如只想看见最外面，但不知道外面的具体哪一个点，此时只要使用“边界框”捕捉方式即可。

步骤 8：使用“垂足”“切点”和“中点”。首先创建一条线，如果想要画与其垂直的另一条线，但不知垂足在哪里，就可以打开该对象的捕捉设置，勾选“垂足”。“垂足”用来捕捉线的垂足点。当绘制一条垂直于另一条线的线时，它会提示垂直点在何处，这样就可以很精确地找到垂足。【切点】用来捕捉样条曲线上的相切点。有圆的对象或者有弧度的对象才会有切点。例如，创建一条线，首先打开设置勾选“切点”，画线时通过顶视图会比较精确一点。

“中点”指线上的中间点，就是对象的中间点。使用“垂足”“切点”和“中点”，如图 2.61 所示。

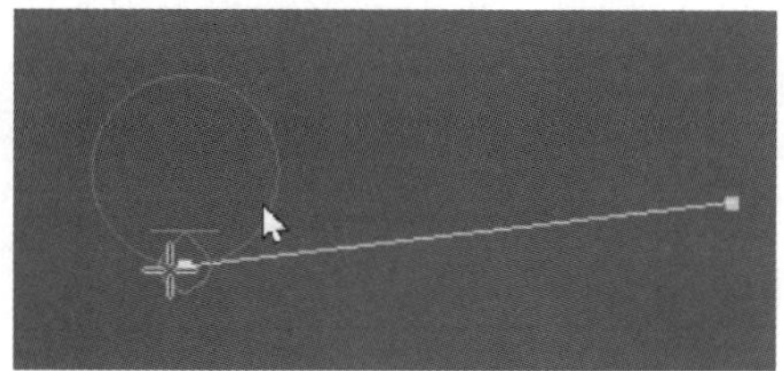
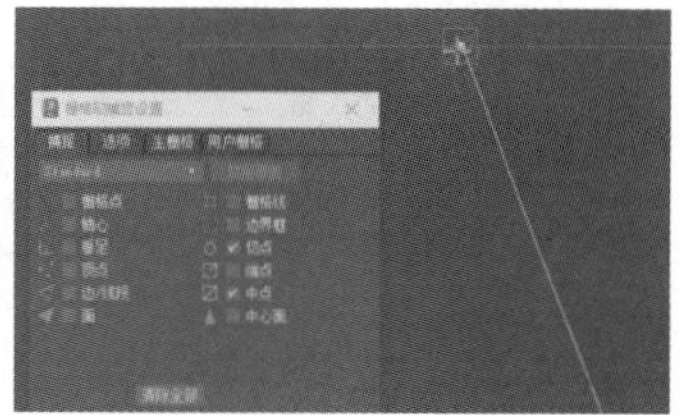

图 2.61　使用“垂足”“切点”和“中点”

步骤 9：捕捉到冻结对象。绘制图形的线条时，往往会有底图，若冻结当前选择，则无法实现捕捉这时可以采用“捕捉到冻结对象”。通常情况下，如果对象被冻结则不能进行捕捉，但若勾选“捕捉到冻结对象”选项，则可以捕捉冻结的对象。

步骤 10：2.5 维绘图。打开 2.5 维捕捉，对于不同平面的对象能正常捕捉，但它所确定的对象的点都在平面上。其好处在于，绘制二维线条时不会发生错位，也就是不会画到其他不同高度的平面上去，如图 2.62 所示。

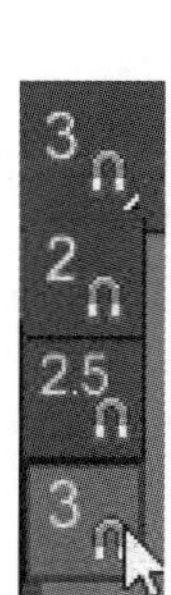

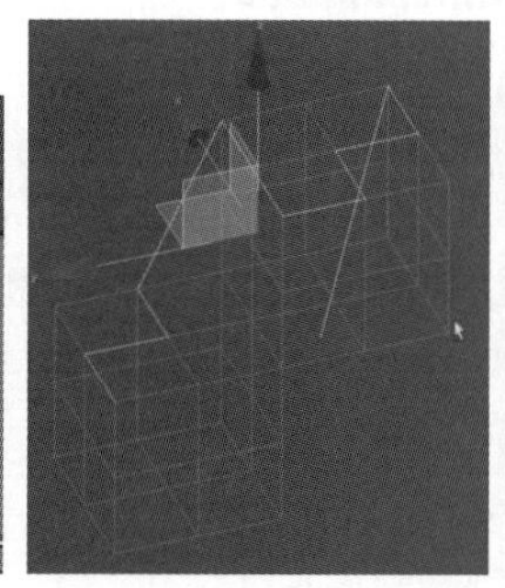
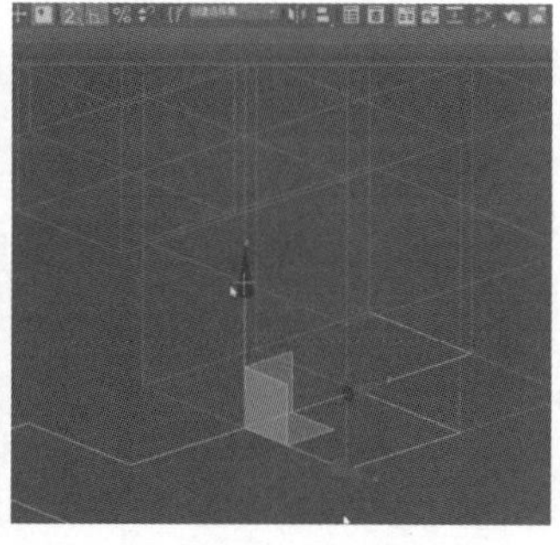
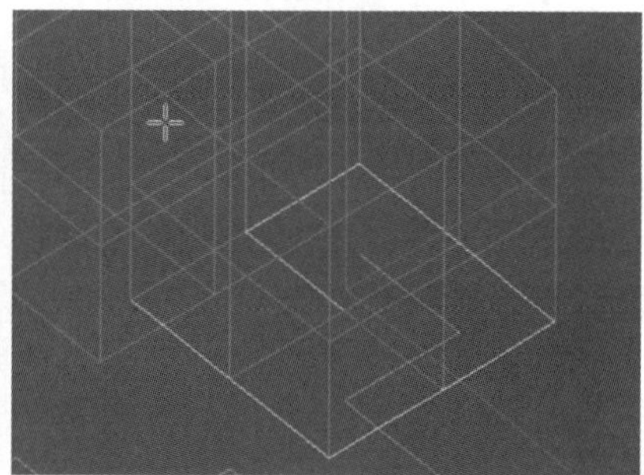

图 2.62　2.5 维绘图

⚠ 在主工具栏中按住“捕捉开关”按钮不放，即可看到 2 维、2.5 维和 3 维三种捕捉类型。“2 维”捕捉：仅捕捉当前视图栅格平面上的对象，包括栅格本身和栅格平面上的二维对象，Z 轴或竖直方向上的点被忽略。2 维捕捉通常用于平面图形的捕捉。“2.5 维”捕捉：除了捕捉位于栅格平面上的二维对象外，还可捕捉三维空间的对象，但捕捉效果却是对象在栅格平面上的投影。这就很像在一块透明玻璃板上描绘其后面的三维对象，即将三维对象描述成二维图形。“3 维”捕捉：这是 3ds Max 中的默认设置，它可以捕捉到三维空间的任意点，而不考虑栅格平面。

【小结】 本实验介绍了捕捉命令的基本用法，其在绘图过程中非常有用且比其他命令方便。其缺点是对象捕捉后自身并没有发生旋转变化。

实验 2.9　沙　发 

【概述】 本实验主要通过制作简单的沙发来介绍基本体的参数设置，通过对象的复制、移动、旋转来帮助读者巩固前面所掌握的基础知识。沙发模型虽然简单，但也是制作复杂模型的基础。在建立基本体的基础上，通过对不同尺寸的基本体的合理排布，做出现实生活中常见的模型，加强读者对 3ds Max 的理解，拓展读者的想象力，为之后的学习打下基础。

【知识要点】 掌握基本体的创建方法，以及基本体的复制和编辑变换。

【操作步骤】

步骤 1：创建切角长方体。按前述方法创建切角长方体，调整其参数如尺寸、圆角等，如图 2.63 所示。

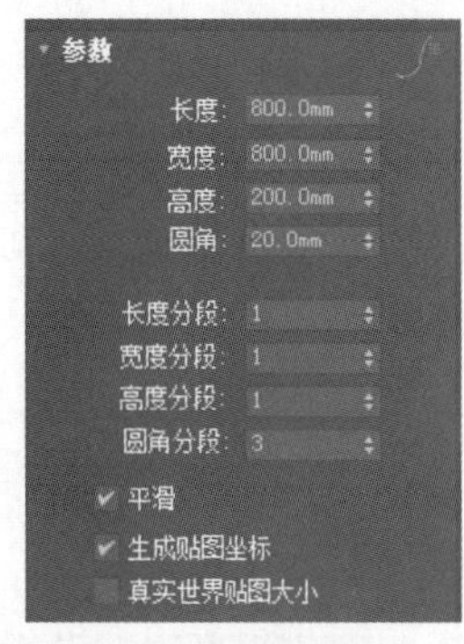

图 2.63 创建切角长方体

步骤 2：复制切角长方体并对齐。选中已创建好的长方体，按下移动快捷键“W”，再按下“Shift”键并拖动物体进行复制，在跳出的选择框中选择“复制”（不要选择“实例”，否则改变一个物体另一个实例物体也会随之改变），复制出另一个切角长方体。选择其中一个立方体并按快捷键“Alt+A”，再选择另一个切角长方体，使其紧靠在一起。复制切角长方体并对齐如图 2.64 所示。

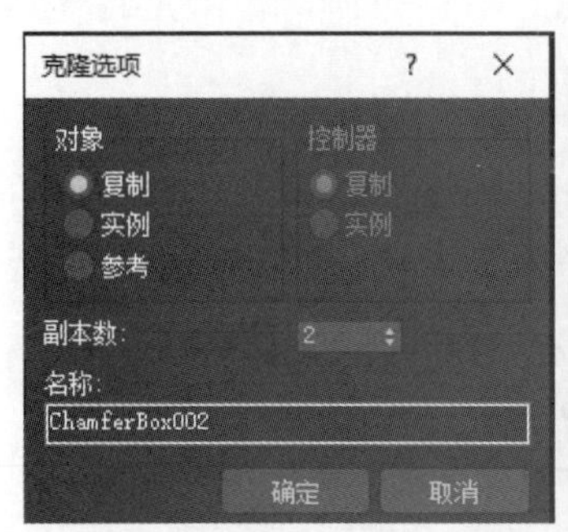

图 2.64 复制切角长方体并对齐

步骤 3：再次复制切角长方体并对齐。再次复制出一个切角长方体，在编辑面板下调整其高度、长度至与参考图类似，宽度为第一个切角长方体宽度的两倍，并使用对齐命令使其贴平，如图 2.65 所示。

步骤 4：制作沙发靠背并对齐。复制一个切角长方体，编辑其参数，使其长度等于前后两个切角长方体长度之和，调整其宽度、高度与参考图类似，并使用对齐命令使其与其他切角长方体对齐。靠背对齐效果如图 2.66 所示。

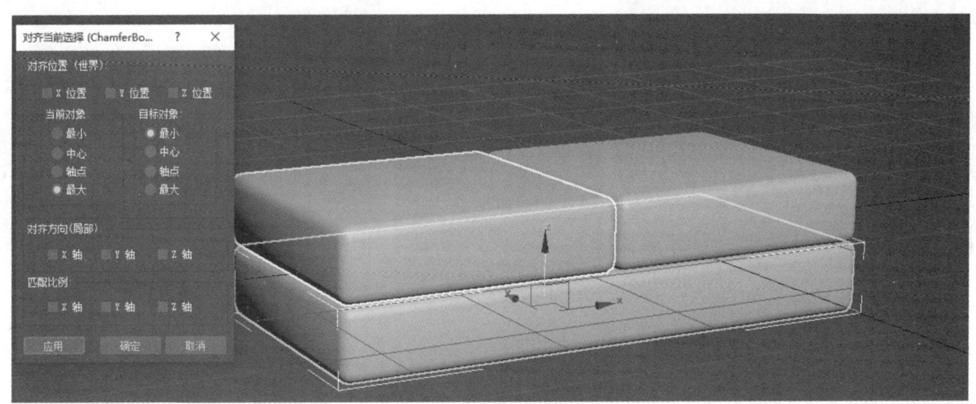

图 2.65　对齐后效果

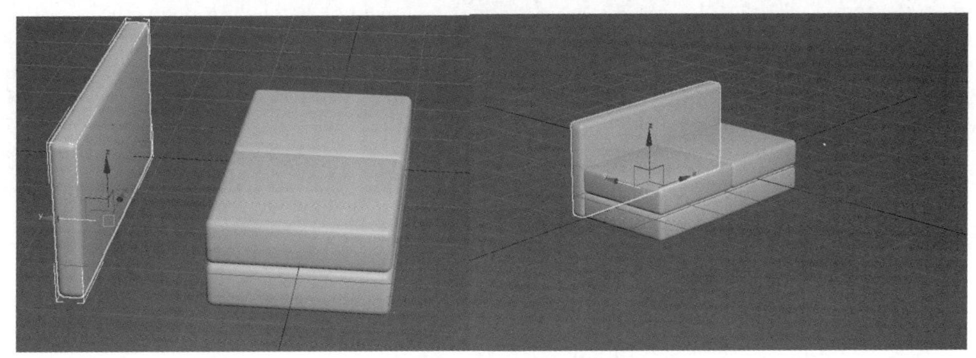

图 2.66　沙发靠背对齐效果

步骤 5：制作沙发扶手并对齐。实例复制该切角长方体，制作沙发的一边扶手。利用上述复制方法，制作沙发的另一边扶手，并对其高度、宽度利用修改列表进行更改。若扶手是比较复杂的形体，若只采用复制方法或许不方便，要使用镜像工具才可以达到效果。制作沙发扶手并对齐如图 2.67 所示。

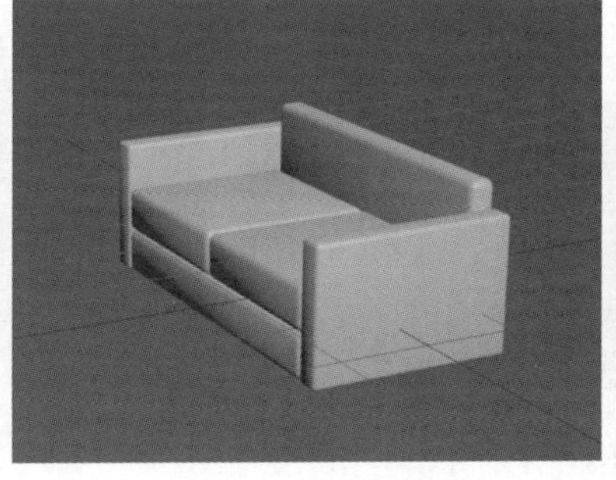
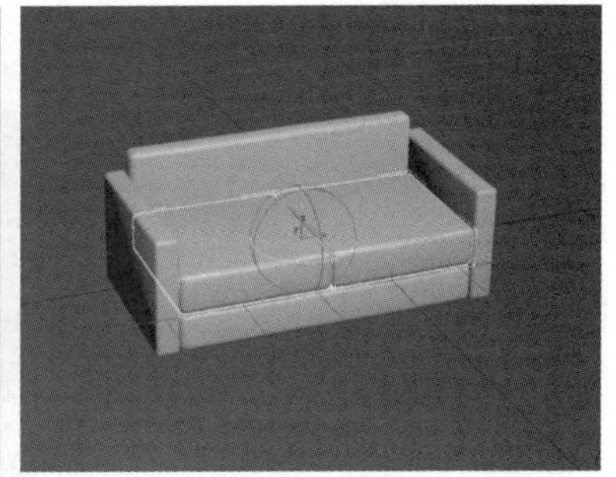

图 2.67　制作沙发扶手并对齐

步骤 6：制作沙发靠垫并安置。按下旋转快捷键“E”，选择最下方的切角长方体，再按下复制快捷键“Shift”对某一个方向进行旋转复制，得到形状后按下移动快捷键“W”进行位置调整，如图 2.68 所示。

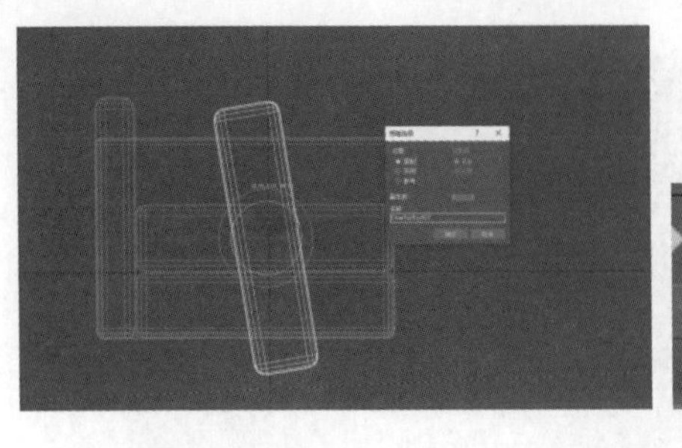

图 2.68 制作沙发靠垫并安置

步骤 7：制作沙发底座并对齐。选择标准基本体中的长方体，在顶视图下边缘内侧进行创建，并使用对齐工具进行对齐，如图 2.69 所示。

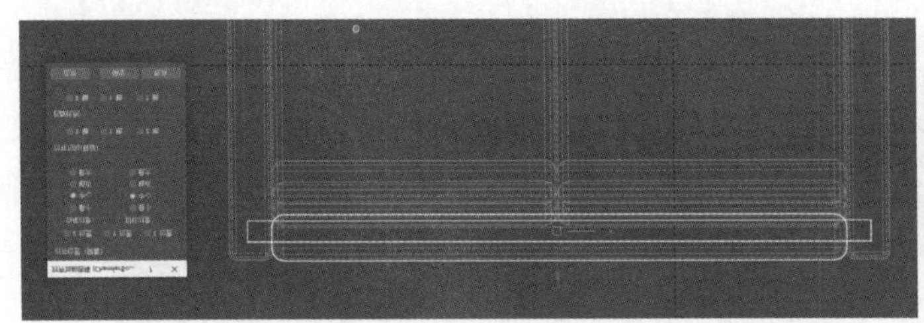
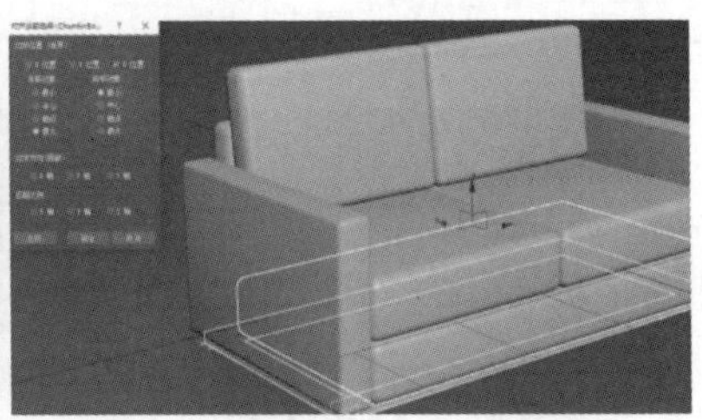

图 2.69 制作沙发底座并对齐

步骤 8：调整参数和颜色。回到透视视图，选中四个长方体调整高度，使用对齐命令将其对齐。然后调整颜色使其与沙发颜色区分开。

步骤 9：创建带倒角的圆柱体。选择扩展基本体，创建切角圆柱体（同时勾选“自动栅格”）并修改分段数，然后将其放置到底部长方体上；在长方体组成的框的拐角创建圆柱体，在其余三个角实例复制该圆柱体，如图 2.70 所示。

步骤 10：放置底座圆柱体。选中长方形底座框与四个圆柱体，按快捷键“Alt+Q”隐藏其他对象，在透视视图下将四个圆柱体与长方形底座框贴平，调整至合适高度，如图 2.71 所示。

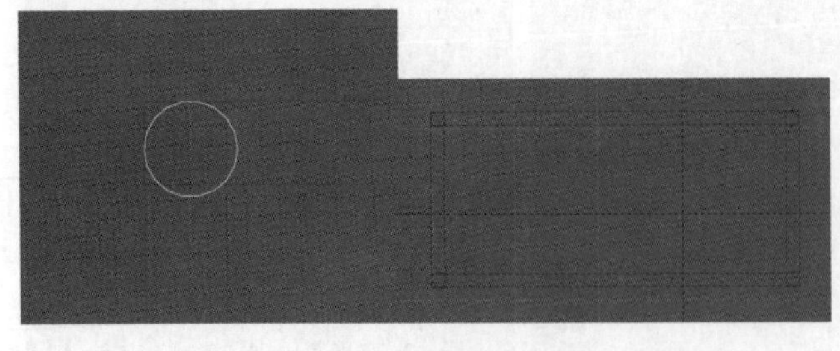

图 2.70 创建切角圆柱体

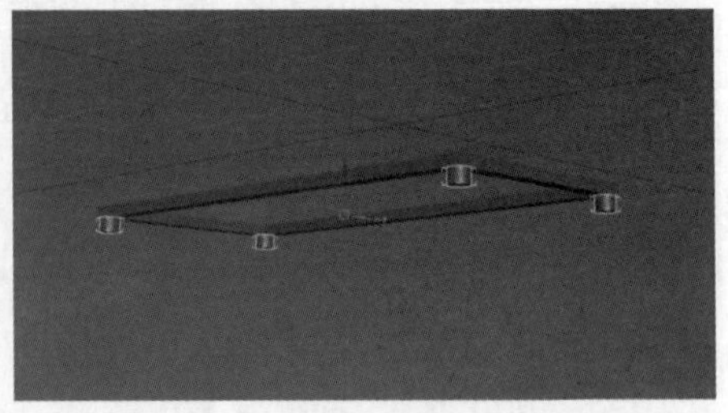

图 2.71 放置底座圆柱体

步骤 11：创建长圆枕并对齐。按“L”键进入左视图，按“F3”键打开线框视图。在扩展基本体中选择切角圆柱体进行创建。在透视视图下调整切角圆柱体高度为下方切角长方体宽度的两倍，将圆角与圆角分段调整至合适数值，使用对齐命令进行对齐。创建长圆枕并对齐如图 2.72 所示。

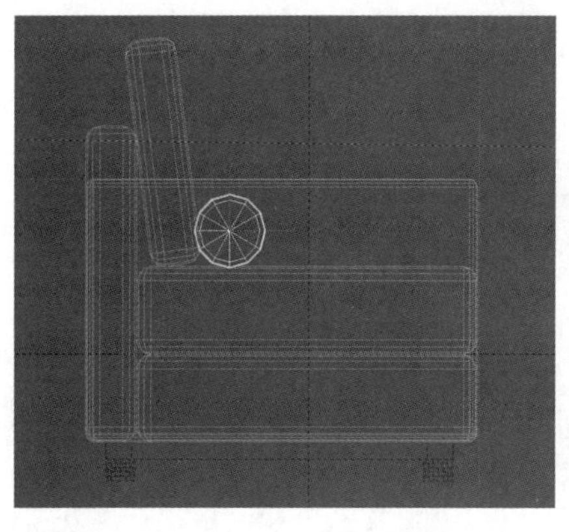
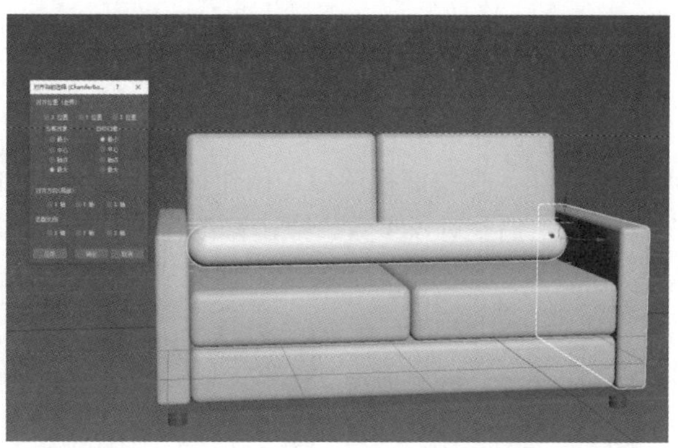

图 2.72　创建长圆枕并对齐

步骤 12：成组。选择所有对象，点击“组→成组”并命名（防止物件丢失），最后点击保存。

⚠ 创建对象时勾选“自动栅格”是为了方便地把物体放置到其他对象上。如果不使用“自动栅格”，对象就会创建在其他位置。在进行沙发靠垫这种参数属性相同而只有位置不同的物体的复制时可以使用实例复制，便于复制后对同类参数进行统一修改。若要修改成组后的某个物体，可在菜单栏点击“组”，选择“打开”即可修改某个物体。

【小结】 本实验通过简单的沙发建模介绍了 3ds Max 中基本体的创建与编辑，同时使用了复制、对齐与视角切换功能，以加深读者对 3ds Max 基本操作的了解，便于逐渐深入地学习 3ds Max 的其他功能。掌握快捷键也是本实验的重要内容，精准又快速地建模离不开快捷键的灵活使用，唯有多练习，才能熟练掌握这些基本功能的快捷键。

【拓展作业】 根据如图 2.73 所示的图片完成拓展练习。

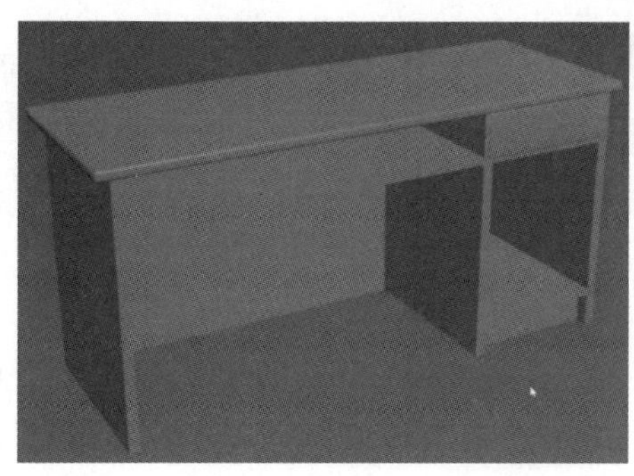

图 2.73　拓展作业——书桌和柜子

实验 2.10　吧　台　凳　子

【概述】 利用 3ds Max 软件工具制作吧台凳子，主要是通过对标准基本体和扩展基本体的编辑，以及对对象的复制、阵列等操作进行简单建模，其目的仍是巩固前面讲过的基础知识，并且灵活运用各种组件和快捷键，以增加对 3ds Max 的熟练程度和应用能力。

【知识要点】 学会灵活地运用复制、对齐和捕捉工具命令。

【操作步骤】

步骤 1：创建切角圆柱体。打开 3ds Max 软件，新建一个场景，按快捷键“Alt+W”，切换到透视视角。调整好视图后，创建切角圆柱体，如图 2.74 所示。

步骤 2：调整对象参数。点击修改命令，调整对象的半径、高度、圆角、圆角分段、边数（使边缘更加圆滑）等参数，使其成为自己所需的切角圆柱体，如图 2.75 所示。

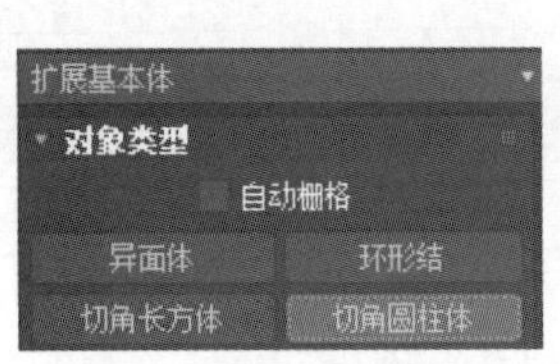

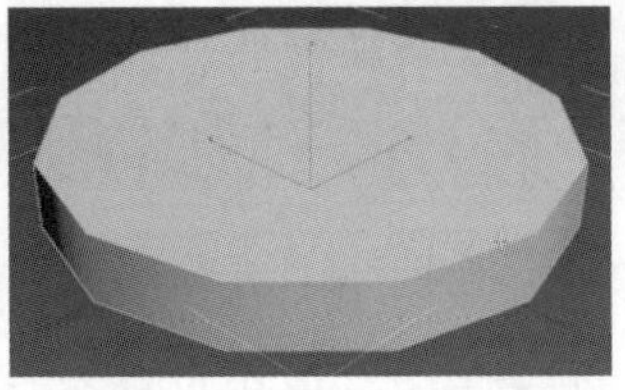

图 2.74 创建切角圆柱体

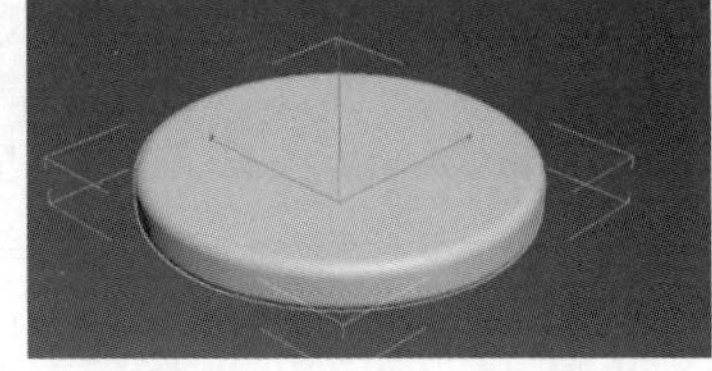

图 2.75 经过调整的切角圆柱体

步骤 3：创建圆环。选择标准基本体，点击“圆环”按钮，创建一个圆环。点击修改命令，开始调整圆环的参数（半径、边数等），直到自己满意，并将圆环与切角圆柱体对齐，如图 2.76 所示。首先选中两个物体，出现对齐命令对话框。根据要对齐的位置，选中中心和 X、Y、Z 轴，点击应用，保证两个物体绝对对齐。对齐后继续上下调整，将圆环调整到适合的位置。按快捷键“F”切换成前视图，查看是否对齐到想要的位置，没有的话再进行调整。对齐后，如果觉得大小不匹配，即圆环或者切角圆柱体太大或太小，可以再次点击修改命令，回到修改界面进行大小调整。调整结束后，按“F”键切到前视图查看大小是否到位。

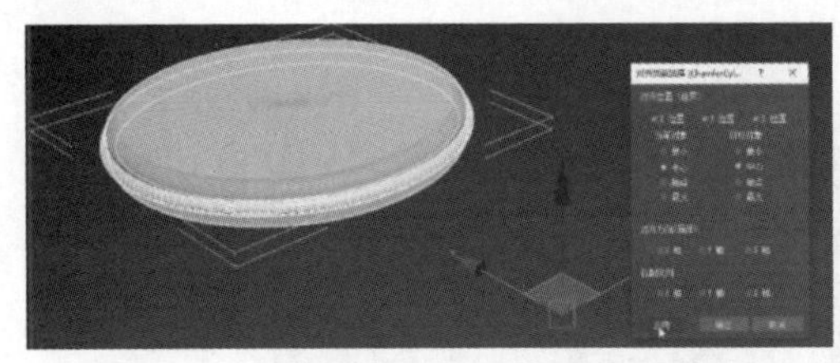
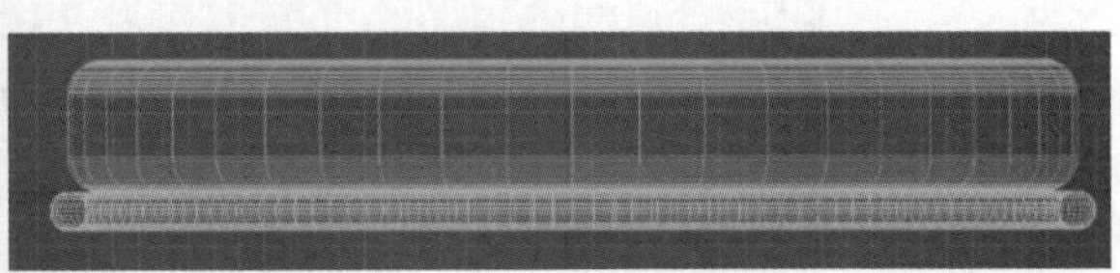

图 2.76 创建圆环并调整参数

步骤 4：创建圆柱体并调整位置和大小。首先选择标准基本体，找到“圆柱”选项。按快捷键“T”将视图切换到顶视图，点击“圆柱”按钮，在顶视图上创建圆柱体。按快捷键“F”切换到前视图，注意圆柱的高度。点击修改命令，将圆柱的高度调整到合适的尺寸。圆柱的半径要与圆环的半径相同。查看圆柱的位置是否正确，如果不满意则进行调整。创建圆柱体并调整位置和大小如图 2.77 所示。

步骤 5：创建圆柱体轴心。按快捷键“E”使用旋转命令，旋转完成以后，凳腿与坐垫形成一个角度。按快捷键“T”切回顶视图，选择视图中的拾取命令，点击切角圆柱体，此时切角圆柱体就成为视图坐标系命令中最下面的一个，点击视图旁边的中心点命令，选择最下面的一个，场景中圆柱体的轴心就会随着命令变到切角圆柱体的轴心位置，如图 2.78 所示。

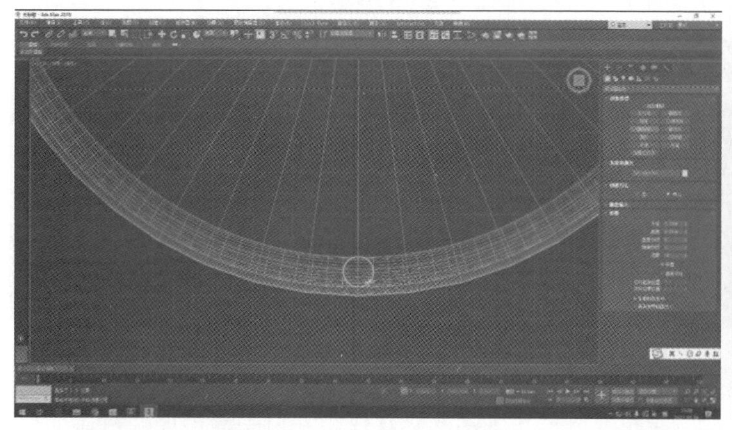
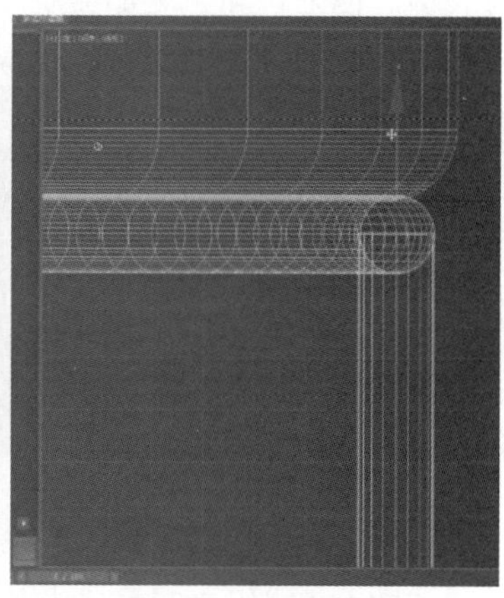

图 2.77　创建圆柱体并调整位置和大小

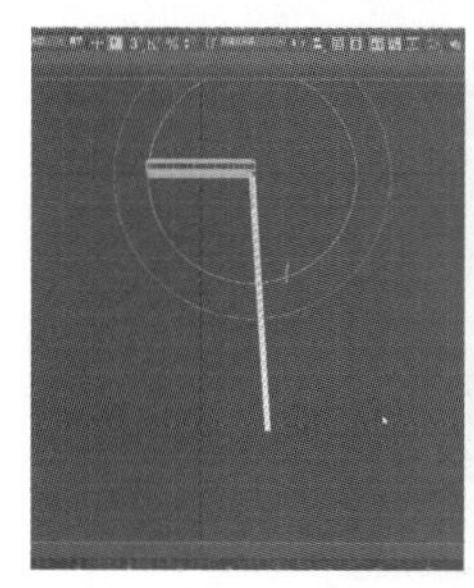
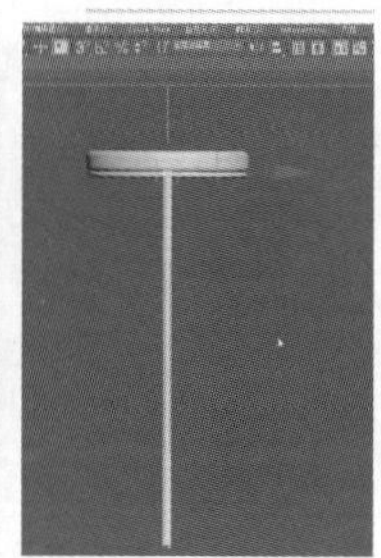
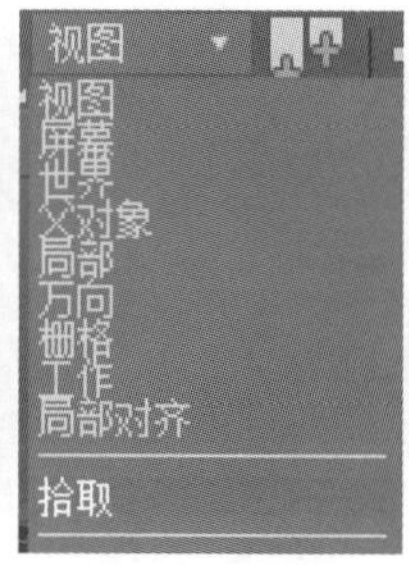

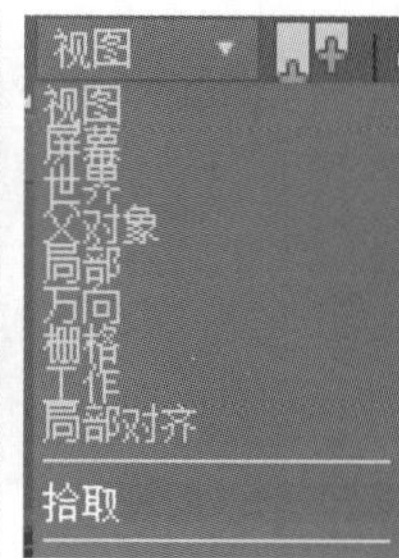

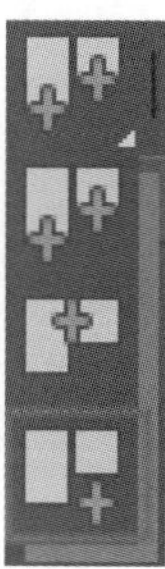

图 2.78　创建圆柱体轴心

步骤 6：复制凳腿。按住“Shift”键，对圆柱进行旋转复制。点击实例复制，输入需要复制的数量，点击确定，就可以成功复制出四个凳腿；将场景转到透视图，则可查看凳腿的效果，如图 2.79 所示。

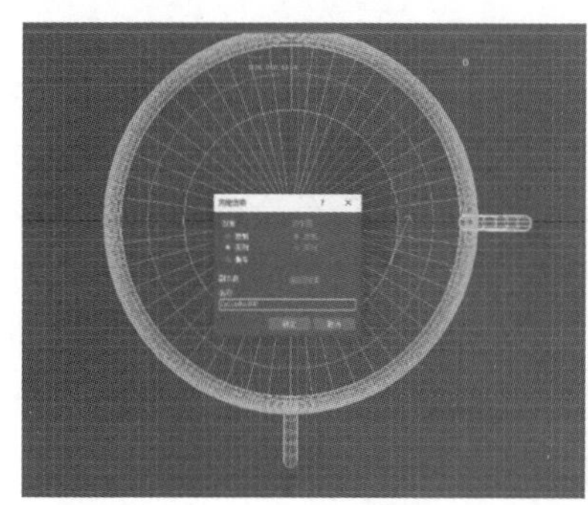
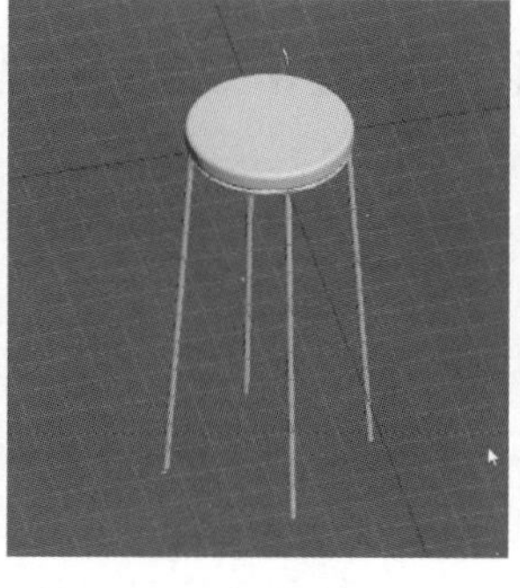
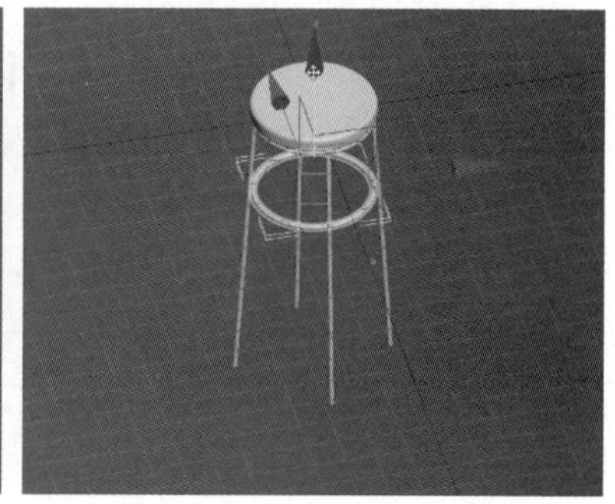

图 2.79　复制凳腿

步骤 7：制作环形装饰。选择圆环并按住“Shift”键进行复制，复制出来的圆环用作凳腿的连接部分。按快捷键“F”切换到前视图，在吧台凳子的最底部复制圆环，调整圆环的大小，使圆环能和凳腿的四边重合在一起。按住快捷键“Ctrl+W”，可以使局部放大，用来检查圆环是否与凳腿有重合，如若没有则需继续调整。还可以根据自己的喜好，在修改窗口中调整圆环的粗细、大小、高度。如果觉得太过简单，还可以使用移动命令，多复制几个圆环作为装饰，使吧台凳子更加美观生动。制作环形装饰如图 2.80 所示。

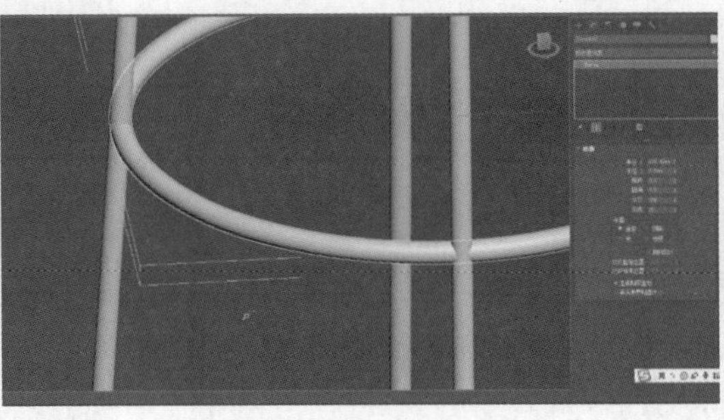
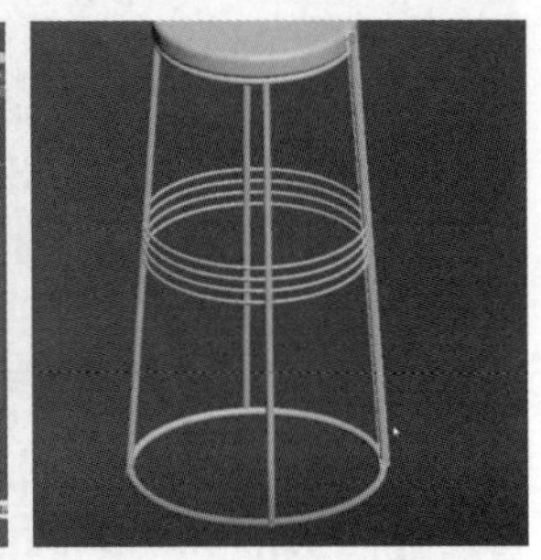

图 2.80　制作环形装饰

步骤 8：成组。在菜单中找到“组”命令，将选中的物体成组，以方便后期贴材质使用，如图 2.81 所示。

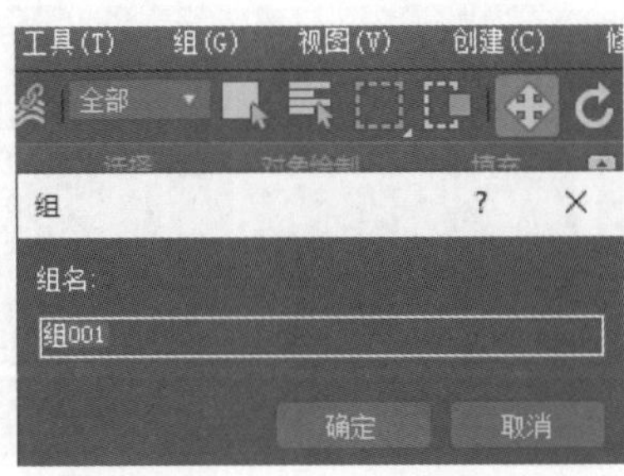

图 2.81　吧台凳子成组

【小结】 本实验介绍了对齐命令的使用方法。在吧台凳子的建模过程中，快捷键对建模速度的提高有着很大的作用；在建模的过程中，也可以发挥自己的创造力和想象力，对吧台凳子进行装饰。

实验 2.11　阵列魔方和 DNA 模型 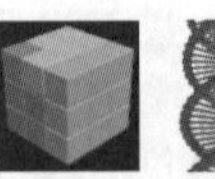

【概述】 在 3ds Max 场景中，有时需要进行大规模的复制操作，使几个简单的模型变成复杂的场景，这时就需要阵列复制。3ds Max 提供了专门用于克隆、精确变换和定位多组对象的一个或多个空间维度的工具——阵列复制。阵列复制可用来精确设置复制后物体之间的位置、角度和大小等方面的关系，适用于精确建模。阵列命令是用来快速、准确地复制对象的命令工具，可以根据对行数、列数、中心点的设定来将物体根据自己的意愿进行摆放和排布。在以固定的物体为中心复制物体时，阵列操作是首选。阵列魔方和 DNA 模型的建立过程可以很好地体现该功能的特点和优越性。复制操作虽然也可以完成阵列魔方和 DNA 模型，但是其准确度却远不如阵列。

【知识要点】 了解阵列按钮，掌握阵列复制的基本操作。

【操作步骤】

步骤 1：创建对象并设置参数。文件重置，打开一个场景，切换到透视视图，创建切角长方体，选择“立方体”，并设置数值和分段，如图 2.82 所示。

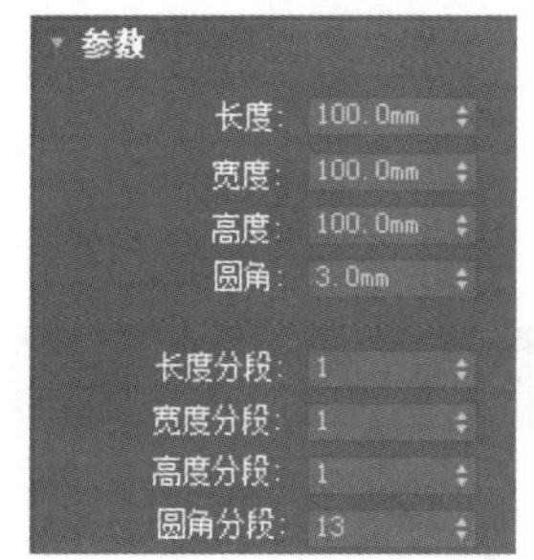
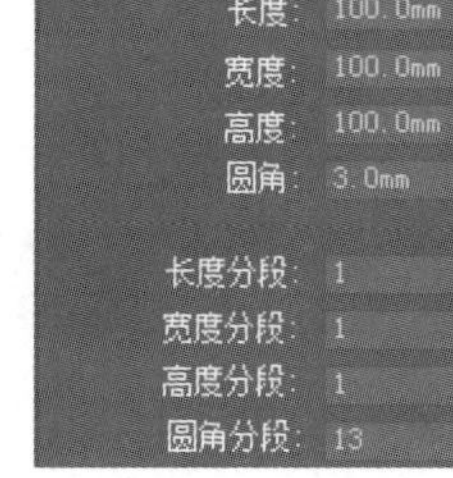

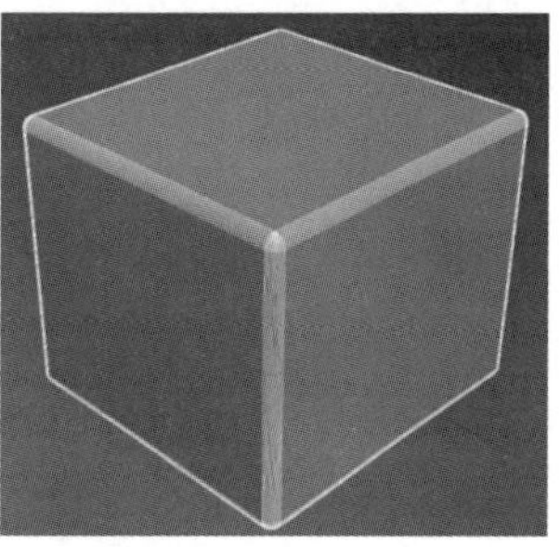

图 2.82 创建对象并设置参数

步骤 2：选择阵列设置。在工具栏空白处点击鼠标右键，在弹出的菜单中选择“附加→阵列”，在主工具栏中将出现“阵列”选项，此时选择对象后将出现阵列设置。

> ⚠ 在默认状态下，阵列按钮没有显示在主工具栏中，可以在需要时从“附加”选项中调出。通过快捷键“Alt+T+A”可打开阵列工具窗口。选中物体，通过菜单中“工具→阵列”也可调出阵列工具。阵列可以分为平行阵列、旋转阵列和缩放阵列。打开预览模式，阵列形式可以是矩形和环形；阵列变换总计栏中输入的数值可以为增量值，也可以为总量值；阵列复制有三种类型，即复制、关联复制和参考复制；阵列有三种维度，即一维、二维和三维。其中，一维阵列相当于在一条直线上，二维阵列是在一个平面上，而三维阵列可以理解为立体空间。设置好物体变换的增量或总量后，勾选 1D 数，在后面填入数值，即可得到在一维空间中阵列的物体。

步骤 3：X 轴设置。将阵列变换 X 轴的增量设置为 102mm，阵列维度 1D 设置为 3，如图 2.83 所示。

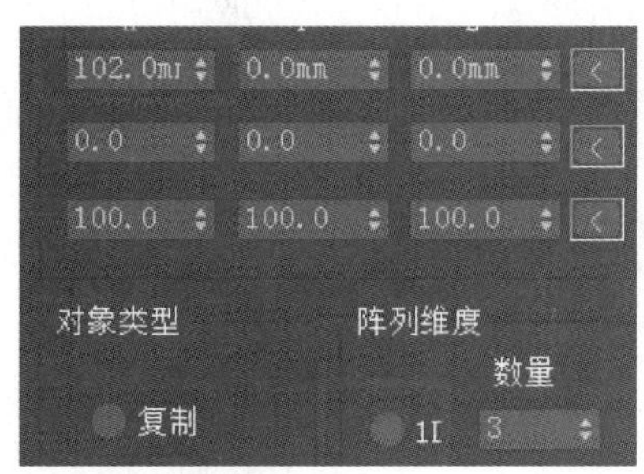

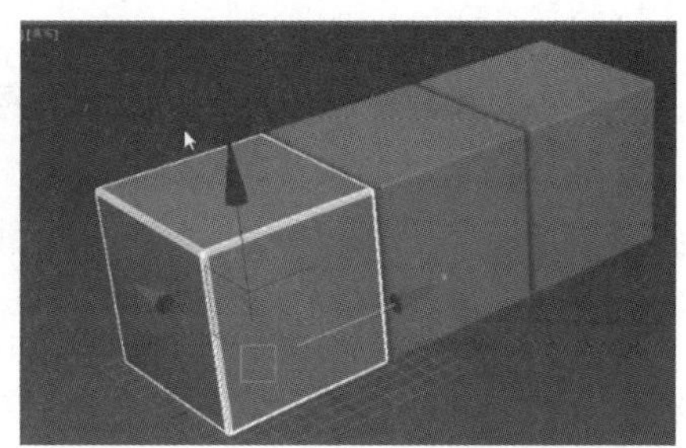

图 2.83 X 轴设置

步骤 4：Y 轴设置。阵列维度 2D 设置为 3，Y 轴的增量设置为 102mm，如图 2.84 所示。

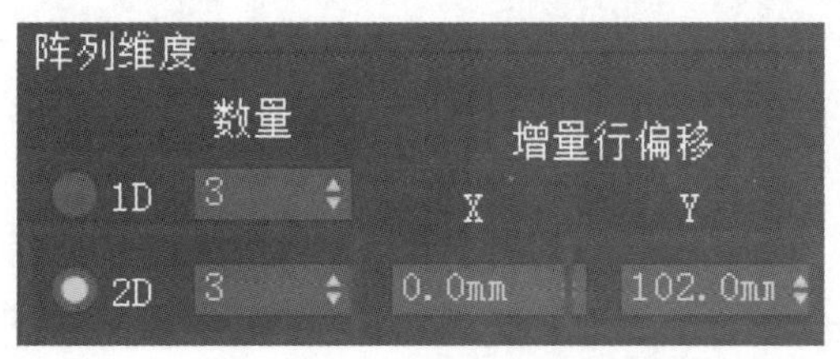

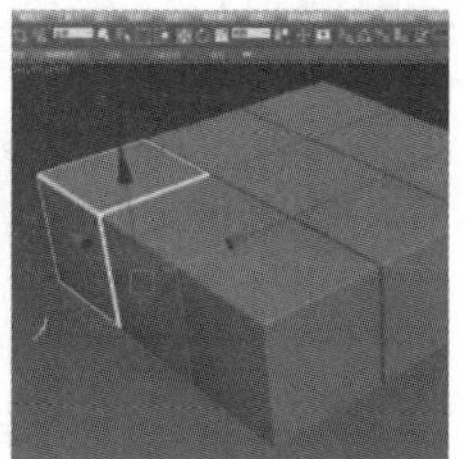

图 2.84 Y 轴设置

步骤 5：Z 轴设置。阵列变换 3D 设置为 3，Z 轴增量设置为 102mm，如图 2.85 所示。

图 2.85 Z 轴设置

步骤 6：调整颜色。如果要修改颜色，可以按住“Ctrl”键选择要修改的方块调整其颜色即可，如图 2.86 所示。

步骤 7：制作 DNA 模型。按同样方法在作图区创建球体模型，手动输入半径参数。点击工具栏图标或者按“W”键，选中球体，按住“Shift”键，同时用鼠标左键点击任意轴并拖动到合适距离，复制出一个球体。选中新球体，在中将半径参数调小。选中较小的球体，按上面的操作进行复制，选择实例复制方式，副本数为 5。再复制较大的球体，移动到 6 个小球体的另一端。将比例调整合适后，调整球体颜色，两边各四个球体使用不同的颜色。全选球体，使用成组命令，使八个球体成为一个组，避免在移动旋转中丢失。制作并复制球体如图 2.87 所示。

图 2.86 调整颜色

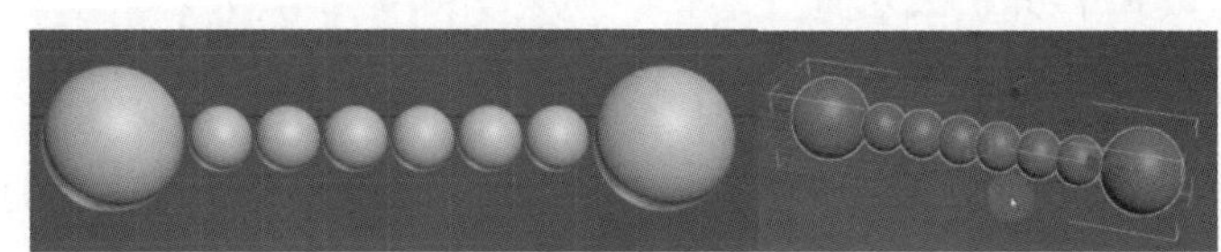

图 2.87 制作并复制球体

步骤 8：设置阵列参数。按“P”键切换到透视图，按住“Alt+鼠标滚动轮”拖动，可以调整视角。选中球体组合，打开阵列面板，点击“对象→阵列”，勾选“预览”，调整阵列中的参数，直到形成清晰可见的 DNA 模型。得到想要的效果后，点击确定完成制作。设置阵列参数如图 2.88 所示。

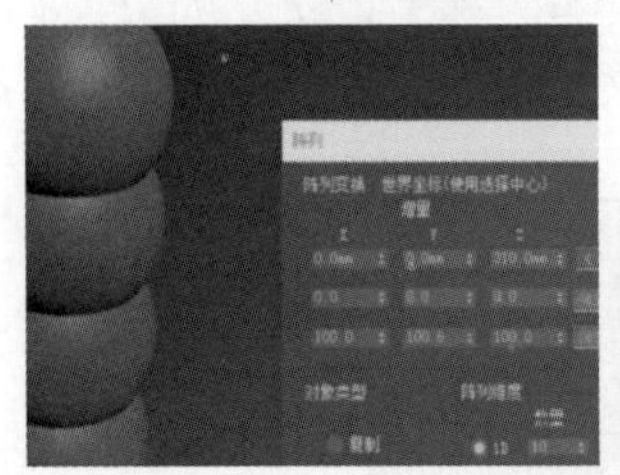

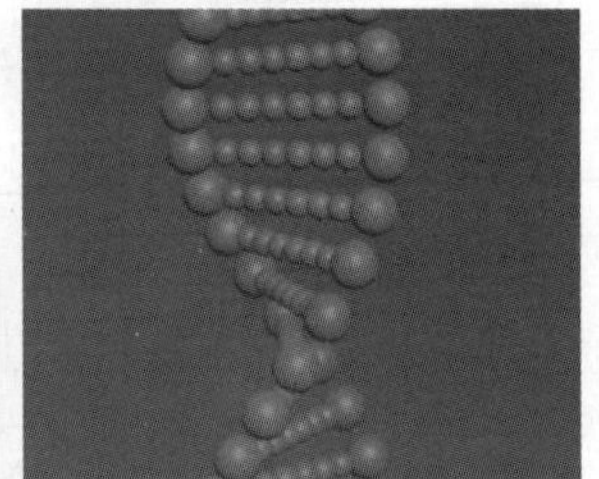

图 2.88 设置阵列参数

⚠ 阵列工具和当前的坐标系、轴心点控制息息相关。在进行阵列复制前，首先要确定使用的坐标轴，然后确定轴心点控制。如果要移动阵列，轴心点是测量彼此之间距离的参考点；如果要旋转和缩放阵列，轴心点是相应的依据中心。

【小结】 本实验介绍了阵列工具的使用方法，以进一步帮助读者熟悉 3ds Max 工具的使用。为方便起见，可直接移动阵列所在的浮动工具栏到常用工具栏中，这样下次就可直接点击阵列按钮。

【拓展作业】 根据如图 2.89 所示的图片完成拓展练习。

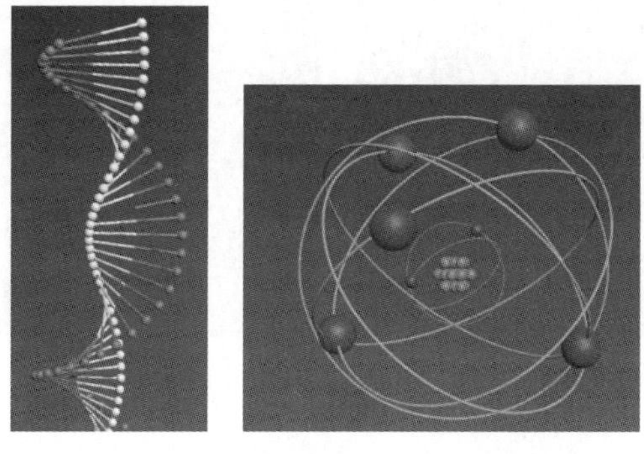

图 2.89　拓展作业——DNA 和星轨模型

实验 2.12　快　照

【概述】 快照命令主要针对动画制作，可利用动画过程进行建模。快照可以在一定的时间范围内为对象的动画捕捉状态。

【知识点】 掌握快照命令的使用方法，了解动画制作的基础知识。

【操作步骤】

步骤 1：创建环形结。选择扩展基本体，创建环形结，切换至圆，调整半径、粗细、颜色、扭曲数目、扭曲高度、分段、边数，如图 2.90 所示。

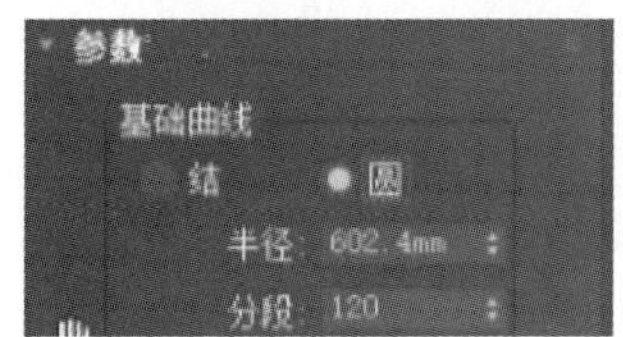

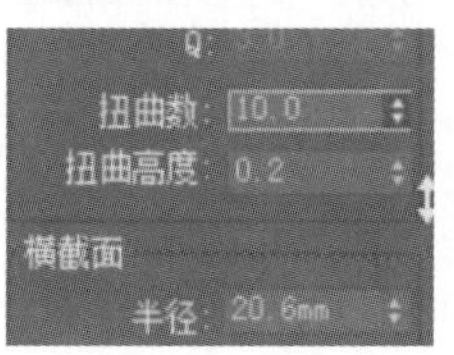

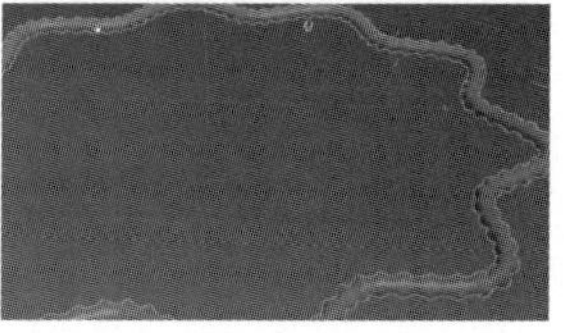

图 2.90　创建环形结并调整参数

步骤 2：调整对象的轴心点。打开“仅影响轴”，将对象中心点移至边上后关闭“仅影响轴”，如图 2.91 所示。

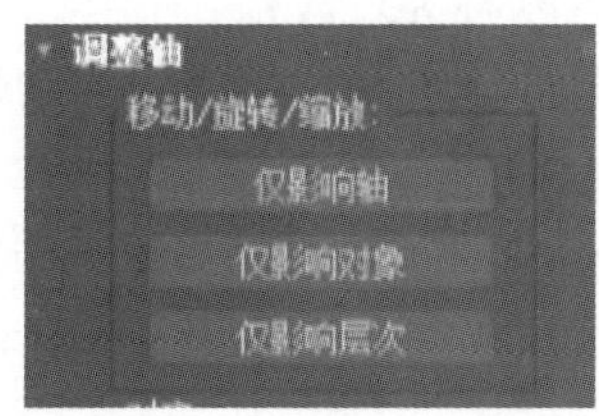

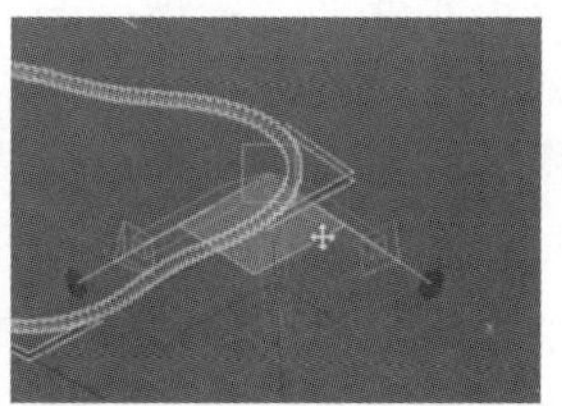

图 2.91　调整对象的轴心点

步骤 3：制作环形结动画。将“自动关键帧”移至第 100 帧，将对象向上移动一定高度，并进行旋转和放缩。将其进行缩放只是做了动画，并不是所要的最后结果，要通过快照才能呈现效果，如图 2.92 所示。

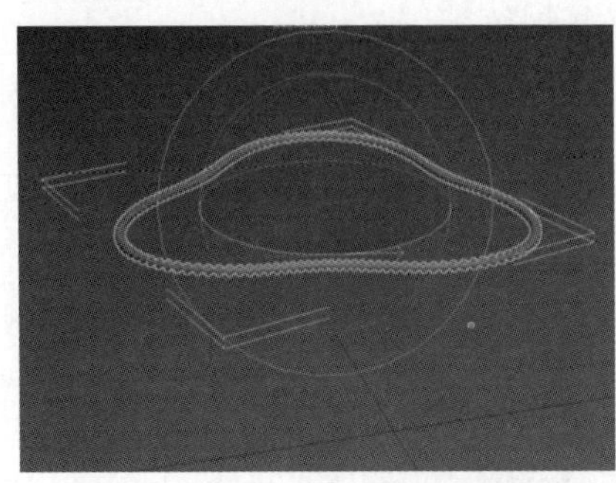
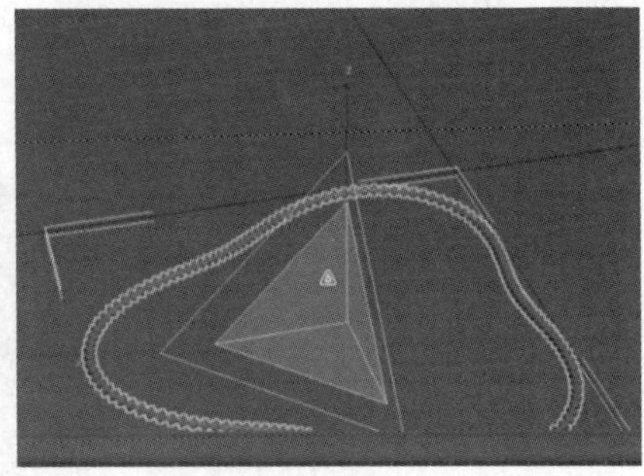

图 2.92 制作环形结动画

步骤 4：完成快照。选择对象，点击“快照”，副本数输入 50，克隆方法选择“实例”，点击“确定”即可得到模型，如图 2.93 所示。

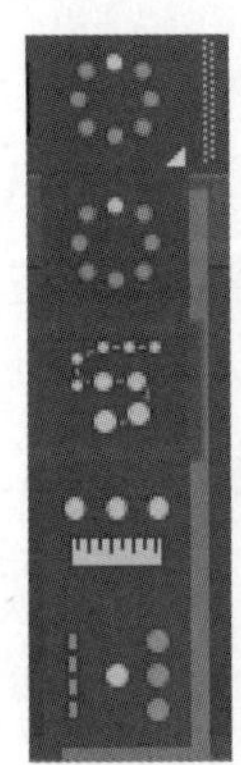
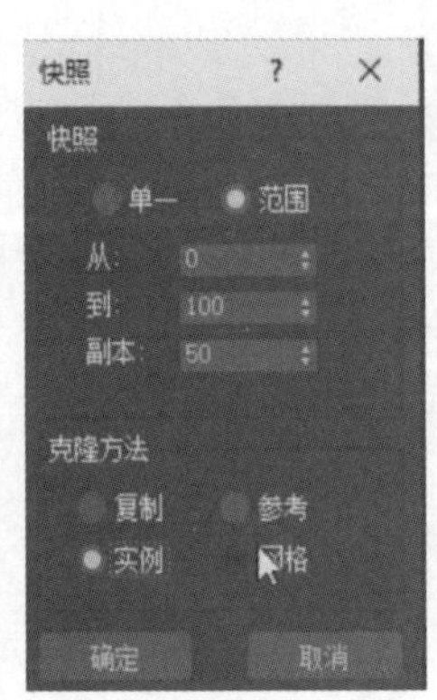

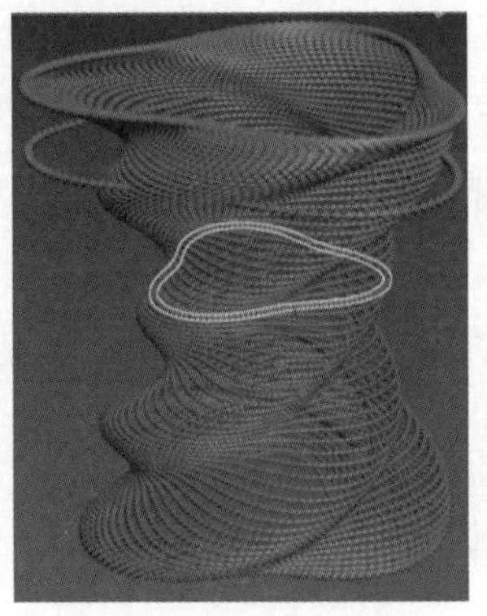
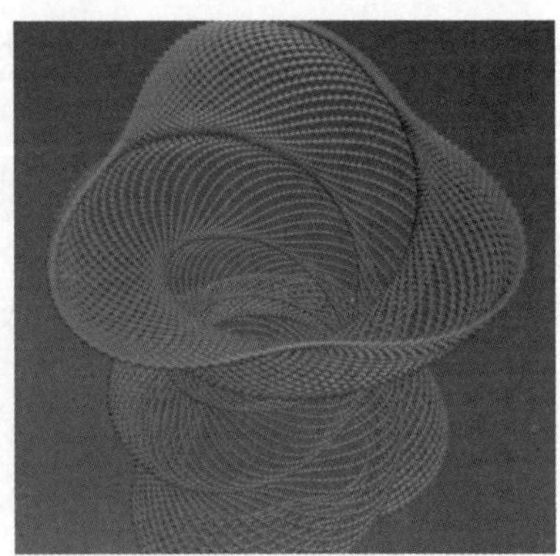

图 2.93 完成快照

【小结】 利用快照可在动画的基础之上来建立模型。可以把动画过程做成模型，可以随意创建任何类型的图形，让现实中的不可能变成可能，这是 3ds Max 的魅力所在。

实验 2.13 创建软管动画

【概述】 随着动画技术的发展，关键帧动画的概念应运而生。由动画制作人员绘制的图片称为关键帧，由计算机完成的关键帧之间的各帧称为过渡帧。制作三维动画最基本的方法是使用自动关键帧模式录制动画。在场景中创建若干物体，单击“自动帧”按钮开始录制动画，移动动画控制区中的时间滑块，修改场景中物体的位置、角度或大小等参数，最后关闭“自动帧”按钮，完成动画的录制。只需创建出动画的起始帧、关键帧和结束帧，系统就会自动计算并创建出动画起始帧、关键帧和结束帧之间的中间帧。最后对动画场景进行渲染输出，即可生成高质量的三维动画。

【知识要点】 掌握扩展基本体中软管的进一步绘制；掌握软管中绑定到对象轴的命令；

掌握软管大小、形状、边数、分段、直径等基本参数的调整；掌握创建帧和使用自动关键帧，理解帧的使用。

【操作步骤】

步骤 1：创建自由软管并调整参数。文件重置，打开一个场景，切换到前视图，选择“软管→自由软管”；同时调整软管的高、位置、周期数以及分段，如图 2.94 所示。

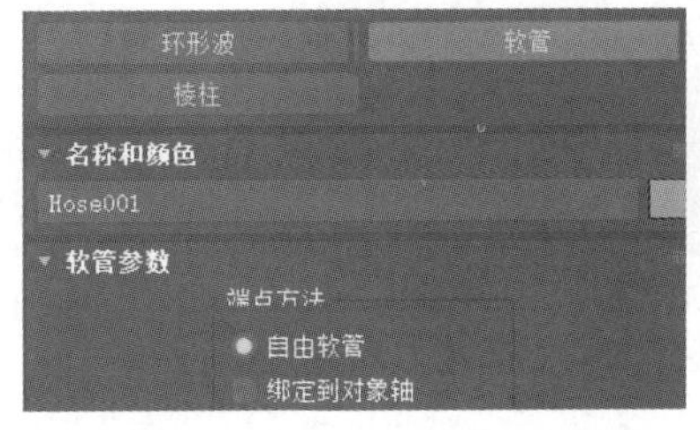

图 2.94　创建自由软管并调整参数

步骤 2：创建切角圆柱体并调整参数。创建切角圆柱体，调整其尺寸和颜色，修改半径、圆角、边数以及圆角的分段，使其更加圆滑，如图 2.95 所示。要使其半径与软管半径相同，并使用编辑器中的锥化命令进行调整，制成后进行复制。

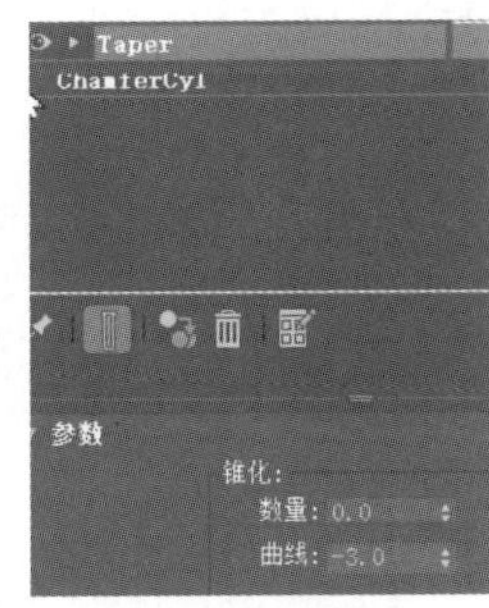

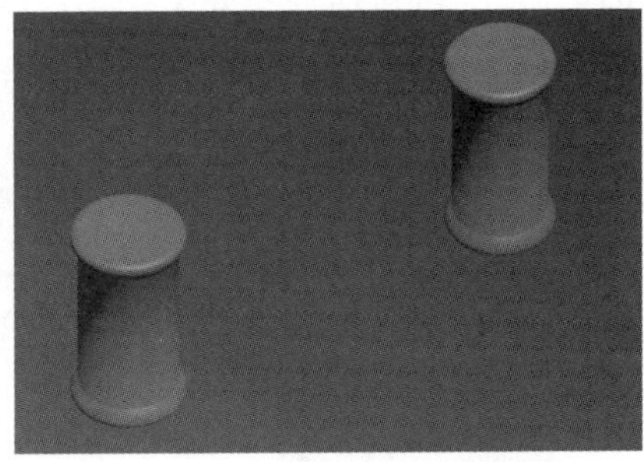

图 2.95　创建切角圆柱体并调整参数

步骤 3：绑定对象。选中软管，在设置中选择“绑定到对象轴”，点击“拾取顶部对象”；选择其中一个切角圆柱体，再选择“拾取底部对象”，选择另一个切角圆柱体，如图 2.96 所示。

步骤 4：调整轴。依次选中切角圆柱体，调整轴，如图 2.97 所示。

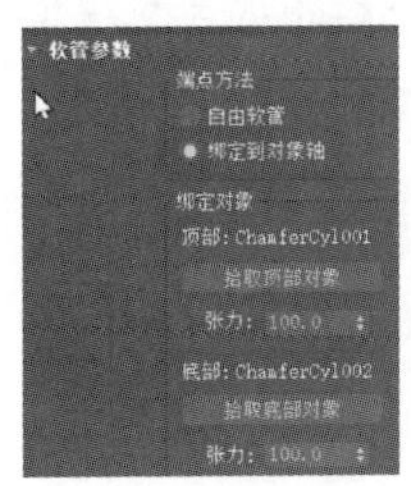

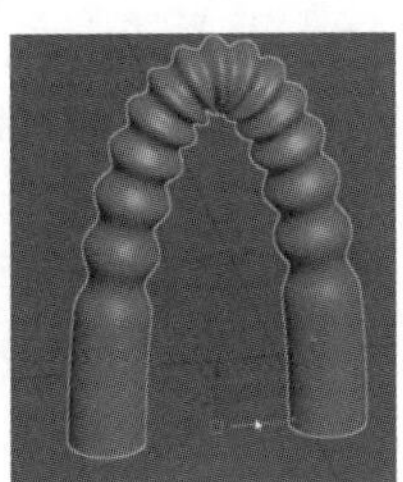

图 2.96　绑定对象

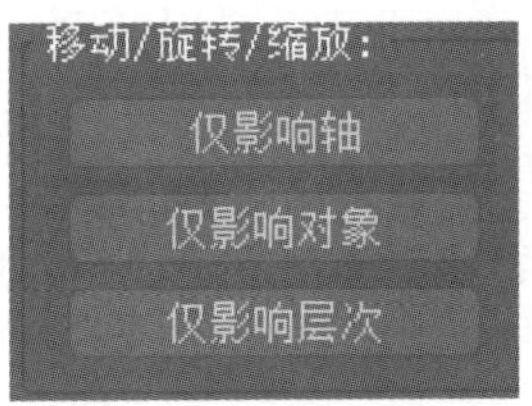

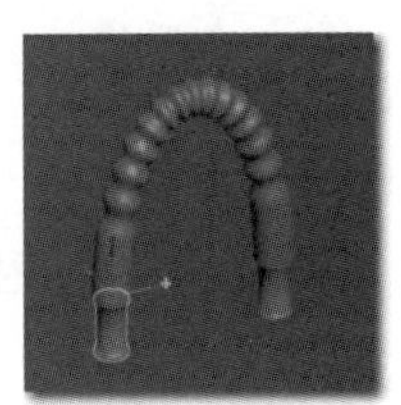

图 2.97　调整轴

步骤 5：设置自动关键帧。选择对象，打开“自动关键帧”，分别在 25/100、50/100、75/100、100/100 处设置帧数，然后关闭“自动关键帧”，如图 2.98 所示。

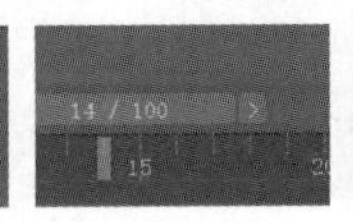

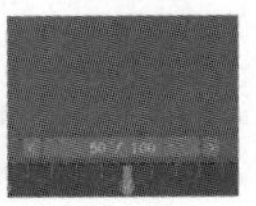

图 2.98　设置自动关键帧

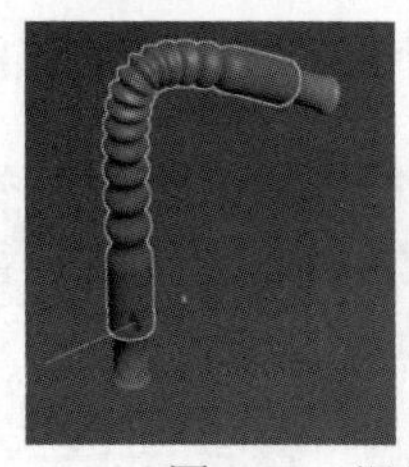
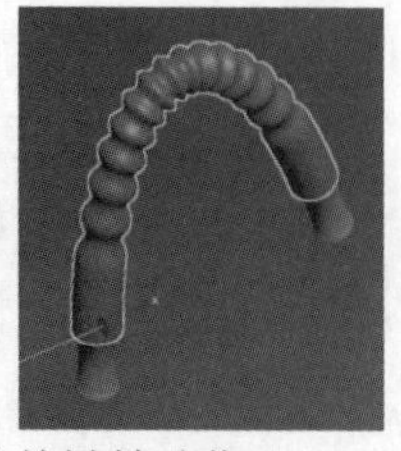

图 2.99 调整关键帧动作

步骤 6：调整关键帧动作。选择对象，调整每个关键帧中创建对象的动作，点击播放，如图 2.99 所示。

【小结】 本实验介绍了动画和软管中绑定到对象的使用方法，软管具体参数的调整，以及帧的创建和自动关键帧的使用。

实验 2.14 补洞和切片、壳 

【概述】 补洞和切片、壳是 3ds Max 中基本的编辑工具。利用切片可将实心的物体变成空心的（与物体自带的切片不同，但原理相似，“切片”编辑器的使用更加灵活），可对切片后的物体进行补洞，利用壳可以改变切片后的物体的厚度。灵活运用 3ds Max 中的补洞、切片、壳，可构建许多基本图形，创建所需要的模型或零件。

【知识要点】 掌握切片、补洞和壳等工具的混合应用。

【操作步骤】

步骤 1：添加“切片”编辑器。创建长方体，设置好高度、段数。在修改列表中找到“切片”后给对象添加“切片”编辑器。打开切片参数编辑界面，选择“移除正”，这样顶部就被移除了，如图 2.100 所示。

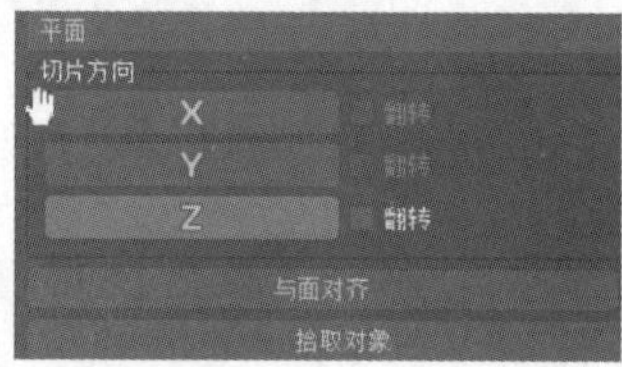

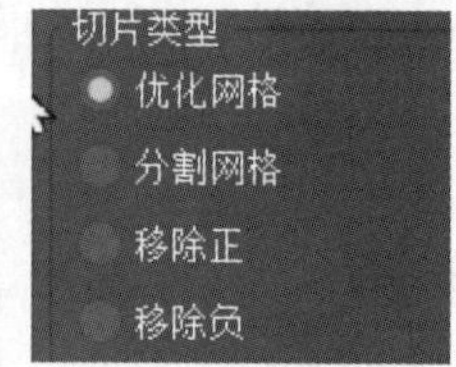

图 2.100 添加“切片”编辑器

⚠ “切片”编辑器用来创建穿过模型的剪切平面，基于剪切平面创建新的点、线和面，从而将模型切开。切片的剪切平面是无边界的，如果针对选择的局部表面进行剪切，可以在其下增加一个网格选择，打开面的层级，将选择的面上传。

步骤 2：移动和旋转切片。勾选“移除顶部”得到空心长方体，再按 对切片进行旋转，使切片与垃圾桶成一定角度，得到所需要的垃圾桶造型，如图 2.101 所示。

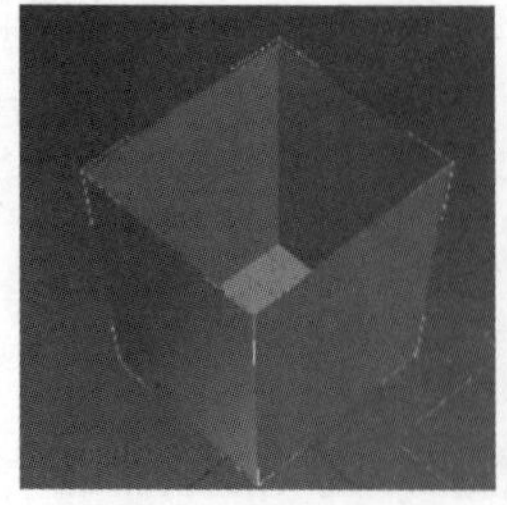
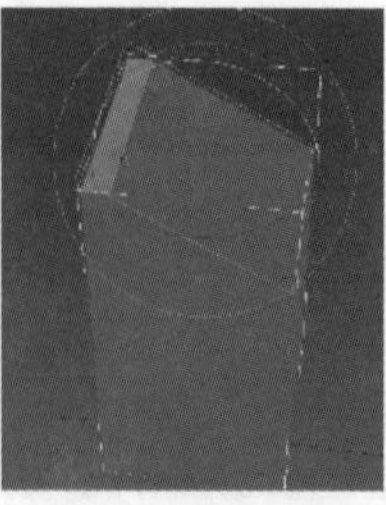

图 2.101 切片的移动和旋转

步骤 3：复制切片。在“切片”编辑器中点击鼠标右键，选择“复制”，然后点击鼠标右键选择“粘贴”，再通过移动旋转新的切片对对象进行切割，勾选“移除顶部”，得到有两个切口的垃圾桶，把其中一个的口封上，得到新的垃圾桶，如图 2.102 所示。封口的命令就叫“补洞”。

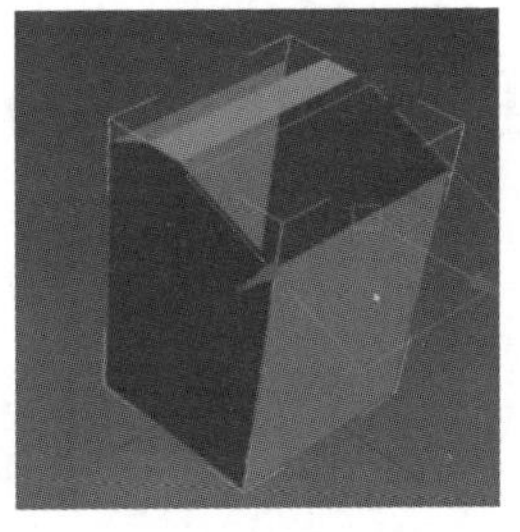

图 2.102　复制切片

⚠ “补洞”命令用来给对象表面破碎穿孔的地方加盖，使对象成为封闭的实体。

步骤 4：给对象增加“壳”编辑器。对象切完后像一个非常薄的纸盒子，如果要给边增加厚度，可在编辑器列表中找到“壳”。利用该命令给垃圾桶增加壳，使垃圾桶有厚度。打开壳参数界面对其进行调整，通过“壳”可以改变内部量和外部量，这样就可以增加壳的厚度。如果要使边缘清晰，可不勾选“自动平滑边”。再选择“将角拉直”，可得到棱角分明的垃圾桶。给对象增加“壳”编辑器如图 2.103 所示。

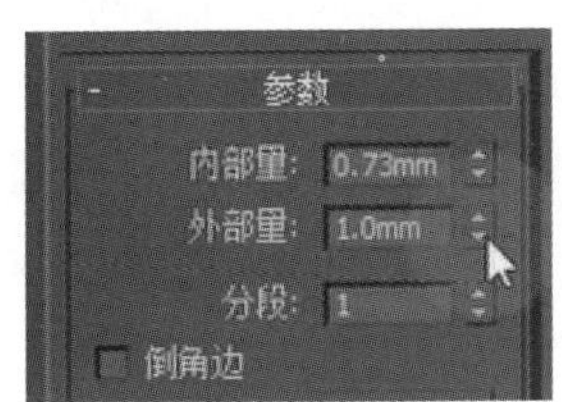

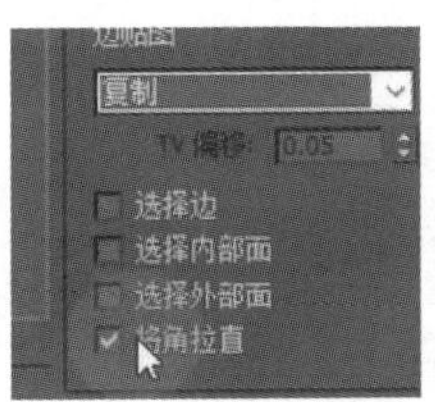

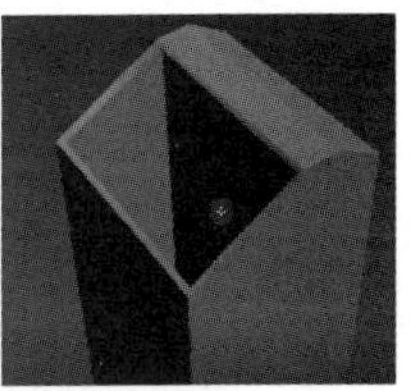

图 2.103　给对象增加“壳”编辑器

⚠ 用无厚度的曲面建造的模型其内部是不可见的，可以通过拉伸面为曲面添加真实的厚度，还能对拉伸面进行编辑，非常适合建造复杂模型的内部结构。

【小结】 本实验介绍了切片、补洞、壳的基础知识，可为创建其他图形打下基础；综合运用切片、补洞、壳等，可创建更加复杂的多边形和产品。只有熟悉并灵活运用这些基本操作，才能积累更多相关的知识点，创造出具有不同效果的作品。

【拓展作业】根据如图 2.104 所示的图片完成拓展练习。

图 2.104　拓展作业——亭子

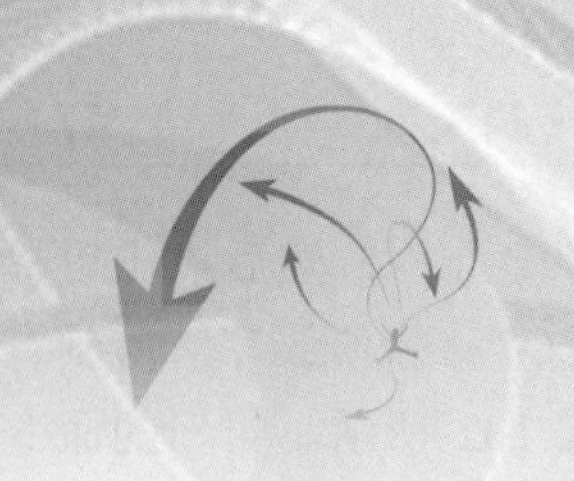

第 3 章　3ds Max 样条线

实验 3.1　样条线的绘制与编辑 

【概述】 在 3ds Max 中可以创建两种模型：二维图形和三维基本形体。样条线的绘制是学习 3ds Max 软件的基础，样条线使用的好坏对建模有着重大影响。3ds Max 中的样条线包括三种类型，即基础样条线、NURBS 曲线和扩展样条线。对于所需要的图形，可以进行不同样条线的组合使用，很多复杂的模型都是用“线”创建的。直线和曲线是各种平面造型的基础，再配合一定的编辑器就可以创建出所需要的模型。

【知识要点】 掌握线、矩形、圆、椭圆、弧、圆环、多边形、星形、文本、螺旋线、卵形、截面的绘制，能够利用样条线工具灵活绘制和修改所需图形。

【操作步骤】

步骤 1：绘制直线。文件重置，打开一个场景，使用快捷键“Alt+W”最大化所选视图，创建样条线。按“Shift”键可绘制垂直或水平的线条，效果类似于制图软件 CAD 中的正交模式。绘制过程中出现失误时，按“Backspace”键即可退回到上一个节点。画到头尾相接时，会弹出对话框，提示是否闭合样条线？选择“是”，即可自动将图形闭合。绘制直线如图 3.1 所示。

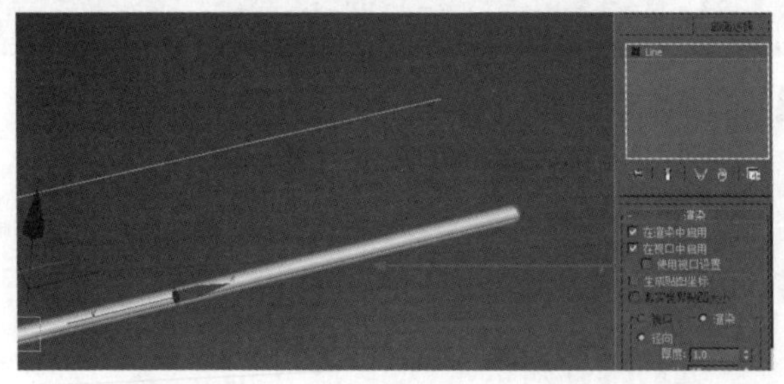

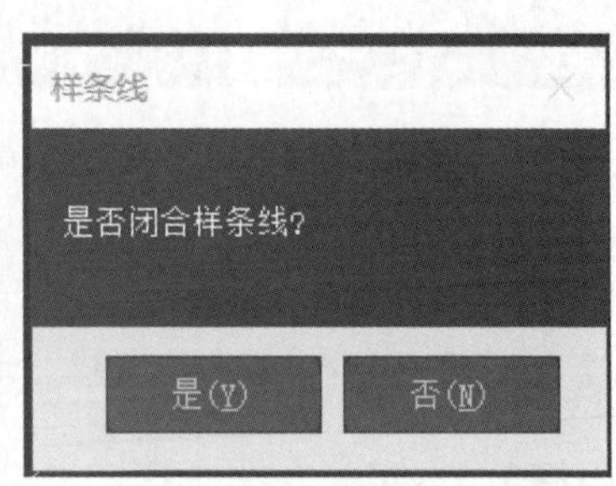

图 3.1　绘制直线

⚠利用样条线可以自由绘制任何封闭或开放的曲线或直线。曲线的弯曲方式有角点、光滑、Bezier、Bezier 角点四种。线的绘制：点击鼠标左键可以绘制出直线，拖动鼠标可以绘制出曲线，按“Backspace”键可以重画上一个节点，按“Shift”键可以绘制出正交线。按住“I”键时，可以进行视图的延伸。

步骤 2：绘制曲线。选择线命令 线 ，用鼠标左键点击创建样条线后，按住左键不放并移动鼠标，样条线会出现弧度弯曲，绘制结束后发现曲线不圆滑。选中所绘制的样条线，点击编辑器，展开插值面板插值，勾选自适应自适应，曲线可实现自动平滑。

步骤 3：修改插值参数。设置使用的直线段数，可以控制样条线的光滑程度。“步数”表示线段的两个节点之间插入的中间点数。使用的步数越多，曲线越平滑。一般情况下，在满足基本要求的情况下，尽可能将该参数设置为最小，默认值为 6，并开启“优化”选项。可以从样条线的直线线段中删除不必要的步数。“自适应”选项被默认设置为禁用状态。系统会自动设置线条曲线的分段数，以平滑线条曲线。

步骤 4：渲染样条线。在对样条线有厚度或宽度要求时，可以通过渲染面板对样条线进行设置。找到渲染面板，勾选“在渲染中启用”和“在视口中启用”，可以使图形带有厚度，成为实体对象；勾选“径向”选项，可将样条线渲染为圆柱效果；使用快捷键“F3”，可以实体显示样条线；勾选“矩形”选项，可将样条线渲染为长方体效果。渲染后的样条线本质仍然是线，而并非实体。若想将其变成实体，则要将样条线进行转换。可以设置二维线条在渲染时的厚度、边数和角度，还可以通过渲染制作墙体。样条线渲染及其效果如图 3.2 所示。

▾ 渲染
✔ 在渲染中启用
✔ 在视口中启用

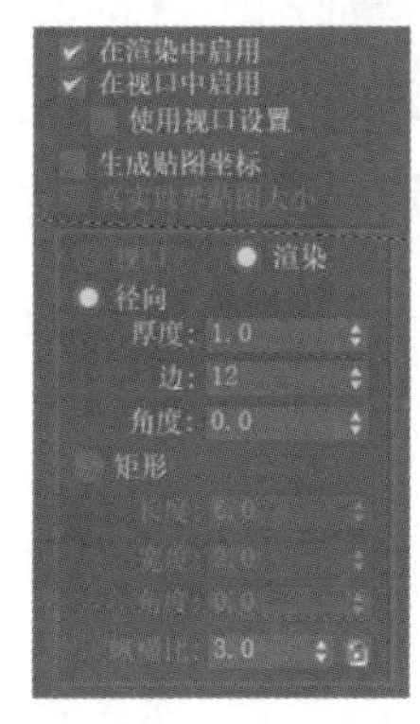

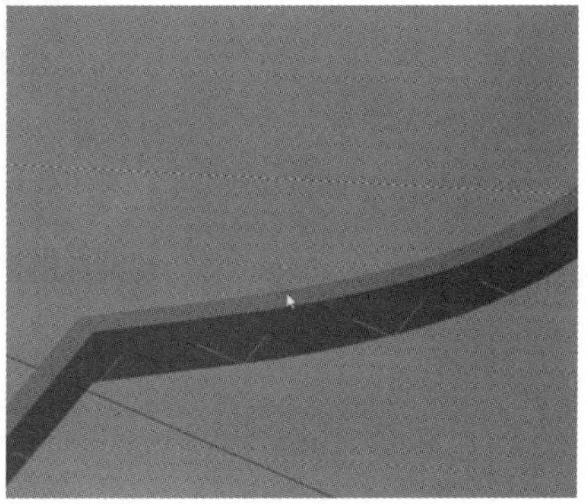

图 3.2　样条线渲染及其效果

> ⚠ 径向：显示的渲染网格截面为圆形。厚度：视口显示或渲染样条线的直径大小。边：在视口或渲染器中样条线横截面的边数。角度：调整视口或渲染器中横截面的旋转角度。矩形：显示的渲染网格截面为矩形。长度：沿局部 Y 轴的横截面大小。宽度：沿局部 X 轴的横截面大小。纵横比：长度与宽度的比值。如果改变该比值的大小，则会以宽度数值为基础，改变长度的数值。“锁定”选项：可以锁定纵横比。

步骤 5：添加编辑样条线。添加形式有以下几种：一是通过菜单栏“编辑器→面片/样条线编辑→编辑样条线”添加；二是使用“编辑样条线”编辑器，即选中二维图形，在命令面板中单击“修改”，在修改面板的“编辑器列表”中选择“面片/样条线编辑→编辑样条线”；三是在堆栈列表中按鼠标右键将对象转化为可编辑的样条线；四是在视图中右击二维图形，在弹出的菜单中选取“转换为→转换为可编辑的样条线”。添加编辑样条线的几种形式如图 3.3 所示。

> ⚠ 将二维图形转换成可编辑的样条线，可以节省资源，但也将丢失创建参数。给二维图形应用“编辑样条线”编辑器，则可以保留对象的创建参数，便于修改，但相对消耗资源。几种编辑功能基本相同。

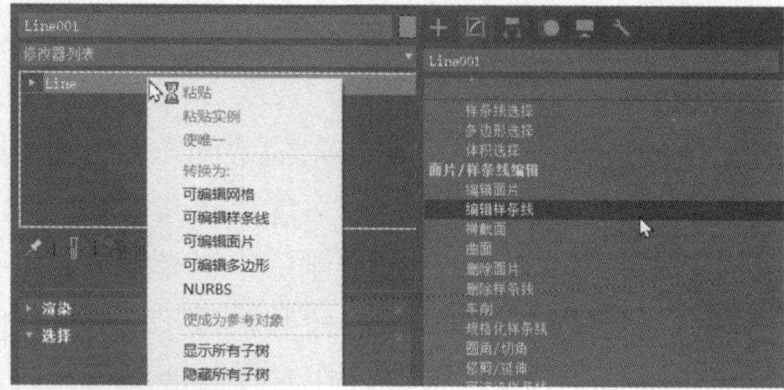

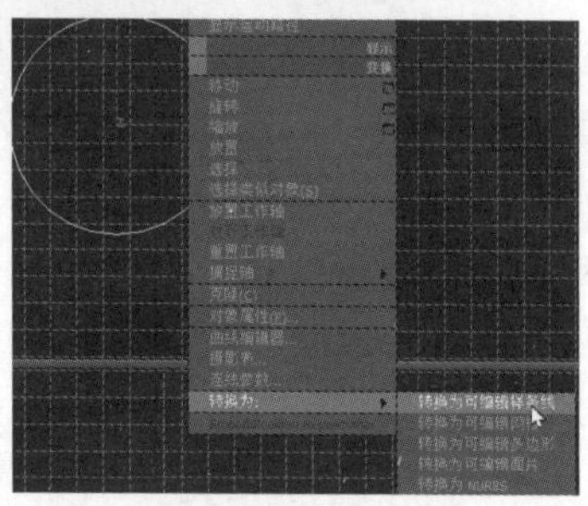

图 3.3 添加编辑样条线的几种形式

步骤 6：样条线对象的层次。在 3ds Max 中，二维图形具有“顶点”“分段”和“样条线”3 个对象层次。点击顶点层（数字键 1），可对样条线中的点进行移动修改；点击线段层（数字键 2），可对样条线中的段进行旋转（E）、缩放（R）等修改；点击样条线层（数字键 3），可对样条线整体进行修改。要注意，在顶点层删除顶点，样条线依然为闭合图形；而在线段层删除线段，则样条线不再封闭。

步骤 7：修改点层级。创建任意一个线条，进入修改面板，选择点层级。可以通过移动命令对对象的顶点进行移动。如果顶点的类型不合适，可以改变顶点的类型。改变方法是：选中“顶点”，单击鼠标右键，调出快捷菜单并选择顶点类型。选择对象的顶点并按鼠标右键，按自己所需选择“Bezier 角点”“Bezier”“角点”或“平滑”，可以改变点的类型，如图 3.4 所示。

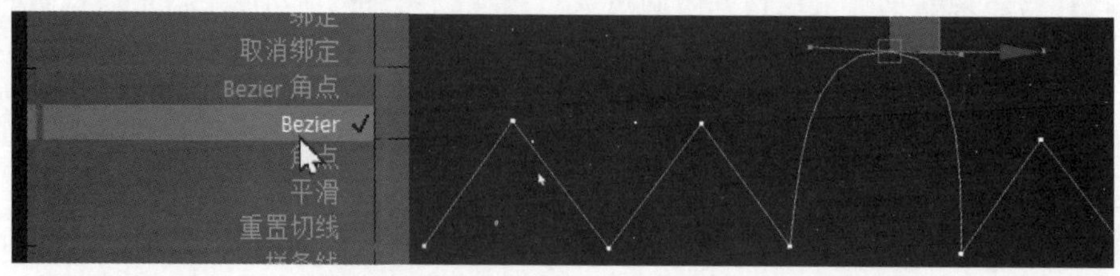

图 3.4 改变顶点的类型

⚠ 点是样条线的基本元素，点的编辑是二维图形编辑的基础。将二维图形转换为可编辑样条线后，有四种不同的顶点类型，即“Bezier 角点”“Bezier”“角点”或“平滑”。“Bezier 角点”有两个控制手柄，当调节控制手柄时，另一个不会发生变化。“Bezier”有两个控制手柄，当调节控制手柄时，另外一个也会发生相应变化。“角点”没有控制手柄，是尖锐的角点。“平滑”没有控制手柄，是一个光滑的角点。如果选择该选项，则选择的顶点会自动平滑，但是不能继续调节角点的形状。

步骤 8：显示顶点编号。勾选“显示顶点编号” ✔ 显示顶点编号 在顶点旁显示出顶点的编号，并激活“仅选择”，其表示仅显示被选中顶点的编号，如图 3.5 所示。

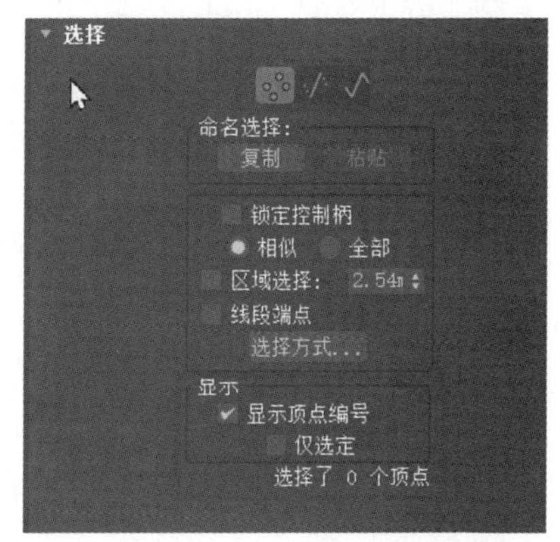

图 3.5　显示顶点编号

步骤 9：样条线几何体相关命令。优化：在原图形不变的基础上增加点。插入：一边加点，一边改变原图形的形状。断开：断开选中的点。设为首顶点：将某个点设置为第一个顶点。对于封闭的二维图形，其上的任何一个点都可以作为起始点；而对于不封闭的二维图形，只有首尾两个点可以作为起始点。连接：将鼠标光标移到某个端点，从一个端点顶点拖出一条蚂蚁线到另一个端点顶点，将当前的二维图形变成闭合的二维图形。熔合：将多个顶点熔合为一个顶点。圆角：将顶点的拐角调整为圆角。切角：将顶点的拐角调整为切角。创建线：可在二维图形里画线，也可连接断点继续画线。相交 2.54mm：在相交的地方分别加点。分离：将选中的线条分离出来。断开：通过在线段上插入断点来打断线段。拆分 1：将线段分割为多条线段。附加：将多个二维图形合并在一起。附加多个：同时将多个对象合并。重定向：使新加入的样条线与原来所选样条线的坐标系轴心对齐。轮廓 0.0：使曲线扩展为双轮廓线。布尔：样条线之间的运算，有三种布尔操作：即“并集”“差集”和“交集”。

> ⚠ “布尔”命令一定要在样条线级别下使用。若在运算时无法完成，则可以使用修剪命令完成，完成之后必须对物体进行焊接。“布尔”操作有以下限制：进行布尔运算的样条曲线必须是封闭的；进行布尔运算的样条曲线之间必须是相交的。镜像：用于将样条线进行镜像操作；修剪：用来清理形状中的重叠部分。几何体相关面板如图 3.6 所示。

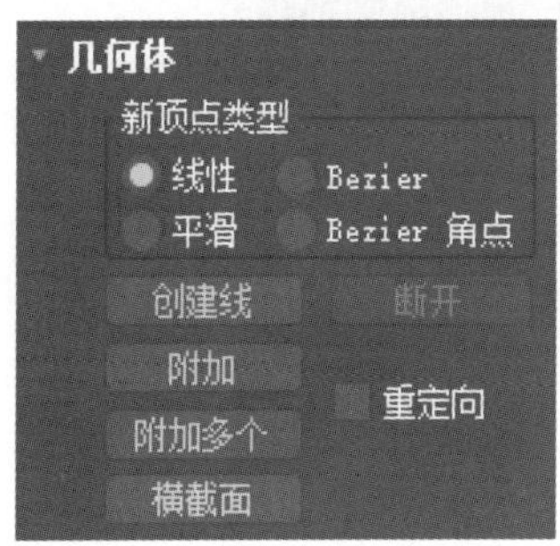

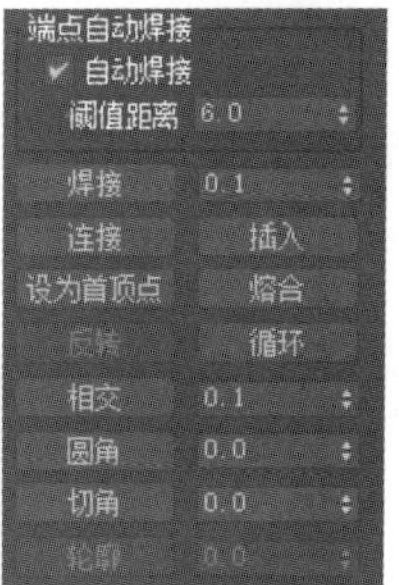

图 3.6　几何体相关面板

步骤 10：自动焊接。选中“自动焊接” ✔ 自动焊接，调整“阈值距离”的值，拖动一根样条线的某一端点靠近另一根样条线的某一端点，当两端点间的距离小于阈值距离时，系统会自动将这两个端点焊接为一个顶点。“焊接”（手动）：移近两个相邻顶点，将其框选，然后单击“焊接”按钮。如果这两个顶点在“焊接阈值”设置的单位距离内，将转化为一个顶点。进行焊接时所焊接的物体必须为同一个物体或附加物体。焊接的参数面板如图 3.7 所示。

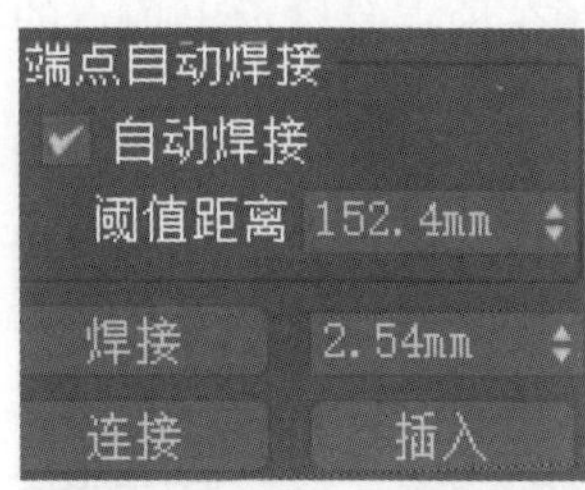

图 3.7 焊接的参数面板

步骤 11：绘制矩形矩形、圆圆、椭圆椭圆和圆环圆环。

步骤 12：绘制弧。选择弧命令弧，长按鼠标左键至目标大小，形成一条直线；松开鼠标后将其调成目标形状，再单击鼠标左键即可。使用弧命令可以创建弧形、扇形以及圆形样条线。勾选“饼形切片”，可以创建闭合的扇形。勾选“反转”，可以改变弧的方向，将弧的起点和终点进行互换。对于弧的形状，用户不会看到所发生的变化，只有进入顶点的编辑模式，才能看到端点互换的情况。绘制弧及饼形切片效果如图 3.8 所示。

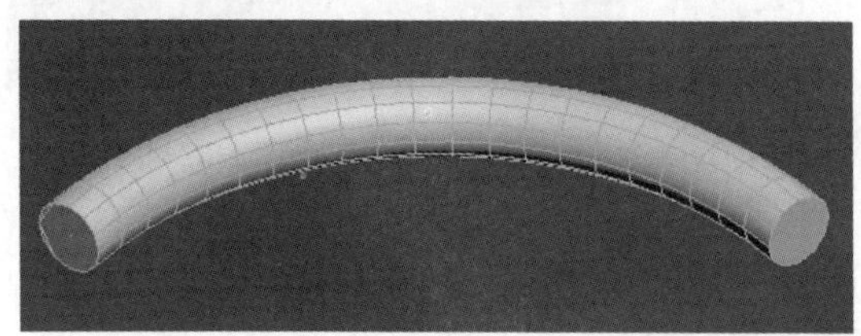
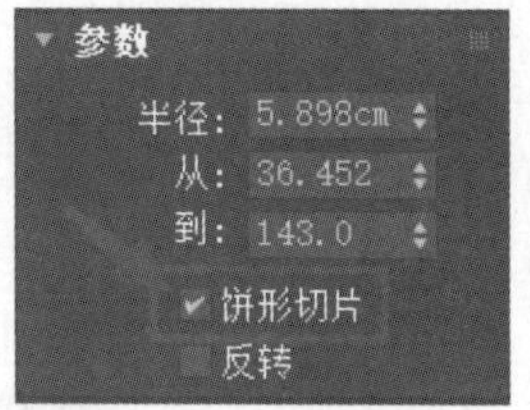

图 3.8 绘制弧及饼形切片效果

步骤 13：绘制多边形多边形、星形星形、螺旋线螺旋线和卵形卵形。

步骤 14：绘制文本。文本是一种特殊的样条平面图形。点击文本，点击鼠标左键至目标，具体文本内容可自行编辑。在“参数”面板可以调整字体、字体大小、字间距、行间距以及输入文本。勾选“手动更新”可以激活更新按钮。在文本框中输入新文字后，单击“更新”按钮，可以用新文本替换掉视图中的原文本。文本的绘制如图 3.9 所示。

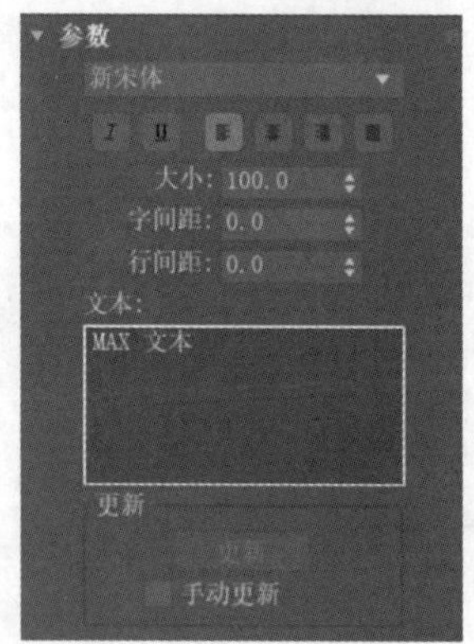

图 3.9 文本的绘制

步骤 15：绘制截面。点击截面，长按鼠标左键至目标大小，通过截取三维造型的面而获得二维图形。利用该工具创建的平面可以移动、旋转，当它穿过三维造型时，会显示出截获的面。在修改面板里，单击“截面参数”卷展栏中的“创建图形”按钮，弹出“命名截面图形”对话框，输入名称，单击“确定按”钮，则可完成三维对象截面图形的创建。移动、删除或隐藏三维对象，即可观察到其截面图形的效果。更新：用来设置剖面改变时是否即时更新结果。截面的绘制如图 3.10 所示。

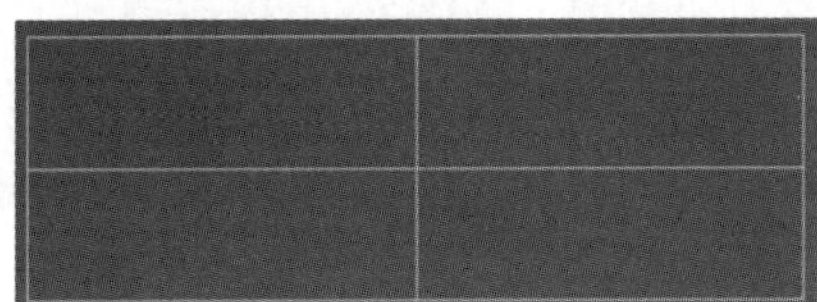

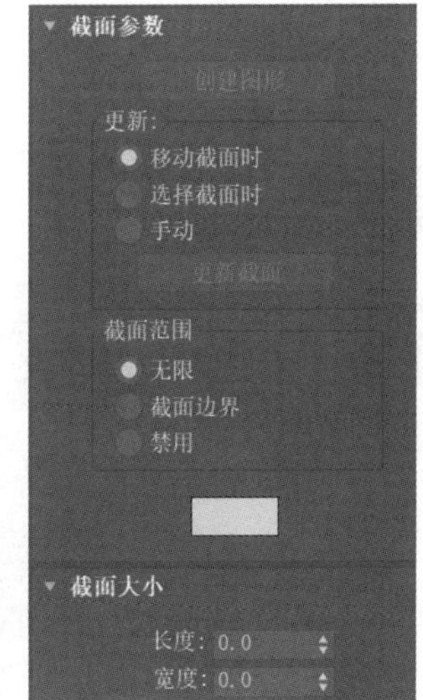

图 3.10　截面的绘制

⚠ 在使用“选择截面时”或“手动”后，在移动截面对象时，黄色横截面线条将随之移动；选择截面后，单击“更新截面”按钮即可更新截面。再次单击创建图形时，生成新的截面图形。

步骤 16：徒手绘制。点击 徒手 ，长按鼠标左键即可徒手绘制图形。“渲染”和“插值”的作用与线中的作用相似，如图 3.11 所示。

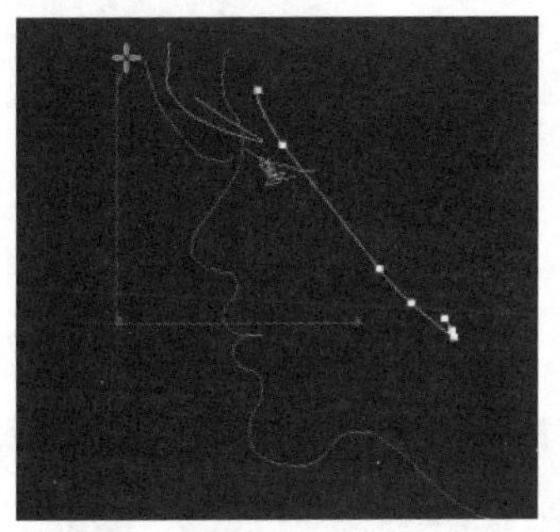

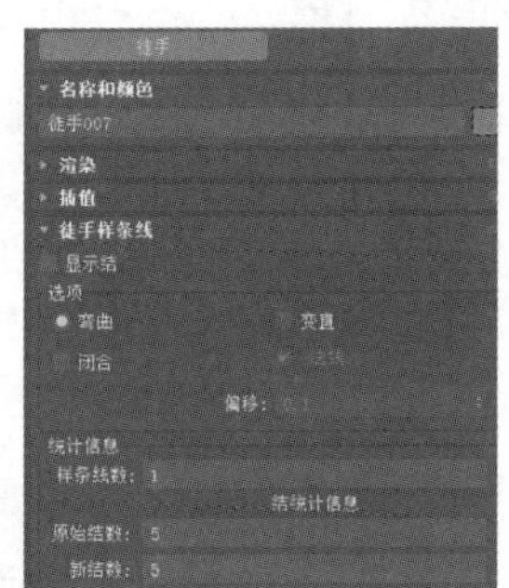

图 3.11　徒手绘制

【小结】 本实验介绍了基本样条线的绘制，介绍了基本样条线绘制窗口的各个区块及其功能，以使读者进一步熟悉二维图形线条绘制、插值、渲染的方法，以及样条线点层级、边层级和样条线层级中的命令。

实验 3.2　制　作 夹　子 

【概述】 夹子制作是采用二维线条画形状，并通过“在视口中启用”和“在渲染中启用”得到三维模型。这是二维转成三维的重要工具。

【知识要点】 掌握利用二维线条绘制三维模型的做法。

【操作步骤】

步骤 1：绘制线条形状。新建一个场景，利用快捷键“Alt+W”最大化窗口，按“L”键打开左视图。在创建面板单击“线”，在创建方法的初始类型和拖动类型中选择“角点”，绘制三角形线条，如图 3.12 所示。

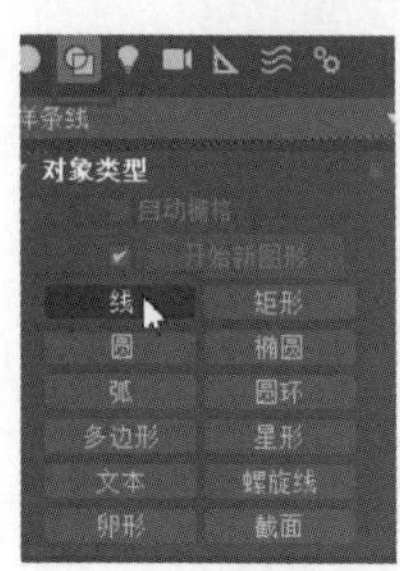
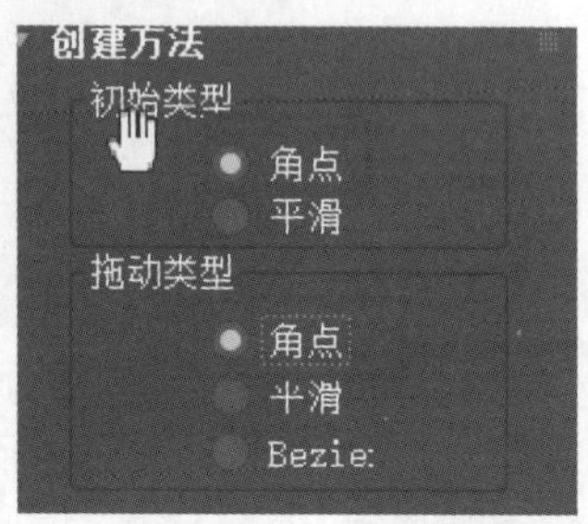

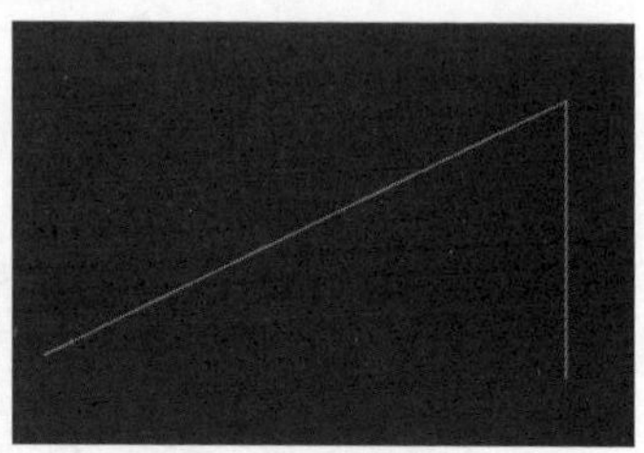

图 3.12　绘制线条形状

步骤 2：调整线条。绘制一个圆的形状，其位置与刚绘制的三角形的线条靠在一起。单击圆，在编辑器的“插值”中勾选“自适应”，如图 3.13 所示。

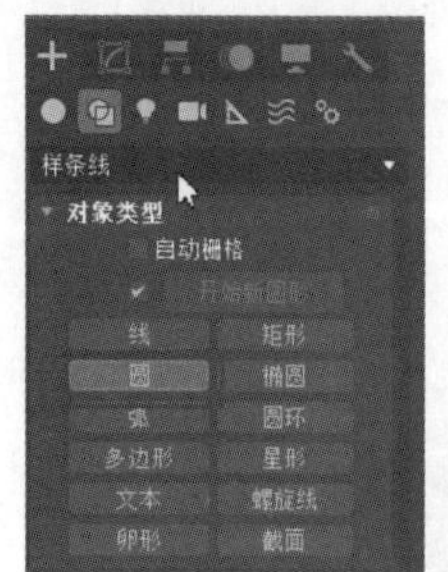
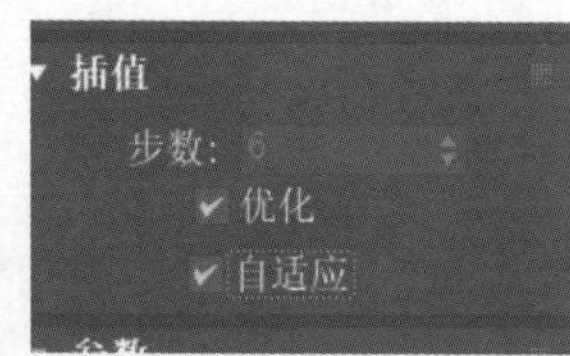

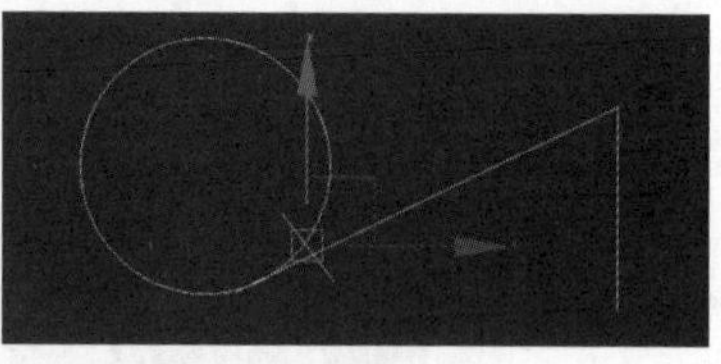

图 3.13　调整线条

步骤 3：附加线条。在圆与线条处再画一条线。在编辑器里找到“几何体”中的“附加”按钮并单击，然后添加圆和三角形线条，把三段线条附加成一个整体，如图 3.14 所示。

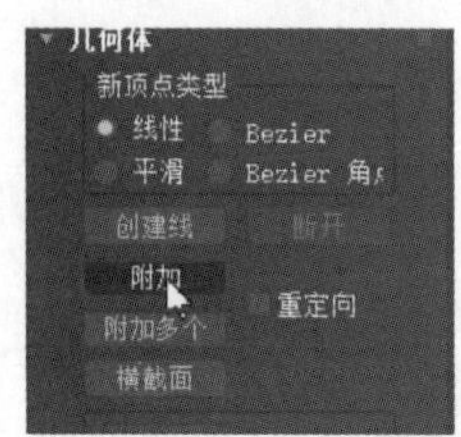
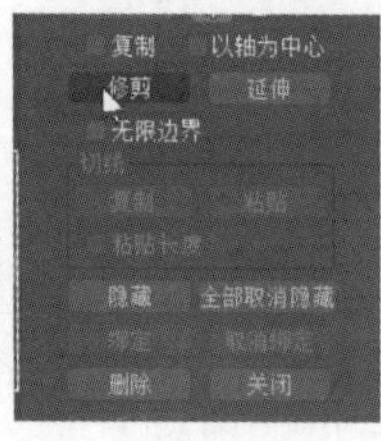
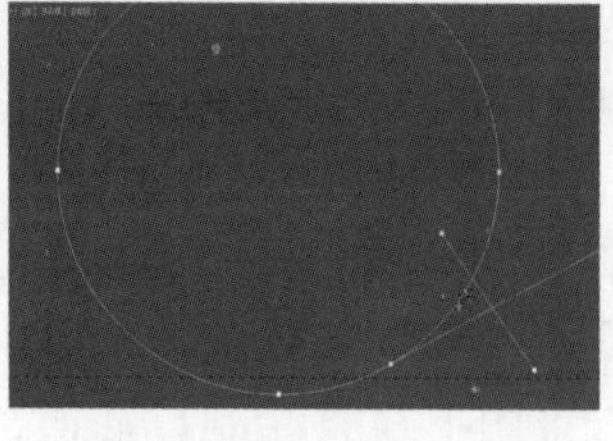
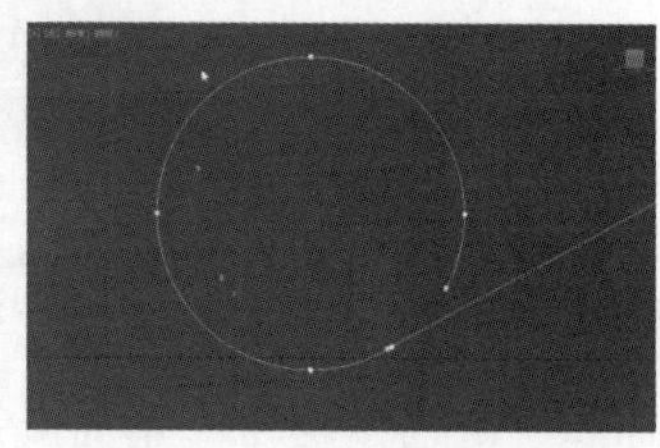

图 3.14　附加线条

步骤 4：修剪线条。在编辑器里点击“样条线”，再找到“修剪”，把圆和三角形线条连接的地方修剪掉。

步骤 5：显示顶点编号。单击编辑器里的“顶点”，在“显示”中勾选“显示顶点编号”，如图 3.15 所示。

步骤 6：自动焊接。单击编辑器里的“顶点”，找到“端点自动焊接”中的“自动焊接”，把 1 和 6 的点进行调整，就会实现自动焊接。

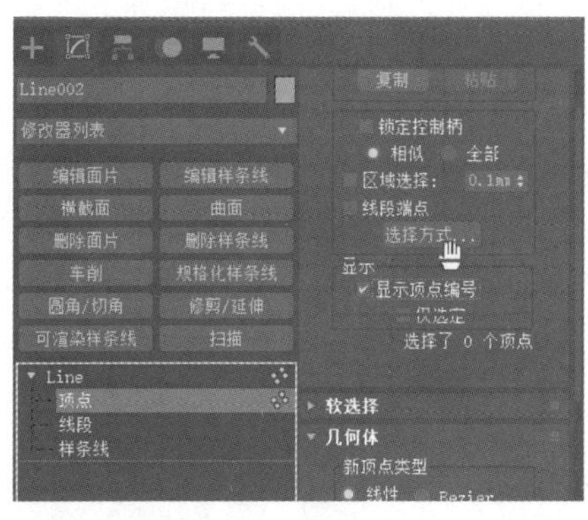

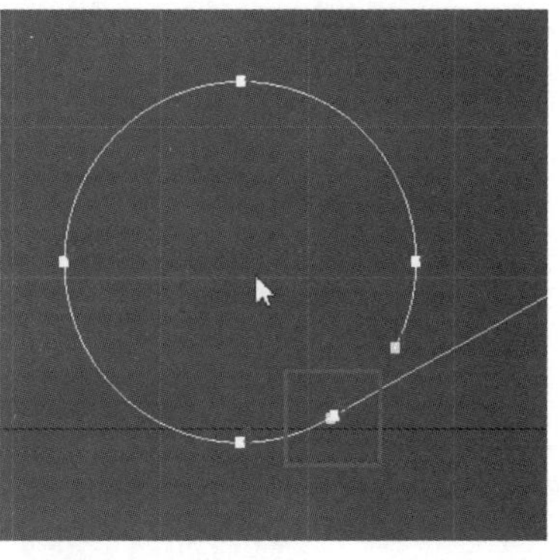

图 3.15　显示顶点编号

步骤 7：焊接并调整圆角。单击编辑器里的“顶点”，找到“显示”中的“圆角”命令，将其调整为合适大小，如图 3.16 所示。

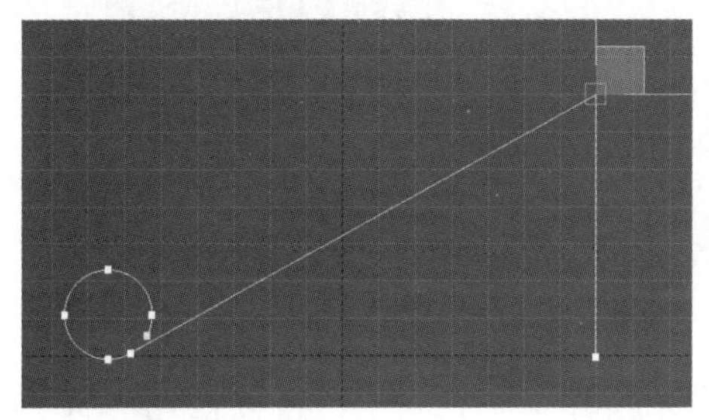
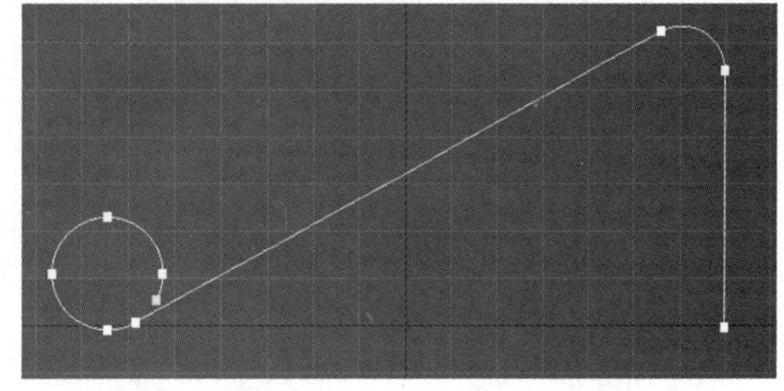

图 3.16　焊接并调整圆角

步骤 8：样条线镜像。单击编辑器里的“样条线”，选中样条线。单击编辑器里的“样条线”，找到“镜像”里的“垂直镜像”，再勾选“复制”，点击旁边的“镜像”按钮，可实现样条线的镜像，如图 3.17 所示。

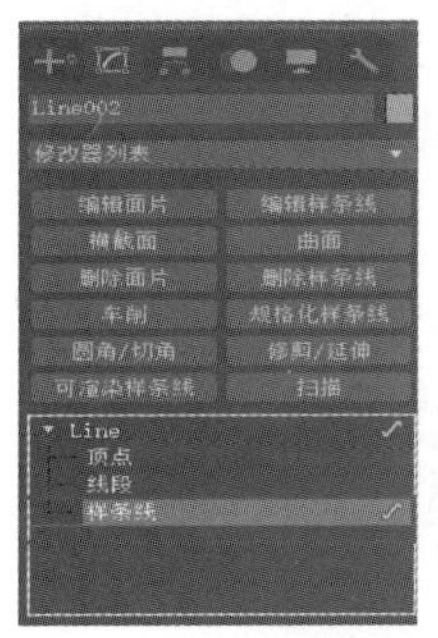

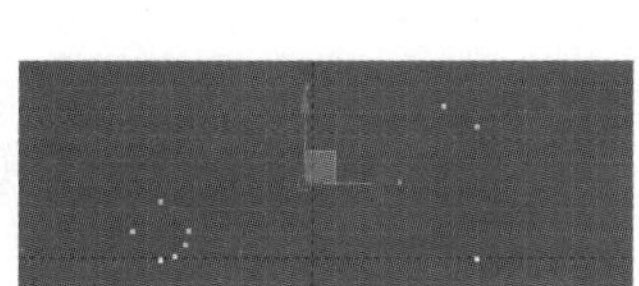

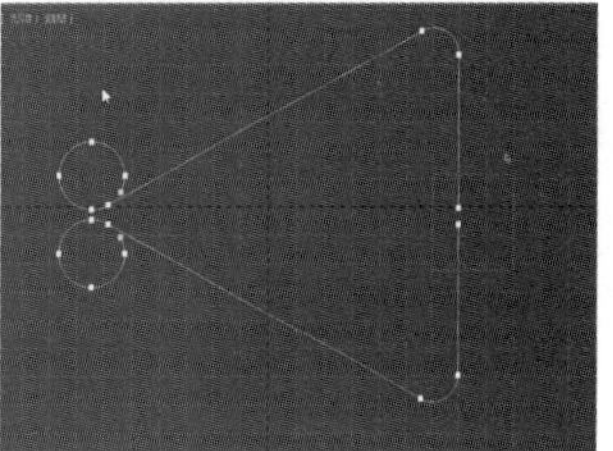

图 3.17　样条线镜像

⚠ 3ds Max 中的镜像命令是软件中常用的复制对象的命令，利用该命令复制出来的对象是原对象的反向，即原对象的另一面。通过对称的效果形成新的图像，可用于制作对称的事物。

步骤 9：焊接并调整。完成镜像后按快捷键“W”将其调整到合适的位置，再单击编辑器里的“顶点”，勾选“几何体”中的“自动焊接”，把两个顶点焊接成顶点。自动焊接成功后，点击“顶点”，点击鼠标右键，选择“平滑”命令。再次点击鼠标右键，选择“Bezier”进行再次调整，直至调整到合适的位置。焊接并调整如图 3.18 所示。

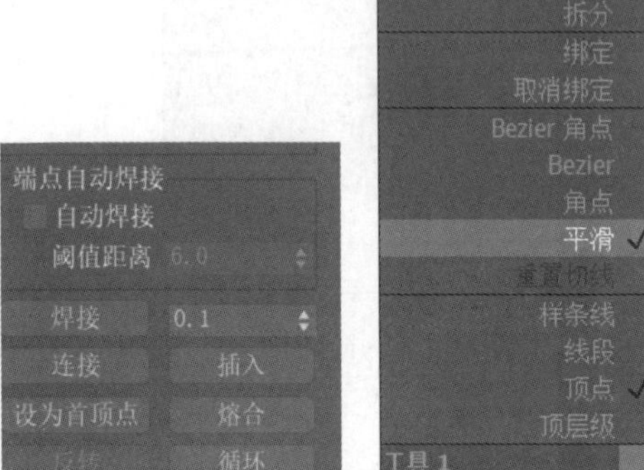

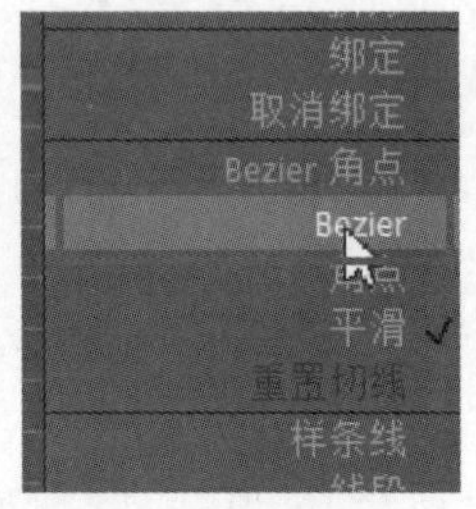

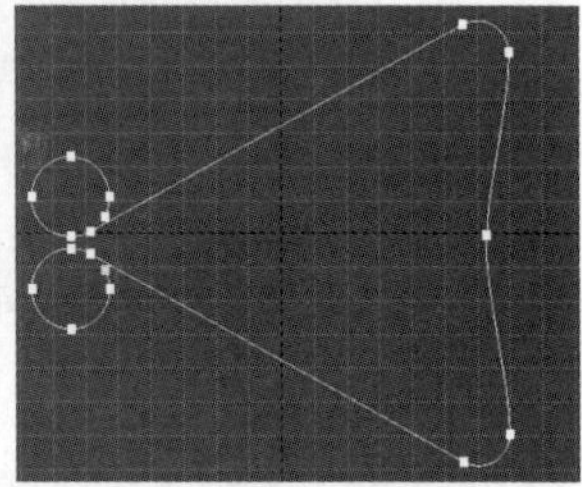

图 3.18 焊接并调整

步骤 10：在渲染中启用及调整颜色。在透视图中观察，打开编辑器勾选“渲染”中的“在视口中启用”“在渲染中启用”，进行厚度调整和颜色修改；点开编辑器旁边的小方块，也可自定义添加和修改颜色。在渲染中启用及调整颜色如图 3.19 所示。

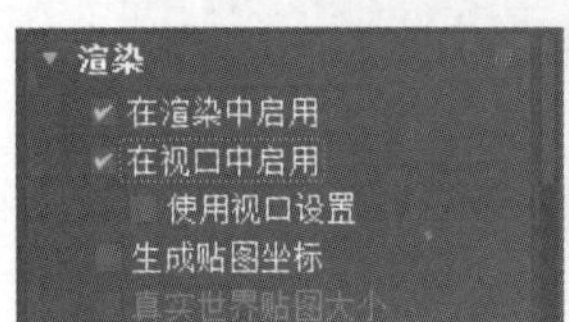

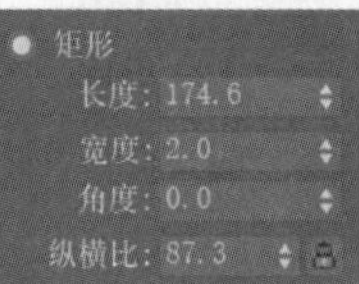

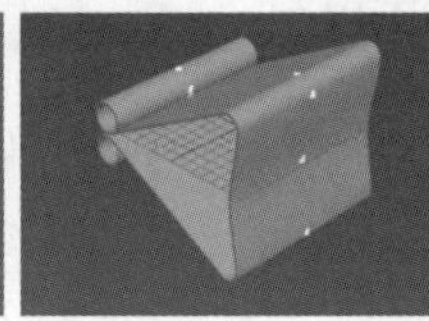
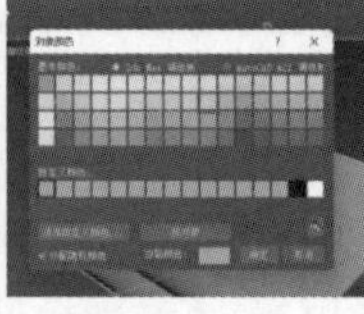

图 3.19 在渲染中启用及调整颜色

步骤 11：绘制线条并孤立选择。打开顶视图，可以按住快捷键“T”，也可以在顶视图中单击鼠标左键，再按快捷键“Alt+W”，利用样条线绘制夹子的一半形状。选择线条，点击鼠标右键找到“隐藏未选定对象”，或者利用快捷键“Alt+Q”孤立当前选择，这样在窗口中就只能看到所绘制的线条，以更方便地进行线条编辑。绘制线条并孤立选择如图 3.20 所示。

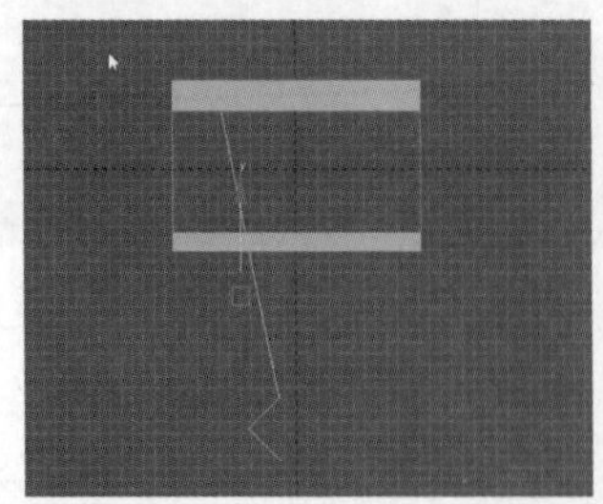

图 3.20 绘制线条并孤立选择

步骤 12：圆角和镜像。在编辑器中选择“顶点”，点击“圆角”命令进行编辑，并调整到合适的大小。圆角处理之后，在编辑器里选择“样条线”，在显示框中找到“镜像”，选择第一个“水平镜像”，并勾选“复制”进行镜像。圆角和镜像如图 3.21 所示。

步骤 13：自动焊接和平滑。把两条线条调整到合适的位置后，把两个点自动焊接成一个点，然后点击鼠标右键，选择“平滑”并调整至合适的位置。自动焊接和平滑如图 3.22 所示。

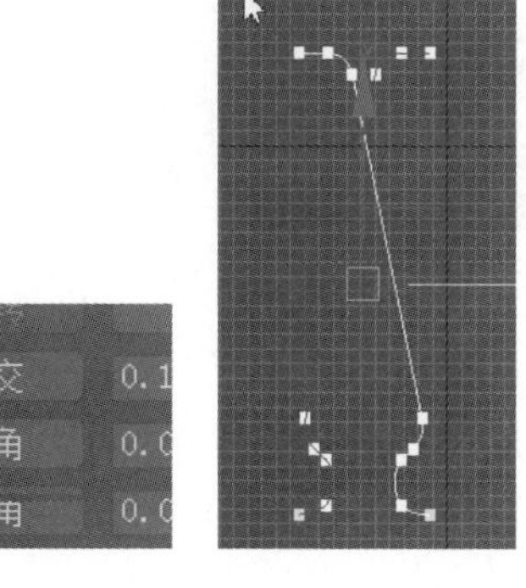

图 3.21　圆角和镜像

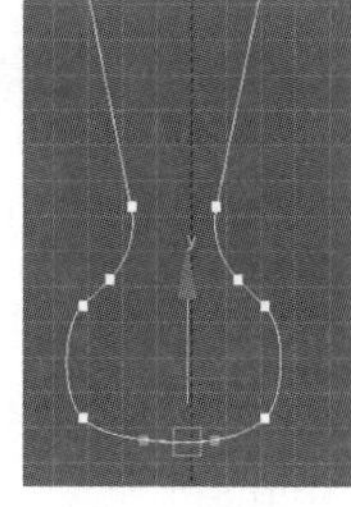

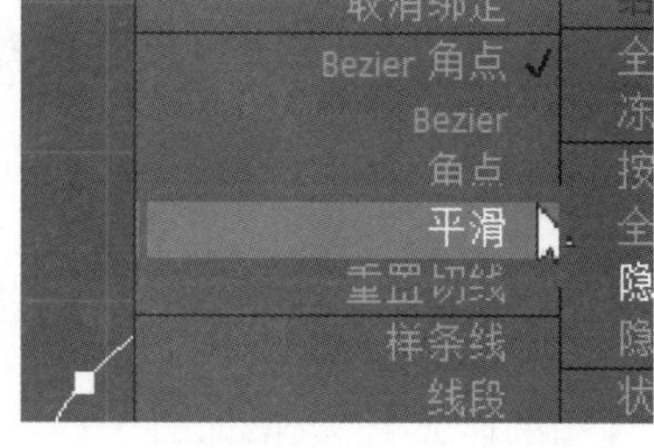

图 3.22　自动焊接和平滑

步骤 14：取消隐藏并调整。单击鼠标右键找到“全部取消隐藏”命令，在渲染中勾选“视图”“视口启用”，选择渲染中的“径向”，进行厚度调整。在透视图中观察，按快捷键“E”进行旋转，直至合适的角度；再按快捷键“W”进行移动，直至合适的角度。取消隐藏并调整如图 3.23 所示。

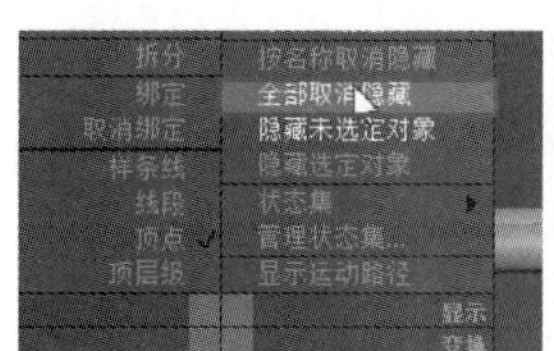

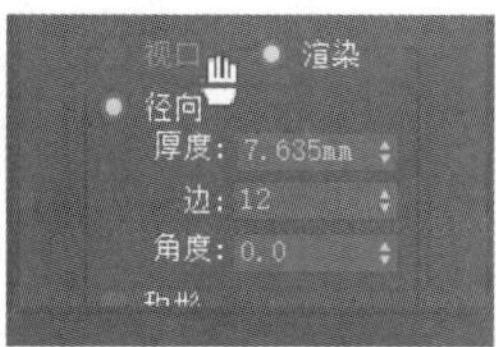

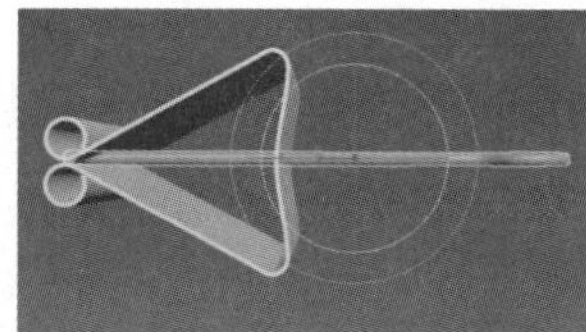

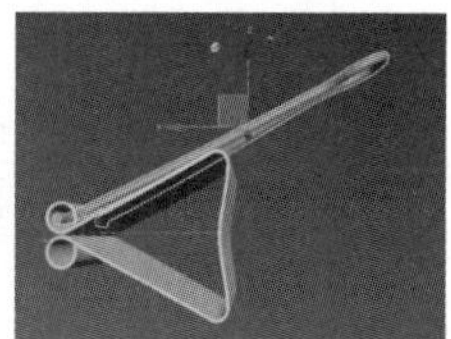

图 3.23　取消隐藏并调整

步骤 15：镜像屏幕坐标。在主工具栏中找到“镜像”按钮，在窗口的“镜像轴”中选择 Y 轴，在“克隆当前选择”中勾选“实例”，按“确定”按钮，如图 3.24 所示。

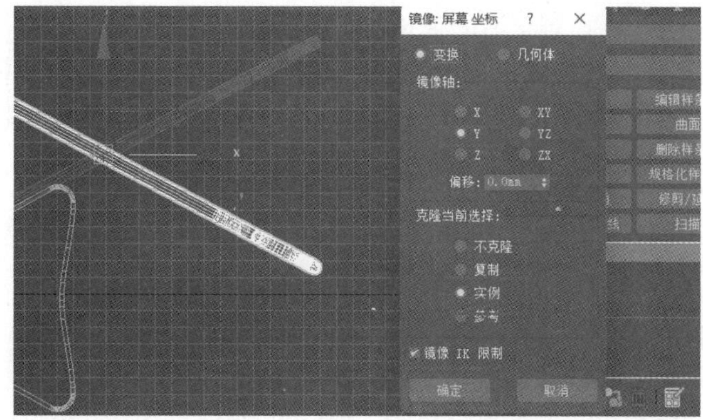

图 3.24　镜像屏幕坐标

步骤 16：调整完成效果。可以在透视图与左视图中进行观察，再调整到合适的位置，完成作品，如图 3.25 所示。

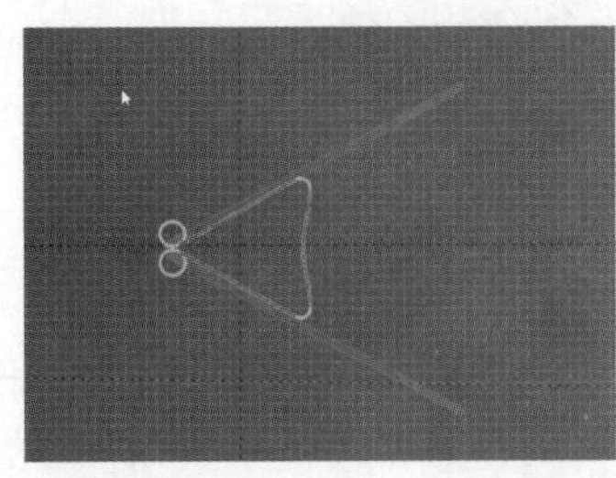

图 3.25 调整完成效果

【小结】 本实验通过夹子制作，使读者进一步熟悉二维线条的使用，了解镜像和自动焊接的使用方法，并初步认识了将二维线条转为三维模型的做法。

【拓展作业】 根据如图 3.26 所示的图片完成拓展练习。

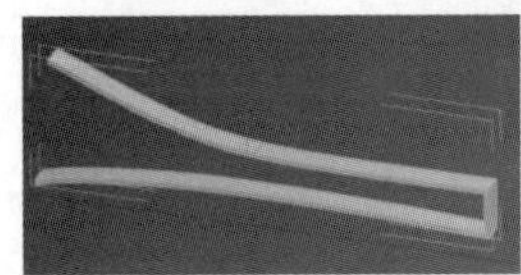
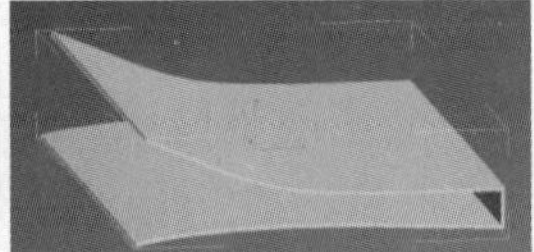

图 3.26 拓展作业——制作文件夹

实验 3.3 利用间隔工具制作篮子 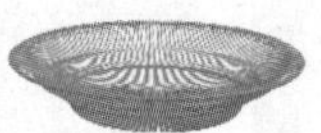

【概述】 间隔工具是利用路径均匀放置对象的一种复制方式。该复制工具非常好用，且比阵列工具更加便捷，在建模和建造类形体中提供了很大的帮助。

【知识要点】 掌握间隔工具的调出和使用，以及间隔工具在具体实例和线条中的综合运用。

【操作步骤】

步骤 1：制作轮廓线。文件重置，打开前视图，点击“图形→线”，创建一根线条，造型可以根据实际要求变换。切换到合适的视角，然后点击右侧面板中的“修改”，在渲染面板中勾选“在渲染中启用”和“在视图中启用”，改变模型的长度和宽度。为了更方便地进行调整，取消勾选“在视口中启用”。点击“顶点”修改点的参数，找到插值，勾选“自适应”使之平滑；选中对象，点击“中间顶点”，点击“添加圆角”。制作轮廓线如图 3.27 所示。

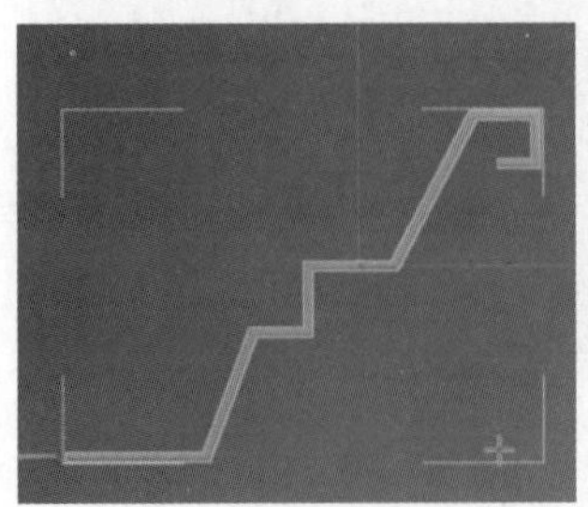
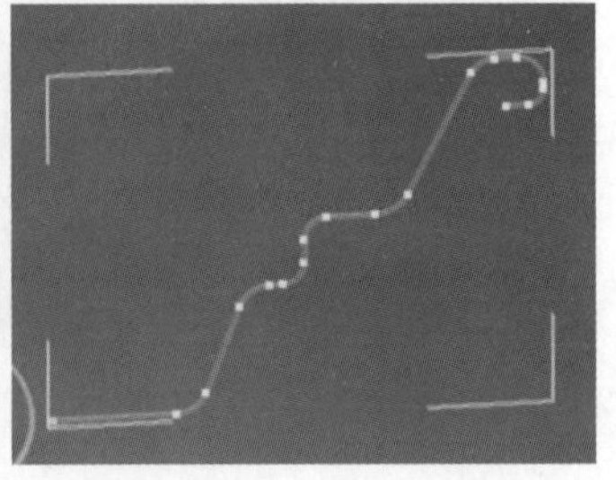

图 3.27 制作轮廓线

步骤 2：创建组并改变轴心。设置组的主要目的是改变形状的轴心点，选择“层次→仅影响轴→选择居中到对象”，使其位于线条的中心部位，相当于重置了轴心，如图 3.28 所示。

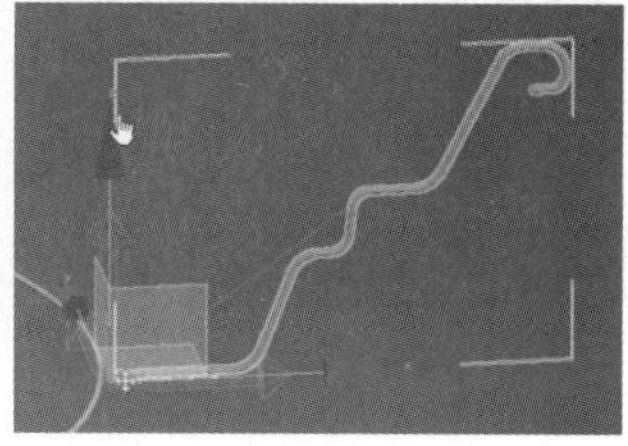

图 3.28　创建组并改变轴心

步骤 3：使用间隔工具。按“T”键回到顶视图，绘制合适大小的圆。绘制好以后，把对象移开，选择轮廓对象，点击“附加”，找到“间隔工具”，点击“拾取路径”圆形，勾选“跟随”，在“计数”中输入 150，按“Enter”键，点击“应用”及“关闭”按钮，如图 3.29 所示。

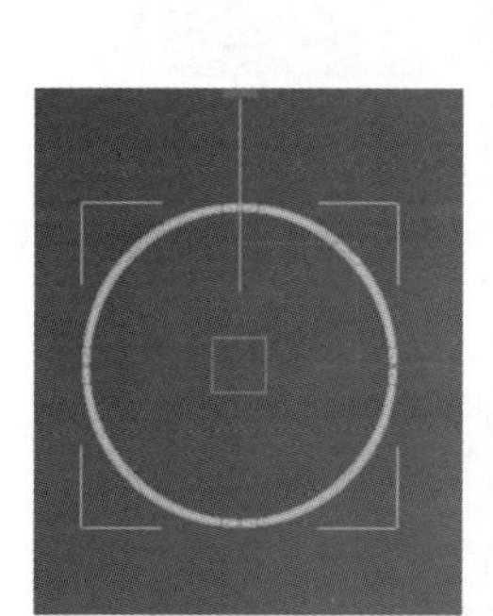
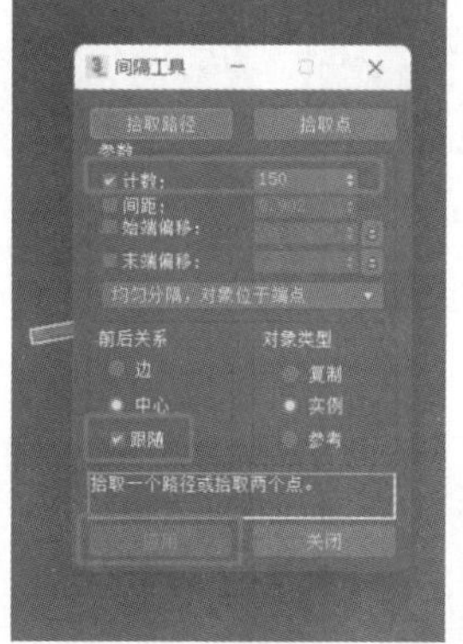

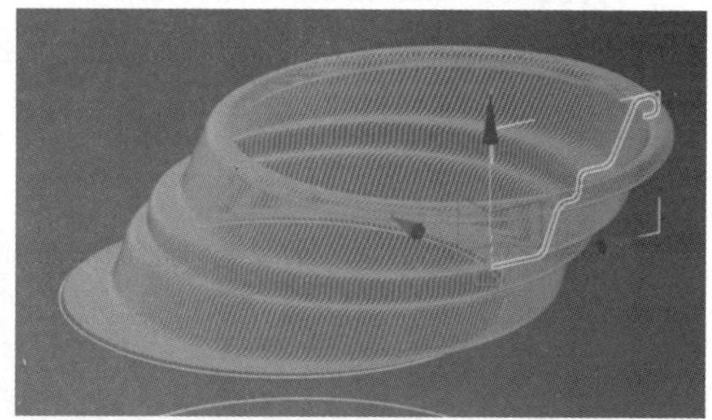

图 3.29　使用间隔工具

⚠ 可在“附加”工具栏里打开间隔工具。如果工具栏中没有显示“附加”工具栏，可在工具栏的任意空白处点击鼠标右键调出“附加→间隔工具”。打开间隔工具，选择轮廓线，然后点击“间隔工具”拾取圆形。

步骤 4：旋转轮廓线。选中轮廓线对象，点击修改，点击“线”，再点击“样条线”；选中对象进行旋转，完成基本图形的创建，如图 3.30 所示。

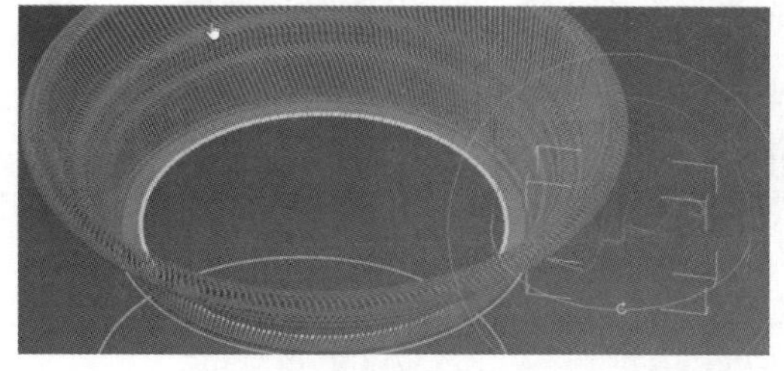
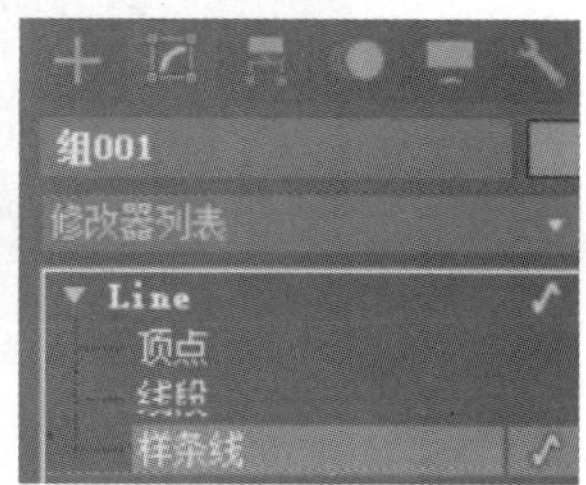

图 3.30　旋转轮廓线

步骤 5：封闭中心圆孔。移动图形上的点层级向中心移动，使中心的圆孔封闭，如图 3.31 所示。

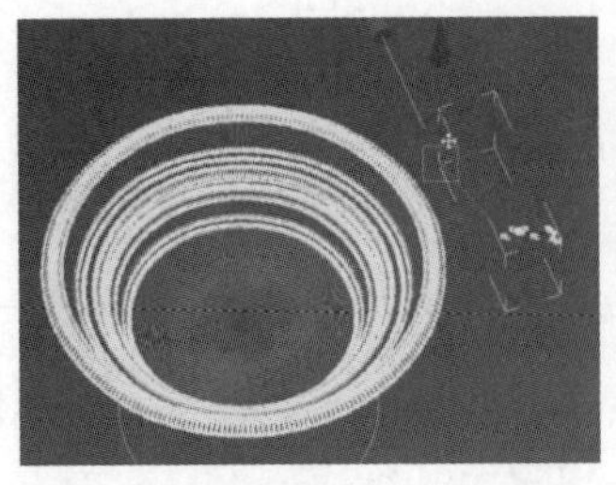
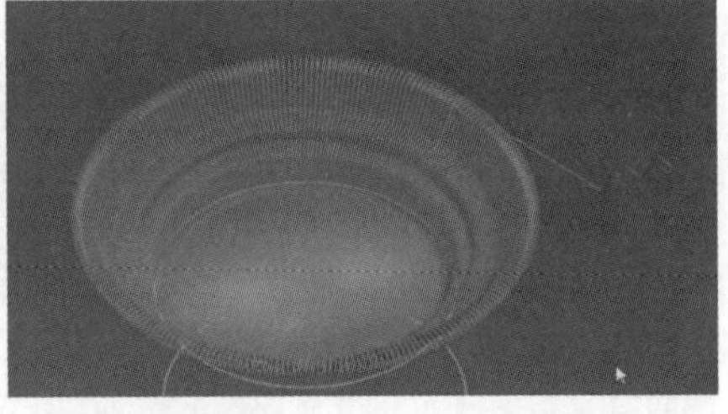

图 3.31 封闭中心圆孔

步骤 6：制作篮子的装饰线条。复制圆形的路径，修改半径，放置到篮子的不同部位，如图 3.32 所示。

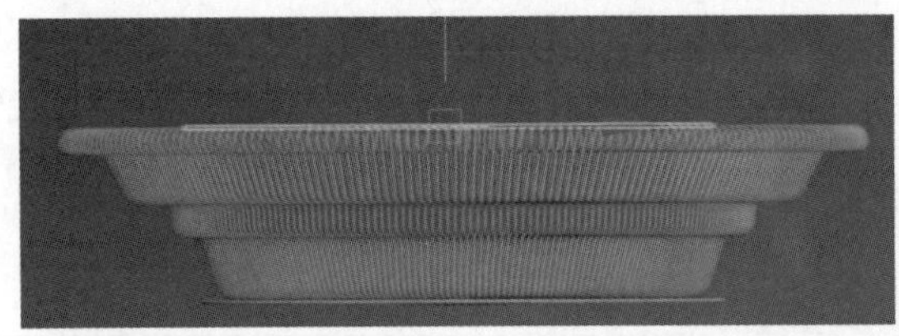
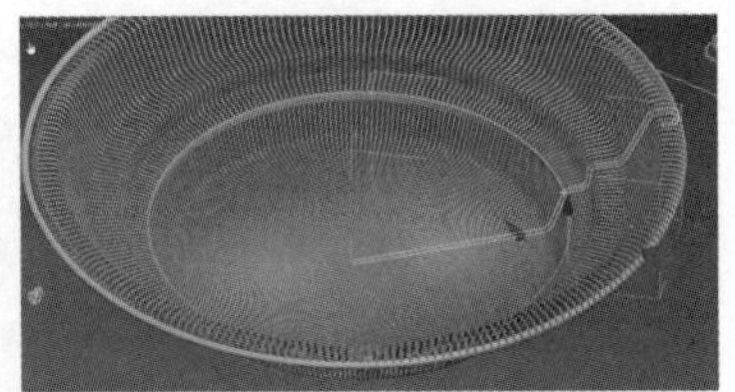

图 3.32 制作篓子装饰线条

步骤 7：调整对象为椭圆形。选中对象，点击“组”，进行缩放使之成为椭圆形，如图 3.33 所示。

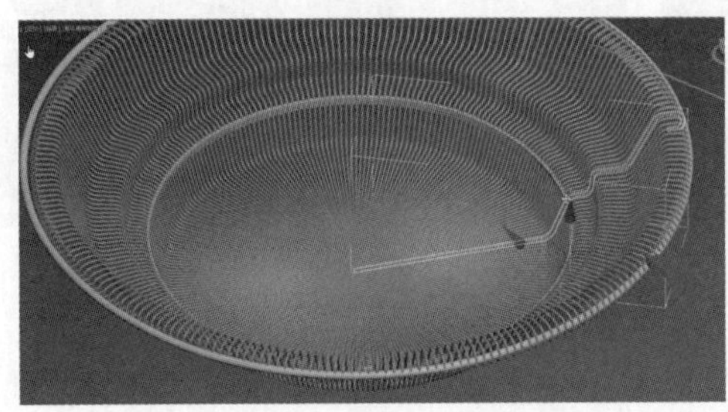
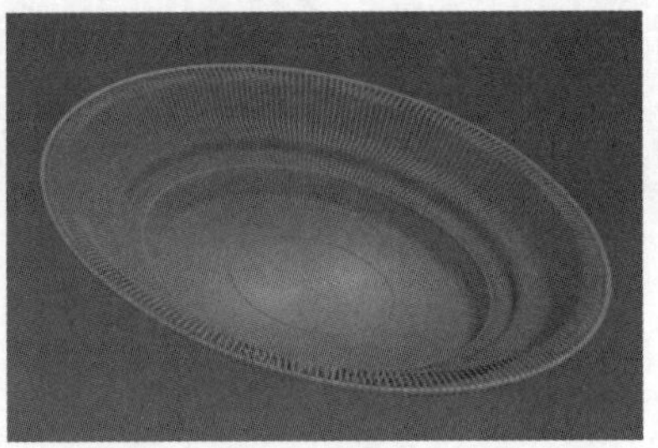

图 3.33 调整对象为椭圆形

【小结】 本实验介绍了间隔工具的使用方法，以巩固样条线编辑命令，如拆封、编辑顶点和轴心点的具体应用。

【课外作业】 依据如图 3.34 所示的图片完成拓展练习。

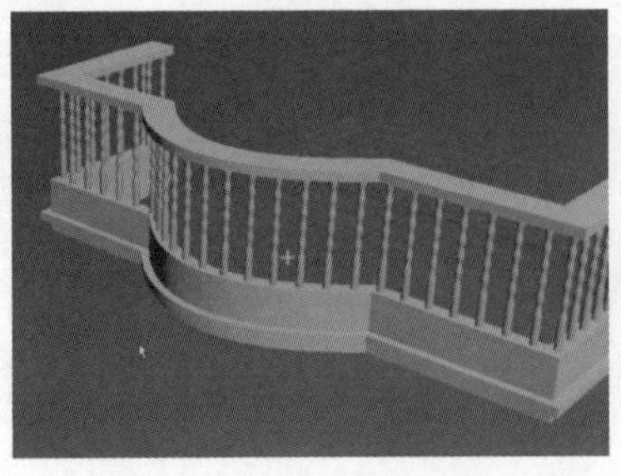

图 3.34 拓展作业——制作围栏和挂饰

实验 3.4　制作不锈钢毛巾架 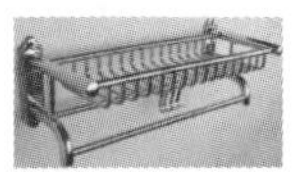

【概述】 运用简单的基本图形可以组合成新的图形，进而灵活运用 3ds Max 来制作所需的产品。

【知识要点】 学会准确定位图形在空间中的位置；掌握样条曲线的编辑，扩展基本体的运用、修改，以及多个实例的复制。

【操作步骤】

步骤 1：创建导角圆柱体。文件重置，打开一个场景，在标准基本体中选择“长方体”，创建一个长方体；再创建一个倒角圆柱体，勾选自动栅格（其目的是在原来长方体的基础上创建立体图形），点击“修改”，选择对象，修改圆角的值；若想要光滑，则点击圆角分段、边数，按“F4”键，根据对象的长宽、半径、高度进行修改。创建导角圆柱体如图 3.35 所示。

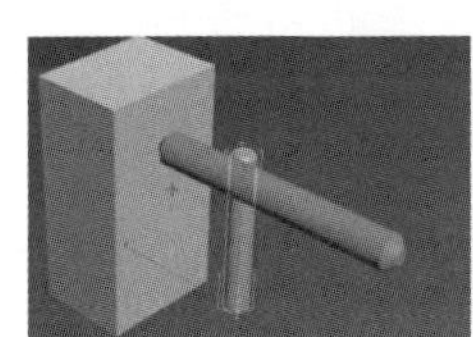

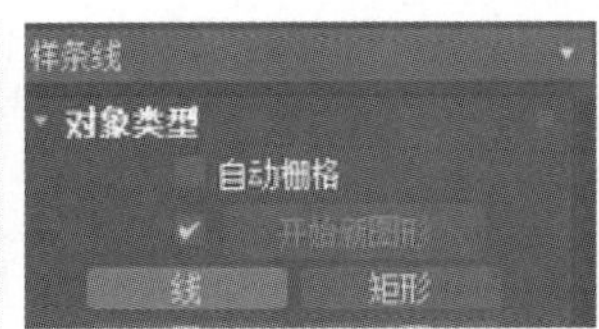

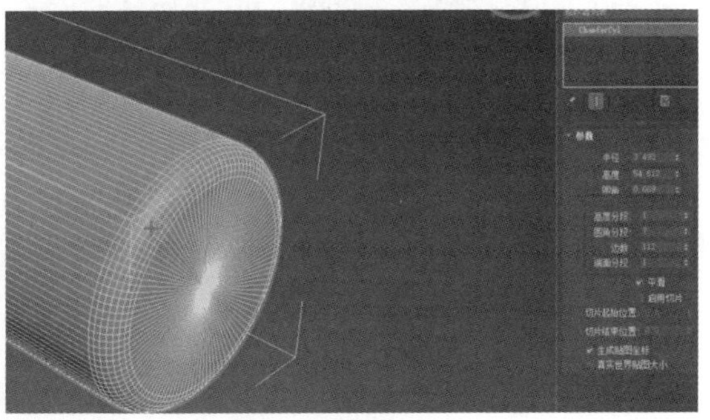

图 3.35　创建导角圆柱体

步骤 2：绘制弯曲的线条。按“L”键切换至左视图，点击“图形→样条线”，创建线条。绘制样条线时，按快捷键“Shift”自动生成一条直线，再将鼠标向下拖动，就会生成一条向下的直线，按鼠标右键结束。按“F4”键打开对象的段，在工具栏的最右侧点击“修改”。勾选“在视图中启用→径向”，修改建模图形的厚度和尺寸。选择点层级（按快捷键“1”即可），添加“圆角”命令。修改圆柱体的半径，在“插值”中勾选“自适应”。绘制弯曲的线条如图 3.36 所示。

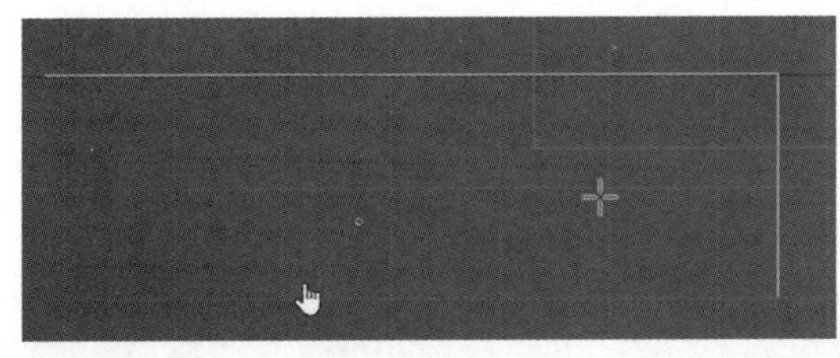

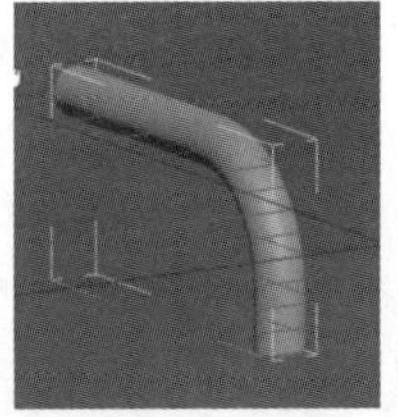

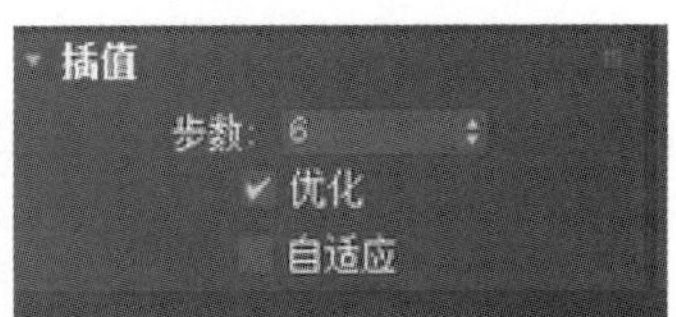

图 3.36　绘制弯曲的线条

步骤 3：创建圆柱体并对齐。在工具栏右侧上方点击“标准基本体”，创建圆柱体，按“F”键回到前视图，将圆柱体移到下方，按“L”键回到左视图再次对齐，如图 3.37 所示。

步骤 4：组合完成两边支架。回到前视图，点击“扩展基本体”，创建倒角的立方体，调整位置、高度、宽度和厚度，然后选中，按“Shift”键进行实例复制，并修改颜色，完成两边的支架，如图 3.38 所示。

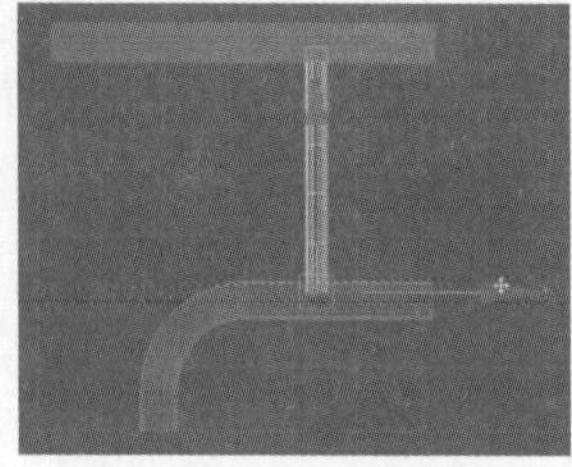
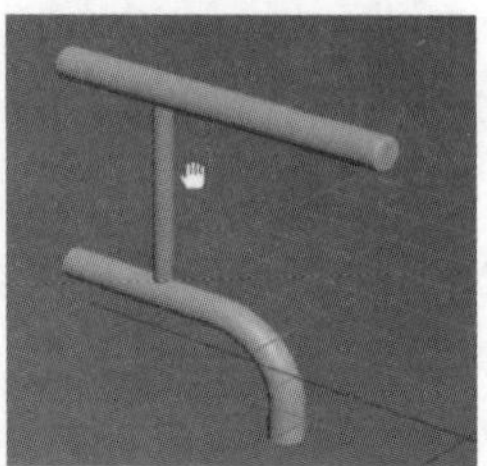

图 3.37 创建圆柱体并对齐

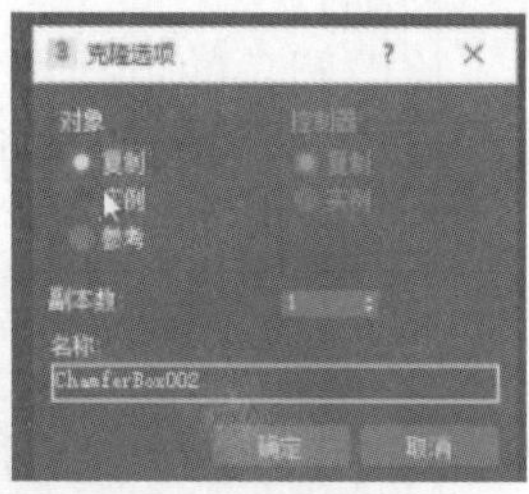

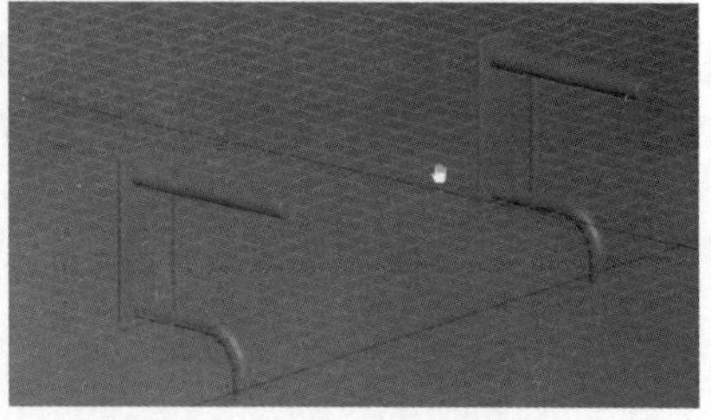

图 3.38 组合完成两边支架

步骤 5：绘制横杠。在左视图中绘制标准基本体中的圆柱体，然后调整高度、分段，再按“Shift”键进行实例复制，如图 3.39 所示。

图 3.39 绘制横杠

步骤 6：绘制 U 形线。按“Shift”键绘制 U 形线，按鼠标右键结束。若参数过大，选择“在视口中启用”，调整厚度；选择“顶点”，按住“Ctrl”键同时选取两个顶点，使用“圆角”调整到合适的尺寸。绘制 U 形线如图 3.40 所示。

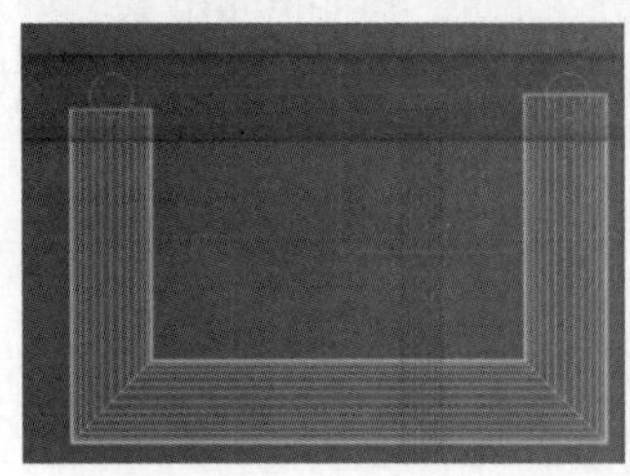
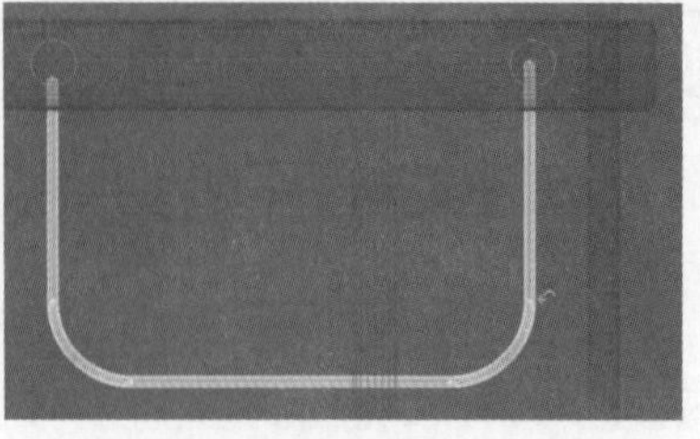
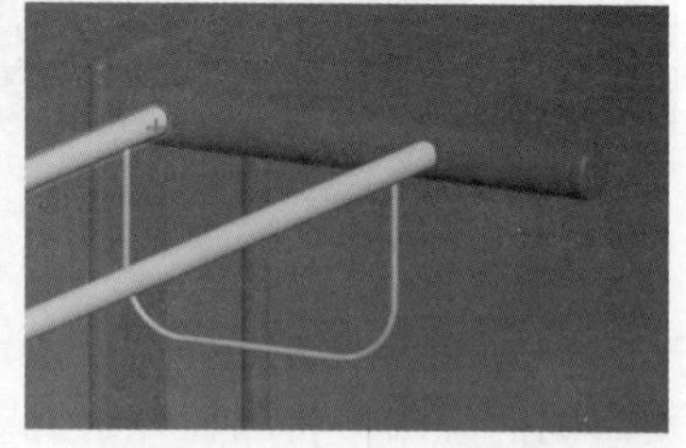

图 3.40 绘制 U 形线

步骤 7：阵列 U 形线。选择阵列命令，勾选“预览”，在 X 方向输入距离，然后输入个数，就可复制出多根 U 形线，如图 3.41 所示。

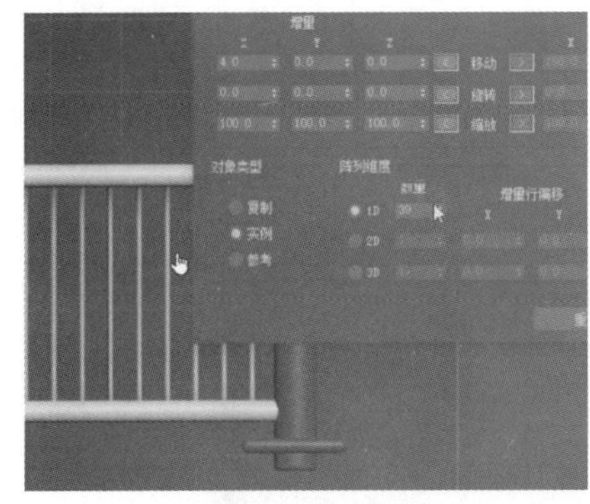

图 3.41　阵列 U 形线

步骤 8：复制两根圆柱体横杠。通过“实例”方式复制两根圆柱体，然后调整圆柱体的位置、半径大小，如图 3.42 所示。

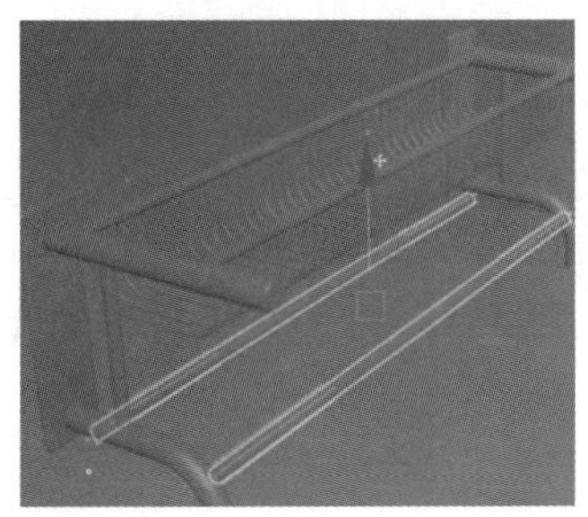
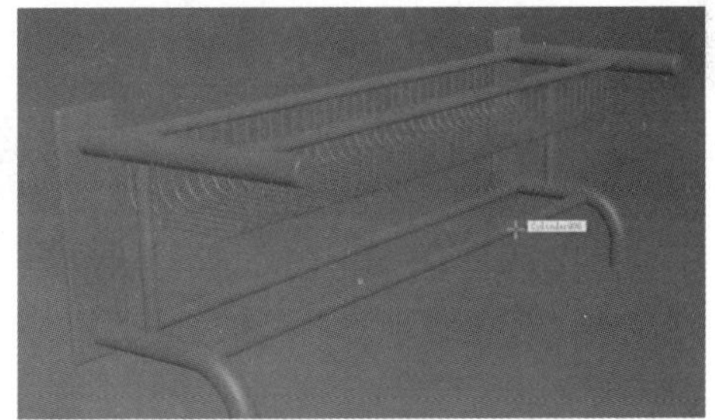

图 3.42　复制两根圆柱体横杠

步骤 9：绘制毛巾。在左视图中创建一根线，在“插值”中勾选“自适应”，选择“径向”；把线条向左边复制，点击“修改”，把“径向”改为“矩形”，调整其长度、宽度，得到毛巾造型，如图 3.43 所示。

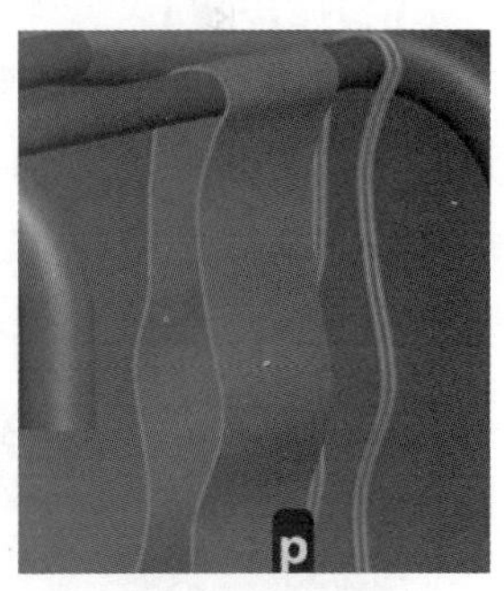

图 3.43　绘制毛巾

步骤 10：制作挂钩。绘制线条，勾选“角点→平滑”，长按鼠标左键达到平滑效果；选择“修改→顶点”，点击“圆角”，则可完成钩子的制作；调整钩子的厚度、大小、宽度和位置，使钩子挂在线上；再对钩子进行实例复制，调整位置，如图 3.44 所示。

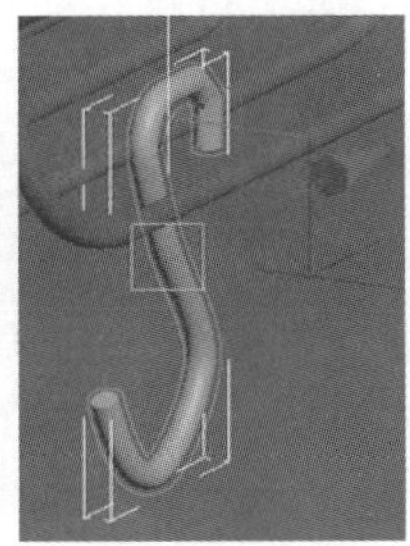

图 3.44　制作挂钩

【小结】 本实验介绍了几何图形的组合运用，以进一步熟悉图形的使用，以及样条线渲染中“径向”和“矩形”的使用方式，学会在不同角度、不同方向创建线条，通过移动、阵列等工具制作所需的形状。样条线的应用让原本单一的物体有了更多的可塑性，同时要多观察才能对生活中的物件有更深的了解，以更加快速有效地建模。

【拓展作业】 根据如图 3.45 所示的图片完成拓展练习。

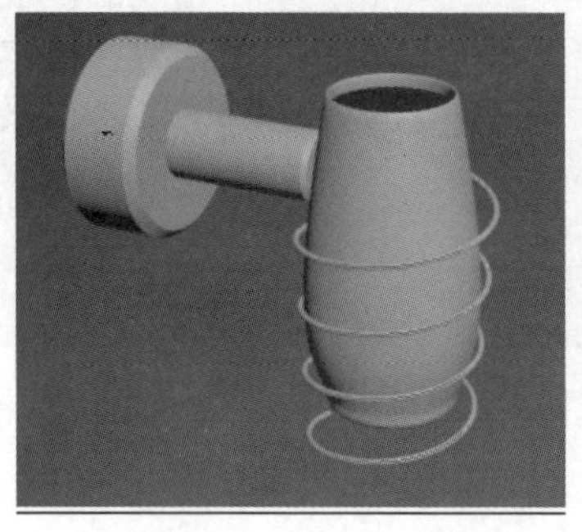
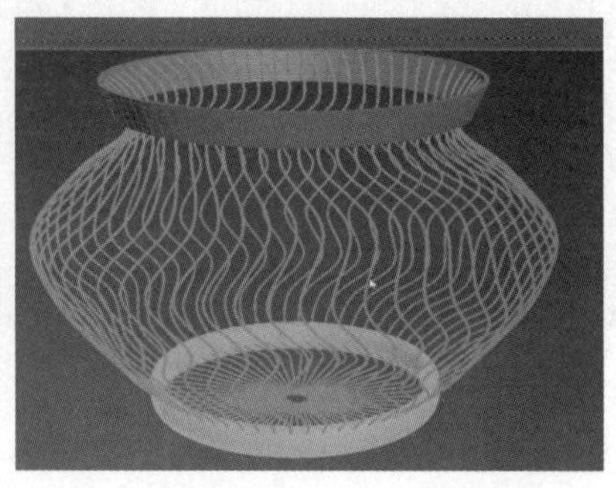

图 3.45　拓展作业——制作

实验 3.5　制作办公椅骨架 

【概述】 办公椅骨架主要是利用样条曲线的编辑来制作，重点在于对点和线段的编辑、圆角和连接等命令的使用。

【知识要点】 熟悉创建和使用样条线，掌握编辑和调整样条线的方法，学会办公桌椅模型的制作。

【操作步骤】

步骤 1：绘制椅子骨架。新建一个场景，按快捷键“F”将视图切换至前视图。点击“线”，选择“插值”命令，勾选“自适应”，在前视图中绘制线条。绘制时按住“Shift”键来绘制直线，如若绘制错误，可以按“Backspace”键重新绘制。随后将线条按需求连接，完成整体框架的绘制。绘制椅子骨架如图 3.46 所示。

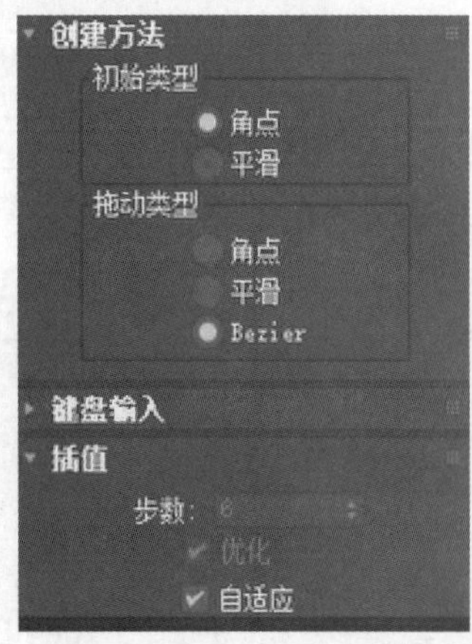

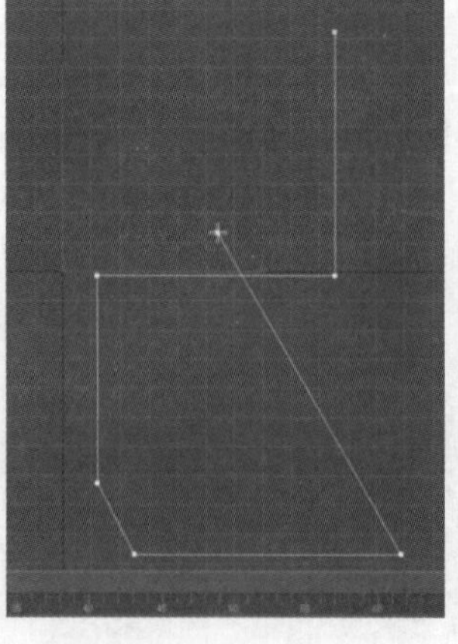
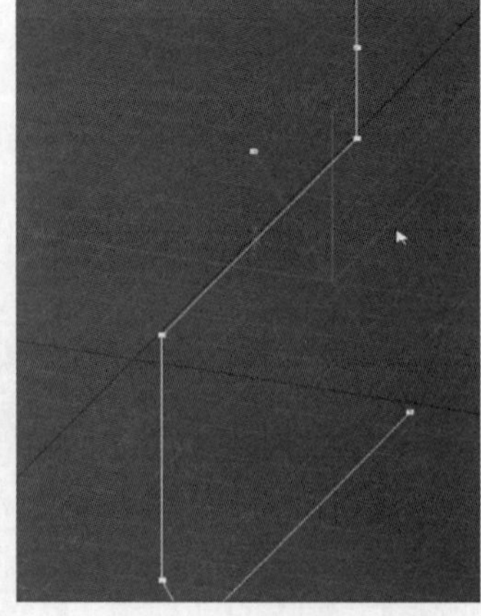

图 3.46　绘制椅子骨架

步骤 2：给线条添加圆角。选择“顶点”，点击需要调整的点，选择“圆角”，按住鼠标拉动点，将顶点调整为圆弧；勾选“在渲染中启用”和“在视口中启用”，如图 3.47 所示。

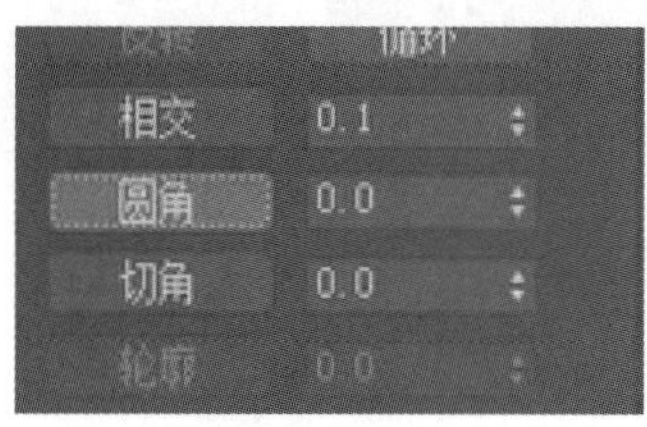

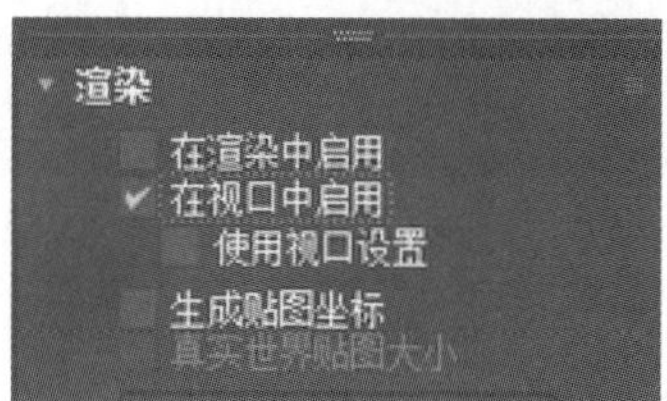

图 3.47　给线条添加圆角

步骤 3：补充结构。骨架结构补充得更加完整，选择线条，点击鼠标右键选择“细化”命令，在该线上与原顶点距离较近的地方添加一个点，将原顶点向左移动与左边线条衔接，再将新添加的点进行圆角处理，如图 3.48 所示。

步骤 4：镜像图形。选择“样条线”，按快捷键“P”切换到透视图，点击“样条线”，选取整个样条线，在右侧工具栏中点击“镜像”命令，勾选“复制”，点击“水平镜像”，得到镜像图形，如图 3.49 所示。

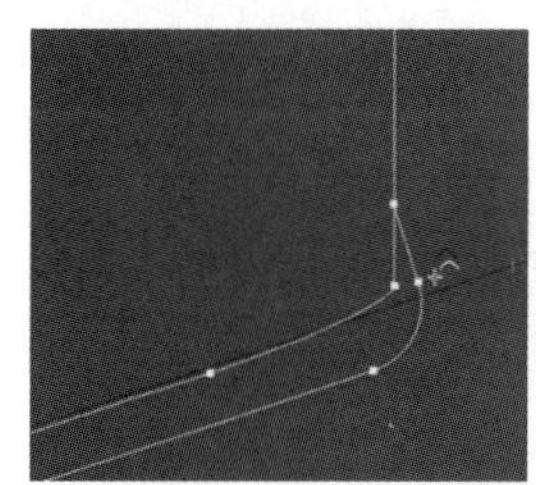
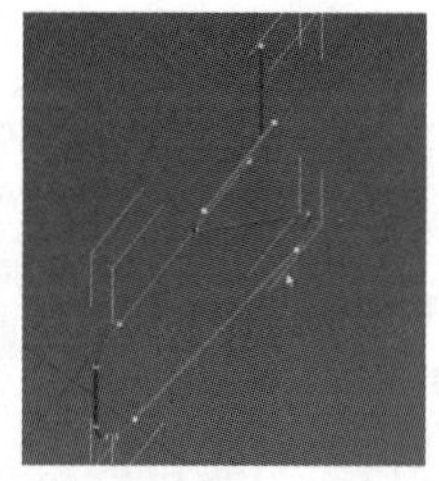

图 3.48　补充结构

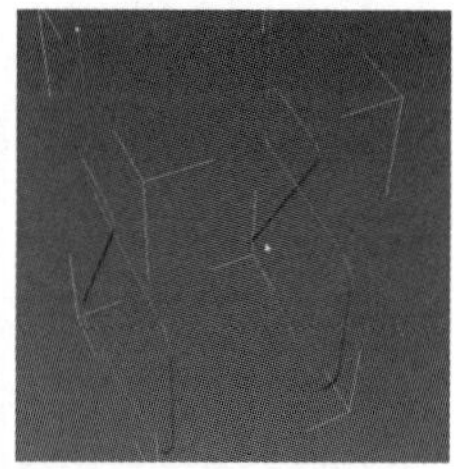

图 3.49　镜像图形

⚠ 扶手的对称制作：首先在“Line”选项卡中选择“样条线”，“样条线”并不是针对一点的操作，也不是针对一条线段的操作，而是针对整条样条线的操作。随后可以按“Shift”键进行复制，此时复制对象的方向和原对象是一致的，而产品所需的则是两个方向对立的部件，所以可以使用镜像命令来进行复制。在选择“样条线”后，在右侧工具栏找到镜像命令，先点击“左右镜像”，再点击“镜像”，而后勾选“复制”，则可得到另外一个完全与原对象相对立的部件。而镜像本身是以轴为中心的，可根据实际需求选择水平、垂直或双向镜像。但由于轴是不对称的，因此需要先对其进行调整。首先获取一个水平镜像，拉出镜像部件后将其旋转 180°，就可以得到一个完全镜像的相同部件。

步骤 5：连接骨架。切换至顶视图，在点层级上点击“连接”按钮，对之前制作的两个骨架结构最上方的两个顶点做连线，关闭“在视口中启用”后再次打开，就连接好了。然后按“Ctrl”键选中两边端点就可以使用圆角命令将其拉弧，即可完成整个骨架的制作。最后修改前面所做的图形的厚度和边数。连接骨架如图 3.50 所示。

步骤 6：制作坐垫和靠背。点击“创建”，选择“扩展基本体”，点击“切角长方体”，创建长方体作为办公椅的坐垫；按“F”键回到前视图，确立坐垫的高度，然后修改长方体的圆

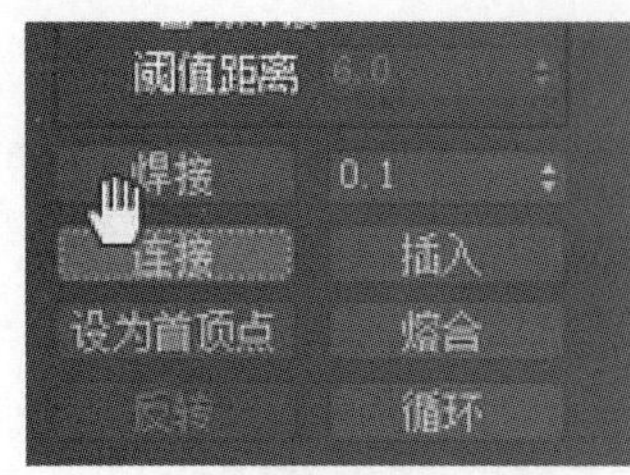

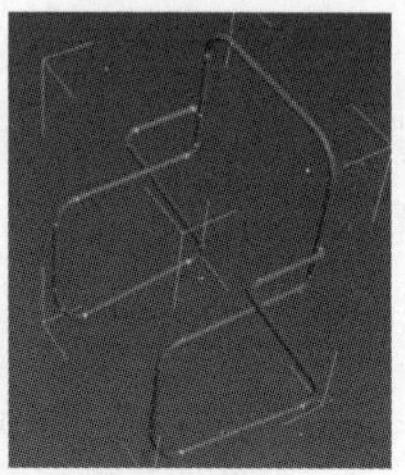

图 3.50 连接骨架

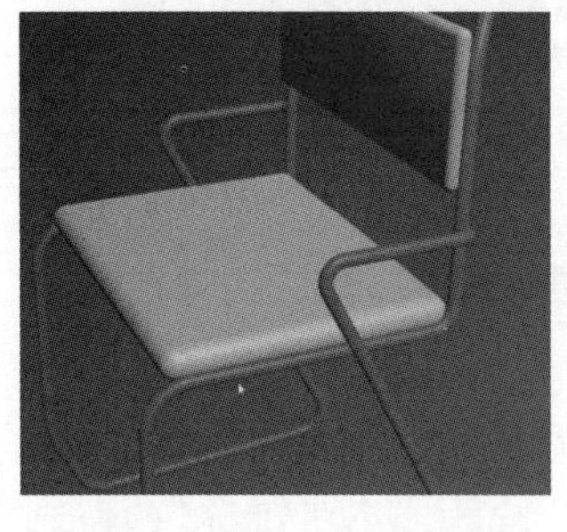

图 3.51 制作坐垫和靠背

角和圆角分段，包括修改其厚度和长、宽、高等其他参数。坐垫制作完成以后再复制一个，并将其旋转到靠背位置，调整其长、宽、高，改为靠背。制作坐垫和靠背如图 3.51 所示。

步骤 7：制作扶手。复制坐垫，调整其长、宽、高参数，将其放置在扶手位置。按“L”键切换到左视图，调整扶手的位置，将高度调小，让扶手扁一些。然后将做好的扶手通过镜像命令进行复制，选择 Y 轴方向，选择实例复制。修改完成以后，整体做完以后，将其全部选中，将颜色修改为红色，如此工作椅的模型便完成了，然后点击“保存”，后续可以进行贴材质等工作。制作完成效果如图 3.52 所示。

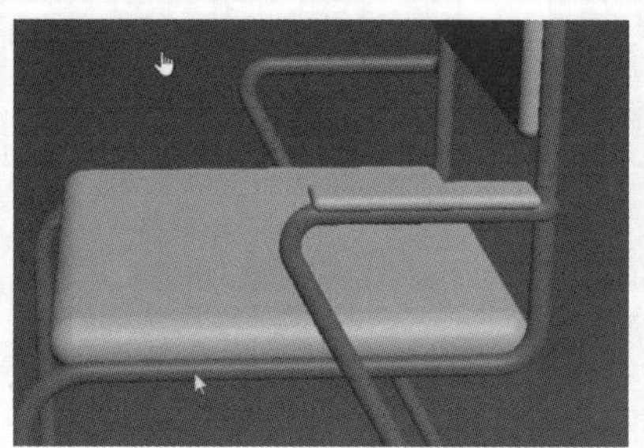

图 3.52 制作完成效果

【小结】 本实验主要介绍了一些制作样条线的命令，然后通过对点和线段的编辑、空间上的移动，以及连接线和镜像命令来完成办公椅模型的制作。同时，在样条线的绘制过程中，线段的错开操作需要有很好的空间想象能力，才能让模型更加贴合生活中物体的真实形象。

【作业】 根据如图 3.53 所示的图片完成拓展练习。

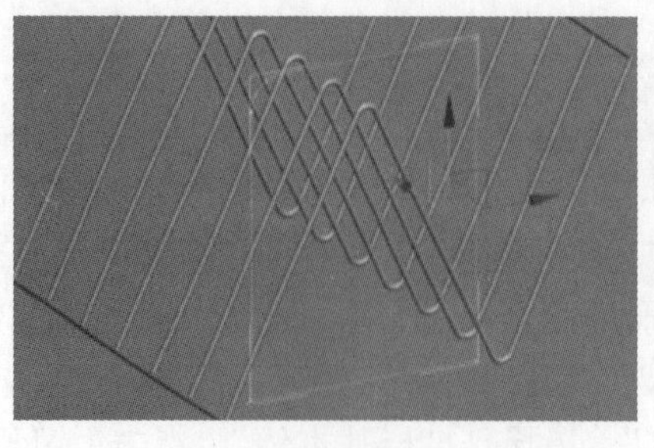
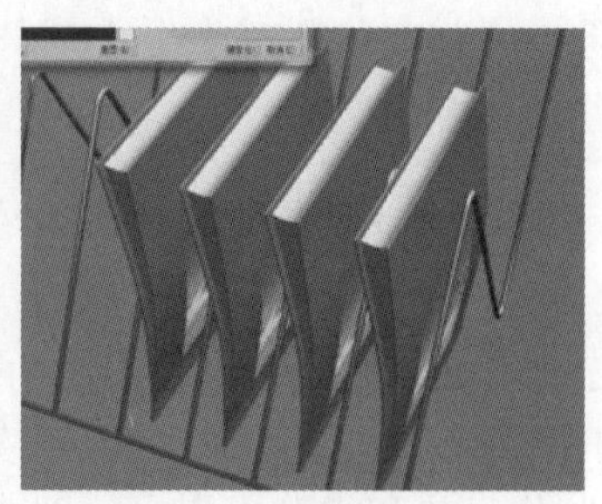

图 3.53 拓展作业——制作书架

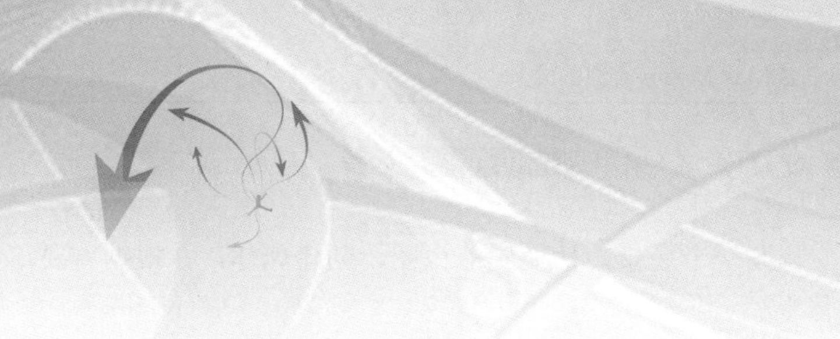

第 4 章　3ds Max 二维编辑器

实验 4.1　制作地球仪

【概述】 在 3ds Max 中，可以使用单个基本体进行组合建模，还可以将基本体组合到更复杂的对象中，并使用编辑器进一步进行优化。在实际工作中，最好使用简单的修改器或者基本图形的参数进行编辑，不要频繁使用多边形进行编辑。有些简单的工具就能满足图形建模的要求。可以运用样线条独有的编辑方法对基本图形进行加工，使其最终形态满足建模的要求。还可以运用修改器简化建模的流程，节省操作时间。修改器堆栈是修改面板的“灵魂”。所谓修改器，就是可以对模型进行修改，改变其几何形状及属性的命令。

【知识要点】 掌握标准基本体和扩展基本体命令、样条线及可编辑样条线的运用，以及修改器的使用。

【操作步骤】

步骤 1：配置修改器列表。初次使用修改器列表时，首先要配置修改器，用鼠标右键点击“修改器列表” 修改器列表 ，选择“显示按钮” ✓ 显示按钮 并将其打开。

步骤 2：显示配置修改器集。用鼠标右键点击“修改器列表”，选择“配置修改器集”如图 4.1 所示。

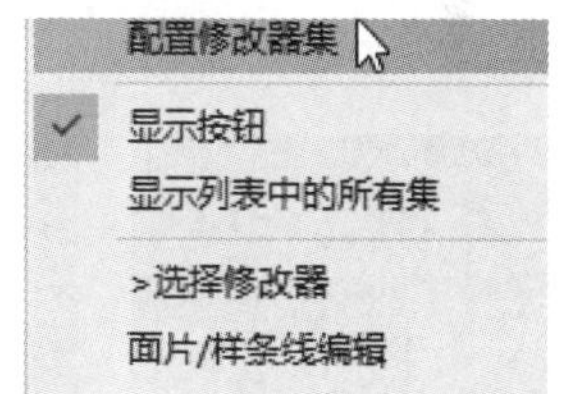

图 4.1　显示配置修改器集

步骤 3：配置修改器集。在“配置修改器集”中，可点击“按钮总数”，调整修改器的数量。在右半边的修改器中把不常用的命令删除，留下常用的命令；在左半边的修改器中找出常用命令，用鼠标左键拖到右半部分的修改器中。若格子不够，则修改按钮总数以增加或减少格子数量，在新增加的格子中配置要用的命令。然后按“保存”按钮，再按“确定”按钮，即可完成对修改器集的配置。配置修改器集如图 4.2 所示。配置好的修改器列表如图 4.3 所示，可以将其一直放在下面，既方便了自己操作，又可提升制作效率，能起到事半功倍的效果。

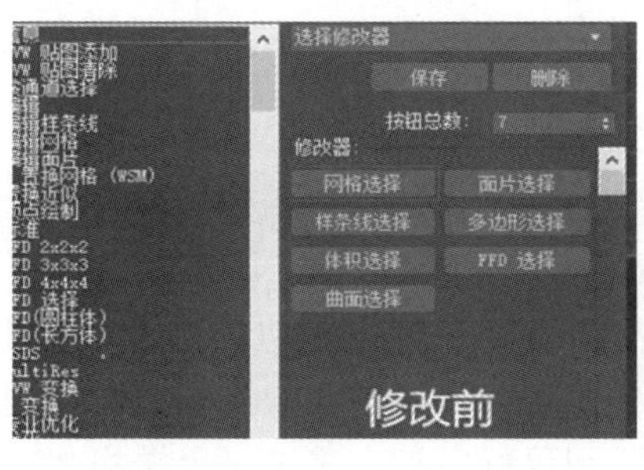

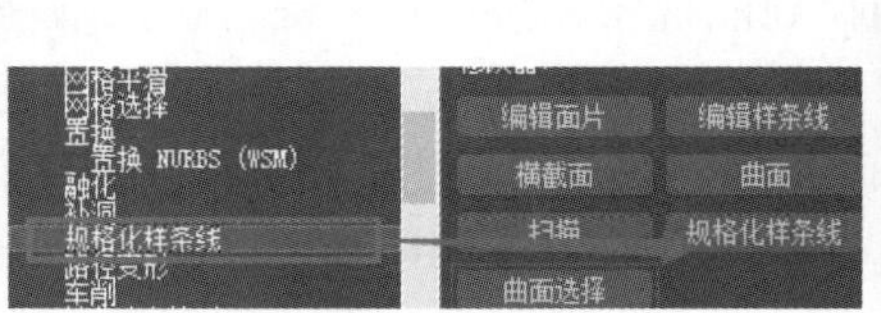

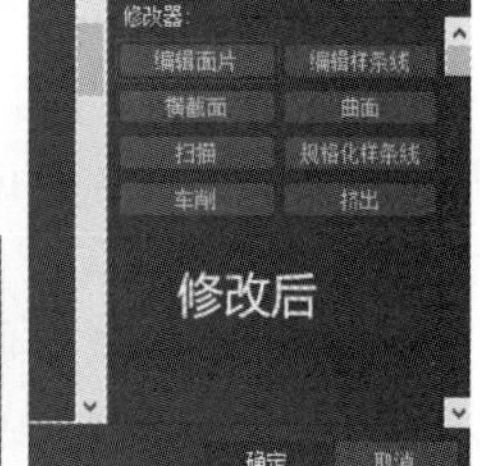

图 4.2　配置修改器集

步骤 4：设置单位。打开 3ds Max 的“自定义”菜单项 自定义(U)，选择“单位设置” 单位设置(U)...，设置单位为毫米。

步骤 5：创建球体。文件重置，打开一个场景，切换到前视图，创建球体，并根据需要在修改器参数栏下拉菜单中修改球体半径。

步骤 6：绘制圆球和二维圆形。调整到合适的视角，点击，在修改器列表中选择“样条线”命令，选择“圆”。将圆与球体对齐，根据需要在修改器参数栏下拉菜单中修改圆的半径。绘制圆球和二维圆形如图 4.4 所示。

Circle001
修改器列表
编辑面片 编辑样条线
横截面 曲面
删除面片 删除样条线
车削 规格化样条线
圆角/切角 修剪/延伸
可渲染样条线 扫描

图 4.3 配置好的修改器列表

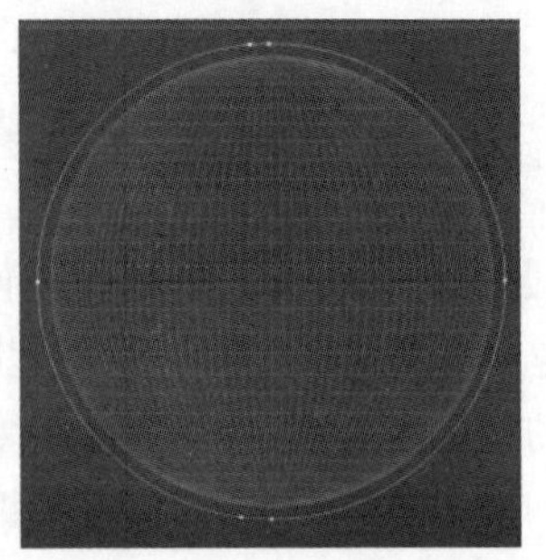

图 4.4 绘制圆球和二维圆形

步骤 7：修改圆形。调整到合适的视角，选择圆形，点击，打开修改器列表，用鼠标右键点击转化为可编辑样条线，在可编辑样条线中选择“细化” 细化 命令，为其添加两个顶点。单击，在可编辑样条线中选择“线段”层级，并选择左侧的两条线段，按“Delete”键删除线段。在“渲染”中勾选“在视口中启用”，选择“矩形”，根据需要调整矩形的长度、宽度以及长宽比。修改圆形如图 4.5 所示。

步骤 8：创建圆柱体。创建圆柱体，并将其对齐到球体的中心，调整到合适的高度及大小，如图 4.6 所示。

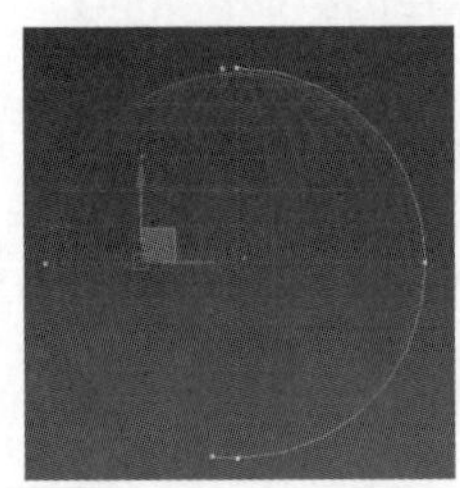

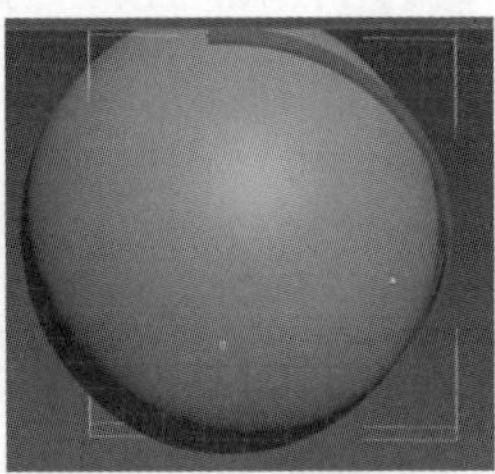

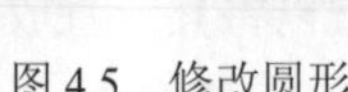

图 4.5 修改圆形

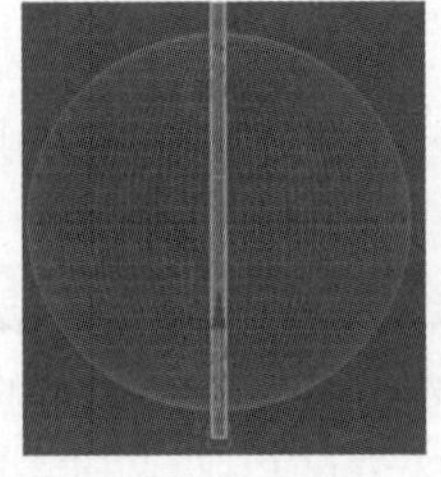

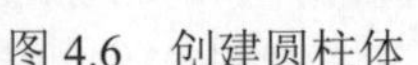

图 4.6 创建圆柱体

步骤 9：创建切角圆柱体。切换到顶视图，选择“扩展基本体→切角圆柱体”，并在场景中单击放置。修改切角圆柱体的参数，将切角圆柱体调整到合适的大小，运用快速对齐命令将其与球体对齐。切换到前视图，按“W”键将切角圆柱体放置到合适位置，按住“Shift”键将切角圆柱体向 Y 轴拖动，复制实例到球体下方。创建切角圆柱体如图 4.7 所示。

步骤 10：创建地球仪底座。按住“Shift”键，用鼠标左键沿 Y 轴向下拖动，复制切角圆柱体到球体下方。单击，在“参数”中修改切角圆柱体的半径及高度。切换到顶视图，创建“样条线→圆”，并在视图中放置。打开“修改器列表”，用鼠标右键点击选择“转换为可编辑样条线”，将圆转换为可编辑的样条线。将其与切角圆柱体对齐，在编辑器参数栏下拉菜单中修改圆的半径。单击“修改”，在“渲染”中勾选“在视口中启用”，选择“径向”，调整圆环的厚度，并放置到合适位置。创建地球仪底座如图 4.8 所示。

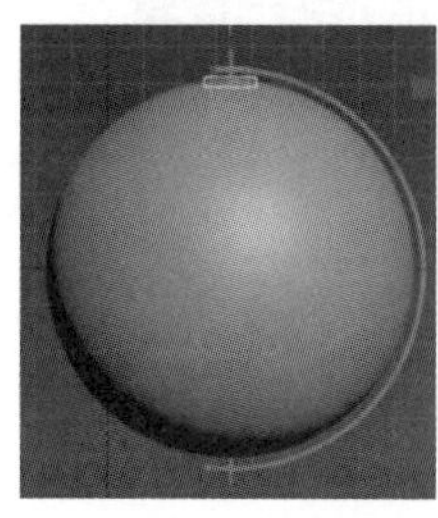
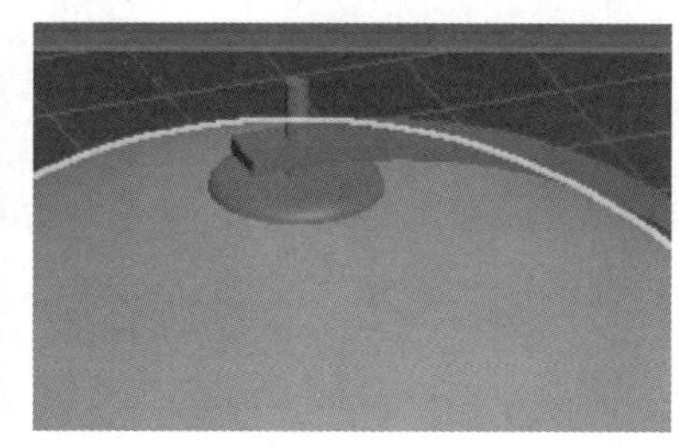

图 4.7　创建切角圆柱体

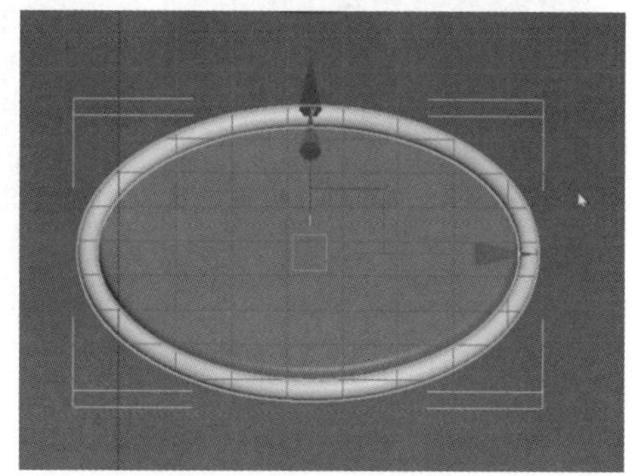

图 4.8　创建地球仪底座

步骤 11：创建地球仪底座与球体支撑杆。切换到前视图，单击，在“修改器列表”中选择“样条线”命令，选择“线”，并在视图中放置。切换到合适的视角，按住“Ctrl”键将底座圆环与支撑杆的线选中，利用快捷键“Alt+Q”将两条线孤立出来。点击“修改”，打开“修改器列表”，用鼠标右键点击选择“转化为可编辑样条线”，并放置到合适的位置。创建地球仪底座与球体支撑杆如图 4.9 所示。

步骤 12：连接线条。切换到顶视图，按住“Shift”键，用鼠标左键沿 Y 轴拖动复制一条线，在主工具栏中单击“启用对象捕捉”。设置捕捉为“顶点”，单击，在“修改器列表”中选择“样条线”层级，打开“几何体”面板，选择“创建线”，将两条线连接，如图 4.10 所示。

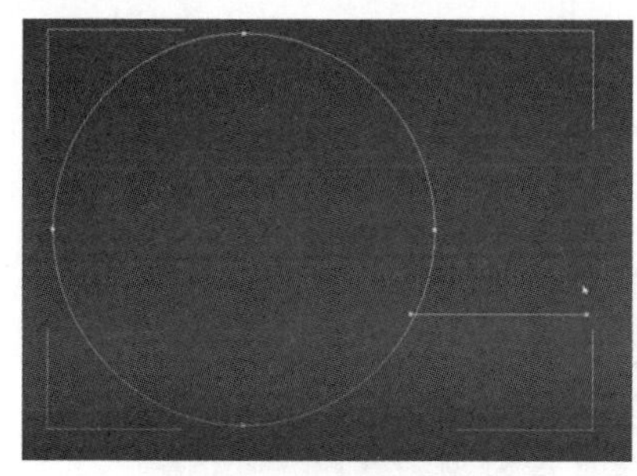
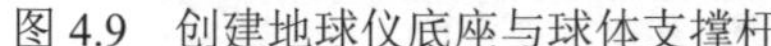

图 4.9　创建地球仪底座与球体支撑杆

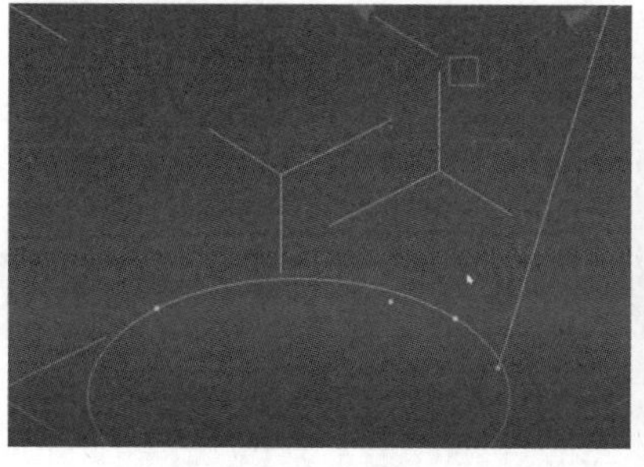

图 4.10　连接线条

步骤 13：细化并删除。切换到顶视图，用鼠标右键点击圆，选择“细化”命令，在圆与线段的交点旁添加两个点，再将两点中的线段删除，如图 4.11 所示。

步骤 14：焊接顶点。单击“修改”，在“修改器列表”中选择“顶点”层级，打开“几何体”面板，选择“焊接”，将两条竖线与圆连接，再将连接两条竖线的点进行焊接，如图 4.12 所示。

步骤 15：圆角处理。单击“修改”，在“修改器列表”中选择“顶点”层级，打开“几何体”面板，选择“圆角”，将两条竖线连接处进行圆角处理；在“渲染”中勾选“在视口中启用”，选择“径向”，调整厚度，如图 4.13 所示。

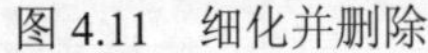

图 4.11　细化并删除

图 4.12　焊接顶点

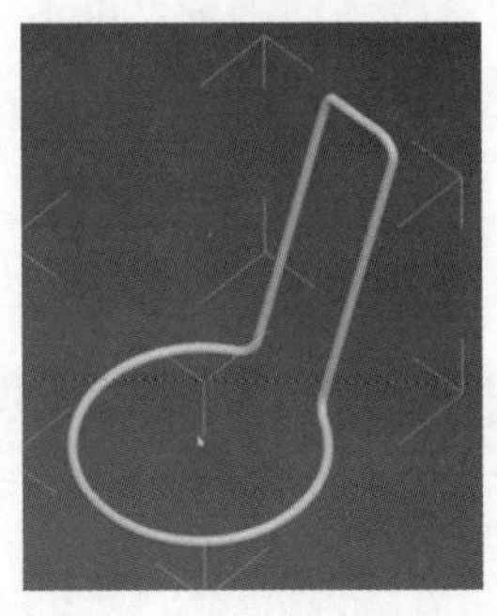

图 4.13　圆角处理

步骤 16：创建组件。创建切角长方体并在场景中单击放置，调整切角长方体的长、宽、高及圆角参数到合适的大小。然后拼接地球仪球体和底座支撑杆，即按“E”键，旋转球体到合适的角度，移动对象与支撑杆连接。选择“扩展基本体→切角圆柱体”，勾选“自动栅格”，在切角长方体中放置，调整半径、高度及圆角。创建组件如图 4.14 所示。

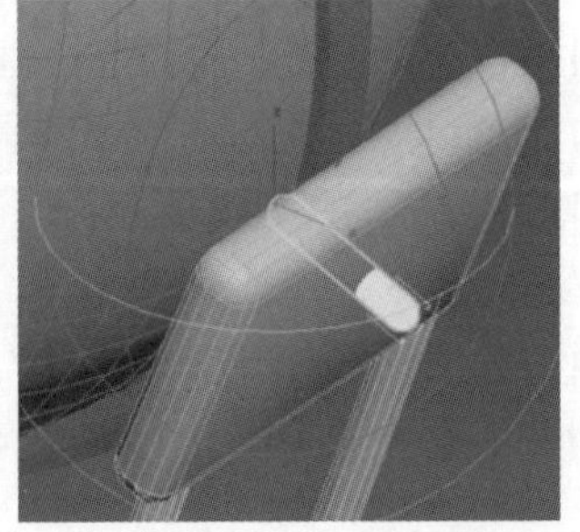

图 4.14　创建组件

步骤 17：成组并修改颜色。在视图中全选所有内容，修改颜色为灰色；在主工具栏中点击“组”，将地球仪各部件成组；打开材质编辑器，为其添加相应的材质，如图 4.15 所示。

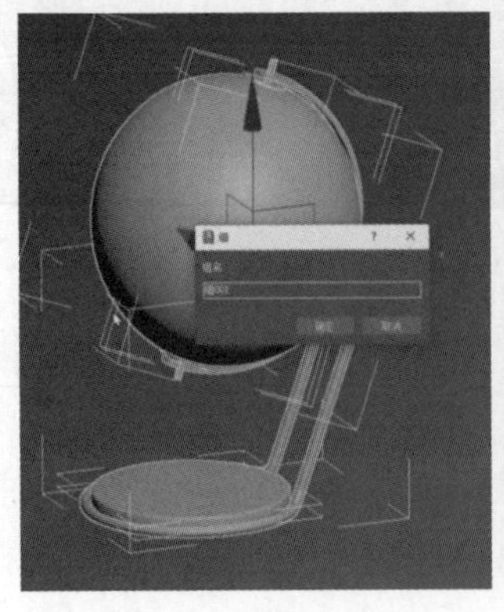

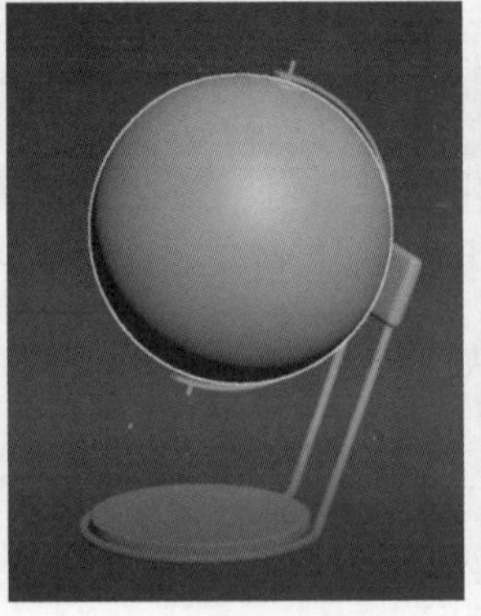

图 4.15　成组并修改颜色

【小结】 本实验介绍了地球仪的制作，进一步熟悉了标准基本体和扩展基本体命令、样条线及可编辑样条线的使用等。在使用 3ds Max 的过程中，可以发现有许多三维模型都来源于二维图形，而二维图形是由节点和线段组成的，因此利用二维图形可以方便地创建很多结构复杂的三维模型。

实验 4.2　制　作　墙　体

【概述】 Auto CAD 是一款在工装、家装、建筑行业常用的设计软件，利用它可以对平面、立面进行设计。CAD 平面图完成后，可利用 3ds Max 进行三维效果的表现，也就是所谓的效果图。将 CAD 平面图导入 3ds Max 后，可使用样条线中的“线”工具对其进行描边，再使用“挤出”工具对其进行建模，并对其细节进行细化构建。这样可以增强其空间感以及直观性，便于受众直观感受。同时，CAD 与 3ds Max 的结合运用增强了软件之间的联系性与互补性，提高了操作者的使用体验及便捷程度。所谓“挤出”，是指为二维图形添加厚度，将其转换为三维造型。“挤出”修改器在效果图制作中用得很多，如墙体、吊顶都可以通过“挤出”方式来创建。

【知识要点】 掌握样条线的编辑方法，理解二维编辑器的基础知识，重点掌握“挤出”命令的使用。

【操作步骤】

步骤 1：删除无关图形。打开 CAD 软件，选择需要的平面图。在 CAD 中点选关闭“栅格”，使界面变得清晰。删除图框标注以及与建墙体无关的图形，选择图中所填充的图案并将其清除，因为填充图案有可能会影响建模。删除无关图形如图 4.16 所示。

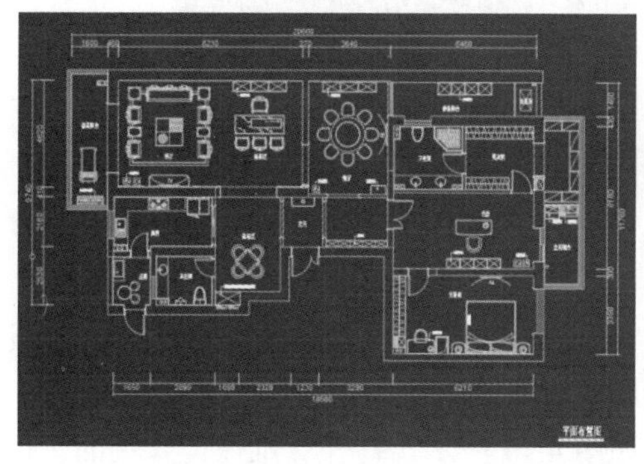

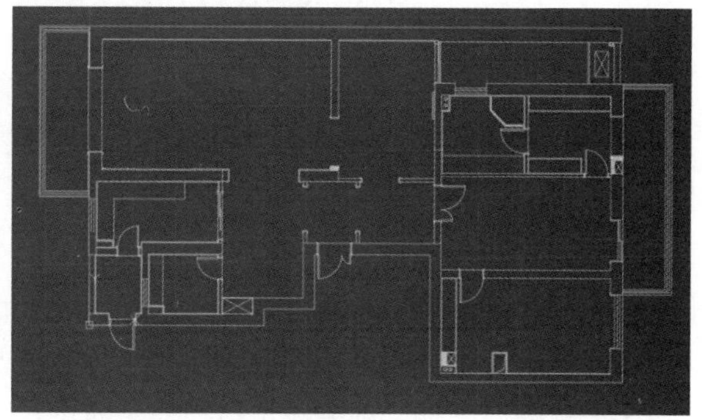

图 4.16　删除无关图形

步骤 2：清理并保存。选择“PU”为“清除”命令，点击“全部清理→清理所有项目”，去除多余的图层、图块等项目。清理过后图层少了很多，并且文件也变小了。输入命令 M，按“Enter”键，并框选该平面图，点击鼠标左键确定，再按“Enter”键，同时选择指定基点，输入（0，0），然后放置原点。选择“文件→另存为”，保存为新的 DWG 文件。保存的文件版本不要高于当前所使用的 3ds Max 版本。清理并保存如图 4.17 所示。

步骤 3：设置单位。打开 3ds Max 软件，利用快捷键“Alt+W”进行单一视图显示，设置单位为毫米。

步骤 4：导入图形并冻结。选择所需要的文件，将文件导入 3ds Max 中，即可在其中看见二维平面。文件导入以后，全选图形，按鼠标右键，点击“冻结当前选择”。在捕捉按钮上按鼠标右键选择“捕捉到冻结对象”。导入图形并冻结如图 4.18 所示。

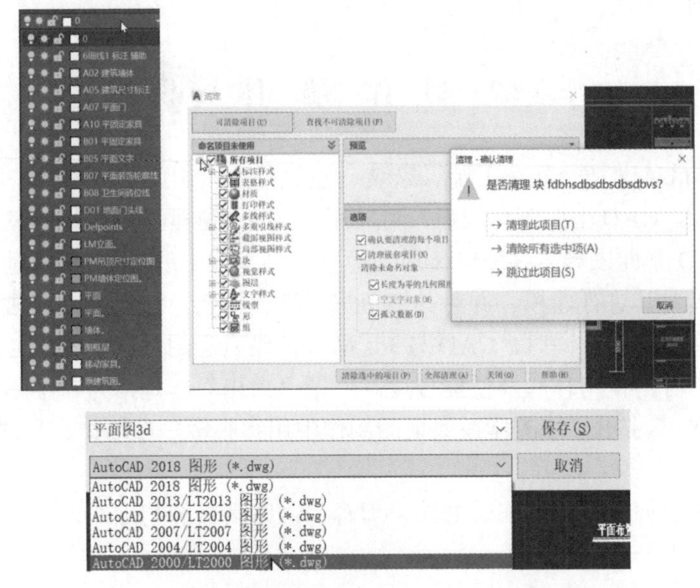

图 4.17 清理并保存

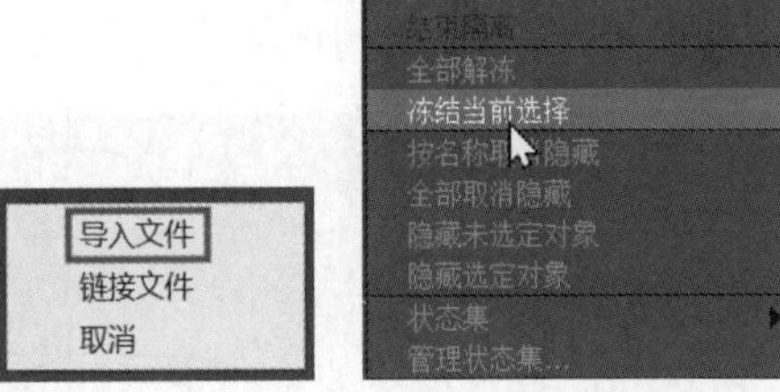

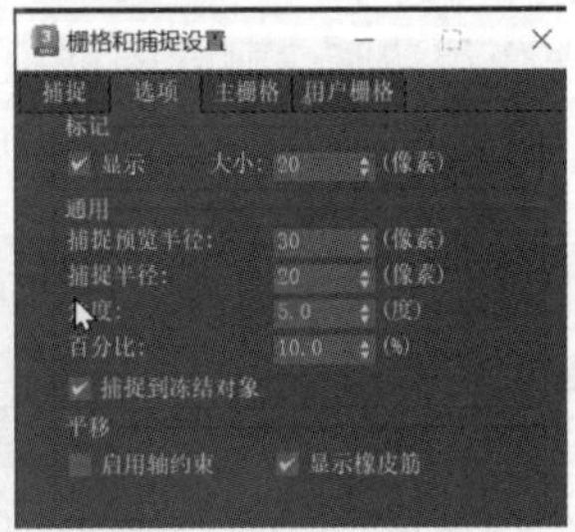

图 4.18 导入图形并冻结

图 4.19 捕捉设置

步骤 5：捕捉设置。按“T”键切换到顶视图。用鼠标右键点击工具栏中的“捕捉开关”，则显示“栅格和捕捉设置”。勾选“顶点”后再关闭，则完成了捕捉开关的设置，如图 4.19 所示。打开二维捕捉开关的快捷键为“S”。

步骤 6：构建墙体。使用样条线工具栏中的“线”对平面进行描边、挤出，以便后续建模。创建样条线，根据墙体的不同结构，在原有 CAD 平面图线条的基础上，重新绘制闭合的线。绘制线时，要注意所捕捉的点的准确性。如果绘制错误，可以按“Backspace”键退回，至首尾相接时选择闭合即可。对平面图进行描线如图 4.20 所示。

> ⚠ 利用“挤出”命令创建图像时，二维图形必须是闭合且本身无线形交叉，如此才能够挤出实心的物体，否则挤出的物体是空心的。

步骤 7：挤出墙体。在已经配置好的“修改器列表”中，选择“挤出”命令；或者点击

“修改器列表”，在出现的命令列表中选择“挤出”命令。通过调整“挤出”命令面板中的数量，即可挤出图形的高度。若要绘制的线条颜色一致，点击“颜色”，去掉“分配随机颜色”，选择自己喜欢的颜色即可。挤出墙体如图 4.21 所示。

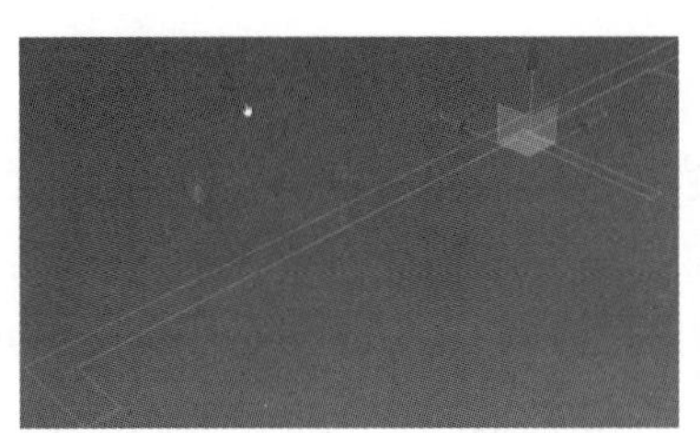
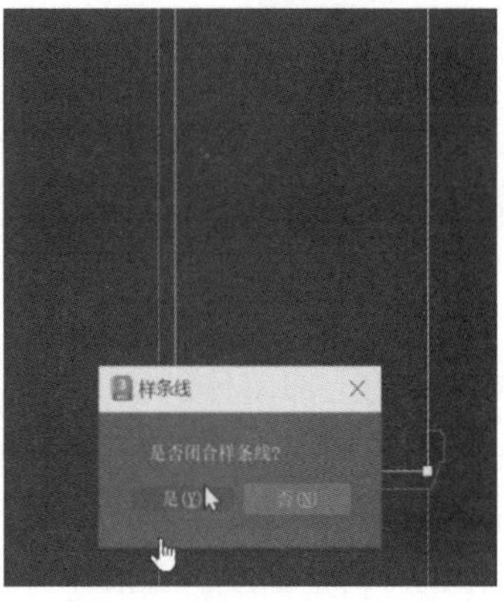

图 4.20　对平面图进行描线

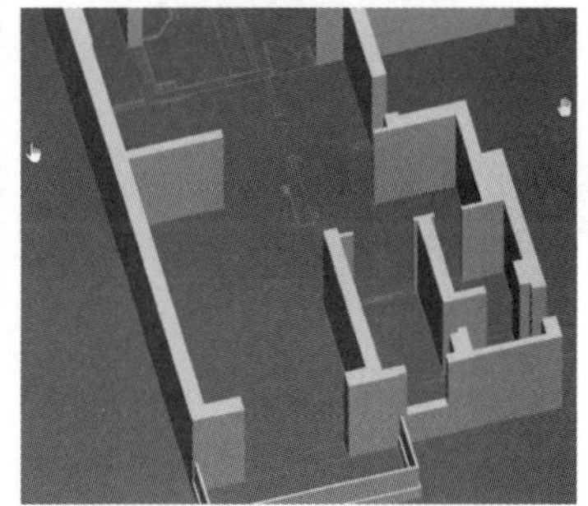

图 4.21　挤出墙体

步骤 8：利用粘贴方式挤出。如果要绘制新的墙体，可以每次都使用“挤出”命令，也可以通过“粘贴”命令来实现。选中所绘制的图形，在堆栈中选择“挤出”修改器，用鼠标右键点击“挤出” 挤出 命令，在“挤出选择列表”中点击“复制”选项，然后选择绘制好的二维图形，在修改器堆栈中用鼠标右键点击“挤出”命令，选择列表中的“粘贴”选项，就可对新绘制的图形使用“挤出”命令，并且是一样的高度。可以根据新图形的高度修改挤出的数量，如门窗部位或者阳台的栏杆部位，其高度就要经过重新调整。然后使用三维捕捉命令将其捕捉到相应的位置即可。按照以上方法依次描出所需线条并挤出，窗户、阳台部位要空出。利用粘贴方式挤出如图 4.22 所示。

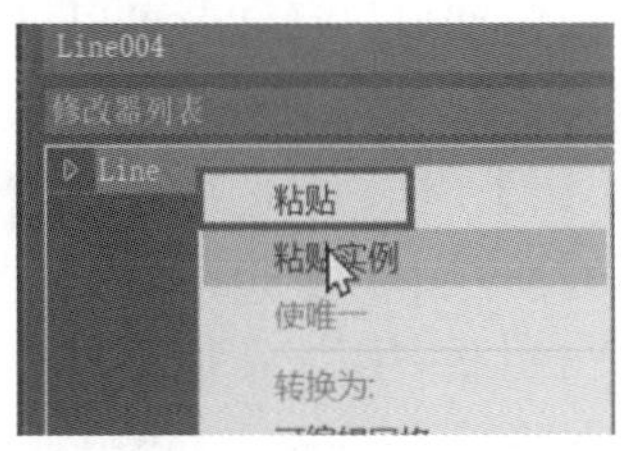

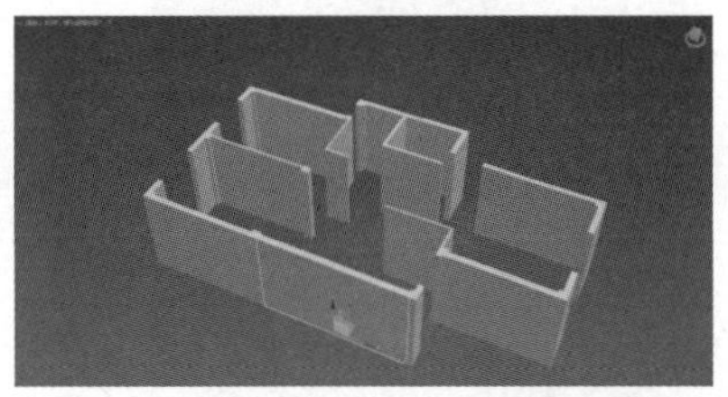

图 4.22　利用粘贴方式挤出

步骤 9：制作阳台。使用“样条线”绘制，挤出时根据需要进行高度调整。将底部高度设置为 300mm，向上复制，将复制对象的高度修改为 150mm，并将其作为上部的台面。按“T”键回到顶视图，再次对齐，确定位置。制作阳台如图 4.23 所示。

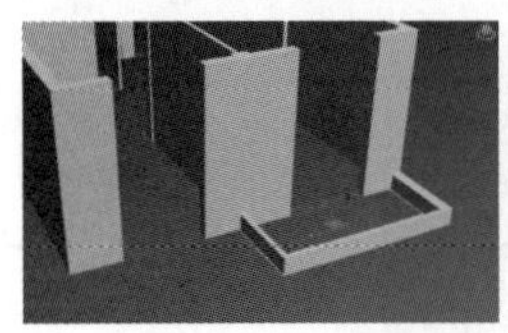

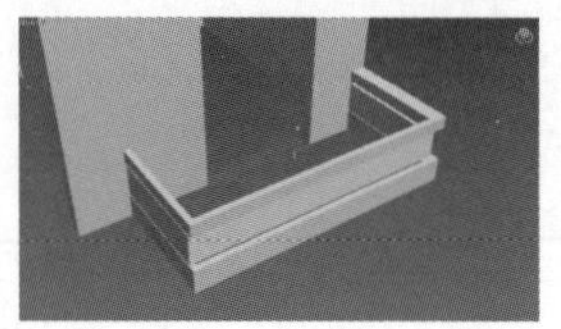

图 4.23 制作阳台

步骤 10：制作门的上部墙体。按“F3”键让物体透明，根据底图描线，描好后挤出，参数为 600mm，打开三维捕捉命令调整位置，如图 4.24 所示。

步骤 11：制作窗户。绘制上下墙面，挤出后复制两个，参数分别为 1200mm 和 300mm。把其他窗户绘制完整，调整高度，再按住“Shift”键进行实例复制。制作窗户如图 4.25 所示。

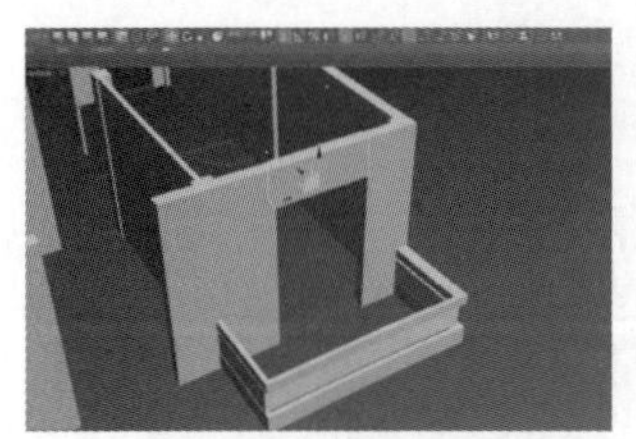

图 4.24 制作门的上部墙体

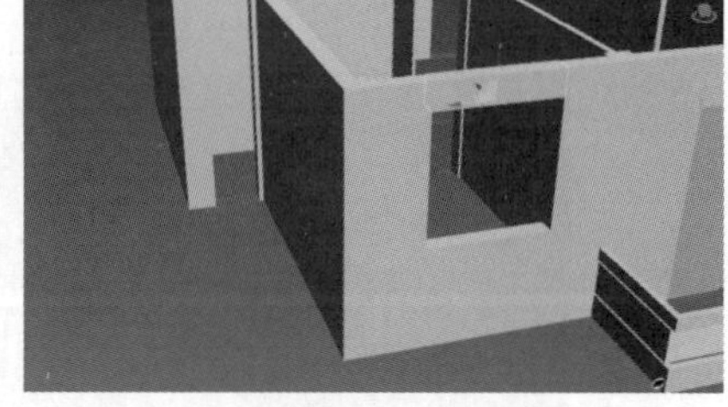

图 4.25 制作窗户

步骤 12：制作地面和吊顶。全部墙体绘制挤出以后，即可开始制作地面和吊顶。用线条环绕全部墙体一圈后挤出作为地面，然后将其复制再捕捉到上部作为吊顶，如图 4.26 所示。

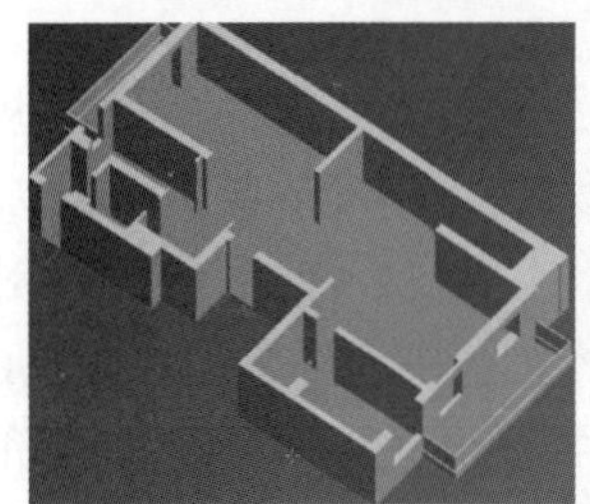
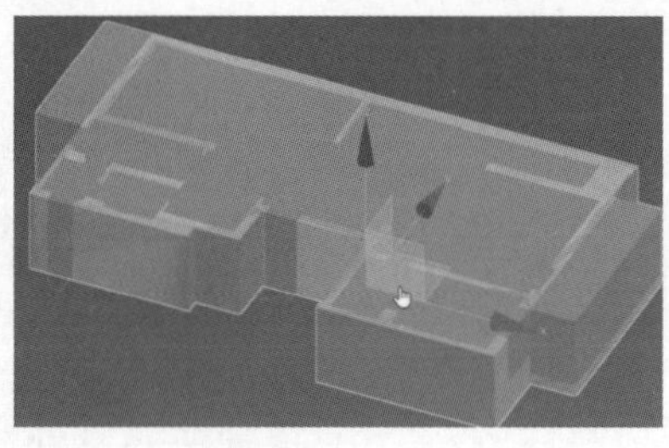
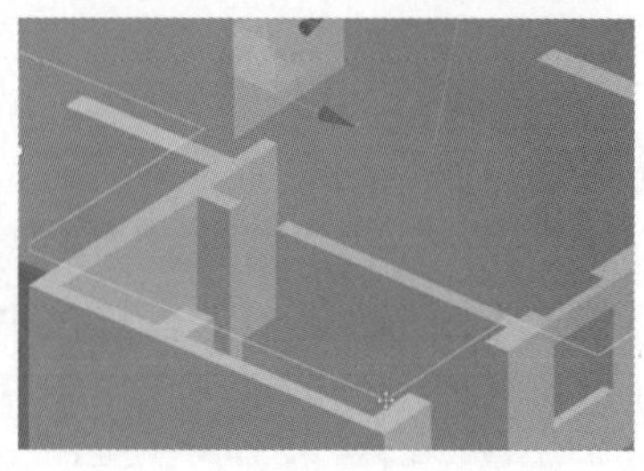

图 4.26 制作地面和吊顶

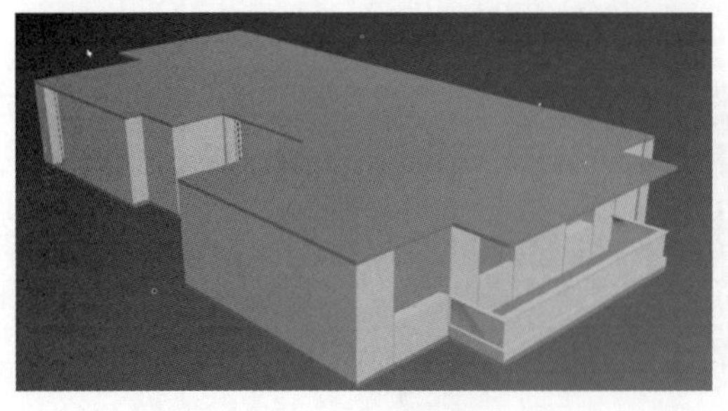

图 4.27 最终效果

步骤 13：完成制作。经过调整，完成剩余的室内门窗部位，后续就可以制作立面部分了。最终效果如图 4.27 所示。

【小结】本实验通过将平面图挤出成墙体，介绍了 CAD 图形与 3ds Max 图形之间的相辅相成关系与相互应用。在 CAD 中，可以精确地绘制平面图形；而在 3ds Max 中，可以做好三维墙体甚至建筑的每一个细节。通过该实验可以进一步熟悉二维线条"挤出"编辑器的使用，可以了解如何将 CAD 文件导入 3ds Max 中并进行墙体的制作。

⚠ 就 CAD 与 3ds Max 而言，CAD 平面图的比例一般比较准确，将其导入 3ds Max 中可以快速建立起三维物体。CAD 平面图和 3ds Max 图形如图 4.28 所示。3ds Max 主要用来制作三维模型，CAD 主要用来制作平面图。当然，CAD 也有制作三维模型的功能，但是没有 3ds Max 软件简单易学，其需要用户学习该软件的三维功能，再利用该功能来建立三维模型，并且步骤比较烦琐。不过，利用 3ds Max 绘制平面图又比较麻烦，所以可扬长避短，选择两者结合来解决问题。墙体可以从地面上挤出，也可以从侧面上挤出，应根据画面的需要选择挤出方式。

图 4.28　CAD 平面图和 3ds Max 图形

【拓展作业】 根据如图 4.29 所示的图片完成拓展练习。

图 4.29　拓展作业——制作拱桥

实验 4.3　制作罗马柱拱门 

【概述】 二维线条编辑器的"挤出"命令是 3ds Max 中经常使用且很重要的命令，墙体、柱子、吊顶等都可以通过挤出的方式来创建。

【知识要点】 掌握样条线的编辑、挤出、车削和扫描命令的综合运用，以及阵列命令的使用。

【操作步骤】

步骤 1：绘制两个圆形。打开 3ds Max，按快捷键"T"回到顶视图，绘制大圆样条线，点击右侧的编辑器，在“参数”内修改圆的半径，并勾选“插值”内的“自适应”；再绘制小圆，点击“拾取”，再在第一次创建的大圆上绘制小圆，同样勾选“自适应”，修改半径，如图 4.30 所示。

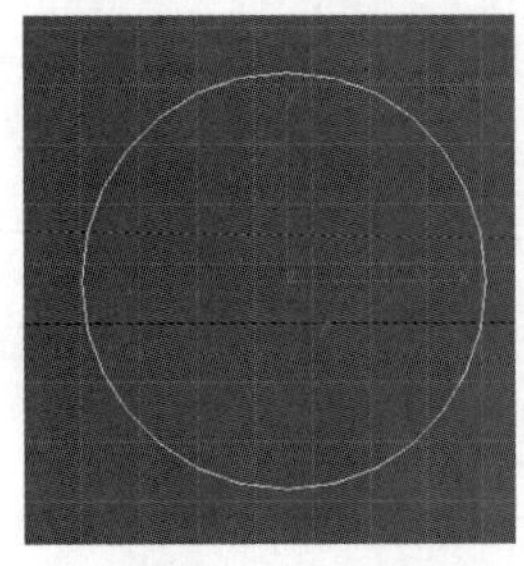

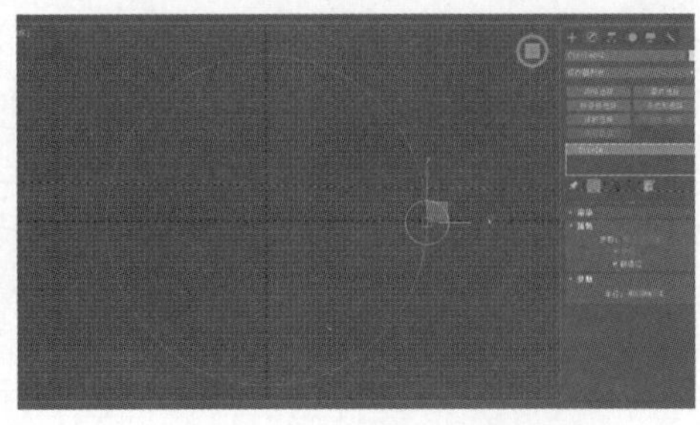

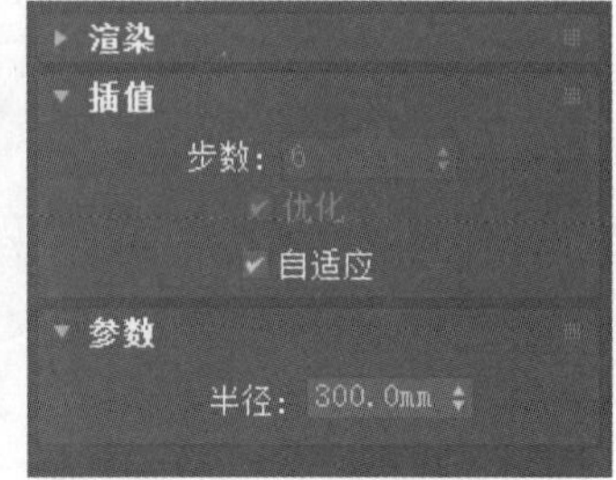

图 4.30　绘制两个圆形

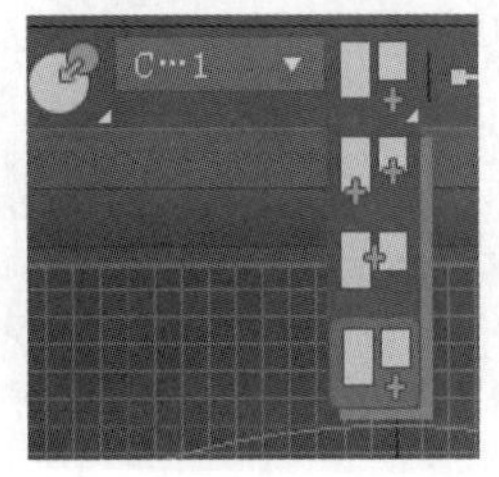

图 4.31　改变小圆的轴心点

步骤 2：改变小圆的轴心点。用“捕捉”命令打开层次面板，将小圆的轴心捕捉到大圆的中心，将轴心改到选择中心上，如图 4.31 所示。

步骤 3：执行“阵列”命令。打开“阵列”命令，在旋转栏内勾选“总计”，输入角度 360，输入数量 12，点击“确定”，如图 4.32 所示。

步骤 4：附加对象。选择任意对象，在“修改器列表”中用鼠标右键单击对象，将其改为可编辑样条线，在“几何体”中选择“附加多个”，附加所有对象，如图 4.33 所示。

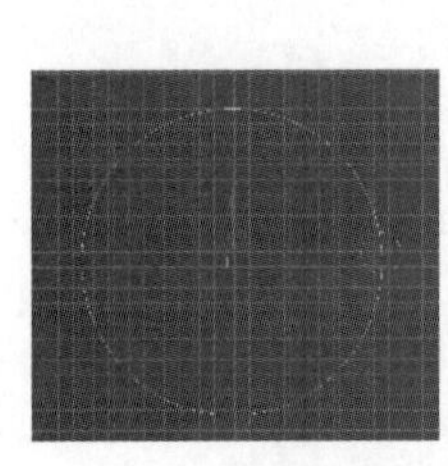

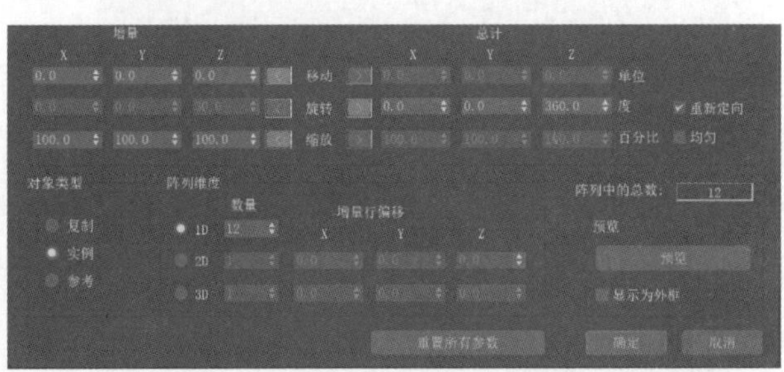

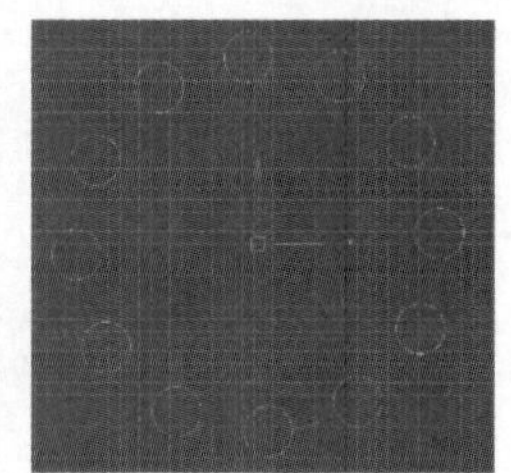

图 4.32　阵列小圆

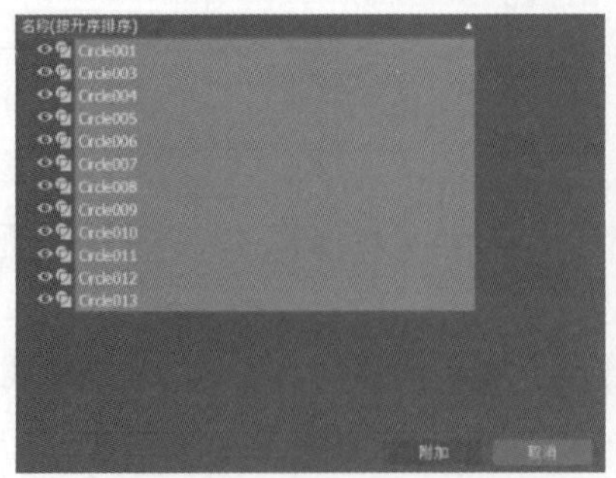

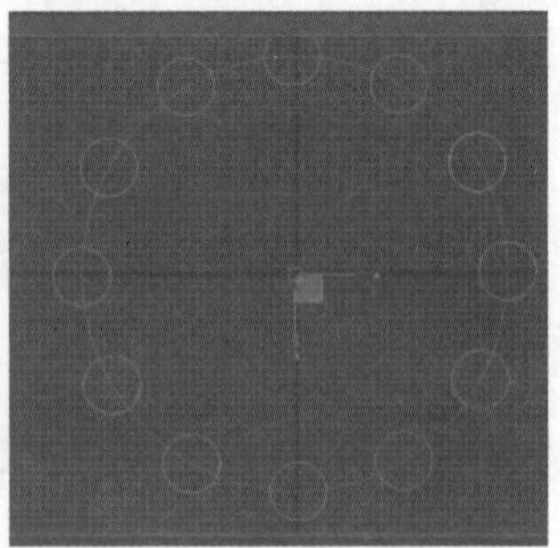

图 4.33　附加对象

步骤 5：布尔图形。在样条线层级中点击“可编辑样条线”中的“样条线”，选择大圆，找到“差集”，点击“布尔”按钮，点击多出来的线段，这样就可以把多余的部分删掉，如图 4.34 所示。

步骤 6：焊接图形。选取所有的顶点，点击“几何体”中的“焊接”命令，将所有的点焊接起来，如图 4.35 所示。

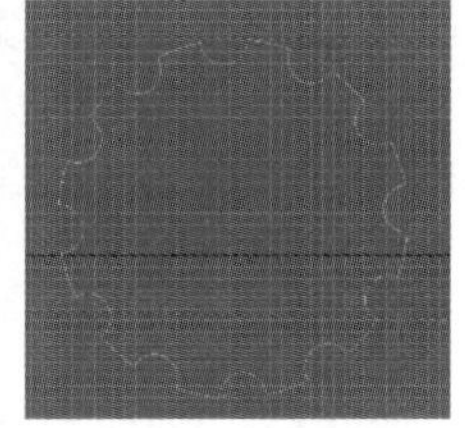

图 4.34　布尔图形

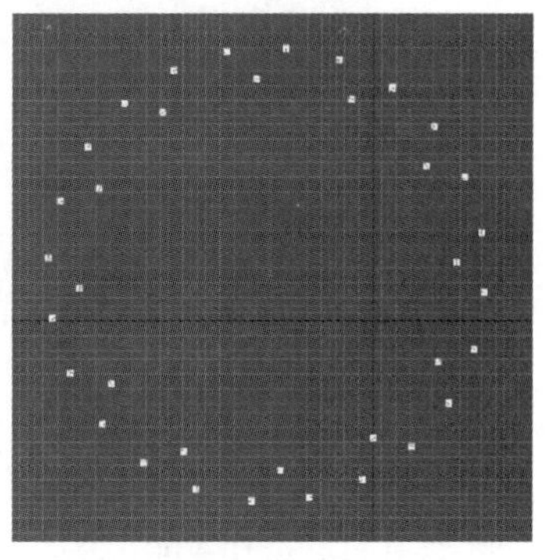

图 4.35　焊接图形

步骤 7：挤出柱子。按快捷键“P”回到透视视图，在“修改器列表”内找到“挤出”命令，修改高度参数，即可得到柱子，如图 4.36 所示。

步骤 8：绘制柱子头部。点击“线”，按快捷键“F”切换至前视图，在前视图上绘制线条；在“修改器列表”中选择“面片/样条线编辑→车削”命令；选择对齐栏里的“最大”，按“F3”键观察对象，修改参数栏里的分段数，使其更加光滑，如图 4.37 所示。

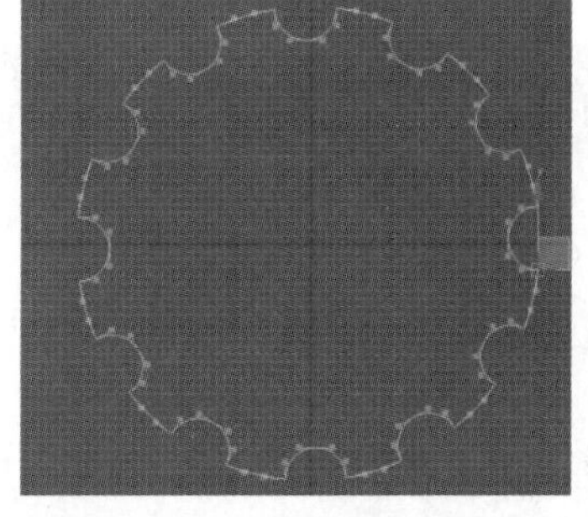

图 4.36　挤出柱子

步骤 9：镜像柱头。完成柱子上端图形的制作后，使用“镜像”命令，修改镜像轴，对复制的镜像物体进行偏移，完成后点击“确定”。完成镜像后，可以根据自己的喜好进行调整，如利用快捷键“R”快速调整物体的大小。修改完成后，为了方便后续修改，可以将柱子成组。选中所有物体，点击工具栏的“组”组(G)，并将该物体命名。镜像柱头如图 4.38 所示。

图 4.37　车削柱头

图 4.38　镜像柱头

步骤 10：绘制横梁截面。点击“镜像”命令，选择 X 轴方向，选中任意一边的顶点，点击“附加”。选择中间的点，点击“焊接”，完成后复制，如图 4.39 所示。

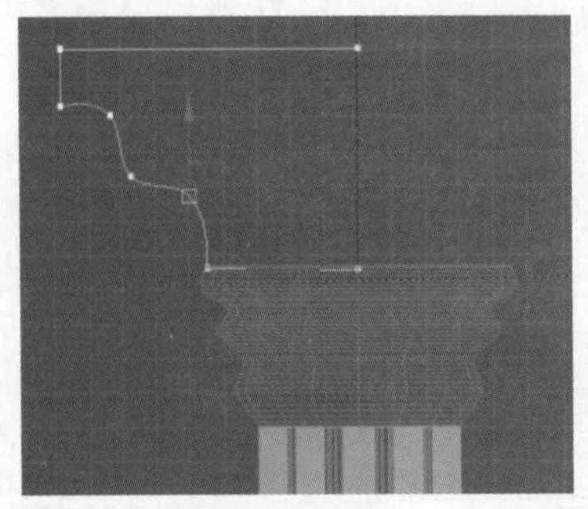

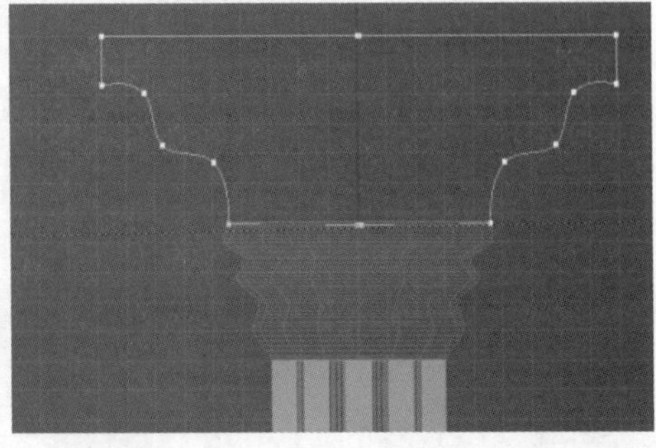

图 4.39　绘制横梁截面

步骤 11：挤出截面。做好截面形状后，执行“挤出”命令，调整至合适的数量、高度，并在顶面绘制弧线，如图 4.40 所示。

步骤 12：扫描弧度装饰。选择复制出来的截面，在修改器中执行“扫描”命令，利用弧度作为路径，制作弧度装饰，并将其放到横梁上方的合适位置，如图 4.41 所示。

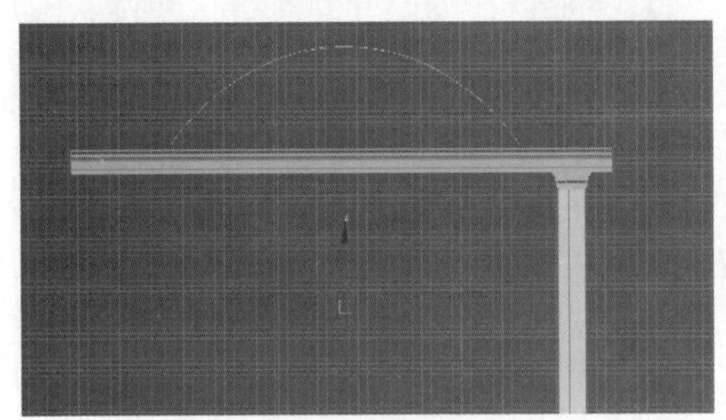

图 4.40　挤出截面

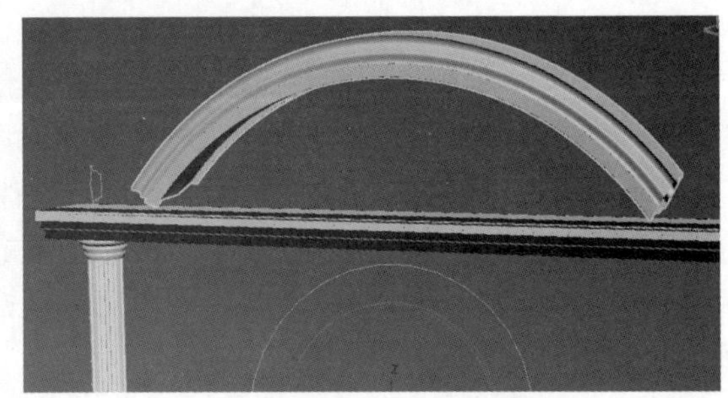

图 4.41　扫描弧度装饰

步骤 13：制作装饰小球。在横梁下画一根样条线，在边上画小圆球，选取圆球，使用“间隔”命令，拾取刚才画的线作为路径，修改参数，点击“应用”并成组，将其移到合适的位置，如图 4.42 所示。

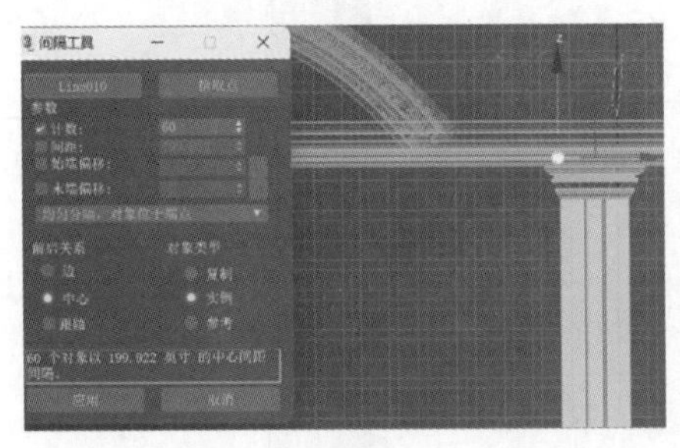

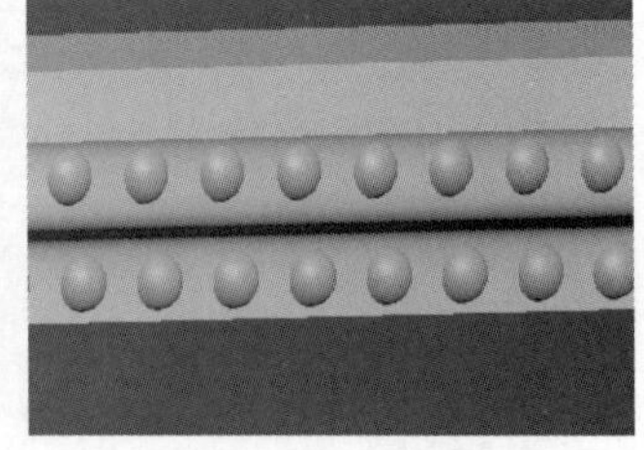

图 4.42　制作装饰小球

步骤 14：复制并渲染。将底下的罗马柱多复制几根，摆放好放置，按快捷键“Shift+Q”进行渲染，完成效果如图 4.43 所示。

【小结】 本实验介绍了罗马柱拱门的制作，以进一步熟悉“线条”编辑器的“挤出”命令，以及“扫描”和“间隔”命令。

【作业】 利用“扫描”命令根据如图 4.44 所示的图形完成拓展练习。

图 4.43　完成效果

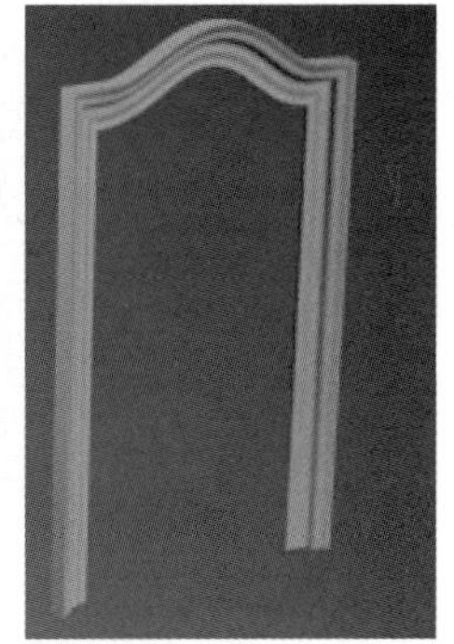

图 4.44　拓展作业——制作窗框和拱门

实验 4.4　制 作 奶 茶 杯 

【概述】 3ds Max 中的二维图形编辑器，主要针对二维图形。利用二维图形编辑器可以创建简单的图形，并使其具有三维效果。车削是从二维到三维的一种成型方法。“车削”编辑器又称“旋转”编辑器，它通过将二维图形绕旋转轴旋转一定的角度来创建三维模型。

【知识要点】 掌握“车削”编辑器的使用方法。

【操作步骤】

步骤 1：放置底图。打开一个场景，选择“标准基本体→平面”，创建平面。打开奶茶杯图片，把图片拖入平面，如图 4.45 所示。如果要想分辨率高一些，可以把平面调大一些。不过平面的大小关系对对象的精细程度影响不太大，因为在 3ds Max 中，它是由比例关系和段数的多少来决定的。

图 4.45　放置底图

步骤 2：位图适配。点击“修改器列表”，输入“U”；点击“UVW 贴图”，添加 UVW 贴图；选择“位图适配”，找到奶茶杯图片进行适配，如此其大小、比例完全一样，而不用去修改图片的长、宽、大小，如图 4.46 所示。

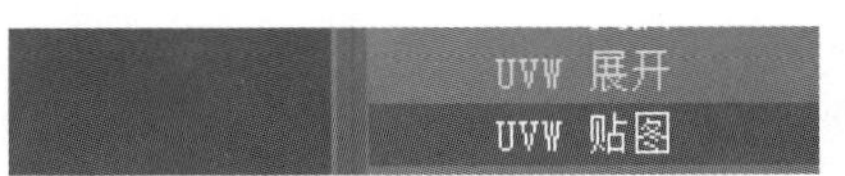

图 4.46　位图适配

步骤 3：移动底图。输入“W”，利用“选择并移动”把 X、Y 都改为 0，把 Z 改为–900，如图 4.47 所示。

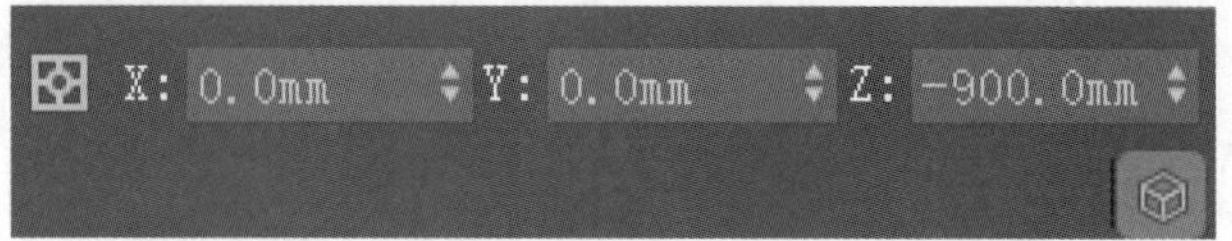

图 4.47 移动底图

步骤 4：冻结底图。选择平面，点击鼠标右键，在弹出的快捷菜单中点击“对象属性→冻结”，去掉“以灰色显示冻结对象”，如图 4.48 所示。

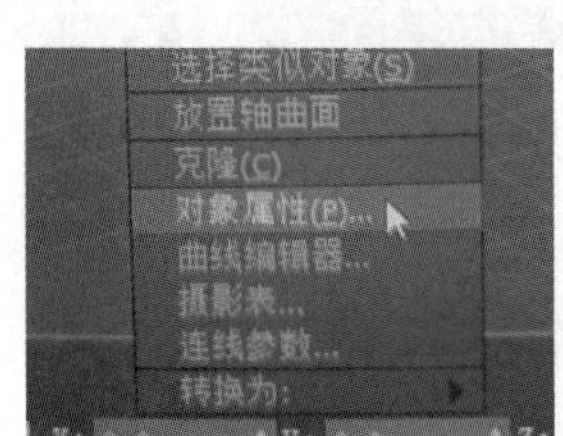

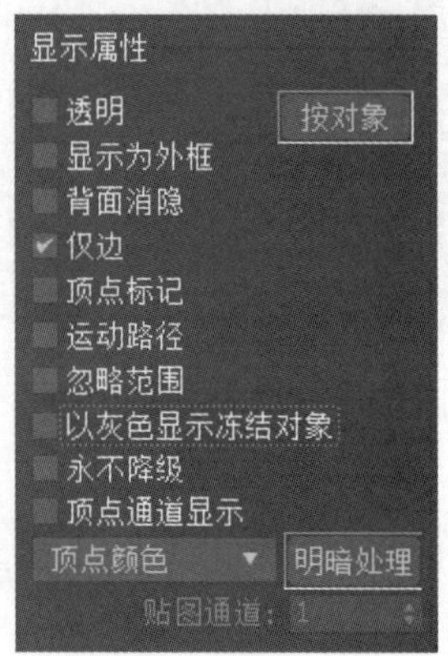

图 4.48 冻结底图

步骤 5：绘制轮廓线。切换到前视图，点击“创建”中的图形找到“线”，选择“样条线”，并勾选“自适应”进行优化，在前视图中绘制奶茶杯盖子边缘造型和奶茶杯主体边缘造型，完成对象基本外形的创建。按住“Shift”键可以画直线，如果想画弧线，只要按住鼠标左键不要松开即可。绘制轮廓线如图 4.49 所示。

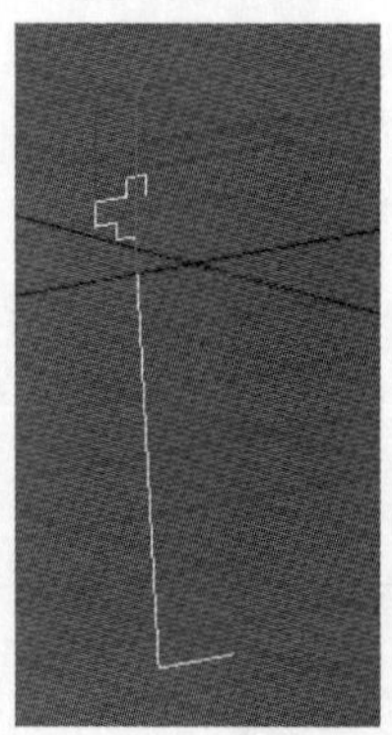

图 4.49 绘制轮廓线

步骤 6：圆角轮廓线。选中杯盖的线条并点击“修改”，点击“配置”编辑器集中的“顶点”，再利用“修改”面板中“配置编辑器集”中的“圆角”工具对图的顶点进行圆角处理，调整至所需的光滑程度，如图 4.50 所示。

步骤 7：车削杯盖。选中杯盖，在右侧的修改器面板中点击“修改器列表”修改器列表，找到“车削”车削，为杯盖的截面添加“车削”编辑器。首先，单击“车削”编辑器中

“参数”卷展栏“方向”区中的“Y”按钮，使车削与截面图形的 Y 轴同向；其次，单击“对齐”区中的“最大”按钮，使车削后的图形与截面图形左右对齐；再次，点击“分段”，调整段数，使杯盖更加圆滑；最后，因为盖子中有缺口，所以选中“焊接内核”。车削杯盖如图 4.51 所示。

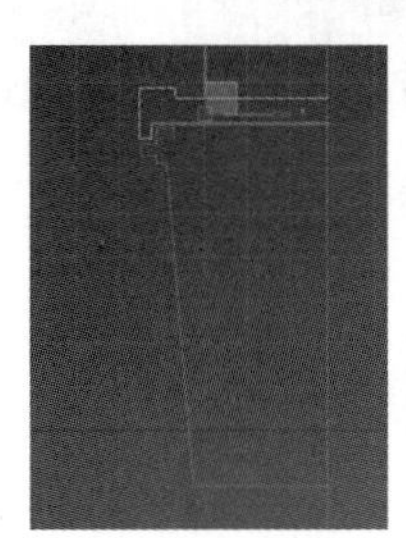
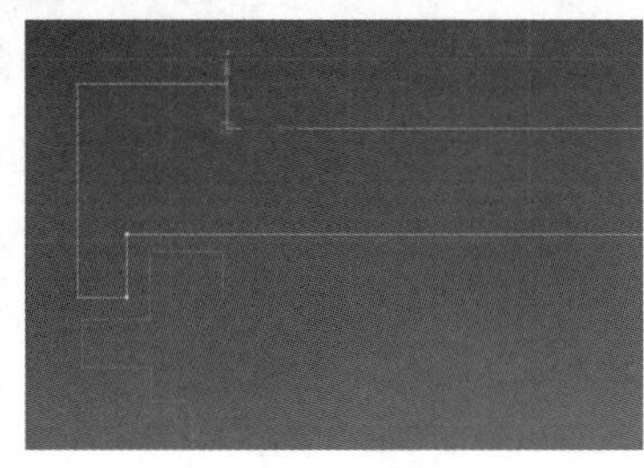
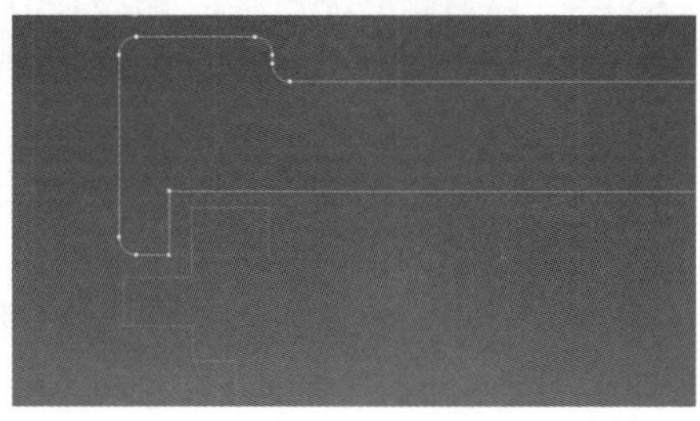

图 4.50　圆角轮廓线

步骤 8：圆角处理。选中杯身线条，点击“配置编辑器集”中的“顶点”，再利用“修改”面板中“配置编辑器集”中的“圆角”工具对图的顶点进行圆角处理，调整至所需的光滑程度，如图 4.52 所示。选中杯盖，在右侧编辑器面板中点击“修改器列表”，找到“车削”命令，为杯身截面添加“车削”编辑器，方法同上。

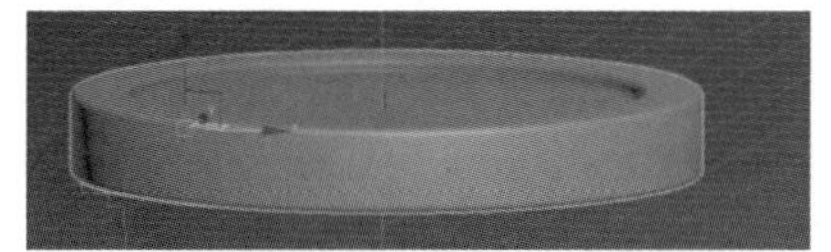

图 4.51　车削杯盖

图 4.52　圆角处理

步骤 9：细节调整。选择杯身车削的样条线，点击“修改”面板中的“Line”，点击“顶点”，选择顶点层级，勾选显示“最终结果”。可以再次修改线条，如用鼠标右键点击杯口线条细化增加点数，利用快捷键“Alt+Q”孤立奶茶杯主体，按快捷键“W”，点击增加的点并左右移动制造出螺纹效果，给予圆角处理。细节调整如图 4.53 所示。

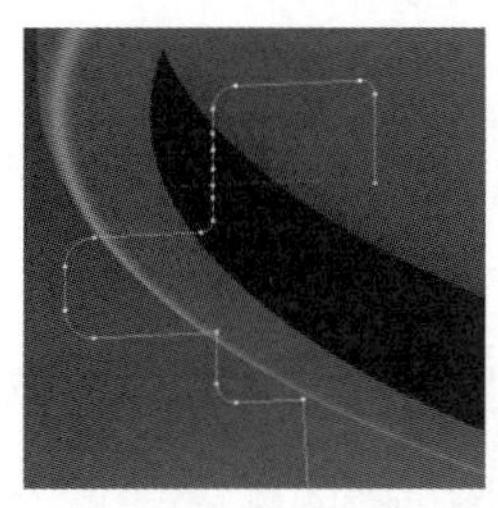
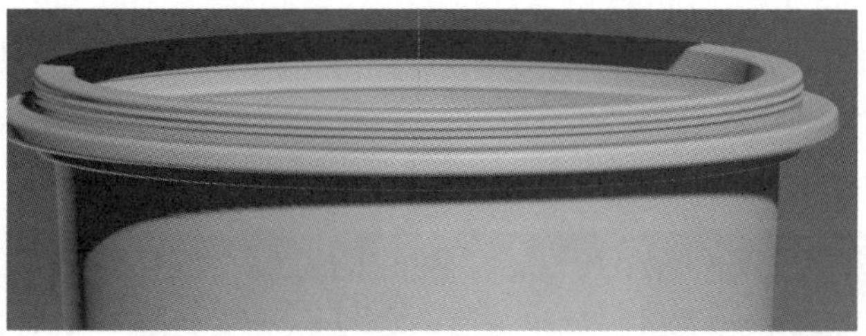
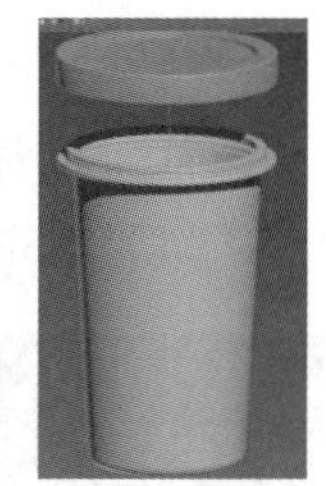

图 4.53　细节调整

【小结】 本实验介绍了二维线条编辑器——车削，并利用“车削”命令来制作奶茶杯。二维线条既可以在添加“车削”命令之前修改，也可以在添加“车削”命令之后修改。为了能看清修改的效果，需要在堆栈列表中勾选显示“最终结果”。车削一般还需要调节对齐轴向和对齐位置，调整完毕才能得到正确的结果。

【作业】 根据如图 4.54 所示的步骤完成拓展作业。

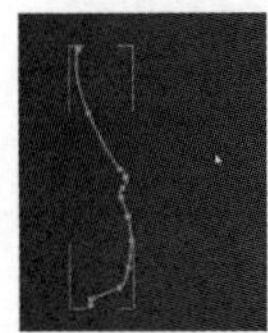
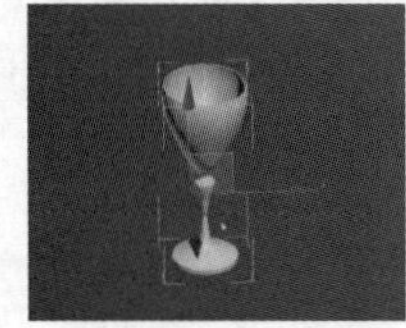

图 4.54 拓展作业——车削酒杯

实验 4.5 制 作 轮 胎 

【概述】 车削是机械加工的一部分，大部分具有回转表面的工件都可以使用车削方法来加工。3ds Max 中的“车削”是指将二维图形沿着中轴线旋转任意角度，形成的三维物体。角度可以是 1°，也可以是 360°。利用“车削”命令可以生成任何三维圆形物体，也可以生成圆形物体的局部。

【知识要点】 掌握车削命令的使用，学会用车削来制作轮胎。

【操作步骤】

步骤 1：创建样条线并修改。新建一个场景，使用“线”工具，按住“Shift”键创建直角样条线；点击，在“修改器列表”中选择“顶点”命令，选择中点进行圆角 圆角 操作，如图 4.55 所示。

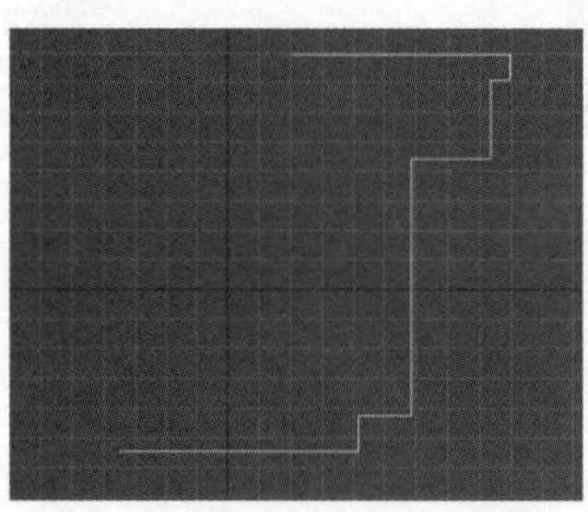
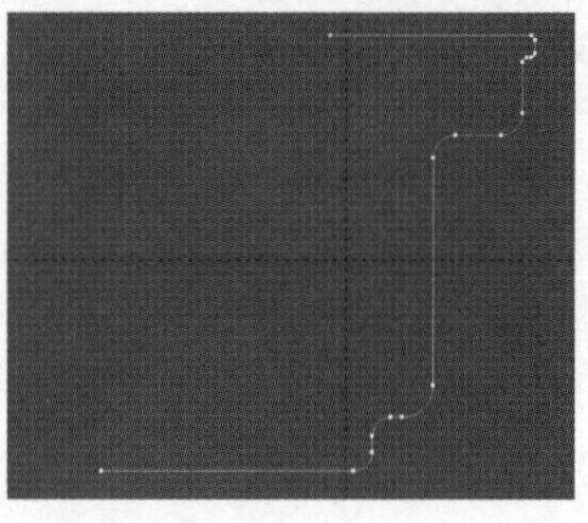

图 4.55 创建样条线并修改

步骤 2：镜像并焊接。进入样条线模式，找到“镜像”，勾选“复制”选项，再将其调整到适当位置，然后焊接两个图形，选择“顶点”并调整距离，进行焊接，然后删除端点，如图 4.56 所示。

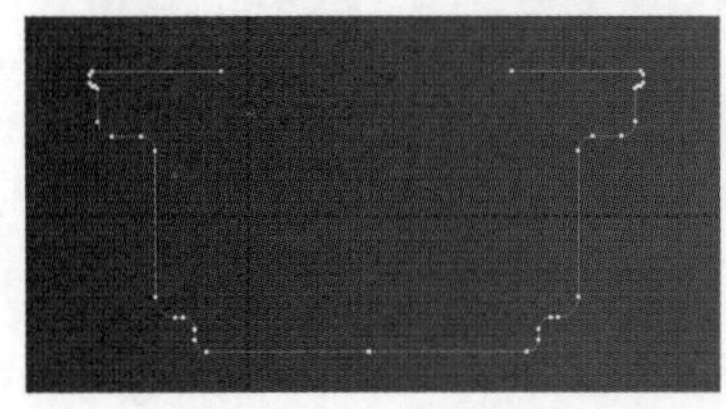

图 4.56 镜像并焊接

步骤 3：车削。点击，在“修改器列表”中选择“车削”命令，点击“车削”命令下的轴，调整方向为 X 轴，调整至合适大小，增加分段使其更加圆滑，然后放大到正常轮胎大小，如图 4.57 所示。

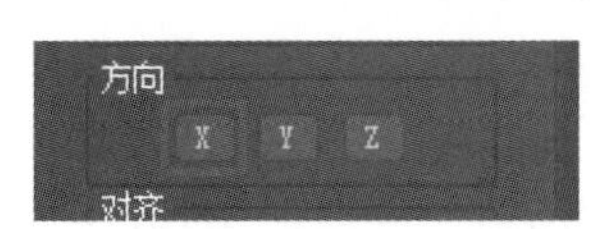

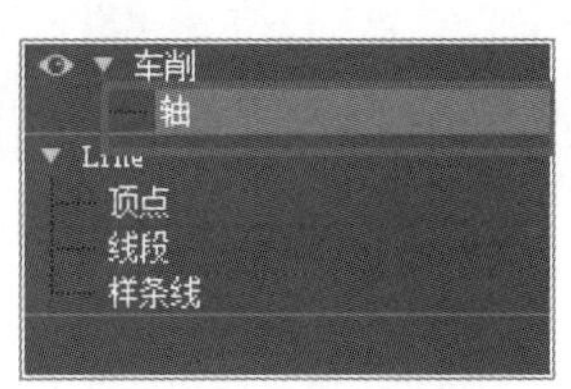

图 4.57　车削

步骤 4：复制调整并创建内环。按住“Shift”键，通过复制得到内环，调整“车削”轴心点，将其缩放到合适的大小，使用“对齐”命令，将内环和外环的轴心点对齐，如图 4.58 所示。

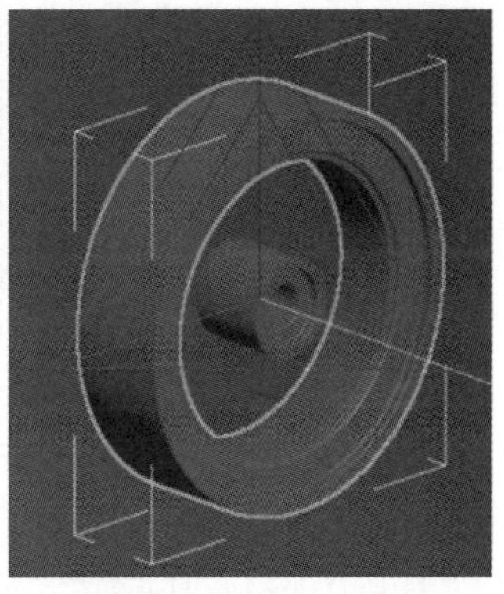

图 4.58　复制调整并创建内环

步骤 5：制作轮毂盖。创建球体，并将球体调整到适当大小，改为半圆。制作轮毂盖，使用缩放工具进行挤压，使用对齐工具进行对齐，盖住内环即可，如图 4.59 所示。

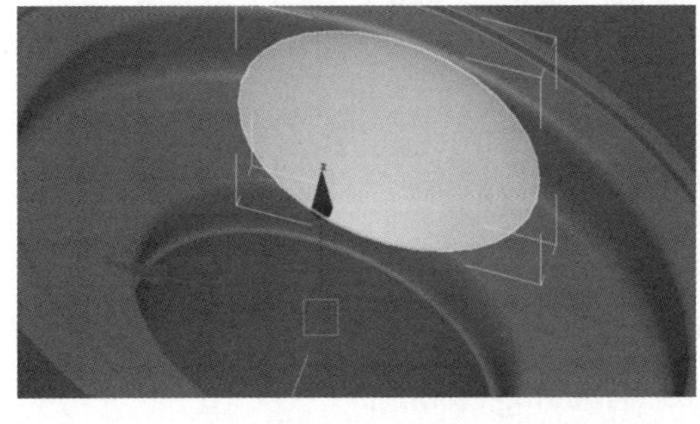

图 4.59　制作轮毂盖

步骤 6：制作外胎。与制作内环的方法一致，即创建样条线，点击，选择镜像并焊接。在“修改器列表”中选择“车削”命令，调整方向为 X 轴，调整至合适大小，将轮胎外壳车削后与内环组装对齐，最后全部选中统一修改颜色。制作外胎如图 4.60 所示。

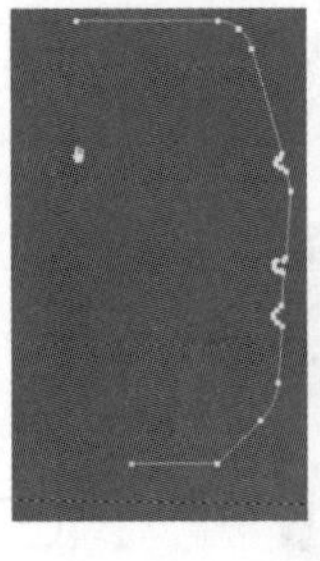
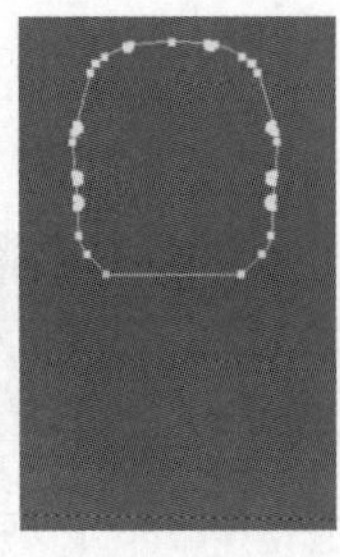
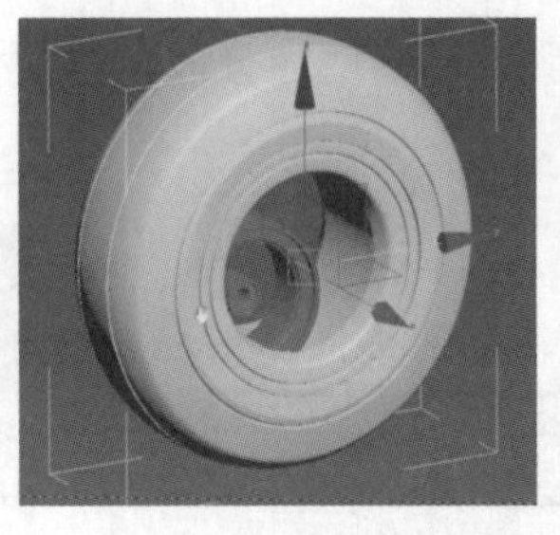
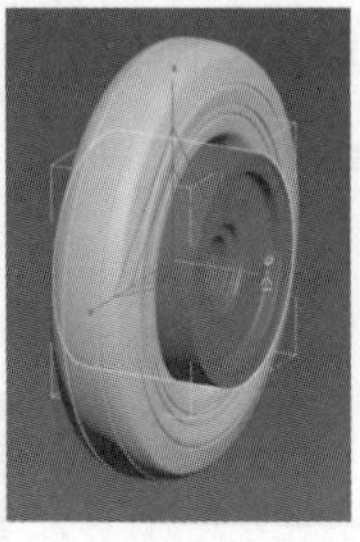

图 4.60 制作外胎

步骤 7：制作钢制环绕结构。先用样条线勾勒出大致的形状，再调整形状，然后执行“挤出”命令，再执行“切角”命令，对边缘进行柔化处理；执行“锥化”命令，做出下尖上粗的效果，使其更符合原物形状，如图 4.61 所示。

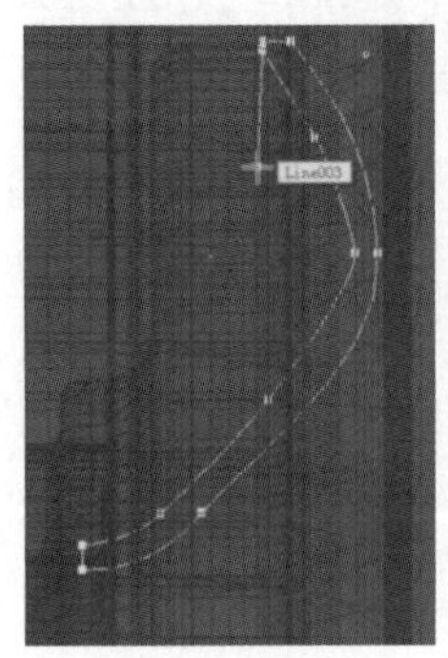

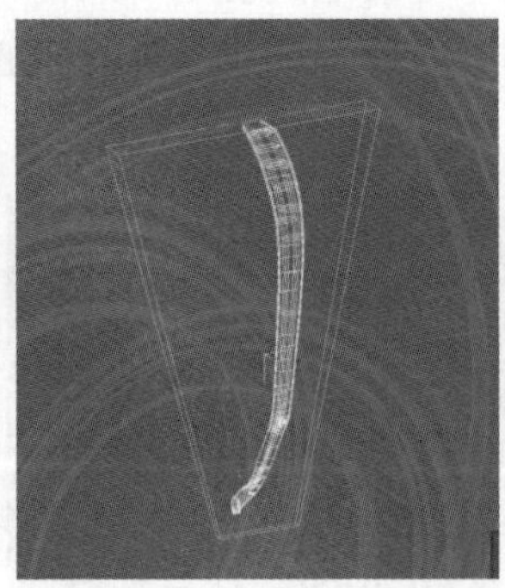
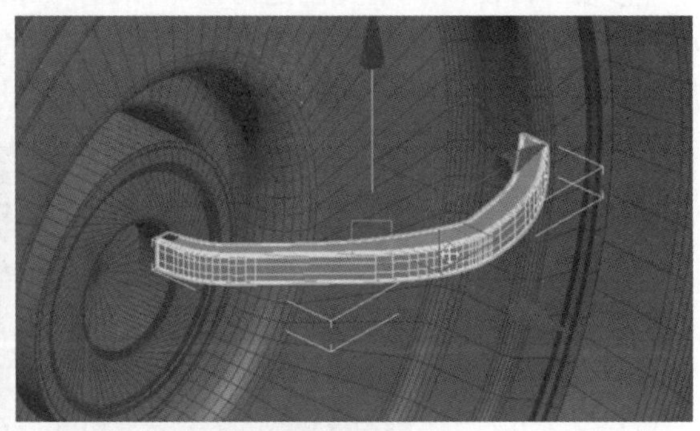

图 4.61 制作钢制环绕结构

步骤 8：阵列钢制环绕结构。在层次面板中把对象的轴心点移动到外盖球体的中心，拾取刚做好的图形，在工具栏中找到“阵列”，旋转 360°，设置 ID 为 25，点击“执行”，如图 4.62 所示。

图 4.62 阵列钢制环绕结构

步骤 9：制作轮胎凸起。同样先绘制样条线，然后进行镜像，再调整其形状，将几个形状附加在一起，接着执行“挤出”命令，如图 4.63 所示。

步骤 10：拾取挤出对象。以轮胎中心为轴心点，执行“阵列”命令，最后全部选中修改颜色，这样轮胎就制作完成了，如图 4.64 所示。当然，制作轮胎也可以使用多边形编辑命令来实现，这里暂不予介绍。

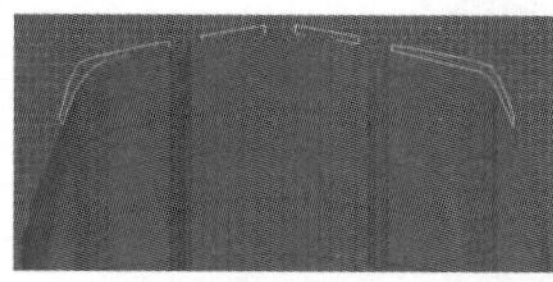
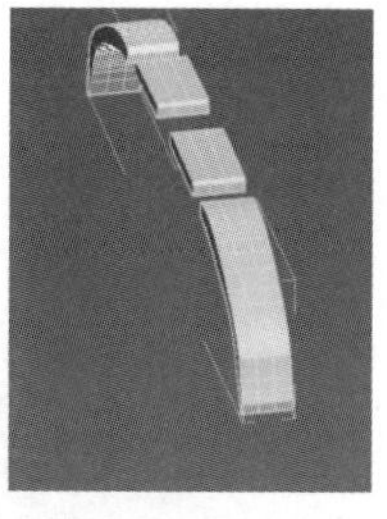

图 4.63　制作轮胎凸起

图 4.64　完成效果

【小结】 本实验介绍了用“车削”命令制作轮胎的方法，以进一步熟悉各种基础命令的用法，掌握“车削”命令和“挤出”命令的使用。

实验 4.6　制　作　剪　刀

【概述】 利用图形创建工具所创建的二维造型变化不大，并不能满足用户的需求，所以通常先创建基本的二维造型，然后通过“编辑样条线”修改器对其进行编辑和变换，从而得到所需的图形。“倒角剖面”修改器与“挤出”修改器一样，也可用于将二维样条线快速挤压成三维实体。二维线条编辑是 3ds Max 中前期制作精细模型的一个重要工具，为对象添加“修改”后，调整编辑器的参数或者编辑编辑器的子对象，即可修改对象的形状，获得想要的三维模型。

【知识要点】 掌握倒角、倒角剖面、挤出命令的使用；在通过线条制作剪刀的过程中，熟练掌握由线到面的制作流程。

【操作步骤】

步骤 1：制作剪刀底图。文件重置，打开一个场景，创建平面并把素材拖到平面上，调整至合适的大小和角度，按照图片数据修改尺寸，使制作的剪刀比例与图片相符，如图 4.65 所示。也可以使用前面所讲的“匹配位图”来调整。

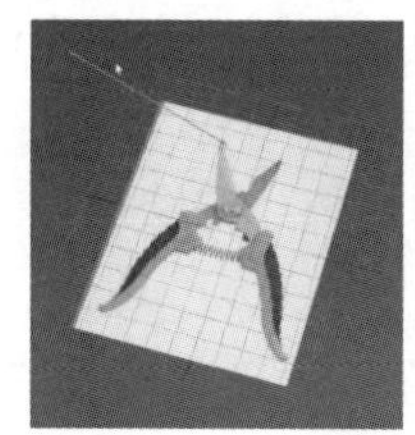

340x480x32b PNG

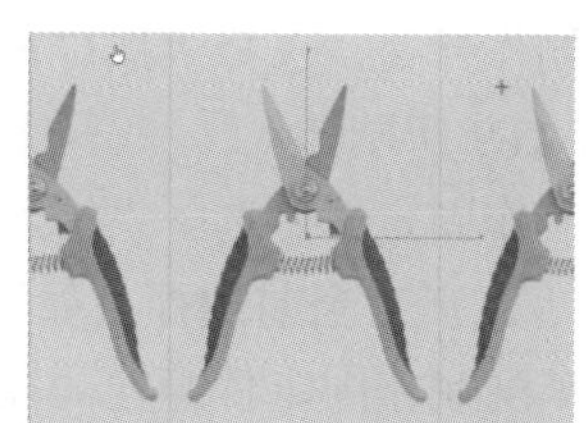

图 4.65　制作剪刀底图

步骤 2：勾勒刀口部分线条。调整到合适的视角，点击，在对象类型中选择“线”，并迎着剪刀部位勾线，用线条勾勒刀口部分的大概形状，如图 4.66 所示。

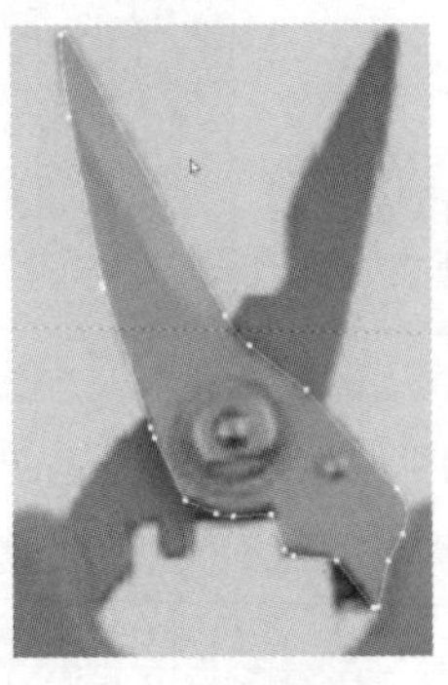

图 4.66　勾勒刀口部分线条

步骤 3：使用倒角剖面。绘制倒角线条，并在“修改器列表”中选择“倒角剖面”中的“经典”，然后选择“拾取剖面”，生成剪刀的形状，如图 4.67 所示。

图 4.67　使用倒角剖面

⚠ 使用“倒角剖面”命令时要求提供二维图形作为倒角的轮廓线，再提供另一个二维图形作为截面，然后使轮廓线沿截面延伸生成三维造型，其效果接近于“放样”建模。但使用“倒角剖面”命令生成三维造型后，作为轮廓线的二维图形不能被删除，否则生成的对象将一并消失。

步骤 4：制作把手。同上复制“倒角剖面”，用相同方法制作把手，如图 4.68 所示。

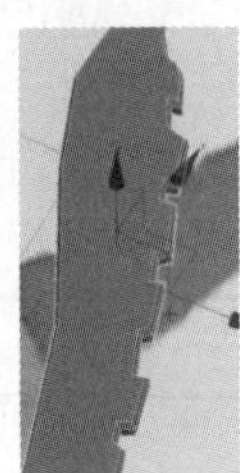

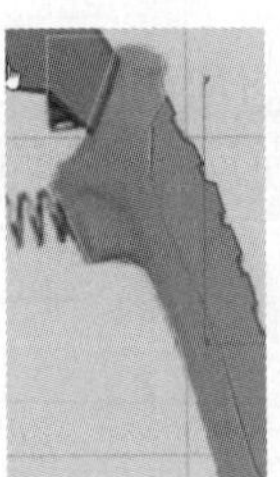

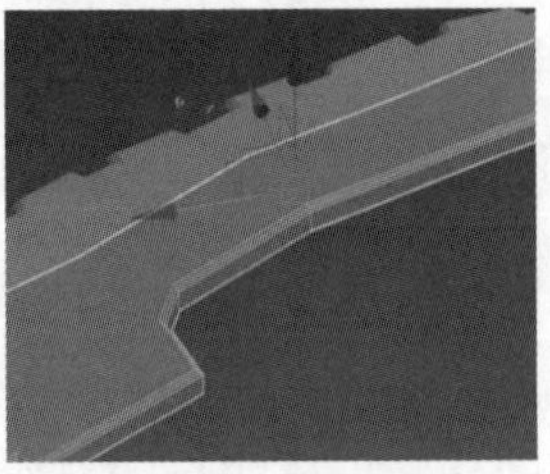

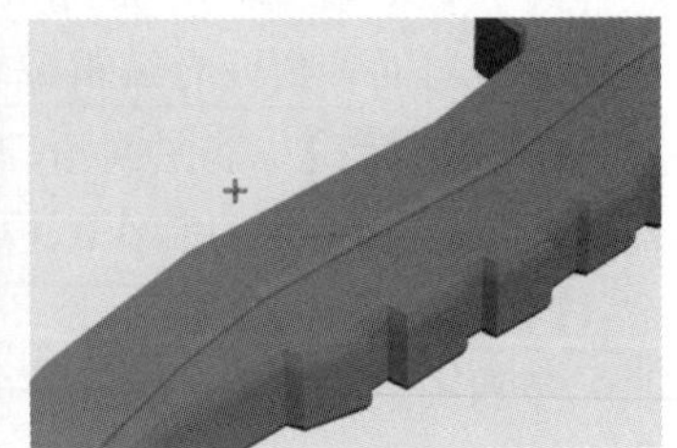

图 4.68　制作把手

步骤 5：制作弹簧。选择“螺旋形”，调整参数，制作弹簧；找到“弯曲”命令，调整其轴心点，如图 4.69 所示。

步骤 6：制作固定件。选择“扩展基本体”，找到“切角圆柱体”并绘制，打开切片并调整至合适的角度，孤立当前选择，如图 4.70 所示。

步骤 7：车削制作固定件螺栓。在前视图中绘制样条线，绘制一半后选择“镜像”，选择“车削”命令，反转法线，并选择“最大”，对齐目标，进行上下镜像，完成螺栓的制作，如

图 4.71 所示。

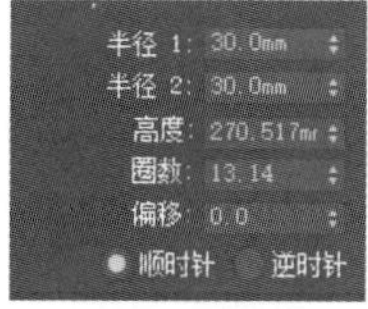

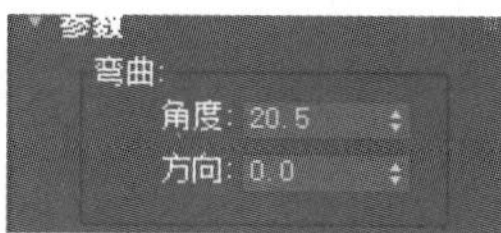

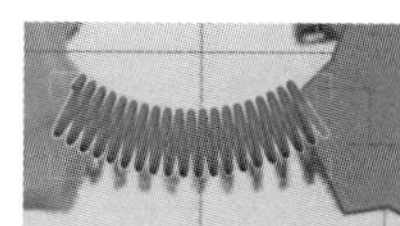
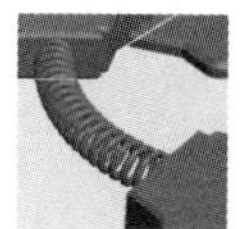

图 4.69　制作弹簧

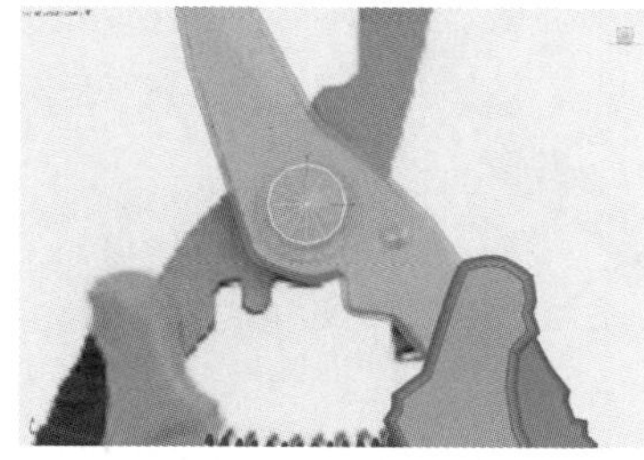
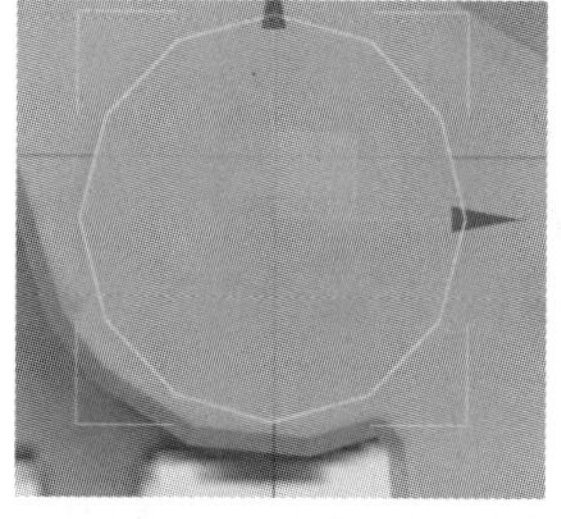
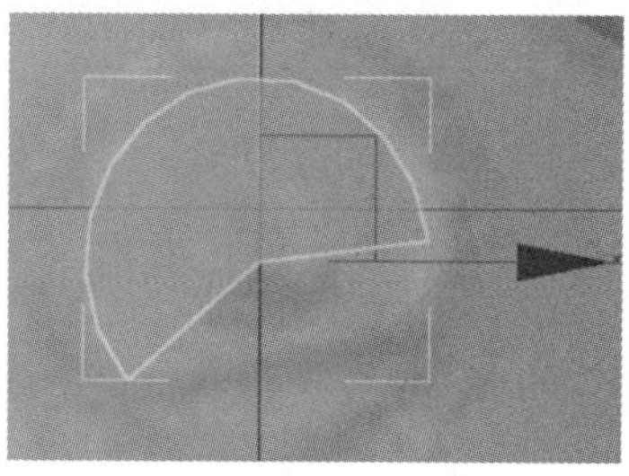

图 4.70　制作固定件

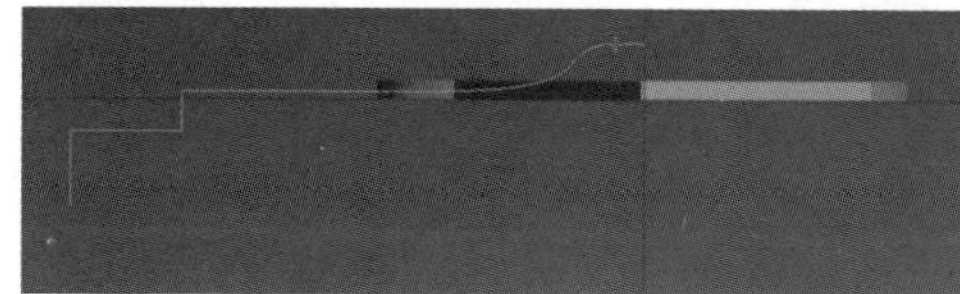
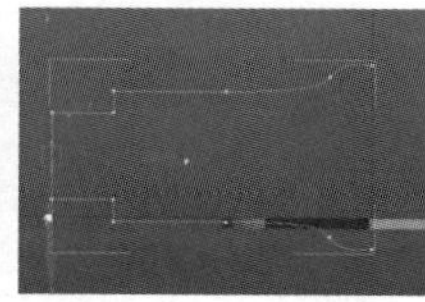

图 4.71　车削制作固定件螺丝

步骤 8：镜像完成另一半。把绘制好的把手和剪刀部位进行水平镜像并调整位置，如图 4.72 所示。

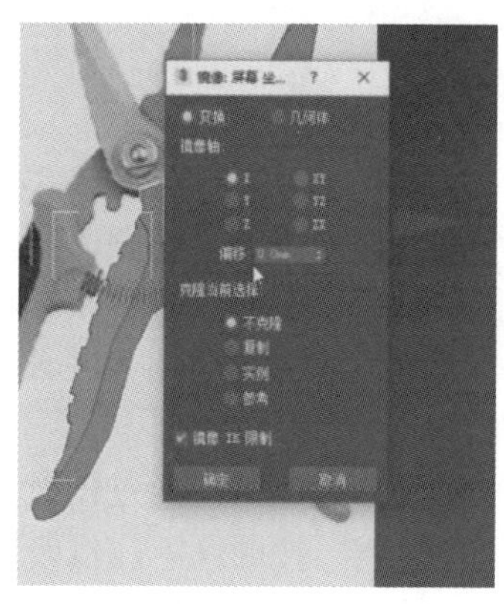
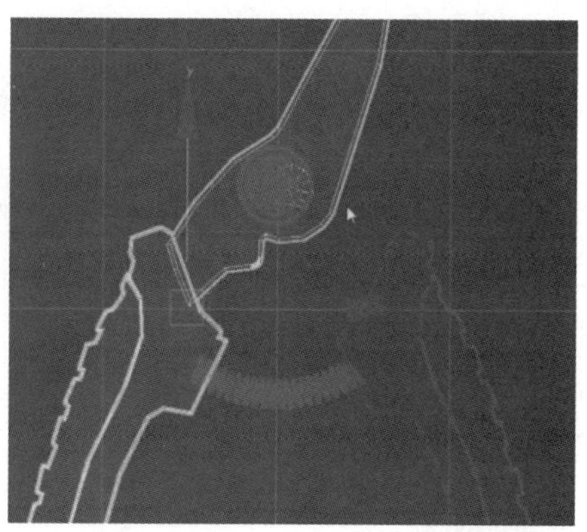

图 4.72　镜像完成另一半

步骤 9：成组。组合各个部件，并统一修改颜色，完成剪刀的制作，如图 4.73 所示。

⚠ “挤出”“扫描”和“倒角剖面”修改器的区别：“挤出”修改器只能垂直挤出二维对象，使二维图形产生厚度，而不能进行“拐弯”等操作，难以进行异形面的操作；“扫描”修改器可以根据路径的形状挤出有一定路径方向的图形，在室内设计中可以用来制作门框、门套、画框、天花角线、石膏线等；而“倒角剖面”修改器是使用另一个图形路径作为“倒角截剖面”来挤出一个图形，与“挤出”修改器相比，它更加灵活，可以在“挤出”三维物体的同时，在边界上加入直形或圆形倒角。

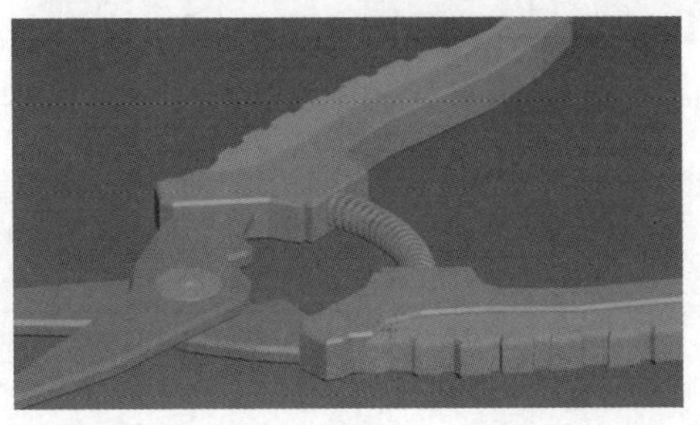
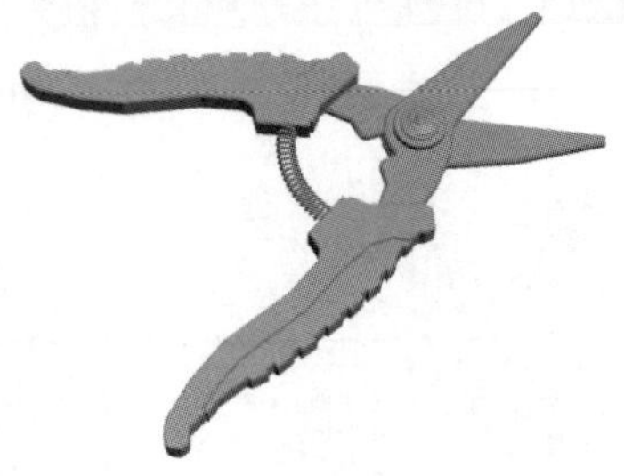

图 4.73　完成效果

【小结】 本实验介绍了剪刀模型的制作，以进一步熟悉“样条线”修改器的使用。

【拓展作业】 利用“倒角剖面”命令完成如图 4.74 所示的拓展作业。

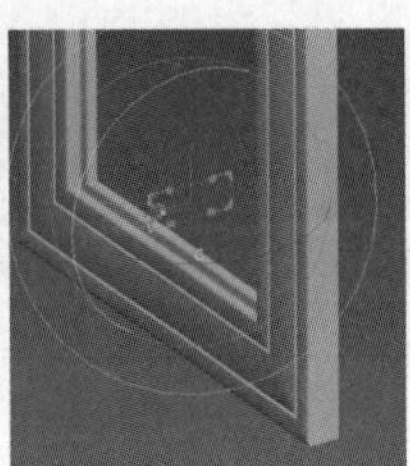

图 4.74　拓展作业——制作窗户和铁锤

实验 4.7　制　作　花　朵

【概述】 在 3ds Max 中，“横截面”修改器用于连接样条线的顶点形成蒙皮，是基于样条线网络的轮廓生成面片曲面。将“曲面”修改器和“横截面”修改器合在一起，称为“曲面工具”。它们用来创建复杂曲面、有机曲面或者三维模型。使用样条线和“曲面工具”建模的好处在于易于编辑模型。

【知识要点】 认识“横截面”修改器和“面片/样条线”编辑器，通过创建曲线、调整位置、利用“横截面”“曲面”建模、按顺序附加线段等，熟练掌握利用“横截面”和“曲面”制作花朵的方法和流程。

图 4.75　创建星形

【操作步骤】

步骤 1：创建星形。打开 3ds Max 软件，先来制作花蕾部分。按快捷键“Alt+W”放大页面，再按“T”键切换至顶视图。在图形面板下单击“星形” 星形 按钮，用鼠标左键点击视图并拖动鼠标调整星形至合适状态，再次点击左键并松开鼠标，如图 4.75 所示。

⚠ 若感觉背景网格影响制图，可按“G”键切换至网格视图。

步骤 2：修改星形。选中星形，单击“修改”按钮，点击“插值”［插值］，勾选“自适应”模式并在其中调节图形的基本参数至合适状态，如增加节点使花朵更加精致，以及加大圆角、半径、弧度等，如图 4.76 所示。

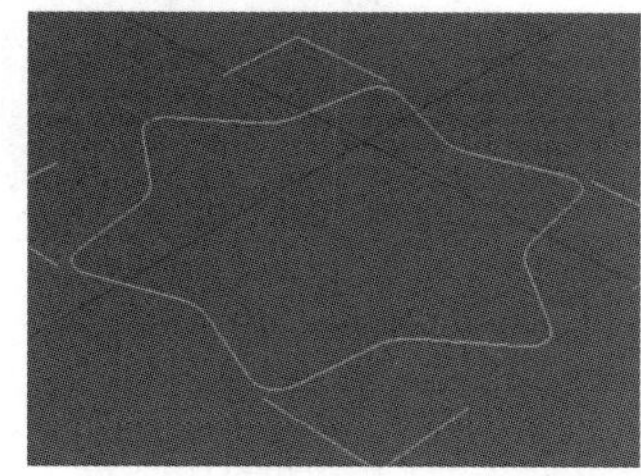
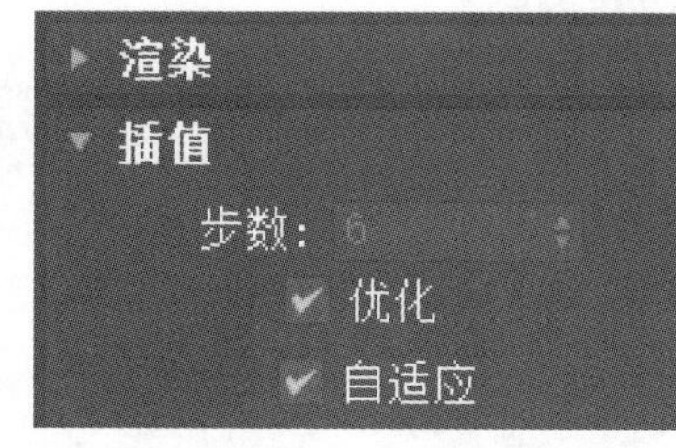

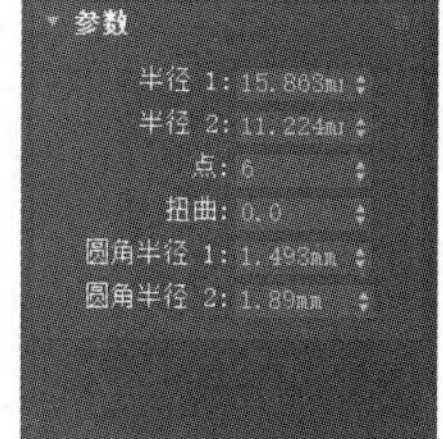

图 4.76　修改星形

⚠ 调节圆角半径时，线条须保持光滑，不能出现交错现象。对每一个星形都应进行该操作。

步骤 3：复制星形并调整。选中图形并复制 6 个。上下移动图形，确定花朵轮廓的实际位置。依次修改所有图形，并放置在不同的空间位置。然后使用缩放工具调整每个图形的大小。复制星形并调整如图 4.77 所示。

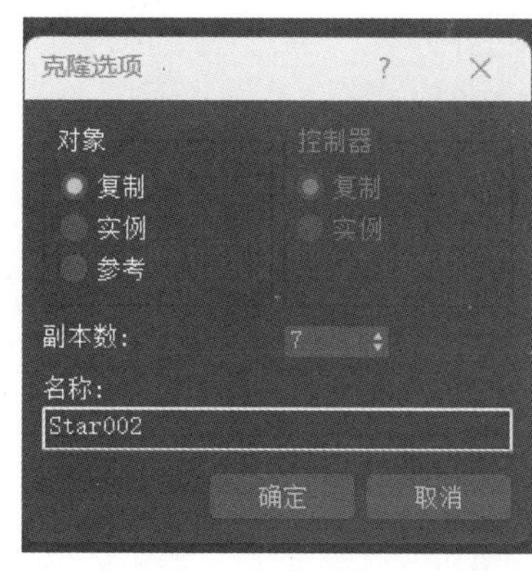

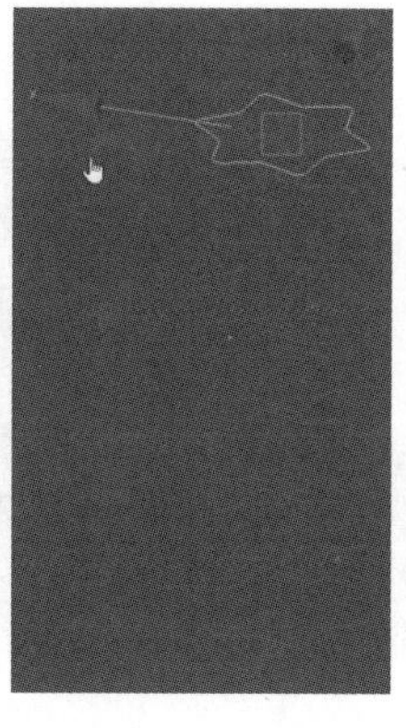
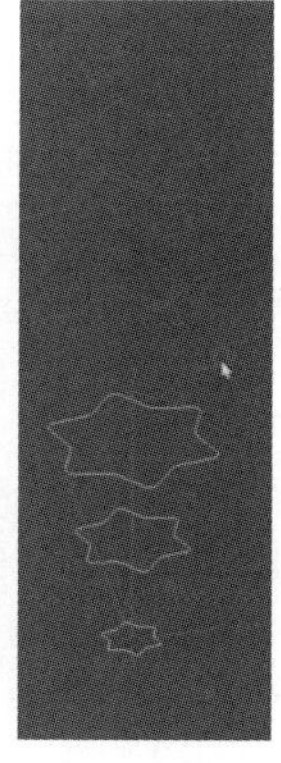

图 4.77　复制星形

步骤 4：附加星形。选中首或尾部的任意一个图形，点击鼠标右键将其转化为可编辑样条线后，点击“附件”［附加］按钮，依次按顺序点击图形附加在一起，如图 4.78 所示。

步骤 5：添加横截面。选中图形，单击修改器“横截面”，得到图形，如图 4.79 所示。

步骤 6：添加曲面。再次选中图形，单击修改器“曲面”，得到图形，如图 4.80 所示。

步骤 7：细节修改。点击［可编辑样条线］，选择“顶点”层级，点击“显示最终结果”对样条线进行修改，如图 4.81 所示。

步骤 8：绘制花瓣。方法同上，按“T”键切换到顶视图。在图形面板的“样条线”中选择“线”，将初始类型与拖动类型更改为“平滑”，将插值改为“自适应”，绘制一条有弧度的线条，如图 4.82 所示。

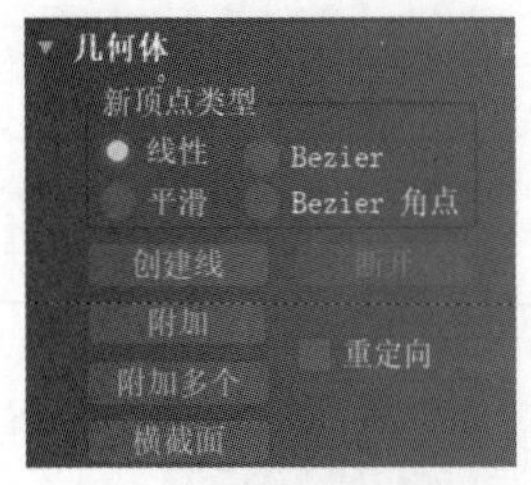

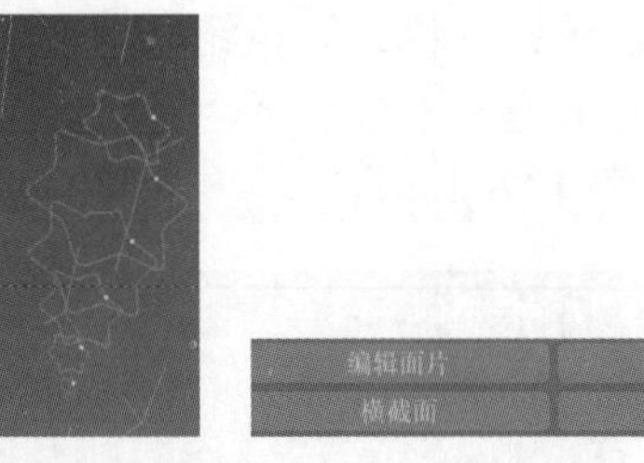

图 4.78 附加星形

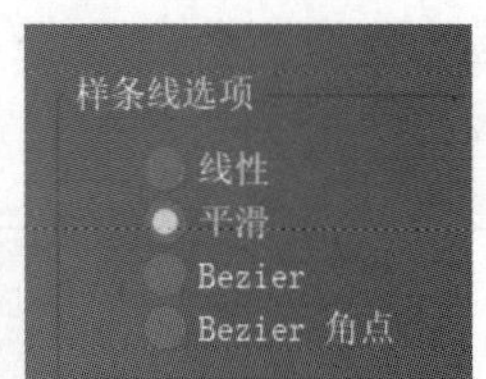

图 4.79 添加横截面

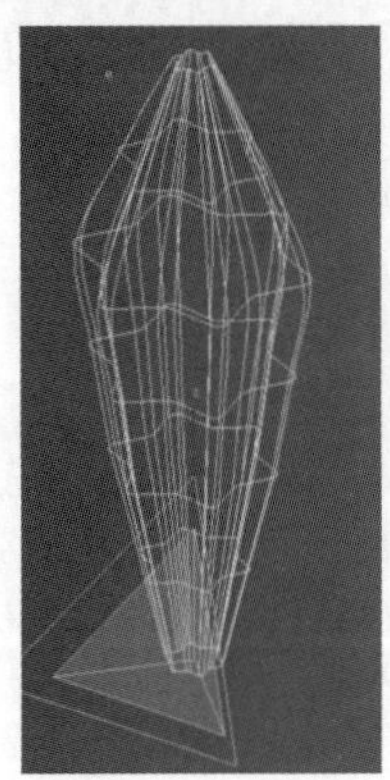

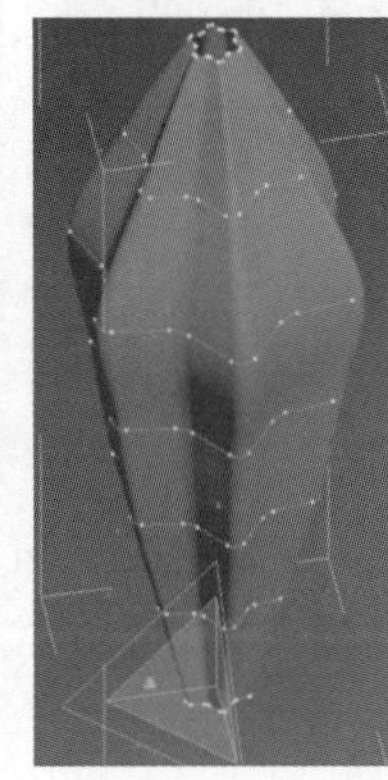

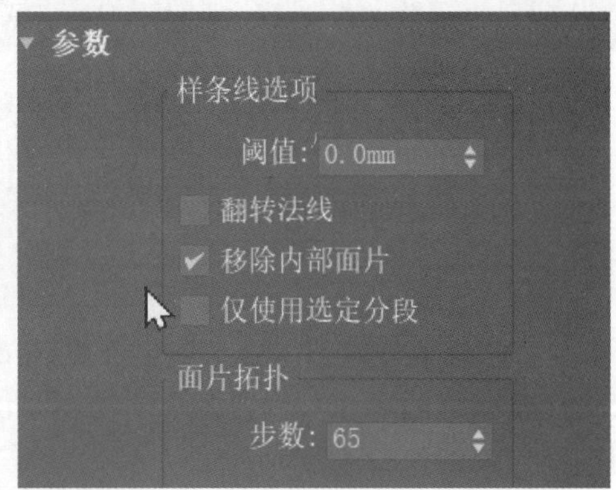

图 4.80 添加曲面

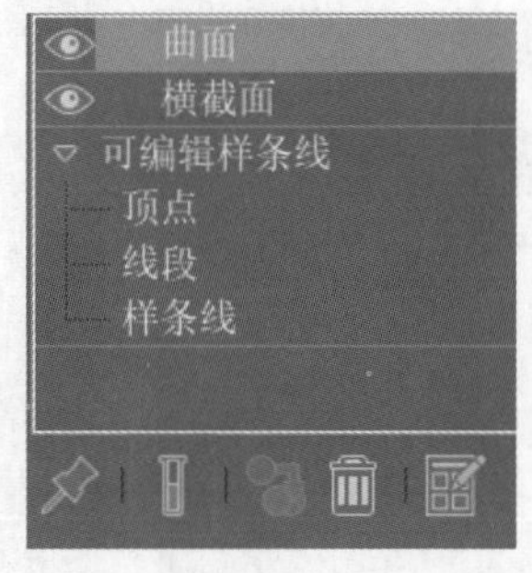

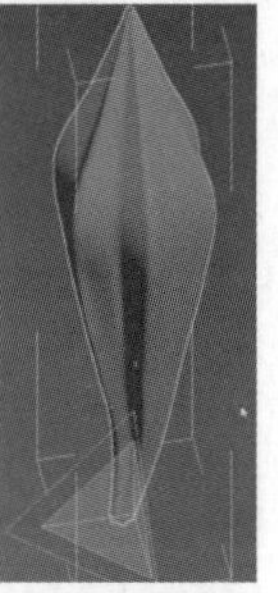

图 4.81 细节修改

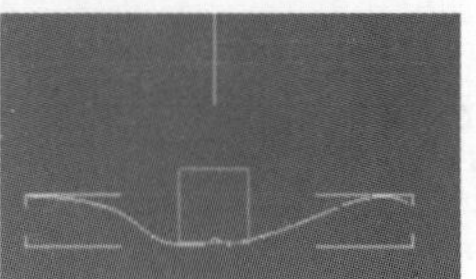

图 4.82 绘制花瓣

步骤 9：修改花瓣。按快捷键“F”回到前视图，点击移动命令，选定线条，长按“Shift”键对线条进行复制，复制后调整花朵轮廓的实际位置，依次移动视图中的所有图形，并放置在不同的空间位置。切换到顶视图，调整线段，点开“Line”，选择“顶点”，点击鼠标右键进行细化，选择插入点，再通过“Line”编辑，对线条进行更细致的调整。修改花瓣如图 4.83 所示。

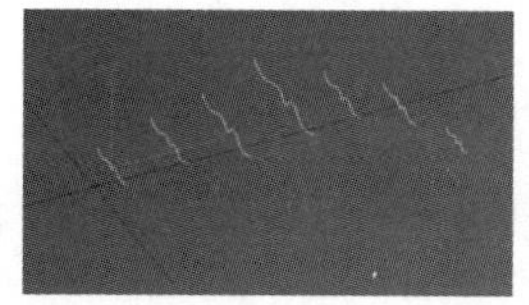

图 4.83　修改花瓣

步骤 10：附加并添加横截面、曲面。选中首或尾部的任意图形，点击鼠标右键将其转化为可编辑样条线后，点击[附加]，依次按点击图形附加在一起。选择附加时一定要有顺序，不能跳跃，否则图形会乱。单击修改器“横截面”，连接所有样条线，在样条线参数中选择“平滑”，使物体顺滑；在“修改”面板上，点击“修改器列表”中的“曲面”命令生成实体，在“样条线”选项中勾选“翻转法线”即可看到正面。附加并添加横截面、曲面如图 4.84 所示。

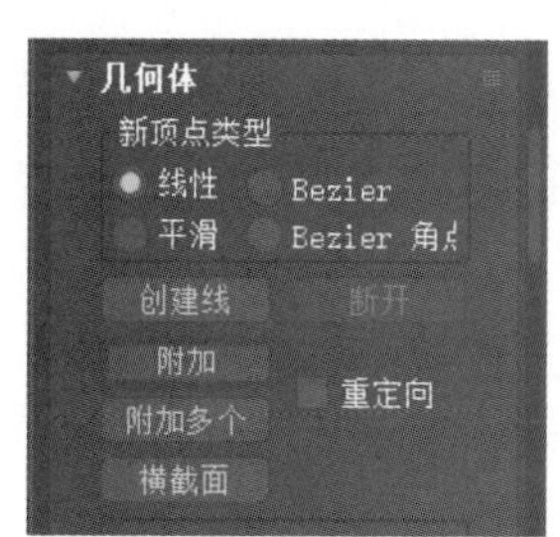

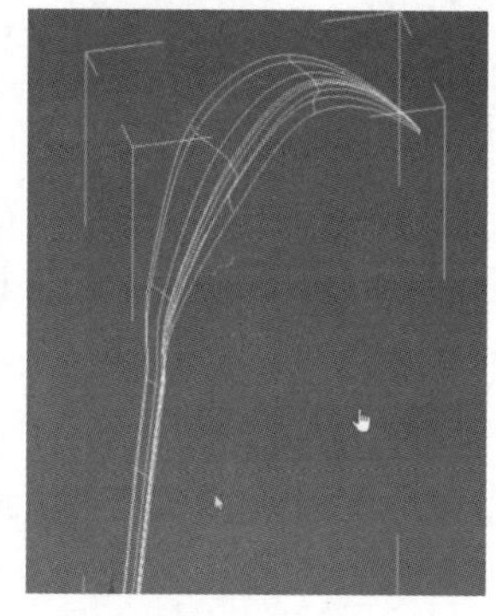

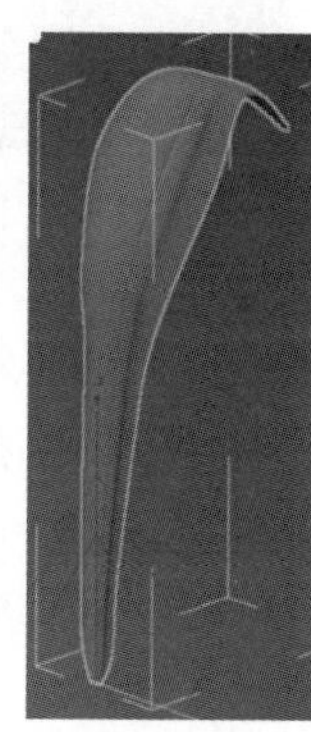

图 4.84　附加并添加横截面、曲面

步骤 11：调整并添加壳。点击“显示最终结果”，在“可编辑样条线”中通过选择“顶点”“线段”“样条线”来对物体使用缩放、移动命令进行调整，或者整体进行缩放。由于花瓣没有厚度，在“修改”面板上，点击“修改器列表”中的“壳”，修改参数。由于花瓣无须太厚，所以可以通过修改“参数”中“外部量”的值来编辑花瓣的厚度。调整并添加壳如图 4.85 所示。

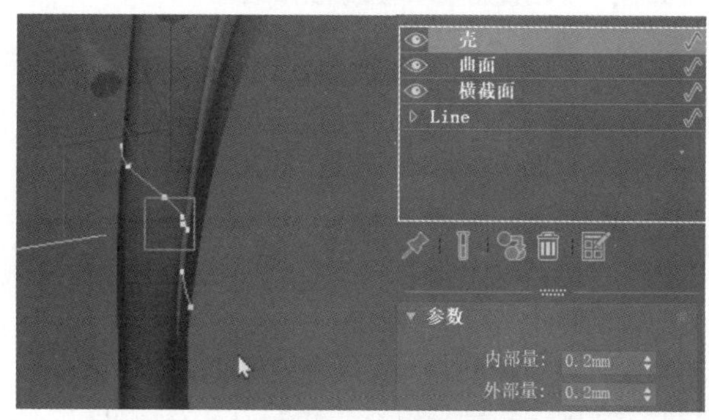

图 4.85　调整并添加壳

步骤 12：使用阵列。按“T”键回到顶视图，点击“层次”命令，勾选“仅影响轴”，使用移动命令将轴移动到花瓣中心点。调整好模型后，利用鼠标右键点击工作栏，打开“附加”，选择“阵列”命令，调整参数，旋转 360°，数量设置为 6，打开“预览”，对象类型勾选为“复制”，点击“确定”。使用阵列如图 4.86 所示。

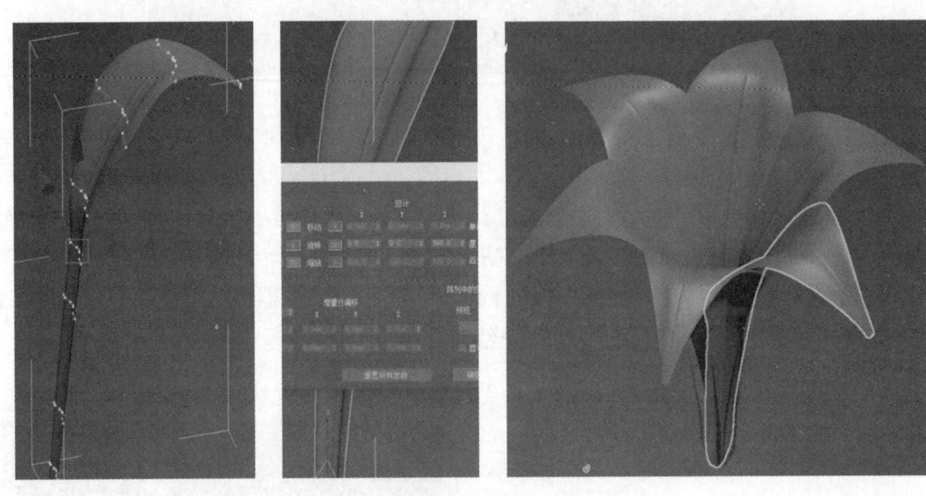

图 4.86 使用阵列

步骤 13：调整每个花瓣。完成阵列后，根据实际形状对 6 个模型进行修改调整。再回到“Line”编辑中，选择“顶点”“线段”“样条线”，勾选“显示最终结果”，选择点层级对模型进行调整。调整每个花瓣如图 4.87 所示。

步骤 14：组装并保存。调整完花瓣和叶片模型后，与花蕊模型进行组装并保存，最终结果如图 4.88 所示。

图 4.87 调整每个花瓣

图 4.88 最终结果

【小结】 本实验介绍了“横截面”和“曲面”修改器，以进一步熟悉参数化编辑器的使用。

实验 4.8 制 作 马 灯

【概述】 可综合运用 3ds Max 的二维线条编辑器做出复杂的模型。例如马灯，可将其分解为多个部分，先分别进行制作，后进行组合。在制作复杂模型时，要注意物体的大小和位置、物体与物体之间的距离。

【知识要点】 熟练掌握样条线的绘制，以及倒角、车削等二维修改器的综合运用。

【操作步骤】

步骤 1：创建马灯底图。创建一个场景，导入马灯图片，进入前视图，创建一个平面，将图片贴在平面上，调整图片大小（可通过旋转调整至需要的图片角度），如图 4.89 所示。

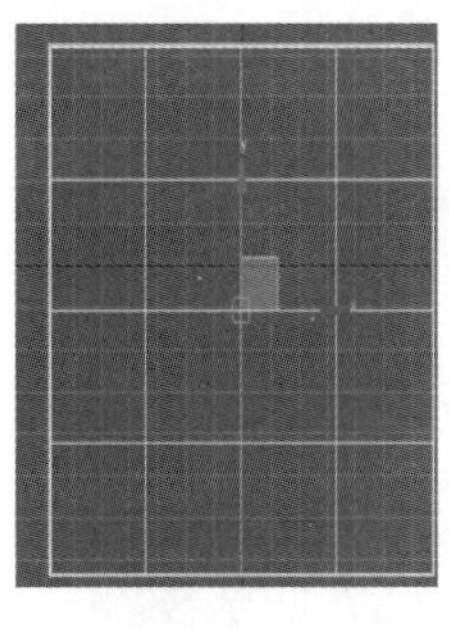

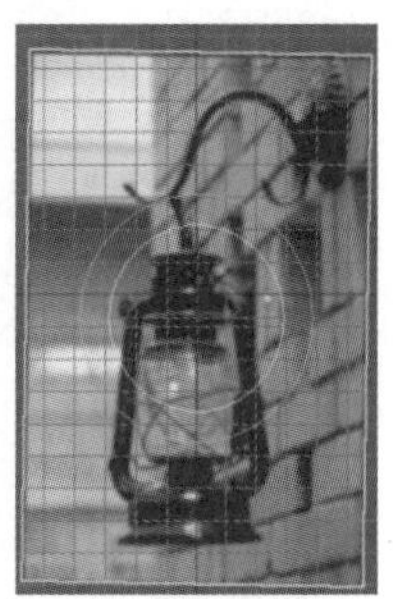

图 4.89　创建马灯底图

步骤 2：绘制上部形状。选择“样条线→线”，绘制线条，根据所导入的图片进行描边。首先绘制上部形状，在绘制过程中只需画出一半，然后点击“修改器”，选择“车削”，在“参数”中点击“最大”。按快捷键“Alt+X”，选择车削过的对象，选择透明显示，然后将物体与图片物体大致对齐。对齐之后，再按快捷键“Alt+X”，取消透明。绘制上部形状如图 4.90 所示。

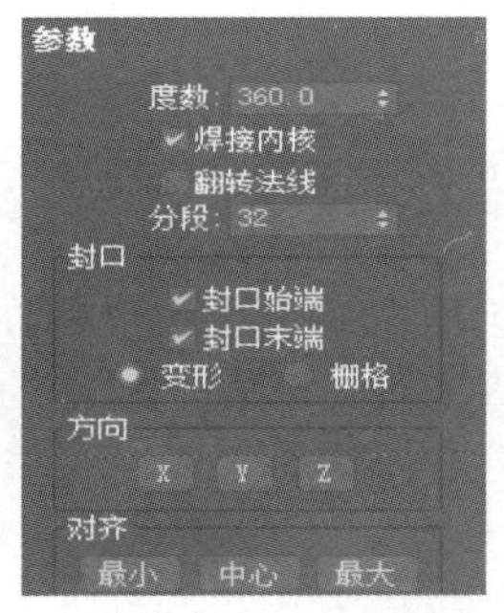

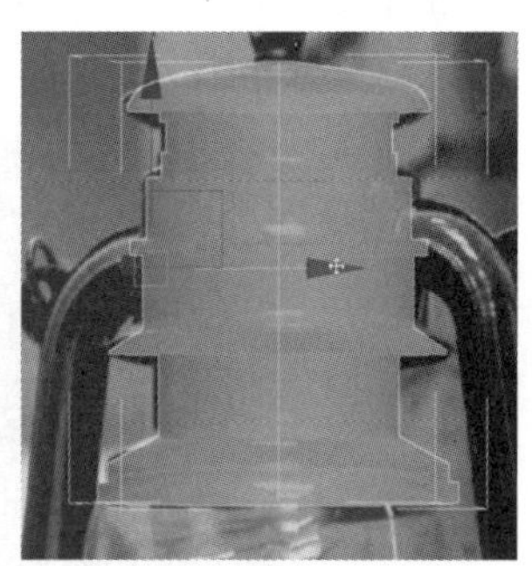

图 4.90　绘制上部形状

步骤 3：绘制下部形状。选选车削的样条线，选择“顶点”层级，勾选“显示最终结果”。要将物体边角做平滑，首先打开“插值”，勾选“自适应”，选择“圆角”，修改顶点，观察物体的底部和上部，然后选择“顶点”，进行调整，即可得到马灯的上部。绘制下部形状如图 4.91 所示。

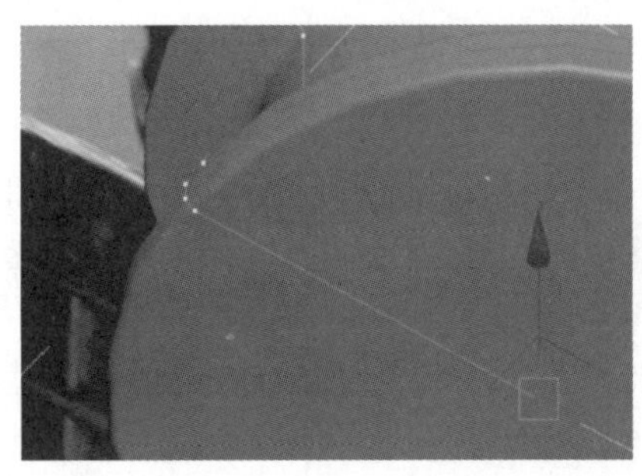
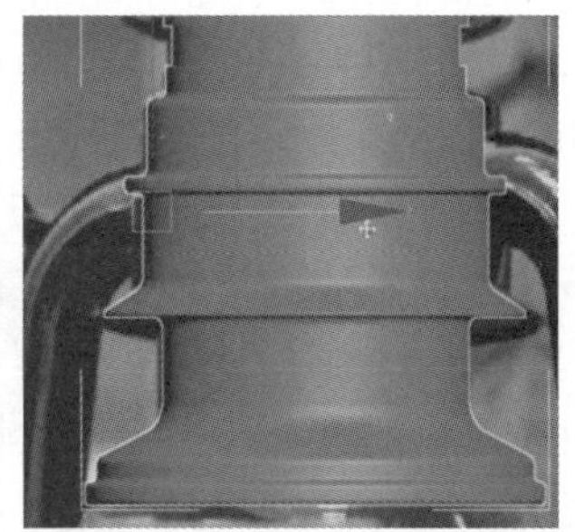

图 4.91　绘制下部形状

步骤 4：绘制玻璃灯罩。继续选择“样条线”，绘制马灯中间的灯罩部分。要想在绘制过程中更改直线为曲线，可以按住鼠标左键然后拖动，就可以得到顺滑的曲线。绘制结束后，可以点击线，修改顶点，使其形状更贴合图片物体的形状。然后选择“线”，选择“轮廓”，修改对象的厚度；选择“车削”，勾选“最大”；打开车削的轴，将轴与上面的物体对齐，移动对象，与马灯的上部对齐。绘制玻璃灯罩如图 4.92 所示。

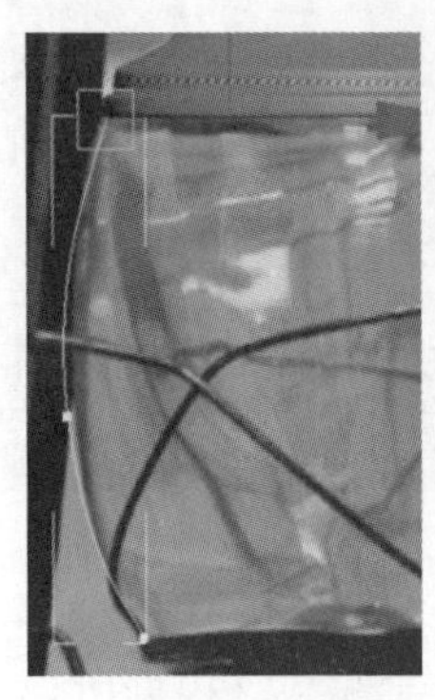
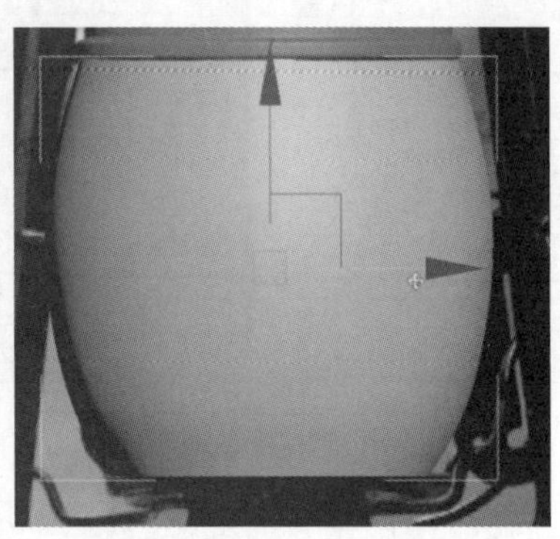

图 4.92　绘制玻璃灯罩

步骤 5：绘制马灯底座。选择“线”，绘制过程中按住鼠标左键使其变成曲线，然后按“Shift”键再将其变成直线。绘制完成后，点击鼠标右键进行修改，选择顶点，对部分顶点进行适当调整和平滑；选择车削，修改对象的段，将分段数值增大，即可得到马灯的底座部分。绘制马灯底座如图 4.93 所示。

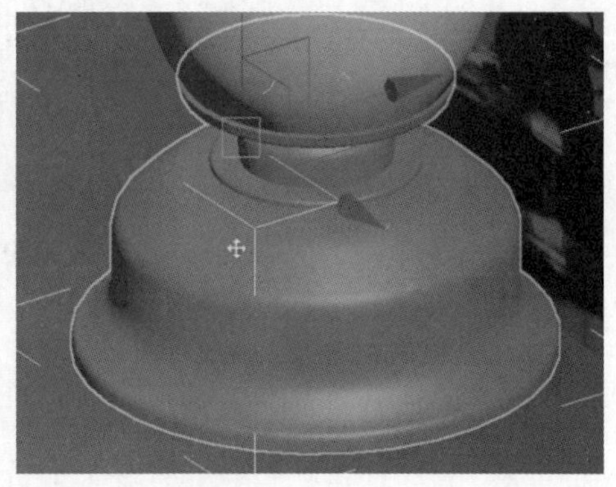

图 4.93　绘制马灯底座

步骤 6：绘制马灯把手。首先在原图把手的位置上大致画出一条线，并对其进行调整，将需要进行圆角处理的顶点设置为“圆角”。然后绘制这根线的截面形状，选择“多边形”并进行绘制，选择缩放命令，调整多边形的大小，修改多边形的基本外形；点击多边形，增加它的边数，将多边形线条转化为可编辑样条线；选择顶点，点击鼠标右键，选择“细化”，直至调整出合适的形状。绘制马灯把手如图 4.94 所示。

步骤 7：扫描镜像把手。选择之前绘制的线，找到“扫描”命令，选择截面，选择自定义图形，拾取做好的图形，即可得到把手。若要调整手把的大小，选择图形，进行样条线缩放，然后调整把手的位置，选择“镜像”，即可得到另一边的把手。扫描镜像把手如图 4.95

所示。这样将前面各步所制作的部件组合起来就可得到马灯的大致形状。

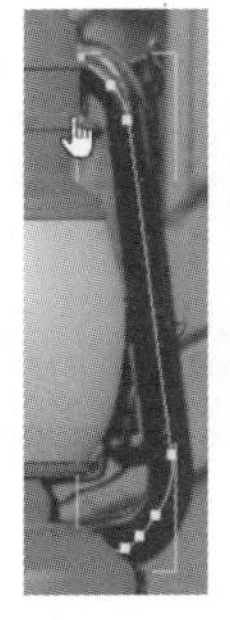
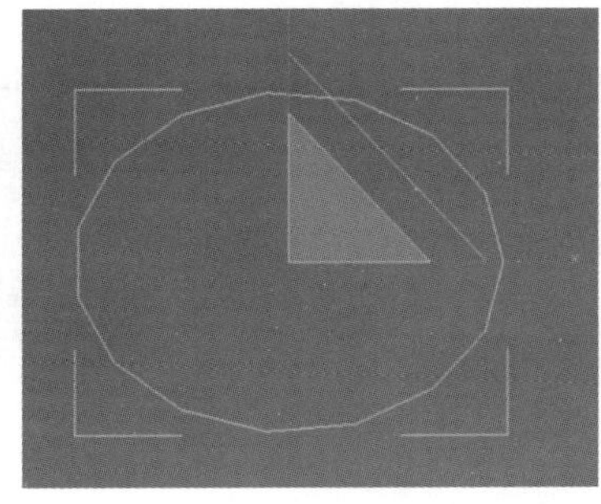
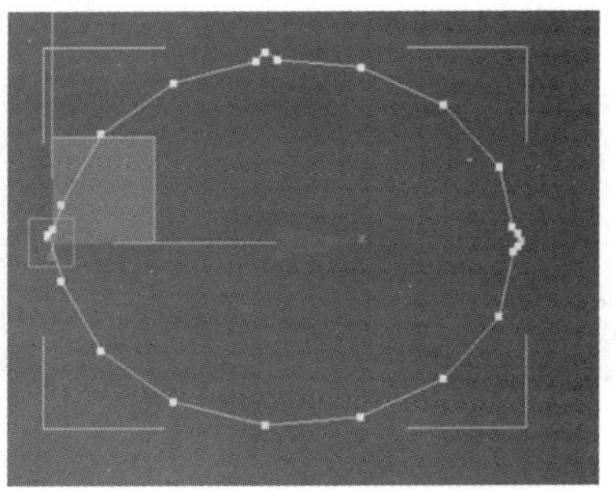

图 4.94　绘制马灯把手

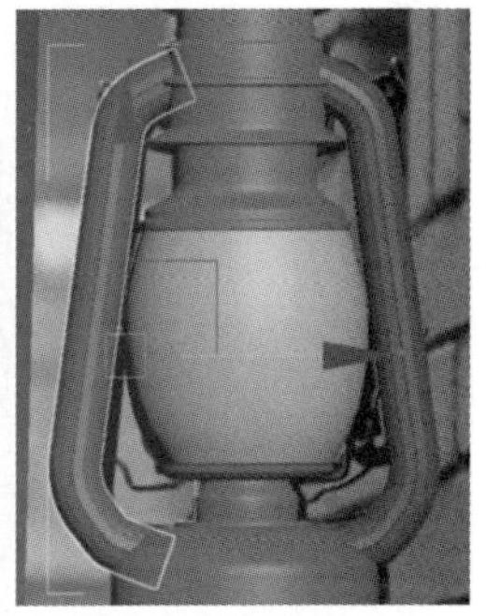

图 4.95　扫描镜像把手

步骤 8：制作马灯零部件。选择“圆环”，在马灯顶部创建多个圆环，然后选择“线”，绘制出顶部挂钩的大致位置，调整所画线的点的位置；修改对象的插值，进入“样条线”编辑，选择“轮廓”，将其变成双线；修改对象的顶点，使其尽量靠拢图片上的形状；使用“倒角剖面”，挤出需要的高度，选择想要的形状，即可得到马灯的挂钩。制作挂钩如图 4.96 所示。

步骤 9：制作小组件。用同样的方法进行绘制把手上的圆环并将其移动到合适的位置，如图 4.97 所示。

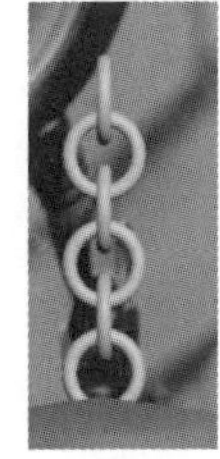
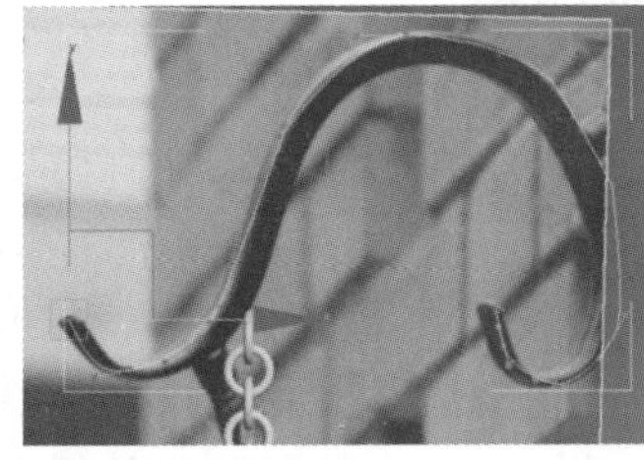
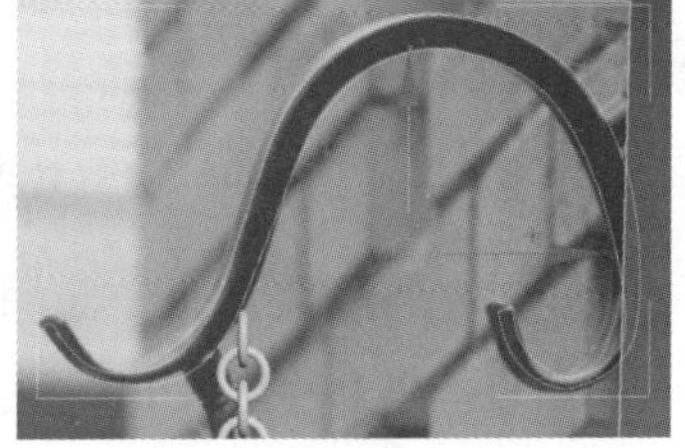
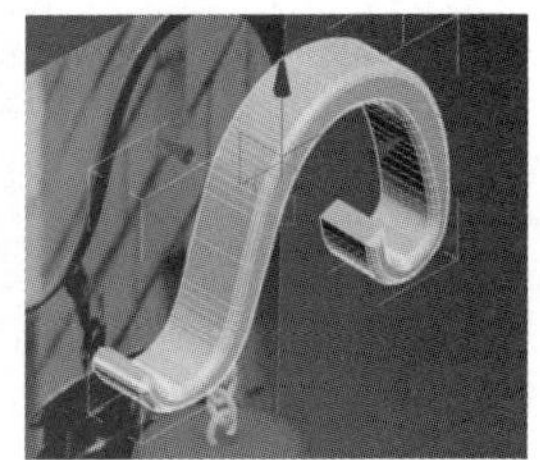

图 4.96　制作挂钩

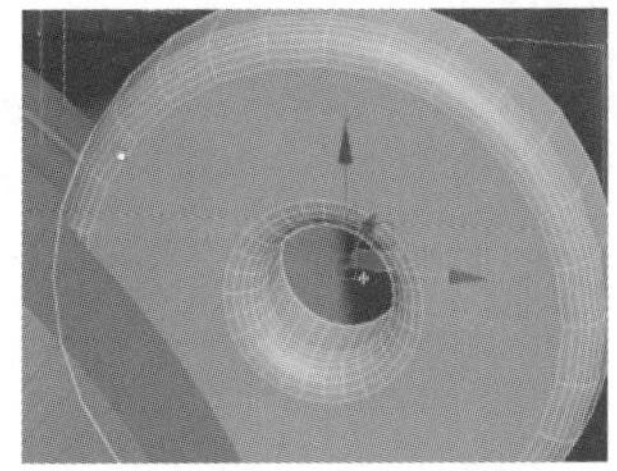

图 4.97　制作小组件

步骤 10：制作玻璃外壳铁线。对于玻璃外壳铁线，直接用线绘制，绘制好之后选择“规格化样条线”，选择“结数”，然后可以打开对象的软选择（也可以不打开，视情况而定），打开“三维捕捉”移动线的顶点，把线放置在物体外，调整到合适的位置；在线的“渲染”中选择“径向”，调整线的粗细。再通过“镜像”得到另一根线，连接线时可以使用“目标焊接”，然后调整线条的位置，选择“附加”，将线附加为一个整体，得到马灯的模型。制作玻璃外壳铁线如图 4.98 所示。

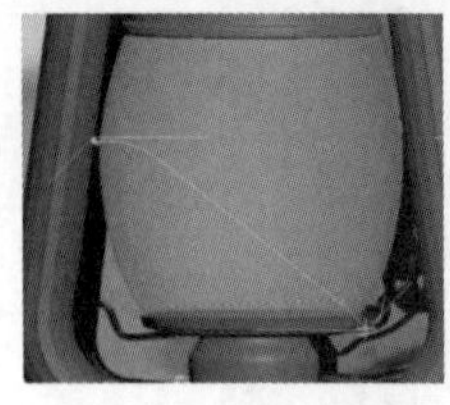 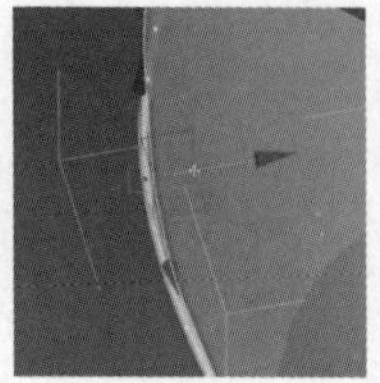 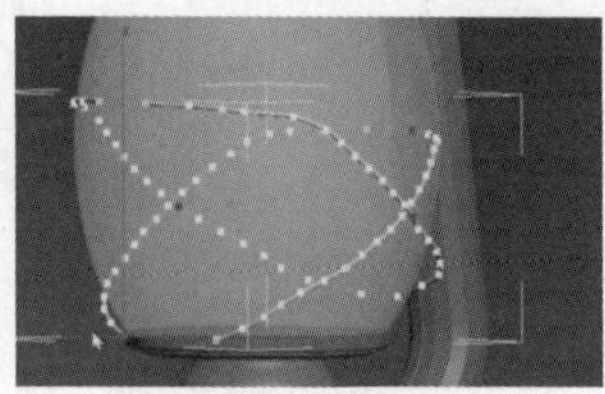 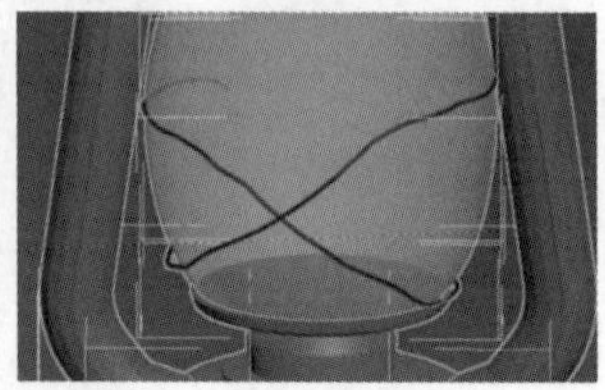

图 4.98 制作玻璃外壳铁线

步骤 11：成组。将各部分整合为一体，改变颜色即可得到马灯的最终造型，如图 4.99 所示。

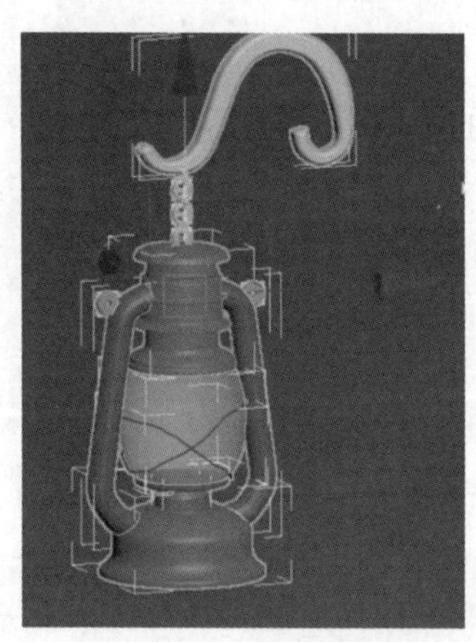 

图 4.99 最终效果

【小结】 本实验通过挤出、线的编辑、镜像、扫描、倒角剖面等命令的综合应用来制作马灯，以进一步熟悉 3ds Max 的基本命令。同时，进一步了解到，无论多么复杂的图形，都是由各个部件组成的，可以将其先分解制作，后组合到一起，完成自己所需的模型。

第 5 章　3ds Max 三维编辑器

实验 5.1　制作弯曲办公椅

【概述】 3ds Max 中有大量的标准几何体可用于建模，且建模方法方便快捷、易学易用，一般情况下只需要改变几个简单的参数，并通过旋转、缩放和移动等操作将其堆砌起来就可以建成简单美观的模型。但是，有许多物体并不能通过上述简单的方法来创建，而需要通过三维编辑修改器来完成。修改器可以对三维对象进行形体变化、增减面片、曲率变化、法线变化、平滑几何体等方面的修改。“弯曲”修改器可以控制物体在任意 3 个轴上的弯曲角度和方向，也可以对几何体的其中一段限制弯曲效果。

【知识要点】 通过制作办公椅，掌握弯曲修改器的使用方法，以及扩展基本体、样线条和参数化修改器的综合运用。

【操作步骤】

步骤 1：创建切角长方体。文件重置，打开一个场景，按“P”键切换到透视图，点击“扩展基本体→切角长方体”，创建 500mm×500mm×70mm 的切角长方体，调整长度分段为 20，宽度分段为 25，圆角为 12，并按快捷键“Ctrl＋Shift＋Z”放大视图对象，如图 5.1 所示。点击，选择下方“参数→长度分段”，方便进行弯曲的修改，可根据需要在修改器参数栏下拉菜单中输入数据进行分段修改，也可对选中对象进行高度或者宽度的修改。

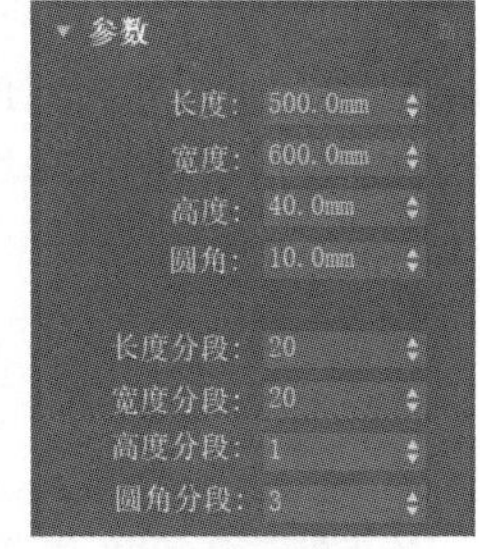

图 5.1　创建切角长方体

⚠ 对三维物体进行弯曲处理时，模型的分段数越多、越精细，弯曲效果越好。弯曲的上限越大，弯曲的弧度越大。

步骤 2：添加弯曲修改器。选中切角长方体并点击“修改”，从“修改器列表”中找到“弯曲”命令，为其添加“弯曲”修改器，然后调整其“角度”和“方向”，会发现其并未根据需要的形态来转变，这是因为它的轴不对。对象绕着轴旋转，通过将正值改为负值可以翻转角度和方向。通过对堆栈中“轴”的拖动可以控制弯曲的节点，可以通过改变轴向来完成想要的效果。将对象调整到需要的角度，尝试改变其方向，也能达到向上弯曲或者向下弯曲的效果。添加弯曲修改器如图 5.2 所示。

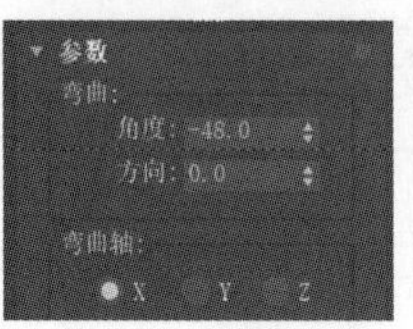

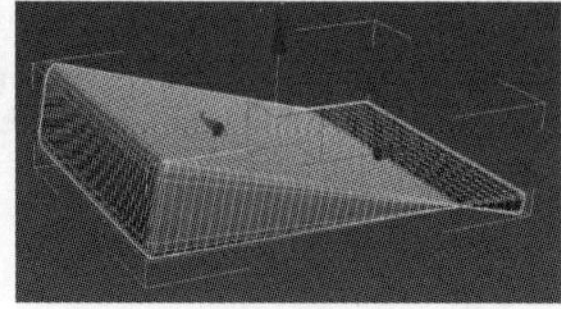
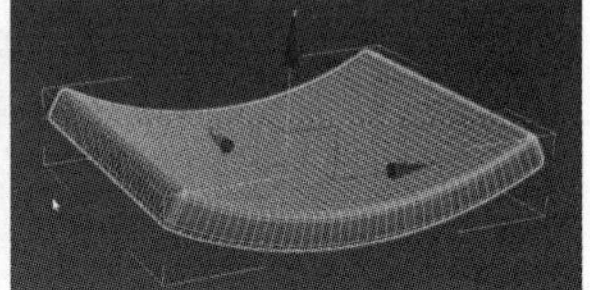

图 5.2 添加弯曲修改器

⚠ 要使用修改器，可以使用鼠标或键盘从“修改器列表”中选取。首先利用鼠标左键点击打开“修改器列表”，然后输入修改器名称的第一个字母，则可以迅速定位到特定的修改器。

步骤 3：复制粘贴添加多个弯曲。用鼠标右键单击“弯曲”编辑器 Bend，选择添加好弯曲的切角长方体。选择“修改堆栈器”中的“弯曲”，按鼠标右键，选择复制并粘贴，这样就又给切角长方体添加了一个“弯曲”编辑器。这样结果会比原本更弯一些，如果想要再弯回来，如果只改变其角度是不对的，因为它们是一个方向的，两个弯曲重叠在一起了。复制粘贴添加多个弯曲如图 5.3 所示。

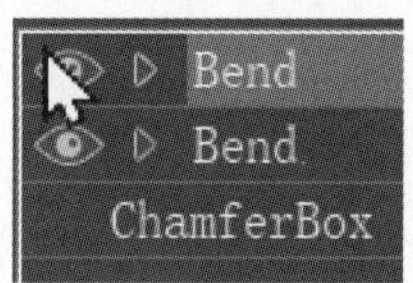

图 5.3 复制粘贴添加多个弯曲

步骤 4：调整弯曲方向。在“参数”中将其轴的方向旋转 90°，将它转到另一个方向去，点击“栅格和捕捉→角度控制”按钮，将其设置为 90 后关闭；确认“角度控制”按钮在按下状态，然后点击需要旋转的轴线，按“E”键，其将向另外的方向弯曲。现在可以看到，两次弯曲的方向，第一次是往前后方向的弯曲，第二次是往左右方向的弯曲。调整弯曲方向如图 5.4 所示。

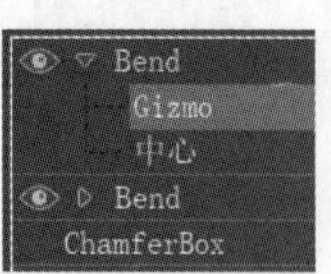

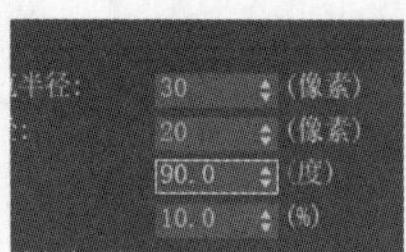

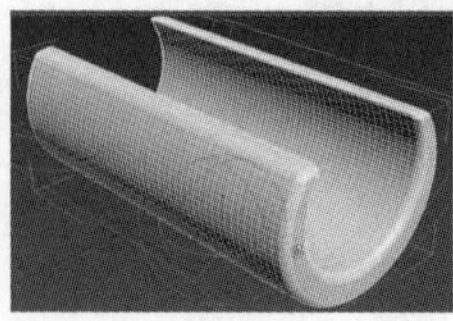
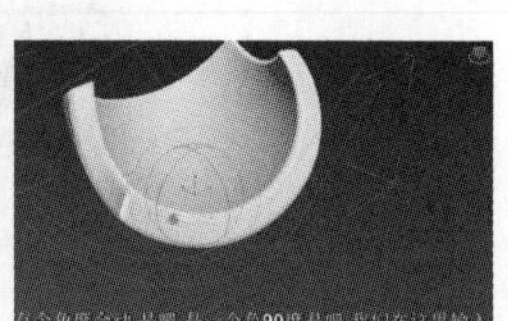

图 5.4 调整弯曲方向

步骤 5：调整弯曲位置。勾选“限制效果”，调整上限数值至想要的位置和角度，然后调整其轴心，移动位置，就可以将其调整到只有前端是向下的。将角度继续加大，它还可以继续往里面转卷，但是这样会发现其分段不够，会出现折角的痕迹。可以回到堆栈中点击

“ChamferBox”增加对象的分段数。通过“限制效果”调整弯曲位置如图 5.5 所示。

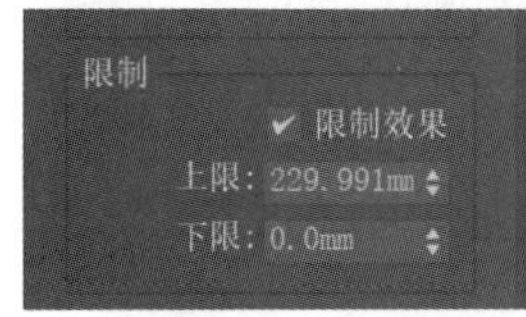

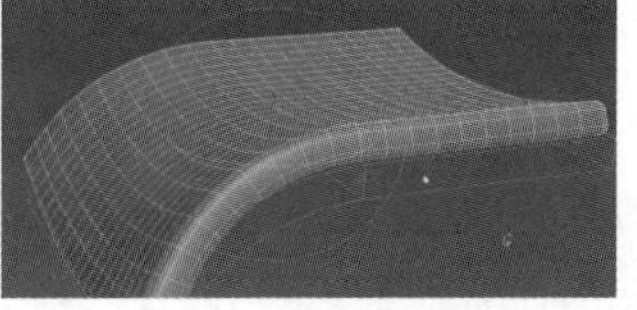
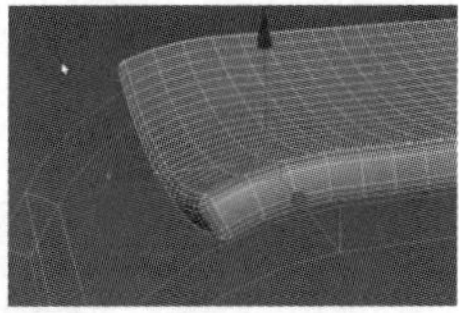
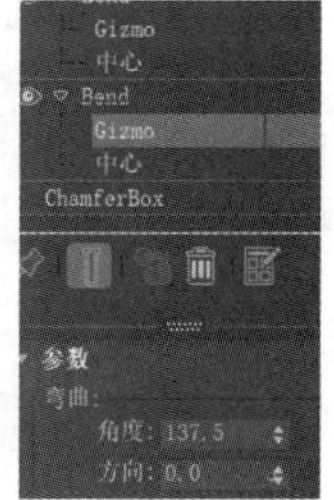

图 5.5　通过“限制效果”调整弯曲位置

步骤 6：制作靠背。复制该切角长方体，旋转后放置在合适的位置作为靠背，然后调整其长度、宽度、高度、圆角以及各分段，如图 5.6 所示。

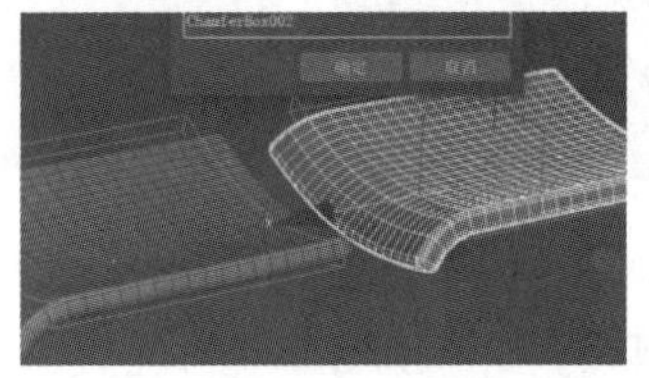
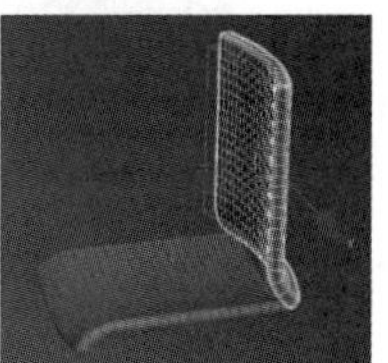

图 5.6　制作靠背

步骤 7：调整靠背弯曲。打开“弯曲”中的“Gizmo”并移动，在编辑栏中找到“限制效果”并点击，给对象添加“限制效果”，即调整弯曲的位置，如图 5.7 所示。

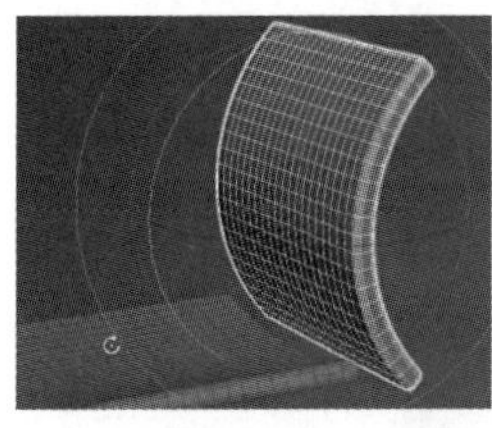
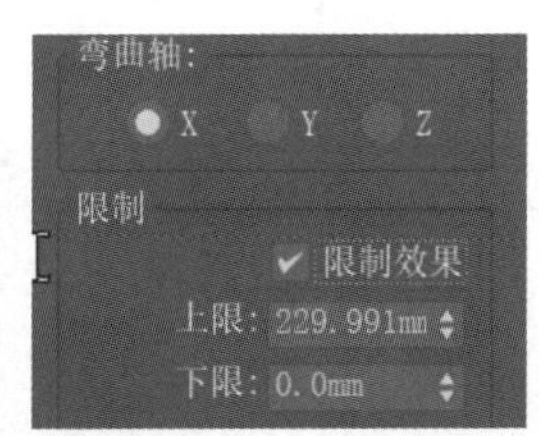

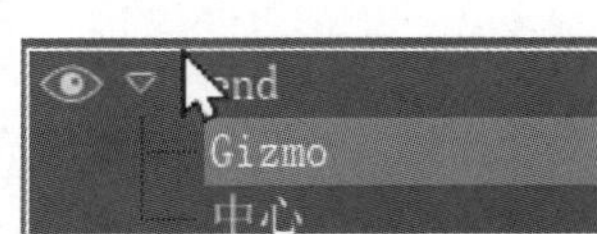

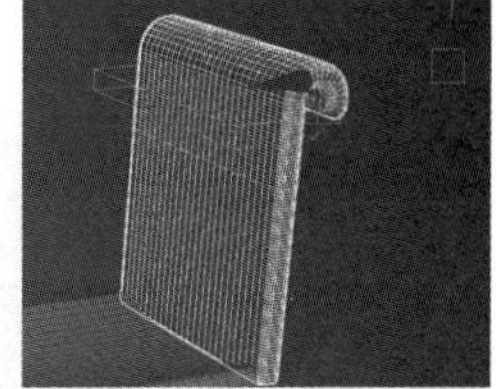

图 5.7　调整靠背弯曲

⚠ 不同位置的限制会有不同的弯曲效果。设置“限制效果”中的上限和下限。这是当前单位位于修改器中心上方和下方之间的距离，在 Gizmo 的 Z 轴上默认设置为 0。可以将上限设为 0 或正值，将下限设为 0 或负值。如果上、下限相等，其效果相当于禁用“限制效果”。弯曲应用于这些限制之间。围绕的几何体不受弯曲本身的影响，它会旋转以保持对象的完好。这与弯曲管道类似，不弯曲的部分会旋转但保持垂直。移动时限制的设置保持在中心的任意一个侧面上，这样就允许对对象的另一部分的弯曲区域进行重定位。

步骤 8：通过轴心点调整弯曲。打开层次面板，选择“仅影响轴”“对齐到对象”来调整弯曲，也可以通过对轴心点的操作来改变弯曲的位置，即用鼠标拖动 X、Y、Z 方向的轴来改变弯曲的位置，可以旋转也可以移动。回到透视图，选择靠背对象，直接手动调整角度至自己所需的样子，然后打开“弯曲”中“Gizmo”并移动。通过轴心点调整弯曲如图 5.8 所示。

步骤 9：添加锥化。改变靠背的角度，可以选择左、右两个弯曲面，然后调整其角度使其向后弯曲，还可以结合“锥化”命令将靠背上面缩小，如图 5.9 所示。

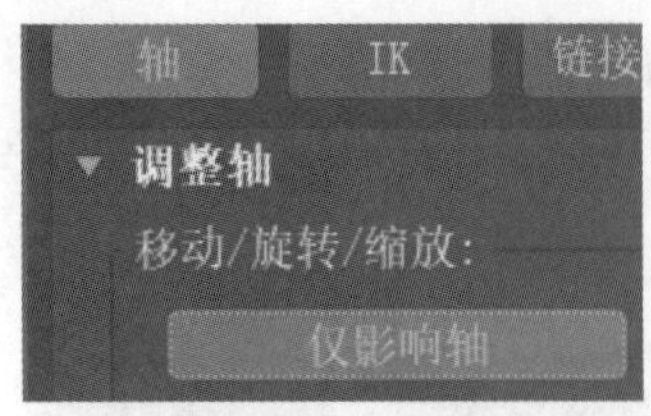

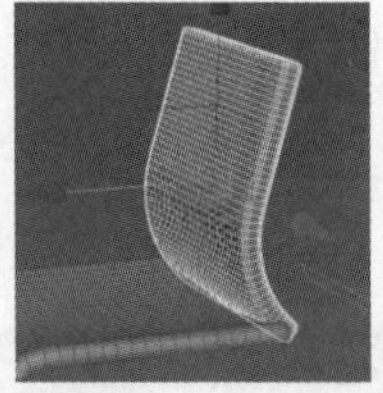
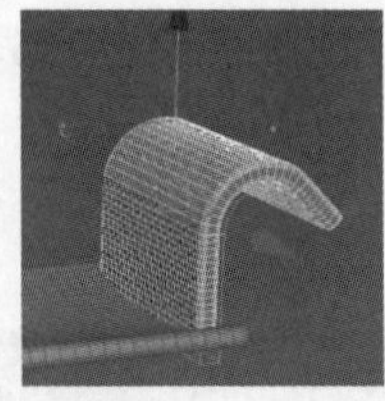
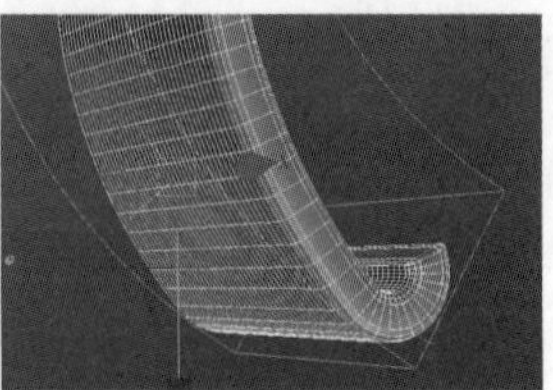

图 5.8 通过轴心点调整弯曲

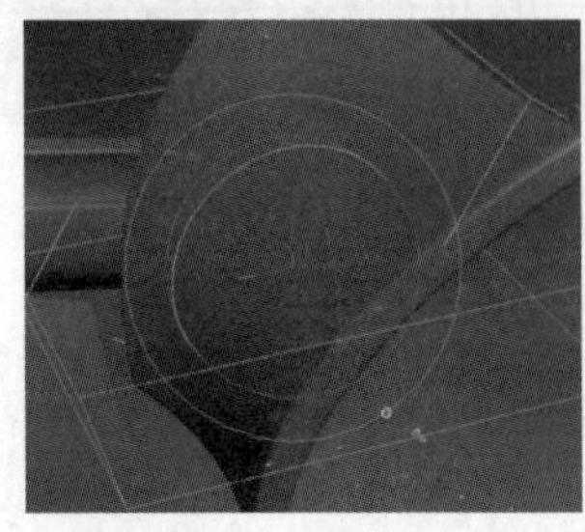
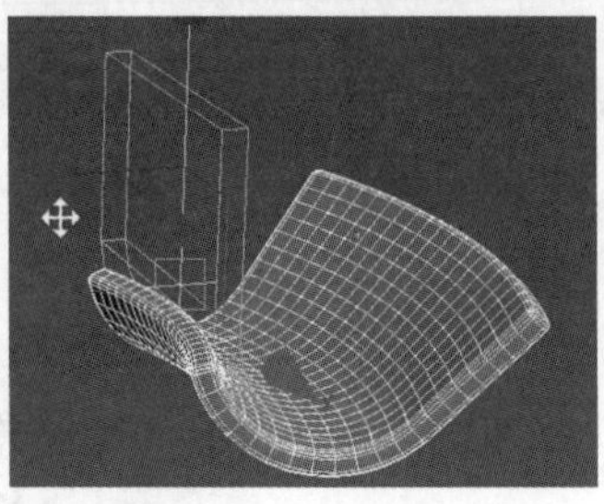
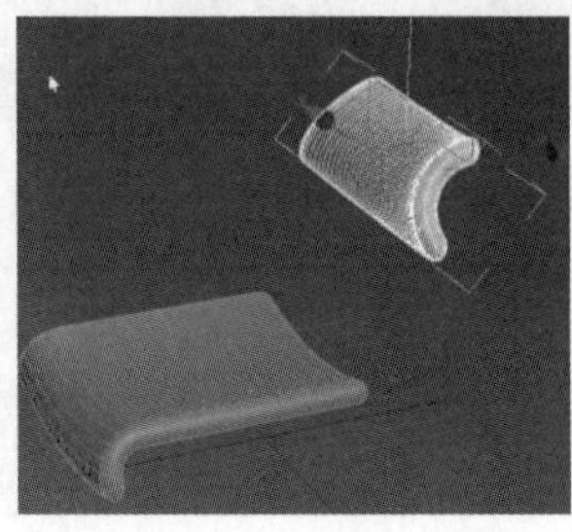

图 5.9 添加锥化

步骤 10：调整弯曲“Gizmo”的位置。这是控制的重点。将弯曲的“Gizmo”下移，就可以使椅背达成弯曲的效果，然后根据具体的需求调整其长度、宽度、高度、弯曲的位置以及角度。

步骤 11：成组。通过文件菜单中的合并命令，将前面做好的办公椅的骨架结构合并进来，然后把做好的对象放到准备好的钢架结构上完成组合，完成效果如图 5.10 所示。

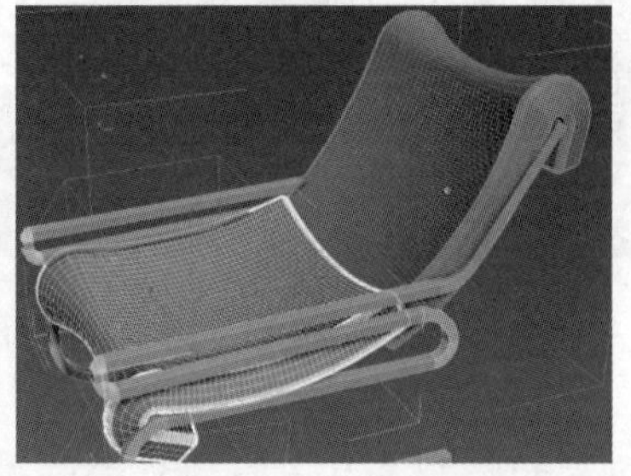

图 5.10 完成效果

【小结】 本实验介绍了“弯曲”命令的使用方法，包括如何给对象添加多个弯曲的命令，使对象产生不同方向的弯曲，以及如何调整弯曲的方向，并且通过“限制效果”改变弯曲的位置和角度。

【作业】 根据如图 5.11 所示的图片完成拓展作业。

图 5.11 拓展作业——制作弯曲楼梯

实验 5.2　弯曲、扭曲、锥化的综合运用

【概述】 在 3ds Max 中，直接创建的基础图形都属于参数化的模型，其外形一般都有一定的规律。但是，在现实世界中，大多数物体的外形并不是这种规则的模型。为了能逼真地模拟出平时所见到的各种物体，就需要对所建立的模型进行修改，修改的方法是为对象添加修改器。除了“弯曲”修改器以外，3ds Max 还包括“扭曲”“锥化”“倾斜”“FFD”“形体变换”“噪波”“车削”“倒角”等修改器。二维对象转化为三维对象以后，可以使用对象的编辑器来建立模型，利用弯曲、扭曲、锥化等修改器进行调整。“扭曲”修改器用于将几何对象的一端相对于另一端绕某一轴向进行旋转，使对象的表面产生扭曲变形的效果。“锥化”修改器可以通过缩放物体的两端而产生锥形轮廓来修改造型，还可以加入光滑的曲线轮廓，以及限制局部的锥化效果。

【知识要点】 掌握弯曲、扭曲、锥化等修改器的综合运用。

【操作步骤】

步骤 1：创建星形。创建一个场景，用鼠标左键单击面板上的“几何体”按钮，选择“标准基本体→星形”，创建星形，修改星形内角和外角的半径，并修改“插值”，如图 5.12 所示。

步骤 2：星形挤出。给对象添加“挤出”修改器，用鼠标左键单击“修改面板”，可直接修改星形的“数量值”给模型添加高度，高度根据对象的比例来调整，并为其增加分段，段的多少将决定星形的光滑程度，如图 5.13 所示。

步骤 3：添加扭曲。选中对象，点击，选择对象，在“修改”面板上，用鼠标左键单击“修改器列表”，在命令列表中选择“扭曲”命令，添加“扭曲”修改器，调整扭曲的数值，扭曲的数值将决定对象的扭曲程度。由于上半部分不需要太多扭曲，可通过选择对象，勾选“限制效果”，调整上限的值，通过移动扭曲里的“Gizmo”来实现。添加扭曲如图 5.14 所示。

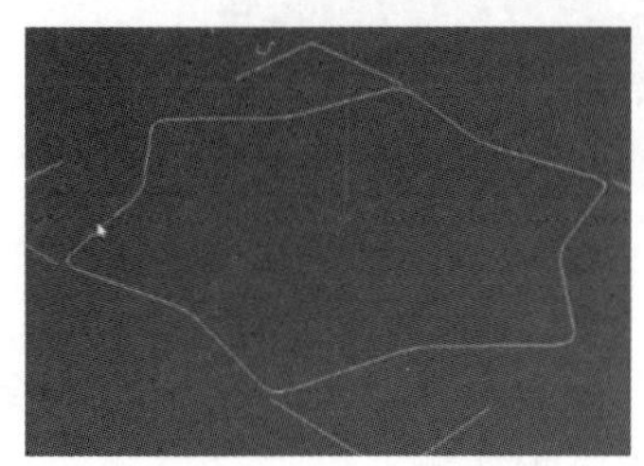

图 5.12　创建星形

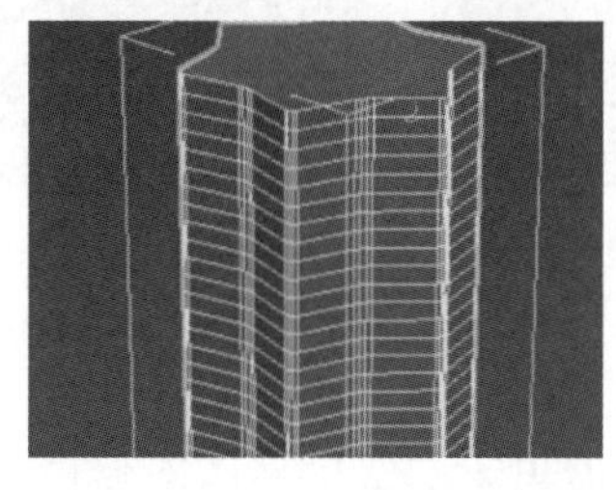

图 5.13　星形挤出

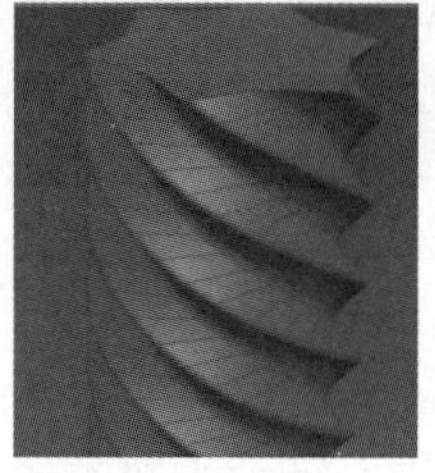

图 5.14　添加扭曲

步骤 4：添加锥化。可根据要求同时对同一个对象添加多个修改器。下拉“修改器列表”，添加“锥化”，调整“锥化”数量，可使对象上端变尖；调高“曲线”数值，可使对象变得更圆润，如图 5.15 所示。

步骤 5：调整弯曲。添加“弯曲”修改器，在“角度”中调整到合适的角度，让对象发生弯曲。若想保证一部分是直的而不是弯曲的，则要勾选“限制效果”，通过对象的轴心来调整弯曲；接着再添加一次“弯曲”命令，按住旋转、移动命令调整轴心，确保方向正确，其目的是让上面部分往另一个方向调整，如图 5.16 所示。

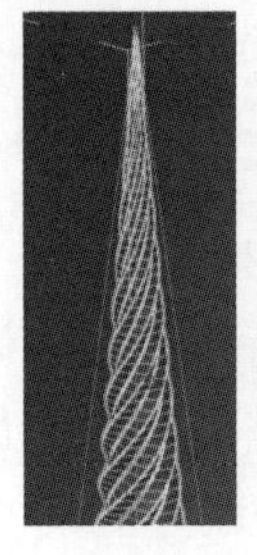

图 5.15　添加锥化

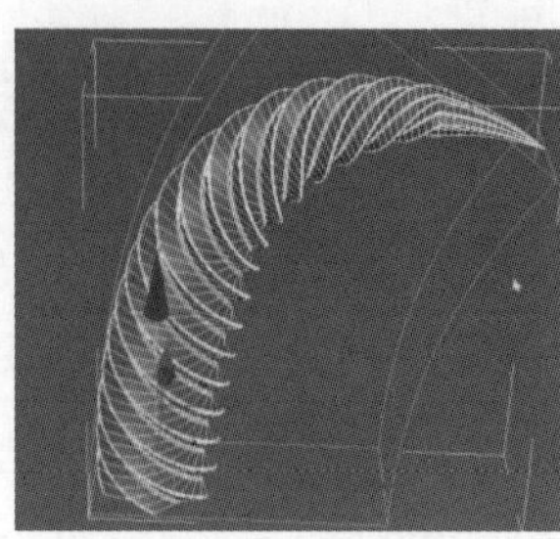
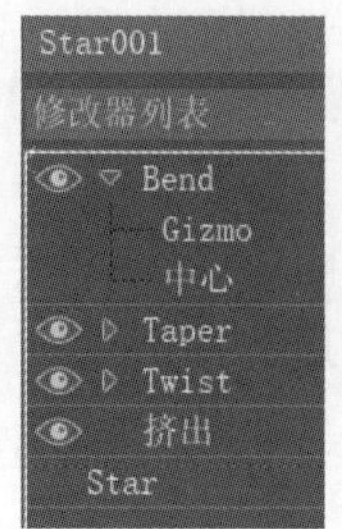

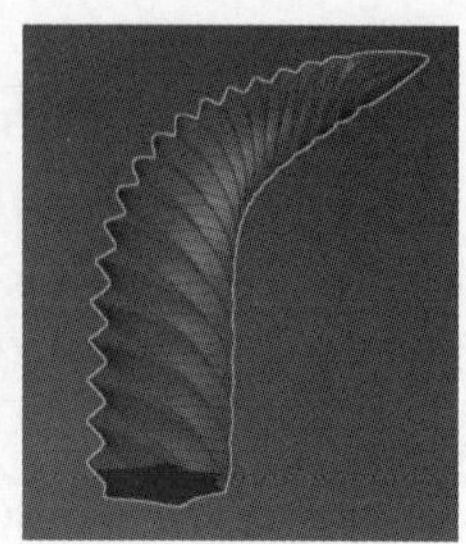

图 5.16　通过"限制效果"调整弯曲

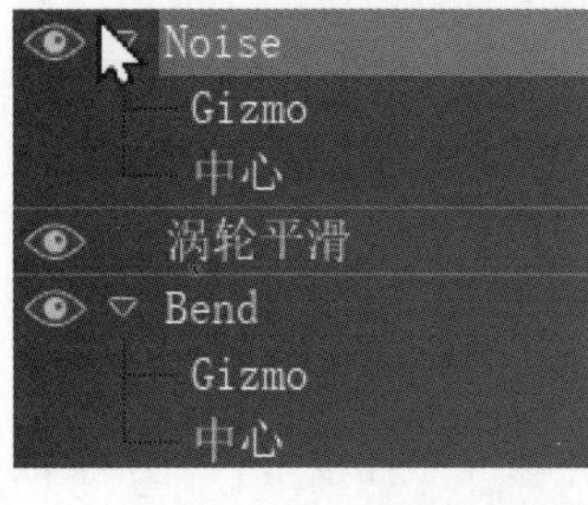

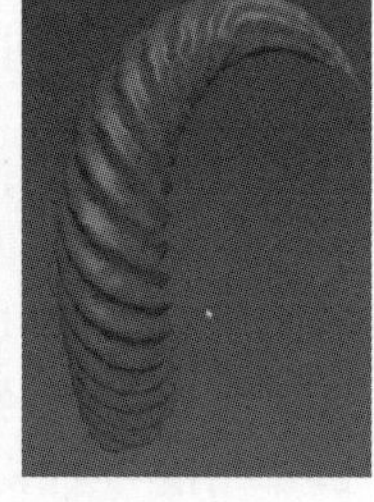

图 5.17　添加噪波

步骤 6：添加噪波。调整好后如果觉得对象表面过于平滑，可以添加"噪波"修改器，调整噪波比例，但这需要慢慢调整，一次不能调太多，这样对象的表面就不会过于平坦，如图 5.17 所示。对所有命令的数值都可进行相应调整。

步骤 7：使用镜像命令。使用"镜像"命令，复制移动对象，调整弯曲程度和方向，让对象不完全对称，以提升真实感，如图 5.18 所示。

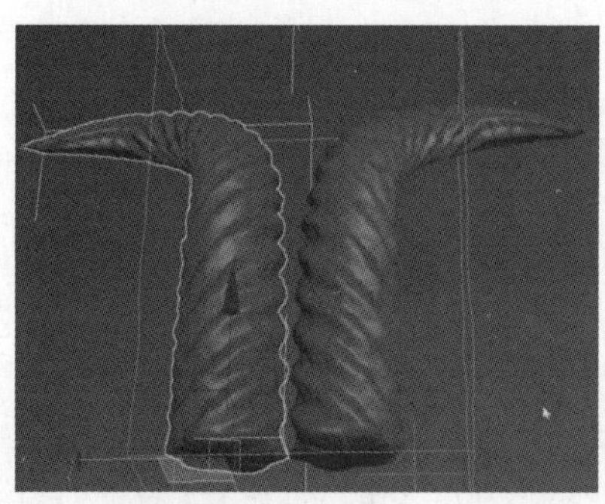

图 5.18　使用镜像命令

【小结】 本实验介绍了"扭曲""弯曲""锥化"和"噪波"修改器，通过对常用三维修改器的综合运用，进一步熟悉修改器里子层级的修改对修改器的影响效果。

【拓展作业】 根据如图 5.19 所示的步骤完成拓展作业。

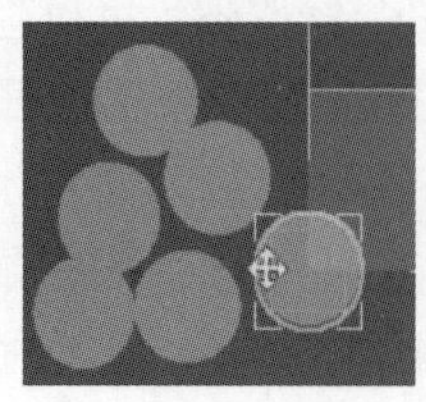
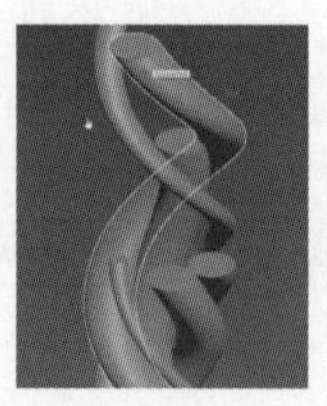
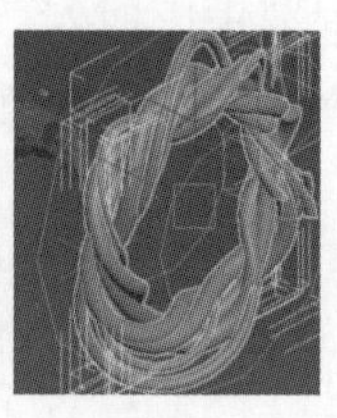

图 5.19　拓展作业——制作藤

实验 5.3　制　作　灯　具 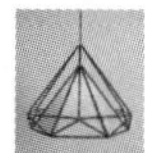

【概述】“晶格”是将物体的边或顶点转换成支柱或者节点，将图形的线段或边转化为圆柱形结构，并在顶点上产生可选的关节多面体。通过对晶格的使用，可以制作和渲染出模型的框架，可基于网格拓扑创建可渲染的几何体结构。“晶格”可作为获得线框渲染效果的另外一种方法。

【知识要点】 学会创建和调整框架，掌握“晶格”和多个基础功能的结合运用。

【操作步骤】

步骤 1：创建球体并修改参数。文件重置，打开一个场景，创建一个大小适中的球体，在“参数”中去掉“平滑”，调整分段为 5；把视图调到合适的角度，按“F4”键可看到边面形状。在“栅格和捕捉设置”中调整角度为 90°，把物体上下旋转 180°，即可得到所要的图形，如图 5.20 所示。

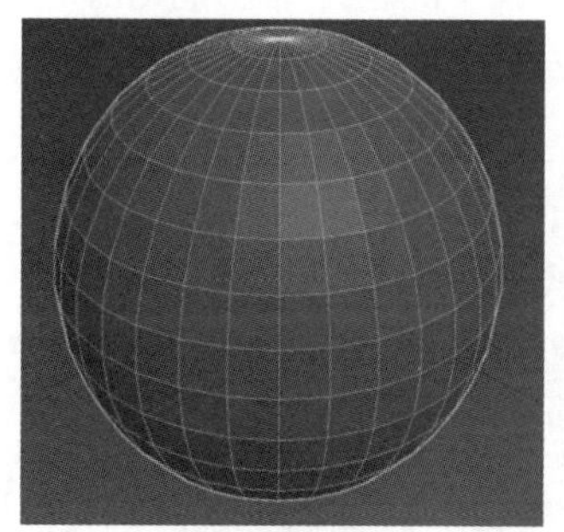 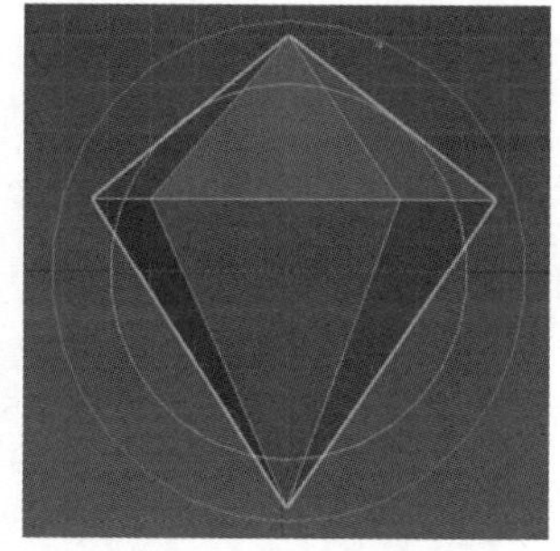 

图 5.20　创建球体并修改参数

步骤 2：转换为可编辑的网格并切角。用鼠标右键点击对象，把对象转换为“可编辑的网格”；选择“点”层级，选中底部的点，在右边的命令栏中选择“切角”，将点向上移动，将对象下面一部分切开一个五边形的口，同样将上面一部分切开，这样对象的上下部分便都有一个五边形的口子，如图 5.21 所示。

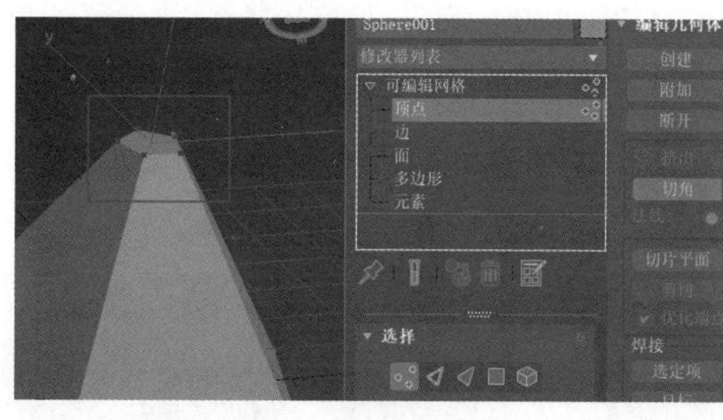

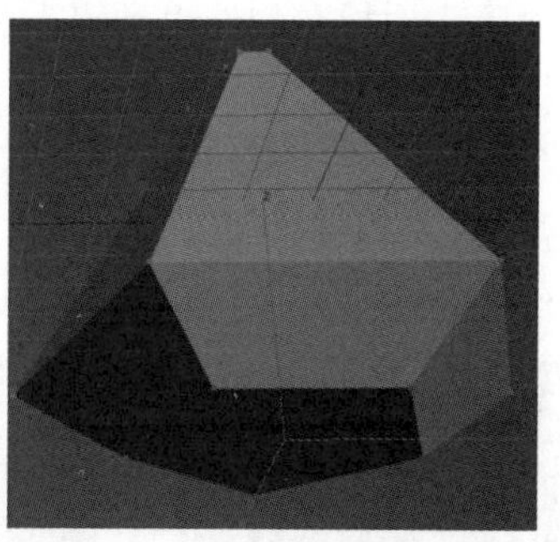

图 5.21　转换为可编辑的网格并切角

步骤 3：添加晶格。要将图形编辑成有网格状态的对象，在“修改器列表”中选择“晶格”，在“参数”的“几何体”中选择“仅来自边的支柱”；勾选“支柱”中的“末端封口”，并修改其半径、分段、边数；做完基本框架后，将框架的颜色改为黑色，如图 5.22 所示。

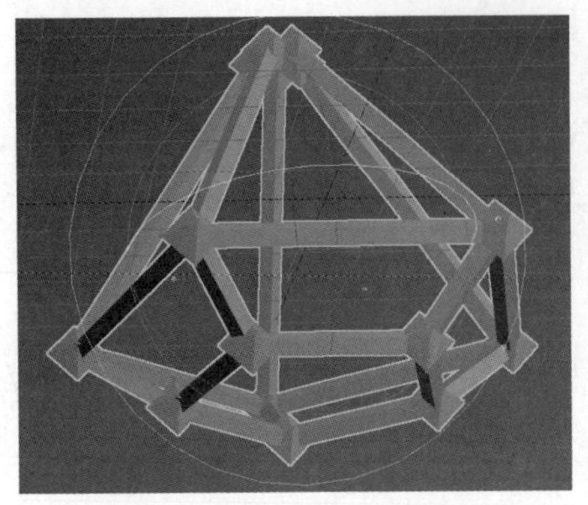
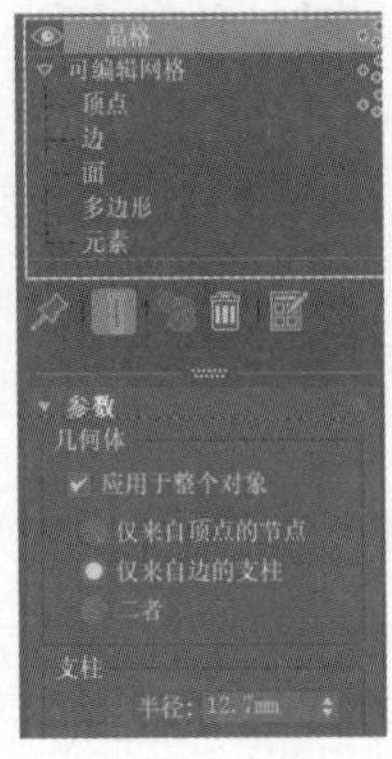

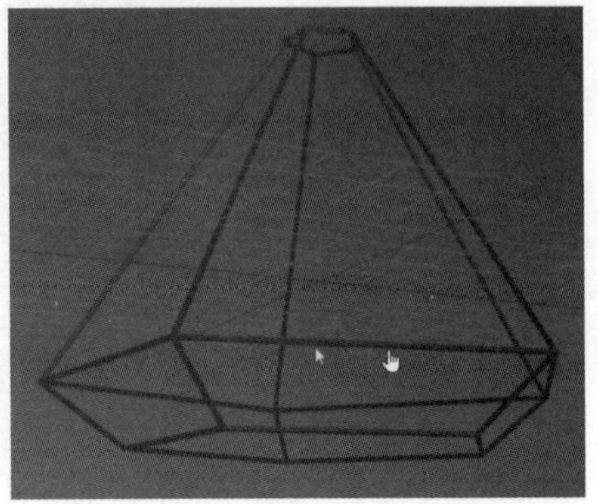

图 5.22　添加晶格

步骤 4：复制、缩放并移动晶格对象。选中晶格对象，按快捷键“Ctrl+V”克隆对象。选择对象，在堆栈中删除“晶格”命令，缩小该对象。按“R”键选择缩小的对象，按“W”键向下平移。将颜色改为黄色，得到使用“晶格”命令做成的简易的灯的造型。复制、缩放并移动对象如图 5.23 所示。

步骤 5：复制缩放并移动外面的对象。将外面的对象按快捷键“Ctrl+V”进行复制，然后将其缩小一些，按“W”键向下平移，调整好位置，如图 5.24 所示。

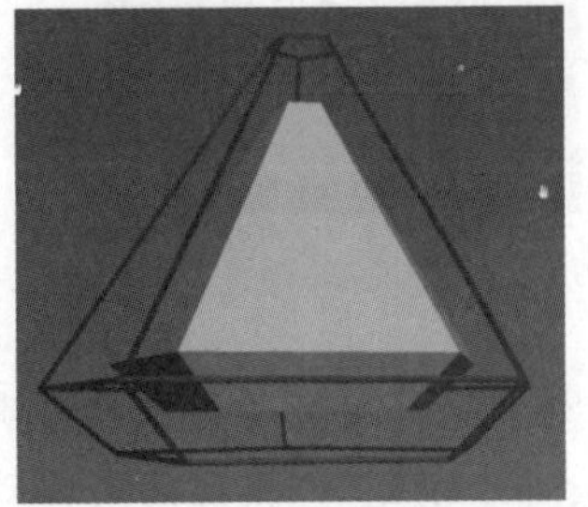
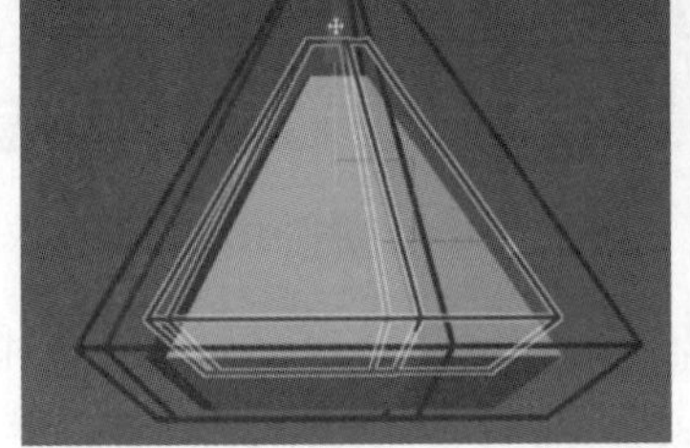
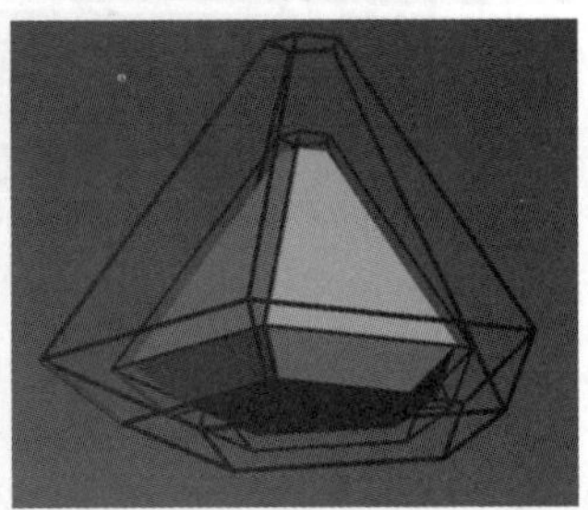

图 5.23　复制、缩放并移动晶格对象　　　　图 5.24　复制缩放并移动外面的对象

步骤 6：绘制框架线条。在上方的工具栏里打开“对象捕捉”，并按鼠标右键打开“栅格和捕捉设置”面板，勾选“顶点”和“中心”，关闭该页面。然后选择“线”命令，根据造型绘制外框架的细节。在中间绕一圈线，选择这条线，并修改它。选择“渲染”，勾选“在视口中启用”，选择“径向”并修改其厚度和边数，再把其他线条也进行同样的修改。在所创建的线的“几何体”中选择“附加”，选择需要添加的线条，将它们全部添加并全部改为黑色。绘制框架线条如图 5.25 所示。

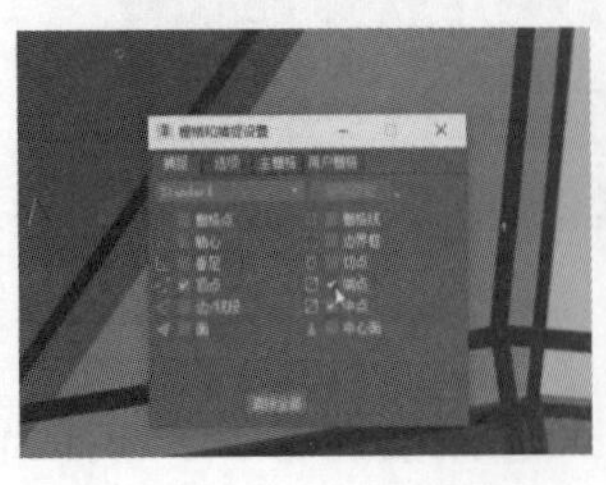
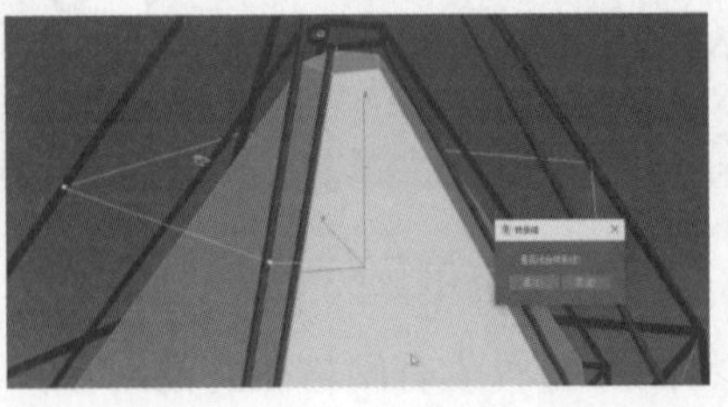
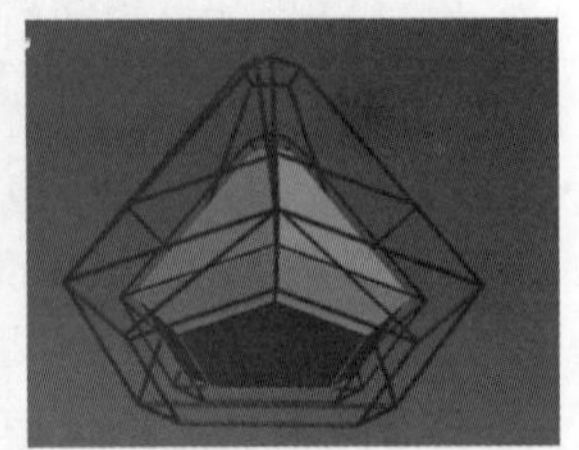

图 5.25　绘制框架线条

步骤 7：利用壳制作孔洞。选择里面的那个对象，打开它的“可编辑网格”。选择“多边形层级”，再选择“底面”，按“Delete”键删除底面，就可以看见底下有一个洞，这里可以装灯的灯罩。同样，选择“上面”，按“Delete”键删除，并添加壳命令，给对象增加一些厚度。利用壳制作孔洞如图 5.26 所示。

步骤 8：制作灯泡造型。创造外球体，然后用缩放命令把球体拉长，按“F4”键显示对象的网格；按“T”键切换到顶视图，再用移动命令将灯泡移动到中心位置，如图 5.27 所示。

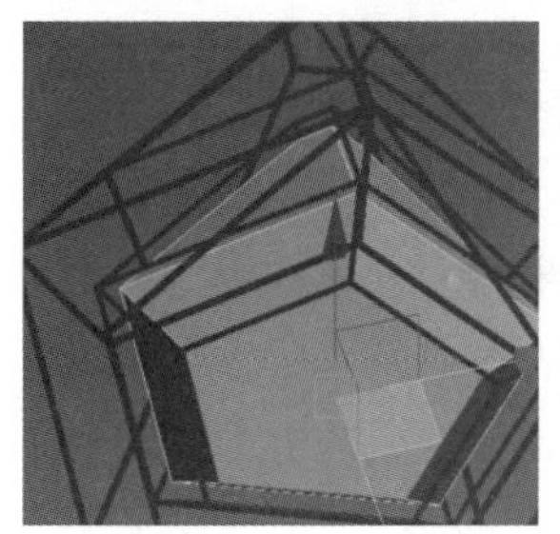

图 5.26　利用壳制作孔洞

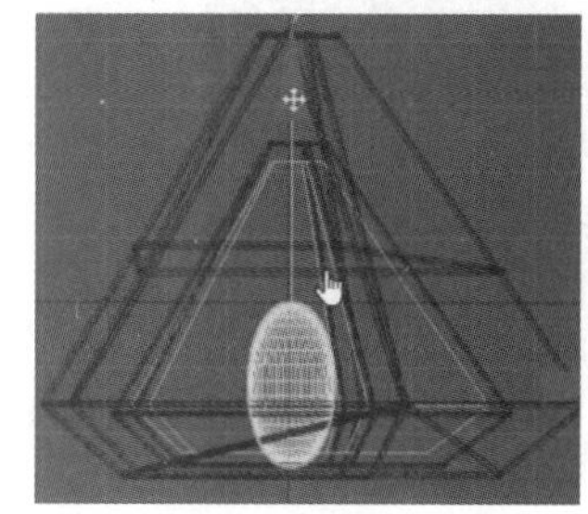

图 5.27　制作灯泡造型

步骤 9：制作灯杆。按“F”键切换至前视图，将灯泡移动到灯罩下露出一点的位置；按“T”键回到顶视图，点击“圆柱体”，在中间的洞中绘制圆柱体；对齐对象的中心至灯泡上，向上延长该圆柱体的长度，并调整其粗细，如图 5.28 所示。

步骤 10：制作灯盘。在“扩展基本体”中选择“切角圆柱体”，绘制带倒角的圆柱体，修改参数，增加分段使侧面圆滑，再按“W”键把圆柱体向上平移至整个对象的顶部，选择对齐命令将圆盘放置到中心位置与灯对齐，如图 5.29 所示。

步骤 11：制作完成。在圆盘上添加“切角圆柱体”，勾选“自动栅格”，沿着圆盘对象创建切角圆柱体，修改对象的参数，增加其圆角和圆角分段，将其向上平移到合适的位置，再将其复制到另一边，然后把对象全部改为黑色，最后将各个部位对齐即可，如图 5.30 所示。

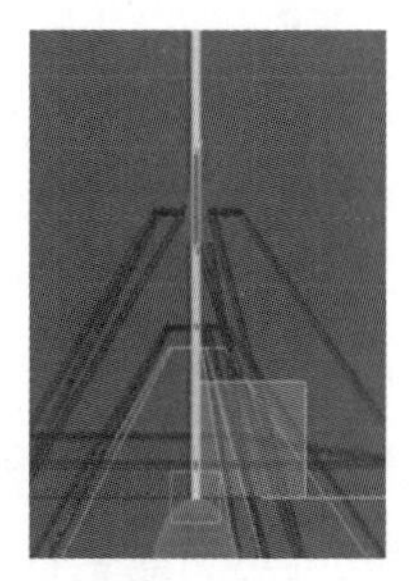

图 5.28　制作灯杆

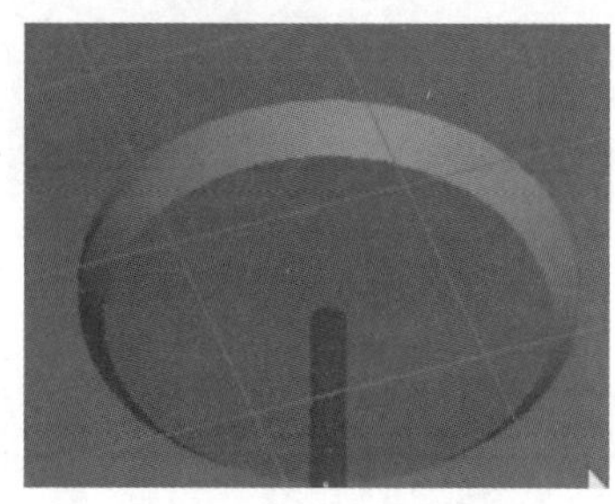

图 5.29　制作灯盘

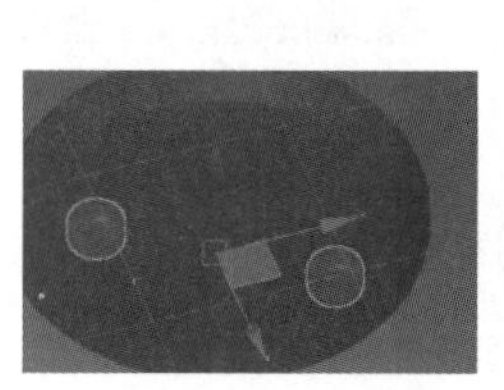
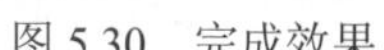

图 5.30　完成效果

【小结】 本实验介绍了“晶格”命令，并通过制作灯具进一步熟悉多项基础操作的使用，以及所绘制的线条在不同空间上捕捉命令的使用。

实验 5.4　制作垃圾桶 

【概述】 利用参数化修改器的“车削”和“晶格”命令可以制作日常生活中常见的物体，

如垃圾桶。针对不同的情况使用不同的命令进行编辑，可以提高建模的工作效率，达到特定的设计目的。

【知识要点】 掌握参数化修改器的“车削”“晶格”命令的运用，熟悉 3ds Max“晶格”命令和样条线细化命令的结合运用。

图 5.31 绘制垃圾桶轮廓线条

【操作步骤】

步骤 1：绘制垃圾桶轮廓线条。首先创建文件，打开一个场景，按快捷键“F”切换至前视图，选择“线”，绘制线条，完成垃圾桶的一半造型，勾选“插值”中的“自适应”，如图 5.31 所示。

步骤 2：添加车削。选择线条，单击“修改器列表”中的“车削”，在“车削”中选择“最大”，完成对象基本外形的制作。按“F3”键显示网格，调整物体的分段数，一定要注意一下分段数的疏密，它决定着后面晶格的形状。勾选“参数”中的“焊接内核”，将垃圾桶的底部中间部位封闭起来。添加车削如图 5.32 所示。

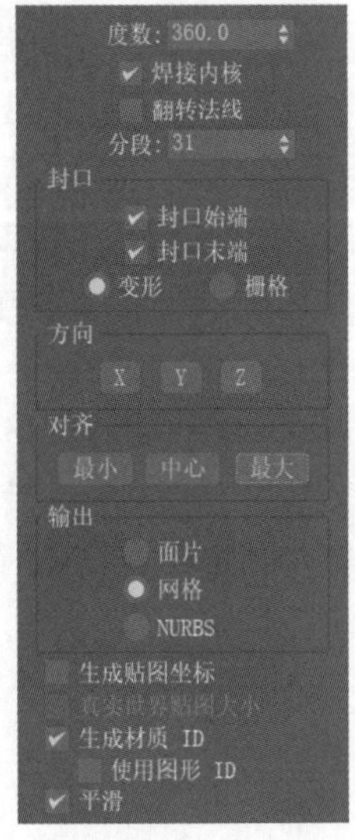

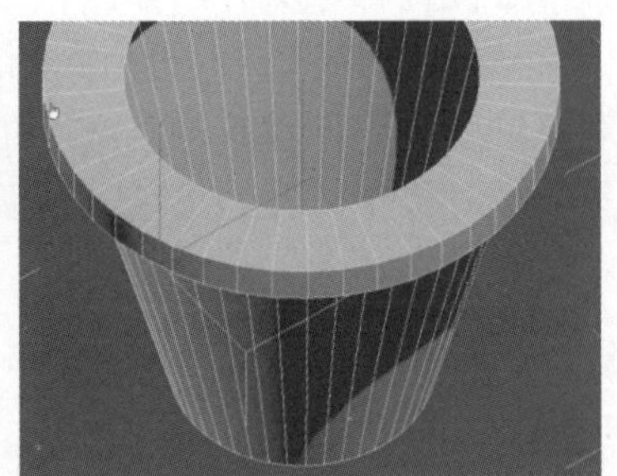

图 5.32 添加车削

步骤 3：优化图形。创建好之后，可以边调整样条线，边观察车削后的图形；点击“样条线”中的“顶点”模式，选择“显示最终结果”；点击“圆角”，对垃圾桶的边角进行圆角处理，并且继续通过点调整垃圾桶的外形；还可以使用移动命令对点进行移动，用鼠标右键点击“平滑”做出平滑效果。优化图形如图 5.33 所示。

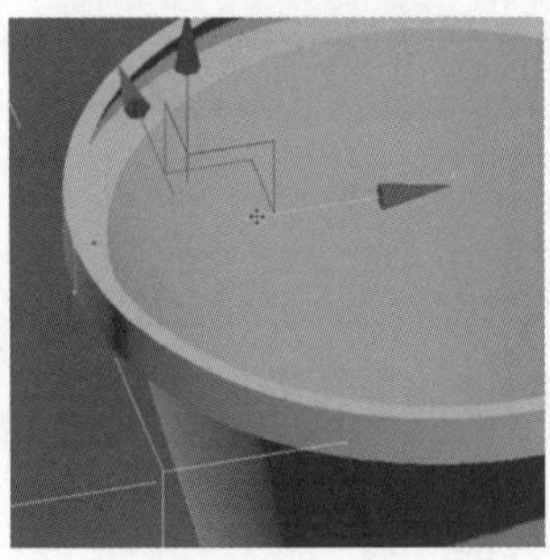

图 5.33 优化图形

步骤 4：添加晶格。单击“修改器列表”，选择“参数化修改器”，运用“晶格”命令制作垃圾桶的网状部分，勾选“仅来自边的支柱”，调整半径、分段，如图 5.34 所示。

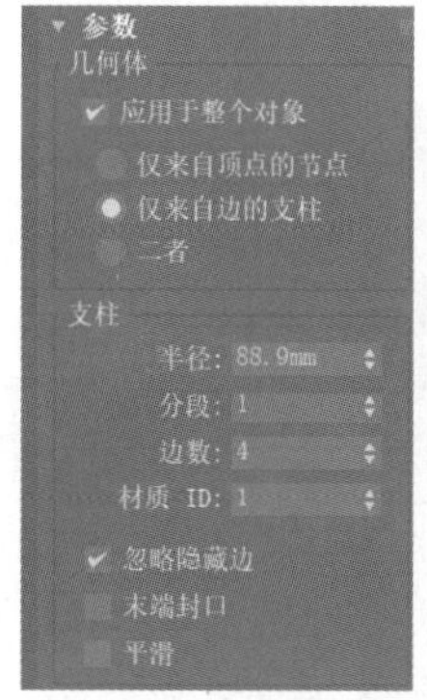

图 5.34　添加晶格

步骤 5：调整细化线条。添加横向的密度，回到样条线层级。点击“样条线”中的“顶点”模式，选择“显示最终结果”，就可以看到原来的线。用鼠标右键点击垃圾桶中间部分，选择“细化”命令，然后点击所画的线条，进行加点，加一点就加一圈段数。可同时对线的形状进行修改。调整细化线条如图 5.35 所示。

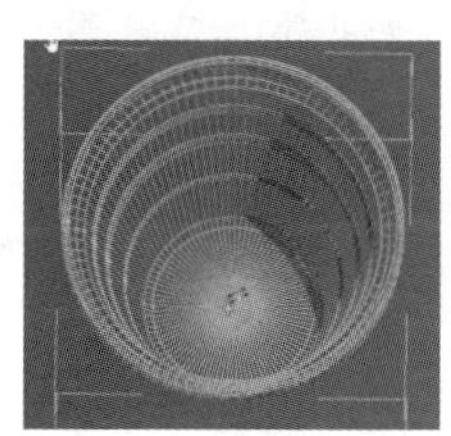

图 5.35　调整细化线条

【小结】 本实验通过“车削”和“晶格”命令创建的模型，介绍如何利用“车削”和“晶格”命令编辑出不同的效果，并使读者逐渐掌握这些命令的应用技巧。需要知道的是，使用“晶格”的前提条件是模型上有分段线，在本实验中，先利用“车削”命令将画好的线段旋转成型，然后调整物体的分段数，再进行晶格化。完成晶格后，对于结构部分还可以通过线段的细化命令，进行密度调整。

实验 5.5　噪 波 修 改 器

【概述】“噪波”修改器是一种能使物体表面突起、破碎的工具，一般用来创建地面、山脉和水面波纹等表面不平整的场景。

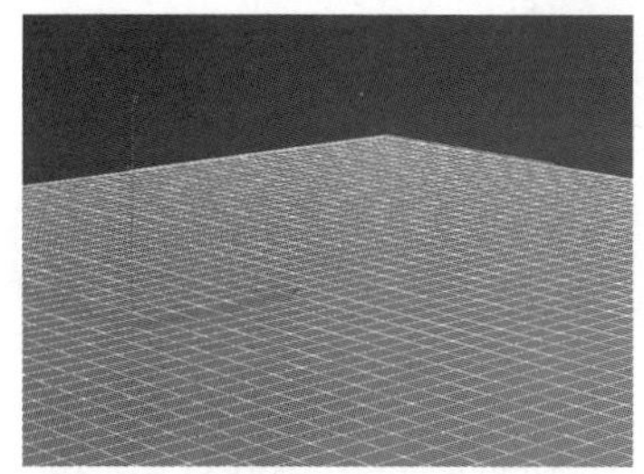

图 5.36　创建平面

【知识要点】 掌握“噪波”修改器的参数调整方法。

【操作步骤】

步骤 1：创建平面。文件重置，打开一个场景，点击“标准基本体”中的“平面”，并在场景中单击放置，在“参数”中修改平面的长、宽、分段，按“F4”键显示网格，如图 5.36 所示。

步骤 2：添加噪波。点击“修改器列表”中的“噪波”

噪波，修改参数中“Z”的数值，就会发生扭曲变化。“Z”的数值越大，平面起伏就越大。然后调整比例的参数，回到“噪波”层级，完成噪波的添加。添加噪波如图 5.37 所示。

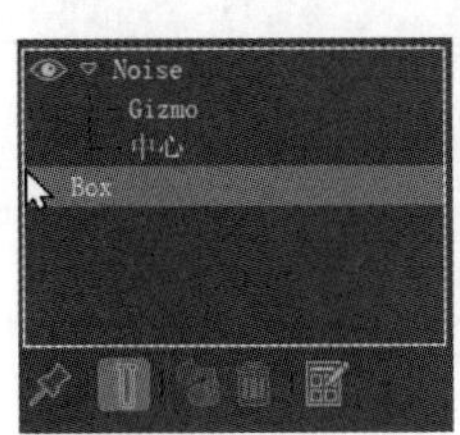

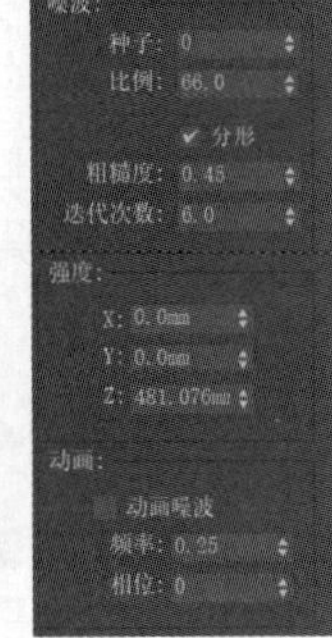

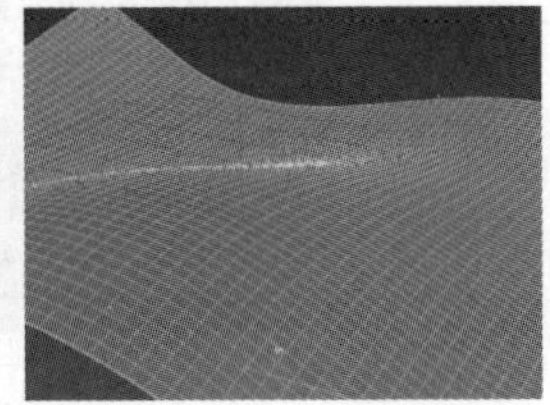
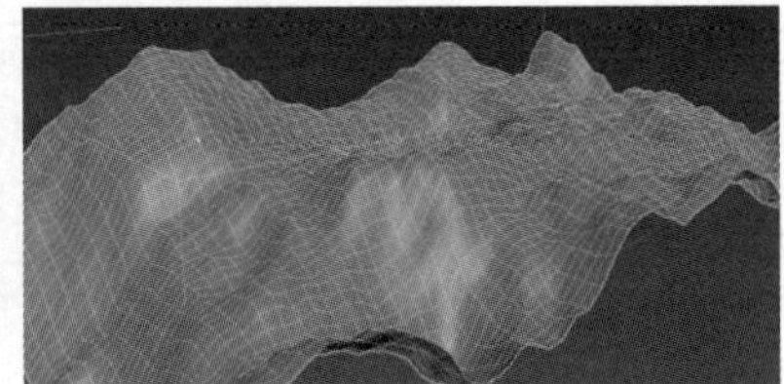

图 5.37　添加噪波

> ⚠ “比例”的数值用于设置噪波的影响范围。值越大，产生的效果越平缓；值越小，产生的效果越尖锐。“种子”的数值用于改变使平面随机变化的形状。“分形”用于得到更为复杂的噪波效果。“粗糙度”用于改变平面的起伏凹凸和高度，使平面具有山峰的形状。“粗糙度”用于设置表面起伏的程度，值越大，起伏就越厉害，表面也就越粗糙。粗糙度和分段联系在一起，长度分段越高，表面越平滑，衔接越自然，需要细腻则需要修改“分段”。“强度”用于控制 X、Y、Z 三个轴向对物体噪波强度的影响，值越大，噪波越剧烈。

步骤 3：复制制作远山。如果需要另一个噪波，可以按“W”键，按住“Shift”键向右移动，使用复制命令，得到复制的图形，以作为远山的效果。远山不需要太多迭代和复杂度，通过对“修改”参数中“长度分段”和“宽度分段”的修改，使图形不要太复杂；并且将长度、宽度的数值增大，使图形变大，将图形移到远方，作为远山效果。通过对“修改”参数中“种子”数值的修改，改变形状样式，修改颜色，通过缩放命令调整图形并摆放。选择合适的角度观察，以保证画面和谐舒适。复制制作远山如图 5.38 所示。

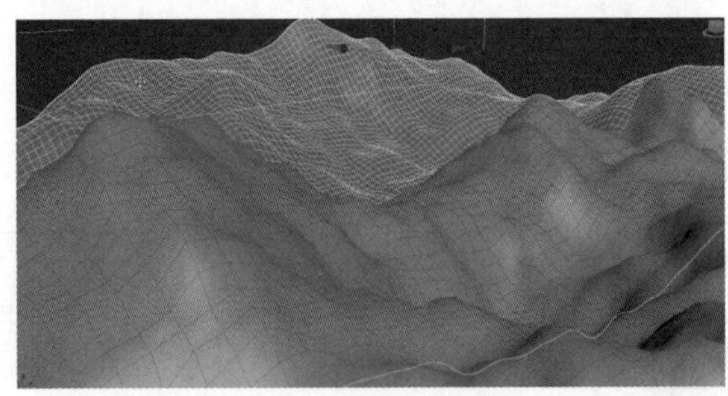

图 5.38　复制制作远山

步骤 4：复制制作水面。山峰制作完成后，再次按“W”键，按住“Shift”键复制对象，制作水的效果。将水的颜色更改至深色，按“F4”键关掉网格显示。修改水对象“参数”中“强度→Z”轴的数值，修改对象的高度，使其成为水平面，将水对象向下移动。修改“参数”中“比例”的数值，以体现水波的效果，数值越大，呈现出的波浪越大。再将“Z”的数值改小，使波浪起伏变小。回到“噪波”中，开启“动画噪波”，可以播放波浪流动的效果。复制制作水面如图 5.39 所示。

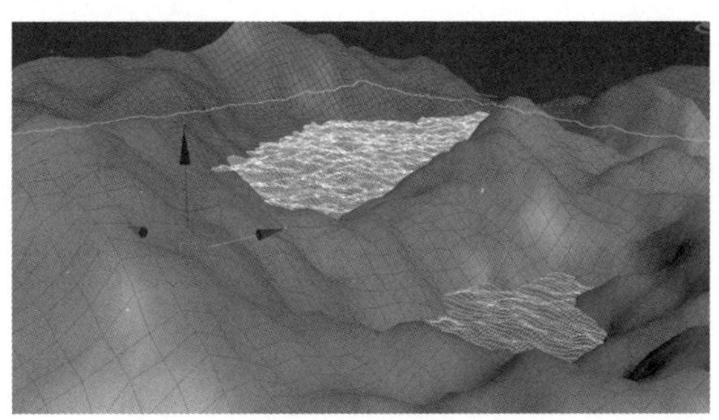

图 5.39　复制制作水面

【小结】 本实验介绍了“噪波”修改器的运用，以使读者掌握运用平面对象制作远山和水面的方法，理解其中的比例、粗糙度以及 X、Y、Z 数值之间的关系。

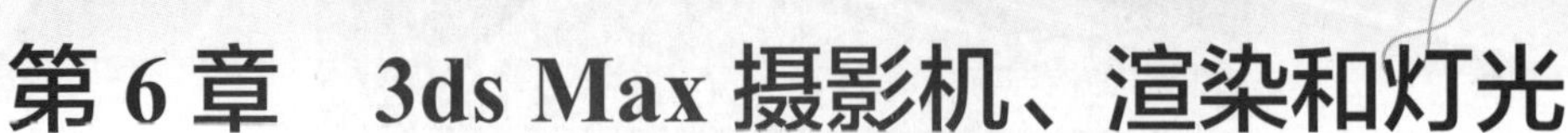

第 6 章　3ds Max 摄影机、渲染和灯光

实验 6.1　摄 影 机 设 置

【概述】 摄影机是场景中不可缺少的组成单位，静态、动态图像都要在摄影机视图中显示。3ds Max 中的摄影机分为目标摄影机和自由摄影机两类。目标摄影机可以用来查看所放置的目标周围的区域，它比自由摄影机更容易定向，只需确定摄影机位置再拖动目标点即可。3ds Max 中的摄影机拥有超过现实摄影机的能力。更换镜头可以在瞬间完成，无级变焦更是真实摄影机所无法比拟的。

【知识要点】 掌握摄影机的创建、摄影机视图的查看、摄影机位置和镜头的调整，以及让摄影机剪切平面透过物体的方法。

【操作步骤】

步骤 1：创建摄影机。先打开一个场景，要想让该场景具有真实的渲染效果，就需要设置摄影机。默认情况下，无论在前视图、顶视图，还是透视图中实际上都不是用户眼中所看到的真实的效果。在透视图中调好角度，按快捷键“Ctrl+C”，可切换到摄影机视图，匹配的视图必须是透视图。摄影机创建摄影机如图 6.1 所示。

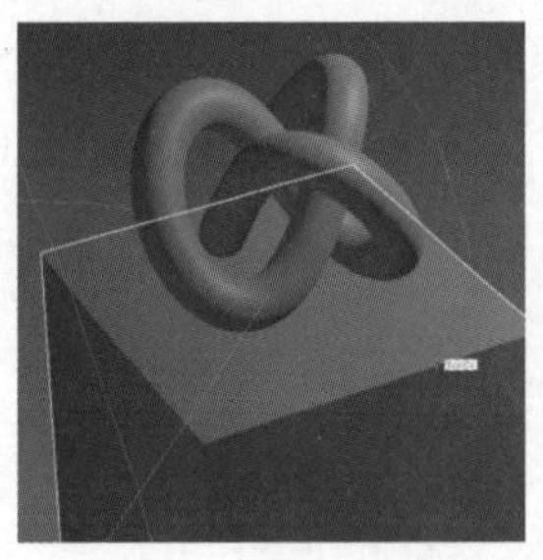

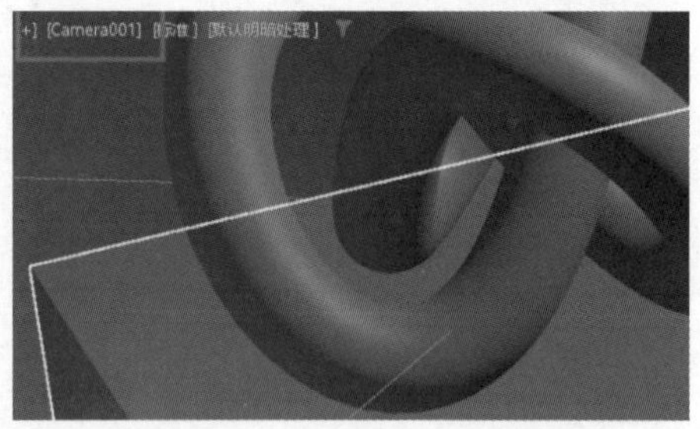

图 6.1　创建摄影机

⚠ 创建摄影机的方法有两种：一是执行菜单中的“创建→摄影机”命令，在弹出的子菜单中选择相应的命令来创建摄影机；二是点击 + → ■ → 目标 ，然后通过单击“目标”或“自由”按钮来创建相应的摄影机。目标摄影机有一个目标点和一个视点。一般把摄影机所处的位置称为视点，把目标所处的位置称为目标点。可以通过调整目标点或者视点来调整观察方向，也可以在目标点和视点确定后同时调整它们。目标摄影机多用于观察目标点附近的场景对象，比较容易定位；自由摄影机的方向能够随路径的变化而自由变化，可以无约束地移动和定向。

步骤 2：观察摄影机。按快捷键“Alt+W”，可通过如图 6.2 所示的视图角度来观察在透视图上可以看到图标，这就是摄影机。

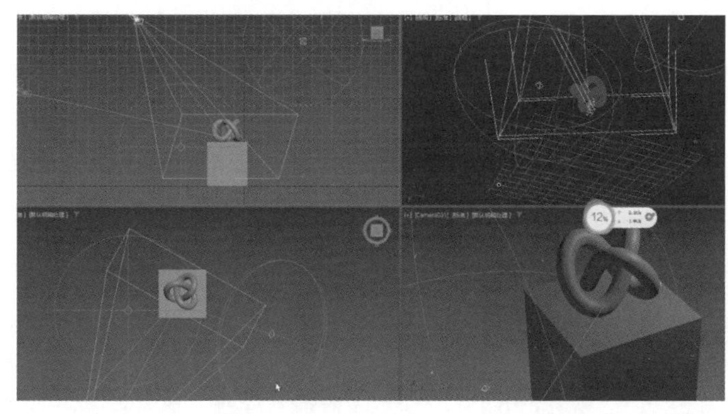
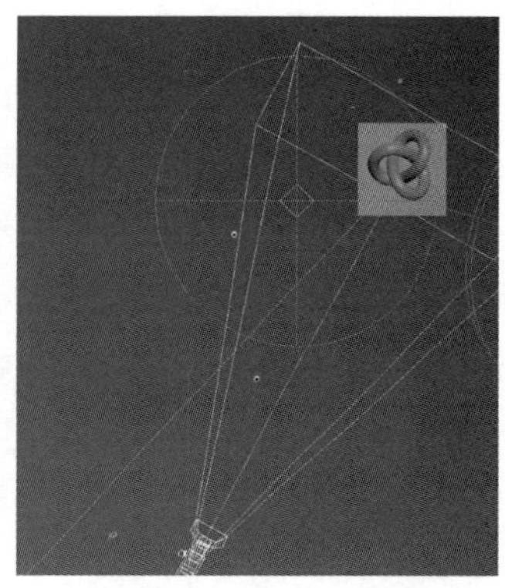

图 6.2　观察摄影机

步骤 3：调整目标点和观察点。选择摄影机在其他视图上，用移动命令来调整它，摄影机图标就相当于用户眼睛的位置，另一端就是目标位置。如果选择目标点和观察点的中间连线来选择整个摄影机，就可以看到两个点：一个是目标点，另一个是观察点。可以同时选中两个来移动整个摄影机，也可以单独选中一个来改变摄影机的观察位置，如图 6.3 所示。

步骤 4：使用摄影机对齐工具。选择摄影机，然后按“对齐”工具，在扩展工具栏中选择“对齐摄影机工具”；将鼠标移动到对象上，按下鼠标左键并拖动鼠标，这时在对象的表面会出现蓝色的直线，拖动鼠标到希望对齐的表面上并松开鼠标左键，这样摄影机就与所选的对象表面的法线方向对齐了，如图 6.4 所示。

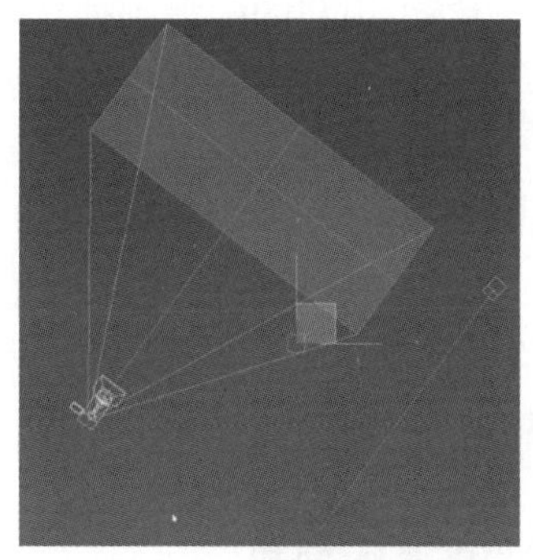

图 6.3　调整摄影机位置

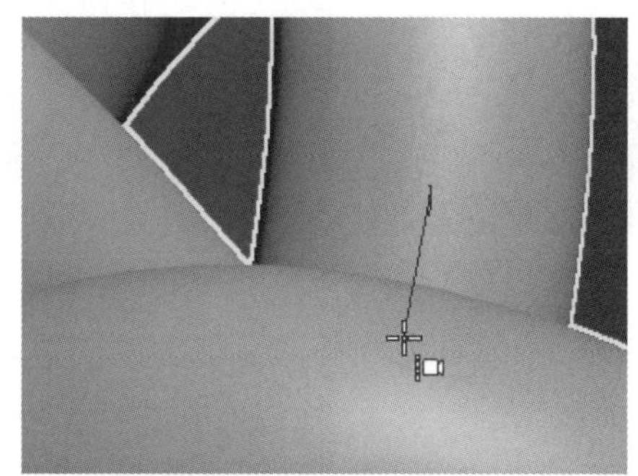

图 6.4　对齐摄影机

步骤 5：使用选择过滤器。在顶视图上，目标点确定以后，就可以调整摄影机的位置。目标点距离观察点远或近都没关系。在主工具栏中的“全部”全部中选择C-摄影机，这时其他选项都选不到，只能选择摄影机，如图 6.5 所示。然后来调整目标点，可以是手动调整，也可以通过视图来调整。

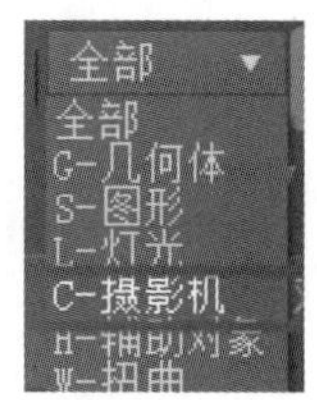

图 6.5　使用选择过滤器

步骤 6：复制摄影机并设置隐藏。可以设置多个摄影机，也可以重新创建一个摄影机然后进行复制，此时不要选择实例复制。那么调出时就会出现两个摄影机，可以从两个角度来观察对象。选中摄影机图标，按“C”键就可以切换到摄影机视图角度来观察；按快捷键“Shift+C”可以隐藏摄影机，也可以通过鼠标右键选择“隐藏选定对象”来隐藏摄影机，如图 6.6 所示。

步骤 7：调整镜头。要实现对摄影机精细的调整，需要对摄影机的一些参数进行设置修改。可以通过调整镜头的大小、角度以及视野的角度来调整所观察的对象，找到最好的观察角度；可以通过镜头的位置也就是摄影机所照射的范围，调整镜头值控制与目标对象的距离；可以改变摄影机视野的垂直、水平、正交方式，再调整视野的角度，达到设置摄影机查看区域视野宽度的目的，也可以采用备用镜头进行数值选择。调整镜头如图 6.7 所示。

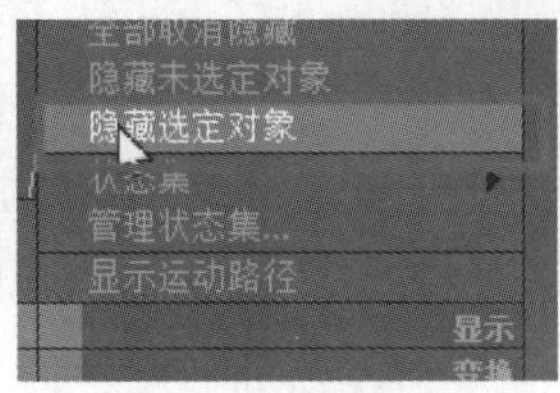

图 6.6 复制摄影机并设置隐藏

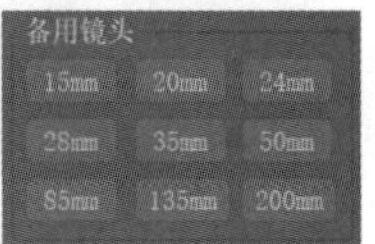

图 6.7 调整镜头

⚠ 焦距：镜头与感光表面之间的距离。视野：用来控制场景可见范围的大小。

步骤 8：剪切平面。如果镜头前有物体，那么在被挡住的特殊情况下，只有打开“剪切平面”，才能观察对象的剪切效果。3d Max 中的摄影机具有穿透功能，而现实中的摄影机则不可能。打开“剪切平面”，勾选“手动剪切”，然后调整其近距剪切、远距剪切，即可实现穿透功能，如图 6.8 所示。

剪切平面

✔ 手动剪切

近距剪切: 124.96

远距剪切: 285.6

图 6.8 剪切平面

步骤 9：制作动画。用摄影机来制作动画，就相当于用户的眼睛到处看。点击进行时间配置，可以对帧速率、时间显示、速度、方向、动画关键点步幅等进行调整。同时，可以配合视图调整远近，打开“自动关键帧”调整其关键帧，还可以调整所需的角度。制作动画如图 6.9 所示。

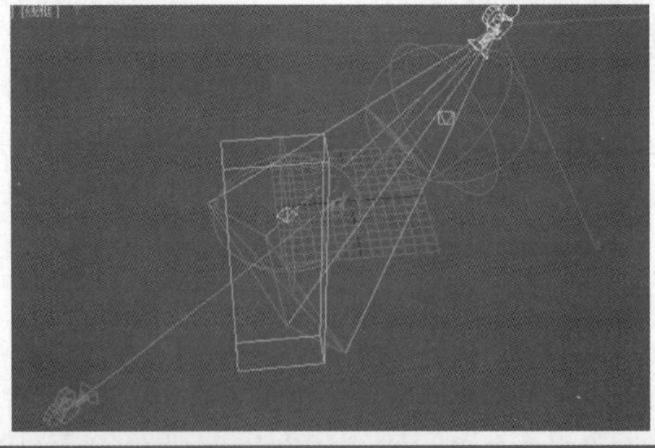

图 6.9 制作动画

⚠ 制作动画时，摄影机及其目标点都可以设置为动画，即将它们连接到虚拟物体上，通过虚拟物体进行动画设置，从而完成摄影机的动画设置。自由摄影机用于观察摄影机方向的场景内容，多用于制作轨迹动画、室内外装潢的漫游动画。

步骤 10：设置安全框。在激活视图的视图名称下单击鼠标右键，在弹出的快捷菜单中选择“显示安全框”命令，这样在画面中看到的区域即为安全操作区域，其快捷键为“Shift+F”，如图 6.10 所示。在 3ds Max 之中，安全框里的显示范围才是渲染出图的显示范围。其中，安全框分为动作安全区、标题安全区、用户安全区三类。

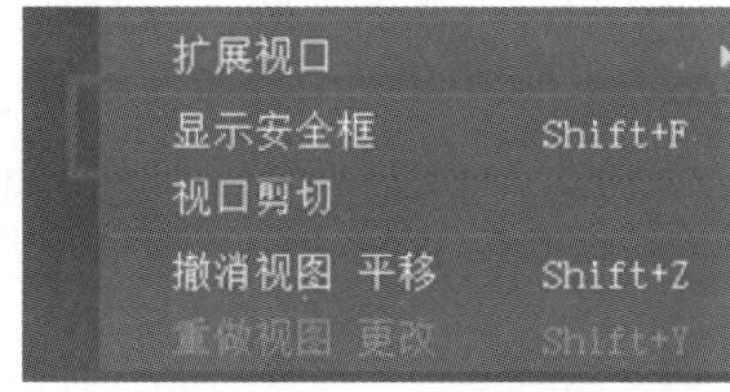

图 6.10　设置安全框

步骤 11：修改渲染尺寸。在渲染公用参数里提供了一些渲染尺寸的大小，也预制了一些视频输出的尺寸。可以通过“自定义”修改渲染尺寸，按“像素纵横比”锁定其比例关系，特别是在建模阶段，若只需观察大致效果，则无须将其设置得太大，因为图片越小，渲染速度越快。可以通过设置来改变纸张大小以及长宽比例，也可以通过自定义去修改这些对象的尺寸。修改渲染尺寸如图 6.11 所示。

⚠ 渲染是指将所设计的内容利用软件的渲染器制作成最终效果图或者动画的过程。渲染是在前期制作的基础上呈现出好的最终产品。3ds Max 可以使用几种不同的渲染引擎，也可以使用外部插件渲染器或者专用的渲染工具等。进入“渲染设置”对话框的方法有两种：一种是执行菜单中的“渲染→渲染”命令；另一种是单击工具栏中的按钮。渲染就是依据所指定的材质、所使用的灯光以及背景与大气环境的设置，将在场景中创建的几何实体显示出来。如果只是工业模型而不需要动画的话，可以采用单帧渲染；如果需要整个产品或渲染 AVI 文件或者图像的序列文件的话，就要勾选“时间范围”，即从第几帧到第几帧，也可以输入需要的某一帧。

步骤 12：设置摄影机渲染区域。不仅可以对摄影机视图进行渲染，也可以对其他几个视图进行渲染。例如，选择相应的视图，并点击“渲染”按钮或按“F9”键，除对顶视图或者前视图等进行有选择性地渲染，还可以选择要渲染的区域，如视图、选定、区域、裁剪、放大等。在渲染帧窗口也可以要选择渲染的区域。设置摄影机渲染区域如图 6.12 所示。

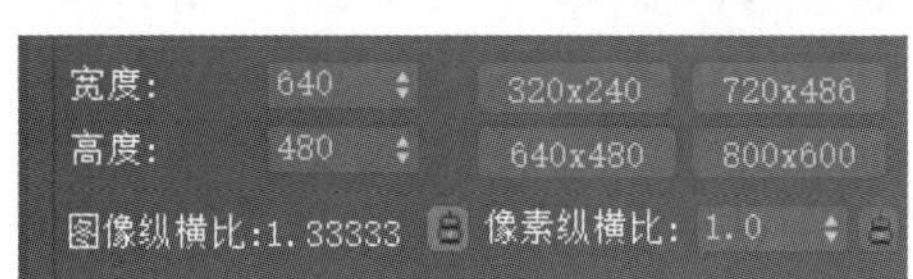

图 6.11　修改渲染尺寸

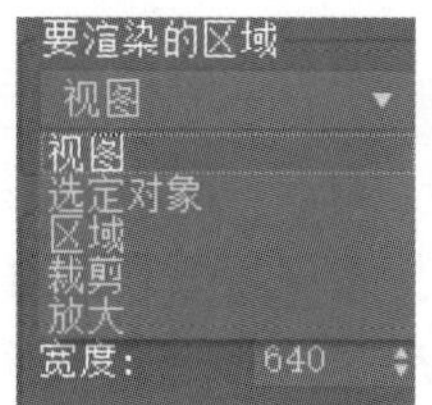

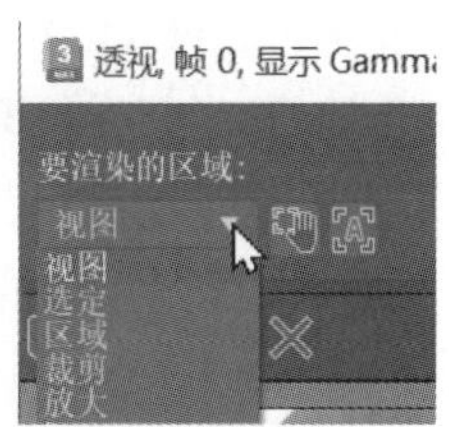

图 6.12　设置摄影机渲染区域

【小结】 本实验介绍了摄影机的基本使用方法和基本参数的调整，同时结合渲染的相关命令，讲解了摄影机所涉及的相关工具，以取得相应的视图效果。

实验 6.2 泛光灯室内打光

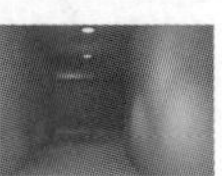

【概述】 在三维模型制作中，要完成许多真实而丰富多彩的场景，不仅需要建模、材质和贴图，还需要灯光、摄影机、环境和渲染的综合应用。有了光照和阴影的对比，才能使物品具有立体感。同时，光对环境的表现也起着非常重要的影响，可以烘托出物体的氛围。泛光灯是 3ds Max 众多灯光中最基本的一种，它是从一个点开始向四周扩散的光源，类似于现实中的灯泡。单个投射阴影的泛光灯等同于六个投射阴影的聚光灯，是较好的大面积照明工具。大多数灯光都是由泛光灯源所模拟的，使用起来非常方便。

【知识要点】 学会创建和调整泛光灯，理解灯光类型的不同和基本照明原理；掌握灯光参数的调整方法。

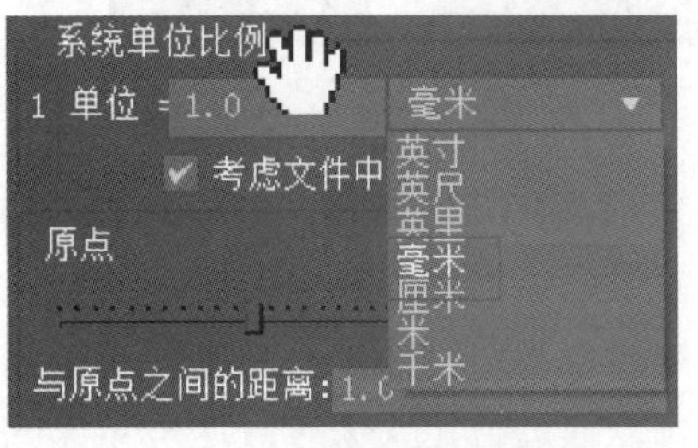

图 6.13 设置场景单位

【操作步骤】

步骤 1：设置场景单位。本实验所用的是已经创建好的简单室内场景，在菜单栏的“自定义”中，将场景单位和系统单位设置成毫米，如图 6.13 所示。

步骤 2：设置场景材质。按“F10”键，将渲染器设置为扫描线渲染器，按“M”键打开材质对话框，设置为标准材质，颜色改为灰色，如图 6.14 所示。

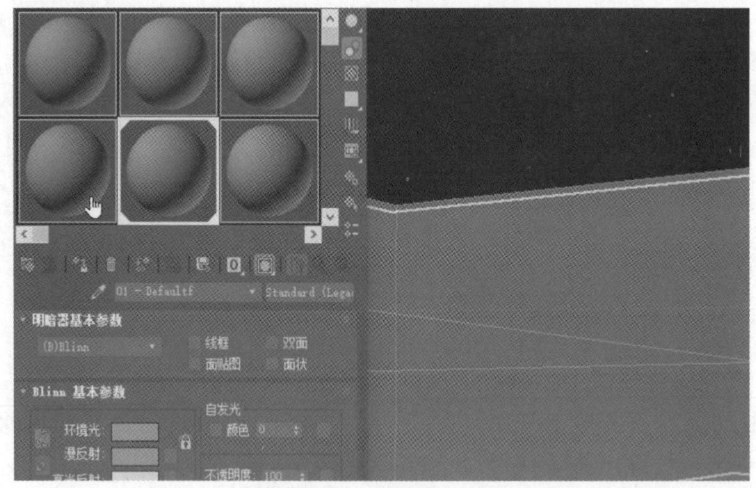

图 6.14 设置场景材质

步骤 3：创建摄影机并调整镜头和视野。在右边工具栏中找到“摄影机”，选择目标，回到顶视图。创建目标摄影机，并将摄影机位置抬高一些，然后按“C”键切换到摄影机视图。回到顶视图，选择摄影机，按住“Shift”键，将其复制三个。接着切换到透视图，选择摄影机，依次调整每个摄影机的位置、镜头和视野。创建摄影机并调整镜头和视野如图 6.15 所示。

步骤 4：创建泛光灯。切换到顶视图，在工具栏中找到“灯光”，把“修改器列表”中的“光学度”改为“标准”，找到并选择“泛光灯”，点击创建一个泛光灯；在顶视图上按“F3”键，在房间的正中央放置一个泛光灯；按“F”键在前面图上移到接近于吊顶的正上方位置，按“C”键切换到摄影机视图。先预览一下，按快捷键“Shift+Q”或“F9”键进行渲染，由于尚未调整灯光的参数，因此离灯光很近的地方曝光过度。创建泛光灯如图 6.16 所示。

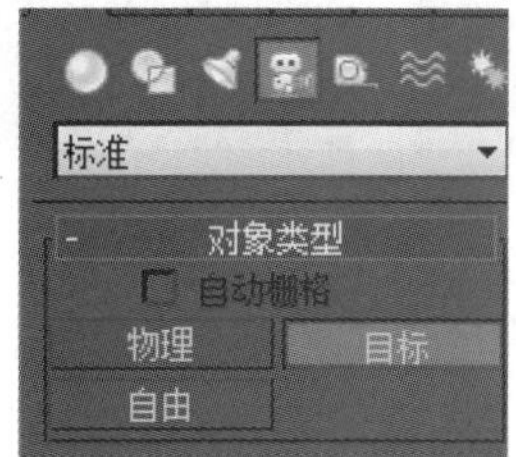

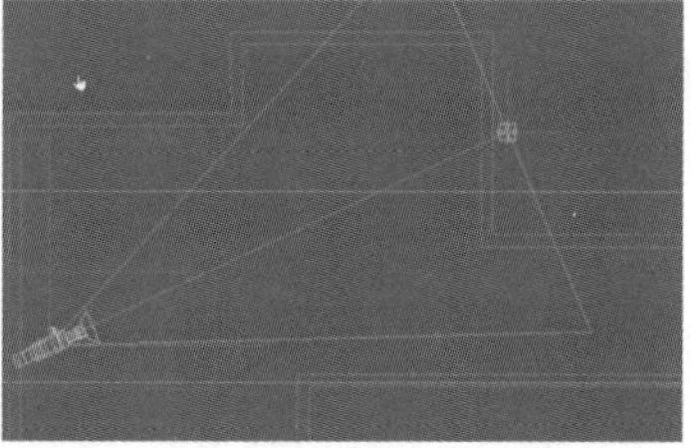

图 6.15　创建摄影机并调整镜头和视野

图 6.16　创建泛光灯

⚠ 每次启动或重置 3ds Max 后，虽然泛光灯没有在场景中创建任何灯光，但是可以看到所创建的对象，这是因为场景中有默认的灯光在起作用。一旦在场景中创建了灯光，默认的灯光就消失了（即使关闭了创建的灯光）。如果将场景中的灯光全部删除，默认的灯光又会重新启动。

步骤 5：调整泛光灯参数。调整灯光的强度、颜色、衰减，可将灯光的颜色改为蓝色，以感觉灯光的照射效果，当对泛光灯进行渲染时，整体环境将表现为蓝色的照明效果，如图 6.17 所示。

图 6.17　调整泛光灯参数

步骤 6：制作灯光组。衰减对环境的影响很重要。选择泛光灯，勾选“远距衰减”，调整衰减的参数值，观察效果，如图 6.18 所示。调整灯光效果时应遵循“先暗后亮”这一基本原则。调整好以后将灯用实例方式复制 5 个，创建 5 个灯光组成的阵列，就是将 5 个灯光聚在一起来照明。之所以采用实例复制，是为了当调低一盏灯光的亮度时，其他灯光同时变暗，如此这 5 个灯光就形成 1 个组，不会太亮且比较柔和。

步骤 7：调节灯光衰减。将蓝色泛光灯改为白色时，需要调整灯光的亮度，因为颜色的改变也会影响灯光的亮度，有颜色的灯光显然没有白色的灯光亮。采用灯光照明时，离灯光越近的地方越亮，这是由泛光灯的衰减值所控制的。通常情况下，要根据需要来选择泛光灯照亮的场景的位置。将 5 个灯光都选中，如果只想选灯光而不选择其他对象，可以按“H”键进行显示，也可以通过选择命令来实现。选择过滤器如图 6.19 所示。

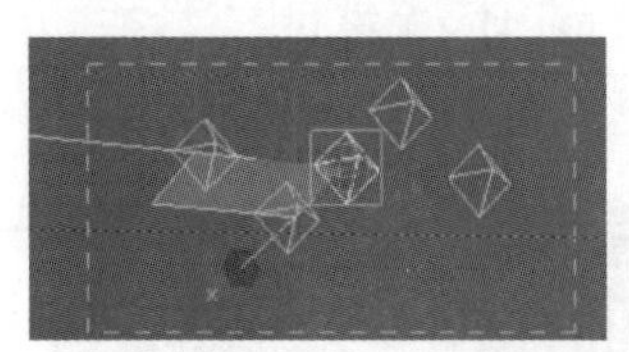

图 6.18　调整远距衰减

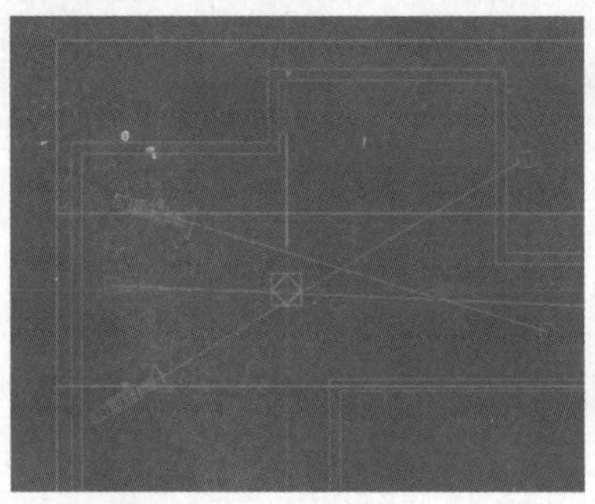
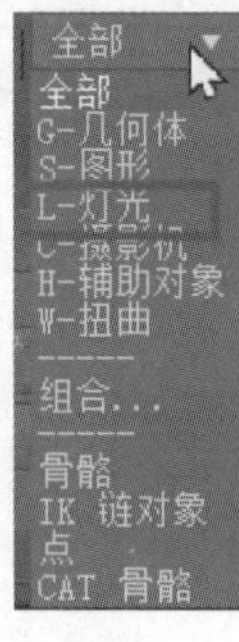

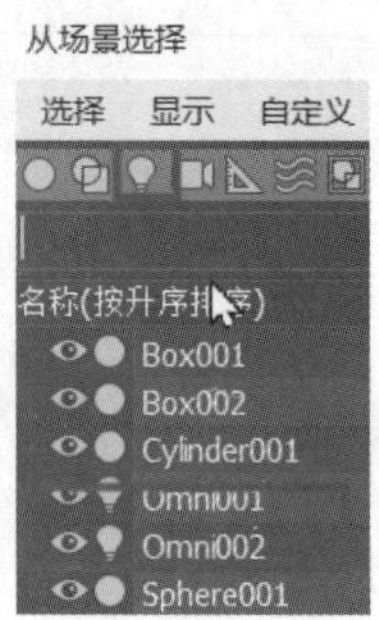

图 6.19　选择过滤器

步骤 8：制作并放置筒灯。若想在走廊放置一排筒灯，要回到顶视图，创建一个圆环，这样从侧面图上可以看到圆环的高度；再创建一个球，将其改为半球，选择半球后将其旋转调整 180°。按“A”键就可以有一定角度的旋转，默认旋转角度是 5°，然后用“缩放”命令将其压扁一点。在圆球边缘再创建一个圆环，调整位置后选择筒灯，将其移动至房间天花板位置，并且完成组装后命名为筒灯。打开“材质编辑器”调整材质参数，调整漫反射颜色，增加高光级别和光泽度，将颜色调成蓝灰色后赋予圆环。再准备纯白色的材质，然后将“自发光位置”调到 100%后赋予圆球。这样将泛光灯视作简单的灯，放置到泛光灯源的上方，从而产生筒灯的照明效果。制作并放置筒灯如图 6.20 所示。

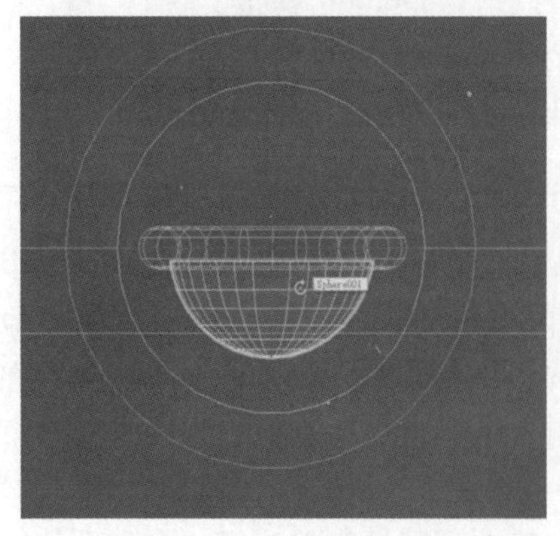
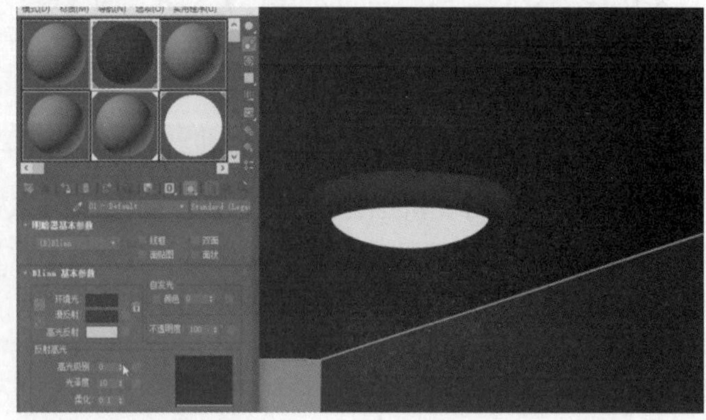

图 6.20　制作并放置筒灯

步骤 9：复制灯光并调整参数。泛光灯在六面都有照射。但是，由于将其放置在接近顶部的位置，又调整了衰减值，所以在地面附近并不是很亮。这就需要调整地面的光线。首先把泛光灯向下复制来照射地面，在灯光类型中将其改为聚光灯，它就有了向下的方向。由于该聚光灯的参数都沿用泛光灯的参数，所以需要对其参数进行修改。按鼠标右键调整光束的照射范围为 0，还可以打开“远距衰减”进行调整，增加“远距衰减”的“结束”值，让它照亮地面，同时慢慢地增加灯光的倍增值来增加灯光的亮度。复制灯光并调整参数如图 6.21 所示。

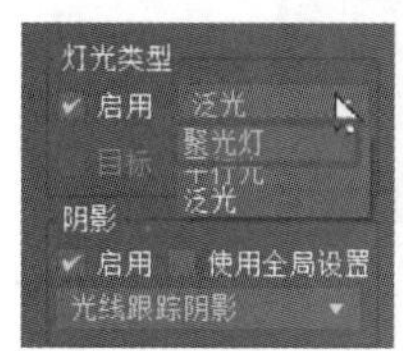

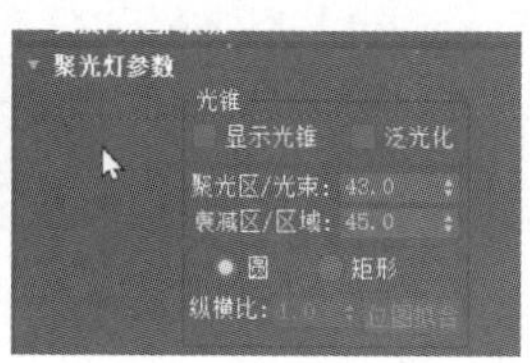

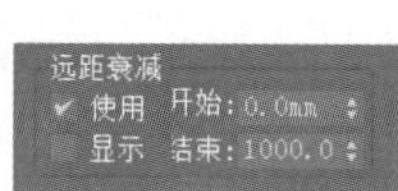

图 6.21　复制灯光并调整参数

步骤 10：设置灯光组。将泛光灯、筒灯和聚光灯组合成组，用实例方式复制 5 个，布置在走廊顶下。随便解开一个组来调整灯光的亮度，都会使整体得到调整。这样泛光灯可实现局部的整体照明，而聚光灯可以照亮地面。设置灯光组如图 6.22 所示。

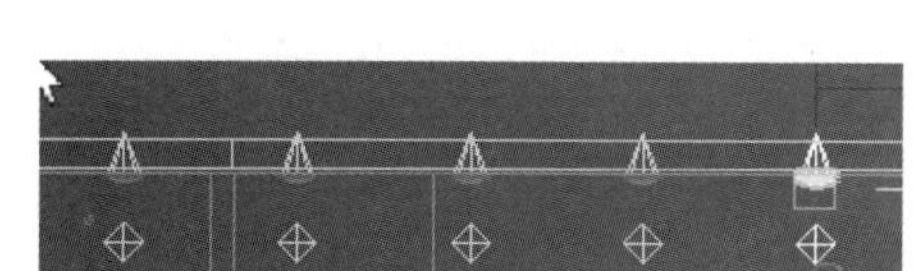
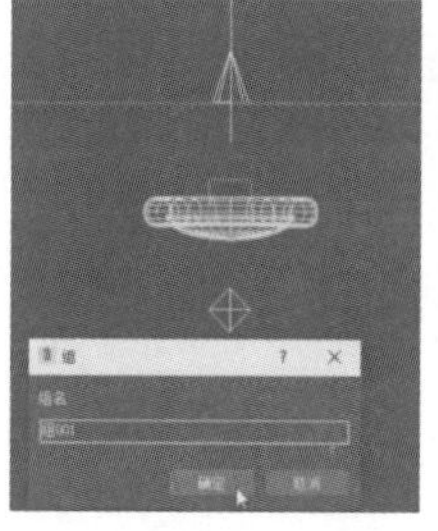

图 6.22　设置灯光组

步骤 11：改变灯光颜色。现在只要调整泛光灯的倍增值即可。要注意控制整个环境的灯光的效果。将灯光颜色换成红色的，让泛光灯和聚光灯的颜色不同，这样就能看清楚红色灯光的主体效果，如图 6.23 所示。

图 6.23　改变灯光颜色

步骤 12：设置渲染器。可以点击按钮也可以按“F10”键打开渲染器。默认的渲染器是 Arnold 渲染器，配合的材质是物理材质。如果将其改为“扫描线渲染器”，只需“渲染器”

标识处指定为“扫描线渲染器”即可，如图 6.24 所示。

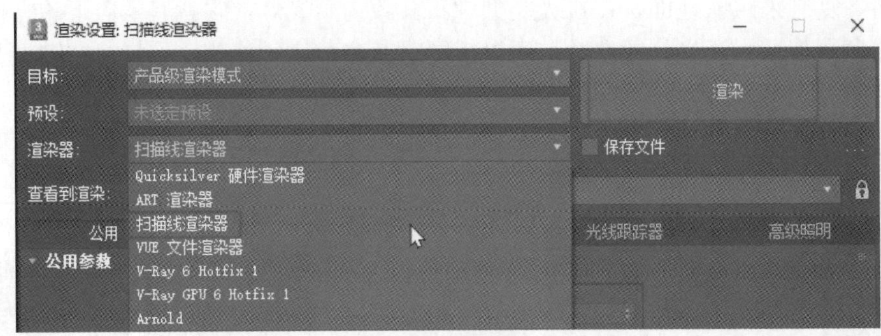

图 6.24 设置渲染器

⚠ 如果习惯使用 Vary，那么需要加装 Vary 渲染器。不同的渲染器对应不同的材质，包括修改器也会出现相应变化。安装了 Vary 渲染器后，就多了 Vary 的材质以及 Vary 的修改器。当指定以某个渲染器进行渲染时，所有的出图都是以该渲染器为标准的。但是，如果没有加载“扫描线渲染器”，而只使用 Arnold 渲染器的话，就没有“扫描线渲染器”的材质，这是读者需要注意的问题。有时会看到图像是黑的，那是因为没有指定渲染器，也就没有指定相应的材质。

步骤 13：设置输出。选择需要输出的摄影机视图，点击“渲染”按钮，或者使用快捷键“Shift+Q”，或者按“F9”键进行渲染，并在渲染帧窗口中保存图片，如图 6.25 所示。

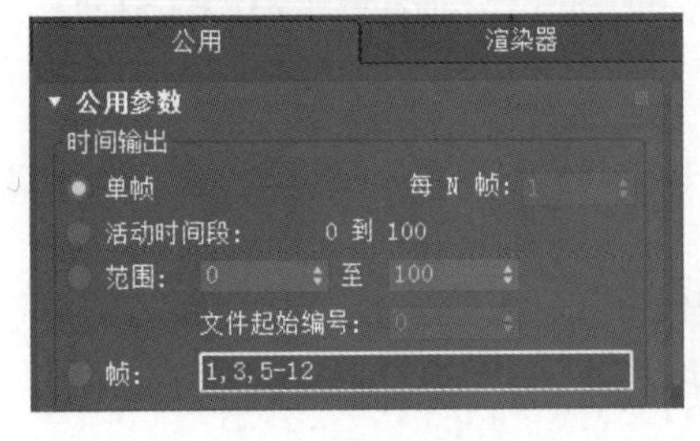

图 6.25 设置输出

【小结】 本实验介绍了如何使用泛光灯营造局部的照明效果，以及泛光灯和聚光灯的基本操作、灯光的调整等，为后续学习打下基础。

实验 6.3 目标聚光灯

【概述】 聚光灯是一种有方向和目标的灯源，它在照射时有很明确的目标点。聚光灯由聚光区和衰减区两个区域组成。聚光区是聚光灯照射范围的中心区域，特别亮。衰减区在聚光区的边缘，灯光的强度逐渐向外减弱，直至没有光线。由于其光线的特殊性，聚光灯用来烘托场景的氛围，或者强调需要照明的物体。其灯光模拟的不是光源本身，而是光源的光照效果。聚光灯能使场景变得明亮，使物体产生反射、折射、阴影等光照效果。聚光灯的最大范围接近 180°，而泛光灯则为 360°。当聚光灯对象拥有朝向的目标时，它就变为目标聚光灯。

【知识要点】 掌握目标聚光灯的创建及参数的修改。

【操作步骤】

步骤 1：设置单位。打开绘制好的场景，通过工具栏“自定义→单位设置”，将“显示单位比例”中的“公制”调整为“毫米”，如图 6.26 所示。

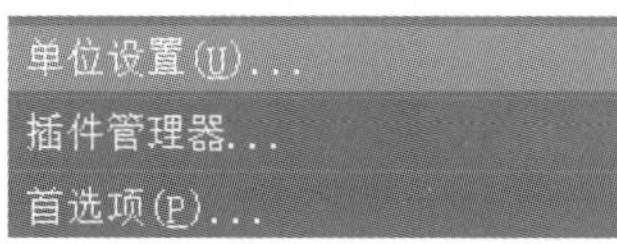

图 6.26　打开场景设置单位

步骤 2：设置渲染器。通过“渲染→渲染设置”或通过快捷键“F10”，将渲染器调整为“扫描线渲染器” 扫描线渲染器 ，如图 6.27 所示。

步骤 3：设置扫描线。打开“材质编辑器” ，或按快捷键“M”，点击“材质/贴图浏览器”，点击“扫描线”，将其设置为“标准（旧版）”并赋予整体对象“灰色基础材质”，如图 6.28 所示。

图 6.27　设置渲染器

图 6.28　设置扫描线

步骤 4：创建摄影机并修改参数。创建摄影机，设置其“类型”为“目标”，通过“修改器”修改摄影机的参数；调整到合适的视图，通过“移动”和“旋转”命令，调整摄影机的位置和角度；按快捷键“C”切换至摄影机视图，适当调整位置，如图 6.29 所示。

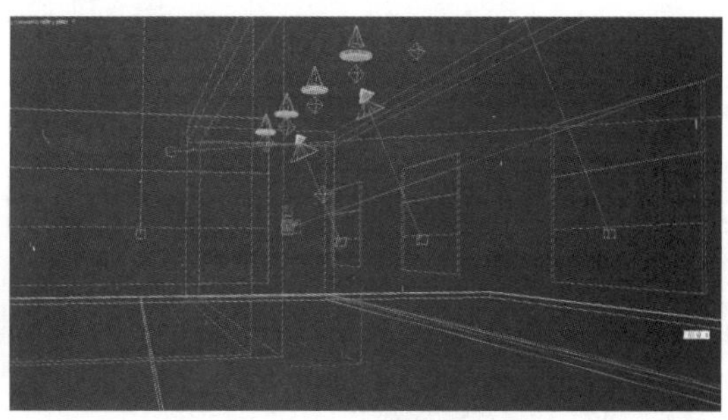

图 6.29　创建摄影机并修改参数

步骤 5：创建挂画。打开“标准基本体→长方体”，勾选“自动栅格”，在墙面上创建几个长方体作为画框，并赋予一些图案贴图，如图 6.30 所示。

图 6.30 创建挂画

步骤 6：创建目标聚光灯。通过“创建”面板添加“目标聚光灯”，同时取消勾选“自动栅格”；如图 6.31 所示。

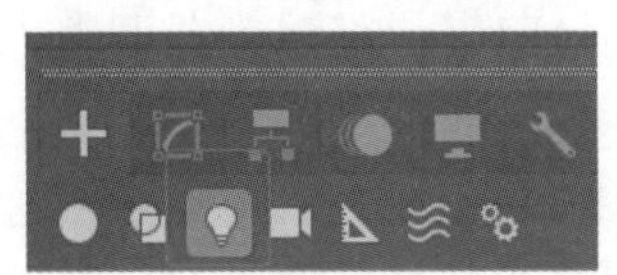

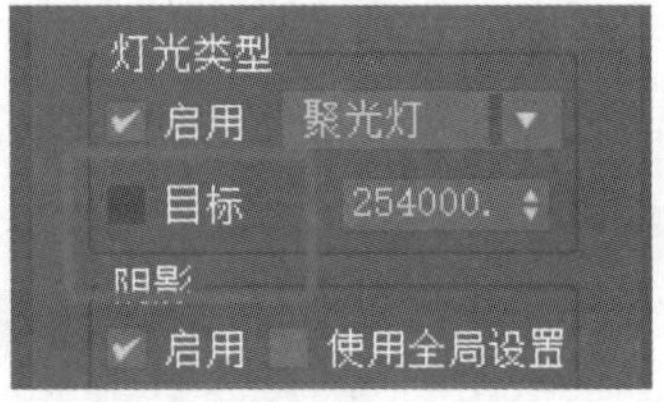

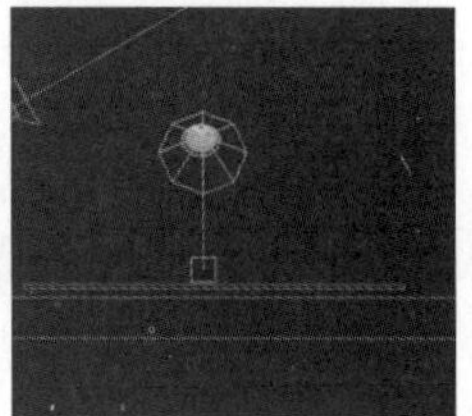

图 6.31 创建目标聚光灯

步骤 7：调整目标聚光灯。通过切换至左视图或顶视图来调整目标聚光灯的位置和角度，使其放置在合适位置，如图 6.32 所示。

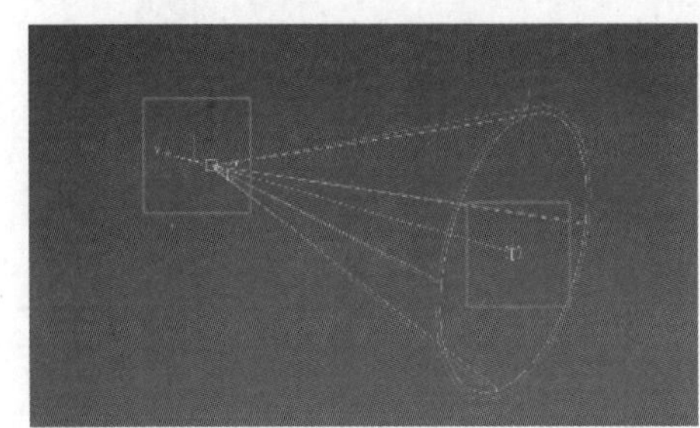
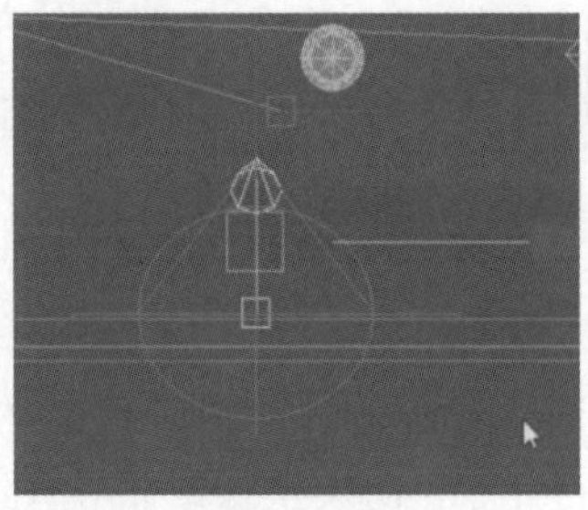
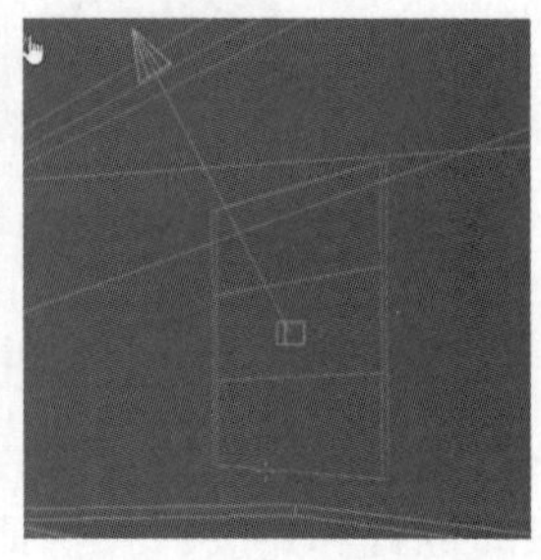

图 6.32 调整目标聚光灯

步骤 8：查看效果。按快捷键“Shift+Q”查看渲染效果，如图 6.33 所示。

图 6.33 查看效果

步骤 9：创建模拟灯并调整。创建圆锥体，再创建球体，并将其调整到合适的比例；通过快捷键“W”“E”和“T”进行移动、旋转和缩放，配合修改器调整圆锥体的大小，置于合适的位置，用来模拟聚光灯的形态，并贴上自发光的材质，如图 6.34 所示。

步骤 10：查看效果。通过快捷键“Ctrl+L”可以查看灯光的照射效果；通过快捷键“Shift+Q”可以查看渲染效果，墙面长方体“贴图”可以展现灯光效果，如图 6.35 所示。

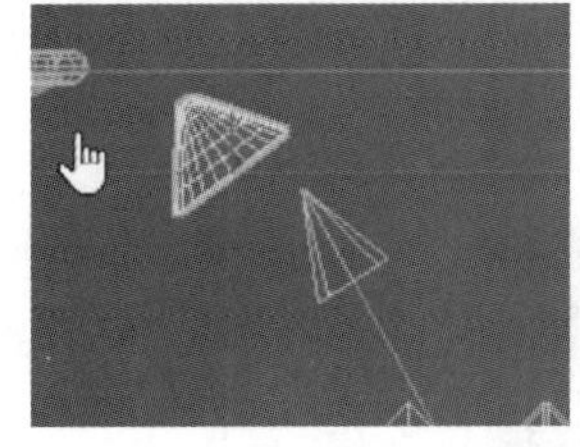
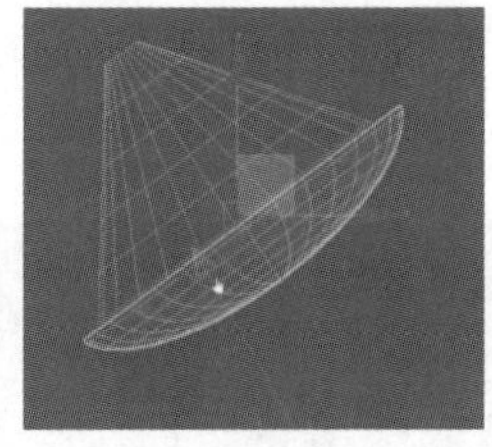
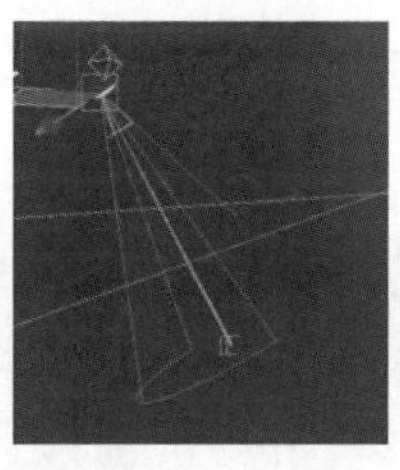
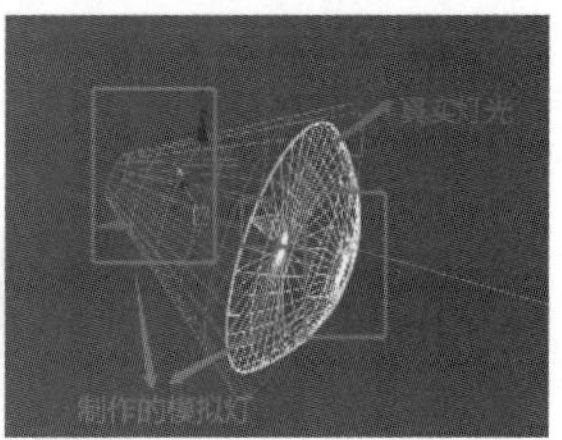

图 6.34　创建模拟灯并调整

步骤 11：设置目标聚光灯。点击灯光的“修改器列表”，点击“聚光灯参数”下拉列表中的“衰减区”，增大“衰减区/区域”数值，使聚光灯照射范围增大，如图 6.36 所示。

步骤 12：调整灯光强弱和颜色。可通过调整灯光“强度/颜色/衰减”中的“倍增”来调节灯光的强弱，可通过右侧颜色框将灯光照射颜色改为绿色。

图 6.35　查看效果

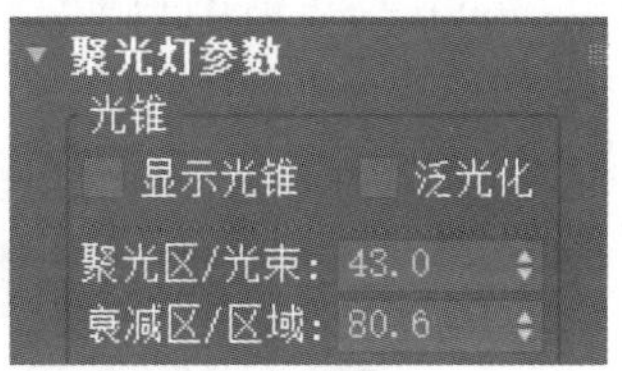

图 6.36　目标聚光灯设置

步骤 13：调整灯光衰减。调整“衰退”为“平方反比”，模拟真实世界灯光的衰退规律，灯光随之会更弱，此时需要增加灯光的强度，观察灯光效果，如图 6.37 所示。

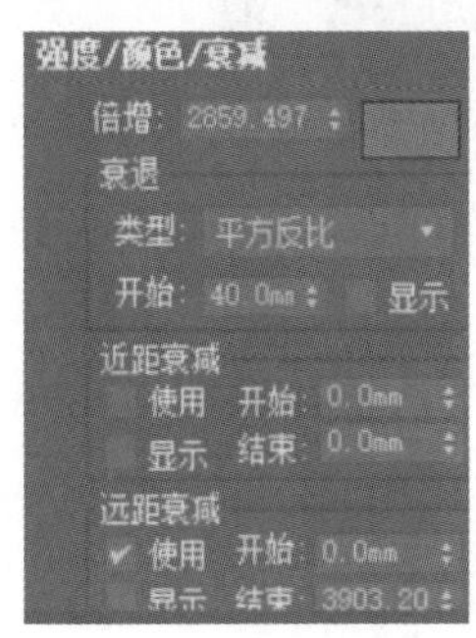

图 6.37　调整灯光衰减

步骤 14：复制灯光。通过“矩形选择区域”框选灯光，模拟灯、画等，按住“Shift”键拖动以完成适当数量的“实例复制”，如图 6.38 所示。

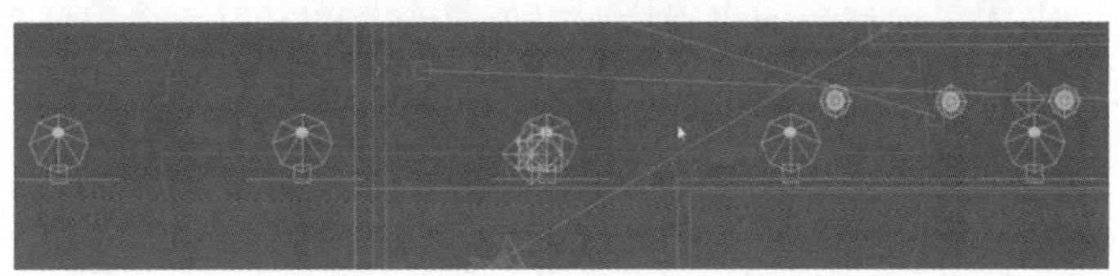

图 6.38　复制灯光

步骤 15：调整位置。通过“移动”、“旋转”命令调整位置，最终渲染效果如图 6.39 所示。

图 6.39　最终渲染效果

【小结】 本实验介绍了目标聚光灯的放置和参数调整，以使读者了解灯光在渲染中的作用，以及模拟灯的相关参数的调整。目标聚光灯只是灯光中的基础灯光，还需要进一步学习。

【拓展作业】 根据如图 6.40 所示的墙面投影效果完成拓展作业。

图 6.40　拓展作业——制作墙面投影效果

实验 6.4　平行光和体积光

【概述】 平行光主要用来模拟太阳光，对于户外场景尤其适用。体积光可以产生光柱，常用来模拟探照灯、激光光束等特殊效果。体积光是在灯光的基础上添加的一种效果，它根据灯光与大气的相互作用提供灯光效果，以此来增加场景的真实感。平行光可分为目标平行光和自由平行光。当太阳在地球表面上投影时，所有平行光都以一个方向投影平行光线。遮光物体被光源照射时，在其周围呈现的光的放射性泄漏，称为体积光。体积光让泛光灯具有更真实的感觉。

【知识要点】 学会创建和调整灯光，掌握平行光与体积光的结合运用，这是本实验中的难点和重点。

【操作步骤】

步骤 1：创建场景。文件重置，打开已制作好的场景，在场景中在合适的位置创建摄影机。创建摄影机之后，按“C”键进入房间内部，可看见摄影机的视野范围，切换至摄影机视角，如图 6.41 所示。

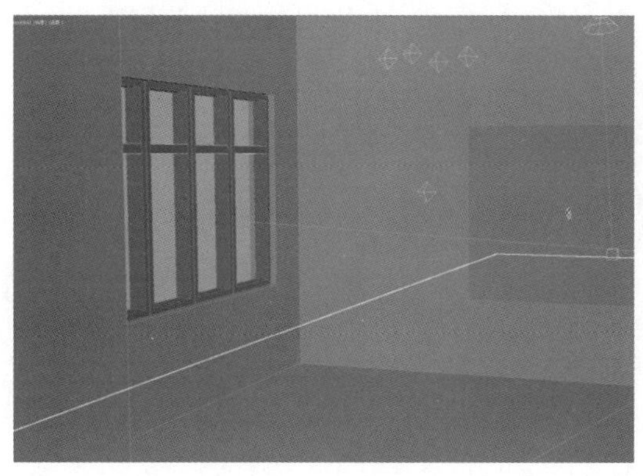

图 6.41　创建场景

步骤 2：创建目标平行光。在 3ds Max 的左视图上单击“创建→灯光→标准→目标平行光”，在左视图和顶视图中单击并拖动创建一个目标平行光，如图 6.42 所示。

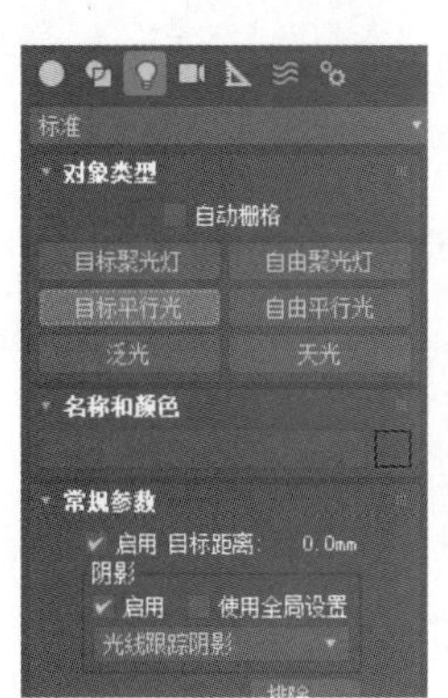

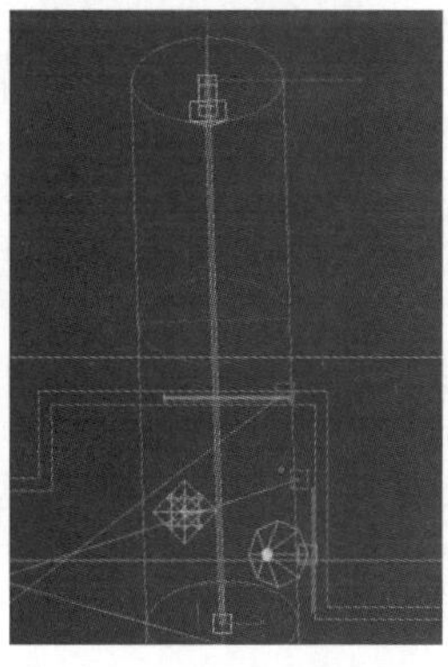
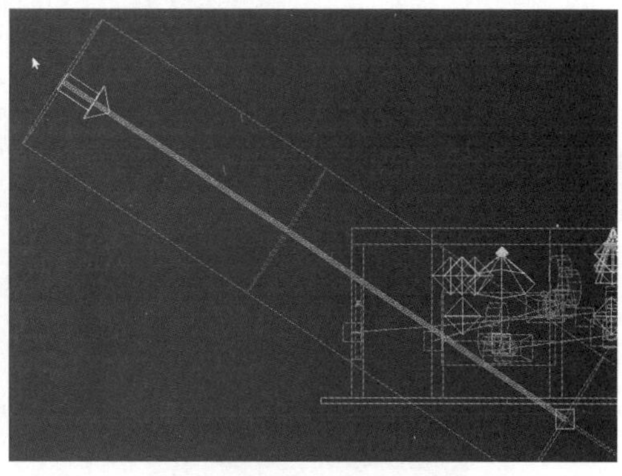

图 6.42　创建目标平行光

步骤 3：调整平行光的参数。选择目标平行光光源，单击“修改”面板，修改各项参数；勾选“阴影贴图”，勾选“显示光锥”。平行光调整的重点在于聚光区和衰减区之间的数值。两个数值的反差越大，过渡越柔和。调整目标平行光的参数如图 6.43 所示。

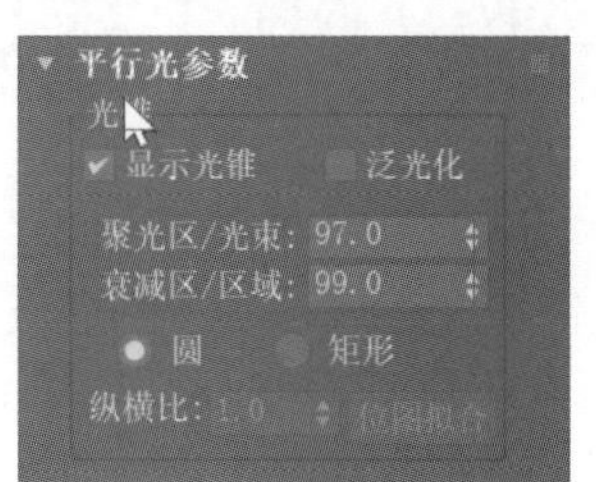

图 6.43　调整平行光的参数

步骤 4：查看渲染效果。按“T”键切换至顶视图，调整目标平行光的位置；按快捷键“Shift+Q”进行快速渲染，如图 6.44 所示。

步骤 5：打开阴影效果。平行光是模拟太阳光的效果，在“阴影”栏中勾选“启用”，在渲染中就会出现窗户栅栏的影子，如图 6.45 所示。

图 6.44 查看渲染效果

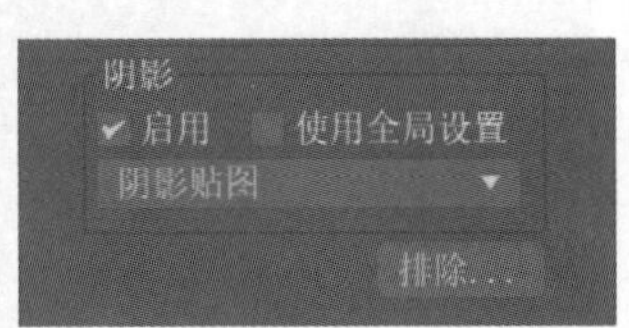

图 6.45 打开阴影效果

步骤 6：修改参数。选中平行光图标，增加灯光的强度，修改平行光的颜色；勾选“远距衰减”中的“使用”，调整开始与结束的距离，观察效果，如图 6.46 所示。

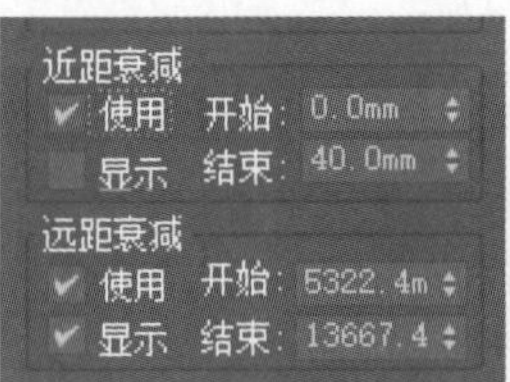

图 6.46 修改参数

步骤 7：添加体积光。在平行光的“大气和效果”栏中，选择添加“体积光”，从而在 3ds Max 视图窗口中添加体积光效果，如图 6.47 所示。

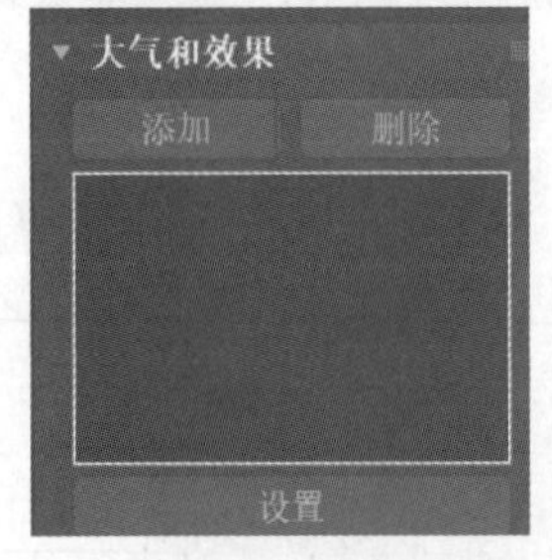

图 6.47 添加体积光

步骤 8：修改体积光密度。在“体积光参数”界面中调整参数，勾选“指数”，更改“密度”栏的数值，如图 6.48 所示。

步骤 9：添加噪波、衰减。选择“启用噪波”，修改噪波类型和阈值，调整颜色衰减，如图 6.49 所示。

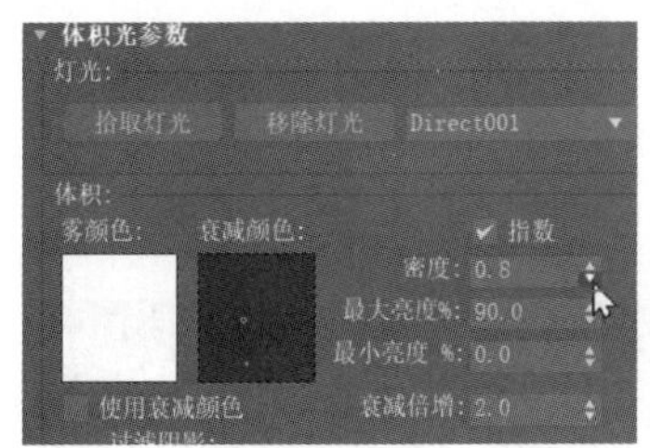

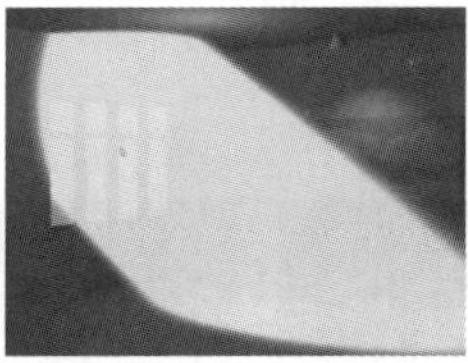
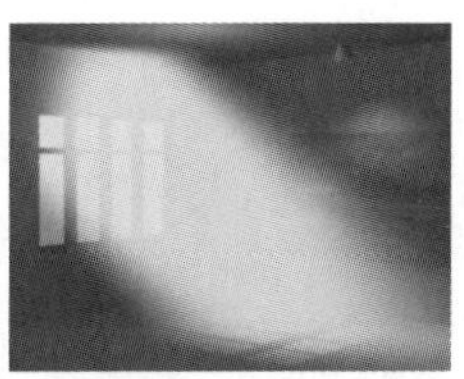

图 6.48　修改体积光密度

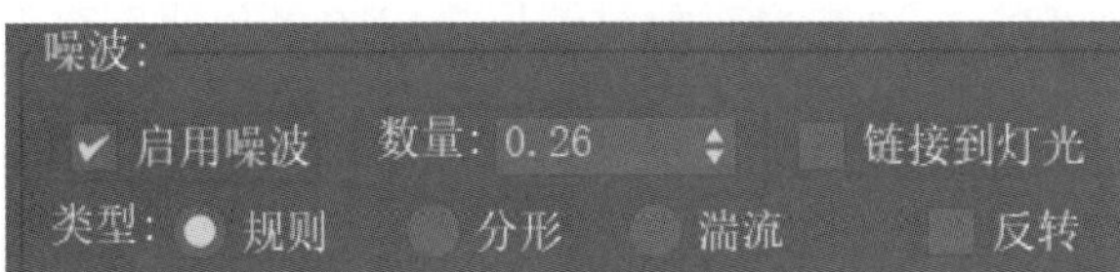

图 6.49　添加噪波、衰减

【小结】 本实验介绍了灯光摄影机特效中的平行光和体积光，以使读者进一步熟悉灯光的使用，解了不同灯光的搭配使用。熟悉目标平行光的创建和修改等。

实验 6.5　光 度 学 灯 光 

【概述】 3ds Max 的世界与真实世界非常相似，没有光，世界就是黑暗的，一切物体都无法呈现。在 3ds Max 中，包含标准、光度学、Vray 和 Arnold 四大类灯光。光域网（Web）在使用时需要读取外部文件（*.ies），该文件主要用来控制灯光的光晕、形状。随着读取光域网文件的不同，光的形状也会自动发生变化。泛光灯结合光域网文件，几乎能做出所有的光源，包括吊灯、聚光灯、筒灯、吸顶灯等；改变其所对应的参数，可以非常方便地模拟制作各种灯光效果。

【知识要点】 掌握创建和调整光度学灯光，添加和修改光域网文件是本实验的重点。

【操作步骤】

步骤 1：打开场景并查看渲染效果。打开制作好的场景，按快捷键“Shift+Q”查看渲染效果，在没有灯光的状态下，场景如图 6.50 所示。

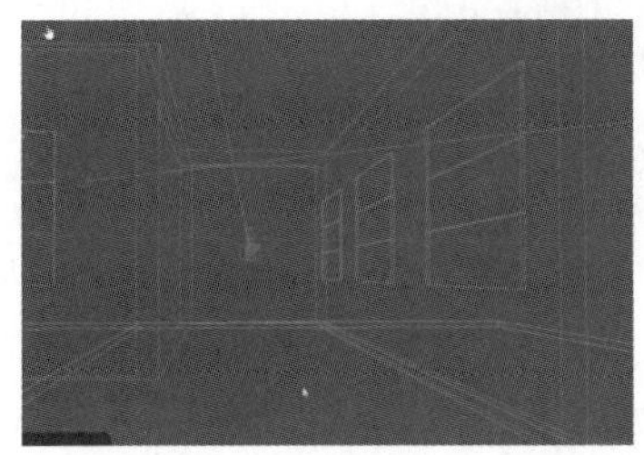

图 6.50　打开场景并查看渲染效果

步骤 2：创建光度学灯光、目标灯光。在“创建”面板中，打开“灯光”，创建光度学灯光目标灯光；点击“目标灯光”后，将视图切换到左视图，点击左视图，创建目标灯光，如图 6.51 所示。

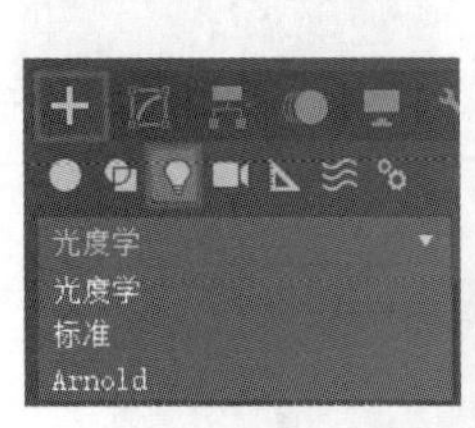

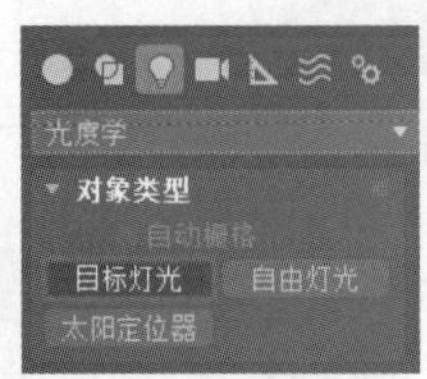

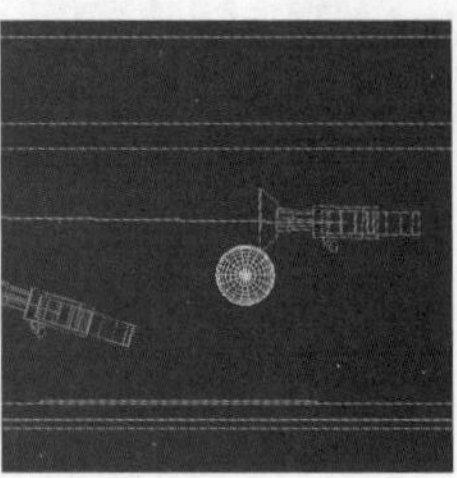
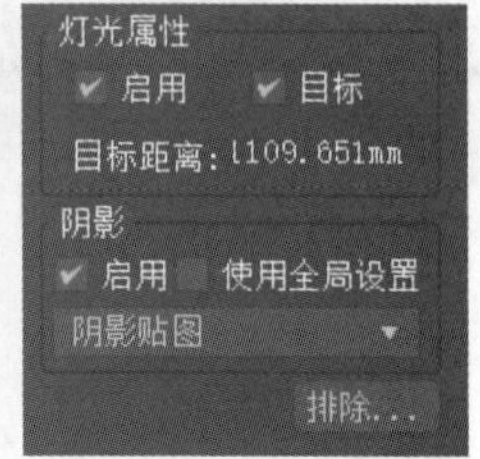

图 6.51 创建光度学灯光、目标灯光

步骤 3：更改选定对象、移动目标灯光。将“选择对象过滤器”中的“全部”改为“L-灯光”后只能对灯光进行选择，将目标灯光框选，将视图切换到顶视图，移动目标灯光到想要的位置，如图 6.52 所示。

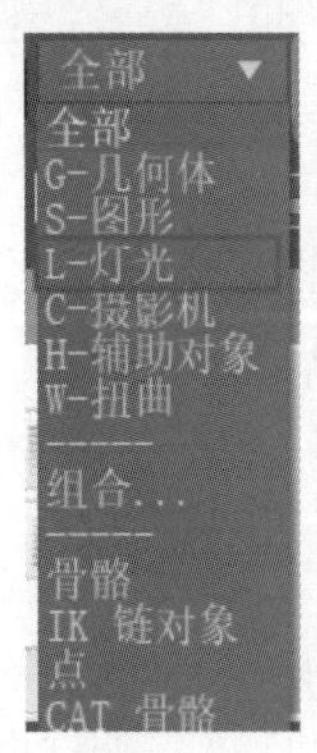

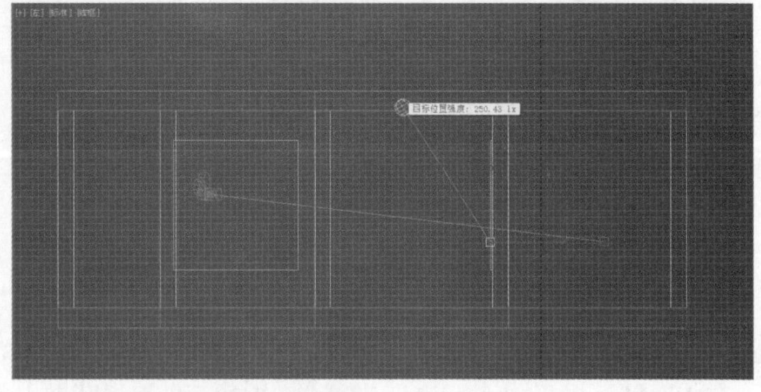

图 6.52 更改选定对象、移动目标灯光

步骤 4：查看渲染效果。按快捷键“Shift+Q”查看目标灯光的渲染效果，如图 6.53 所示。

图 6.53 查看渲染效果

步骤 5：调整目标灯光。在顶视图中点击“灯光”，点击“修改”选项，点击“灯光分布（类型）”，选择“光度学 Web”。灯光强度有 lm、cd、lx 三种单位，输入数值或点击上下箭头均可改变灯光强度。点击“过滤颜色”后弹出“颜色选择器：过滤颜色”面板，选择红色。按快捷键“Shift+Q”可以查看灯光颜色变换后的渲染效果。调整目标灯光如图 6.54 所示。

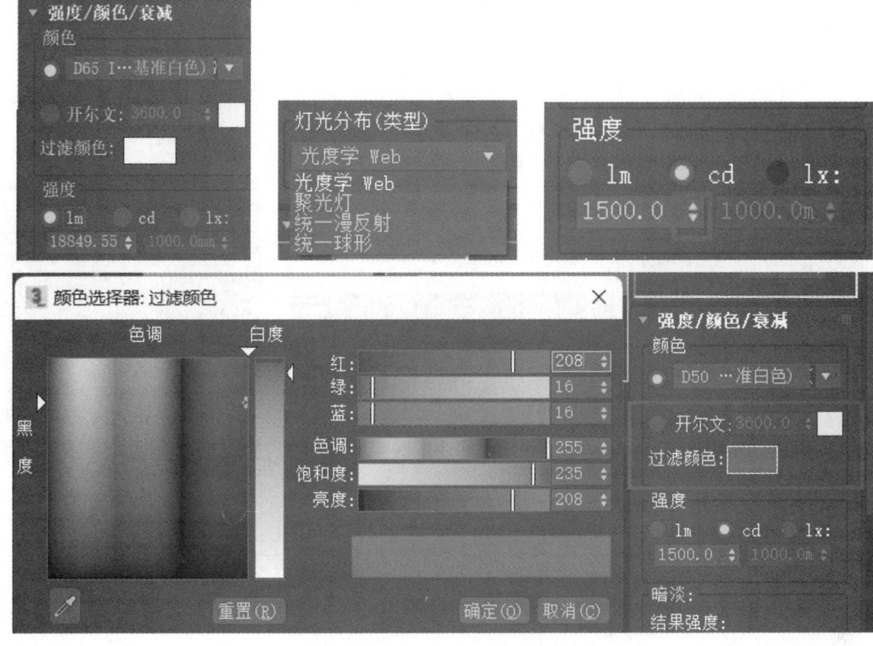

图 6.54　调整目标灯光

步骤 6：选择光度学文件。选择灯光后，选择分布方式，选择“光度学文件”，将具体数值与实际结合进行修改，得到想要的灯光，如图 6.55 所示。

图 6.55　选择光度学文件

步骤 7：复制灯光。完成后在走廊墙面上复制 3 盏灯，如图 6.56 所示。

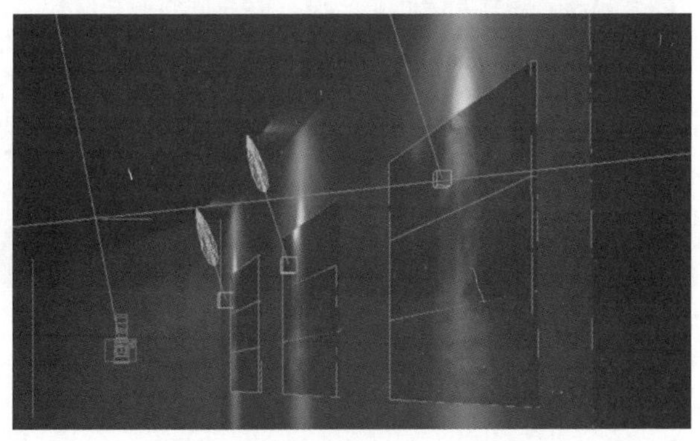

图 6.56　复制后的灯光效果

步骤 8：制作壁灯并加厚。分别在顶视图、前视图、左视图上确定圆锥体的大小，并点击“修改器”，在其中勾选“平滑”，修改段数与大小。启用切片，设置为-180°，使棱锥变成一半，得到类似壁灯的形状。将物体选中，点击鼠标右键将其转换为可编辑多边形，删除上表面，在“修改器”中找到“壳”命令，给壁灯加厚，如图 6.57 所示。

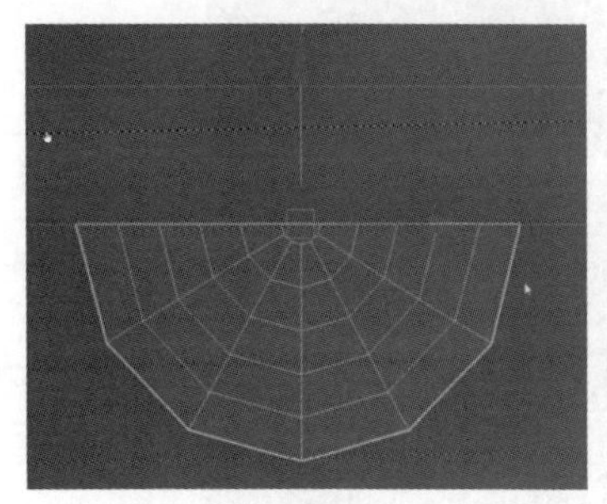
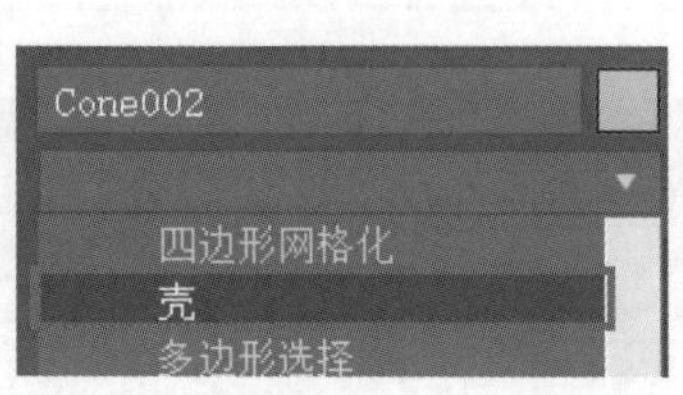

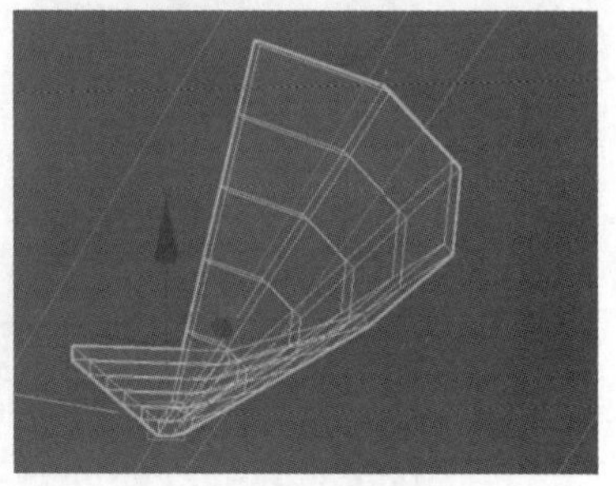

图 6.57 制作壁灯并加厚度

步骤 9：查看壁灯光度学灯光效果。增加目标摄影机角度，创建一个光度学目标灯到壁灯中；将“灯光分布（类型）”设置为“光度学 Web”；选择不同的光域网文件，得到不同的灯光效果，查看渲染效果，如图 6.58 所示。

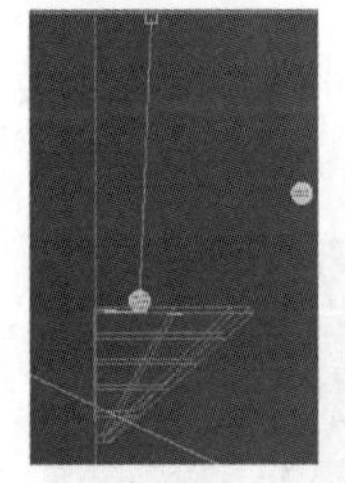

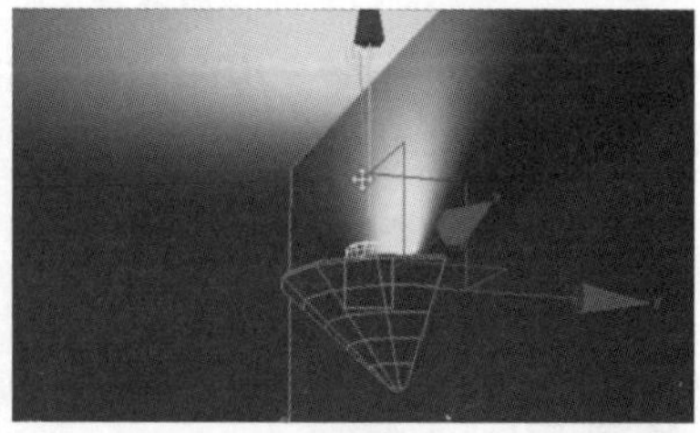

图 6.58 查看壁灯光度学灯光效果

步骤 10：制作客厅灯光并修改。在客厅的中央创建灯光，选择“光度学”，点击“自由灯光”后进行放置并调整位置。可以在“修改器”中调整灯光分布，也可以选择光度学文件寻找想要的灯光效果。将墙面的灯进行复制，按住“Shift”键移动，勾选“实例”后将灯光效果做统一调整。最后按快捷键“Shift+Q”查看渲染效果。制作客厅灯光并修改如图 6.59 所示。

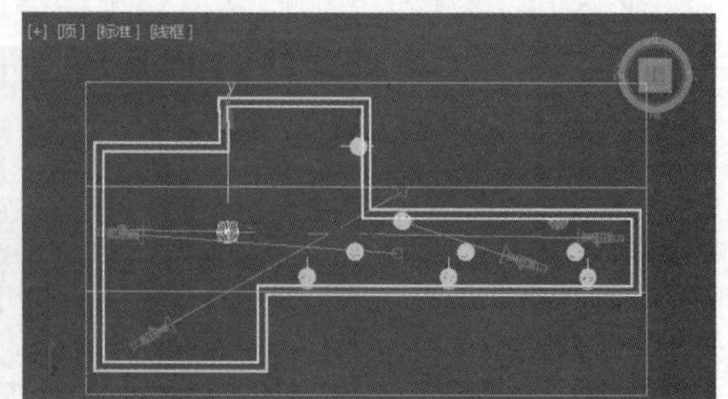

图 6.59 制作客厅灯光并修改

步骤 11：查看走廊灯光效果。同样在走廊顶创建目标灯光，把客厅灯光复制到走廊上方，修改 Web 文件，得到不同的灯光效果，如图 6.60 所示。

步骤 12：最终效果。完成后得到光度学灯光的最终效果，如图 6.61 所示。

图 6.60 查看走廊灯光效果

图 6.61 最终效果

【小结】 本实验介绍了光度学灯光中的目标灯光与自由灯光，以使读者进一步熟悉灯光的使用和修改，了解光度学文件的使用，掌握利用各个灯光更好地呈现模型效果的方法。灯光决定了作品的品质，没有准确的光影表达是不可能创作出优秀的作品的。

第 7 章　3ds Max 多边形建模

实验 7.1　多 边 形 建 模

【概述】 前面各章讲解了 3ds Max 中的基础建模，其中样条线建模只针对那些类似二维图形的模型，三维修改器建模与复合对象建模都只针对一些特殊模型。然而，这些建模方式只能够制作一些简单模型，要想表现和制作一些更加精细、更加真实复杂的模型，就要使用高级建模技巧才能实现。多边形建模是当今主流的建模方式之一，编辑方式灵活，几乎可以构建所有的模型。在 3ds Max 中，可以将物体分为不同的元素进行调整。将一个整体的物体拆分成各种元素，并单独设置它们，通过编辑其点、线、面、边界等元素，增减各个元素或者调整位置的方式构建所需的模型。对这些元素同样可以使用移动、选择、缩放命令，对对象进行变形，以塑造出想要的形状。

【知识要点】 掌握转换为可编辑多边形的方法，点、边、面以及各个层级之间的调整，坐标系的变化；学会将几何球体转换为可编辑多边形，制作花盆和仙人球。

【操作步骤】

步骤 1：创建几何球体。打开 3ds Max 软件，创建一个场景。点击“创建→几何体→几何球体”，创建几何球体；按“F4”键，将分段改为 4，点击“改变对象颜色”，将球体颜色改为红色，然后点击“确定”，如图 7.1 所示。

图 7.1　创建几何球体

步骤 2：挤出并设置参数。选择几何球体，点击鼠标右键，将其转换为可编辑多边形。点击“可编辑多边形”，选择“顶点”，按快捷键“Ctrl+A”全选几何球体的顶点，点击“挤出”按钮，调整挤出大小，向里面挤出，挤出高度为–100，底面大小为 120 左右，然后点击“√”按钮确定，如图 7.2 所示。

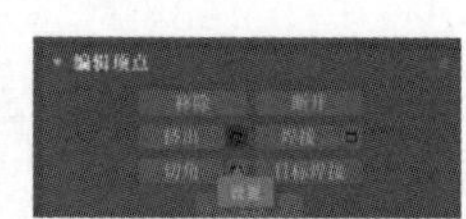

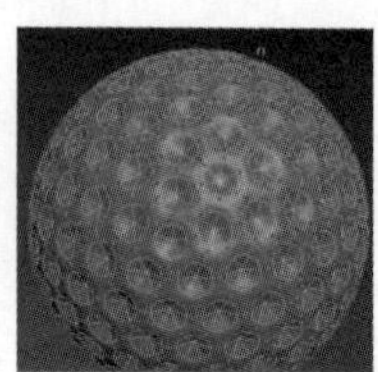

图 7.2　挤出并设置参数

步骤 3：设置迭代次数。使几何球体变得光滑，然后按“F4”键，关闭网格，点击“NURMS 切换”，将迭代次数改为 2，如图 7.3 所示。

步骤 4：创建新的几何球体。点击“创建→几何体→几何球体”，创建新的几何球体，如图 7.4 所示。

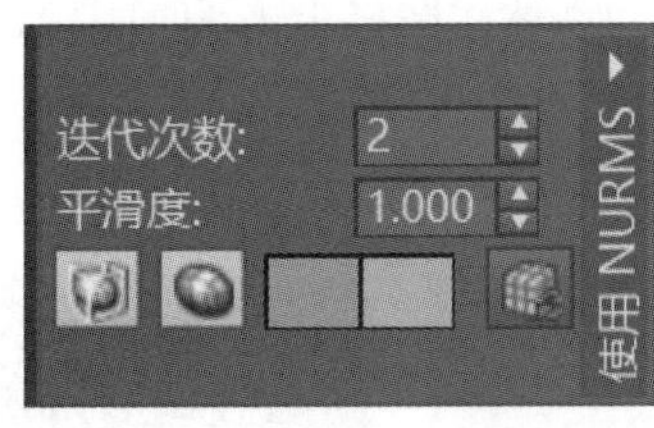

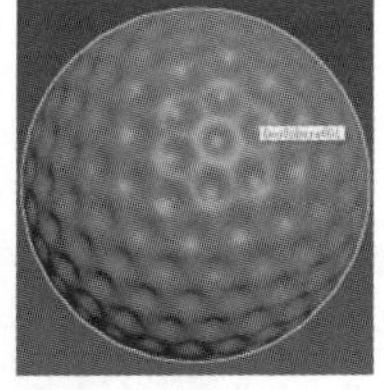

图 7.3　设置迭代次数

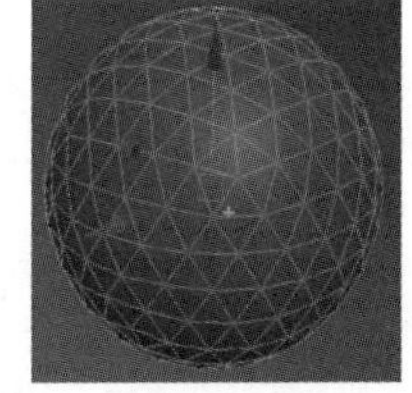

图 7.4　创建新的几何球体

步骤 5：调整几何球体参数。调整对象分段，点击“改变对象颜色”，将其改为绿色；点击鼠标右键将其转换为可编辑多边形，点击可编辑多边形，选择“顶点”，然后按快捷键“Ctrl+A”全选，在对象的“编辑顶点”命令里，找出“挤出”的命令，选择挤出数量为 10，底面大小为 3，调整高度，按“+”号按钮再进行一次叠加，然后点击“确定”，得到仙人球造型，如图 7.5 所示。

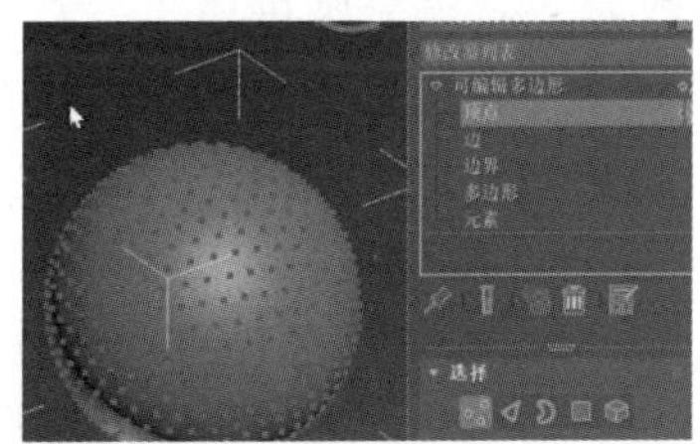

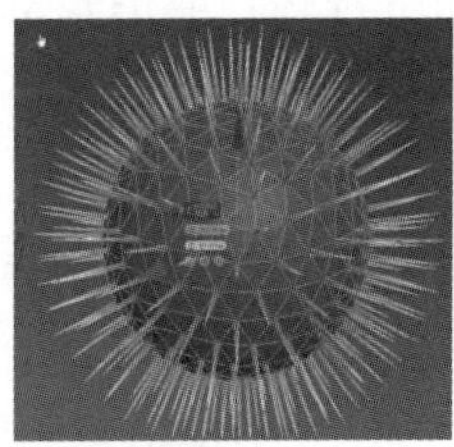

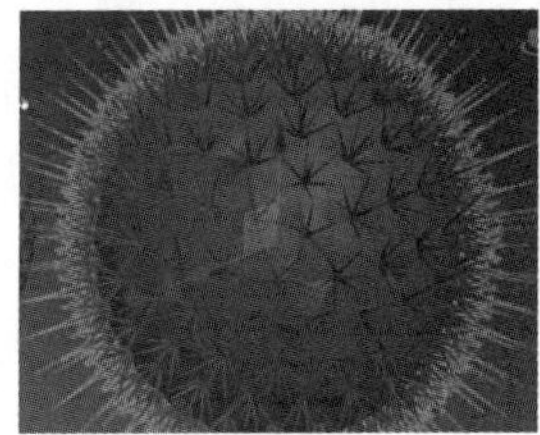

图 7.5　调整几何球体参数

步骤 6：锥化变形。点击鼠标右键选择缩放命令，将仙人球缩小变形；点击“修改器列表”中的“锥化”命令，调整锥化数量；选中仙人球，按“F”键在前视图上进行复制并向上移动，将其放置在下面的仙人球的正上方，将两个仙人球叠加，将上面的小仙人球进行缩放、旋转和移动操作，如图 7.6 所示。

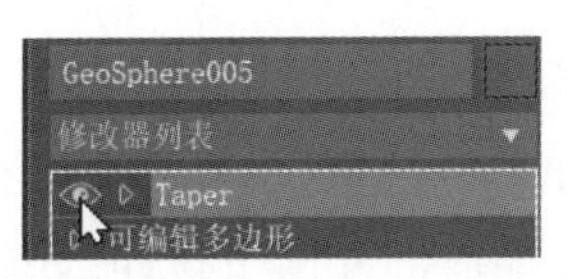

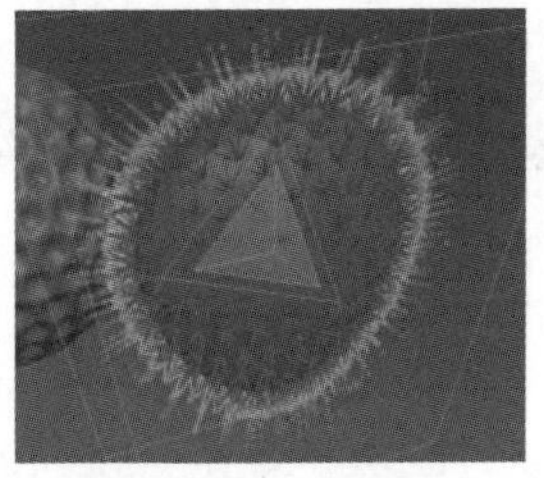

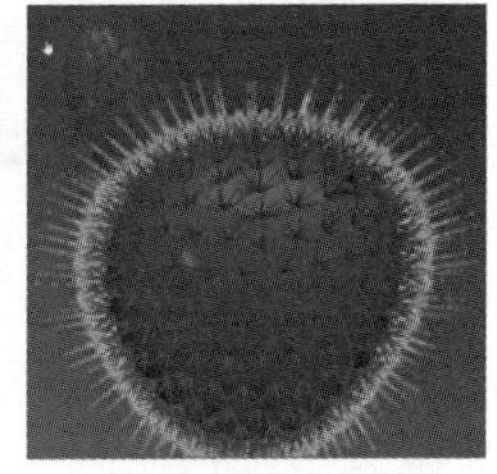

图 7.6　锥化变形

步骤 7：绘制对象。创建新的几何球体，将其颜色改为紫色，并移动放置到大仙人球之上，在顶视图和左视图中进行观察；点击鼠标右键将其转换为可编辑多边形，选择“点”，然后按快捷键“Ctrl+A”全选，点击“挤出”命令，选择挤出的角，缩小底面大小，调整高度，再进行一次叠加，得到毛茸茸的球；然后调整其底面大小和高度，点击确定，如图 7.7

所示。

步骤 8：移动对齐对象。调整对象的位置、高度，选择主工具栏中的“快速对齐命令”，点击“中心对中心”。点击仙人球，将仙人球和仙人球花的中心对齐后，点击“确定”，用移动工具将其放置到小的仙人球上面；用相同的方法制作仙人球花，点击鼠标右键，选择复制命令，在“对象”里选择“复制”，点击“确定”，缩小其中一个物体，选择上方窗口中的“缩放”命令进行均匀缩放，用移动工具移动位置；点击“改变对象颜色”，将其改为绿橙色，按“确定”按钮，如图 7.8 所示。

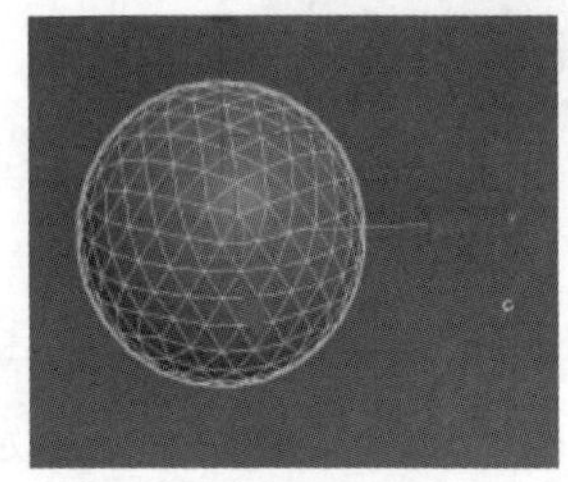

图 7.7 绘制对象

图 7.8 移动对齐对象

图 7.9 制作花盆模型

步骤 9：制作花盆模型。点击“创建→圆锥体”，创建一个上大下小的圆锥体；取消勾选“平滑”，增加边数为 24，调整圆锥体上、下面的半径，将高度分段设置为 1，按“F4”键即可直观地看见模型内部的分段并对其进行修改，如图 7.9 所示。

步骤 10：调整花盆模型侧面参数。选中模型，按住鼠标右键使其转化为可编辑多边形。点击可编辑多边形，在“命令”中选择“多边形”，勾选“忽略背面”按钮，以防多选图形；按住“Ctrl”键间隔选择圆锥体侧面，点击“插入”命令，对花盆模型侧面适量向内收放；再点击“挤出”“倒角”命令，对模型侧面进行细化，同时按住鼠标滚动轮和“Alt”键，对模型进行全方位观察，如图 7.10 所示。

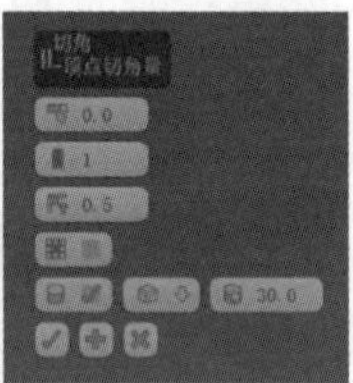

图 7.10 调整花盆模型侧面参数

步骤 11：制作花盆底部。点击花盆底面，按住“Shift”键向下拉伸底部，给底部增加厚度；用鼠标右键单击选择缩放命令，再按“Shift”键进行缩放，并向下拉伸；缩放完成后，选中图形，再选择缩放命令，同样按住“Shift”键进行缩放，形成两个段；缩放完成后对多边形隔一个面进行点选，全部选完后，选择“插入”命令，在“插入”设置中调整对象的大小、宽度，点击“确定”；再点击“倒角”“挤出”命令，对花盆底部进行适当修饰，如图 7.11 所示。

步骤 12：删除顶面。点击“可编辑多边形”，选择“多边形”，选中花盆顶部，然后按

“Delete”键删除顶面，如图 7.12 所示。

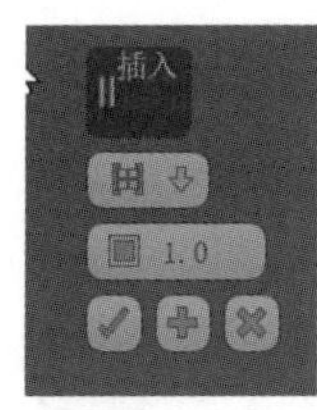

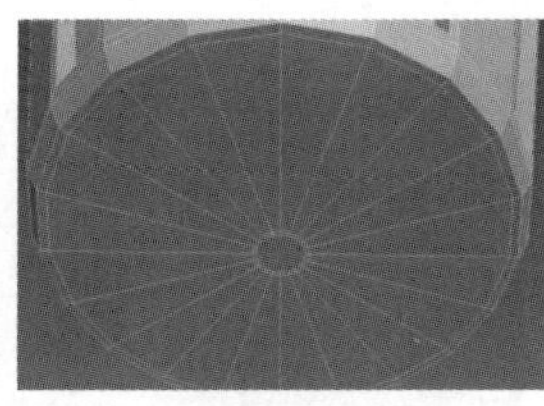

图 7.11　制作花盆底部

步骤 13：缩放顶面。选择“可编辑多边形”中的“边界”，点击花盆顶部边界，点击鼠标右键选择“缩放”命令，按住“Shift”键进行缩放，要往里缩放以做出边的效果；将花盆顶部进行再次变形拉伸，做出更多的变化效果，给花盆顶部增加厚度，再按住“Shift”键向里缩放，如图 7.13 所示。

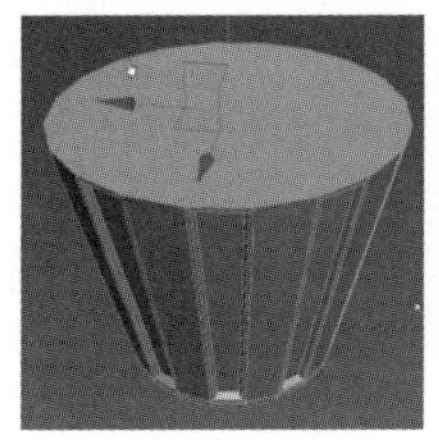
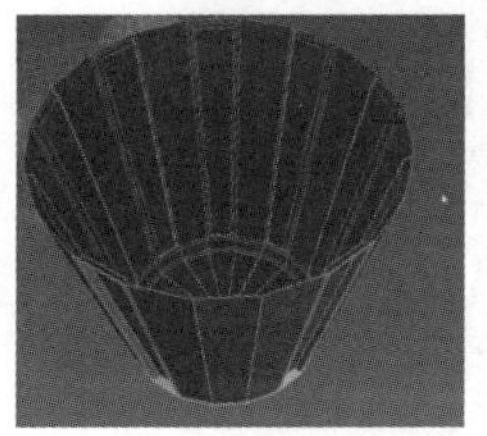

图 7.12　删除顶面

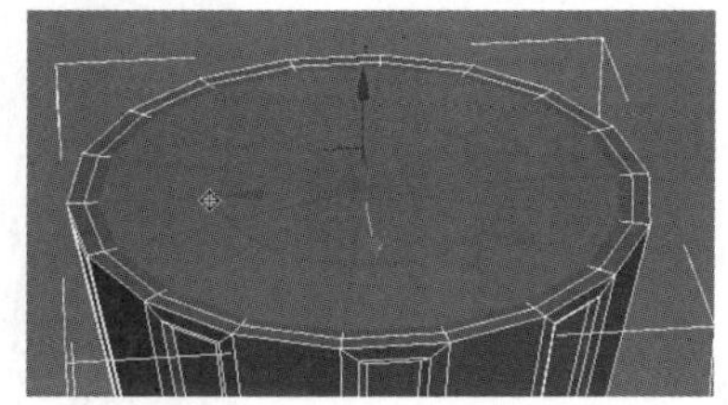

图 7.13　缩放顶面

步骤 14：缩放边界、NURBS 切换。选中花盆顶部“边界”层级区域后向下移动，按住“Shift”键进行缩放，将底部的边向中心缩小，留出一个小孔即可；勾选“NURBS 细分”，增加细分迭代次数为 2，花盆的基本效果图制作完成，如图 7.14 所示。

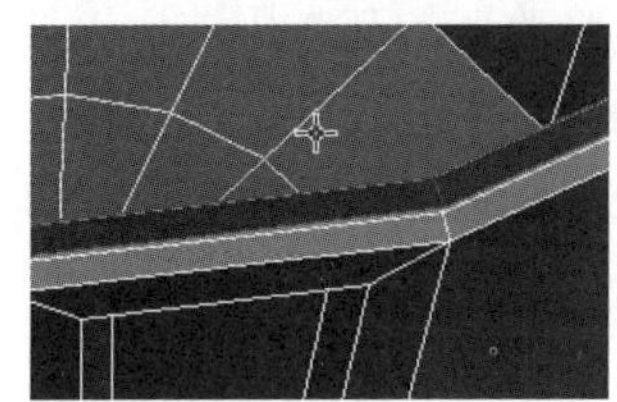
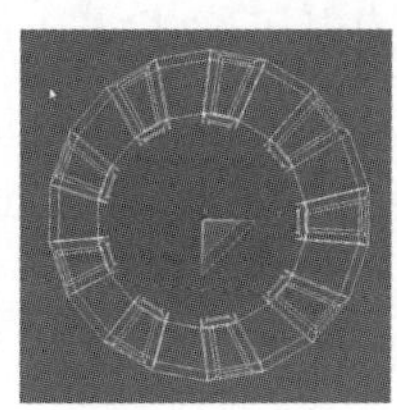
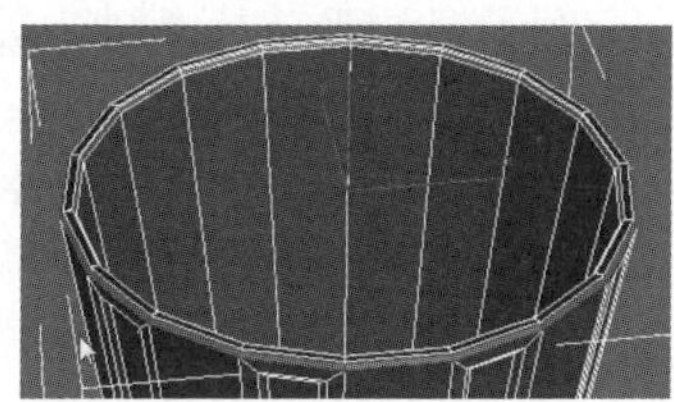

图 7.14　缩放边界、NURBS 切换

步骤 15：制作盆土。创建一个圆锥体，按“T”键后再按“Z”键切换到顶视图，将其放置在花盆中间，按“F”键到前视图上调整其大小、高度，用鼠标右键点击移动工具，将其向上拉伸至顶部，按“F4”键增加对象的端面分段，然后用鼠标右键点击将其转换为可编辑多边形，如图 7.15 所示。

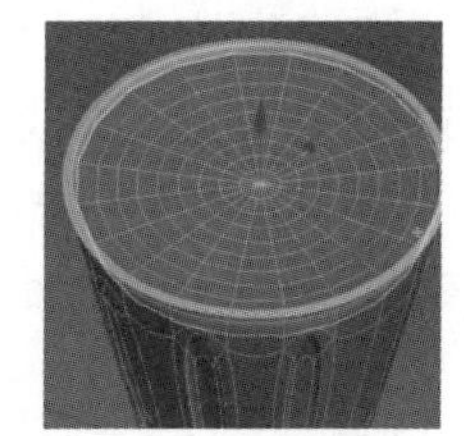

图 7.15　创建圆锥体并转换为可编辑多边形

步骤 16：使用软选择。点击“可编辑多边形”，选择“顶点”，找到“软选择”，勾选“使用软选择”，选择圆锥体的中心点，增加衰减值，修改和拉伸点的高低进行变形，如图 7.16 所示。

步骤 17：组合完成。将做好的仙人球选中，用鼠标右键点击移动工具，将其移动到花盆的正上方；按“F”键切换到前视图，放置仙人球，放置完成后回到透视图；将最开始制作的几何球体移动到花盆旁边，查看效果图，如图 7.17 所示。

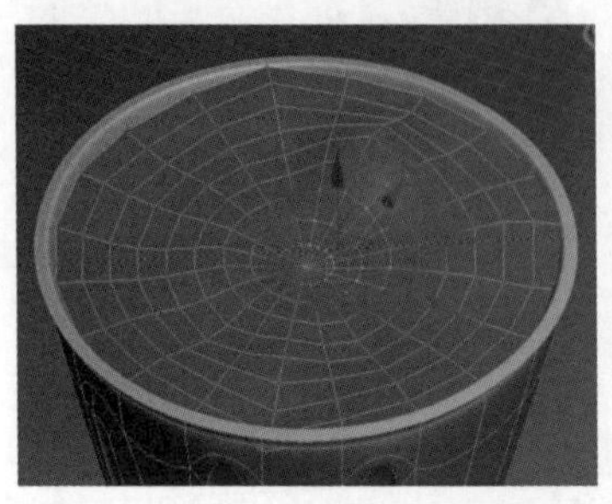
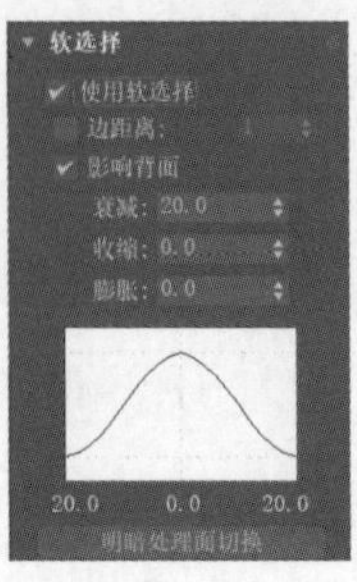

图 7.16 使用软选择

图 7.17 组合完成

【小结】 本实验介绍了多边形建模基础，使读者了解了多边形修改器的基本用法，以及多边形子层级和对象的选择，但这只是学习 3ds Max 多边形建模的第一步。需要注意的是，利用多边形来制作花盆的过程比较复杂，要用到缩放、可编辑多边形等命令来调整花盆的高度、大小。

实验 7.2 制 作 皇 冠 

【概述】 如何利用好样条线和对样条线进行有效编辑，以及如何结合多边形修改器共同完成所需要的模型，是 3ds Max 初学者学习的重点。

【知识要点】 掌握样条线编辑中的“顶点”“线段”和“样条线”三个层级，熟练绘制二维图形；在编辑线的命令中了解样条线的多种应用，以及使用多边形的拓扑工具。

【操作步骤】

步骤 1：绘制线条并附加。打开 3ds Max，文件重置，打开一个场景，回到前视图。绘制三根样条线，包括两根曲线和一根直线。对于线，可以根据自己的想法进行绘制，绘制好线段之后，修改移动线条到合适的位置。选择其中的一根线段，选择“修改”，切换到“顶点”。单击线段，选择“几何体”的“附加”，将 3 根线附加到一起。当线段变成一个整体之后，选择右上角的“修改器列表”，点击下拉列表中的“插值”，将“步数”改为 1，减少它的段数，以便在后面编辑时不会有太多的点。绘制线条并附加如图 7.18 所示。

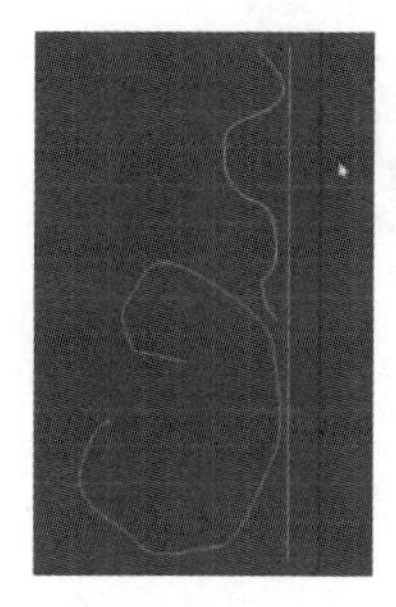

图 7.18　绘制线条并附加

步骤 2：镜像并附加。在“样条线”层级上，选择两根弯曲的线条，沿着直线为轴进行镜像操作。选择“镜像”工具，将原本绘制的线段用来镜像。选择线段之后，再次点击“附加”，将复制出来的对象与原对象合并成一个整体，如图 7.19 所示。

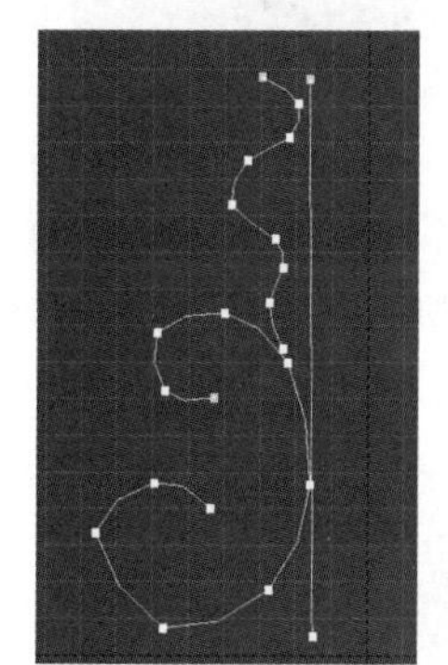

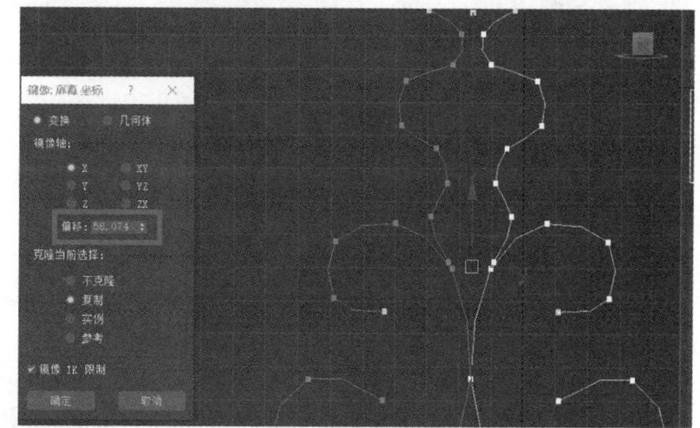

图 7.19　镜像并附加

步骤 3：线条细化。选择整体之后，点击鼠标右键选择“细化”，点击线段以增加合适的点，让线段的点丰富起来；点击“渲染”，勾选“在渲染中启用”和“在视图中启用”两个选项，如图 7.20 所示。

步骤 4：晶格对象。选择物体最中间的那条线段，在“修改器列表”中选择“晶格”，再点击选择下拉列表中“节点”下的“二十面体”，根据所需调整节点半径的大小，如图 7.21 所示。

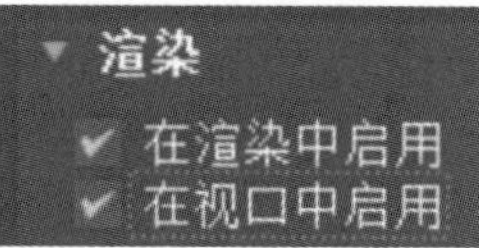

图 7.20　线条细化

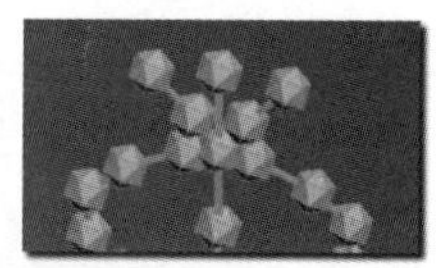

图 7.21　晶格对象

步骤 5：附加并放大节点。皇冠的大致形状现已做出，选择图形，点击鼠标右键将其转换成可编辑多边形，将晶格形状和线条用“附加”命令组合在一起；选择“多边形”中的“元素”，选择最上面的节点，使用缩放工具将皇冠最顶端的节点放大，如图 7.22 所示。

图 7.22 附加并放大节点

步骤 6：阵列。选择“阵列”命令，修改数量为 30，点击“预览”，将皇冠移动到合适的维度，如图 7.23 所示。

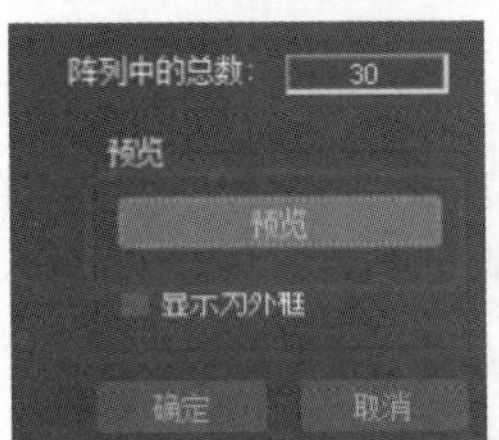

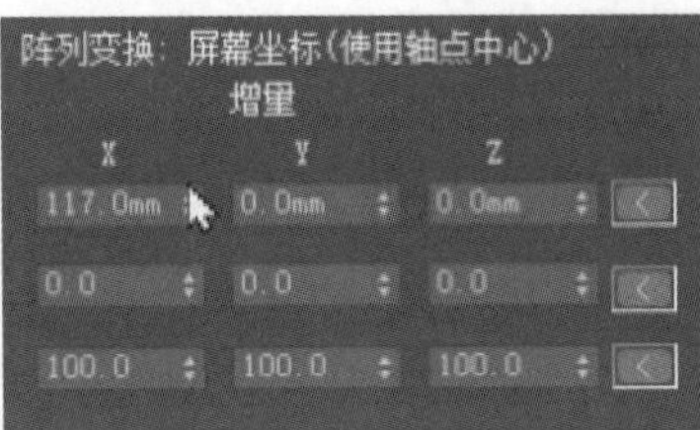

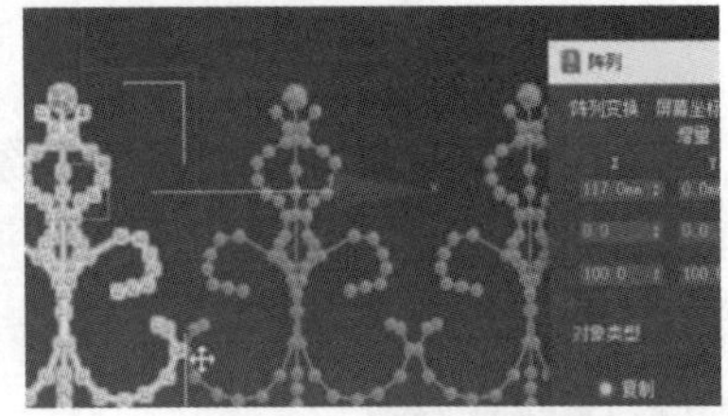

图 7.23 阵列

步骤 7：绘制平面并复制。使用“标准基本体”中的“平面”，在皇冠下方绘制一个平面，修改平面的长、宽、高，使其平行于皇冠；调整好之后，复制平面，使皇冠与两个平面相互平行，如图 7.24 所示。

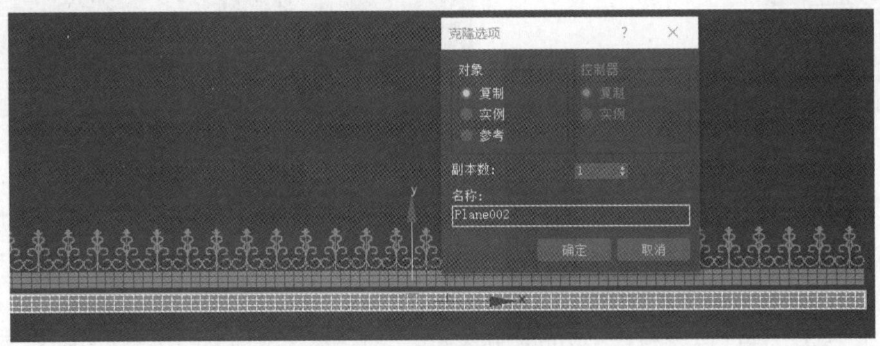

图 7.24 绘制平面并复制

步骤 8：对平面进行拓扑。将平面转换成可编辑多边形，再点击边，选中“平面”中的“边”，找到“功能区”打开“石墨”工具。选择“多边形建模”的“拓扑工具”，打开“拓扑”。选择纹样应用于多边形上，对另外一个平面对象也进行拓扑操作。利用“多边形建模”的“拓扑”工具，改变平面对象的网格。对平面进行拓扑如图 7.25 所示。

⚠ 利用“拓扑工具”可以表现多边形网格模型的点线面布局、结构、连接情况，丰富的物体表面。

步骤 9：晶格对象。对两个平面对象运用“晶格” 晶格 工具，调整晶格的大小，复制晶格多边形对象，并将其移动到皇冠底部位置，如图 7.26 所示。

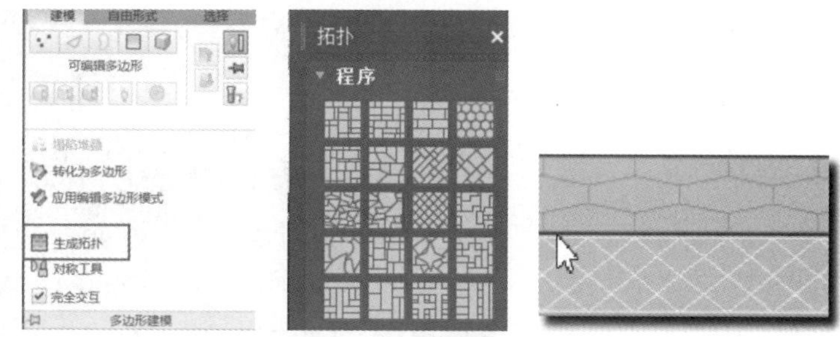

图 7.25　对平面进行拓扑

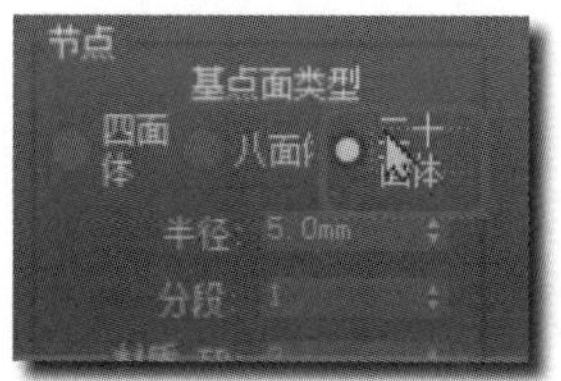

图 7.26　晶格对象

步骤 10：弯曲。用“多边形”的“附加”工具将分散的皇冠物件统一成一个整体，再用“弯曲”工具根据需要调整弯曲的角度和弯曲轴，如图 7.27 所示。

图 7.27　弯曲

步骤 11：锥化。找到“修改器列表”中的“锥化”命令，在“参数”中改变锥化数值；回到顶视图后，调整好轴心的位置，选中“锥化”的“Gizmo”层级改变轴心位置，并进行旋转，改变角度的数值，再根据物体的情况选择合适的锥化参数，如图 7.28 所示

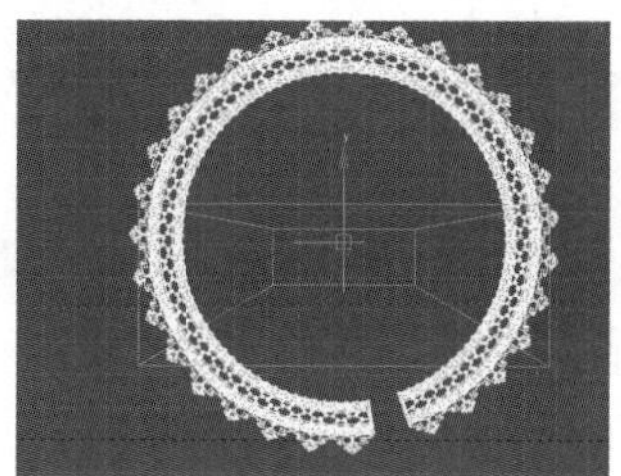

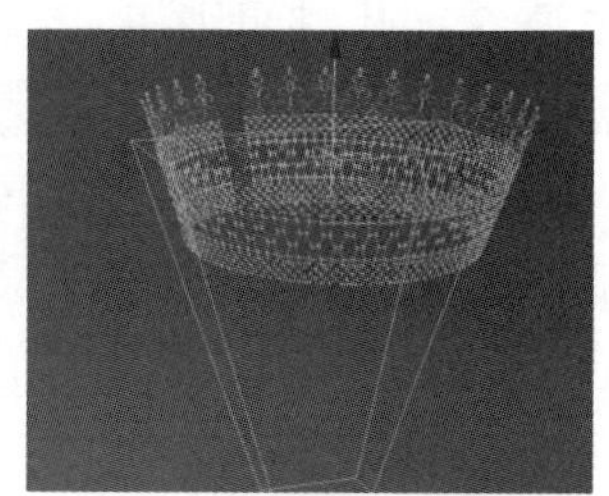

图 7.28　锥化

步骤 12：选择材质并渲染。选择“材质”修改器，点击鼠标右键在列表中选择自己感兴趣的材质，调整好明暗参数等应用到皇冠上并渲染出来，最终效果如图 7.29 所示。

【小结】 本实验通过皇冠的制作，能使读者熟练运用样条线建模，以及利用线条、平面通过编辑得到所需的形状。

图 7.29 最终效果

实验 7.3 制 作 足 球 

【概述】“编辑网格”修改器是三维造型最基本的编辑修改器，它分为“顶点”“边”“面”“多边形”“元素”五个层级，其层次关系是两点构成边，边构成面，面构成多边形，而多边形就构成了对象的整个表面（即元素）。

【知识要点】掌握“编辑网格”中各个层级的灵活运用。

【操作步骤】

步骤 1：创建足球的基本形状。点击“标准基本体”，选择其下的“扩展基本体”，然后选择“异面体”绘制图形；在绘制好的异面体的“修改”栏中，选择“十二面体/二十面体”，调整参数，再调整其“P”值为 0.37，如图 7.30 所示。

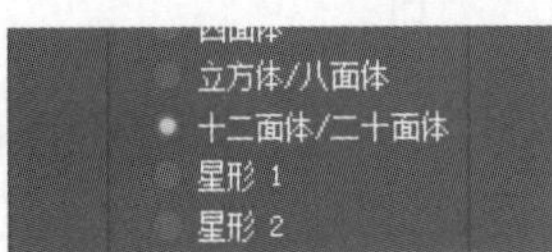

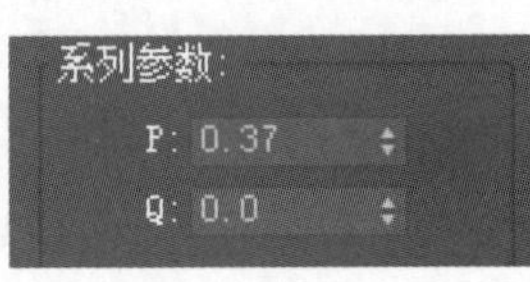

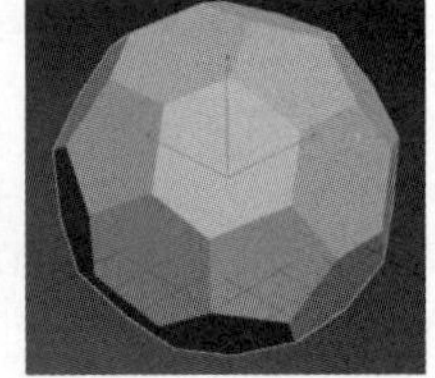

图 7.30 创建足球的基本形状

步骤 2：炸开并挤出。点击鼠标右键选择图形，选择“转换为→可编辑网格” 转换为: ▸ 转换为可编辑网格 。在“可编辑网格”界面下，选择“多边形”。按住快捷键“Ctrl+A”全选图形，在下方“编辑几何体”界面中，选择“元素”和“炸开”，这样每个面都将成为一个独立的元素。选择所有的元素，使用“挤出”命令，并在后面输入挤出的高度值。炸开并挤出如图 7.31 所示。

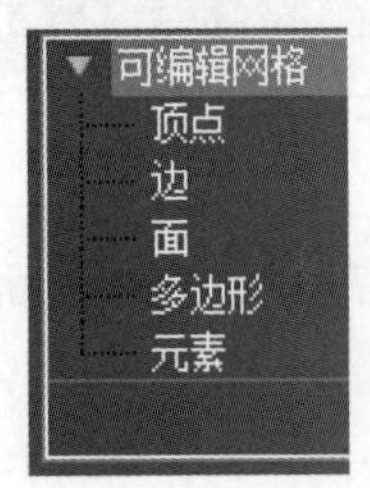

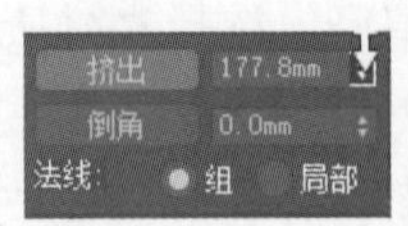

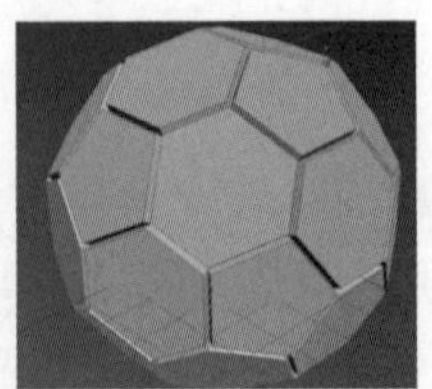

图 7.31 炸开并挤出

步骤 3：添加网格平滑。在左侧的“修改器列表”中选择“网格平滑”，然后在下面的调整参数中，在“细分方法”这一栏选择“四边形输出”，将迭代次数改为 2，这样就会使对象更加光滑一些，如图 7.32 所示。

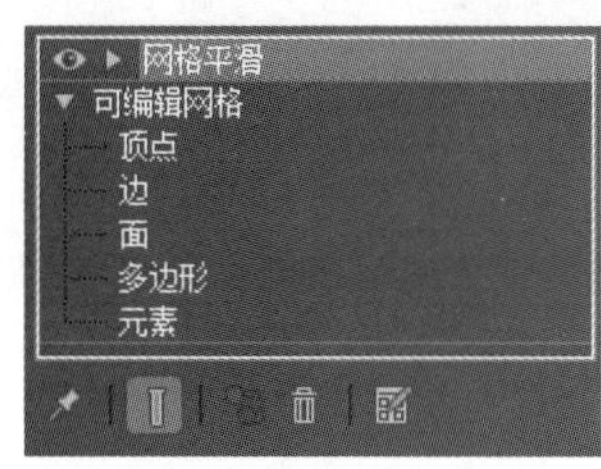

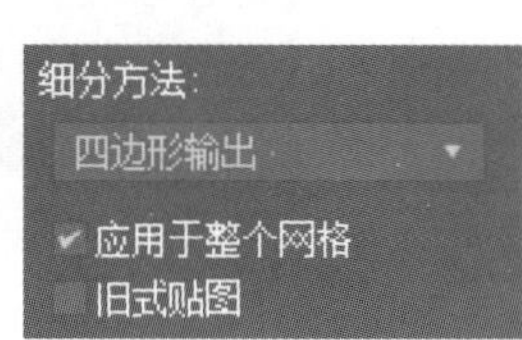

图 7.32　添加网格平滑

步骤 4：转换为可编辑多边形。选中足球模型，点击鼠标右键，选择“转换为”，点击“可编辑多边形”；在“可编辑多边形”的列表下选择“边界”，全选图形，在下方的“选择”中选择“扩大”按钮，进行适当扩大，如图 7.33 所示。

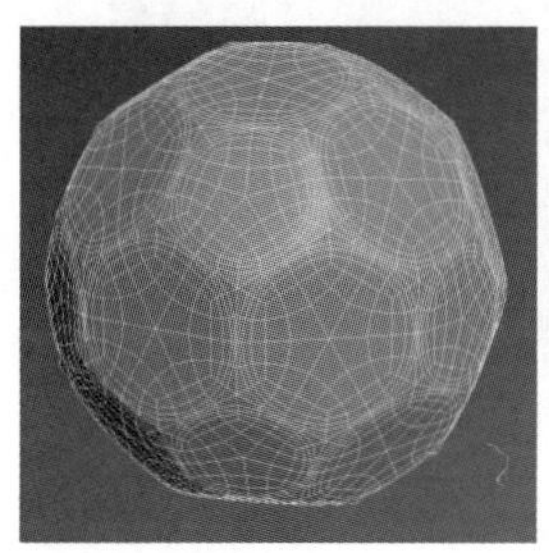

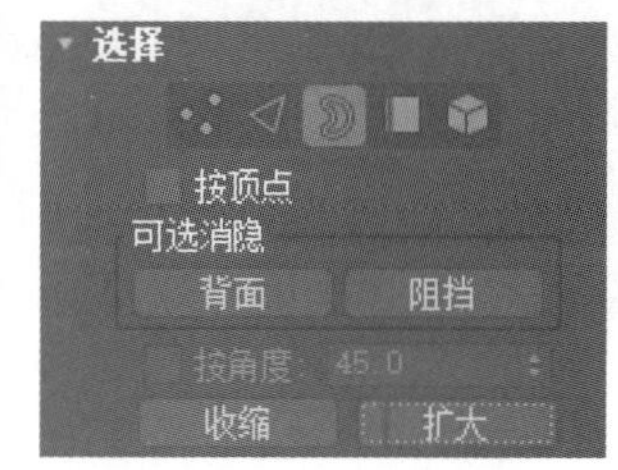

图 7.33　转换为可编辑多边形

步骤 5：利用所选内容创造图形。下滑到“修改器”界面，找到“编辑边界”，选择“利用所选内容创造图形”，设置参数，在弹出的“创建图形”界面中选择“确定”，如图 7.34 所示。

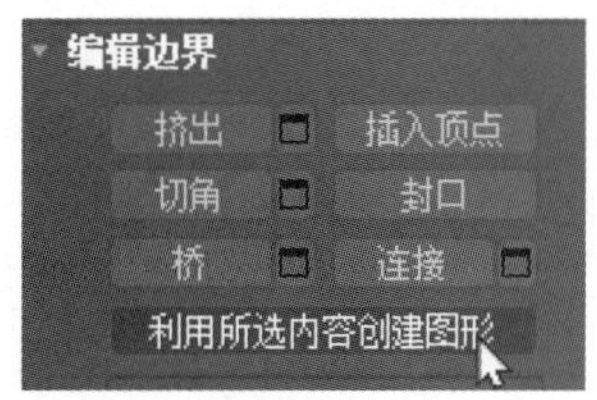

图 7.34　利用所选内容创造图形

步骤 6：移动创造的新图形。选择球体，选择“移动工具”，将球体向外稍微移动，使得可以看清要编辑的边界，如图 7.35 所示。

步骤 7：调整径向参数。选择要编辑的边界，在修改器面板中找到“渲染”选项，选择“在渲染中启用”和“在视口中启用”；在下方的调整界面中，选择“径向”，调整厚度参数，如图 7.36 所示。

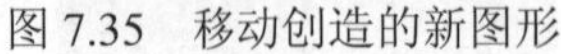

图 7.35　移动创造的新图形

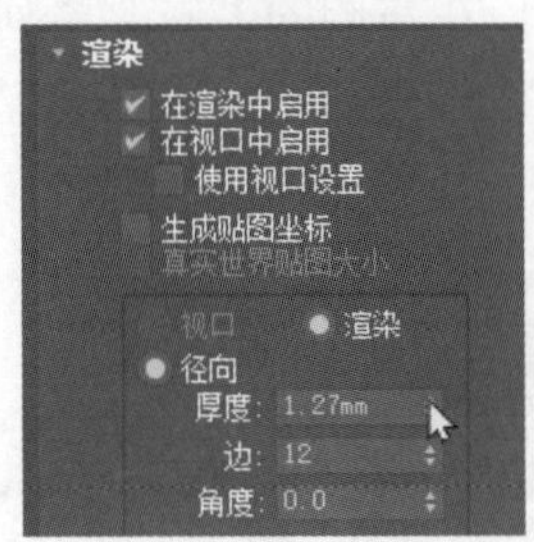

图 7.36　调整径向参数

步骤 8：球形化。选中球体部分，在“修改器列表”中选择“球形化”，调整参数，将数值 100 改为 80，如图 7.37 所示。

步骤 9：调整位置与颜色。将球体移回原来的位置，调整颜色，最终效果如图 7.38 所示。

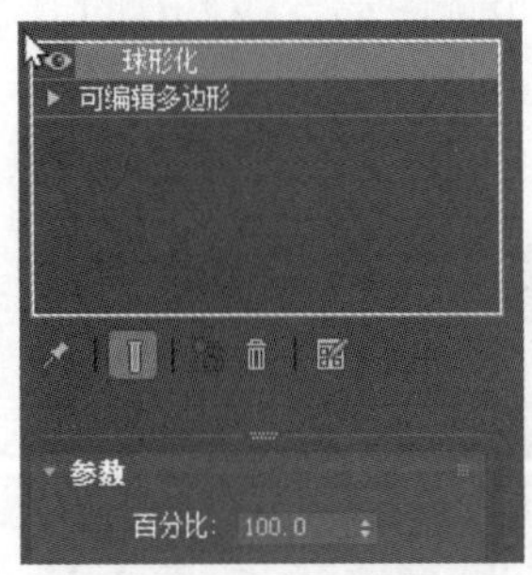

图 7.37　球形化

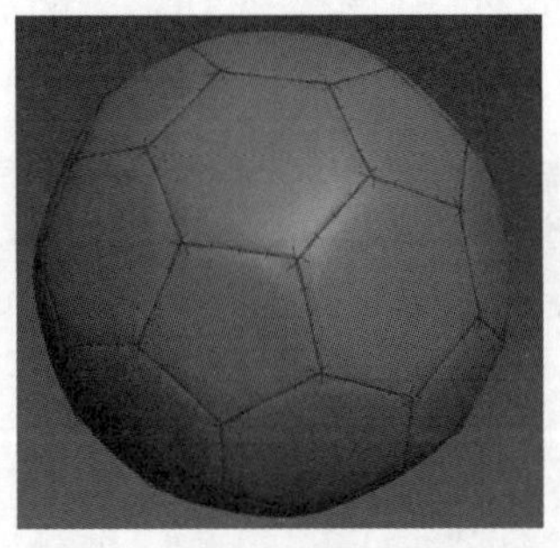

图 7.38　最终效果

【小结】 本实验主要介绍了通过“编辑网格”修改器将对象转换为可编辑网格的方法。在制作足球的过程中，读者要了解“网格平滑”对形体的影响，以及如何结合多边形的编辑制作模型。

实验 7.4　制　作　排　球

【概述】 继续使用多边形编辑制作排球。

【知识要点】 充分了解如何通过基本体转化成多边形，掌握分离命令的使用方法。

【操作步骤】

步骤 1：创建立方体并调整。文件重置，打开一个场景，再选择最大化视口。选择“标准基本体→长方体”，勾选“立方体”，创建一个立方体，将其长、宽、高的分段均改为 3，然后用鼠标右键点击对象，将其转换为“可编辑多边形”，如图 7.39 所示。

图 7.39　创建立方体并调整

步骤 2：分离到元素。选择“多边形”层级，勾选“背面”，按住“Ctrl”键，选取同一横向的三个正方形后选择“分离”命令，勾选“分离到元素”后点击“确定”，如图 7.40 所示。

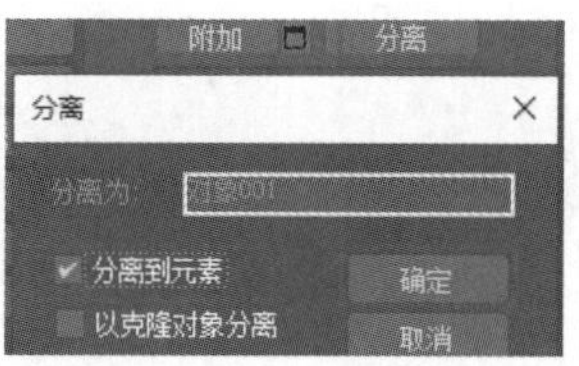

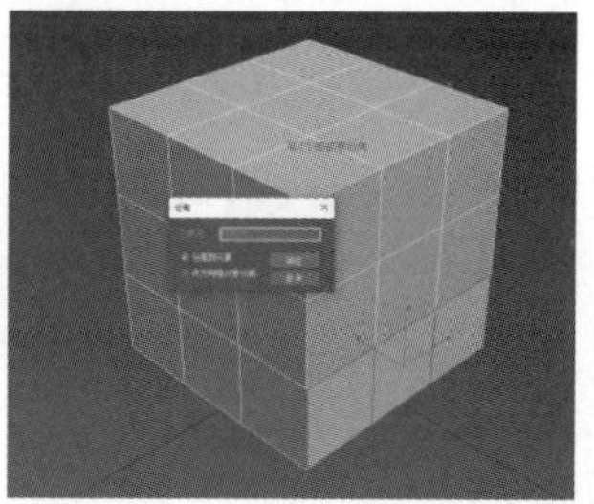

图 7.40　分离到元素

步骤 3：分离所有的多边形。对同一个面上其他两条横向的三个正方形也使用“分离”命令，重复这样的操作直到所有的六个面的横向或竖向的多边形均完成分离。如果不确定分离的结果是否有遗漏，可以选择“元素”层级后选择“正方形”逐个检查，以确定分离结果无误，如图 7.41 所示。

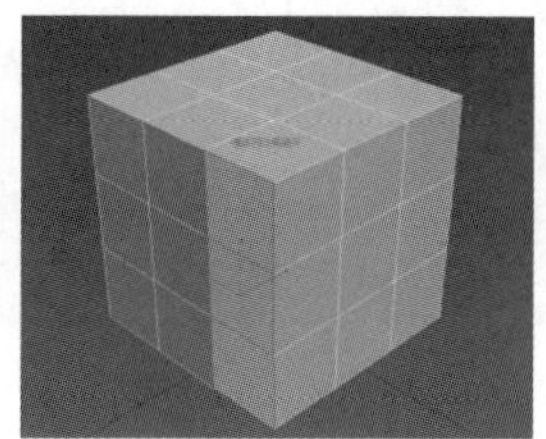
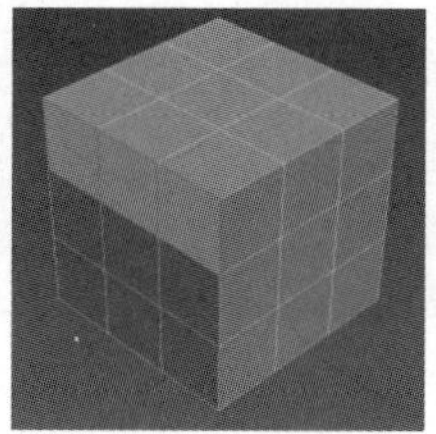

图 7.41　分离所有的多边形

步骤 4：网格平滑与球形化。选中对象，在“修改器列表”中为对象添加“网格平滑”与“球形化”命令，可以看到立方体变为球形。如果对象没有变化，则是最初没有选中对象所导致的（整个对象被选中则呈现为红色）。为了使“网格平滑”的效果更加显著，打开“网格平滑”的参数，在其“细分方法”中选择“四边形输出”，将“细分量”中的“迭代次数”改为 2，可以看到球体比之前更加圆滑。网格平滑与球形化如图 7.42 所示。

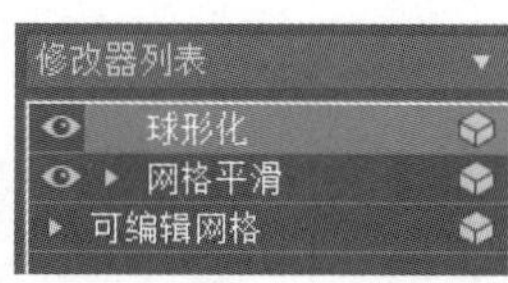

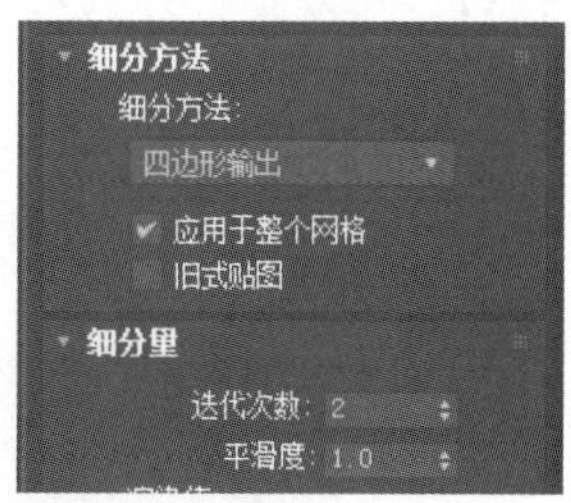

图 7.42　网格平滑与球形化

步骤 5：选择挤出。用鼠标右键单击对象，将对象再次转化为“可编辑多边形”，然后切换到“多边形”层级，按快捷键“Ctrl+A”全选对象，在“编辑多边形”命令中选择“挤出→按组挤出”，调整挤出高度后点击“确定”，如图 7.43 所示。注意此处与排球凹下的花纹不同，排球的花纹是凸出的，因此挤出的高度不为负数，而是正数。

步骤 6：调整输出。选中对象，再次附加“网格平滑”命令，在“细分方法”中选择“四边形输出”，将球体再进行一次圆滑程度的调整，这样就得到了排球的最终成品，如图 7.44

所示。

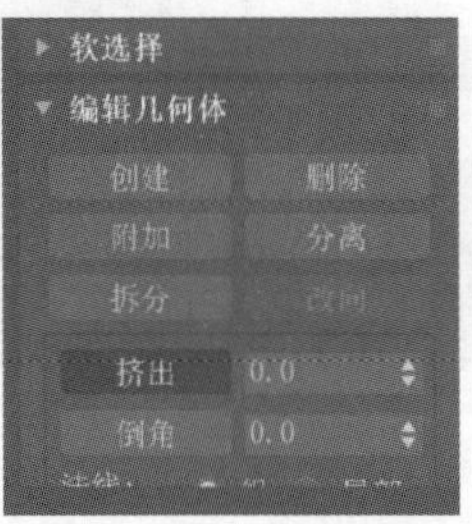

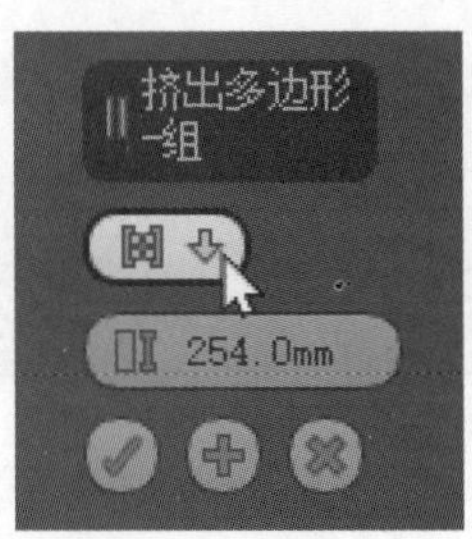

图 7.43 选择挤出

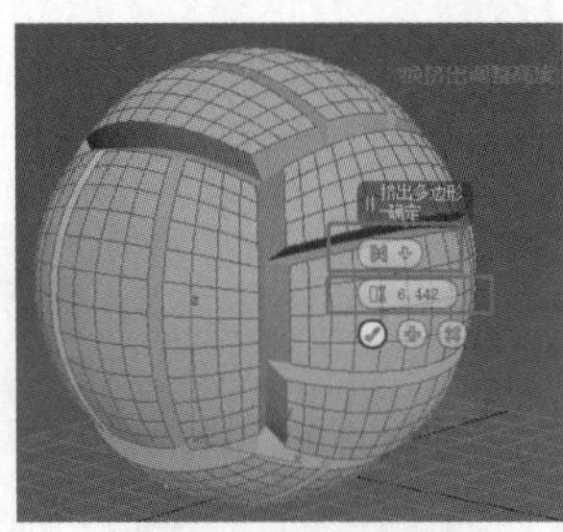

图 7.44 最终效果

【小结】 本实验通过排球的制作，介绍了多边形中“分离”命令将改变对象的网格构成状态，进而对形体产生影响，以及如何结合多边形编辑制作模型。

实验 7.5 制 作 篮 球 

【概述】 继续使用多边形编辑制作篮球。

【知识要点】 充分了解如何通过基本体转化成多边形，掌握多边形命令的综合运用。

【操作步骤】

步骤 1：创建球体。打开 3ds Max，任意创建一个球体。选择该球体，将其分段数修改为 16。用鼠标右键单击该球体，选择“转换为→转换为可编辑多边形”，如图 7.45 所示。

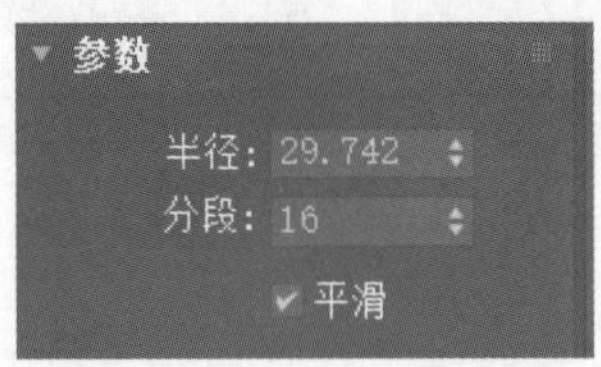

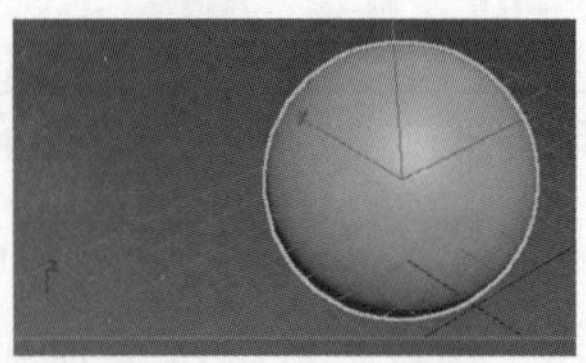

图 7.45 创建球体

步骤 2：删除球体多余部分。切换到前视图，在“编辑”中选择“多边形”层级，选择球体的一半并删除；切换到顶视图，再删除显示球体的一半，最终得到四分之一的球体，如图 7.46 所示。

步骤 3：切割造型。按快捷键“Alt+C”进行切割，切割结果如图 7.47 所示。

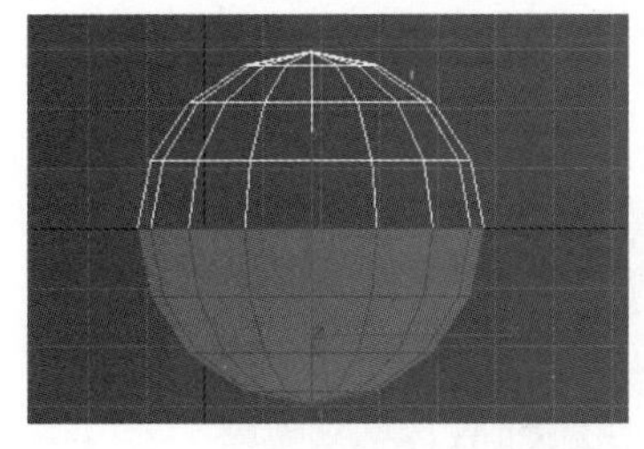
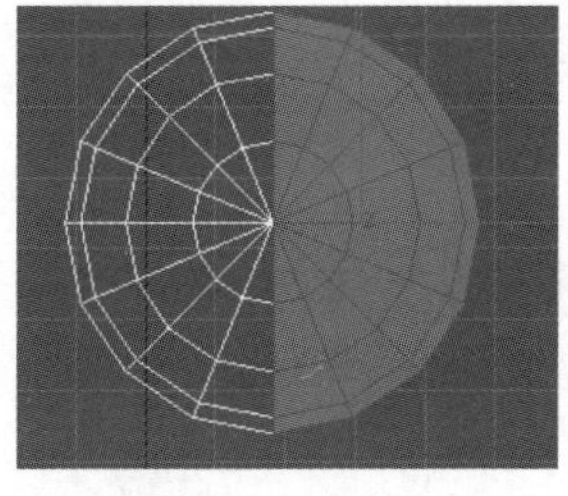
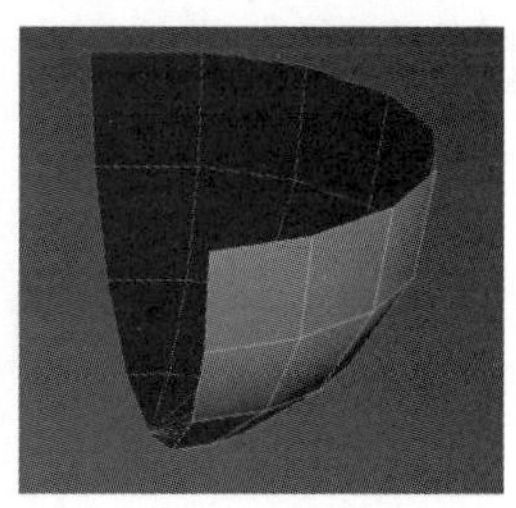

图 7.46　删除球体多余部分

步骤 4：删除多余边。在“编辑”中选择“边”层级，对不需要的边按快捷键“Ctrl+Backspace”删除，删除结果如图 7.48 所示。

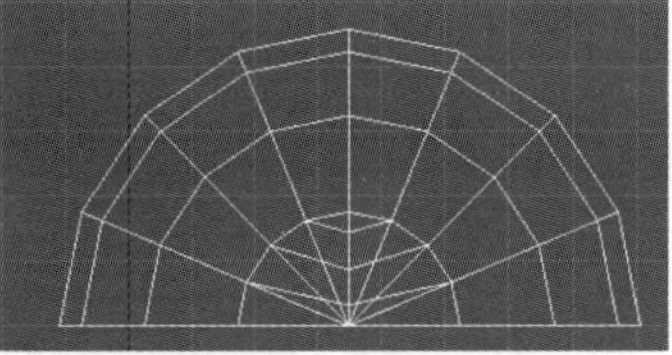

图 7.47　切割造型

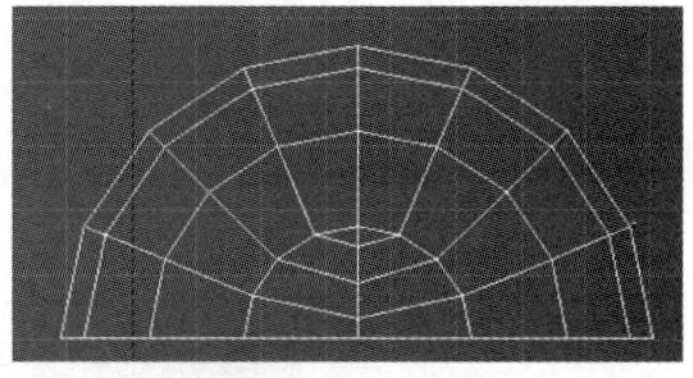

图 7.48　删除多余边

步骤 5：使用对称命令。在右侧“修改器列表”的“对象命令”中选择“对称”，进行两次对称操作，结果如图 7.49 所示。

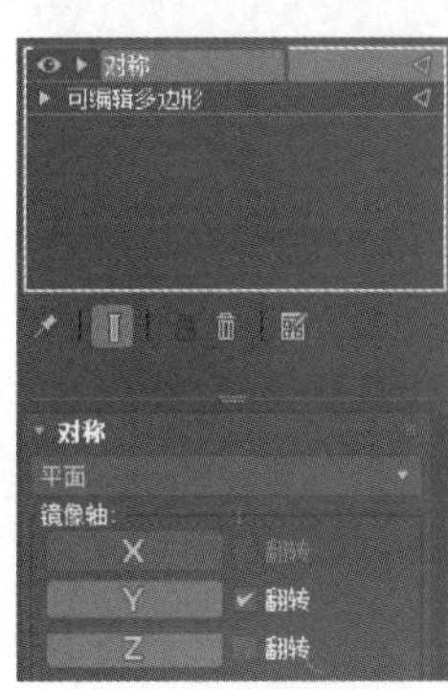

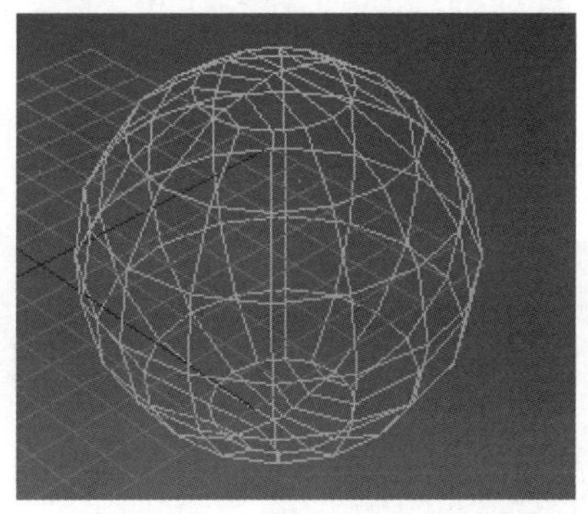

图 7.49　使用对称命令

步骤 6：涡轮平滑。对称后所展示的球体棱角分明，为了使其更加自然圆滑，在“修改器列表”的“对象命令”中选择“涡轮平滑”，得到的结果如图 7.50 所示。

步骤 7：选择花纹线。将对象再次转换为多边形，在“编辑”中选择“边”层级，双击选择球体的两根垂直的中间线与要制成篮球花纹的两侧的线，如图 7.51 所示。

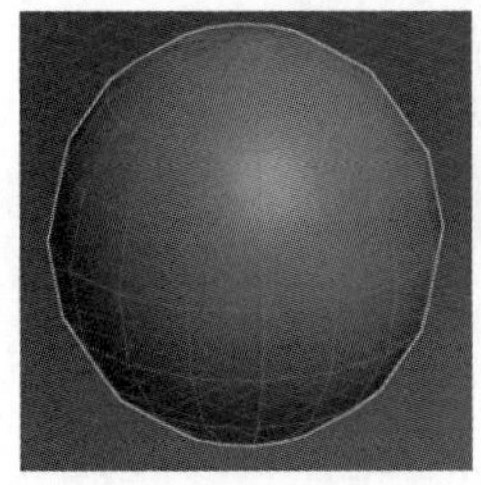
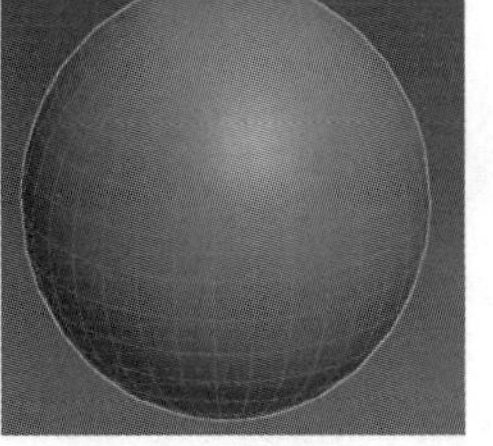
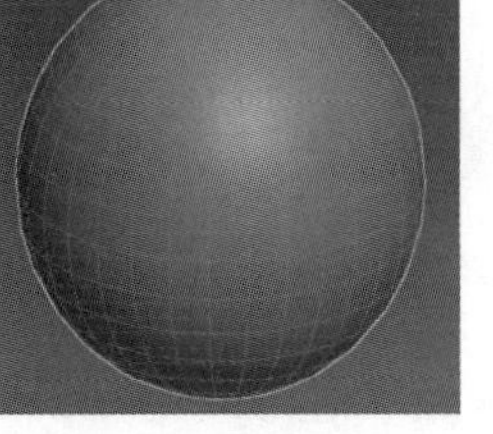

图 7.50　涡轮平滑

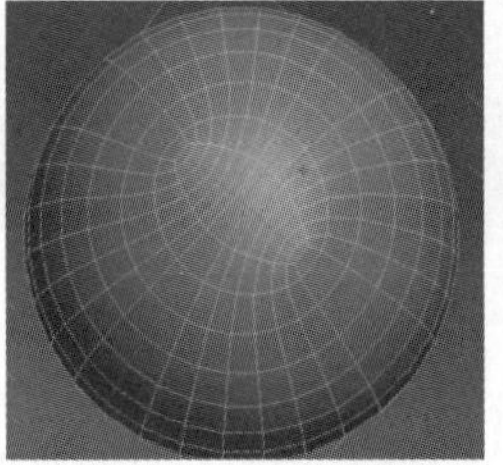
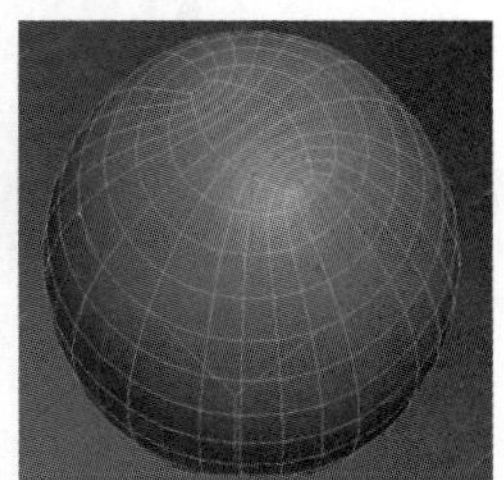

图 7.51　选择花纹线

步骤 8：调整边切角量。在“编辑边”命令中选择“切角”，选择“边切角量”进行调整并选择“应用”，结果如图 7.52 所示。

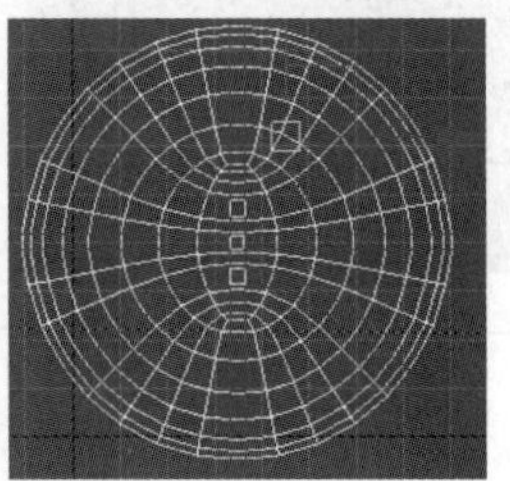

图 7.52 调整边切角量

步骤 9：选择操作面。再对边进行一次小数值的边切角量调整，进行一次压边，然后选择最初操作的中线，在“选择”中将“线”层级切换到“面”层级（按住“Ctrl”键点击 ），如图 7.53 所示。

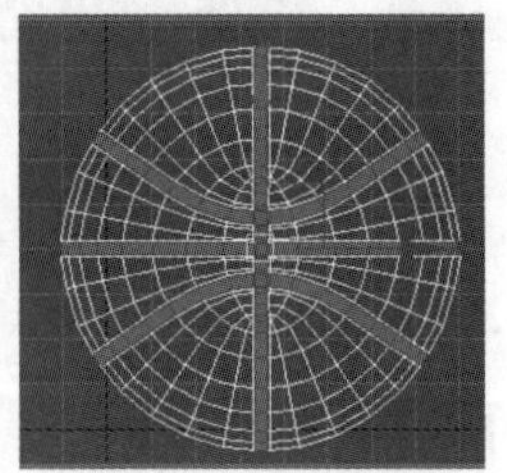

图 7.53 选择操作面

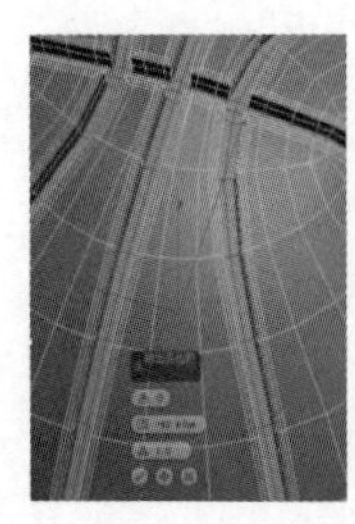

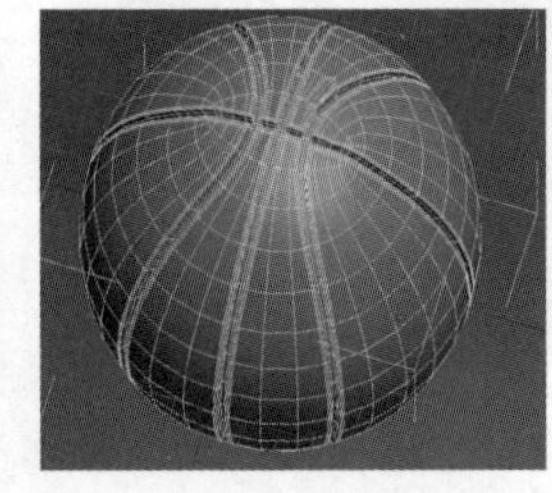

图 7.54 挤出

步骤 10：挤出。选择“挤出”命令，调整为“挤出法线”，将“挤出高度”的数值改为负数，表现在球体上为下凹的花纹，然后再进行一次“挤出”，结果如图 7.54 所示。

步骤 11：球形化。如果挤出后显得凹槽较深，可以在“修改器列表”中选择“球形化”命令，根据情况的不同调整“球形化”的百分比参数，最终得到自然圆滑的篮球，结果如图 7.55 所示。

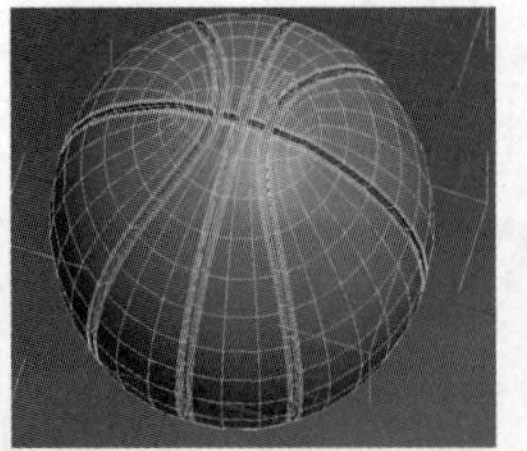

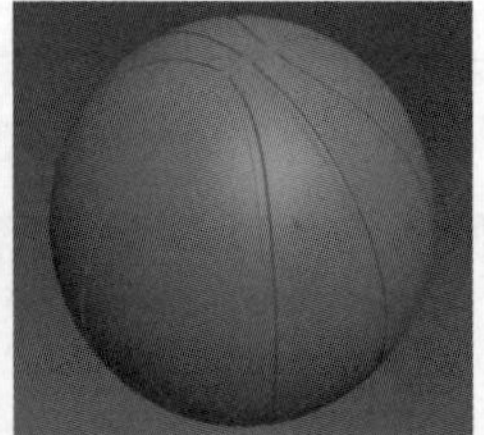

图 7.55 最终效果

【小结】 本实验通过对篮球模型的制作，介绍多边形基本知识的综合运用，以使读者学会分析用哪一种建模方式能取得最快最优的效果。

实验 7.6 制 作 麻 绳 

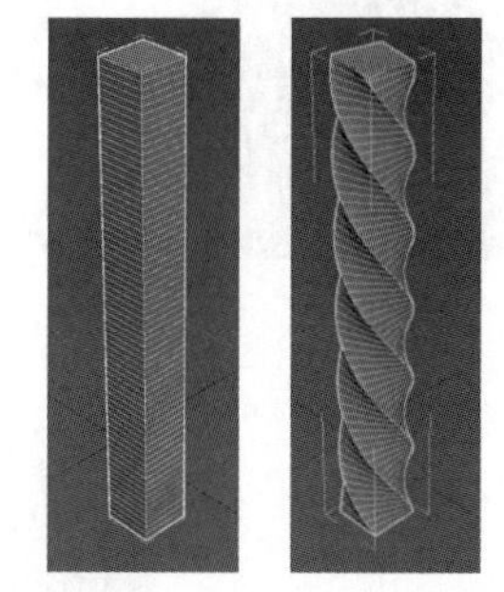

图 7.56 创建立方体并扭曲

【概述】 利用多边形建模及“扭曲”“路径变形”“噪波”等命令等制作绳索。

【知识要点】 充分了解和掌握线条的控制，掌握从立方体中提取样条线的方法。

【操作步骤】

步骤 1：创建立方体并扭曲。文件重置，打开一个场景，创建立方体并增加其高度段数。点击，点击“扭曲”修改器，点击“参数栏”中的“扭曲角度”，将角度调大。创建长方体并扭曲如图 7.56 所示。

> ⚠ “扭曲”修改器可用于在对象几何体中产生旋转效果，以控制任意三个轴上扭曲的角度，并可设置偏移来压缩扭曲相对于轴点的效果。

步骤 2：利用所选内容创建图形。选择对象，用鼠标右键单击使其转化为可编辑多边形。点击右侧选择栏中的“边”，双击选择对象竖向的一条边。选择后点击选择栏中的“环形”环形按钮，这样就可选中这四条边。注意选择的边是竖向的，选中“利用所选内容创建图形”，这样操作之后就可以将边给提取出来，然后退出“边”的状态。创建图形完毕后，选择对象进行移动，使创建对象与原本对象分离。利用所选内容创建图形如图 7.57 所示。

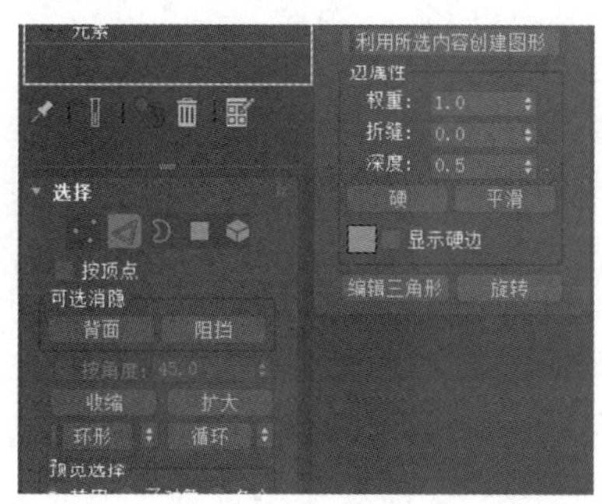

图 7.57 利用所选内容创建图形

步骤 3：调整在视口中启用。提取出来的是样条线，在“渲染”栏中点击“在视口中启用”，在右侧工具栏中选择“可编辑样条线→顶点”；进行移动调整，使其具有绳索连接处的松散的感觉；在“径向”里修改厚度和边数，直至自己满意，如图 7.58 所示。

步骤 4：使用软选择。由于做出来的是样条线，所以需要将其转换成可编辑多边形对象，使其成为实体，这样就可以运用其他命令来编辑了。将其转换为可编辑多边形，选择一个点，在右侧工具栏中选择“软选择”，再勾选其中的“使用软选择”选项，通过更改衰减值来改变软选择的范围，对创建图形上所选择的区域进行移动，做出弯曲效果，如图 7.59 所示。

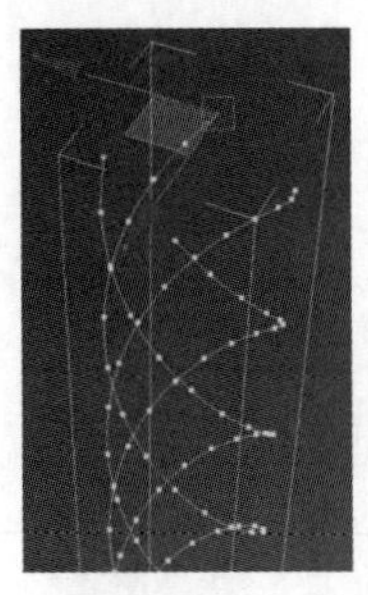
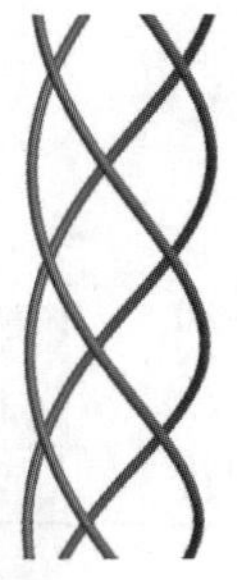
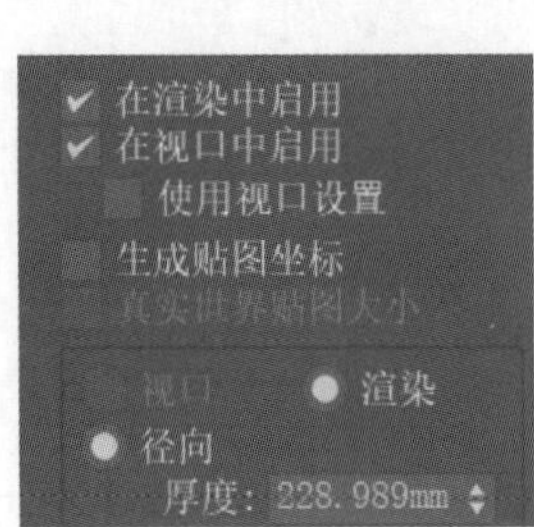

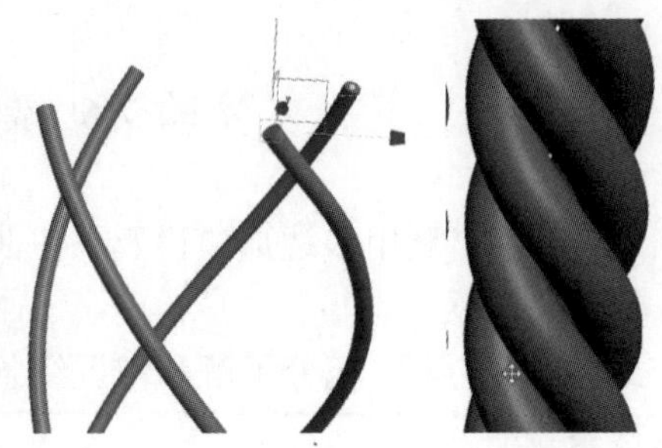

图 7.58 调整在视口中启用

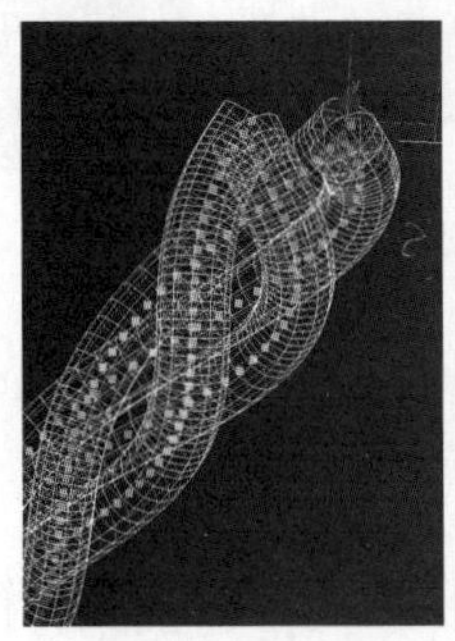
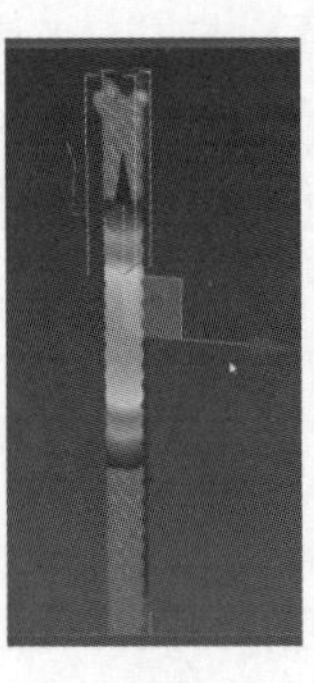
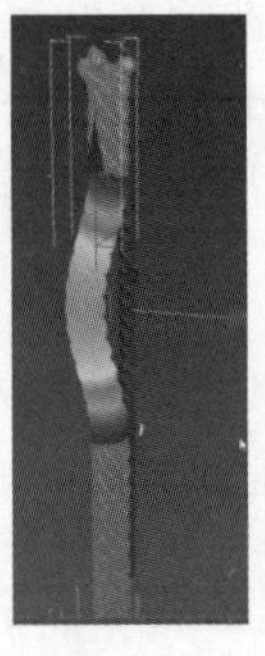

图 7.59 使用软选择

⚠ 作为一种选择和编辑方式，软选择能进行递减式的选择，如同拽住一块布中心的一点向上提，布的其他部分也会呈坡状起伏。在 3ds Max 软件中，起伏的程度取决于分段的多少，分段越多，起伏越圆滑。在“软选择”中激活“使用软选择”命令，选择点（可以随意进行选择），然后在“软选择设置”的“衰减”一项中进行调整，观察所选点附近的点的颜色变化。被影响程度由深至浅分别为红、橙、黄、绿、青、蓝，红色基本上是直接选择并操作的程度，而蓝色受操作的影响很小。使用软选择时需要注意的几个参数：衰减，用于控制软选择的影响范围；收缩，影响中心点附近的操作力度；膨胀，影响中心点以外的操作力度。这三个参数都会显示在峰值图上，可以通过观察峰值图来判断软选择的具体效果。

步骤 5：创建线条并调整。使用“路径变形”对绳索进行弯曲。按“F”键切换至前视图，选择“命令”面板中的“样条线”，创建线条，创建方法选择“平滑”，拖动类型选择“平滑”；线条创建之后，在“命令”面板中选择“顶点”，对创建的线进行调整修改，在“插值”中选择“自适应”，如图 7.60 所示。

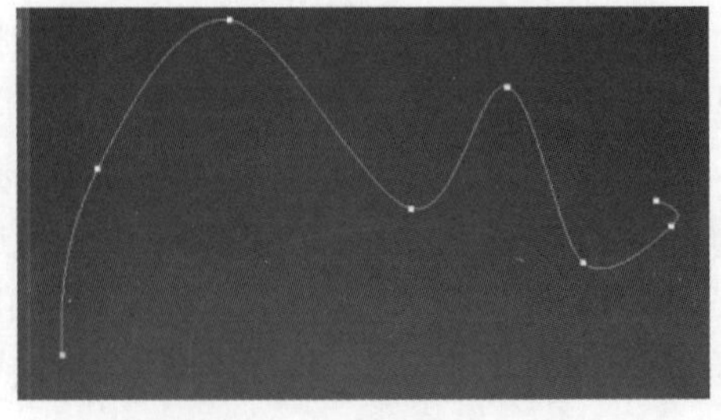

图 7.60 创建线条并调整

⚠ “路径变形”修改器将样条线作为路径来使用以实现对象的变形。可以沿着该路径移动和拉伸对象。

步骤 6：选择路径变形。选择之前创建好的绳索，在“修改器列表”中找到“动画”修改器，选择“路径变形”命令，如图 7.61 所示。

步骤 7：路径变形绑定。点击“路径变形绑定”，选择之前创建的线，点击“拾取路径”，再点击“转到路径”，绳索就可附着到线上，调整“百分比”的数值以移动绳索在线上的位置，然后拖动物体在线上移动，直至绳索达到自然状态，如图 7.62 所示。

图 7.61　选择路径变形

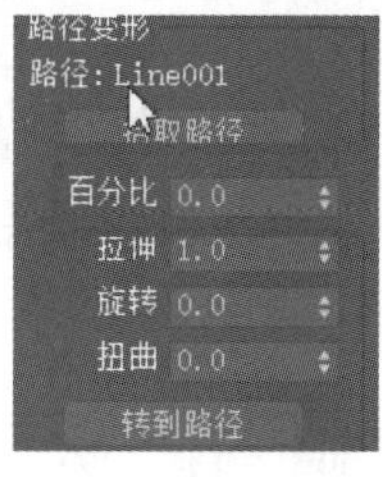

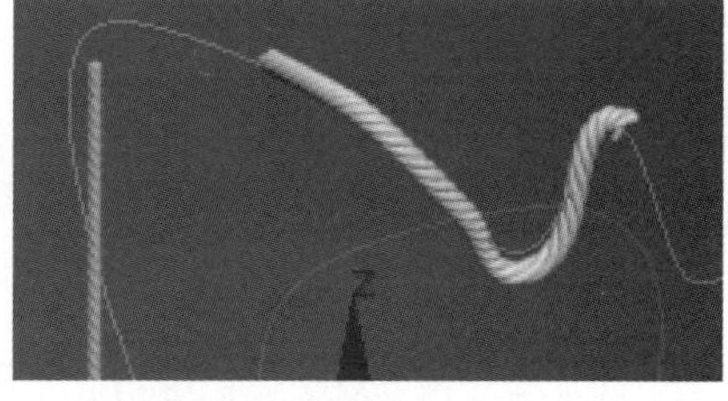

图 7.62　路径变形绑定

步骤 8：删除路径绑定。要再做一个，可以先复制绳索，然后点击“命令”面板中的“删除路径绑定”，这样复制出来的绳索就不会附着在线上；再利用同样的方法顺序点击“路径变形绑定”，选择之前创建的线，点击“拾取路径”，再点击“转到路径”，绳索就可附着到线上，然后调整“百分比”数值以移动绳索在线上的位置，如图 7.63 所示。

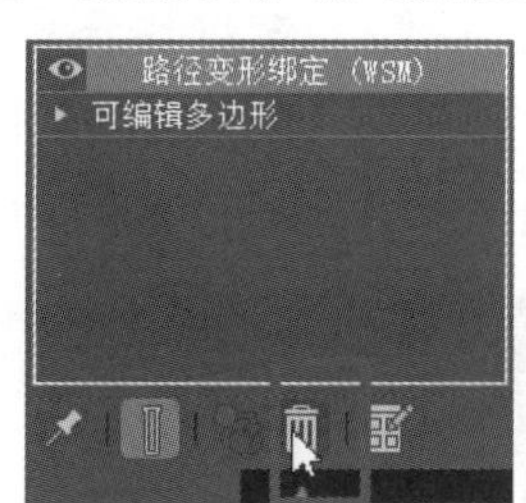

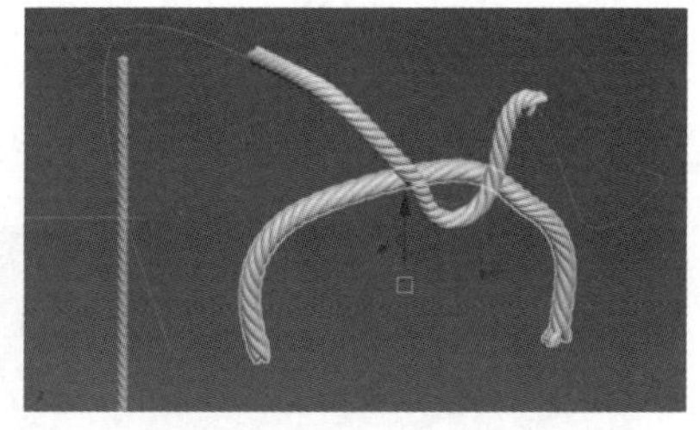

图 7.63　删除路径绑定

步骤 9：添加噪波并调整。将绳索变得粗糙比较符合麻绳的观感。在“命令”面板中选择“修改器列表”，选择“噪波”，点击“分形”，增大 X、Y、Z 轴的数据以增强其强度，以达到麻绳的粗糙效果；同样可以对另一个图形进行同样的修改，修改后的效果如图 7.64 所示。

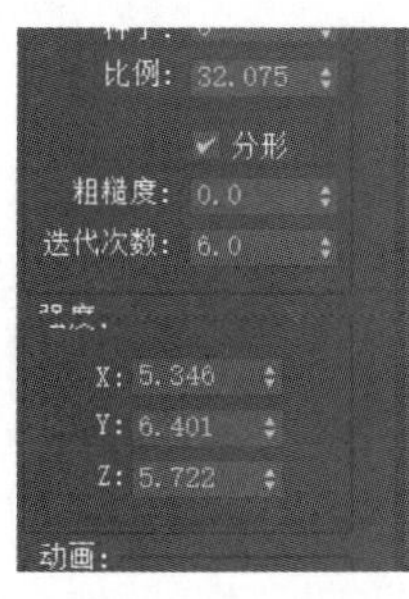

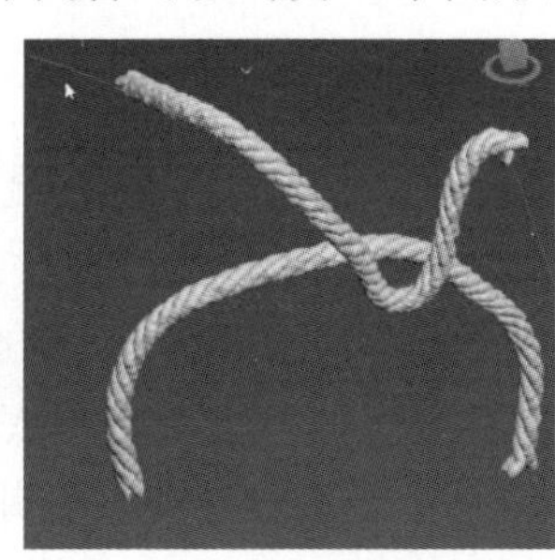

图 7.64　添加噪波并调整

【小结】 本实验介绍了麻绳的制作，以使读者进一步熟悉“扭曲”“路径变形”和“噪波”命令，同时了解可以通过不同的命令来达到相同的效果。例如，可以通过软选择调整衰减值来控制绳索部分区域的弯曲，以此来达到麻绳的自然弯曲效果；也可以通过“动画”修改器中的“路径变形”来达到麻绳的自然弯曲效果。

【拓展作业】 利用多边形编辑制作如图 7.65 所示的螺纹、水果，完成拓展作业。

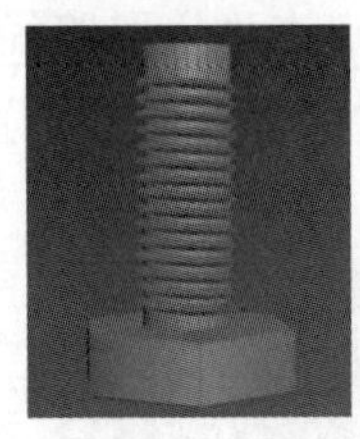
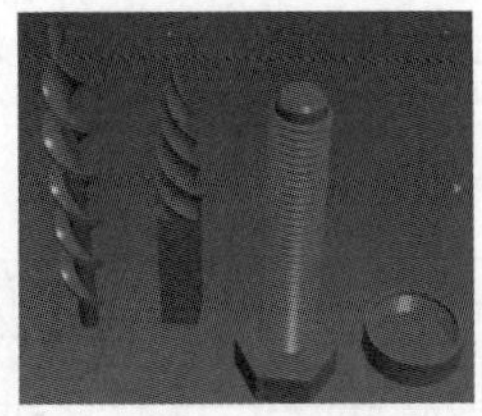

图 7.65 拓展作业——制作螺纹和水果

实验 7.7 制 作 火 箭

【概述】 利用多边形编辑器的其他命令制作火箭。

【知识要点】 学会使用“车削”命令创建基础模型，灵活运用可编辑多边形的各种命令。

【操作步骤】

步骤 1：创建平面并冻结。重置文件，打开一个场景，按“F”键切换到前视图。根据图片尺寸，创建一个平面，长度为 1389，宽度为 942，按“Z”键将其最大化显示；将火箭图形拖到平面上，关闭网格，切换至顶视图，将图片向后移动，选择背景底图，用鼠标右键点击“对象属性” 对象属性(P)... ，勾选“以灰色显示冻结对象”锁定底图，如图 7.66 所示。

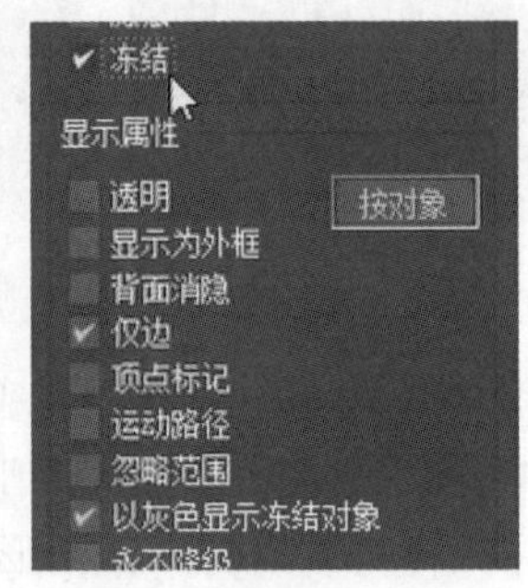

图 7.66 创建平面并冻结

步骤 2：设置材质透明度动画。按“M”键打开“材质编辑器”，选择任一材质球；选择“不透明度”，设置不透明度为 0.1；勾选“自动关键点”，在时间轴上拉至 1，将材质不透明度调整为 1；关闭“自动关键点”，这样设置的好处是只要按下“，”键或者“。”键就可以快速显示对象的透明与不透明度。建模时模型会遮挡住底图，若看不见底图，建模时就缺少了参照物，因此制作一个透明材质，以动画的形式通过切换透明和不透明能方便操作。使用快捷键“Alt+X”能透明地显示选择对象，只是透明度不够清晰而已。这样前期工作就做好了。设置材质透明度动画如图 7.67 所示。

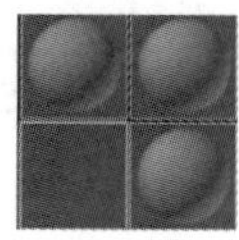

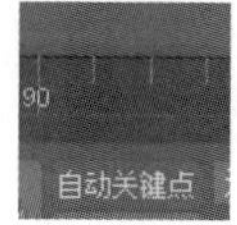

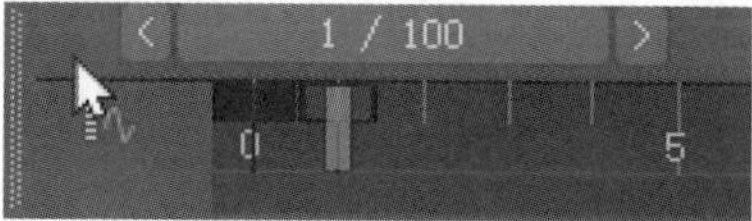

图 7.67　设置材质透明度动画

步骤 3：绘制轮廓线。切换至前视图，点击“图形→线”，关闭“平滑”，切换到“角点”，然后根据火箭图形绘制火箭的基本形状，绘制垂直的线时需要按住“Shift”键，如图 7.68 所示。

步骤 4：车削。打开，单击鼠标右键打开“面片/样条线编辑”，然后点击“车削”车削，将分段改为 12，在“对齐”中选择“最大”，同时将材质赋予车削对象，车削效果如图 7.69 所示。

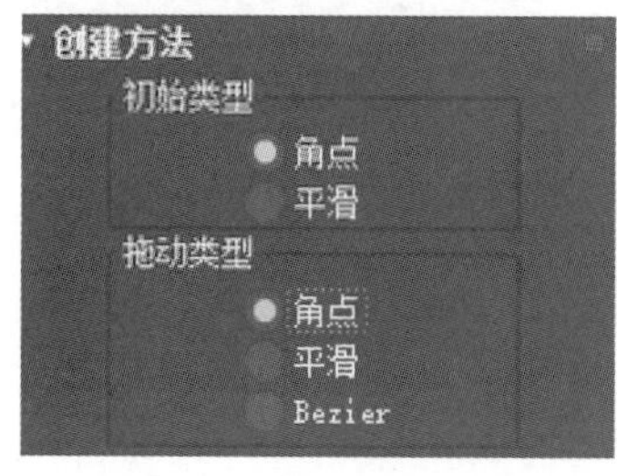

图 7.68　绘制轮廓线

图 7.69　车削效果

步骤 5：圆角处理。选择样条线，点击→，编辑顶点，对图形进行调整，对顶点进行圆角处理，如图 7.70 所示。

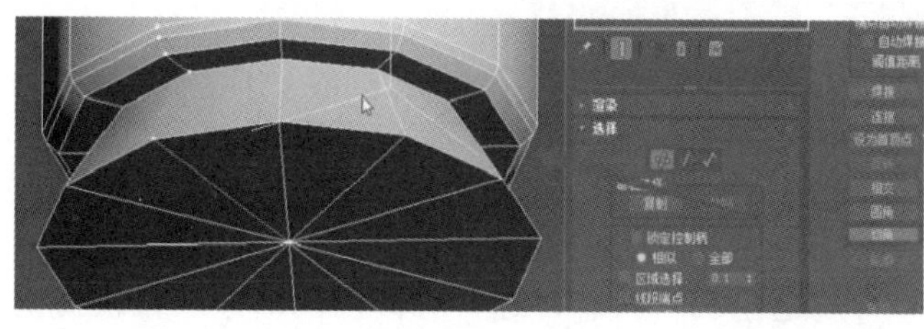
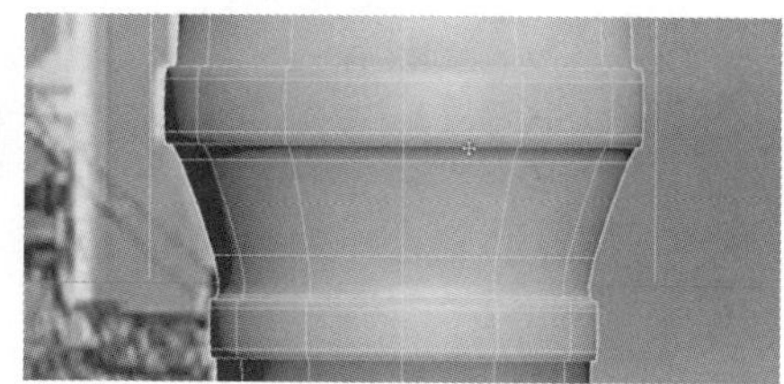

图 7.70　圆角处理

步骤 6：快速循环并插入。点击鼠标右键将模型转变为可编辑多边形，点击，选择“边”层级，点击“快速循环”命令，其快捷键为“Alt+1”。点击，选择对象线条，再点击环形，按住“Ctrl”键，点击“多边形”层级，把这一圈面都选中，点击插入，会在基础上增加一个边，重复操作一遍，如图 7.71 所示。

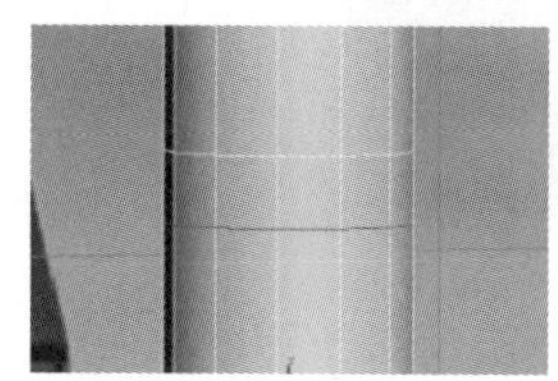
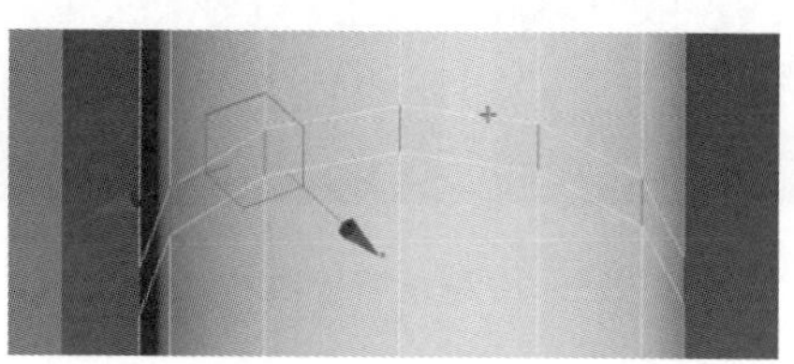
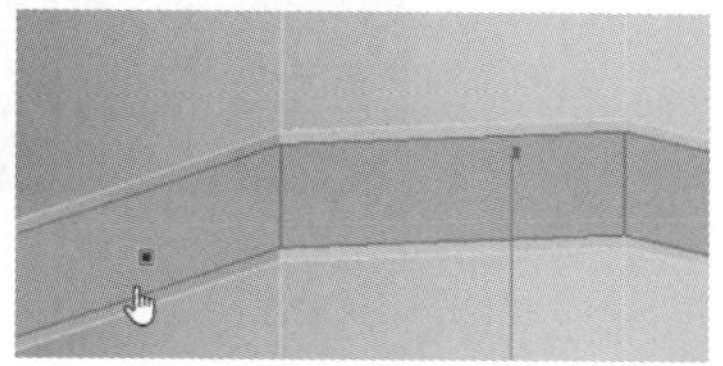

图 7.71　快速循环并插入

⚠ “快速循环” 快速 循环 命令在功能区“石墨工具”中，是一个可以给对象快速分段的极好工具。

步骤 7：挤出多边形。点击“挤出”，将挤出类型改为“挤出多边形”，调整数值，如图 7.72 所示。

步骤 8：添加循环线。点击，选择线条，按快捷键“Alt+1”，添加循环线，如图 7.73 所示。

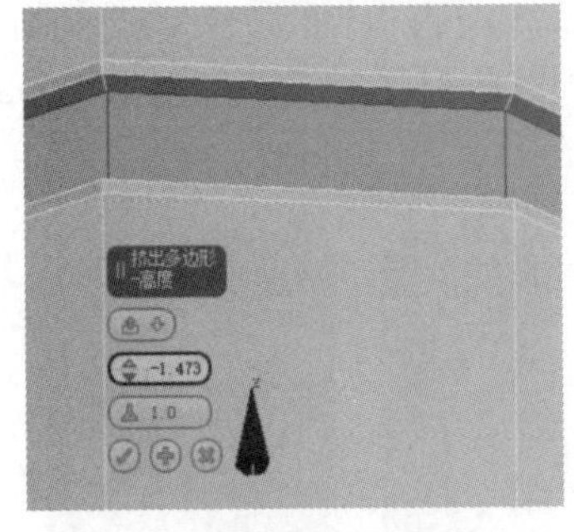

图 7.72 挤出多边形

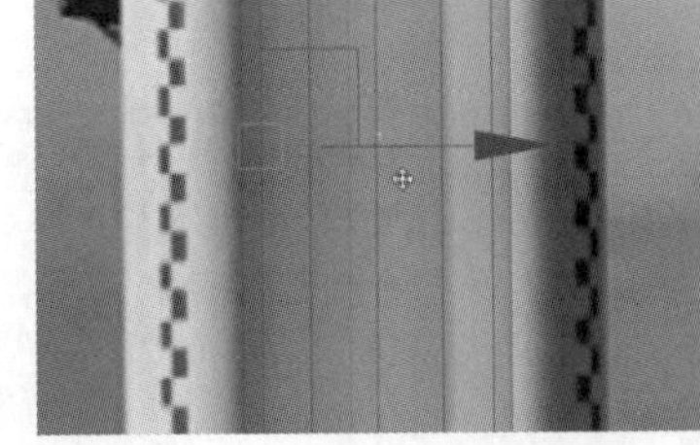

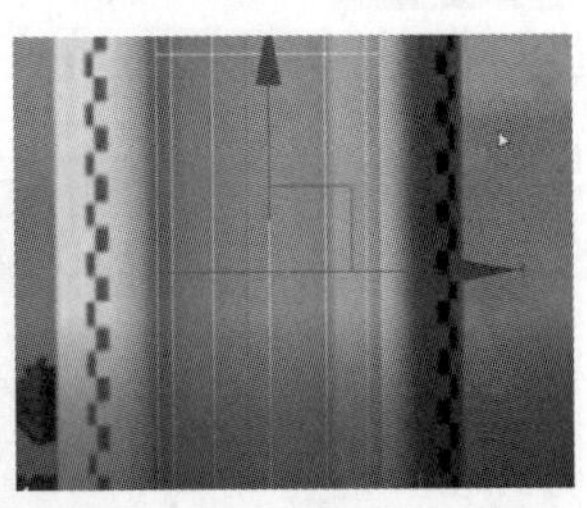

图 7.73 添加循环线

步骤 9：分离面。选中“面”层级，选择“分离”，单独分离面，如图 7.74 所示。

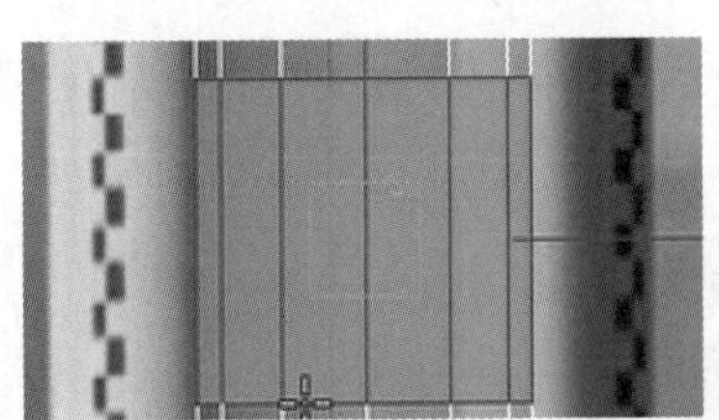

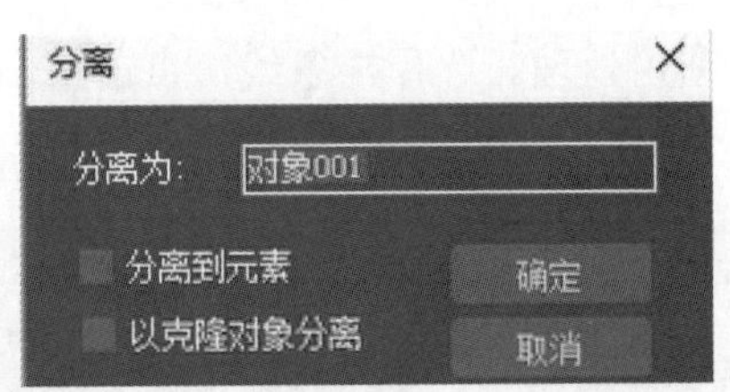

图 7.74 分离面

步骤 10：给对象增加段。点击鼠标右键退出编辑状态，选择分离出的对象，按快捷键“Alt+Q”，孤立选择对象；点击，选中上下线段，点击 循环 ，点击 连接 ，效果如图 7.75 所示。

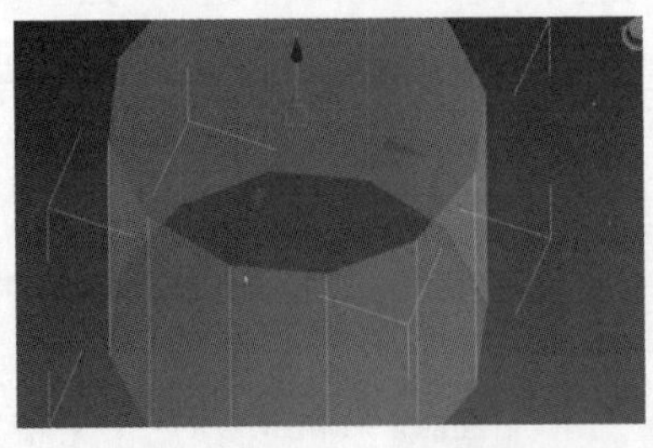

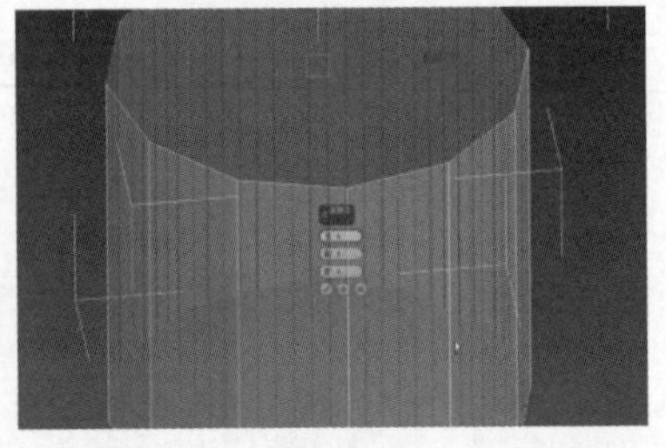

图 7.75 给对象增加段

步骤 11：删除面。完成后只选择一个面，把其他的面按“Delete”键删除，如图 7.76 所示。

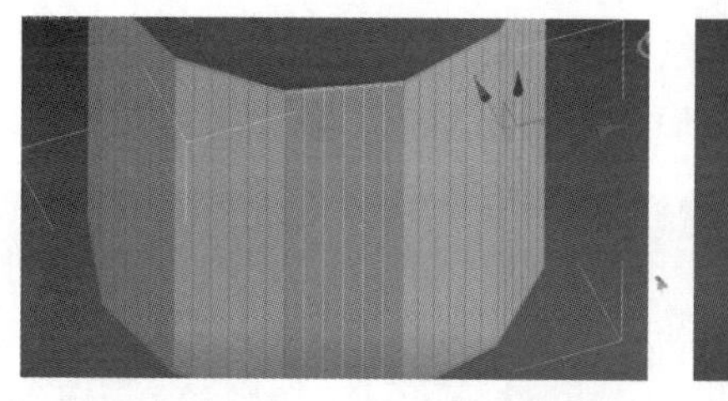

图 7.76　删除面

步骤 12：将边选择转换为多边形选择。选择上下两条线，选择“循环”，点击，按住“Ctrl”键选中“多边形”层级，如图 7.77 所示。

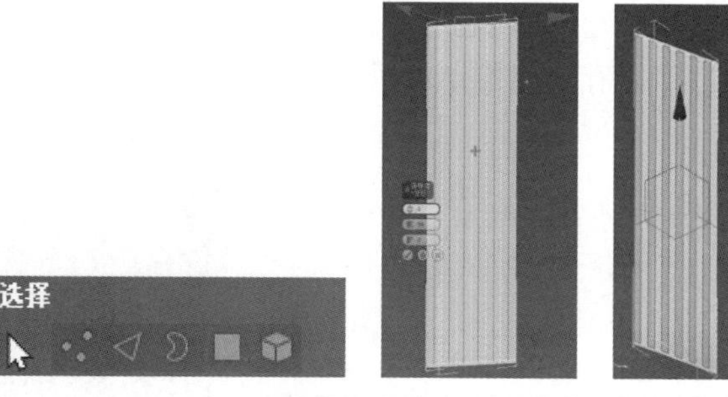

图 7.77　将边选择转换为多边形选择

步骤 13：挤出并调整高度。选择“挤出”，向里挤出并调整高度；点击，进行多次挤出，修改倒角和高度，如图 7.78 所示。

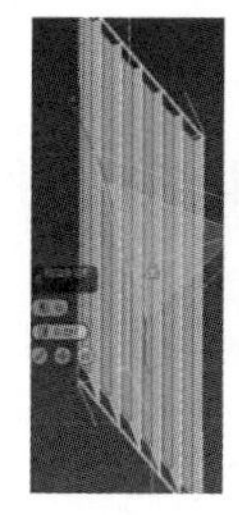
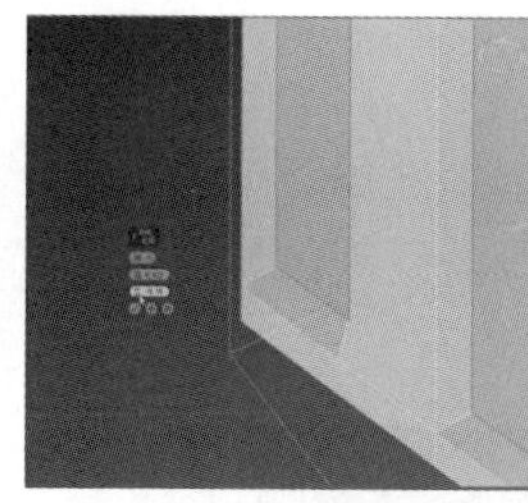
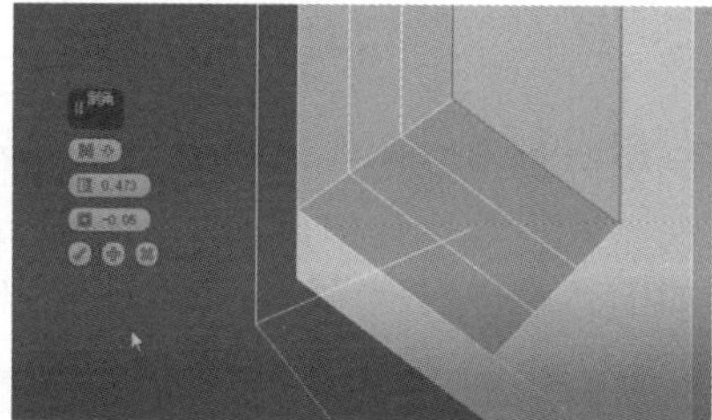

图 7.78　挤出并调整高度

步骤 14：阵列。点击或点击鼠标右键，选择，按“。”键取消透明，选择“阵列”工具更改数值，以圆柱体中心为轴，阵列 12 个，如图 7.79 所示。

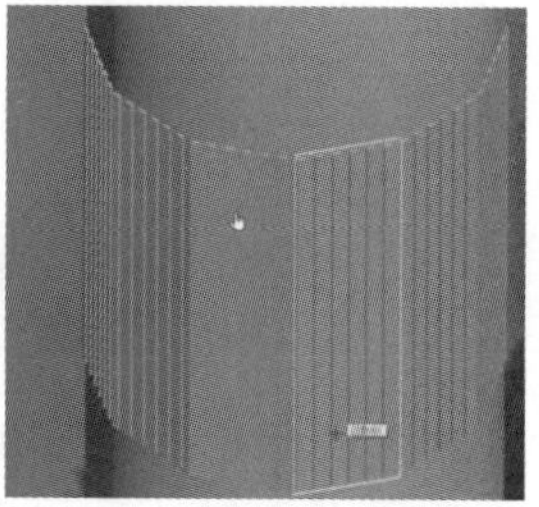

图 7.79　阵列

步骤 15：倒角并调整。选择对象，点击 多边形 ，选择 倒角 ，更改倒角高度和倒角角度，按“W”键，选择 顶点 ，移动顶点至合适的位置，如图 7.80 所示。

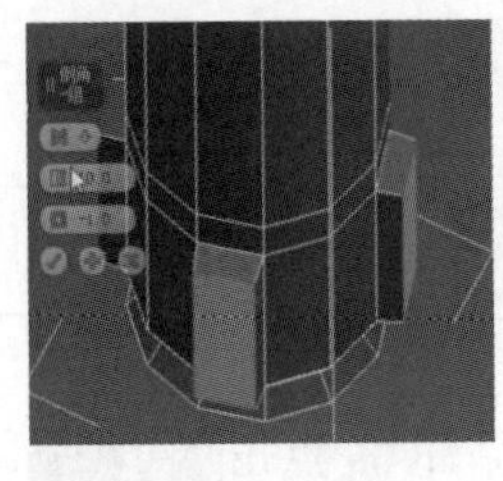
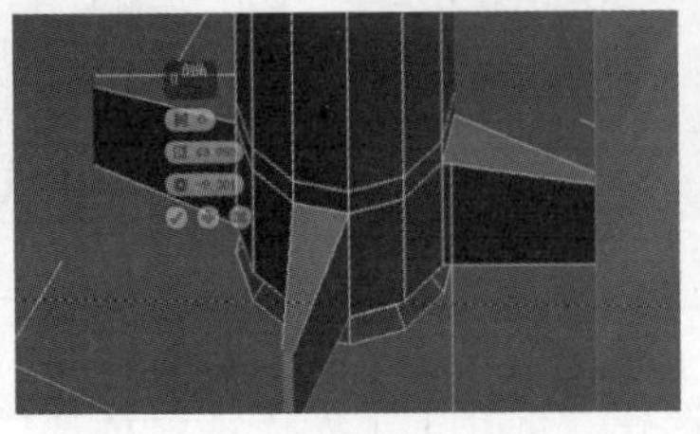

图 7.80 倒角并调整

步骤 16：NURMS 切换。选择对象，点击鼠标右键选择“NURMS 切换”，完成火箭基本外形的最后建模，然后进行保存，如图 7.81 所示。

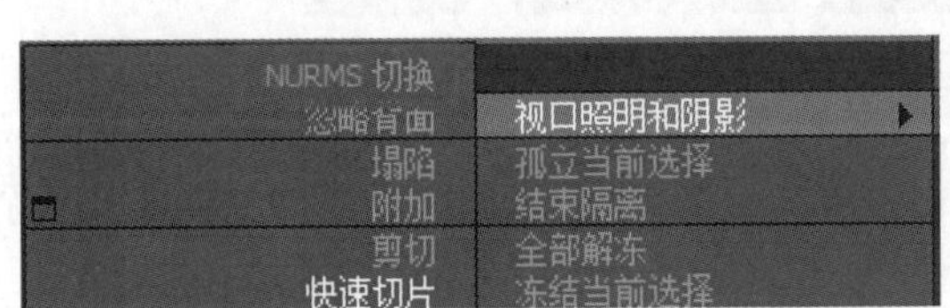

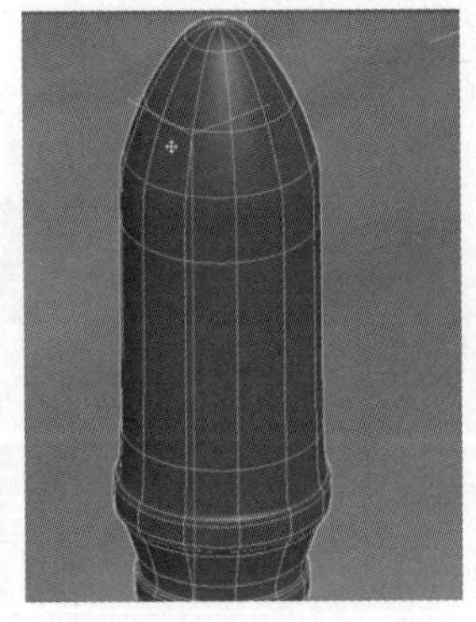

图 7.81 NURMS 切换

【小结】 本实验通过用多种方式制作火箭，使读者进一步熟悉可编辑多边形和车削的使用，关键在于“快速循环”和“插入”命令的使用，其使得模型制作加速。

【拓展作业】 制作如图 7.82 所示的菜刀，完成拓展作业。

图 7.82 拓展作业——制作菜刀

实验 7.8 制 作 宝 剑

【概述】 制作宝剑的关键还是多边形建模。在制作宝剑的过程中，可以利用卡线来保护模型形体在添加平滑后不走样，还可以通过卡线与被保护边的距离来控制边转折的软硬程度。可编辑多边形适合制作那些不能被拆分的物体，尤其是一些曲面物体。

【知识要点】 掌握快速卡线与多边形的结合运用；学会修改多边形的点和线以增加模型细节，以及使用细分命令使模型变得更加光滑；掌握“石墨”“循环”“面片”“网格”“切割”和“车削”工具的使用。

【操作步骤】

步骤 1：添加循环线。“快速循环”命令在石墨工具面板中，石墨工具面板如图 7.83 所示。“快速循环”工具最大的用途就是卡线，按住“Ctrl”键可以选择添加的循环线，按住“Alt”键可以对所加的循环线进行拖动。

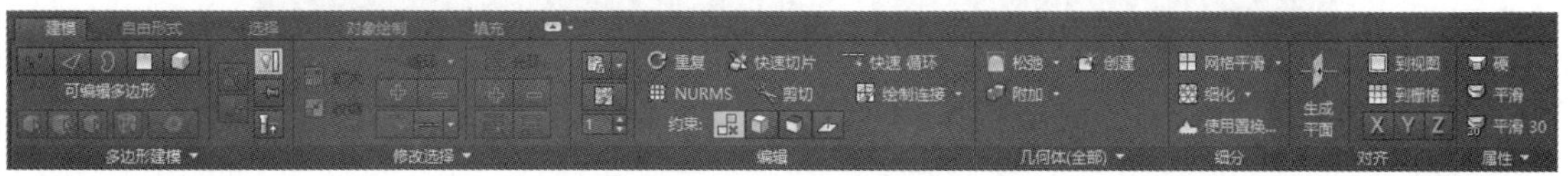

图 7.83　石墨工具面板

> ⚠ 所谓“卡线”，就是给模型以骨架，让某一些部分变得有型、定型。这类部分大都是棱角、细节，或者显示其结构的部分。卡线不宜太复杂，所以只做必须做的线就是卡线的要点。卡线必须是一条完整的循环边，要根据想要的平滑后的最终效果来决定卡线与边之间的距离。卡线内所有的面必须是四边面。为了保证最后的效果自然，应尽量保持同样转折的边卡线与边的距离一致，这样可以使平滑后的模型效果更自然。

步骤 2：创建参考底图。重置文件，打开一个场景，先创建参考底图。切换到顶视图，点击“创建”，按快捷键“T”将视角切换到顶视图，在平面之上创建长方体作为剑身，调整其长度、宽度与参考图的一致，并放在场景的适当位置，按鼠标右键归零。点击“修改”，将“参数”中的长度分段和高度分段都设置为 1，长度设置为 130mm，高度设置为 1200mm。按“F3”键，将参考图片拖进来，最终效果如图 7.84 所示。

图 7.84　创建参考底图

步骤 3：插入段并修改剑尖部分。按住快捷键“Alt+X”，将长方体调整为半透明状态，再对长、宽、高进行精细调整。选择长方体，用鼠标右键点击“转换为可编辑多边形”，在对象的“边”层级用框选工具选中长方体的四条长边，用“连接”工具插入一些可编辑的边和点，用框选工具选中剑尖位置的“点”层级，按参考图的位置进行缩放。为了使剑尖位置的弧度更圆滑，可在“边”层级上插入更多可编辑的点，对点做适当缩放，完成剑尖部分。插入段并修改剑尖部分如图 7.85 所示。

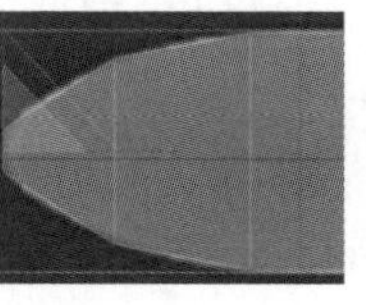
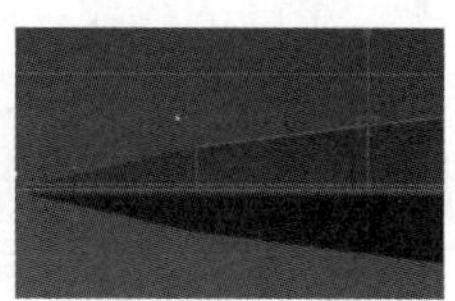

图 7.85　插入段并修改剑尖部分

步骤 4：删除下半部分。按快捷键“P”切换到透视图。调整角度，选中“可编辑多边形”，用缩放工具调整剑身的厚度。选中“可编辑多边形”中的“边”层级，按快捷键“L”切换到左视图，用框选工具选中所有与 Z 轴平行的边，在“编辑边”中点击“连接”命令，创建一条中线，选中下半部分并删除。删除下半部分如图 7.86 所示。

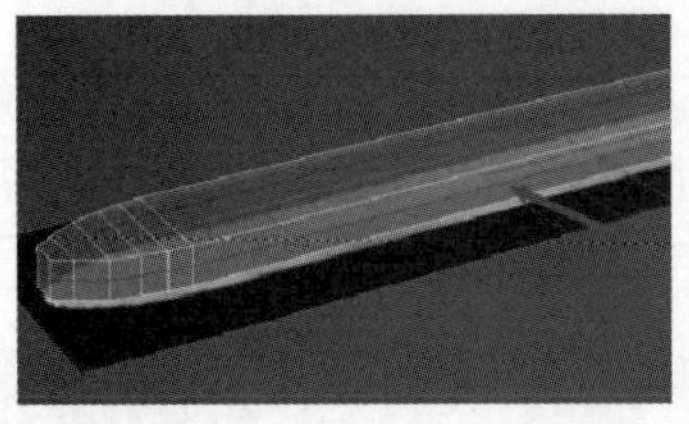
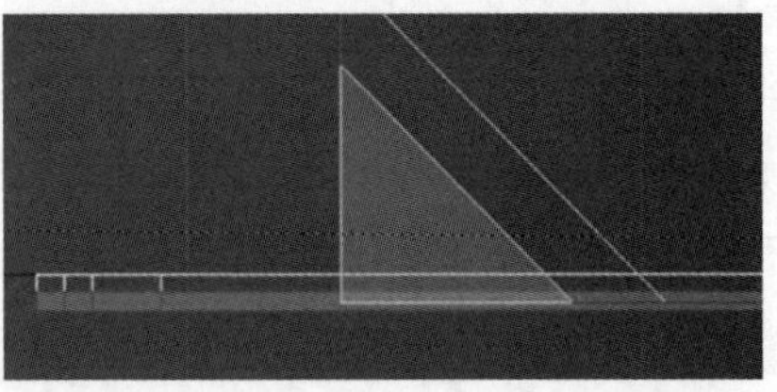

图 7.86 删除下半部分

步骤 5：调整对象轴心位置。选中“可编辑多边形”，点击“层次”，在“轴”的下拉菜单中找到“调整轴”并点击“仅影响轴”，然后用鼠标拖动轴心垂直向下移动到剑身底部，关闭“仅影响轴”，如图 7.87 所示。

步骤 6：使用镜像工具。选中对象做上下的垂直镜像。选中可编辑对象，点击“镜像”，弹出“镜像设置”小窗口；选择“变换→镜像轴”，选择 Y 轴，对“偏移”做适当调整；点击“克隆当前选择”，选择“实例”，点击“确定”，如图 7.88 所示。

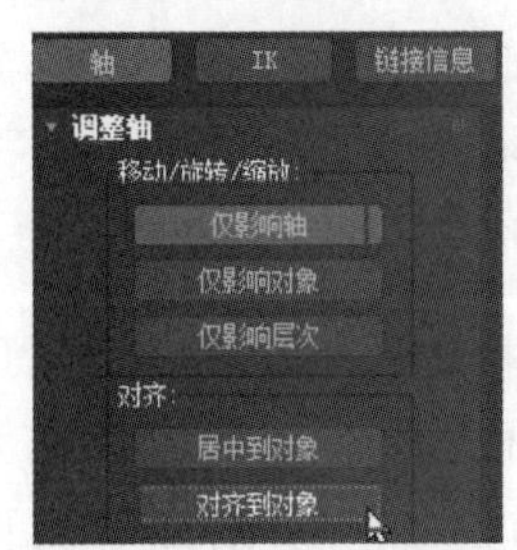

图 7.87 调整对象轴心位置

图 7.88 使用镜像工具

步骤 7：制作刀刃。选择边缘直线，用“移动”工具将选中的线按 Z 轴向下移动到合适位置，使剑的两边刀刃和剑尖部分比中间更薄一些，做出刀刃的形状，然后调整剑尖位置的点使其过渡更加平滑，如图 7.89 所示。

图 7.89 制作刀刃

步骤 8：快速循环卡线。点击“多边形建模”面板上的“快速循环”，将鼠标移动到模型上，会出现一整圈的线段，这样就可以给剑刃的边角部分卡线，如图 7.90 所示。

步骤 9：附加并焊接。选择上面的可编辑对象，关闭“使唯一”，在“编辑几何体”中点击“附加”，点击下面的可编辑对象，使上下两个图形成为一个整体；选择“可编辑多边形”的“边”层级，选中可编辑多边形的边缘，在“编辑边”中点击“焊接”命令，将边缘焊接在一起，如图 7.91 所示。

步骤 10：绘制剑护手。切换到顶视图，根据底部的参考图，按快捷键“Alt+X”使其透明，根据参考图中剑柄的大小对该长方体的长度和宽度进行调整，创建和护手大小差不多的长方体；创建完成后，移动其高度，使其与剑刃保持同一高度；选中长方体，单击鼠标右键，点击“转化为可编辑多边形”，如图 7.92 所示。

图 7.90　快速循环卡线

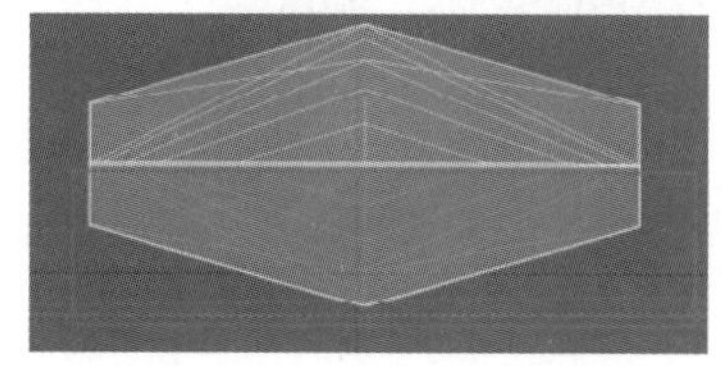

图 7.91　附加并焊接

图 7.92　绘制剑护手

步骤 11：添加线段。选中可编辑多边形的“边”层级，在“编辑边”中点击“连接”增加边。选择可编辑多边形的“点”层级，沿参考图中剑柄的形状在 XY 面上调整可编辑多边形的点的位置。打开“快速循环”命令，给护手部分添加一些线段。在上面卡出手柄和花纹的位置，分别转换到可编辑多边形的“点”层级、“边”层级和“面”层级，移除多余的点、线和面。添加线段如图 7.93 所示。

步骤 12：编辑凹进部分。按“Ctrl”键，同时选中缺口处上下对应的边，在“可编辑多边形”的“边”层级中选择“编辑边”，点击“桥”，将删除边和面后形成的洞补上；按快捷键“Alt+C”将工具切换成“切割”，沿排布有序的线继续切割，将多余且杂乱的线按快捷键“Ctrl+Backspace”删除，如图 7.94 所示。

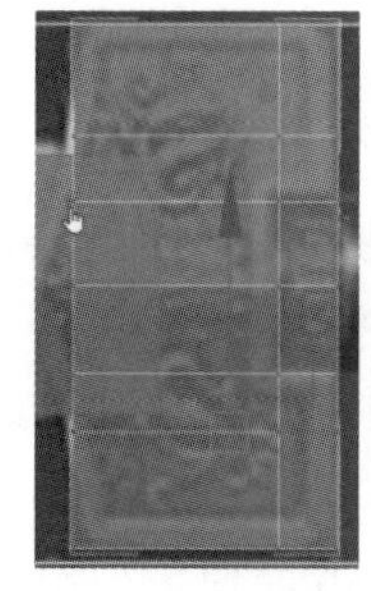
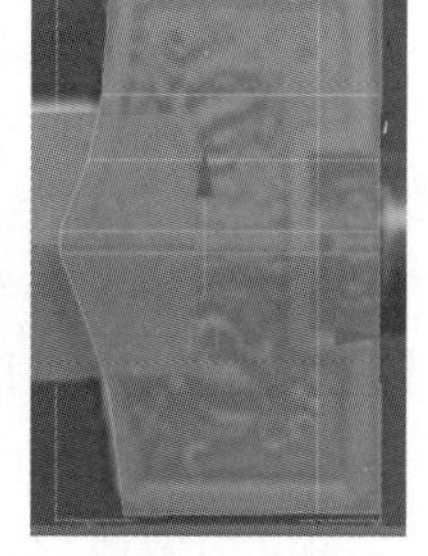

图 7.93　添加线段

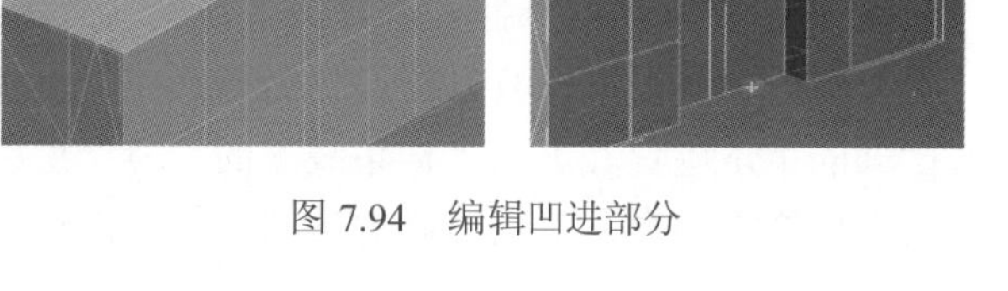

图 7.94　编辑凹进部分

步骤 13：调整扶手厚度。选中对象，用缩放工具将其厚度变小；选中“可编辑多边形”中的“多边形”层级，用框选工具将剑柄的一半删除；删除后调整对象的轴心位置，同步骤 5 和步骤 6，点击“确定”，如图 7.95 所示。

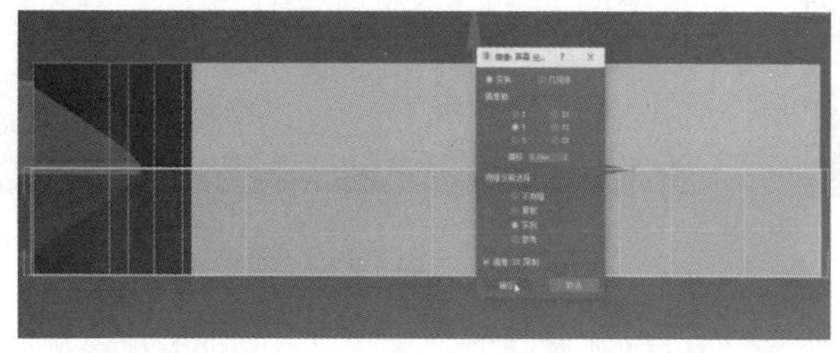

图 7.95　调整扶手厚度

步骤 14：制作边沿凸起。使用“快速循环”命令，给轮廓周围建立一圈小的面；进入“面”层级，选择对象轮廓边的所有面；使用“倒角”命令，将高度设置为 4mm，将轮廓设置为 0mm，如图 7.96 所示。在该步骤中，使用“挤出”命令也能达到相同的效果。

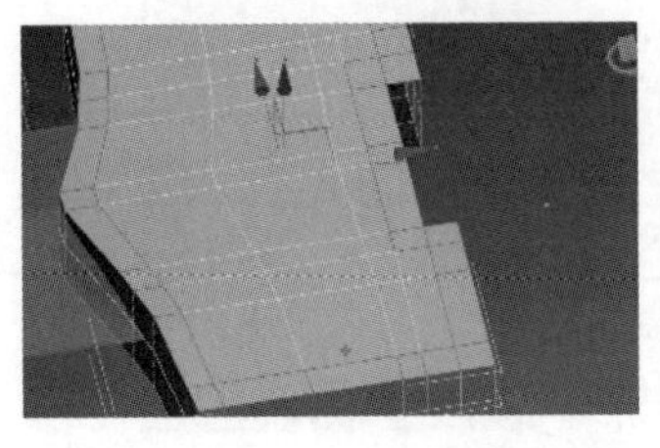
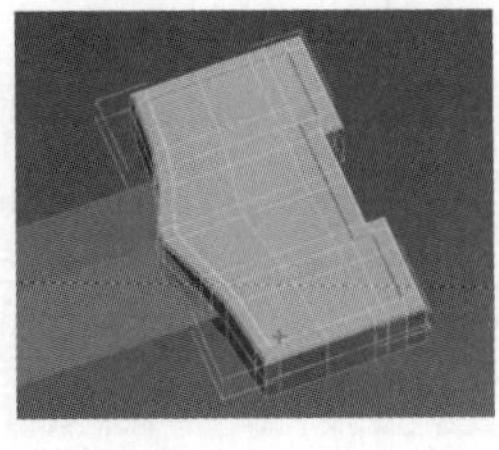

图 7.96　制作边沿凸起

步骤 15：附加组合并焊接。先选择下方复制出来的对象，点击“编辑”面板的“使唯一”按钮，再选择其中的一个部分，点击“附加”并选择另一个部分。附加完成后，要删除上下两个部分的交界面，只留下“边”，这样才能进行焊接。进入“边”层级，选中两部分连接的线段，再点击“焊接”。对剑柄的部分重新卡线，使其变得更加光滑。点击“多边形建模”面板上的“NURMS”，并将迭代次数设置为 2，并贴上材质。附加组合并焊接如图 7.97 所示。

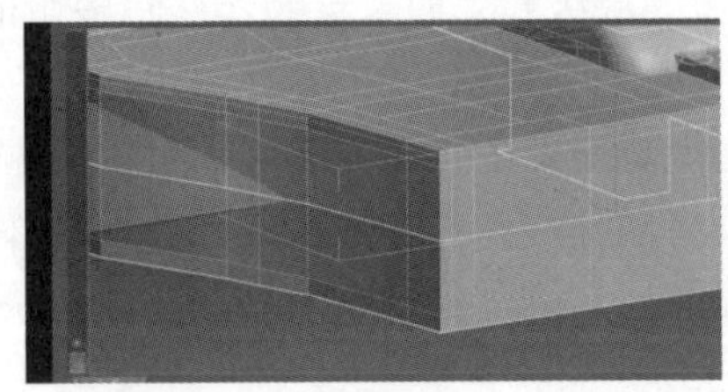

图 7.97　附加组合并焊接

步骤 16：制作剑柄。进入“样条线创建”面板，点击“线”，按照参考图的轮廓画出剑柄的一半轮廓；按照参考图进行布线，按快捷键“Shift”创建直线，点击鼠标右键结束绘制，如图 7.98 所示。如果要做实心剑柄，需要将首尾两点用直线相连如果要做空心剑柄则不用。

步骤 17：车削剑柄。打开“修改”面板，点击“修改器列表”，找到并选择“车削”命令。在“参数”面板上，将方向设置为 X，将对齐设置为最大。如果此时的形状不正确，可以修改轴的上下位置。进入“样条线”的“点”层级，对点的位置做适当修改，使模型不会重叠而出现黑色的面。得到正确的形状后，勾选“参数”面板中的“焊接内核”和“翻转法线”，将分段设置为 50。车削剑柄如图 7.99 所示。

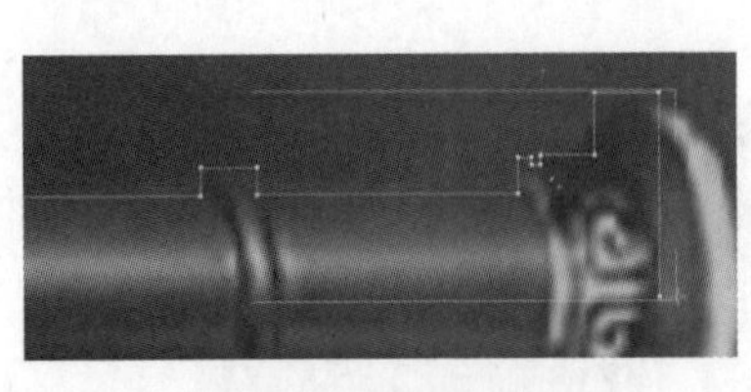

图 7.98　制作剑柄

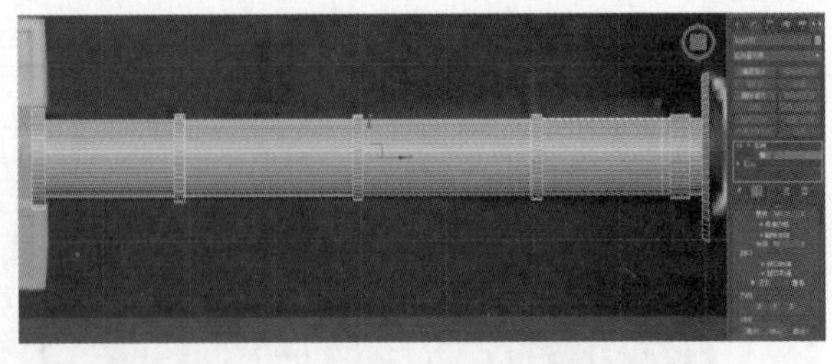

图 7.99　车削剑柄

步骤 18：圆角处理。按快捷键“R”，使用缩放工具，将圆柱形剑柄缩放得更加扁平，使其厚度更加适宜，能够被正确地放入护手中。进入样条线，用圆角命令将边角变得更加圆滑。

为了使操作更加快捷，可以同时选中多个点使用圆角命令。选中“Line”中的“顶点”层级，在其下属的“几何体”中点击“圆角”，将突出的手柄防滑纹路进行圆角处理。圆角处理如图 7.100 所示。

步骤 19：缩放调整。调整两端端点的位置，使两端破掉的地方闭合。选中“车削”层级，使用缩放工具对其进行缩放，如图 7.101 所示。

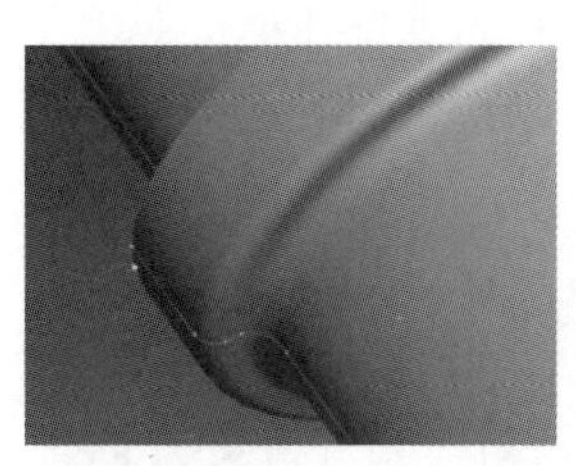

图 7.100　圆角处理

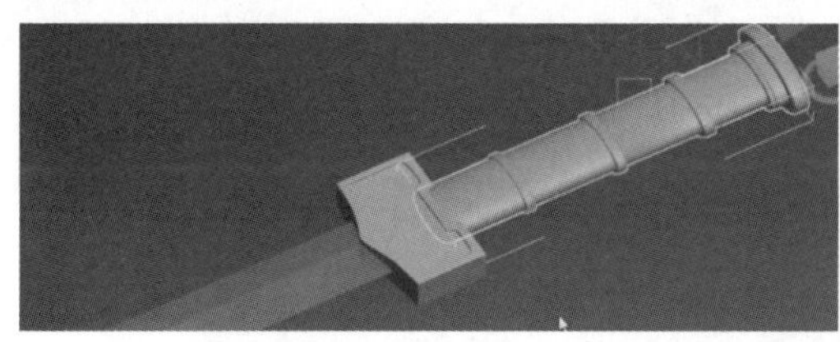

图 7.101　缩放调整

步骤 20：完成整体模型。对各个组成部分的比例大小、位置关系进行更加细致地调节，调节完毕后选择“对齐”工具，将所做模型进行对齐并调整颜色，如图 7.102 所示。

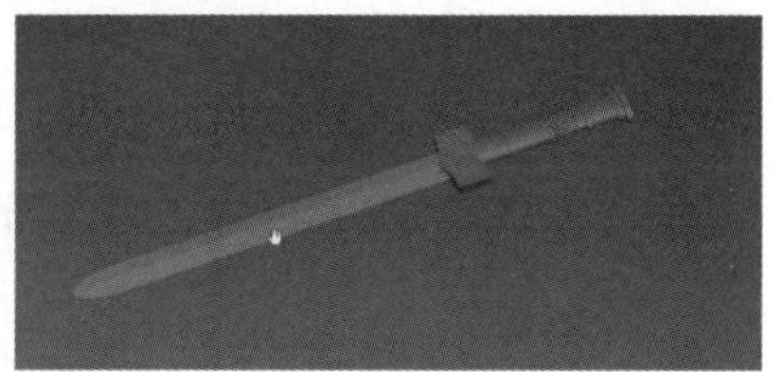

图 7.102　模型制作结果

步骤 21：制作刀鞘。切换到左视图，点击，在下方“对象类型”中选择“圆柱体”，并在场景中单击放置，调整其高度分段为 5。点击，在“参数”列表中选择“边数”命令，将边数大小调整为 12。关掉“平滑”选项，将端面分段调整为 3。调整圆柱体参数如图 7.103 所示。

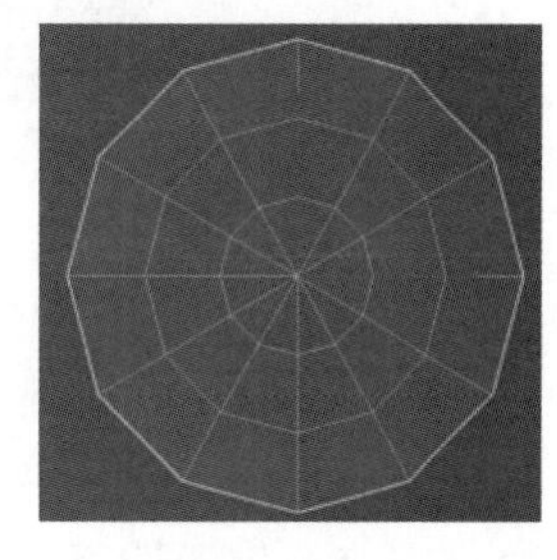

图 7.103　调整圆柱体参数

步骤 22：调整刀鞘形状。按“T”键切换到顶视图，点击选择物体，点击鼠标右键将其转换为可编辑多边形。选择“顶点”层级，选择最左边的点，按“R”键缩放所选择的点。移动调整第二排的点，在靠左边的位置移动、缩放所选择的点，移动“点”层次贴合底部已做好的宝剑。调整刀鞘形状如图 7.104 所示。

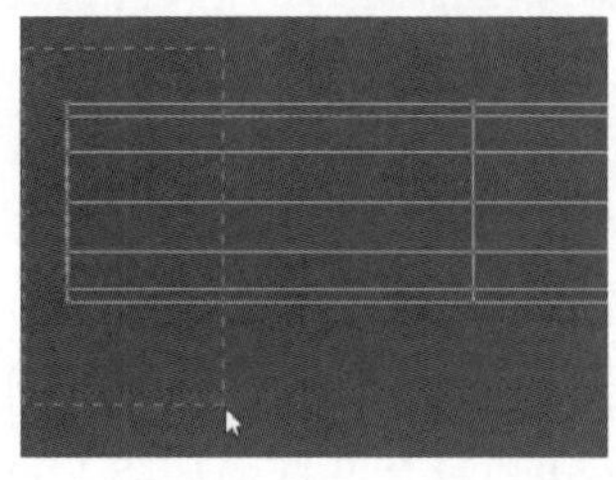

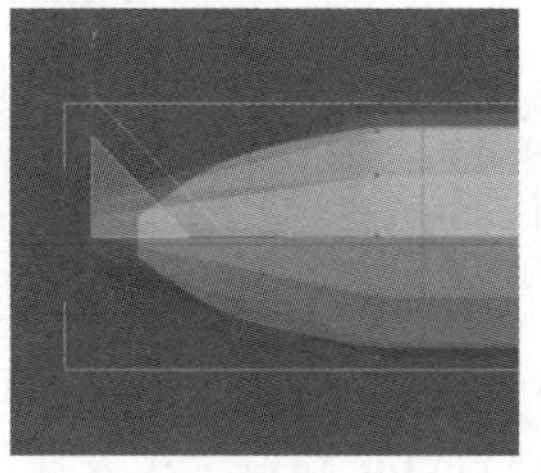

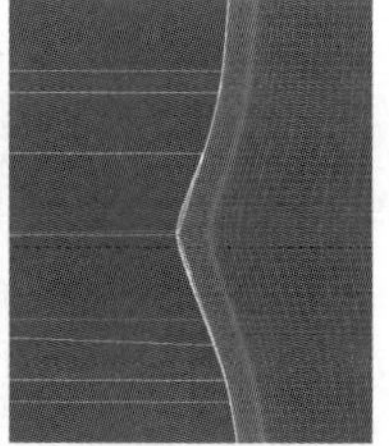

图 7.104　调整刀鞘形状

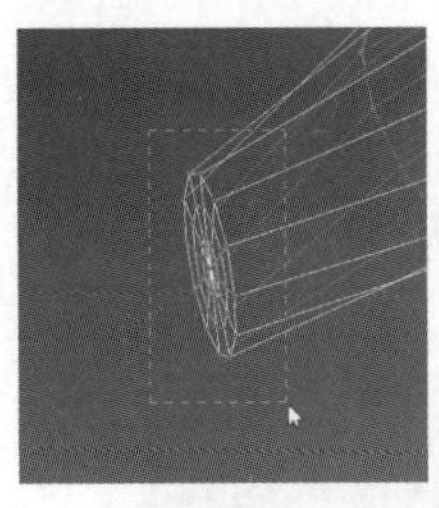
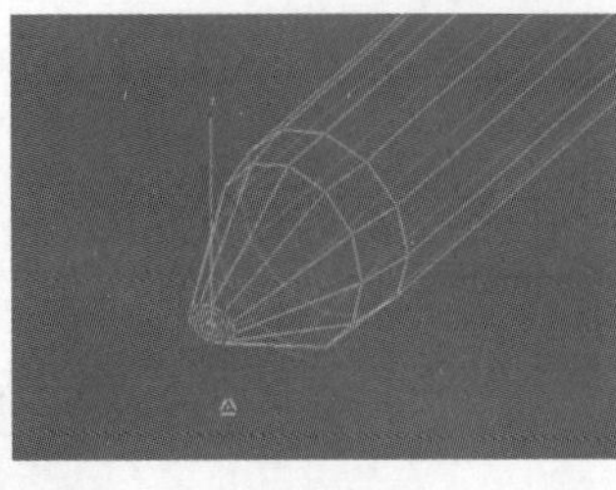

图 7.105 移动 Z 轴压扁所选择的点

步骤 23：移动 Z 轴压扁所选择的点。切换到透视图，选择最左边的点，点击“背面”，缩放所选择的点，移动 Z 轴压扁所选择的点，如图 7.105 所示。

步骤 24：移动缩放外形。切换到前视图，关闭“背面”，先选择第二排的点进行缩放，再选择第三排的点进行缩放，如图 7.106 所示。

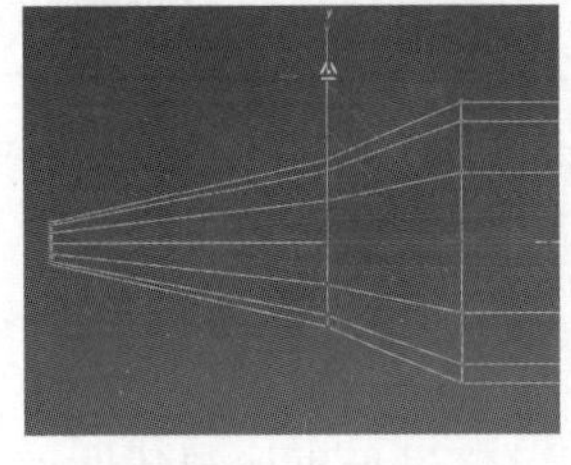
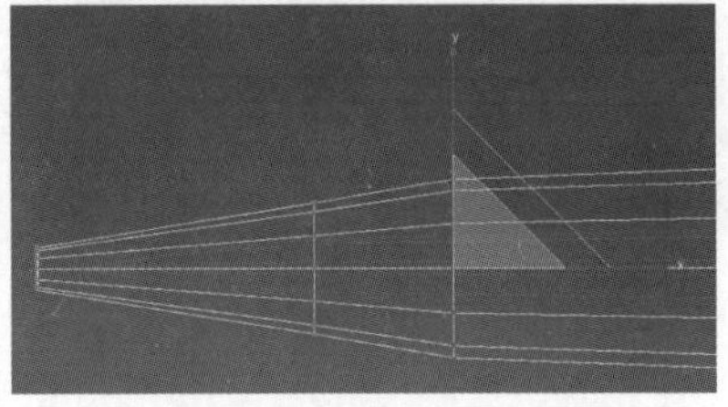
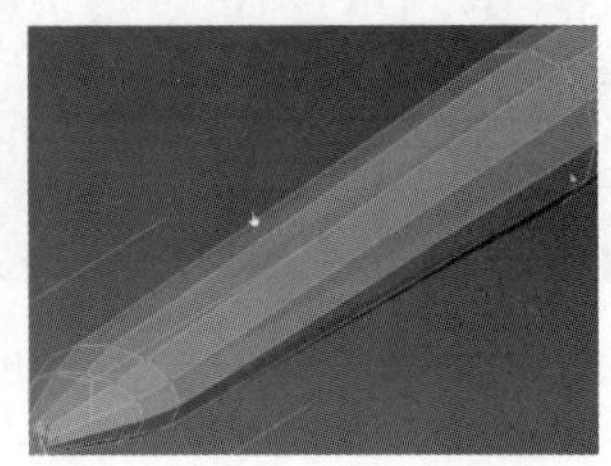

图 7.106 移动缩放外形

步骤 25：整体缩放。切换到透视视图，关掉“点”层级，沿 Z 轴进行整体缩放；打开“NURMS 细分”，将迭代次数改为 2，查看效果，如图 7.107 所示。

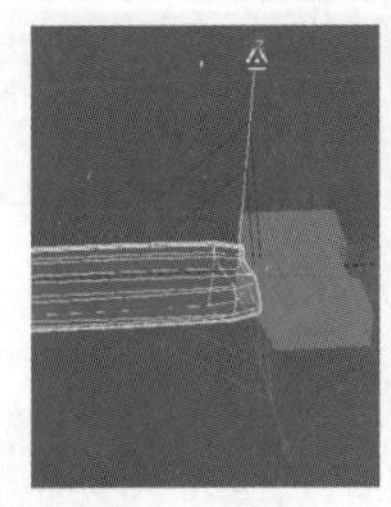
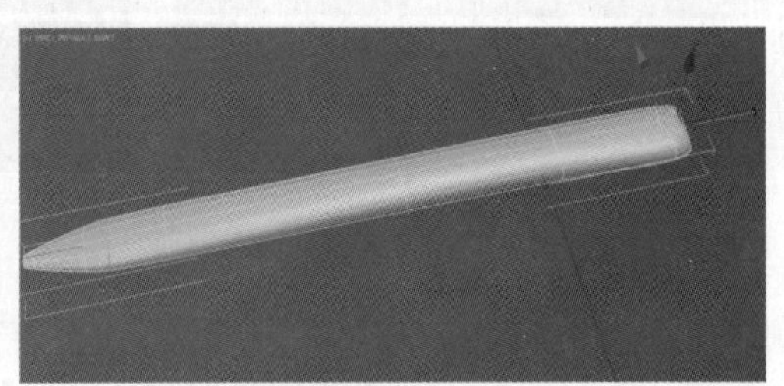

图 7.107 整体缩放

步骤 26：快速循环增加段并复制。点击退出“点选择”，按住快捷键“Alt+Q”进行孤立显示。同时按住快捷键“Alt+1”进行快速循环，增加一些段。点击“边”层级，点击“环形”，选择环形线段，点击使用“软选择”，调整衰减值，将所选择的边往前挤出，点击“关闭”。选中图形，按快捷键“Ctrl+V”进行原地克隆。快速循环增加段并复制如图 7.108 所示。

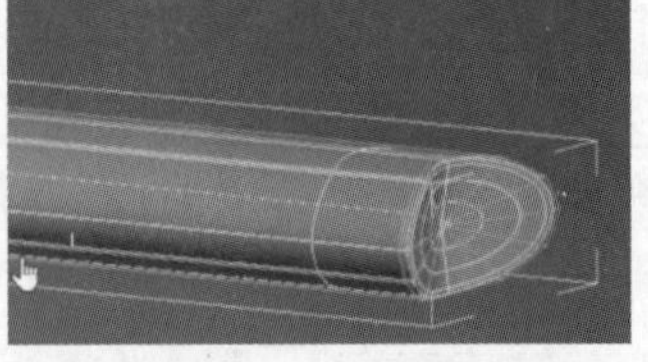

图 7.108 快速循环增加段并复制

步骤 27：布尔运算对象。点击▣，点击鼠标右键，选择并均匀缩放。缩小 90%，查看缩小后的效果。再点击选择复合对象，点击“布尔→差集→添加运算对象→转换为可编辑多边形”，点击鼠标右键退出孤立状态，如图 7.109 所示。

步骤 28：导入纹样。接下来做刀鞘上的雕花，打开一个可将位图矢量化的软件，输出时将其改为 DXF 格式并保存；打开 3ds Max，导入龙纹样的 DXF 文件，如图 7.110 所示。

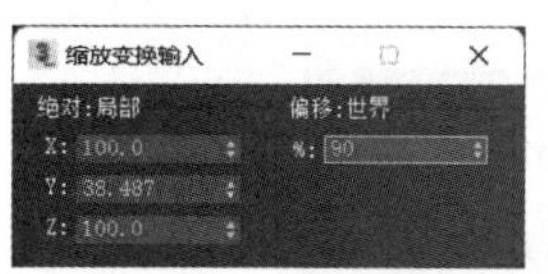

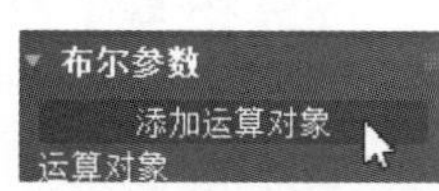

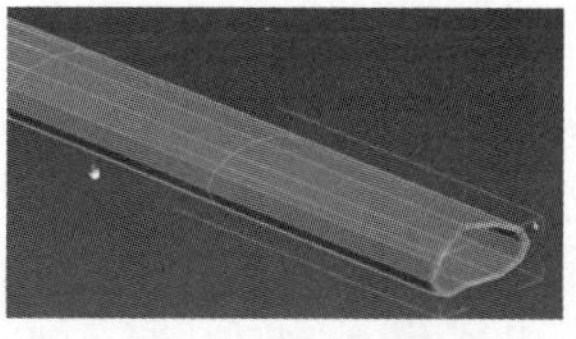

图 7.109　布尔运算对象

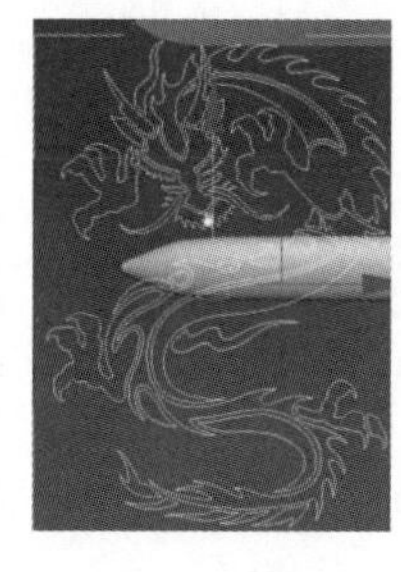
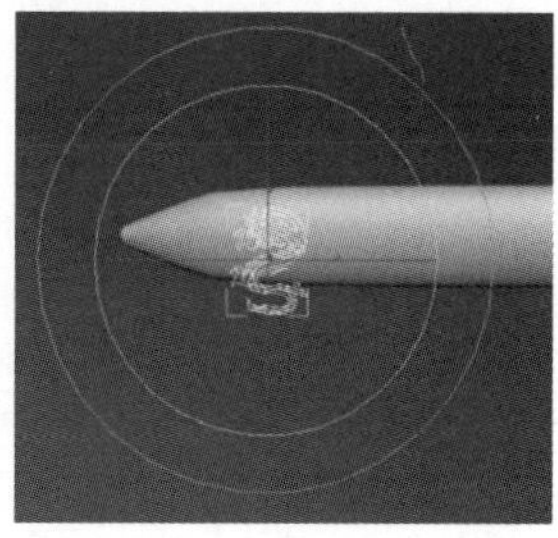

图 7.110　导入纹样

步骤 29：整理纹样。按“E”键选择导入的图形，按“A”键旋转图像。选中图案，按快捷键“ALT+Q”孤立选择。将一些没用的线删掉，这里线条的断点比较多，点击“全部选中”进行焊接，焊接的值不要太大，不能把周围都连在一起。整理纹样如图 7.111 所示。

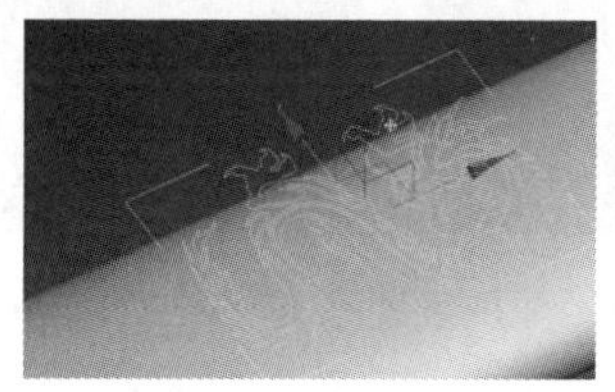

图 7.111　整理纹样

步骤 30：挤出纹样。能不能挤出厚度是检验线条有没有闭合的一个关键。选择“挤出”，可以看到线段有厚度，挤出高度设置为 200，如图 7.112 所示。对其简单贴一个材质，如果没有焊接好、有断点的话，将会出现黑色区域。

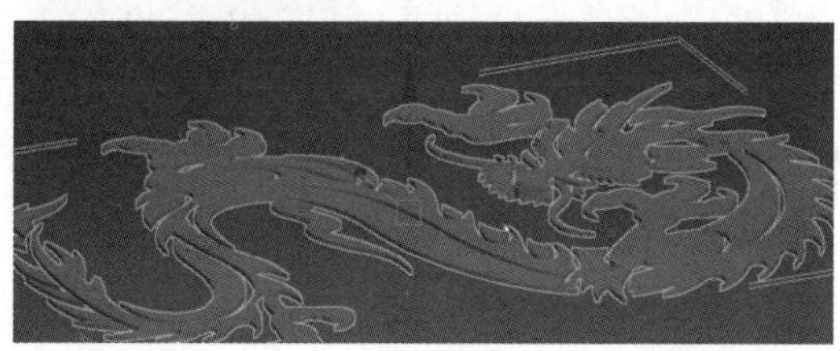

图 7.112　挤出纹样

步骤 31：移动纹样位置。因为刀鞘是有弧度的，因此先要打开所有图形，全部取消隐藏，调整龙纹样的大小以便和刀鞘结合。选择“标准基本体→平面”，创建一个平面，增加段数，然后放置到纹样下方，如图 7.113 所示。

步骤 32：使用蒙皮包裹。选择纹样对象，选择编辑器中的“蒙皮包裹”，在参数“加入”中选择“平面”，调整基本参数，勾选“权重所有点”，让所有的点都跟刀鞘有效结合，如图

7.114 所示。

图 7.113 移动纹样位置

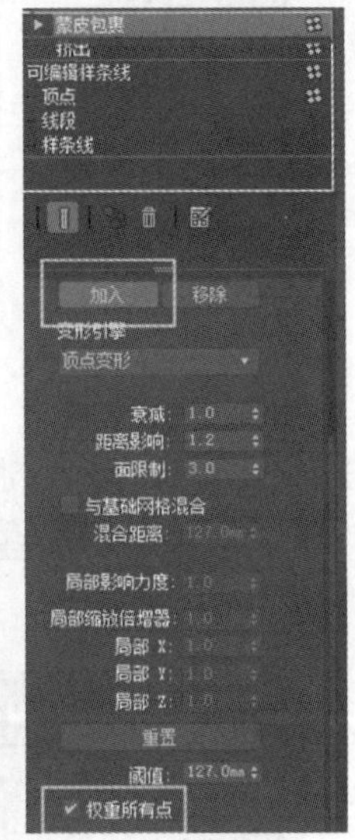

图 7.114 使用蒙皮包裹

步骤 33：转化为可编辑的多边形。经过包裹以后，可以试着查看两个对象。当选择对象时，这两个对象是一起变动的，现在将两个对象贴合到刀鞘表面。将这两个对象转化为可编辑多边形，点击多边形的“石墨”工具，找到“自由形式”，选择“剑鞘”，如图 7.115 所示。

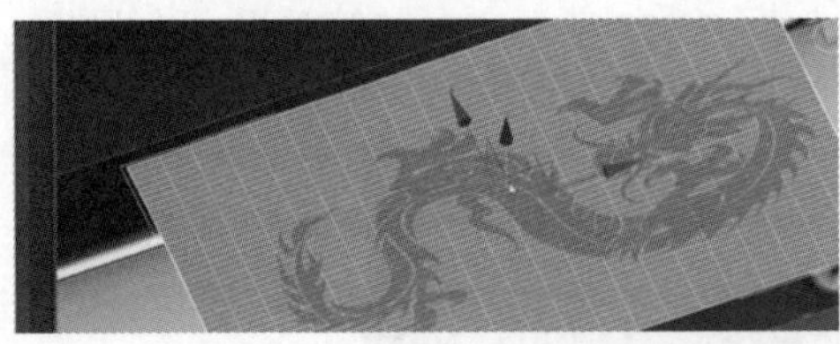

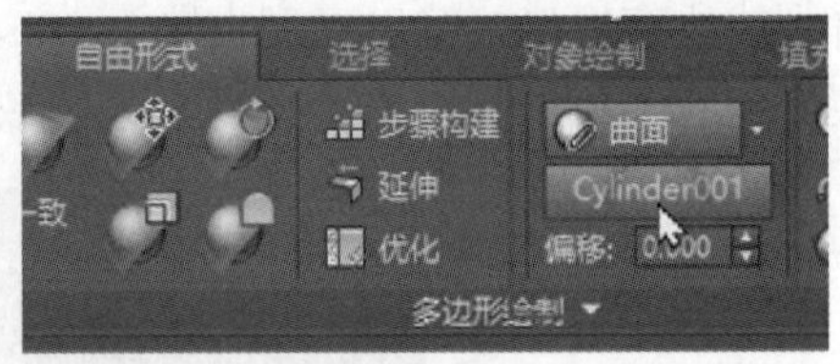

图 7.115 转化为可编辑的多边形

步骤 34：使用“一致”命令。点击“一致”，这个力度是可以调整的，若力度太大，可以按“Alt”键；按住“Ctrl”键调整中心的大小，使平面贴到刀鞘上即可，如图 7.116 所示。

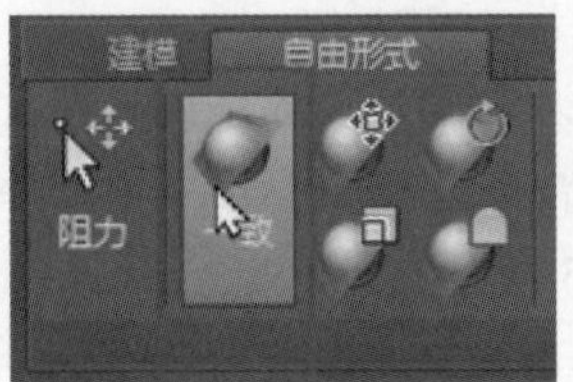

图 7.116 使用“一致”命令

步骤 35：隐藏对象显示结果。选择平面对象并将其隐藏，只留下龙纹即可，还可以将其复制几个，如图 7.117 所示。

图 7.117 隐藏对象显示结果

【小结】 本实验通过简单宝剑的制作，使读者进一步熟悉“可编辑多边形”命令的使用，了解快速循环和卡线和布线的操作方法，进一步掌握运用点、面等进行对象编辑，以及各种快捷命令的应用技巧。

实验 7.9 制 作 螺 母 

【概述】 利用多边形编辑创建螺母模型。

【知识要点】 熟练掌握多边形的编辑。

【操作步骤】

步骤 1：创建多边形并调整。文件重置，打开一个场景，切换到透视图，选择“多边形”命令，创建一个任意大小的六边形；创建好以后，点击，把插值步数改为 0，并设置合适的角半径；在“修改器列表”中选中“挤出”命令，将六边形挤出一定高度；打开“挤出项设置”将封口始端与封口末端都关闭，点击鼠标右键将图形转换为可编辑多边形，如图 7.118 所示。

图 7.118 创建多边形并调整

步骤 2：连接加段。选中“边”命令，选中上下所有的边，然后点击“连接”，在两线间加段，如图 7.119 所示。

图 7.119 连接加段

步骤 3：缩放。选中“边界” 命令，选中模型上边界，然后点击 ，按住“Shift”键进行缩放，如图 7.120 所示。

步骤 4：封口。点击“封口”命令，对模型顶部进行封口，如图 7.121 所示。

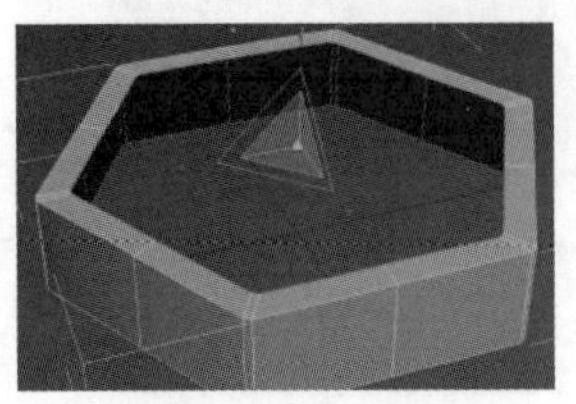

图 7.120 缩放

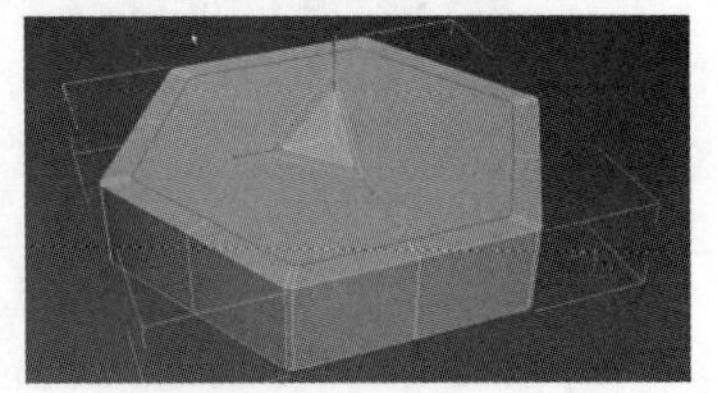

图 7.121 封口

步骤 5：旋转多边形。点击“面” 层级，选中模型顶部的面，找到“石墨”工具中“建模”下的“多边形”，点击“几何多边形”，使面均匀化，形成圆，并旋转多边形，如图 7.122 所示。

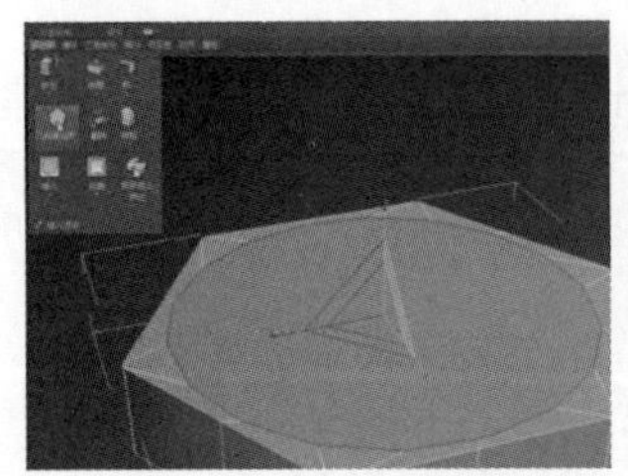

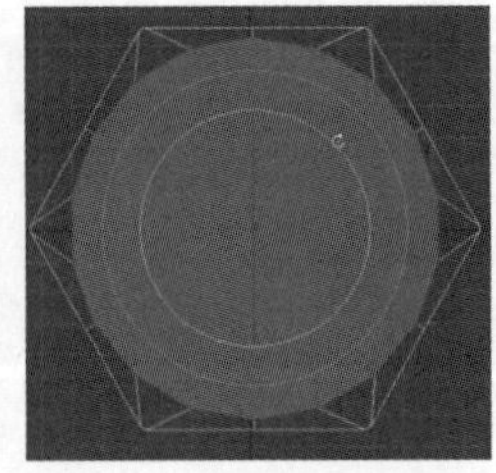

图 7.122 旋转多边形

步骤 6：插入、删除多边形。点击“编辑”下“编辑多边形”中的“插入”，设置合适的尺寸，点击“确定”，然后按“Delete”键删除面，如图 7.123 所示。

步骤 7：移动最里边圈的边界。选择“边界”，选中模型顶部最里圈的边界，切换到移动命令，按住“Shift”键向下移动该边界，直至与下边界齐平，如图 7.124 所示。

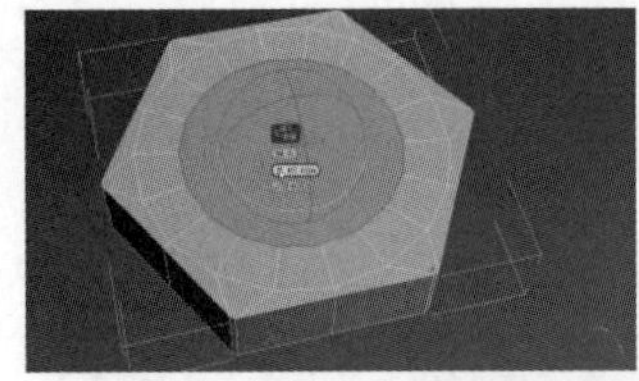

图 7.123 插入、删除多边形

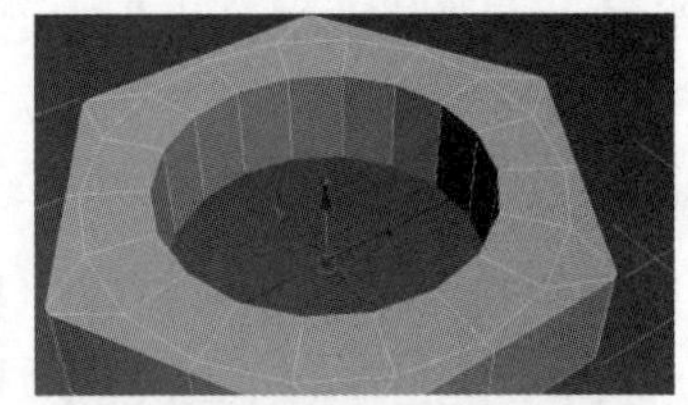

图 7.124 移动最里边圈的边界

步骤 8：移动最外围边界。选中最外围的边界，向下移动，如图 7.125 所示。

步骤 9：镜像。选择“镜像”，在 Y 轴上复制模型，如图 7.126 所示。

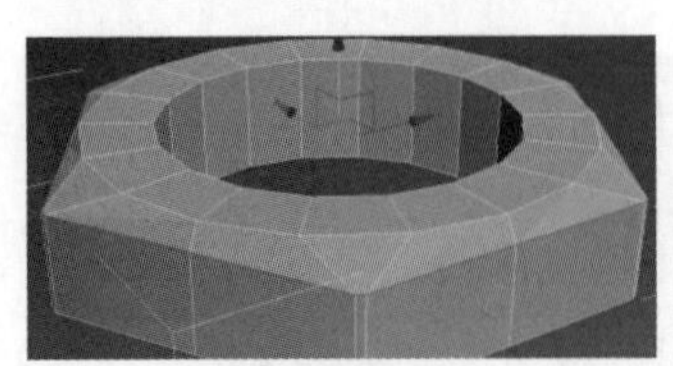

图 7.125 移动最外围边界

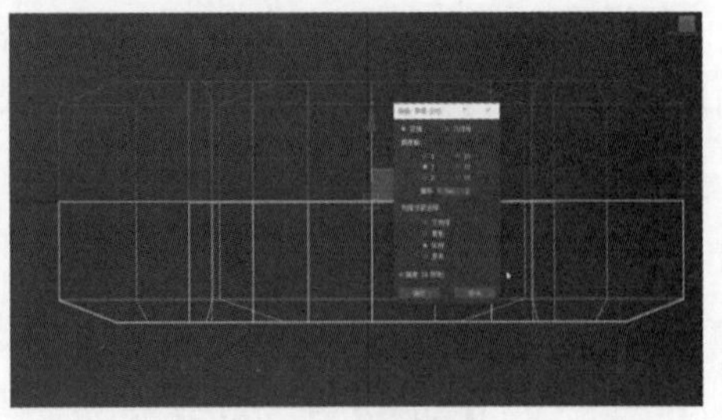

图 7.126 镜像

步骤 10：快速循环卡线。在主工具栏上点击“显示工作区→建模→编辑→快速循环”进行卡线，如图 7.127 所示。

步骤 11：移动顶点。选择“点编辑”，选中六边形的所有顶点，并向下移动，如图 7.128 所示。

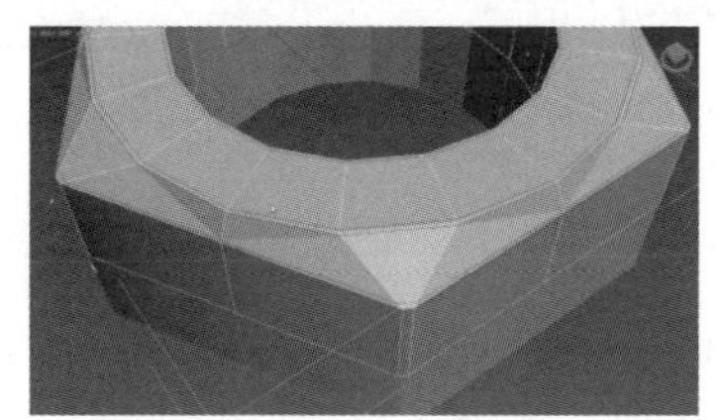

图 7.127　快速循环卡线

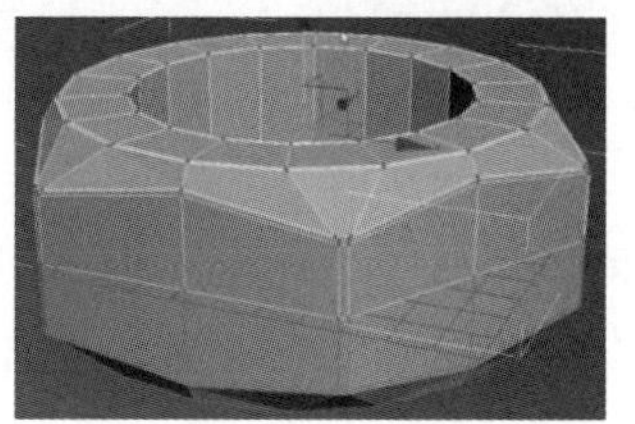

图 7.128　移动顶点

步骤 12：调整边属性。选中“边”层级，将六角螺母边缘的边依次全部选中后执行“硬”命令，并将“折缝”的数值改为 1，如图 7.129 所示。

步骤 13：NURMS 细分。点击“编辑→细分曲面→使用 NURMS 细分”，进行平滑操作，如图 7.130 所示。

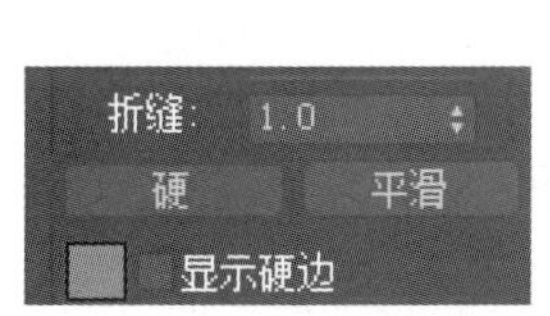

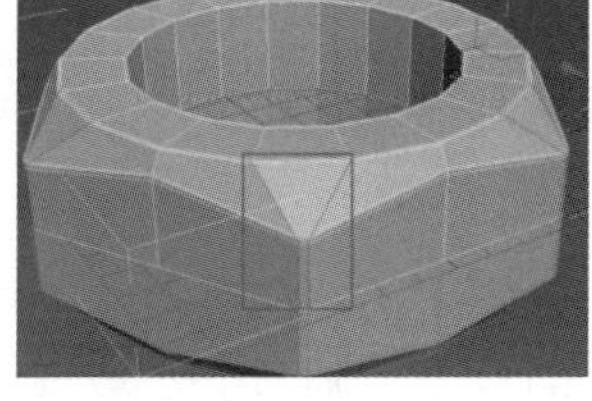

图 7.129　调整边属性

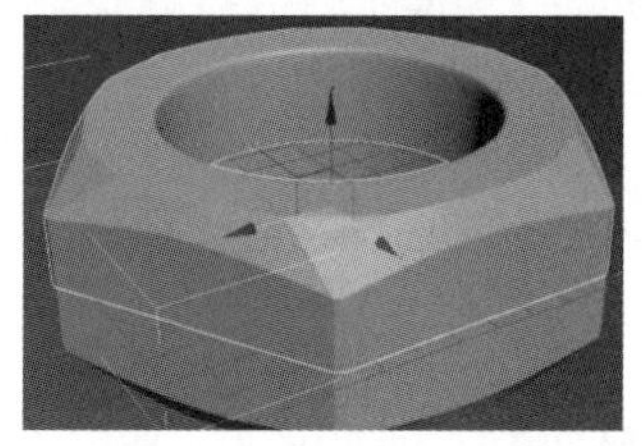

图 7.130　NURMS 细分

步骤 14：附加并焊接。连接上下两部分，关闭“使唯一”，点击“附加”；选中下部分，切换到正视图，选中中间的线进行焊接，如图 7.131 所示。

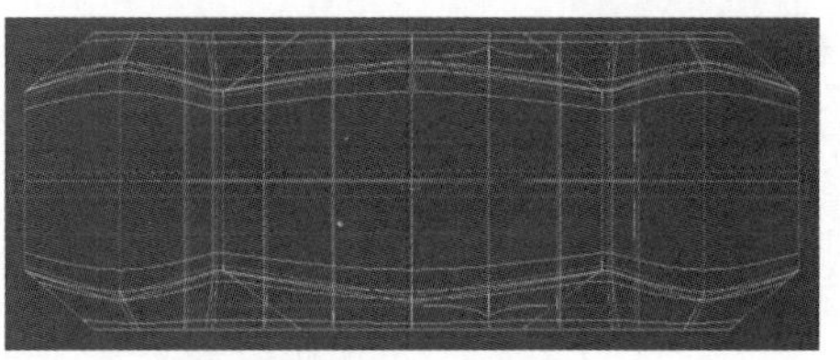

图 7.131　附加并焊接

步骤 15：调整比例。使用缩放工具适当调整模型比例，完成螺母的外形建模，如图 7.132 所示。

步骤 16：打开“材质”对话框。按快捷键“M”打开“材质”对话框，选择“材质→扫描线→标准”，双击材质上方，右边弹出精简模式窗口，点击漫反射给材质赋予颜色，如图 7.133 所示。

步骤 17：给模型添加材质。点击“漫反射”后面的方框，然后找到“位图”，选择铁锈图片，选中模型，点击给模型添加材质，关闭“材质”对话框，在“修改器列表”中选择“UVW 贴图”，贴图方式选择“长方形”，如图 7.134 所示。

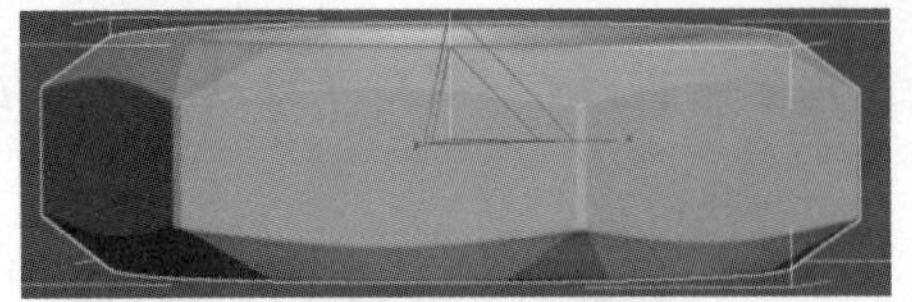

图 7.132 调整比例

图 7.133 打开“材质”对话框

步骤 18：最后调整。再次打开“材质”对话框，调整“高光级别”和“光泽度”，贴图添加“凹凸”双击“噪波”，调整大小，最终效果如图 7.135 所示。

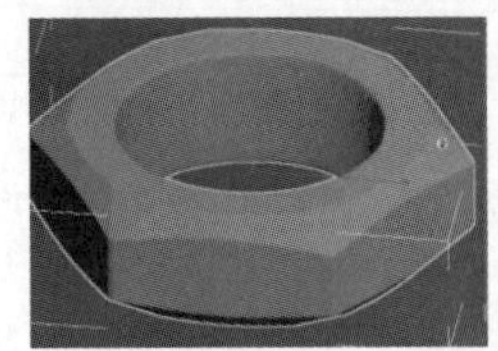

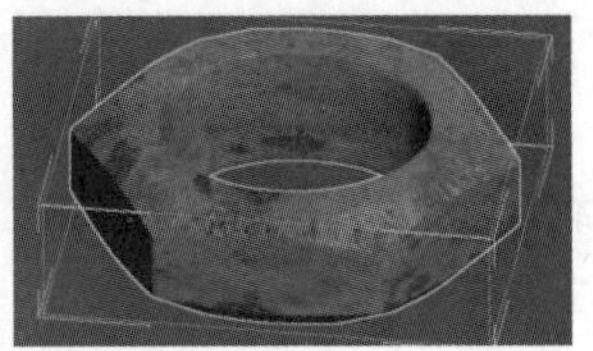

图 7.134 给模型添加材质

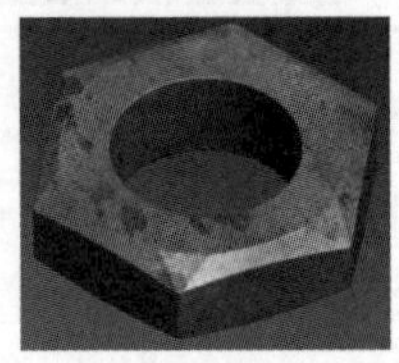

图 7.135 最终效果

【小结】 本实验通过螺母的制作，使读者进一步熟悉 3ds Max 多边形编辑的使用，了解更多的多边形编辑命令。

实验 7.10 制 作 草 盆 

【概述】“面片变形”命令是动画制作的一个基础命令，适用于特定的对象。通过对“面片变形”命令的应用可修改另一个多边形体。

【知识要点】 掌握“面片变形”“面片形状修改”“徒手”“塌陷命令”的使用。

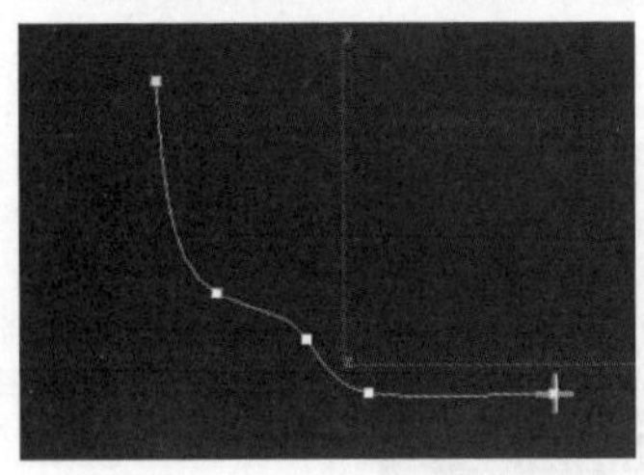

图 7.136 绘制外轮廓图形

【操作步骤】

步骤 1：绘制外轮廓图形。新建一个场景，在前视图上选择命令“线”，绘制图形；在“修改”中选择“顶点”，将对象进行简单的修改并将所画样条线的形状修改至想要的轮廓，如图 7.136 所示。

步骤 2：车削。在“修改器”里找到“车削”命令，在“对齐”选项中选择“最大”，在“输出”选项中选择“面片”，命令完成后按“F3”键查看对象；勾选“车削”命令堆栈中的“轴”层级，通过拉动轴来改变位置中心的形状，如图 7.137 所示。

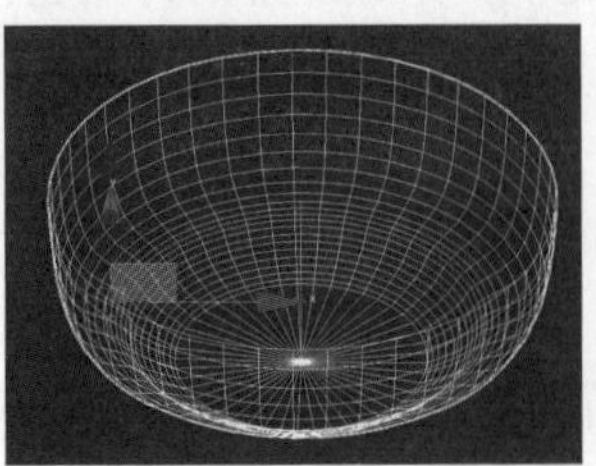

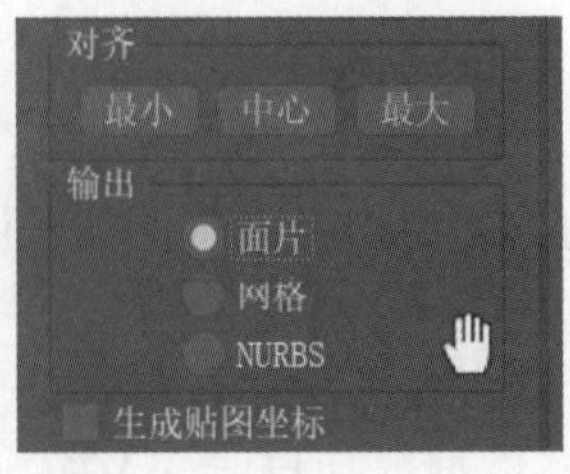

图 7.137 车削

步骤 3：绘制徒手线条。点开“徒手”命令，勾选“在视口中启用”；在前视图中随手拖动鼠标，随意进行绘制，如图 7.138 所示。

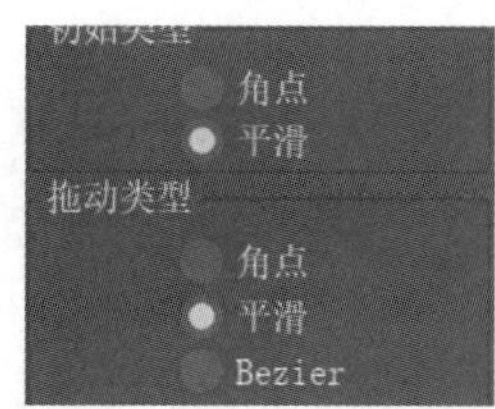

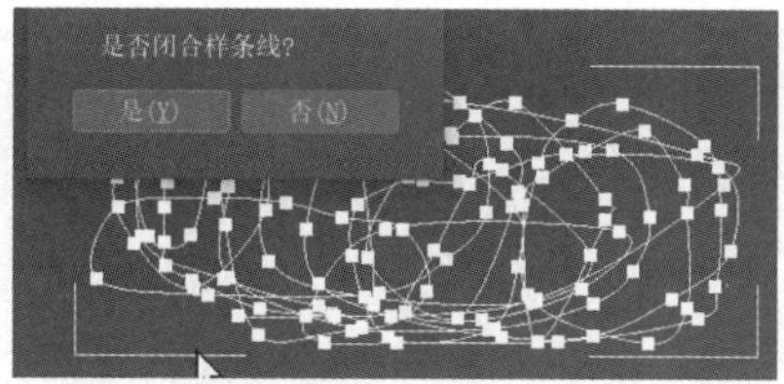

图 7.138　绘制徒手线条

步骤 4：使用“面片变形”命令。点击选择样条线，选择“修改器”中的“动画”修改器，找到“面片变形命令（WSM）”，选择“拾取面片”；点击车削图形，点击“转到面片”，可以看到面片紧紧依附着对象，可以通过修改参数改变面片的位置、大小和疏密，如图 7.139 所示。

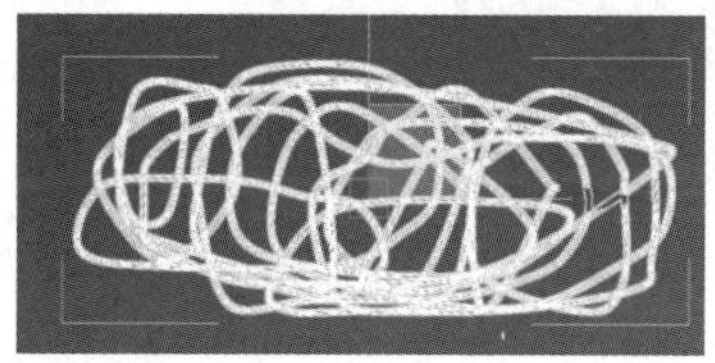
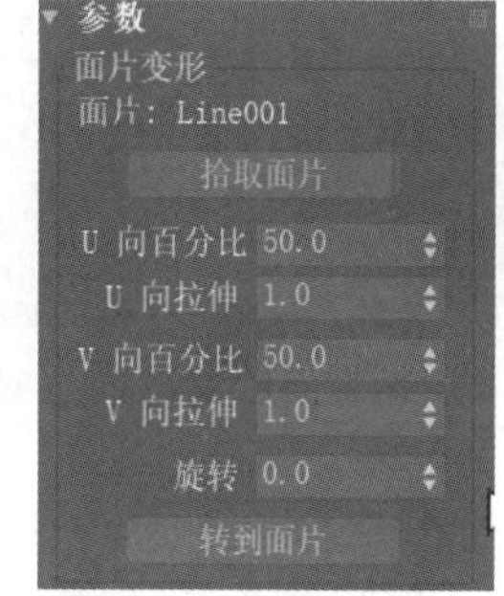

图 7.139　使用“面片变形”命令

步骤 5：复制图形。修改形状坐标轴可以改变面片，选择 Z 轴，利用移动命令并按住“Shift”键复制 15 个，如图 7.140 所示。

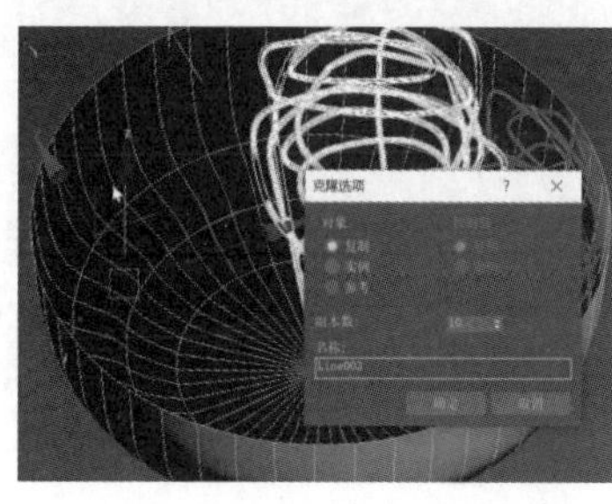
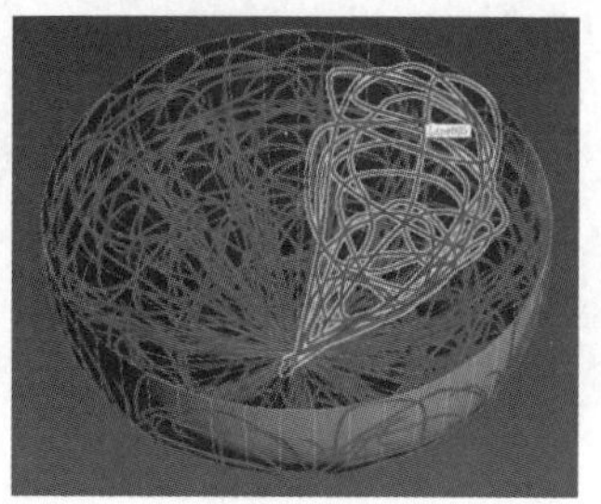

图 7.140　复制图形

步骤 6：再次绘制徒手线条。再次点开“徒手”命令，勾选“在视口中启用”，按“F”键切换到前视图，再绘制一条任意线条，如图 7.141 所示。

图 7.141　再次绘制徒手线条

步骤 7：面片变形。同样使用“面片变形”命令到车削图形上，再复制 15 个，完成后隐藏车削对象，如图 7.142 所示。

步骤 8：调整图形。在“面片变形”面板中调整任意图形，可随意对单个面片进行位置和大小修改以及拉伸、旋转，这样显得凌乱一些，如图 7.143 所示。

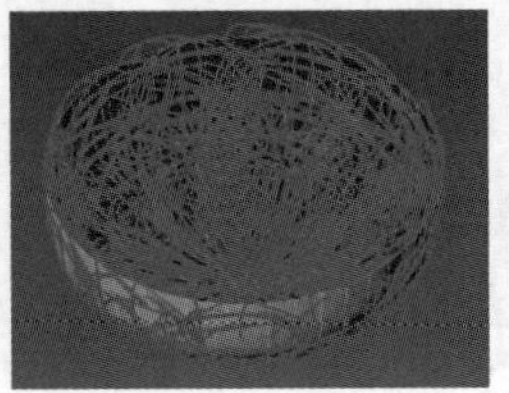
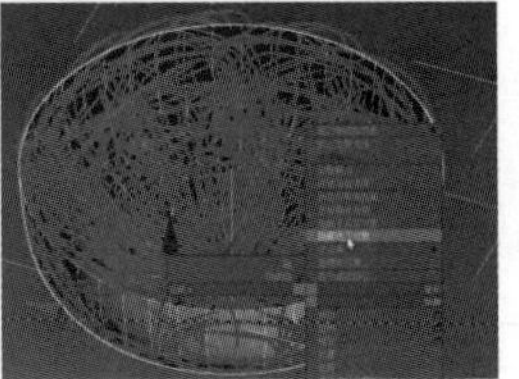

图 7.142 面片变形

步骤 9：成组并添加材质。完成后全选“成组”，在“修改器”中添加“UVW 贴图”，选择材质赋予对象，如图 7.144 所示。

图 7.143 调整图形

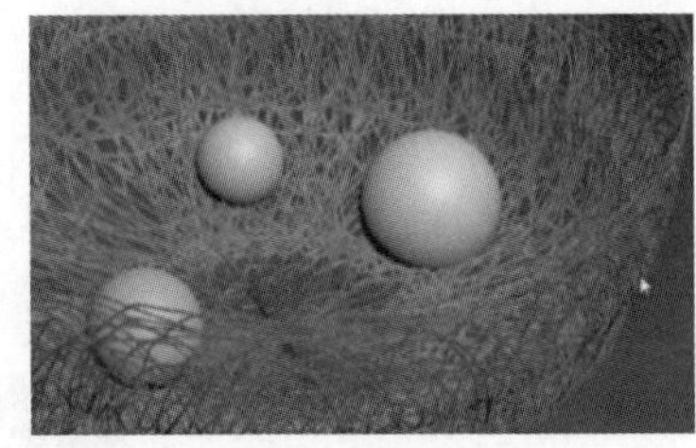

图 7.144 最终效果

【小结】 本实验通过利用“面片变形”命令制作草盆，使读者进一步熟悉车削命令、编辑多边形命令、编辑样条线命令，以及轴心的移动方法。特别是复制，使用旋转轴是关键点。另外，如果要想使草盆更自然一些，可以绘制多根样条线。

【拓展作业】 制作如图 7.145 所示的图形，完成拓展作业。

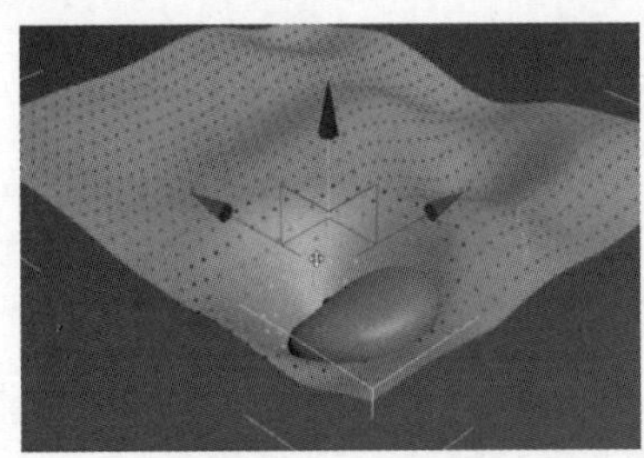
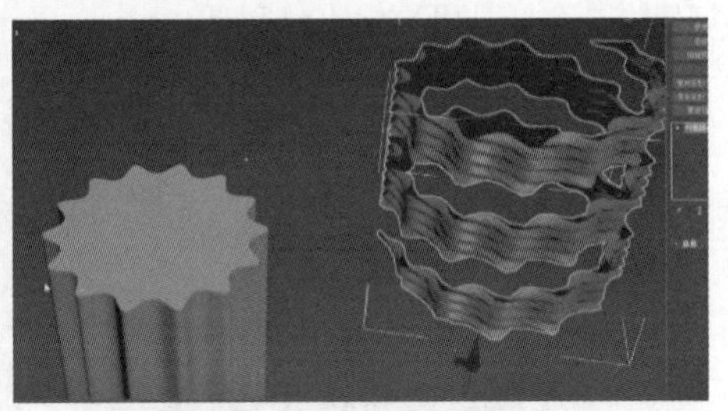

图 7.145 拓展作业——面片面形

实验 7.11 制 作 篓 子 

【概述】灵活地运用世界空间修改器中的“面片变形”绑定命令，可以制作网格类产品。世界空间修改器不需要绑定到单独的空间扭曲，使其便于修改单个对象或选择集。世界空间修改器中的“面片变形”命令根据面片对象的轮廓变形对象。

【知识要点】 学会创建和调整篓子的基本外形，掌握篓子网格的制作、面片变形绑定的使用，以及“面片变形”绑定和放样的结合运用。

【操作步骤】

步骤 1：创建圆。打开文件，新建一个场景，切换到顶视图，在样条线中创建“圆”，将插值改为“自适应”，将圆转化为可编辑样条线，如图 7.146 所示。

步骤 2：调整圆的点。在“点”层级中选择“细化”，在适当位置插入点，调整圆形点的位置，使其成为带圆角的方形，再绘制圆形，如图 7.147 所示。

图 7.146　创建圆

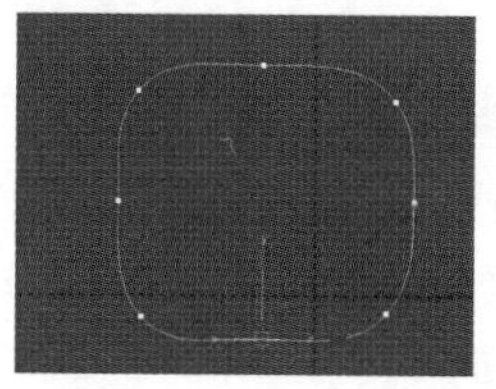
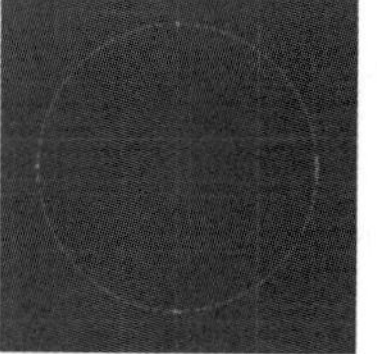

图 7.147　调整圆的点

步骤 3：制作篓子外形。切换到前视图，以“角点+角点”的方式绘制竖向直线；在“几何体”中选择“复合对象” 复合对象 ，选择 放样 →“获取图形”，开始时获取的图形为圆形，路径为 70%；接着获取的图形为圆形，路径为 80%；最后获取的图形为方形，路径为 100%，如图 7.148 所示。

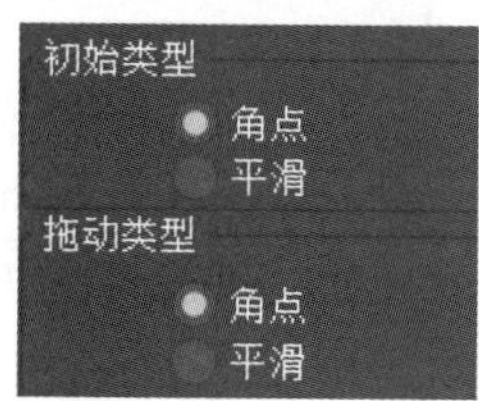

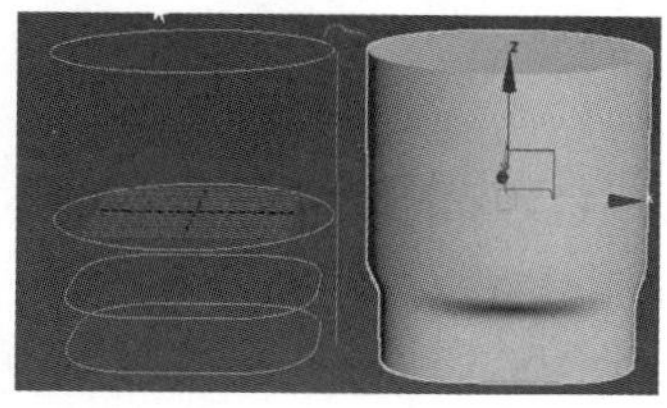

图 7.148　篓子外形

⚠ “放样”命令的相关知识在第 8 章实验 8.2 中有详细介绍。

步骤 4：调整外观。可以对已经建模的整体进行调整，选择图形，在“Loft”中选择“图形”，在“可编辑样条线”中选择“样条线”，点击上下移动图形，点击缩放圆形和方形，将图形调整到合适的位置和大小，使外形多样化，以符合篓子的基本外形，如图 7.149 所示。

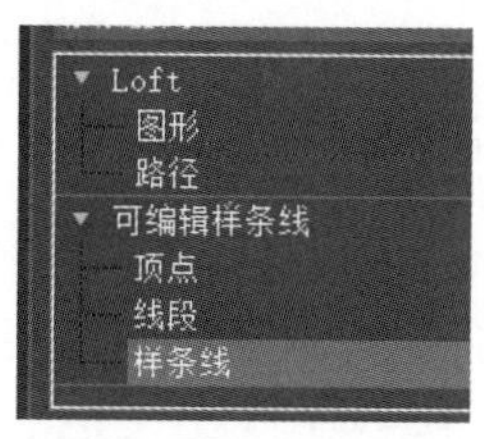

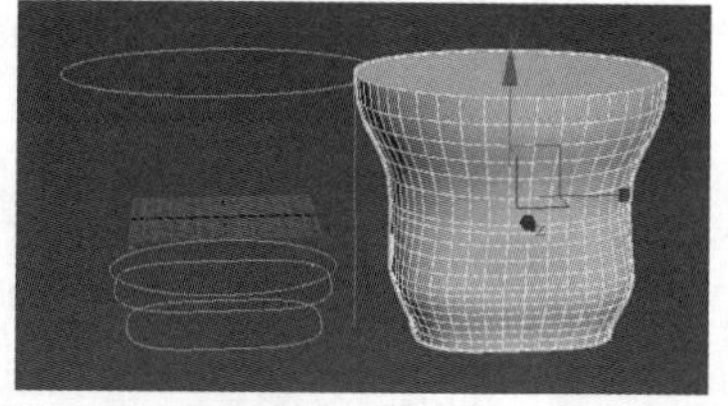

图 7.149　调整外观

步骤 5：调整蒙皮参数。调整完成后，在“曲面参数”中将输出格式改为“面片”，在“蒙皮参数”中关闭“封口始端”和“封口末端”选项，使用缩放命令进行底部封口，至此篓子的基本外形完成制作，如图 7.150 所示。

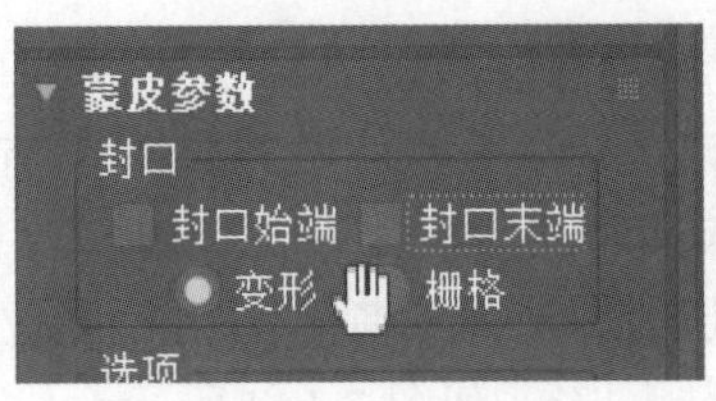

图 7.150　调整蒙皮参数

步骤 6：制作篓子网格。在“标准基本体”中选择“平面”，创建一个大小能够覆盖篓子的平面；在“参数”中修改平面的长度分段和宽度分段，按“F4”键检查分段，段数适合篓子网格外形，段数应为偶数，以方便之后的操作；调整后，将其转化为可编辑多边形，按“Shift”键复制一个，如图 7.151 所示。

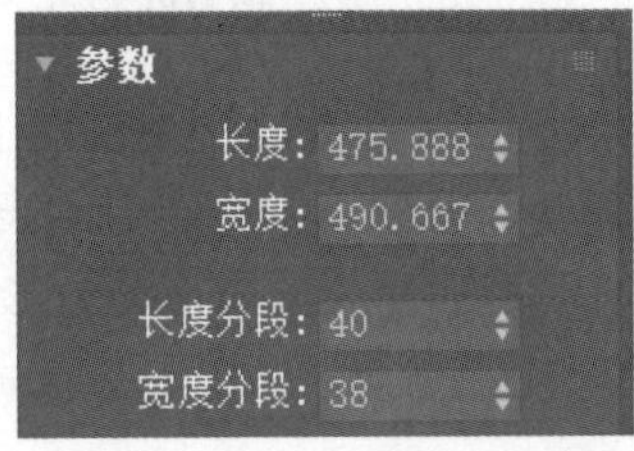

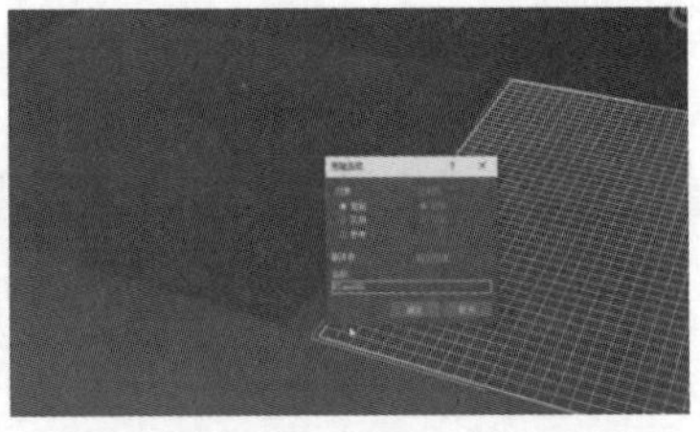

图 7.151　制作篓子网格

步骤 7：面片线段。选择其中一个面片，在“边”层级中隔开选择面片的线段（纵向隔开选择两段），在“石墨”工具中修改选择，选择“点循环”，再次选择“点循环”分段就选好了，将选择好的线段在“创建选择集”中输入“1”进行保存，以便之后修改时使用，如图 7.152 所示。

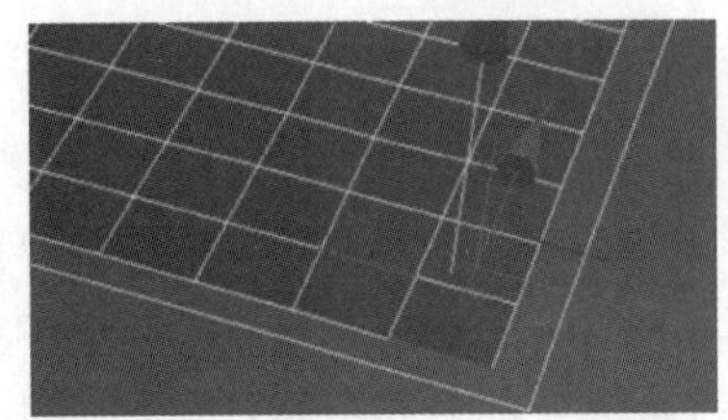
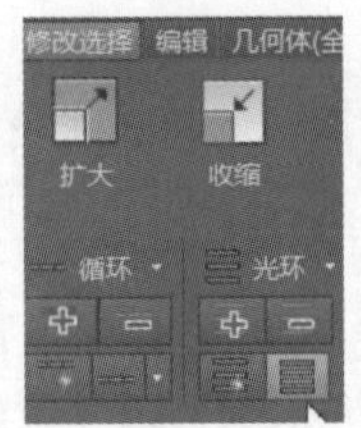

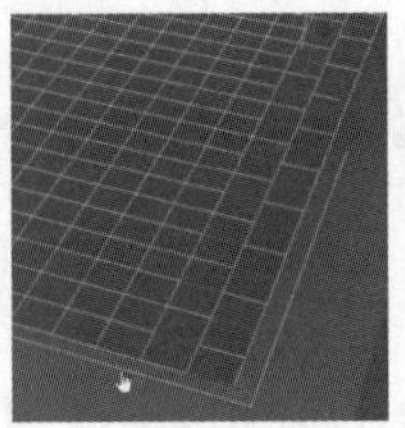

图 7.152　面片线段

步骤 8：选择所有竖向直线并向上移动。在面片的“线”层级中，选中竖向直线，在“选择”面板中点击“环形”，在“编辑边”中选择“分割”，移动面片上的点，可观察到已完成分割；点击“创建选择集（1）”，向上移动，拖动鼠标调节视图，移动“创建选择集（1）”到合适的高度，如图 7.153 所示。

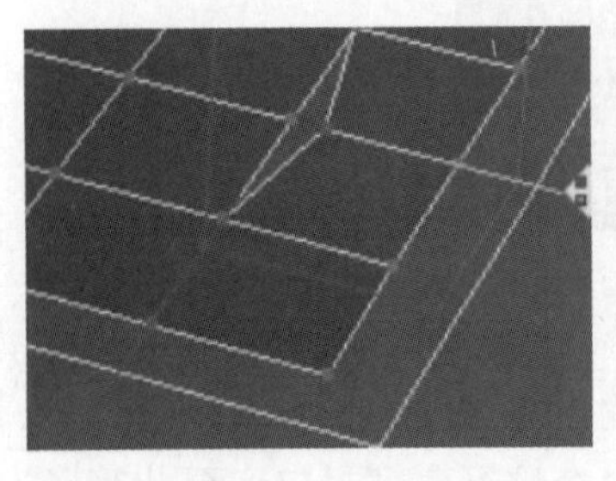
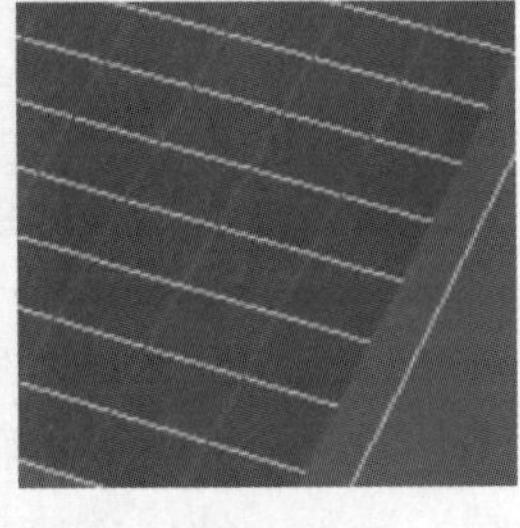

图 7.153　选择所有竖向直线并向上移动

步骤 9：利用“壳”命令增加厚度。选中“修改器”面板，点击“壳”命令，为面片网格增加厚度；在“参数”面板中，将外部量数值改为 0 外部量：0.0，适当调整内部量的数值，勾选“将角拉直” 将角拉直，如图 7.154 所示。

步骤 10：涡轮平滑平面。在“修改器”面板中选择“细分曲面”，点击“涡轮平滑” 涡轮平滑，将迭代次数改为 2 迭代次数：2，如图 7.155 所示。

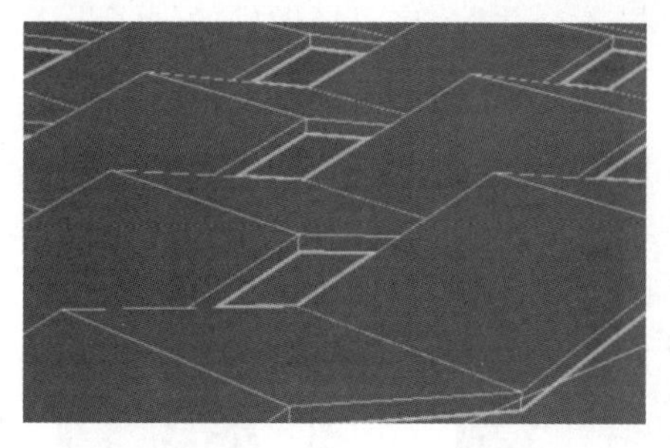

图 7.154　利用“壳”命令增加厚度

图 7.155　涡轮平滑平面

步骤 11：修改另一平面。选中另一个平面，在“线”层级中双击选中线段，在“选择”面板中选择“环形” 环形，使每条线段之间有间隔；在“编辑边”面板中点击“挤出” 挤出 命令，在“挤出命令”面板上将挤出高度数值改为 0，适当调整挤出宽度数值，点击“确定”；在“线”层级中选择面片中间线段，转到“面”层级，按快捷键“Shift+I”进行反选并删除，如图 7.156 所示。

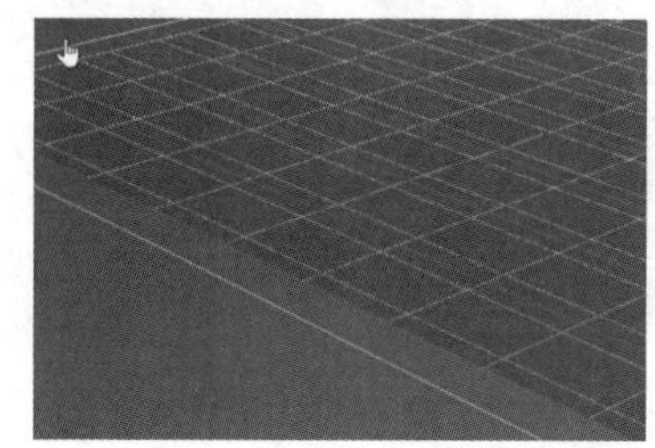

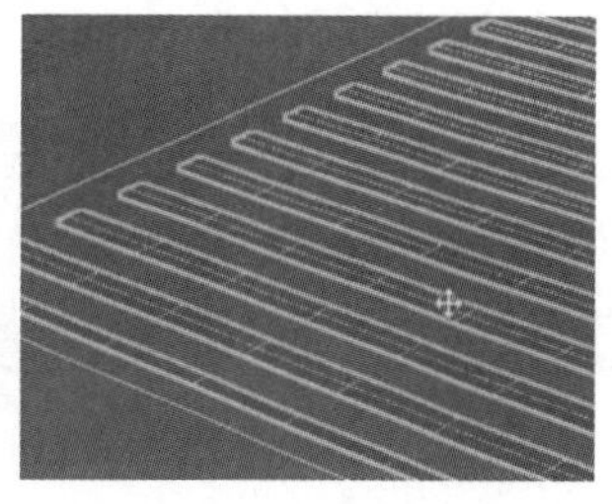

图 7.156　修改另一平面

步骤 12：重合两个平面。将修改好的条状图形移动至另一个篓子网格的空隙中，适当调整两者的位置，在“修改器列表”中给面增加“壳” 壳 和“涡轮平滑” 涡轮平滑 的命令，如图 7.157 所示。

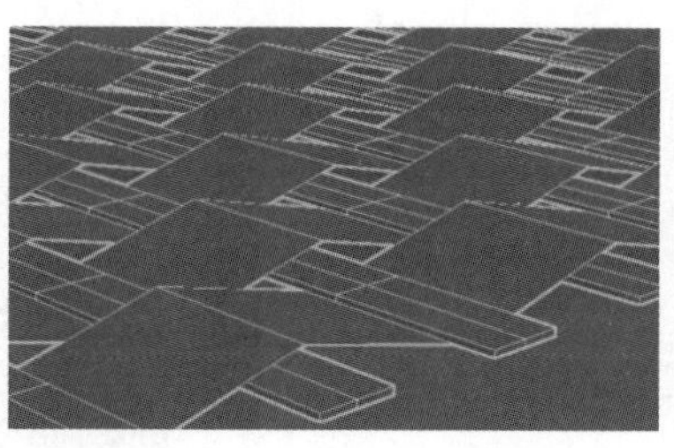

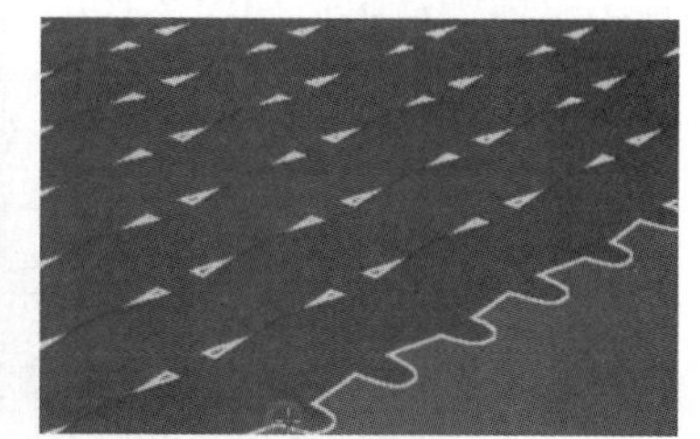

图 7.157　重合两个平面

步骤 13：附加并调整缩放对象。在“可编辑多边形”中点击“附加” 附加，将两个平面附加在一起，然后适当调整缩放对象。

步骤 14：使用“面片变形”绑定。选择已经附加在一起的网格对象，在“修改器列表”中选择“动画”修改器，点击“面片变形（WSM）”面片变形（WSM）进行绑定，点击“拾取面片”拾取面片，点击做好的篓子外形，点击“转到面片”，在“参数”面板中调整 U 和 V 的百分比和拉伸数值，如图 7.158 所示。

步骤 15：导入绳子。在“文件”菜单中选择“导入合并”，将已经做好的绳子导入场景中，如图 7.159 所示。

U 向百分比	50.0
U 向拉伸	1.081
V 向百分比	50.0
V 向拉伸	0.6

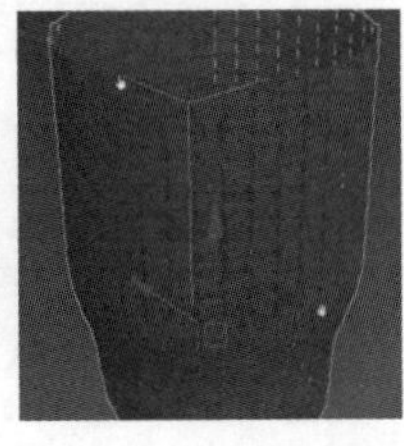
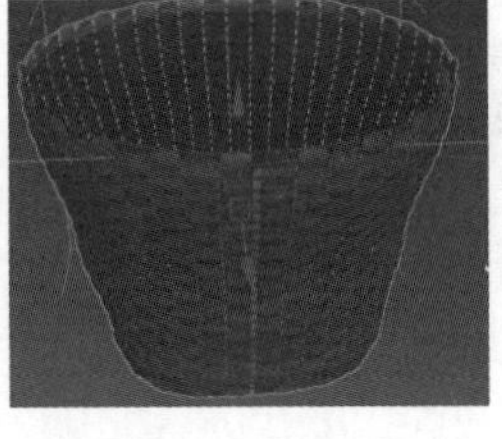

图 7.158 使用面片变形绑定

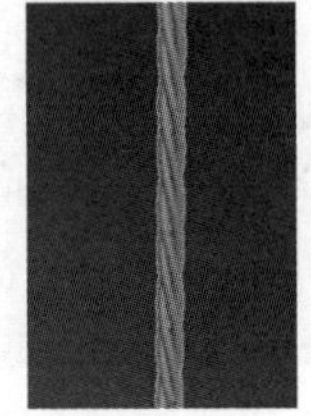

图 7.159 导入绳子

步骤 16：给绳子添加“面片变形”绑定命令。选中绳子，使用“面片变形（WSM）”面片变形（WSM），点击“拾取面片”拾取面片，点击篓子外形，点击“转到面片”转到面片，在“面片变形平面”中选择“ZX”，移动绳子到篓子上方边缘处；在“参数面板”中调整 U 和 V 的百分比和拉伸数值，使用缩放命令调整绳子大小，如图 7.160 所示。

U 向百分比	50.0
U 向拉伸	10.336
V 向百分比	50.0
V 向拉伸	0.99

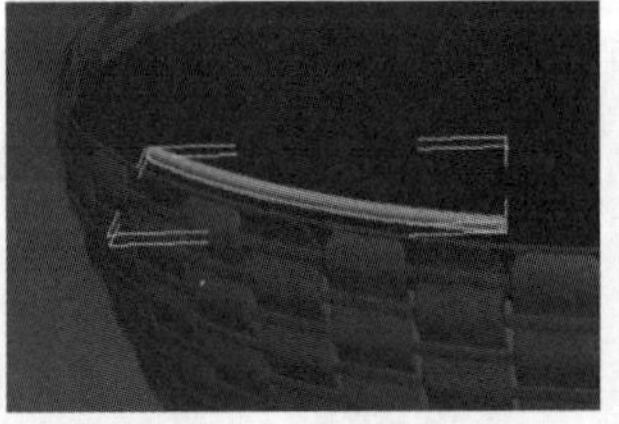

图 7.160 给绳子添加“面片变形”绑定命令

步骤 17：复制几圈绳子。按“Shift”键向下拖动多复制几圈绳子，调整绳子的位置，如图 7.161 所示。

步骤 18：编辑材质并隐藏对象。按“M”键，打开“材质”编辑器，拖动编制木条到材质球上，选中做好的篓子，把材质球拖动到篓子上；用鼠标右键点击篓子里面放样的外形，选择隐藏选中对象，如图 7.162 所示。

图 7.161 复制几圈绳子

图 7.162 编辑材质并隐藏对象

步骤 19：塌陷并缩放变形。选中篓子全部，在“面片变形绑定”处点击鼠标右键，选择“塌陷到”，点击“是”，将篓子转换为可编辑多边形；在“点”层级中，可以选中篓子底部多余的点进行删除，至此篓子制作已完成；通过给对象施加“缩放”“挤压”“变形”命令，还可以得到不同篓子的造型，如图 7.163 所示。

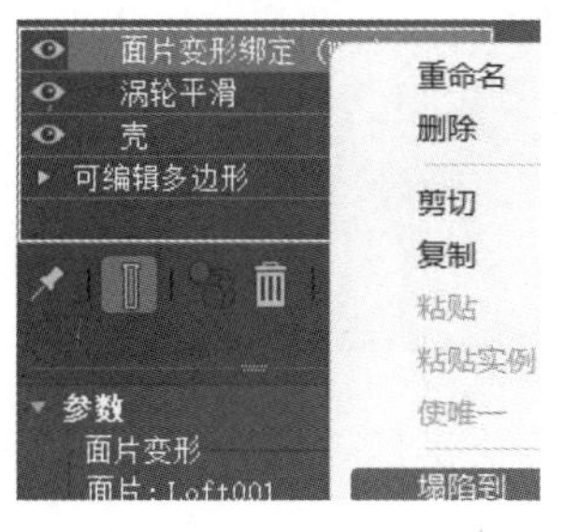

图 7.163　塌陷并缩放变形

【小结】 本实验通过篓子的制作，使读者进一步熟悉“修改器列表”的使用，理解“面片变形”绑定命令。

实验 7.12　制 作 藤 编 灯 

【概述】 利用长方体“扭曲”和“锥化”命令，并结合将多边形样条线绘制于曲面，完成一组灯具的造型。

【知识要点】 学会在多边形石墨工具中，如何将线条绘制于不同高度的面上。

【操作步骤】

步骤 1：打开 3ds Max，创建一个场景。创建长方体，选择合适的高度，修改其分段，按“F4”键观察分段；修改对象的长度、宽度和高度比例，给其合适的段数；然后在“修改器列表”中为其增加“扭曲”修改器，调整合适的扭曲角度，如图 7.164 所示。

步骤 2：锥化。在“修改器列表”中添加“锥化”修改器，调整曲线的形态，如图 7.165 所示。

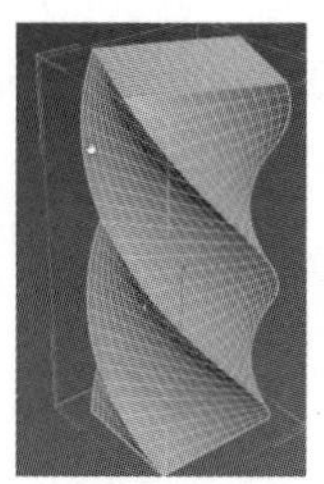

图 7.164　创建长方体并扭曲

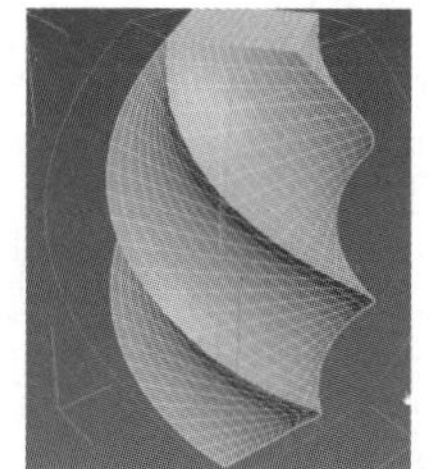

图 7.165　锥化

步骤 3：删除上下的面。完成后点击鼠标右键将其转化为可编辑多边形，删除最上面和最下面的面，使对象两头是空心的，如图 7.166 所示。

步骤 4：选择“绘制于：曲面”。选择对象，找到“石墨”工具中的“自由形式”，在“自由形式”里找到“曲面”，选择“绘制于：曲面”，点击“立方体”，如图 7.167 所示。

步骤 5：绘制任意样条线。点击“自由形式”中的“样条线”，在立方体中绘制任意样条线。根据对对象造型的要求，在立方体的 4 个面上绘制所需要的线条，如图 7.168 所示。因为选择的是曲面，所以只能在曲面上进行绘制。可以在曲面上画曲线，也可以画直线，还可以断断续续地画。

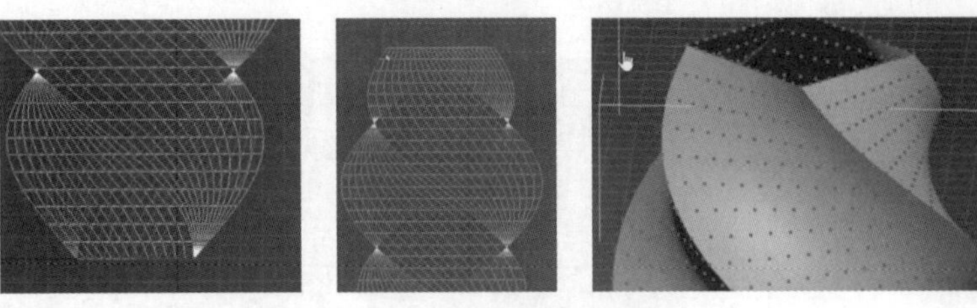

图 7.166 删除上下的面

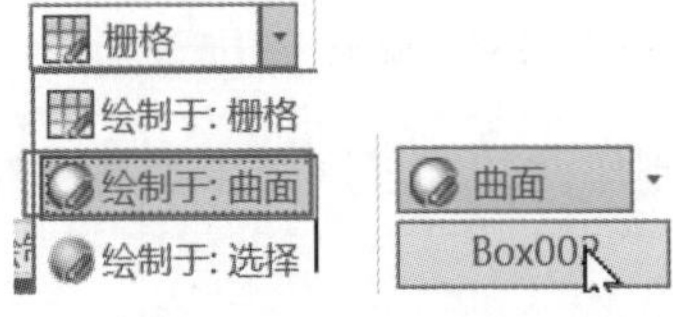

图 7.167 选择“绘制于：曲面”

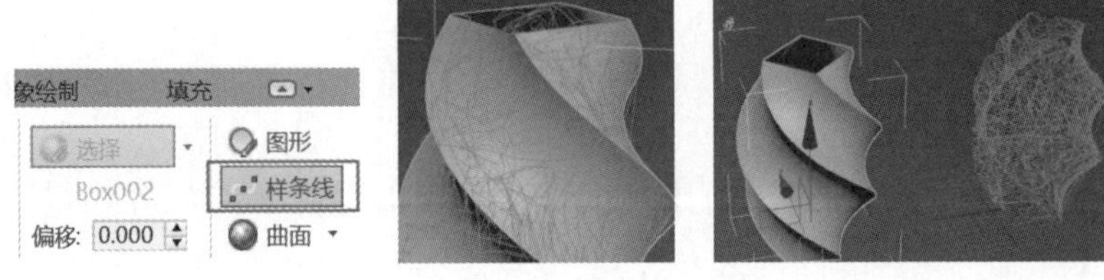

图 7.168 绘制任意样条线

步骤 6：整理线条。选择样条线对象，打开“可编辑样条线”，找到“渲染”和“视口”，点击“在视口中显示”和“在渲染中显示”。回到“可编辑样条线”，找到线段，在线段框架中把不需要的线条删除；回到“可编辑样条线”，找到顶点，调整一些顶点的位置以符合设计要求，如图 7.169 所示。

步骤 7：继续绘制任意样条线。在基础图形上重复步骤 5，再绘制线段框架。选择“可编辑样条线”，在其中选择“线段”，整理线段，如图 7.170 所示。

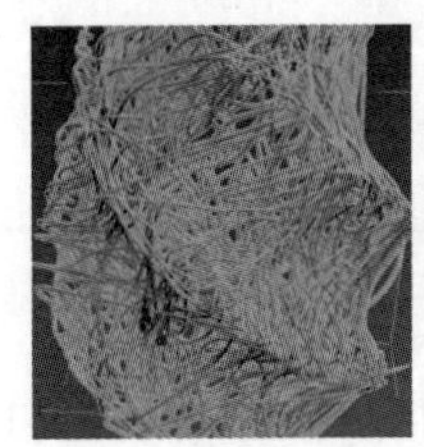
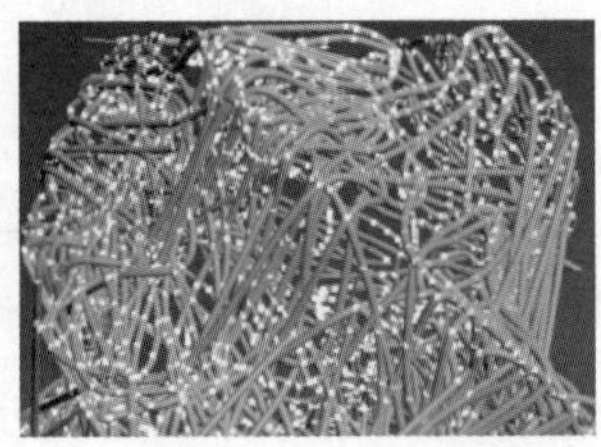

图 7.169 整理线条

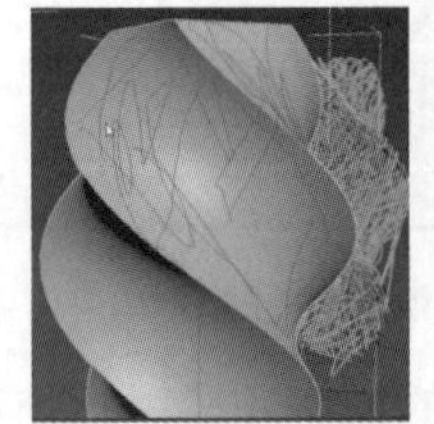

图 7.170 继续绘制任意样条线

步骤 8：对齐并修改厚度。把绘制好的线段框架拖出来，将其与前一个绘制好的线段框架利用“快速对齐”命令重合，打开“渲染”和“视口”，点击“在视口显示”和“在渲染中显示”；找到“径向”，调整线条的厚度，更改颜色，如图 7.171 所示。

步骤 9：利用所选内容创建图形。在锥化过的立方体中，在可编辑多边形里选择边，双击立方体的边线选择整条边，把 4 个边线都选中，包含上下两个开口边。然后在“编辑边”中选择“利用所选内容创建图形”，提取后在编辑列表中选择可编辑样条线，勾选“在视口中显示”，将对象类型改为矩形，修改长度和宽度，如图 7.172 所示。

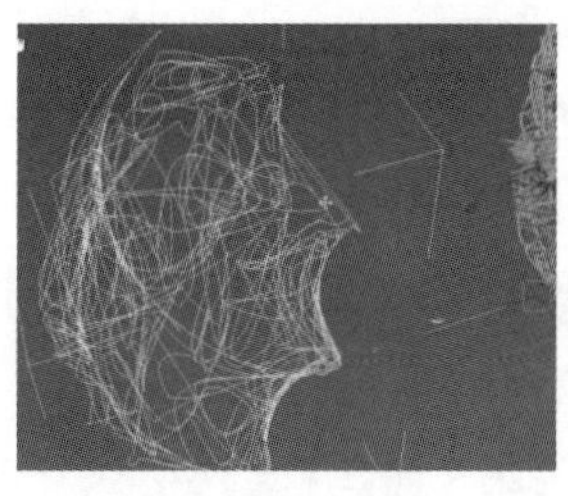

图 7.171　对齐并修改厚度

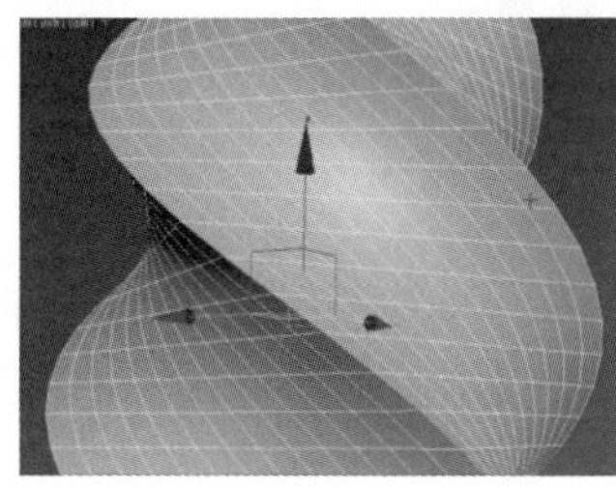

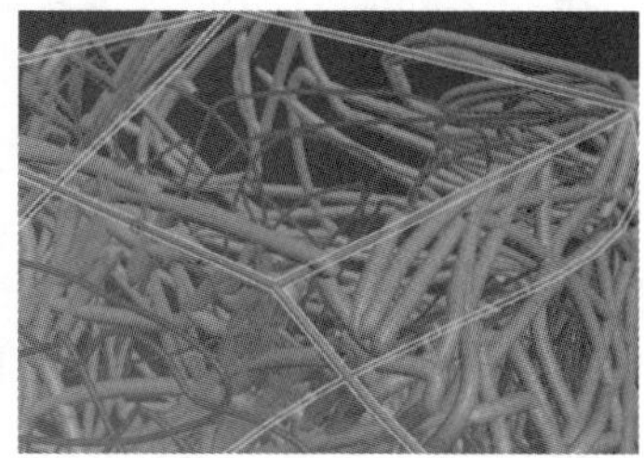

图 7.172　利用所选内容创建图形

步骤 10：快速对齐。把对象利用快速对齐命令和前两个线段框架重合在一起，如图 7.173 所示。

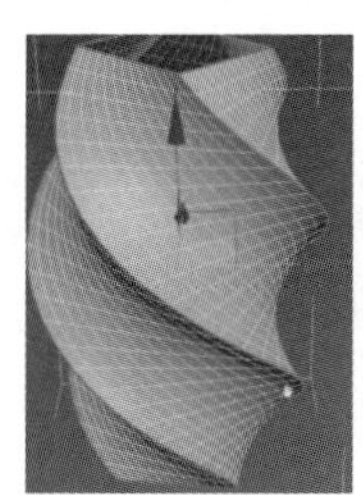

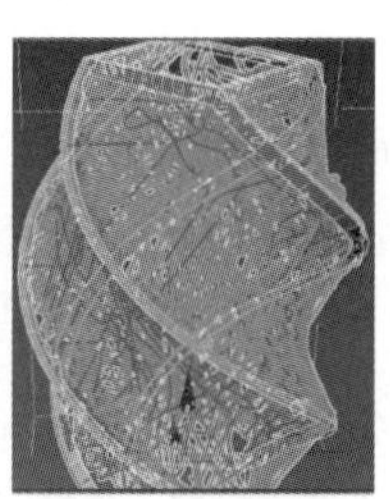

图 7.173　快速对齐

步骤 11：统一颜色。选取全部框架，选择设计要求的颜色，如图 7.174 所示。

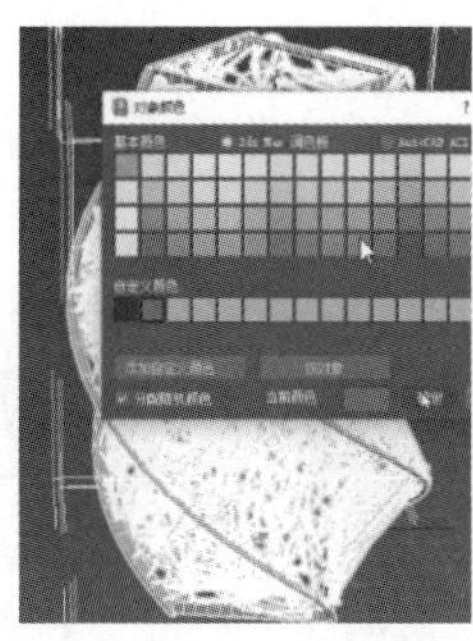
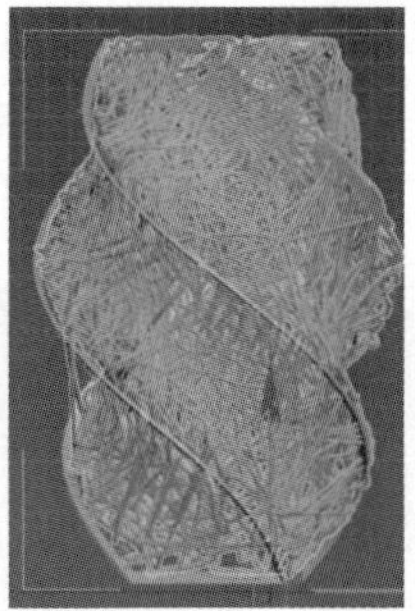

图 7.174　统一颜色

步骤 12：绘制灯泡。在视图中绘制直线，打开“渲染”和“视口”并点击“径向”。在左边功能区找到球体，然后在网格中创建球体，并与创建的直线相接。再使用“锥化”命令，调整“锥化”中的数量和曲线的值，使球体与灯具的比例、大小合适并调整其颜色，再把球体和线拖进线段框架内。绘制灯泡如图 7.175 所示。

步骤 13：添加材质。按“M”键弹出“材质”编辑器，给灯具框架贴一个简单材质，给灯泡添加自发光材质，这样就完成了藤编灯具的制作，如图 7.176 所示。

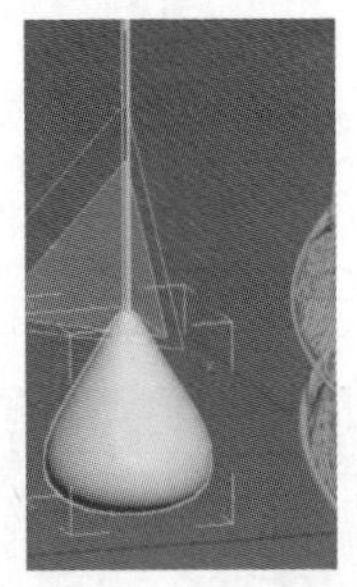
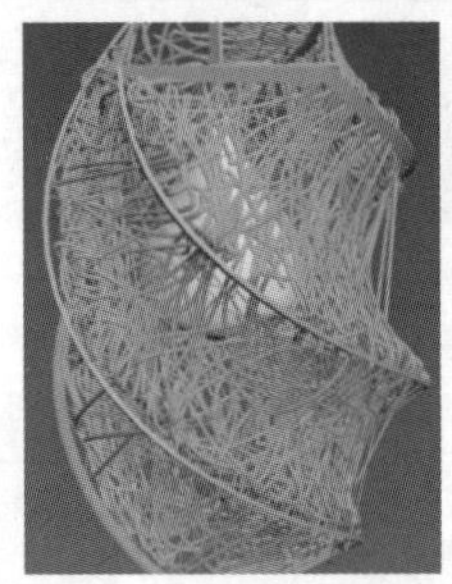

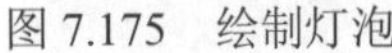
图 7.175 绘制灯泡

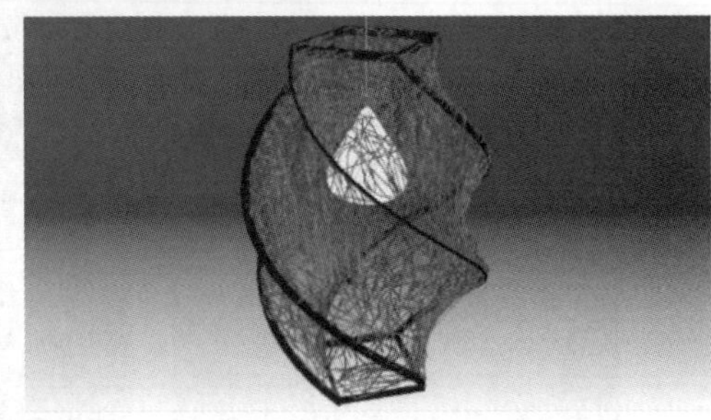

图 7.176 最终效果

【小结】 本实验利用多边形绘制于曲面的工具制作藤编灯，该工具能很方便地把样条线贴到对象的曲面上，对于设计一些特殊造型很有帮助。

实验 7.13 制 作 石 磨 

【概述】 更深一步地理解和应用多边形建模，并在石磨的建模过程中培养更多的空间想象力。

【知识要点】 了解、熟悉并使用 3ds Max 的多边形建模命令，并能针对不同情况使用不同命令进行编辑，以提高建模的工作效率，达到设计目的。

【操作步骤】

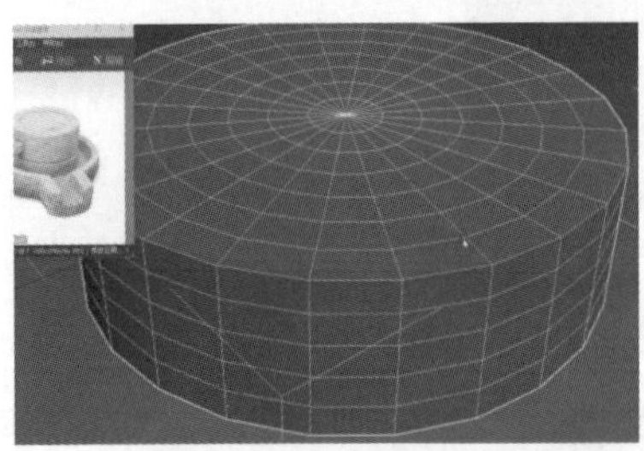

图 7.177 创建圆柱体并编辑端面

步骤 1：创建圆柱体并编辑端面。文件重置，打开一个场景。在右边的选项栏中，选择“标准基本体→圆柱体”，创建一个圆柱体，并给对象增加一些段数，目的是方便之后开孔洞，如图 7.177 所示。

步骤 2：挤出图形。点击鼠标右键，将对象转化为可编辑多边形，在“边”层级中选择边缘外部的一条边，选择“环形”，使用“挤出”命令，调整挤出的参数，如图 7.178 所示。

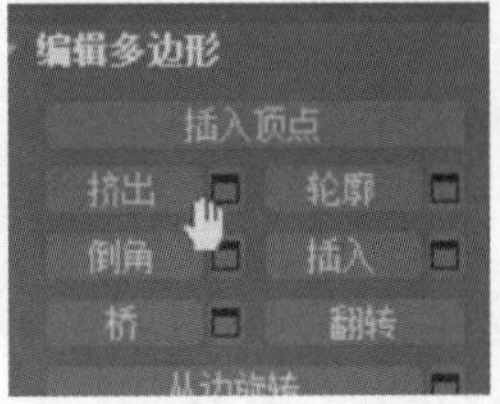

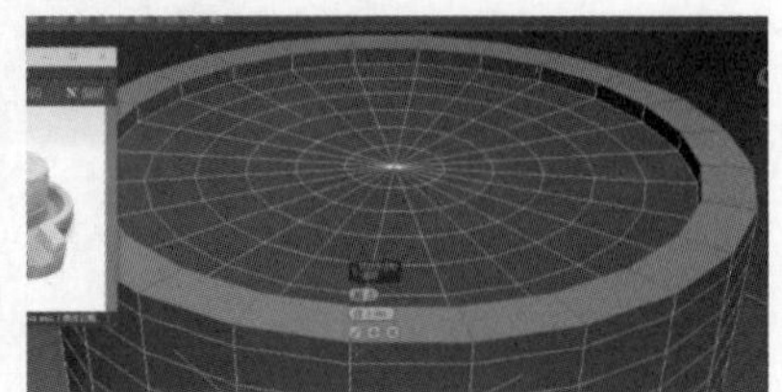

图 7.178 挤出图形

步骤 3：制作丁字形的孔洞。选择“多边形”，选择两个面，在右边“命令”面板的“编辑多边形”中选择“挤出”命令，向内挤出，如图 7.179 所示。

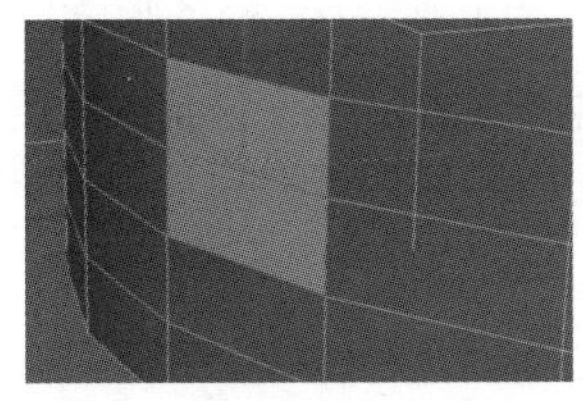
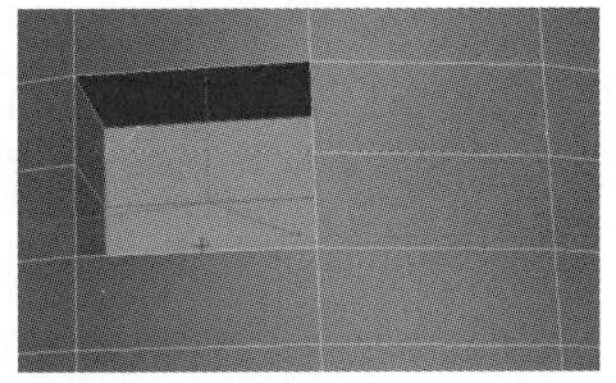

图 7.179　制作丁字形的孔洞

步骤 4：制作上方的圆孔。选择“编辑多边形→多边形”，创建四块多边形；删除这四块多边形，再在右边菜单栏的“编辑边界”中选择“封口”，如图 7.180 所示。

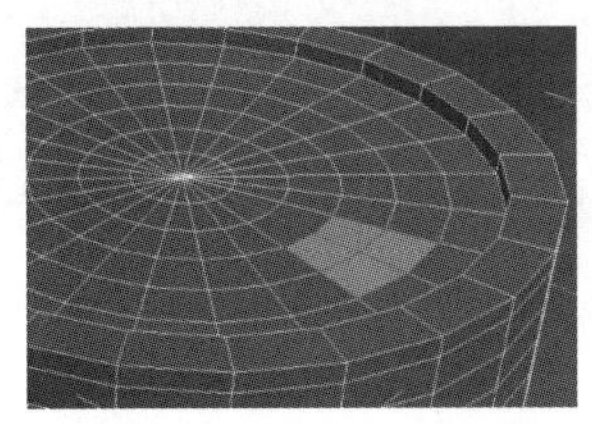

图 7.180　制作上方的圆孔

步骤 5：创建几何多边形。在上面的功能区菜单栏中选择“建模→多边形→几何多边形”，使对象由四边形对象变成多边形对象；选择多边形对象，点击“编辑多边形→挤出”，向下挤出；按“F”键切换到前视图，将其挤出至最下端与边缘对齐，如图 7.181 所示。

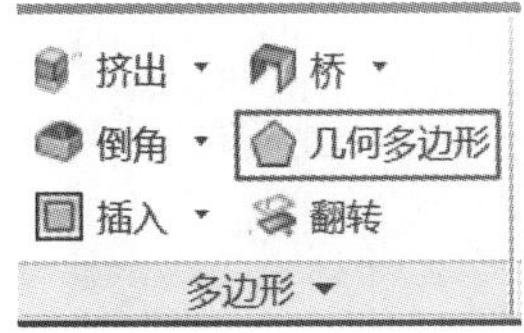

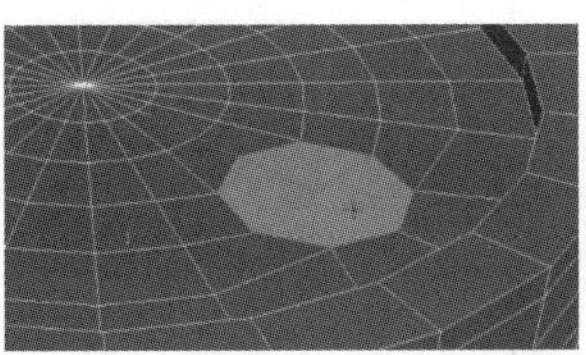
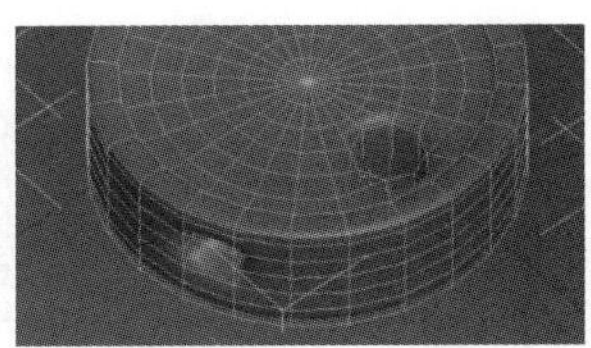
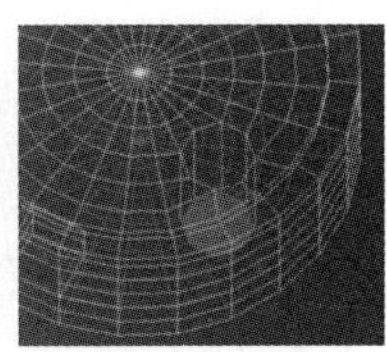

图 7.181　创建几何多边形

步骤 6：快速循环卡线。关闭显示框架，点击“快速循环”命令，选择边进行卡线处理；选择“环形”，勾选“背面”，如图 7.182 所示。

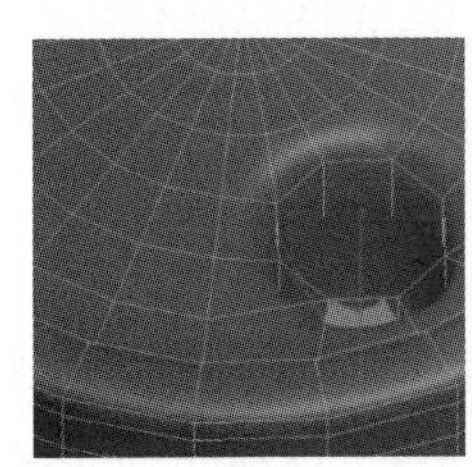
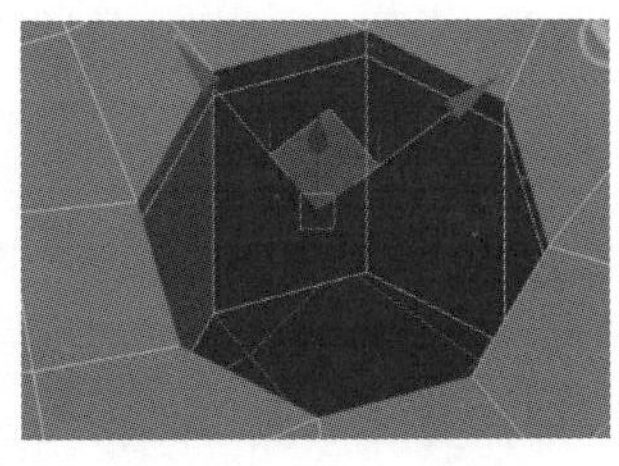
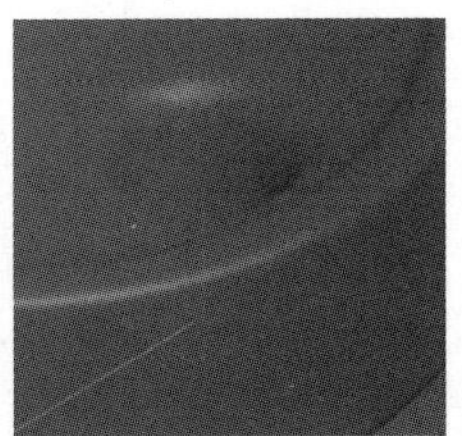

图 7.182　快速循环卡线

步骤 7：做边缘弧度。对于侧面孔洞，选择“编辑边→切角”，将切角高度设置为 0，就会拥有弧度；侧边方形同理，按快捷键“Alt+1”选择“快速循环”，在横向、纵向分别卡线，如图

7.183 所示。

步骤 8：制作把手。选择“扩展基本体→切角长方体”，创建一个切角长方体。按“T”键切换至顶视图，利用缩放命令修改大小。在“参数”中修改长和宽，增加长、宽、高和圆角的段。将其转换为可编辑多边形，选择“可编辑多边形→多边形”，勾选“背面”。在“软选择”中选择“使用软选择”，选择“影响背面”，设置“衰减”，调整至参考图形状。选择“扩展基本体→切角圆柱体”，创建一个切角圆柱体。同理，切换至顶视图，在“参数”中修改长和宽，增加长、宽、高和圆角的段。在“参数化”修改器中选择“锥化”，调整锥化值。制作把手如图 7.184 所示。

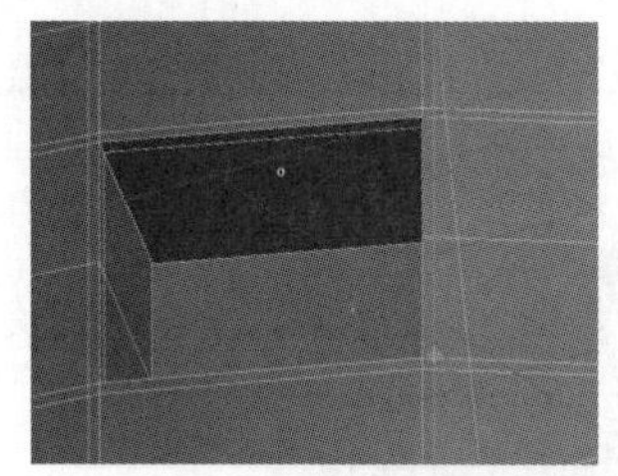

图 7.183 做边缘弧度

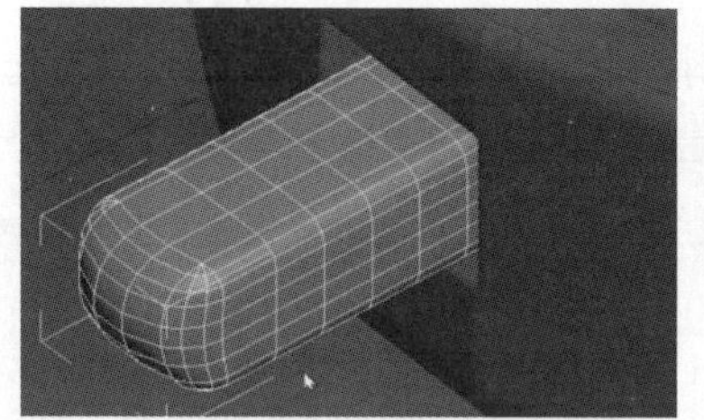

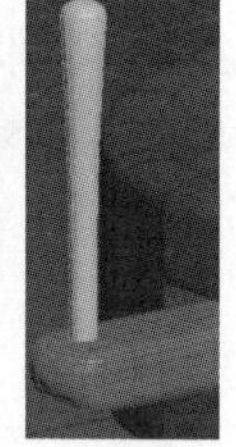

图 7.184 制作把手

步骤 9：制作底座。切换至顶视图，绘制一个和上面大小类似的圆，勾选“开始新图形”后，再绘制一个圆和一个矩形，如图 7.185 所示。

步骤 10：修剪焊接。选择圆，将其转化为可编辑样条线，点击“可编辑样条线→几何体→附加”；选择另外一个圆和矩形，选择“可编辑样条线→样条线→修剪”，除去不需要的边；选择“顶点→焊接”，如图 7.186 所示。

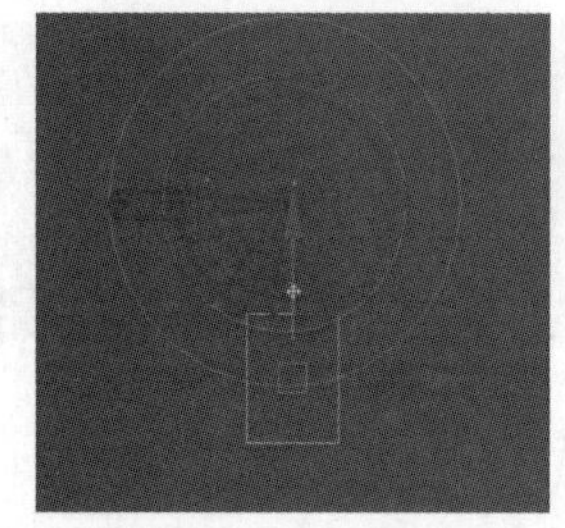

图 7.185 制作底座

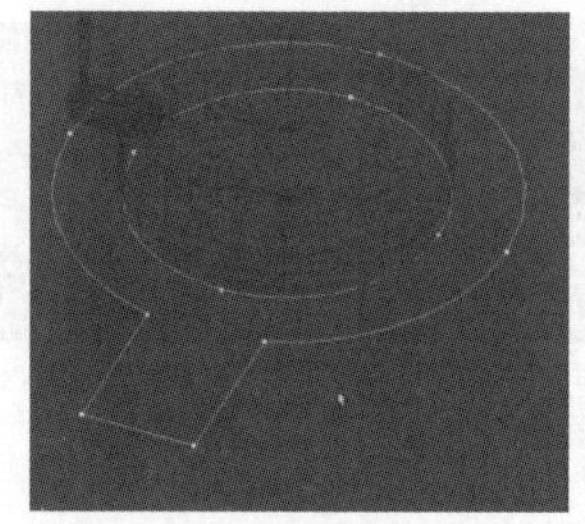

图 7.186 修剪焊接

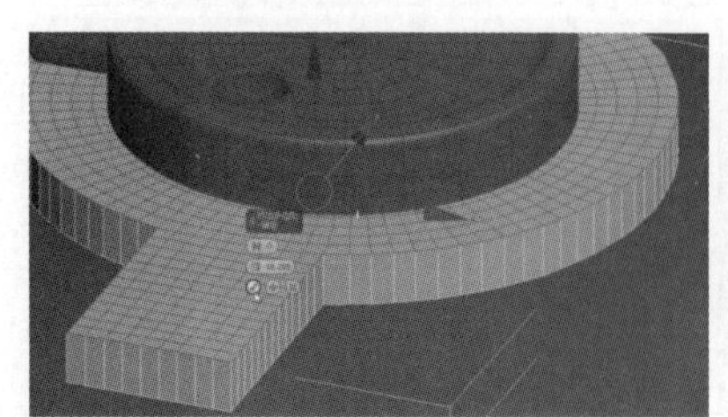

图 7.187 制作磨台厚度

步骤 11：调整磨台厚度。将图形转化为可编辑多边形，选择“可编辑多边形”中的“元素”层级，选中磨盘的平面图形并将其转为“多边形”层级，再点击右侧的“挤出”，调整并确认磨台厚度，如图 7.187 所示。

步骤 12：选择需要的边。转到“边”层级，选择两个边，点击右侧“环形”，勾选“背面”，以便同时消除背面的多余选区，重复该过程（即选中两条边，使其形成环形）直至选中全部所需编辑厚度的面，如图 7.188 所示。

步骤 13：调整磨台渠沿厚度。在选中“边”层级的基础上，按住“Ctrl”键点击多边形图标，转到“多边形”层级，这样选择的边就转到选择的多边形面上了。点击“挤出”

命令，调整并确定磨台渠沿厚度，如图 7.189 所示。

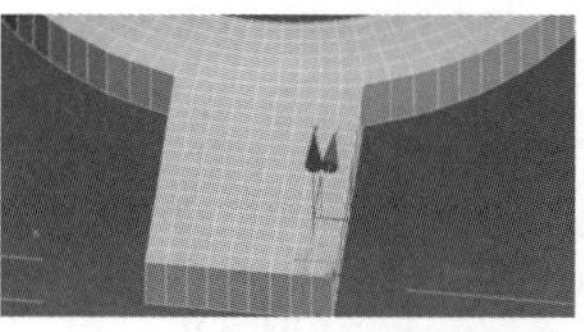
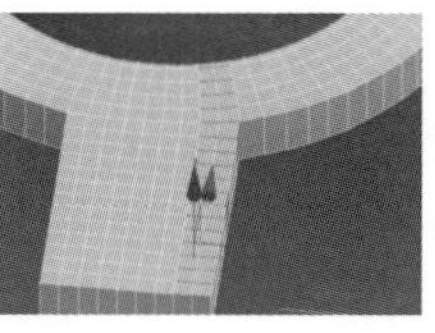
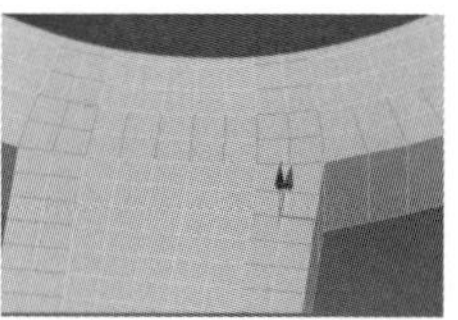

图 7.188　选择需要的边

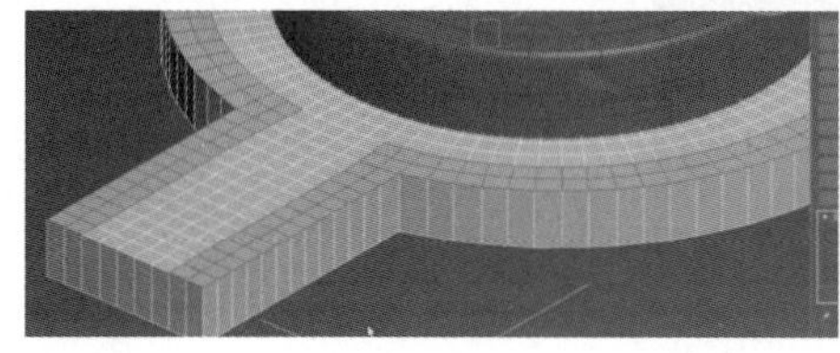
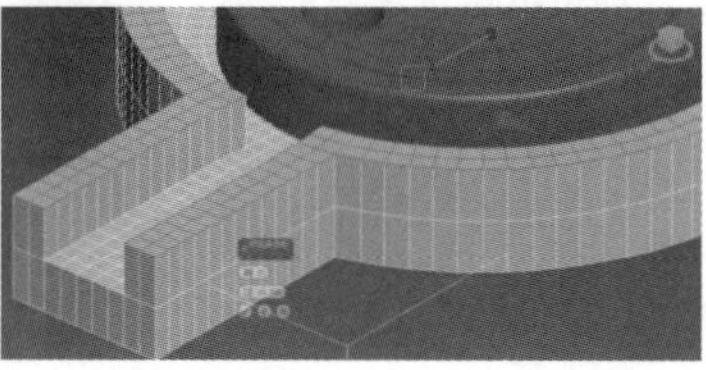
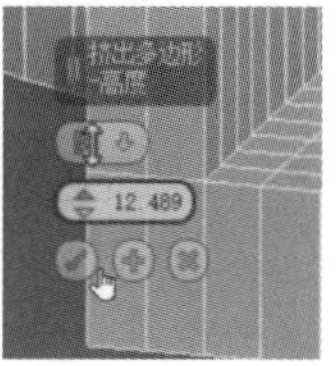

图 7.189　调整磨台渠沿厚度

步骤 14：删除所选区域。选中磨盘部分，点击鼠标右键隐藏当前选择。转到“边”层级，选中中心底部其中的一段边，选中右侧的“循环”命令，使选中中心底部边全部选中；按住“Ctrl”键点击“面”层级，并删除所选区域，如图 7.190 所示。

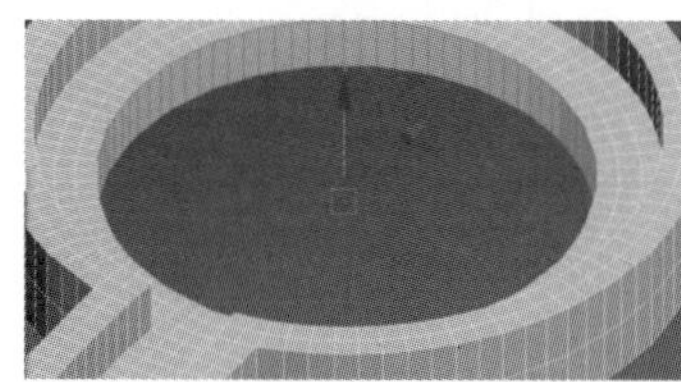
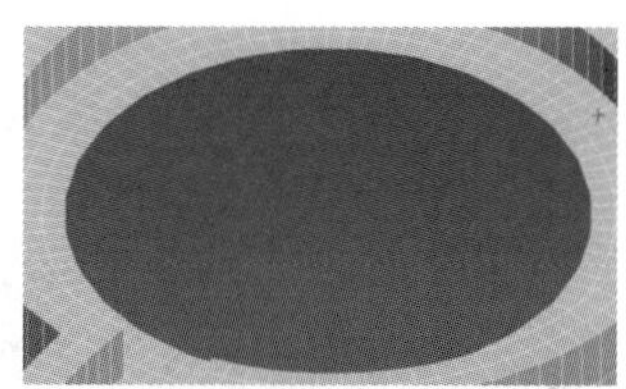

图 7.190　删除所选区域

步骤 15：挤出并封口。转到“边界”层级，选中中心边界，并按住“Shift”键向上拖动，即挤出；选中底面边界，点击右侧“封口”命令，如图 7.191 所示。

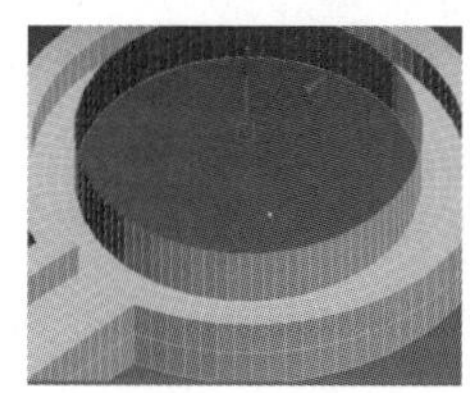
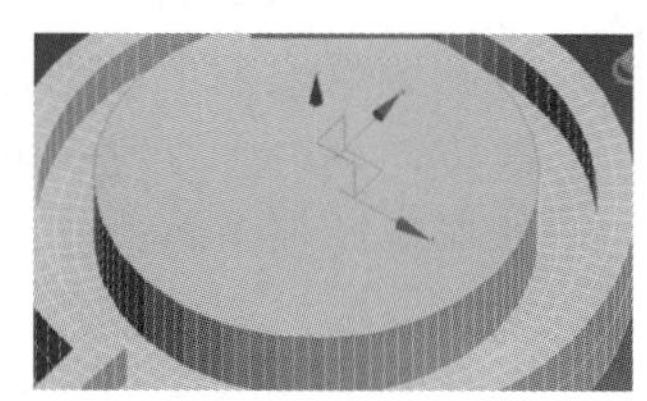

图 7.191　挤出并封口

步骤 16：切角并塌陷全部。在右侧的“修改器列表”中，找到“切角”命令并选中，退回“可编辑多边形”层级，调整切角的高度及分段；利用鼠标右键单击“切角”，点击“塌陷全部”，如图 7.192 所示。

步骤 17：使用 Retopology 命令。在右侧的“修改器列表”中找到“Retopology”命令，并将“Face Count”的数值调整为 2000，点击“Compute”，完成后效果如图 7.193 所示。

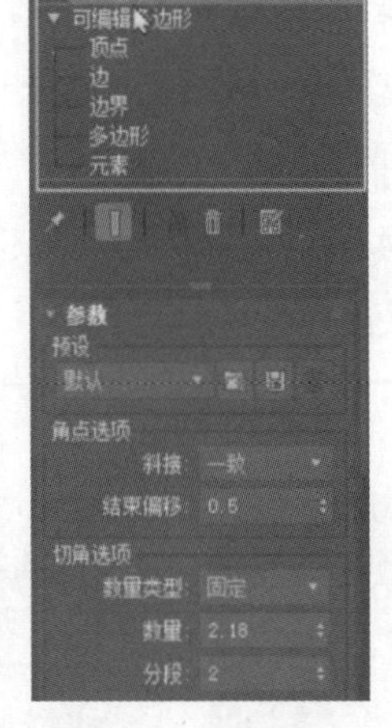

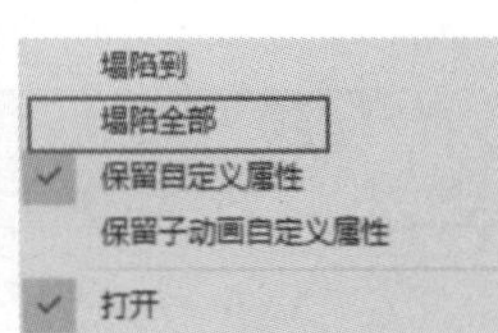

图 7.192　切角并塌陷全部

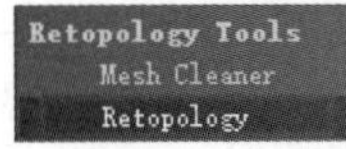

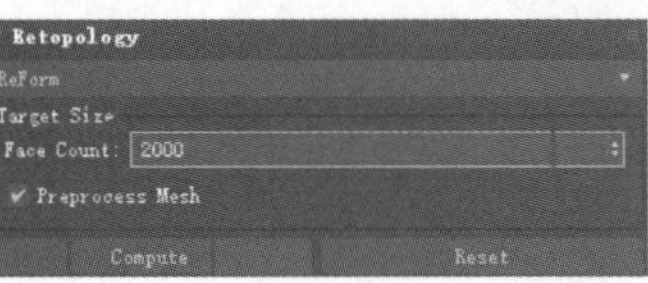

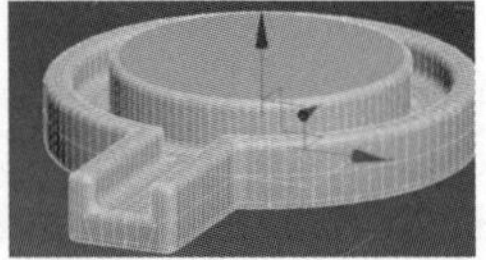
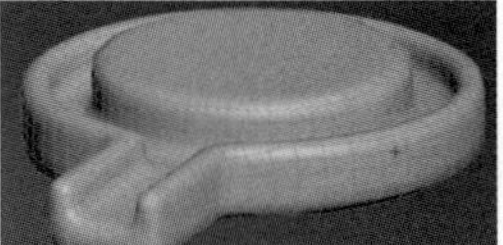

图 7.193　使用 Retopology 命令

⚠ Retopology 是多边形自动拓扑工具，其作用是基于参考对象的形状创建细分拓扑，基于参考对象重塑现有的细分主体，将拓扑添加到现有的细分主体，以及通过松弛顶点、添加边和循环边或者切割新边来优化细分主题的形状。该自动拓扑工具在 3ds Max 2023 以上版本中已经内置，在其他低版本中则需要安装。

图 7.194　完成主体部分效果

步骤 18：完成主体部分。点击鼠标右键选择“全部取消隐藏”并将磨盘调整到合适位置，选中磨盘和磨台，并将其调整为统一颜色，调整效果如图 7.194 所示。

步骤 19：目标焊接点。接下来开始制作模型高低不平的效果。重新调整模型上半部分，其中有些线条比较乱。按“F4”键显示线段，点击“修改→可编辑多边形→顶点”，将散落的点都选中，然后移动到中心点去，将这些点框起来全部选中，在右侧工具栏找到“编辑顶点”，点击“目标焊接”，将它们连接起来，如图 7.195 所示。

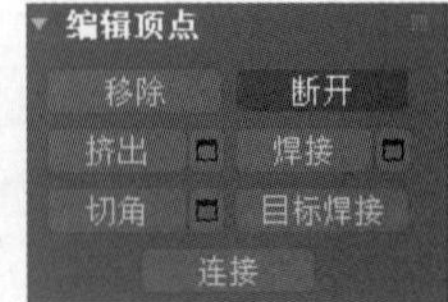

图 7.195　目标焊接点

步骤 20：使用循环命令。在“可编辑多边形”里点击“边”，选中第一条边（线段），在右侧工具栏里点击“循环”，就可以选中一整条边，如图 7.196 所示。

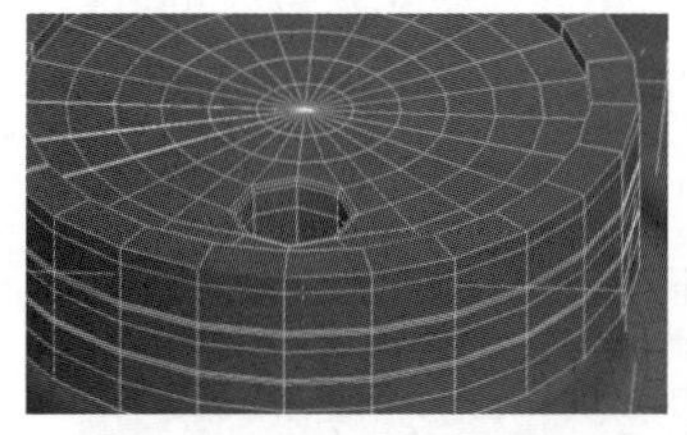
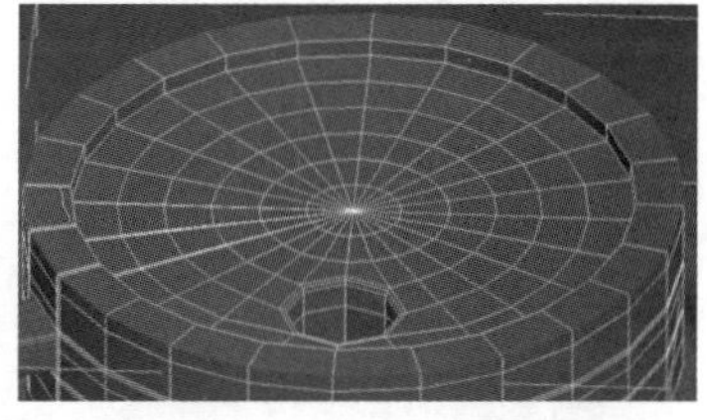

图 7.196　使用循环命令

步骤 21：切角值设置。在右侧工具栏里找到“编辑边”，点击 切角 ，设置调整值，设置完后点击“ √ ”。在石磨底部位，同样选中一条线段，点击 循环 选中一整条边后，再次点击 切角 ，设置该值的大小，完成后点击“√”。将石磨上方的两条内侧边都选中后，点击 切角 进行切角设置，切角也是卡线的一种形式。切角值设置如图 7.197 所示。

步骤 22：使用 Retopology 命令。按快捷键“T”切换到顶视图，石磨侧方边缘相对粗糙一点，上方的边缘相对平滑一点。由于该对象的段数不够，在“修改器列表”中找到并点击“Retopology”，将下方的“Reform”改为“Instant Mesh”，将“Face Count”值改为 10000，然后点击“Compute”将其计算一下，得到的结果如图 7.198 所示。

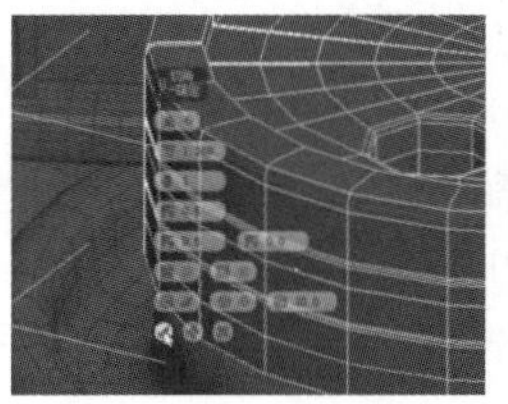
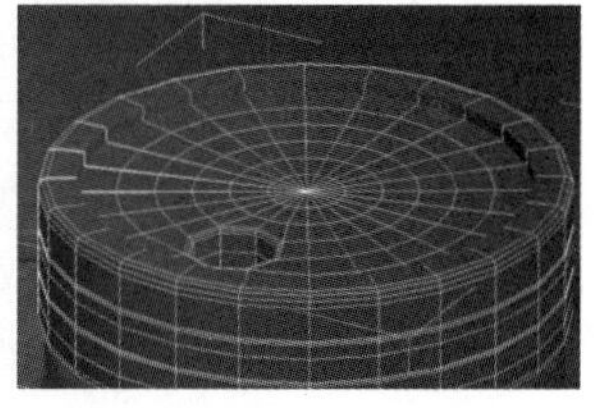

图 7.197　切角值设置

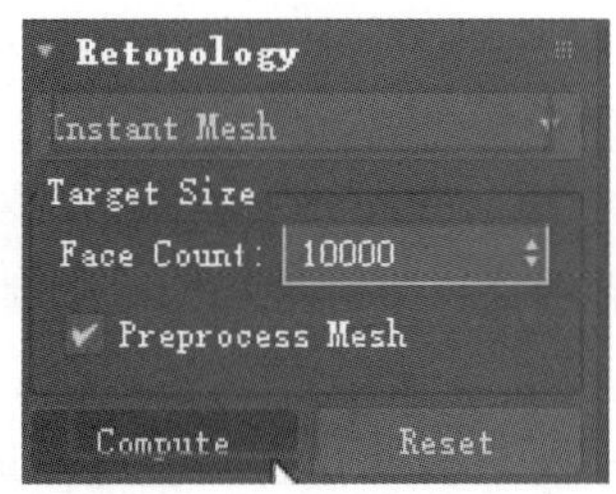

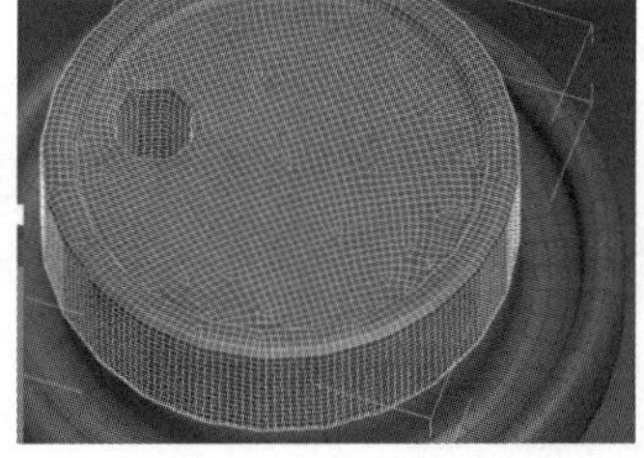

图 7.198　使用 Retopology 命令

步骤 23：塌陷并反选对象。按“F4”键可取消网格，以方便观看。接下来点击“Retopology”，点击鼠标右键选择“全部塌陷”，跳出警告后点击“是”；回到“可编辑多边形”，点击“多边形”，勾选下方的“阻挡” 阻挡 ，就可以选中上方的面；按住快捷键“Ctrl+I”，选择它的背面，如图 7.199 所示。

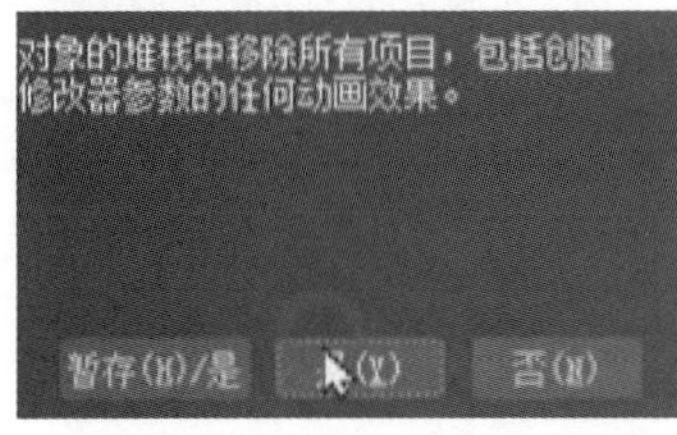

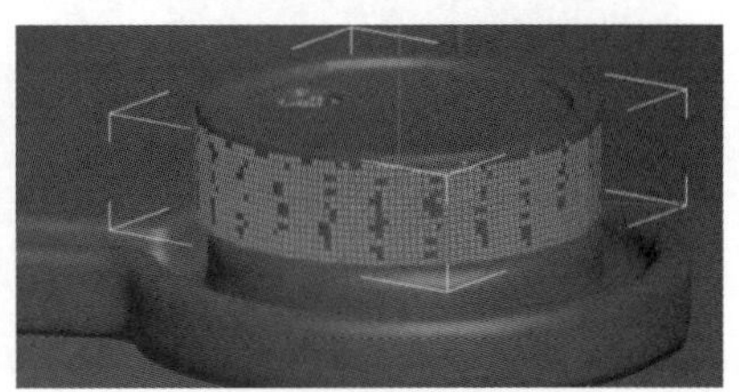

图 7.199　塌陷并反选对象

步骤 24：添加噪波并塌陷。再次点击 阻挡 将其去掉，在“修改器列表”中找到并点击“多边形”，然后在“修改器列表”中点击“噪波”，在“参数”里进行修改。如果想要复杂的效果，可以勾选“分形”。最后点击“噪波”，再点击鼠标右键转为“全部塌陷”，点击“是”，石磨圆盘制作就基本完成了，如图 7.200 所示。

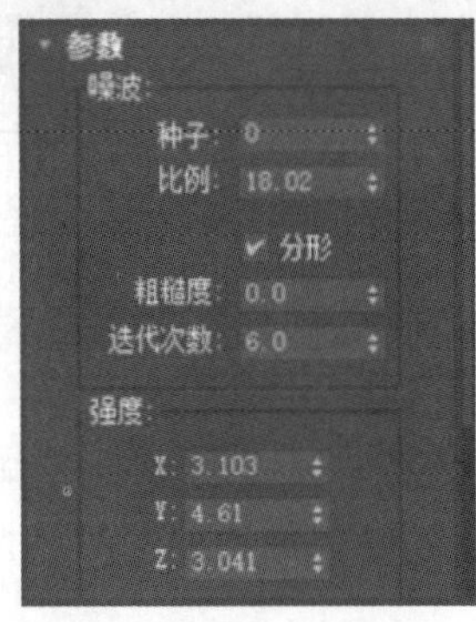

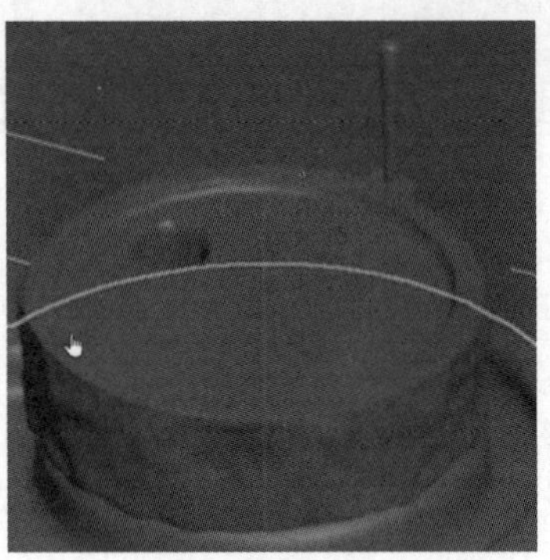

图 7.200 添加噪波并塌陷

步骤 25：选择底座部分。接下来修改石磨的底座，如果怕上半部分影响操作，可以选中圆盘，然后点击鼠标右键隐藏选定对象。选中底座，在“修改器列表”中选择“Retopology”，“Face Count”值默认为 5000 即可，直接点击“Compute”开始计算，完成后将其转化为“全部塌陷”，步骤同上。回到“可编辑多边形”，点击“多边形”，打开下方的“阻挡”，将上面全部选中；点击上方菜单栏中的，长按拖住鼠标，选择圆状，按住“Ctrl”键从中心点往外框选，选中最中间的圆后保存；在上方菜单栏中命名为 1，按“Enter”键保存。选择底座部分如图 7.201 所示。

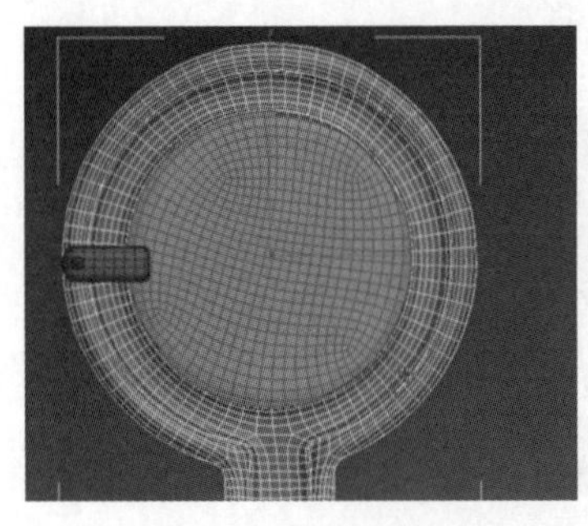

图 7.201 选择底座部分

步骤 26：选中噪波对象。接下来制作外圈，按住“Ctrl”键从中心向最外圈框选，全部选中，不够时可以再叠加。按住快捷键“Ctrl+I”反选，制作侧面，正面被选中的部分要将其取消。点击“修改器列表”找到“多边形选择”，选择“多边形”，如有哪些地方需要制作，则按住“Ctrl”键框选。再次使用“噪波”（步骤同上），调整其参数，将噪波转化为“全部塌陷”（步骤同上）。做完后点击鼠标右键取消隐藏对象，显示完整样式，如图 7.202 所示。

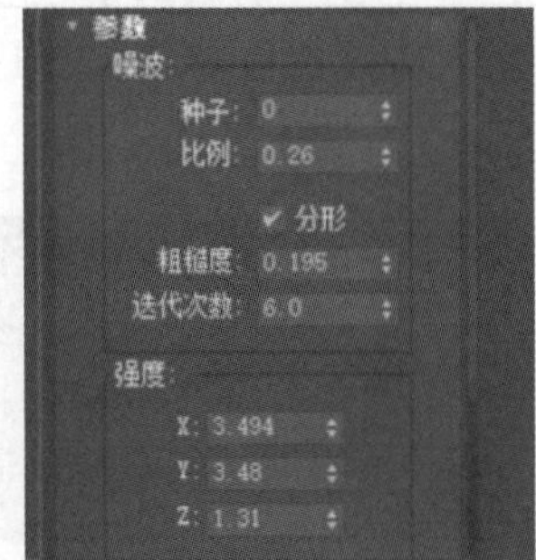

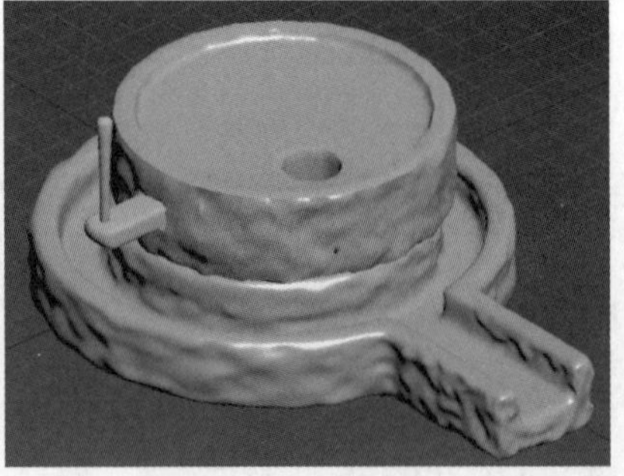

图 7.202 选中噪波对象

步骤 27：绘制变形底座。单击鼠标左键选择“多边形层级”中的“自由形式→绘制变形→推拉/噪波”；单击鼠标左键对要变化的部位进行移动，改变物体效果，如图 7.203 所示。

步骤 28：UVW 清除与 UVW 展开。单击鼠标左键选中对象，点击“修改器列表→UVW 清除”，将原先物体对象上的贴图坐标清除。单击鼠标左键选中对象，点击“修改器列表→UVW 展开”，结果如图 7.204 所示。

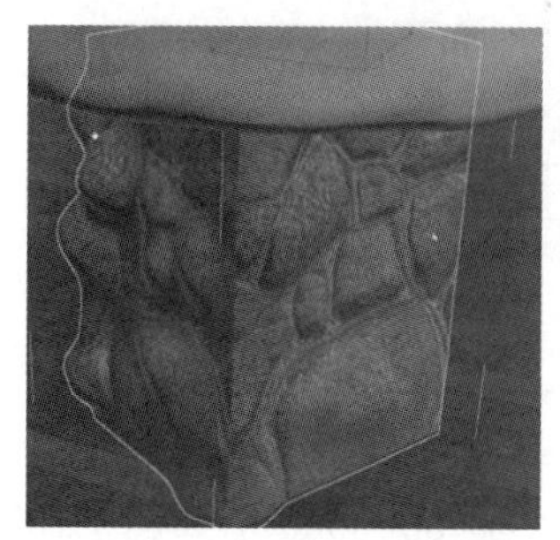

图 7.203　绘制变形底座

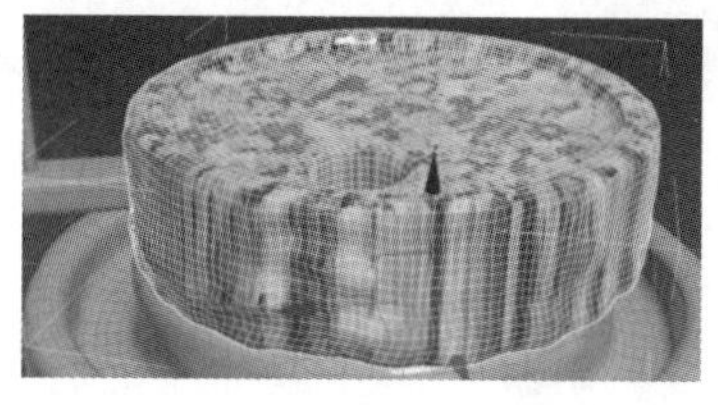

图 7.204　UVW 展开

步骤 29：切割。由于平面贴图贴到立体对象上会产生变形，所以单击“UVW 展开”，选择“边”选项。单击鼠标左键将要切割分离出来的面所对应的边依次选中，并使用快捷键“Shift+R”，线段变色即切割完成，如图 7.205 所示。

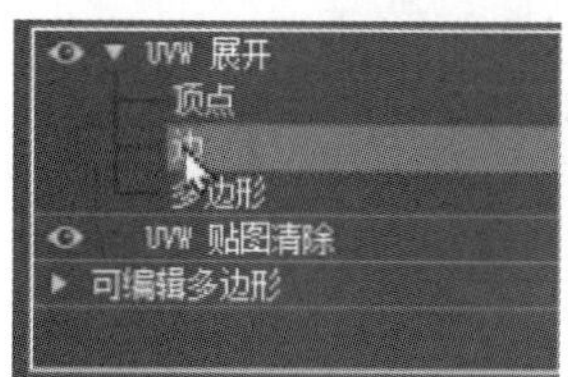

图 7.205　切割

步骤 30：分离对象。单击鼠标左键选择“UVW 展开”，打开“UV 编辑器”，单击鼠标左键选中图标，再点击选中对象将其依次分离，如图 7.206 所示。

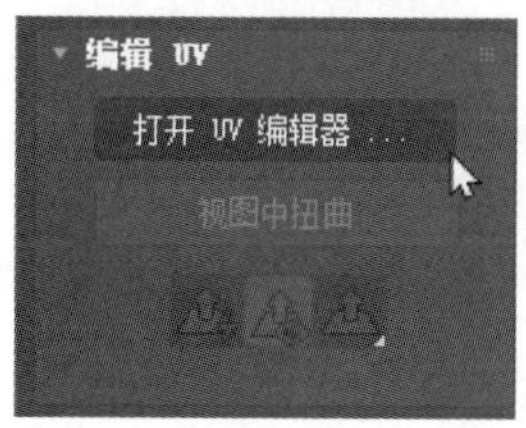

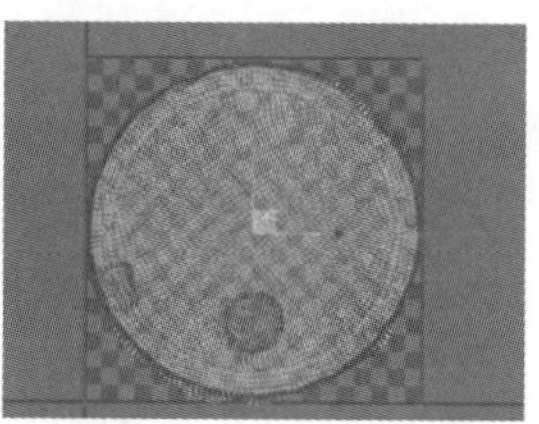

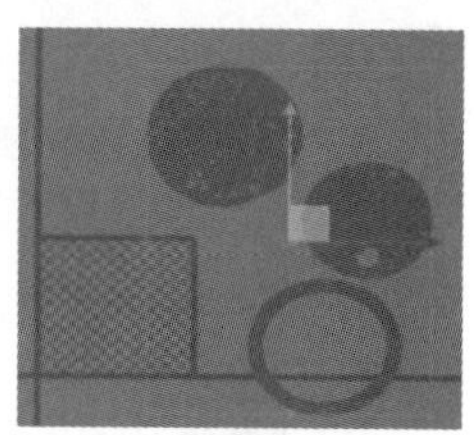

图 7.206　分离对象

步骤 31：剥离对象。单击鼠标左键拖动全部选中，点击图标，选择“剥离→快速剥离”，会更快速地将对象分离开来，单击鼠标左键将背景网格更换为自选贴图，如图 7.207 所示。

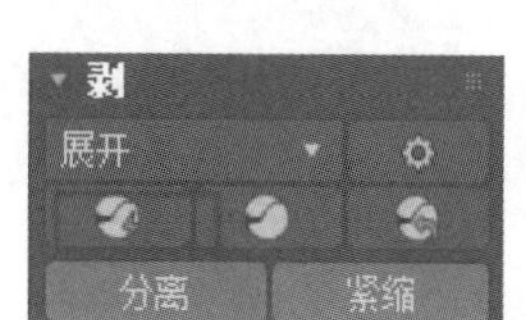

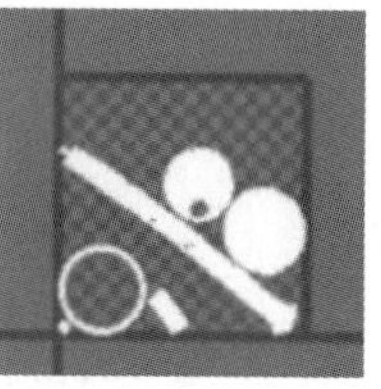

图 7.207　剥离对象

步骤 32：调整棋盘格疏密。单击鼠标左键调整“UVW 编辑器”内各区域面的大小以决定对象贴图的疏密程度，将“棋盘格”设置为背景贴图对象，最后将对象转换为可编辑多边形，如图 7.208 所示。

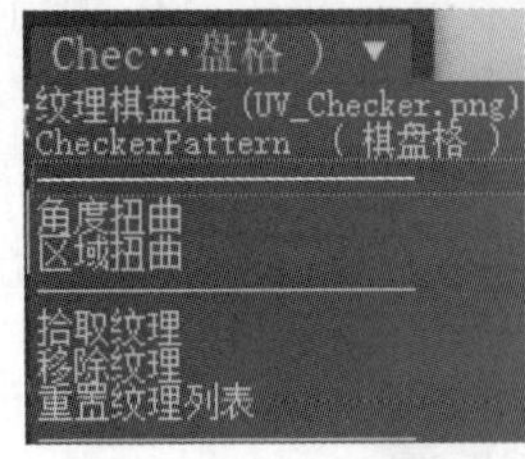

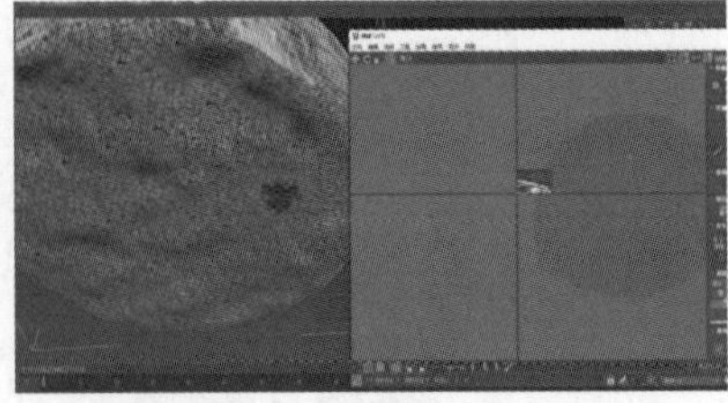

图 7.208 调整棋盘格疏密

步骤 33：设置输出大小。单击鼠标左键选择“渲染器→渲染器设置”，单击鼠标左键选择“渲染器→扫描线渲染器”，单击鼠标左键选择“输图”，输出大小为“800*600”，如图 7.209 所示。

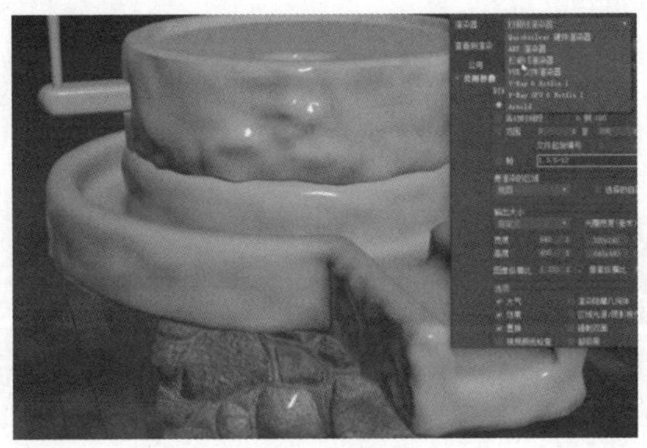

图 7.209 设置输出大小

步骤 34：导入贴图材质文件。按快捷键“M”打开“Slate 材质编辑器”，单击鼠标左键将自选的贴图材质文件拖入“Slate 材质编辑器”中，单击鼠标右键选择“材质→通用→混合”，如图 7.210 所示。

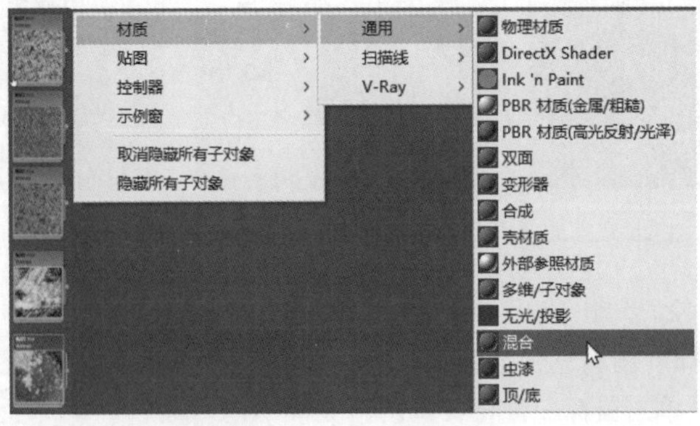

图 7.210 导入贴图材质文件

步骤 35：连接材质。双击鼠标左键选择“基础颜色贴图→渐变”，单击鼠标左键依次将材质一、二、三与“渐变材质”相连接，并摆放整齐；单击图标，可收整图标，将其余材质连接、摆放整齐，如图 7.211 所示。

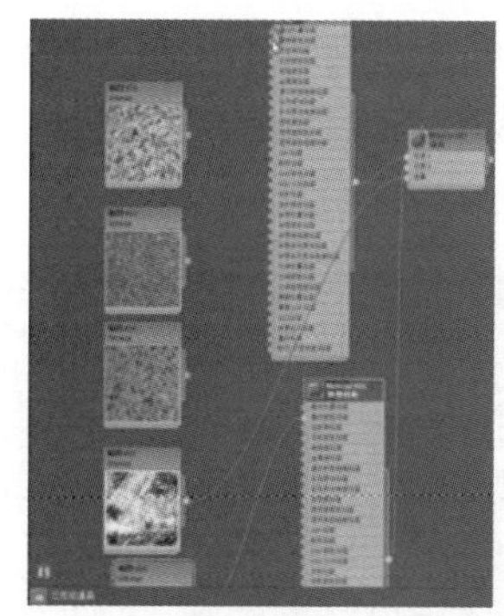
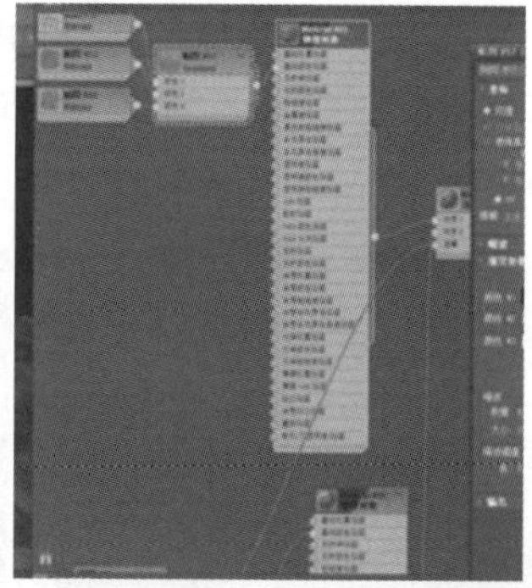
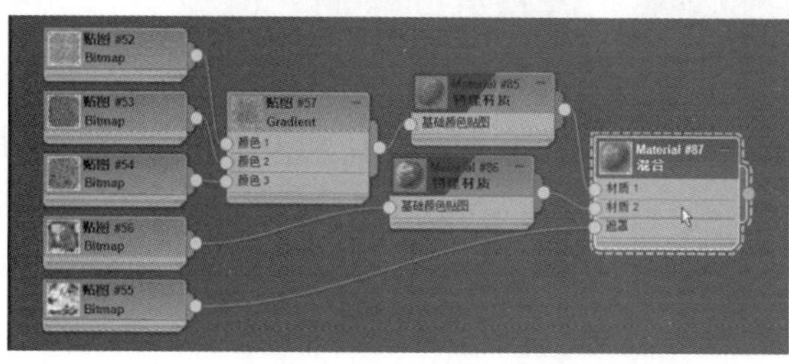

图 7.211　连接材质

步骤 36：调整渐变材质。双击鼠标左键选择“渐变”材质，点击“渐变类型→径向”，并调整颜色、位置数值和噪波数值。双击鼠标左键选择想要修改的边的材质，调整“瓷砖”和“模糊度”数值，把材质拖动至磨盘对象，并按快捷键“Shift+Q”进行渲染并查看效果，其他材质的更改同理。调整渐变材质如图 7.212 所示。

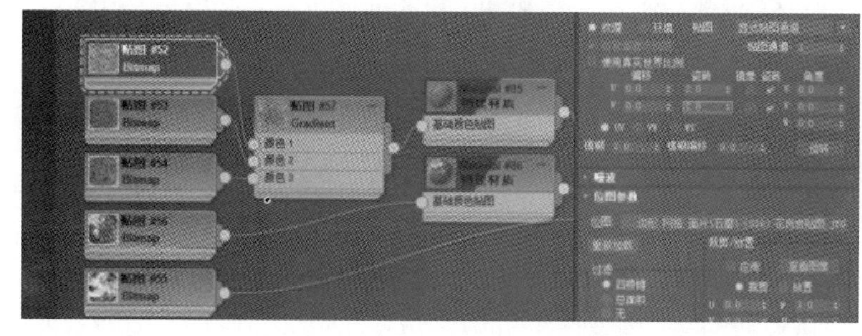

图 7.212　调整渐变材质

步骤 37：调整混合材质。双击鼠标左键选择“混合”材质，勾选“遮罩→交互式”，并调整“混合曲线”数值至想要的材质效果，如图 7.213 所示。

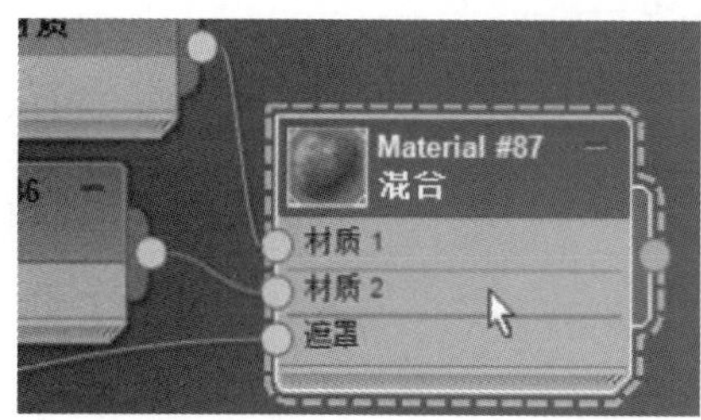

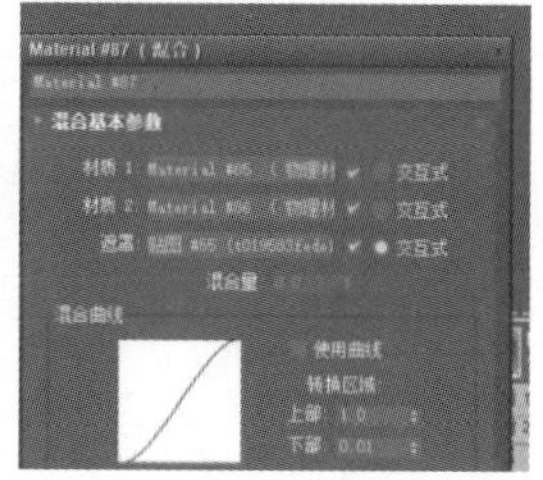

图 7.213　调整混合材质

步骤 38：复制材质并连接。按“Shift”键并单击拖动其中一个材质可对其进行复制，单击鼠标左键选择“物理贴图”，再点击图标将其展开，选择“凹凸贴图”与新复制的贴图材质连接，如图 7.214 所示。

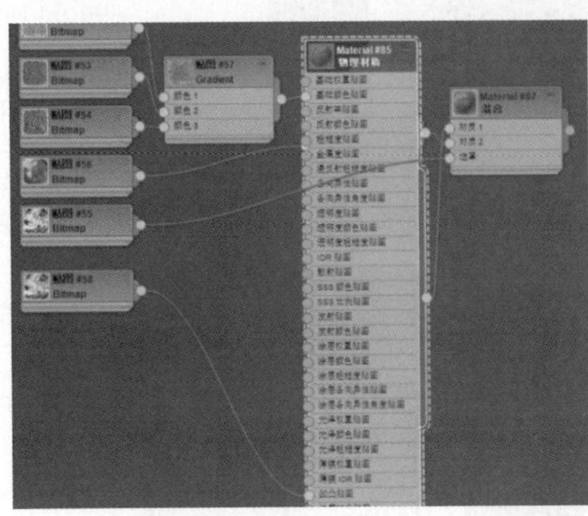

图 7.214 复制材质并连接

步骤 39：调整凹凸贴图数值。调整“凹凸贴图”数值，增加贴图材质的立体效果，如图 7.215 所示。

步骤 40：调整角度。调整好对象角度，按快捷键“Shift+Q”进行渲染，查看最终渲染效果，如图 7.216 所示。

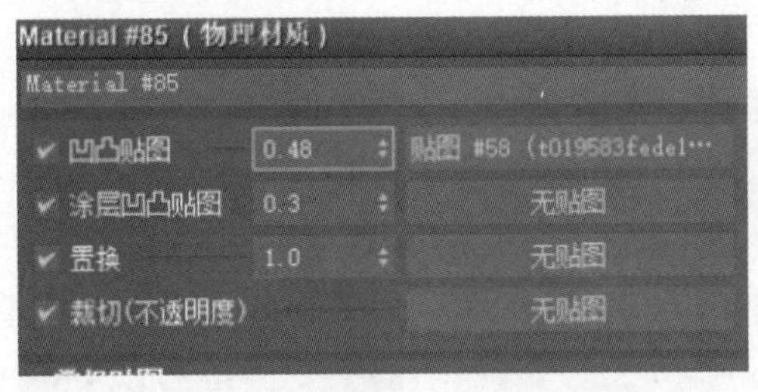

图 7.215 调整凹凸贴图数值

图 7.216 最终效果

【小结】 本实验通过石磨模型的创建，使读者了解可编辑多边形不同层级中不同命令的编辑效果，进一步熟悉“挤出”“倒角”和“Retopolpogy”等命令，并逐渐掌握这些命令的应用技巧，学会运用“推拉或噪波”来改变物体表面的凹凸形态，以及运用混合或渲染等材质来渲染出更为真实的贴图效果。

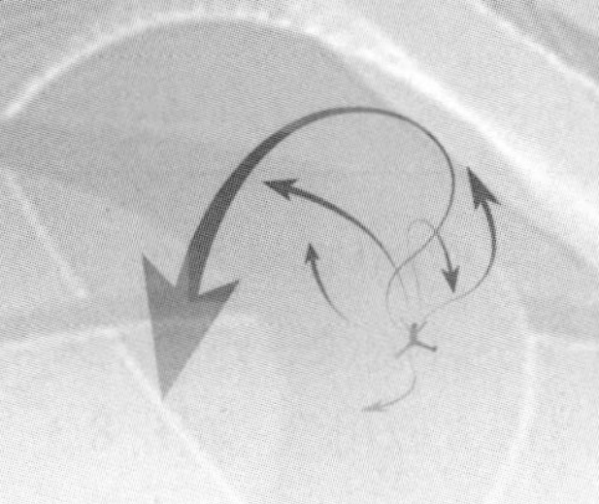

第 8 章 3ds Max 复合对象

实验 8.1 制 作 螺 栓 

【概述】 在实际工作中，经常需要在模型与模型之间进行运算，从而产生新的模型，这种建模方式就是复合建模。布尔运算是指通过对两个以上的物体进行并集、差集、交集的运算，从而得到新的物体形态。制作硬表面的对象时，用布尔运算来建模会更加快速便捷。在进行布尔运算之前，会把需要运算的面单独分离出来，然后再用分离出来的面进行计算，从而减少布尔命令对整个模型布线的影响。布尔运算的方式、效果也可以进行编辑修改，布尔运算修改的过程可以记录为动画，以表现神奇的切割效果。

【知识要点】 学习如何在复合对象中进行布尔运算；了解运算对象的各个参数、布尔运算的操作方式；掌握复合建模的基本要领和简单应用。

【操作步骤】

步骤 1：创建切角圆柱体并修改参数。文件重置，打开一个场景，切换到主视图，点击“创建 + → 图形”，选择“扩展基本体”，在下方的 对象类型 中选择“切角圆柱体”，创建切角圆柱体并在场景中单击放置，调整其半径、高度、边数、端面、分段，如图 8.1 所示。

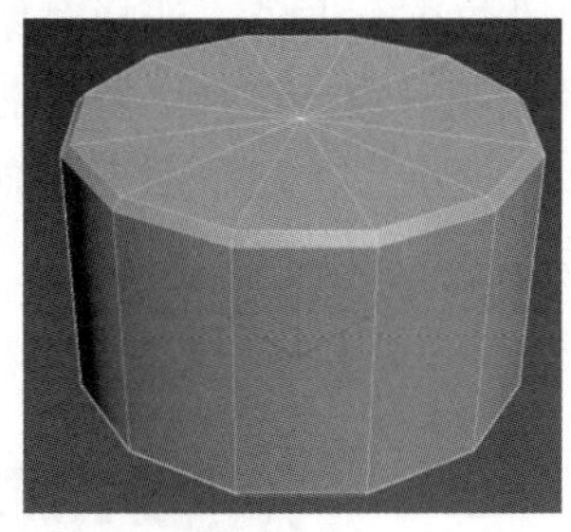
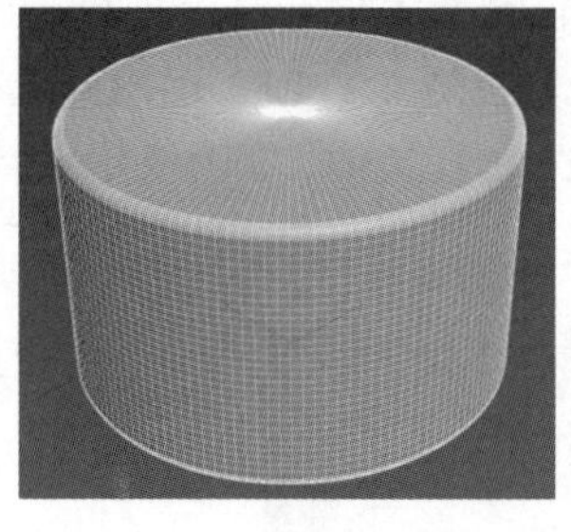
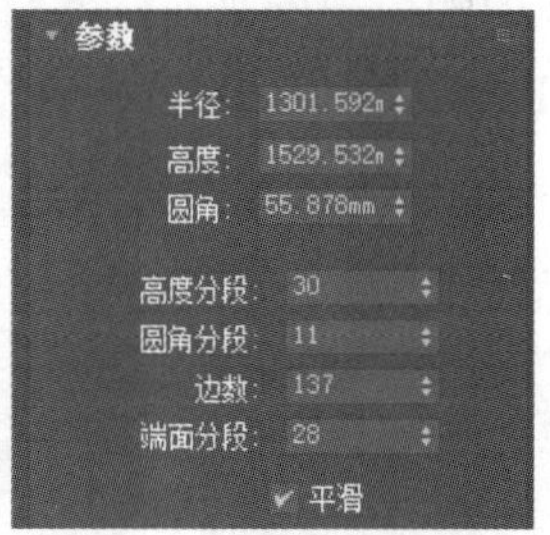

图 8.1 创建切角圆柱体并修改参数

步骤 2：创建圆柱体并修改参数。创建好以后，创建一个合适大小的标准圆柱体；点击选择圆柱体对象，点击视图旁边的“自动格栅”，直接在对象上绘制切角圆柱体；在前视图上，赋予它超过圆柱体的高度，对圆柱体的参数进行修改，对位置进行调整，如图 8.2 所示。

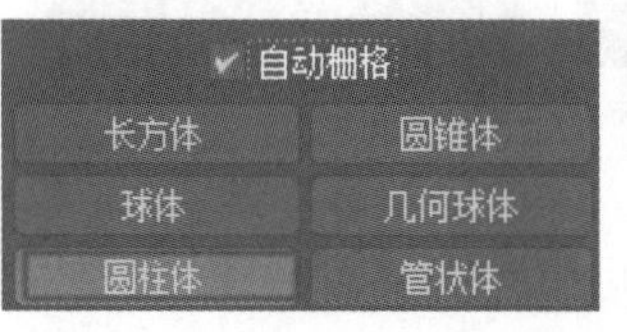

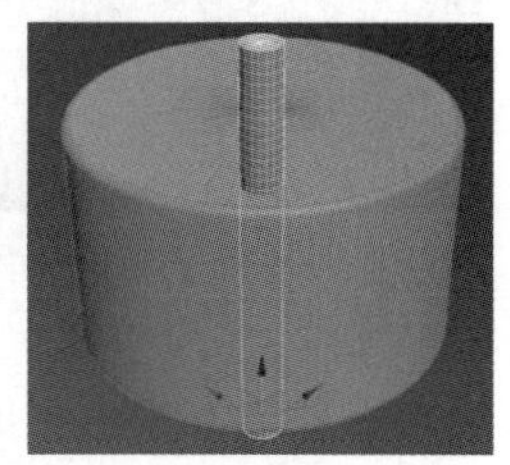

图 8.2 创建圆柱体并修改参数

步骤 3：阵列。选择对象，选择“拾取→使用变换坐标中心”，选择“倒角圆柱体”，点击“拾取坐标系统”；在工具栏空白处点击鼠标右键，找到“附加”，选中对象，点击“阵列”；在旋转的位置输入 360，打开“预览”，修改个数为 10，点击“应用”，如图 8.3 所示。

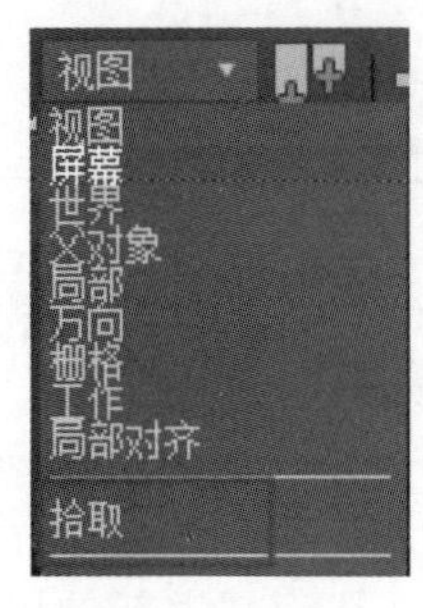

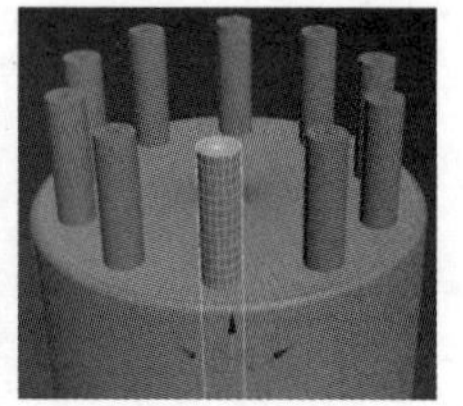

图 8.3 阵列

步骤 4：布尔运算。选中倒角对象，找到“复合对象→布尔→差集”，点击“开始拾取”，依次拾取小圆柱体对象，得到孔洞对象，如图 8.4 所示。

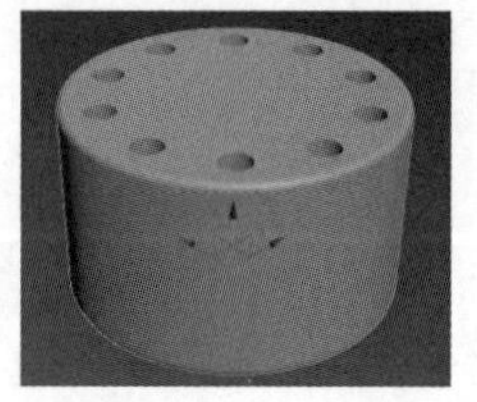

图 8.4 布尔运算

步骤 5：绘制管状体并调整。在前视图上，绘制管状体，修改管状体的大小，然后通过观察侧视图和俯视图来对管状体的内外半径和高度、面数和段数进行调整；选择对象，按快捷键“Alt+A”找到“对齐”命令，在 X、Y 轴上运用；选择孔洞对象，选择“复合对象→布尔→差集”，点击“开始拾取”，选择管状体，则中间圆柱体被挖小了，而下面带孔洞的部分扁了一些，如图 8.5 所示。

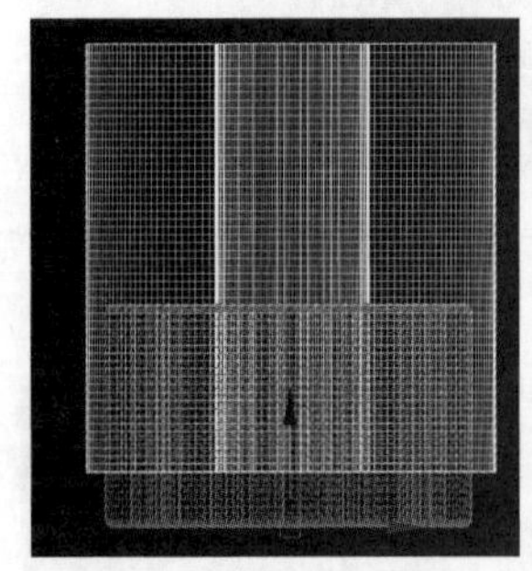
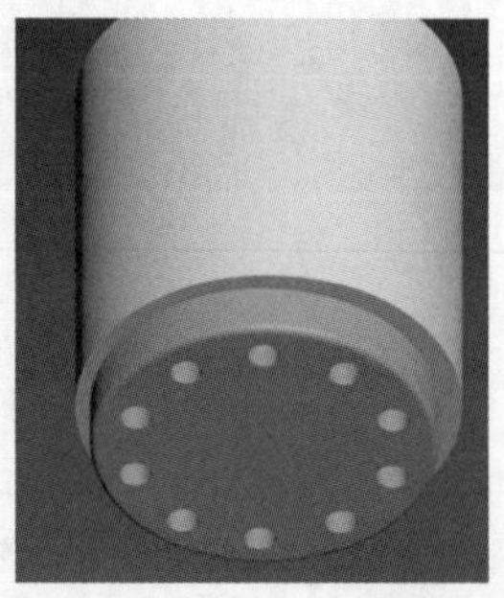
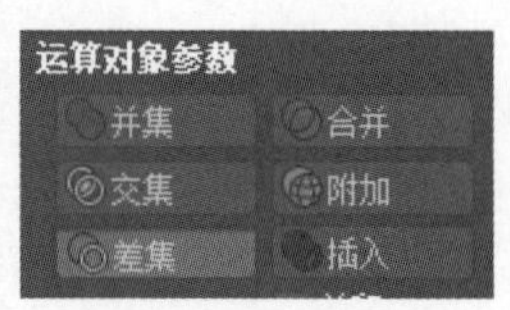

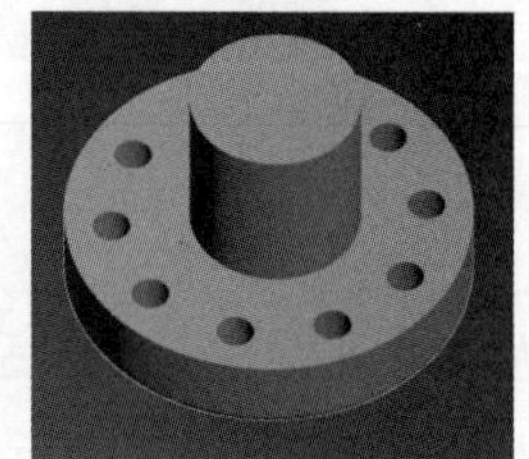

图 8.5 绘制管状体并调整

步骤 6：挖出中间孔洞部分。创建圆柱体并放置在孔洞对象中间，同样运用布尔运算，挖出中间孔洞部分，调整差集子对象，效果如图 8.6 所示。

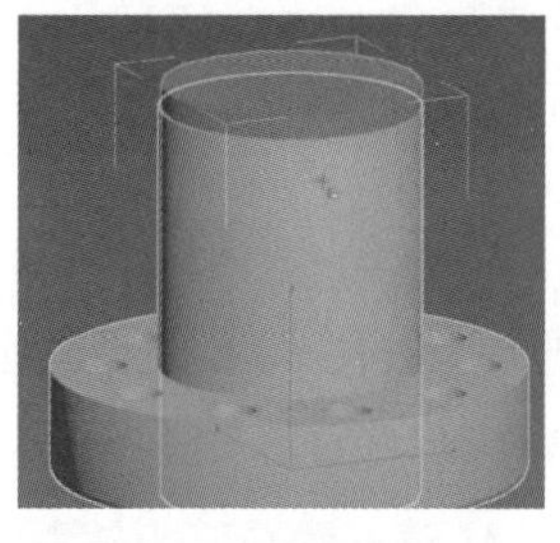
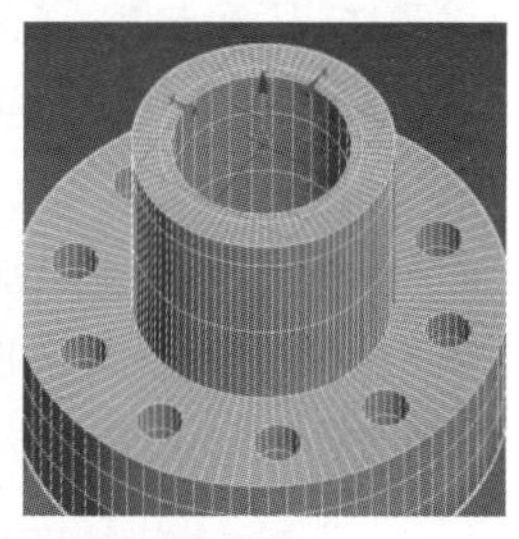
图 8.6　挖出中间孔洞部分

步骤 7：制作螺纹。创建螺旋线，按“F3”键，将鼠标往上移动，调整一下螺旋线的圈数，不要太高，内径和外径一样大小。打开“在视口中渲染”，调整线的粗细效果，将其转化为可编辑多边形。选取“切角圆柱体”，点击“创建”面板下的卷展栏，选择“复合对象→布尔→差集”，拾取对象选择螺旋线，得到螺纹效果。选中布尔操作完成后的图形，点击，再依次点击“堆栈中的布尔→螺旋线”，用移动命令修改位置。制作螺纹如图 8.7 所示。

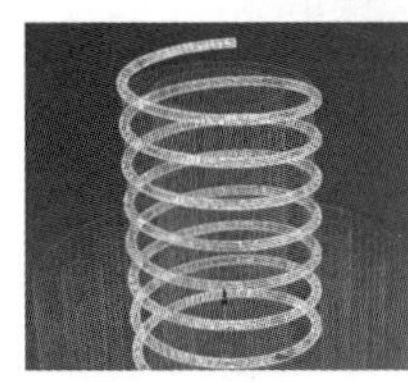
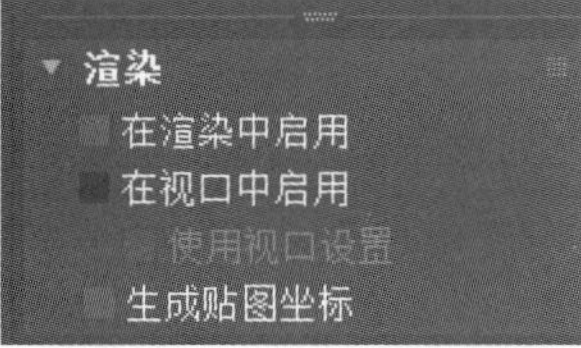

图 8.7　制作螺纹

步骤 8：修改颜色并切角。做好后退出，然后将其转化为多边形，将颜色修改为灰色，得到带螺纹的灰色表面形态；选择“边”层级，点击“切角”，得到边缘光滑的螺栓，如图 8.8 所示。

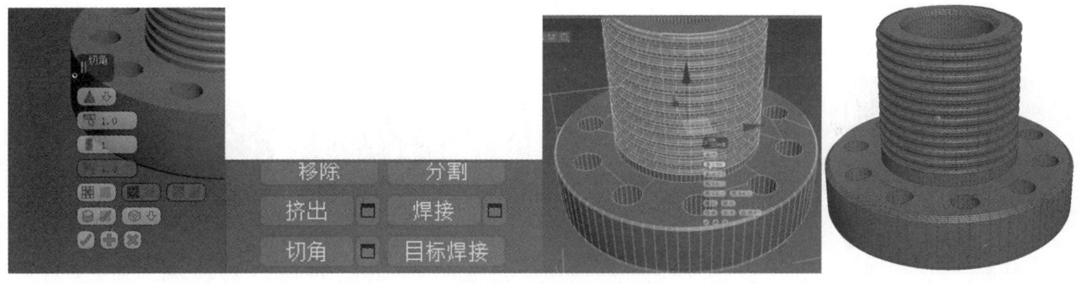

图 8.8　修改颜色并切角

【小结】 本实验介绍了如何利用布尔运算制作螺栓，使读者进一步了解图形间的组合和图形的结构组成，以及布尔运算的操作面板和对差集的运用。

实验 8.2　放　样　基　础

【概述】 放样是把二维图形转换成三维图形，即使剖面按路径轨迹生成三维效果。路径和图形都可以是封闭或开放的。放样的图形可以有一个或者很多个，它是用一条线与平面交叉得到立体物体，其中这条线被称为路径，平面图形被称为截面，所以路径放样也称截面成型。同一路径上可对不同的段给予不同的形体。可以利用放样来实现很多复杂模型的构建。在制作形态各异的现代雕塑等外形复杂的物体时，很难通过对基本体的组合或修改而生成，这时就要用到“放样”命令。

【知识要点】 了解“复合对象→放样”的用途，学会利用“放样”将各个创建好的路径与图形结合，其中如何正确修改截面图形是本实验的重点。

【操作步骤】

步骤 1：创建六边形。文件重置，打开一个场景，在侧视图中创建一个六边形，将其棱角部分修改为合适的圆角，按住“Shift”键拖动六边形进行复制，并将其调整到合适大小，如图 8.9 所示。

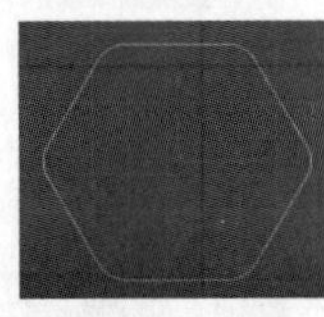
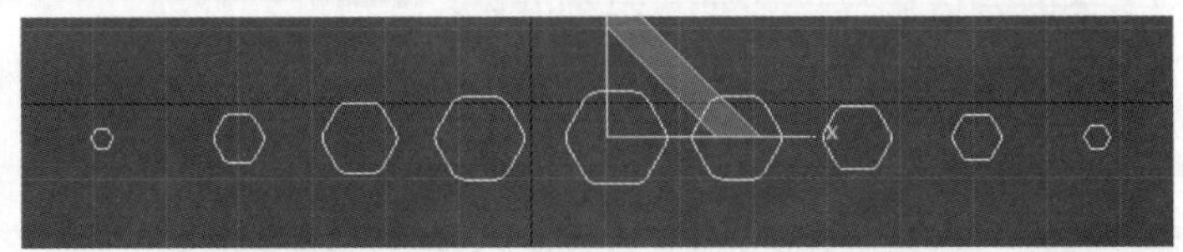

图 8.9 创建六边形

图 8.10 创建弧形

步骤 2：创建弧形。切换到顶视图，创建一个弧形，如图 8.10 所示。

步骤 3：制作香蕉底部。选中弧线，在“创建”面板中选择“复合对象→放样”命令，在“创建方法”上点击“获取图形”，首先选取最小的六边形当作香蕉的底部，调整“路径参数”中的“路径”数值（可观察到路径位置是集中在圆弧轮廓上的小黄点），如图 8.11 所示。

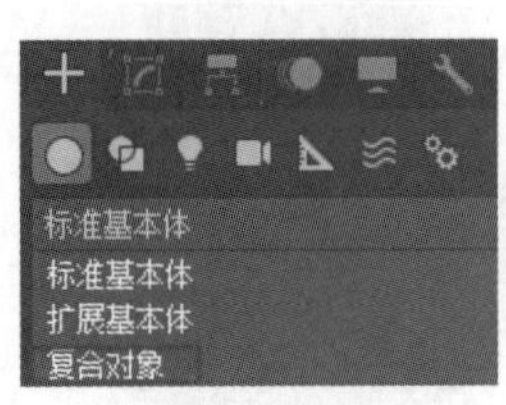

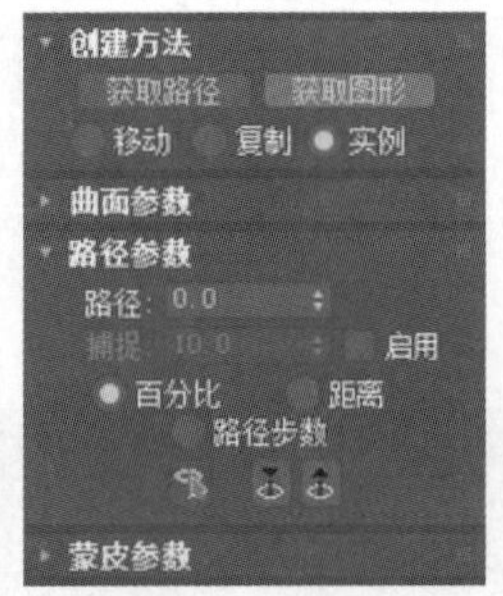

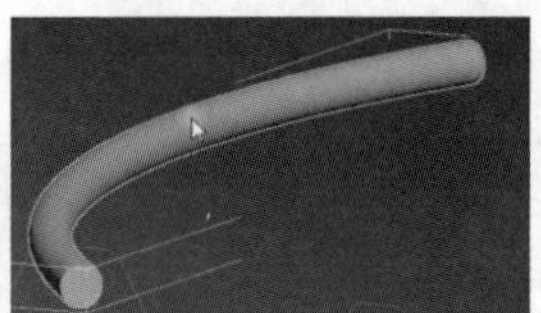

图 8.11 制作香蕉底部

⚠ 使用放样命令时要注意：要对齐放样对象截面的节点，否则会产生扭曲变形；要放样对象的截面应有相同的节点数；所有被变换的截面图形会永远垂直于路径，对于移动截面图形则不受路径的限制；放样物体中的截面和路径可以是直线，也可以是曲线，可以使用封闭的线。

步骤 4：放样拾取图形。按快捷键“F3”可观察调整图形，在“路径参数”上修改“路径”的数值为 10，点击“获取图形”，拾取稍大一些的六边形，修改路径的数值为 20，继续拾取其他六边形，继续修改路径的数值，重复该拾取图形的步骤，如图 8.12 所示。

步骤 5：调整图形。接着调整各个图形的大小，通过“修改器列表”对放样后的图形形状进行修改（包括缩放和位置调整）。点击“Loft”中的“图形”，选择截面图形，按“R”键进行缩放调整；点击“路径”，可调整图形的长短、弧度、形状，如图 8.13 所示。

步骤 6：调整路径。如果想弧度更大一些，可根据自己的需求在修改器中调整圆弧参数，如图 8.14 所示。

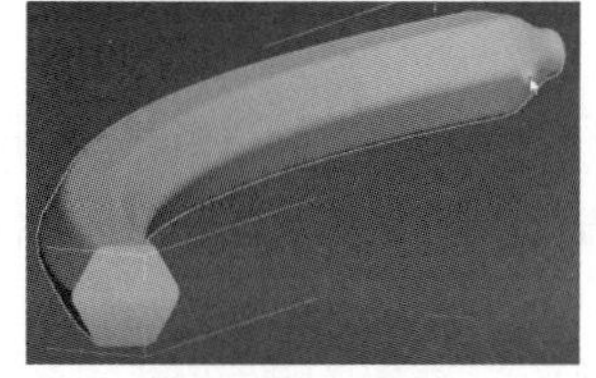
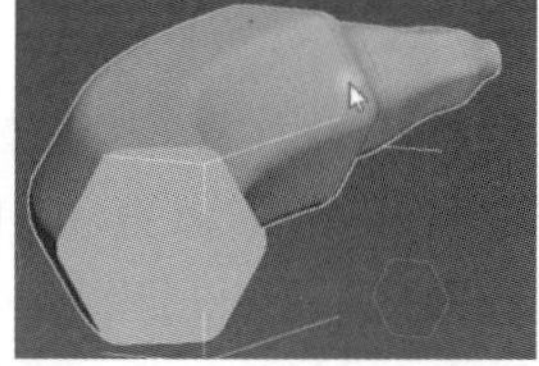
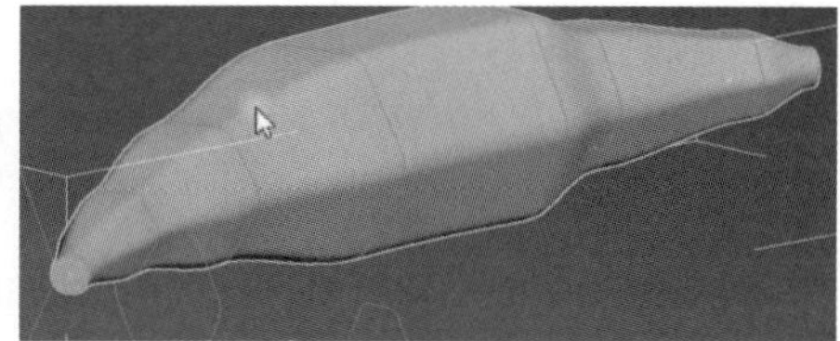

图 8.12　放样拾取图形

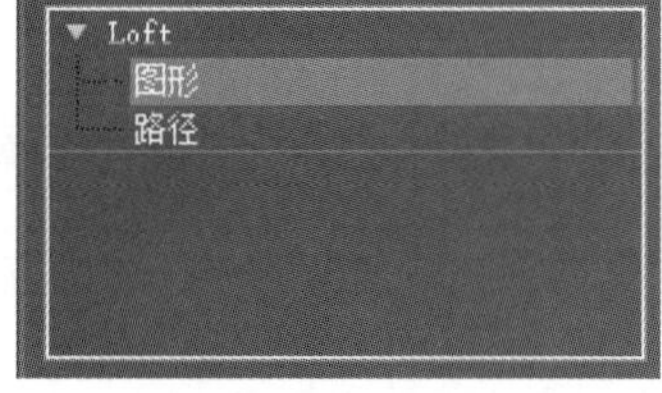

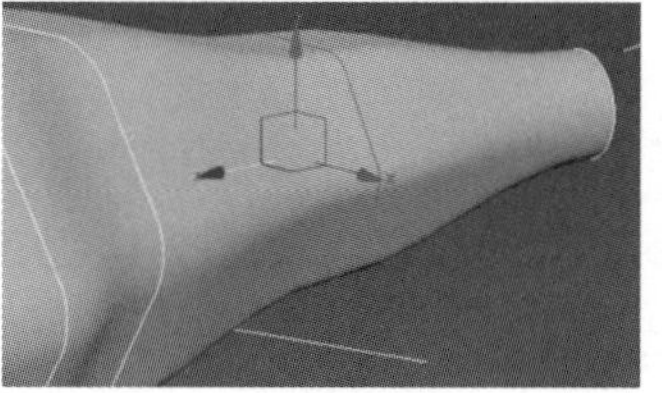
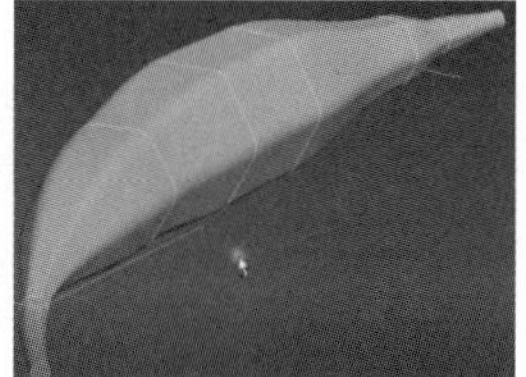

图 8.13　调整图形

步骤 7：优化。通过“修改器列表→Loft→蒙皮参数”来调整物体的光滑度，其中路径步数调整到好看的程度，或者直接点击“优化图形”即可，如图 8.15 所示。

【小结】 本实验运用“复合对象→放样”的方法来制作建模，以使读者了解复合对象中放样的使用，以及复合对象窗口的各个区块及其功能。

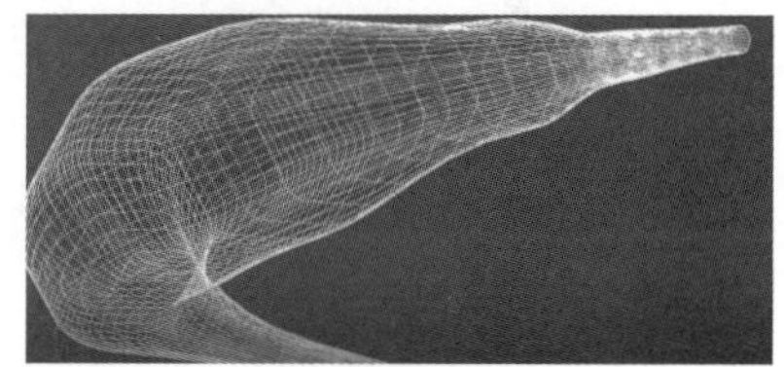

图 8.14　调整路径

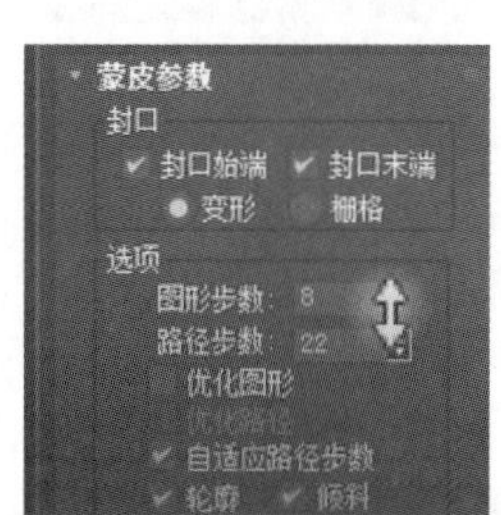

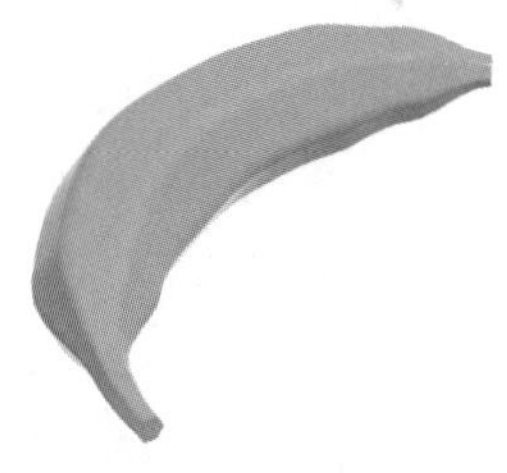

图 8.15　优化

【拓展作业】 根据如图 8.16 所示的图片提示制作酒瓶，完成拓展作业。

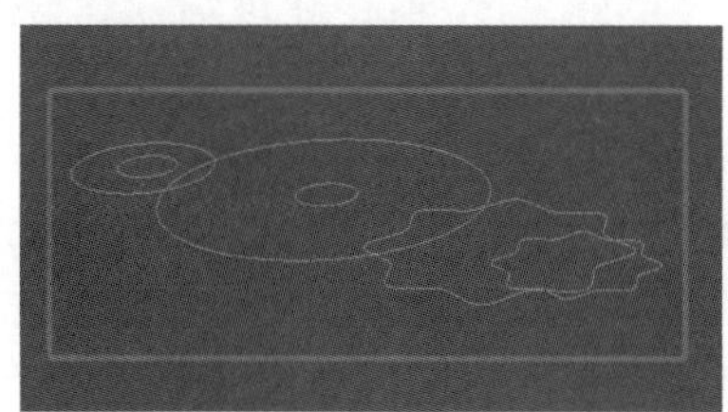

图 8.16　拓展作业——制作酒瓶

实验8.3 放样花朵 

【概述】 放样的缩放变形是使用变形控件编辑对象。变形控件用于沿着路径缩放、扭曲、倾斜、倒角或拟合形状。所有变形的界面都是图形化的，在图形上带有控制点的线条代表沿着路径的变形，对线条和控制点均可进行编辑。在 3ds Max 中，平面图形经过放样后，就会生成三维模型。放样工具通过缩放变形对三维模型进行一番修改，可得到相对复杂的造型。如果使用复制截面型的方法实现模型效果，需要复制大量的截面型，而且很难实现截面间的平滑过渡，而使用变形控件中的缩放变形工具，则不需要复制截面型，只需要在变形界面中编辑线条和控制点即可。

【知识要点】 了解放样工具的使用条件和放样命令，并能灵活运用放样命令构建模型；理解可编辑样条线和可编辑多边形的区别，掌握放样工具与其他工具的结合使用，学会如何插入多个缩放变形的角点并进行移动以实现缩放。

【操作步骤】

步骤 1：创建六边形。文件重置，打开一个场景，可用快捷键“Alt+W”放大视图，通过“创建→图形→星形→六边形”，创建一个六边形，通过修改命令调整图形的圆角半径，使其尖端变得圆润；选择“插值”，勾选“自适应”，如图 8.17 所示。

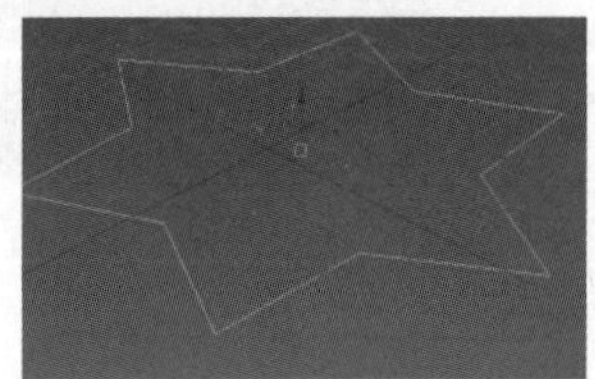
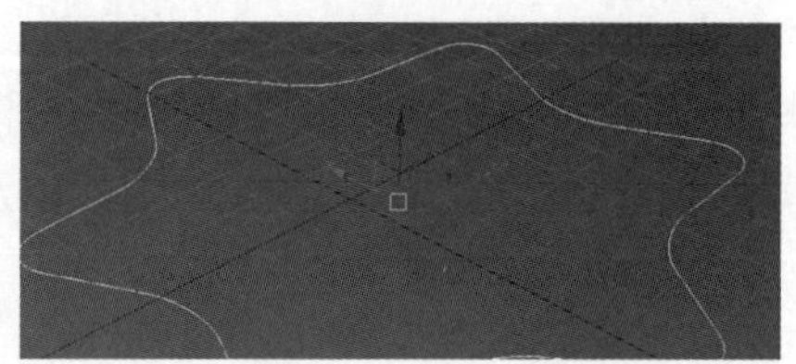

图 8.17 创建六边形

步骤 2：拆分边。将图形转换为可编辑样条线，然后选择“样条线”的“边”，把构建的图形全部选中，在“可编辑样条线”下，点击“拆分”，使得图形上的点更多，如图 8.18 所示。

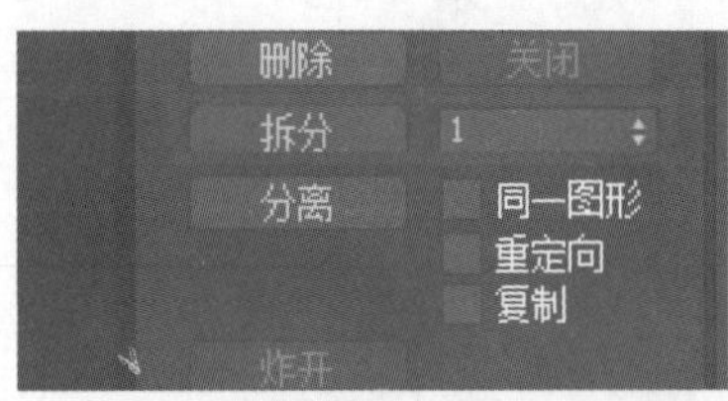

图 8.18 拆分边

步骤 3：调整样条线。由于图形形状过于平整，需要使其紊乱一些。点击“可编辑样条线”，通过“噪波”命令来进行操作。单击鼠标左键全选对象，用鼠标右键点击“修改器列表”，然后选择“参数化修改器”，点击“噪波”，打开“分形”，调整参数中强度的 X、Y、Z 值；点击“噪波”，点击鼠标右键选择“塌陷到”，出现弹窗，选择“是”，这样就做好了经过“噪波”处理的样条线，如图 8.19 所示。

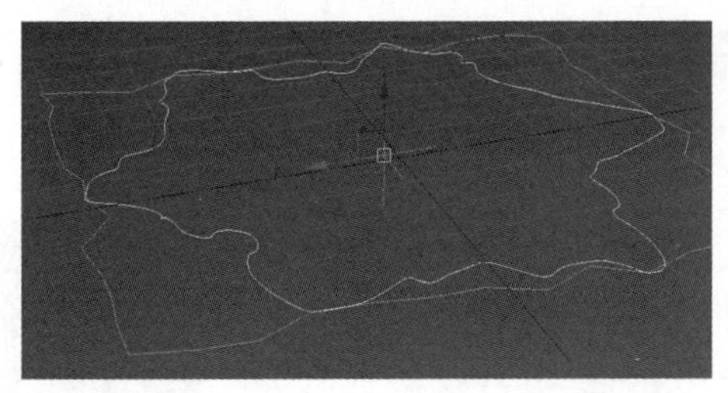
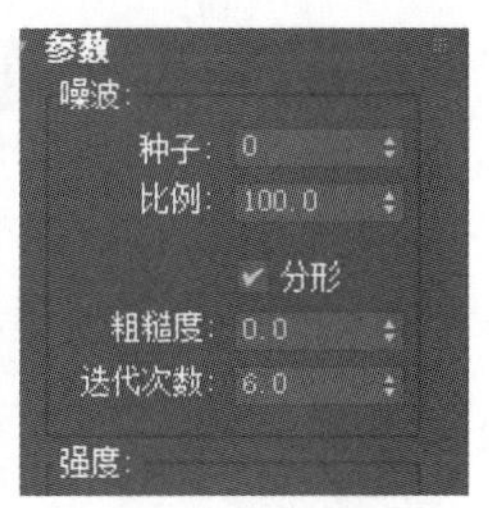

图 8.19　调整样条线

步骤 4：创建新的星形。创建一个新的星形作为花的底部形状，形状不要太复杂，且同样调整其圆弧半径，如图 8.20 所示。

步骤 5：创建弧。按快捷键“F”切换到前视图，并创建弧，它的高度就是花的高度，如图 8.21 所示。

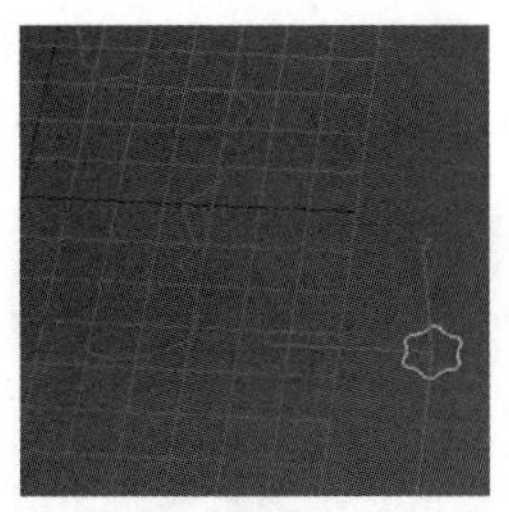

图 8.20　创建新的星形

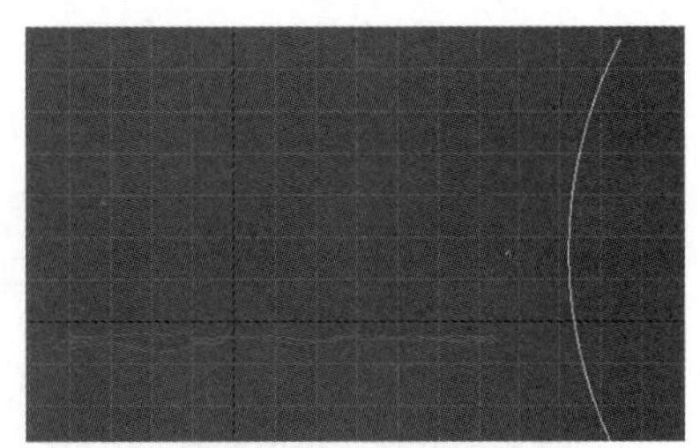

图 8.21　创建弧

步骤 6：放样对象。选取弧线，点击“创建→几何体→复合对象→放样”，在“创建方法”上选择“获取图形”；选择图形（第一次创建的大星形），调整“路径参数”中的“路径”到百分之百的位置，再次点击“获取图形”，选择后面建造的小星形，按快捷键“F3”查看物体的边面结构，如图 8.22 所示。

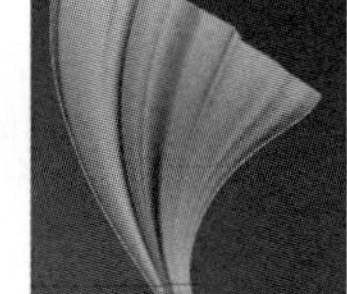

图 8.22　放样对象

步骤 7：使用蒙皮参数。打开“修改器→蒙皮参数”，取消勾选 封口始端 封口末端；因为不需要厚度，勾选“优化”图形，增加路径步数；通过曲面参数和蒙皮参数进行修改，点击“曲面参数→面片”，如图 8.23 所示。

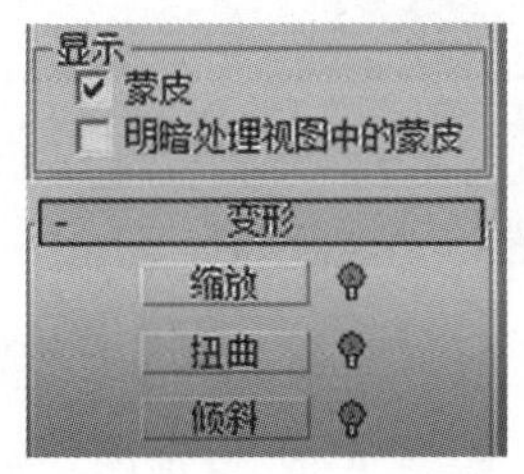

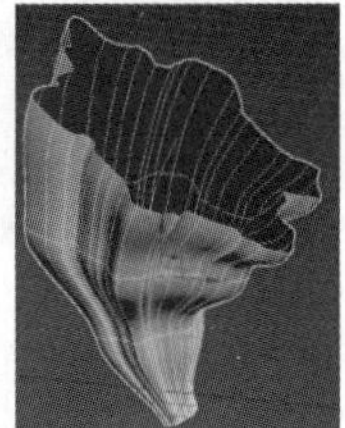

图 8.23　使用蒙皮参数

步骤 8：缩放变形。因为最终要做的效果是使上面的花瓣弯下来，所以选择放样对象，点击“变形”，点击“缩放”，会出现缩放的弹窗；在“缩放变形”中，点击移动节点（用鼠标左键长按节点移动即可），点击 给线段增加一些节点；选择节点，单击鼠标右键，选择“平滑”“角点”，使节点更加顺滑，如图 8.24 所示。

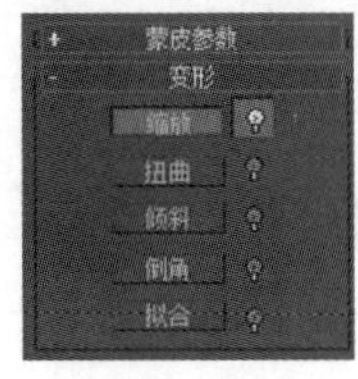

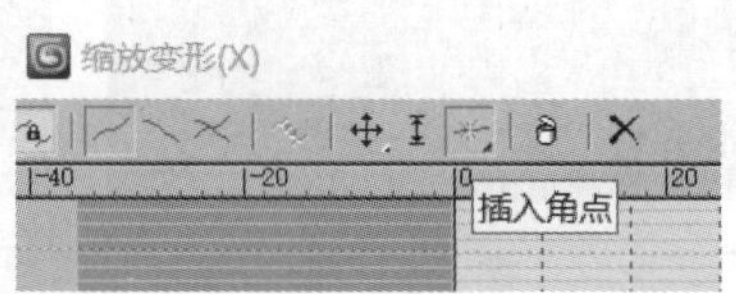

图 8.24 缩放变形

步骤 9：调整扭曲。单击右侧的 恢复初始状态，“缩放变形”使得图形的部分大小发生了改变。点击“变形”，点击“扭曲” ，适当调整扭曲。

步骤 10：调整放样堆栈图形。由于此时的图形是组合在一起的，单击“放样堆栈”中的“放样→图形”，选择图形的“点”层级，通过调整两个星形的点来控制图形的变化；如果要花带着轻微的旋转，要选中小星形，然后按快捷键“R”使星形旋转，如图 8.25 所示。

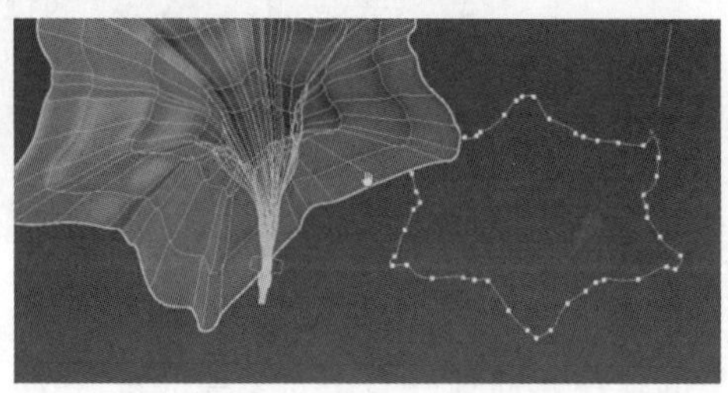

图 8.25 调整放样堆栈图形

步骤 11：调整图形并增加厚度。点击鼠标右键，使其转换为可编辑多边形，选择“多边形”层级，删除上端的面，使其空心；再添加“壳”命令，调整壳的内部量和外部量，如图 8.26 所示。

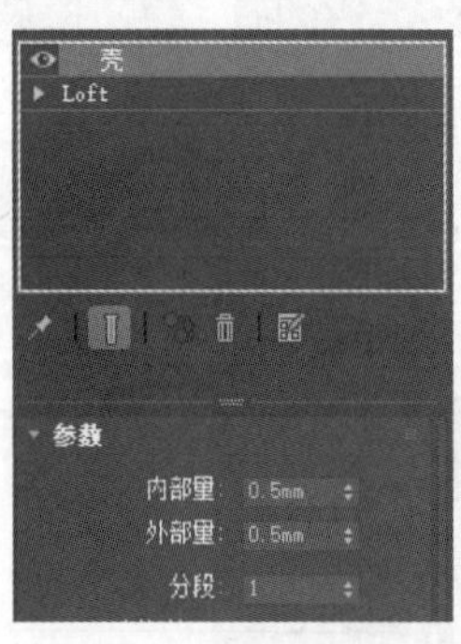

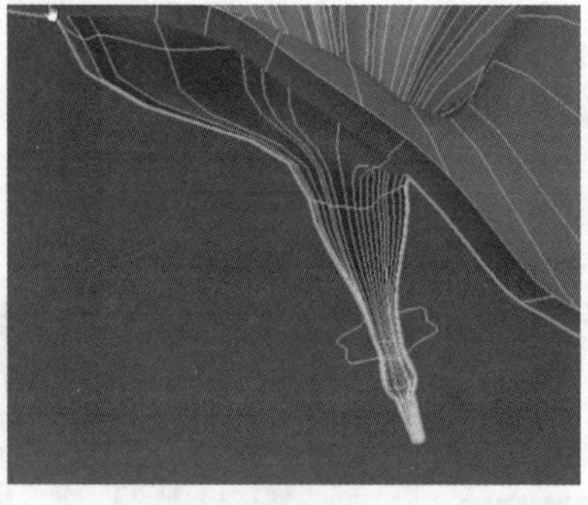

图 8.26 调整图形并增加厚度

步骤 12：构建花蕊。按快捷键“F”将视图切换至前视图，然后点击“创建→图形→样条线→线”，创建一根线作为花朵的花蕊；在“渲染”中勾选“在渲染中启用”和“在视口中启用”，如图 8.27 所示。

步骤 13：调整最终效果。利用鼠标右键单击“转换为→转换为可编辑多边形”，然后点击“多边形”层级，点击编辑图形的最后一个面挤出，然后按快捷键“R”进行选择并缩放；点击选中“边”层级，选取中间一根边，使用“软选择”进行调整；选中建好的花蕊进行复制，即可得到最终图形，如图 8.28 所示。

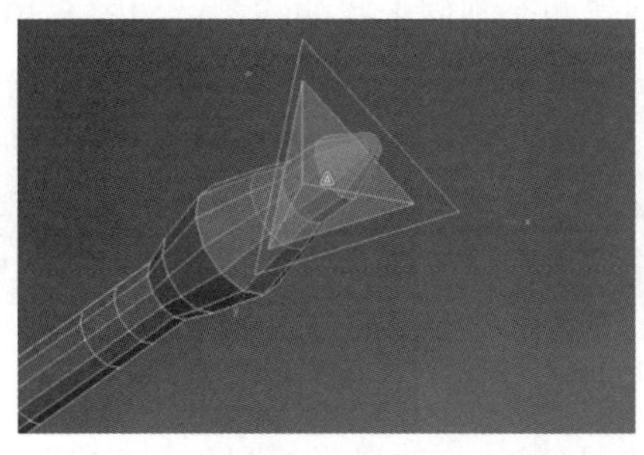
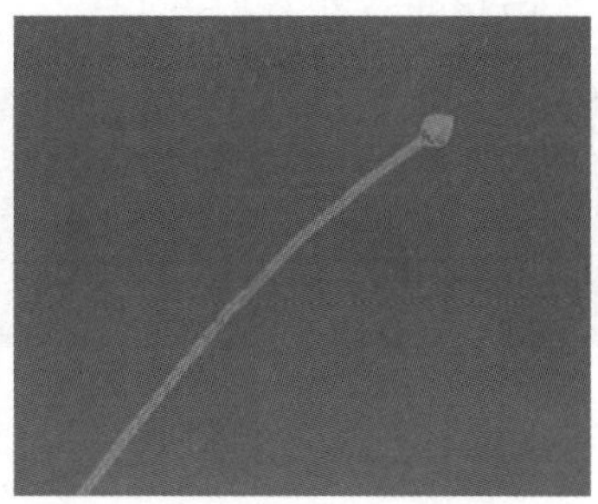

图 8.27　构建花蕊

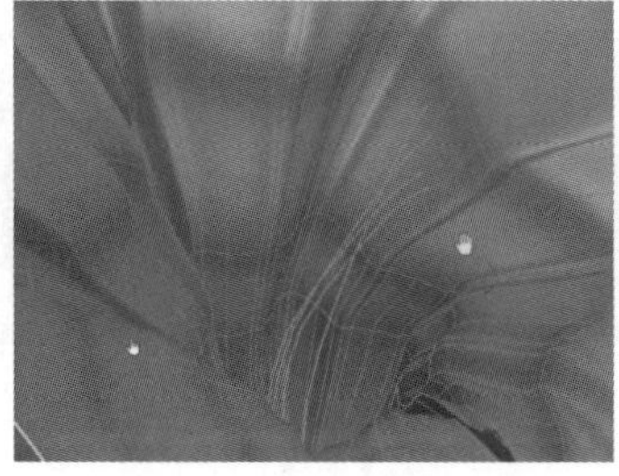

图 8.28　调整最终效果

【小结】 本实验介绍了复合对象中放样的缩放变形，还介绍了放样缩放面板中的工具栏以及视图调节工具，尝试并运用了不同的操作工具。放样建模区别于传统的几何体建模，其可使用户通过同一个路径给不同的段赋予不同的形体。如何将放样命令与其他命令相结合是本实验的重点。

【拓展作业】 利用放样缩放变形完成如图 8.29 所示的拓展作业。

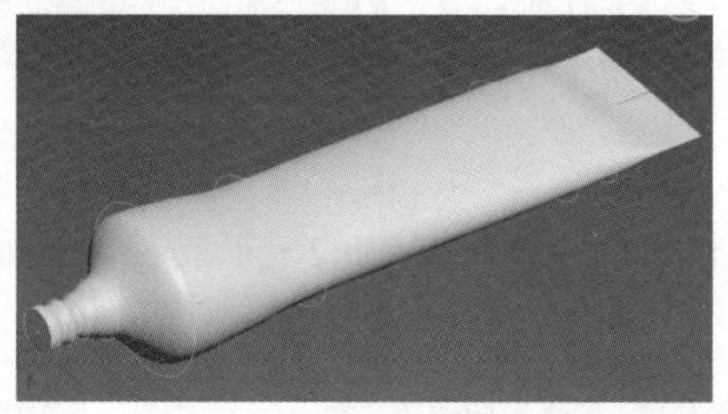

图 8.29　拓展作业——放样缩放变形

实验 8.4　拟　合　放　样

【概述】 拟合放样是一种三视图成型的放样方式，它使用前截面、侧截面、底截面三个图形，再创建一条直线作为放样路径生成放样物体。拟合放样一般用于创建形状不规则的曲面对象。

【知识要点】 了解和使用拟合放样面板。

【操作步骤】

步骤 1：创建线条。文件重置，打开一个场景，创建花瓣的两个侧面图形。点击“线”，在“创建方法”中将两个都改为“平滑”，创建两个不同形状的线条，如图 8.30 所示。

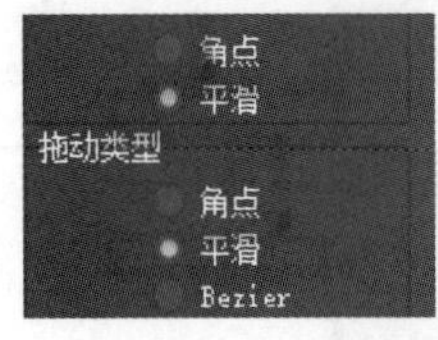

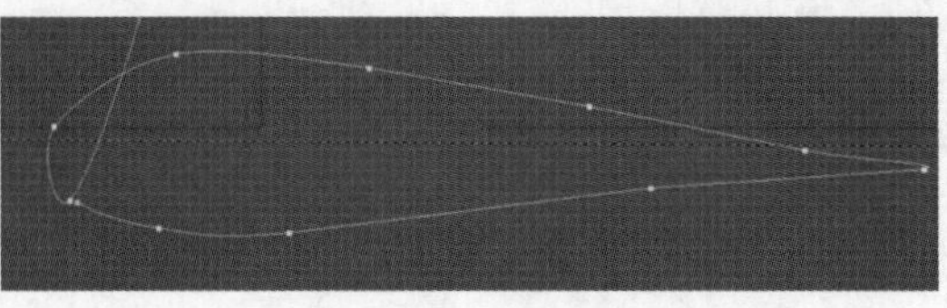
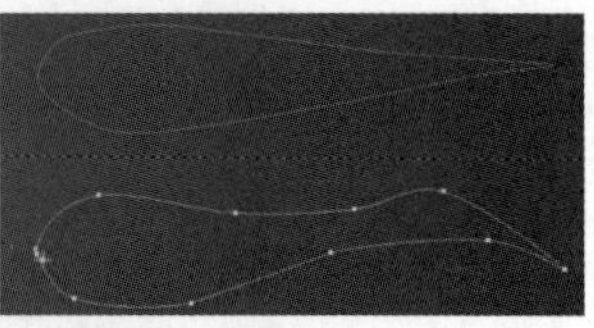

图 8.30 创建线条

步骤 2：绘制花瓣。在正视图上，点击“星形”，修改星形的圆角和半径尺寸，使其大小和侧面图形相近，如图 8.31 所示。

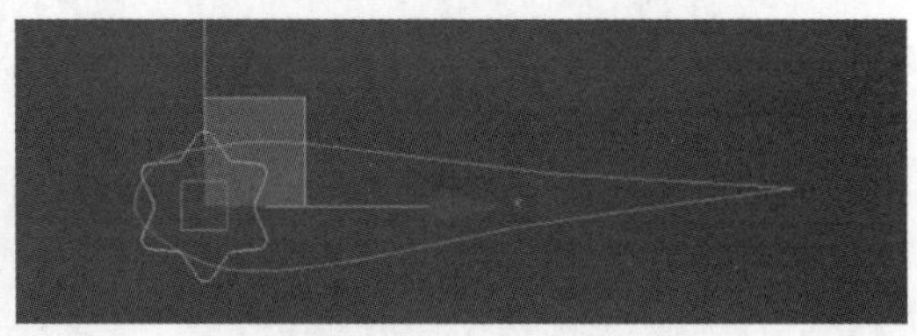

图 8.31 绘制花瓣

步骤 3：复制星形。复制星形，在“参数”面板中修改“点”的值为 10，如图 8.32 所示。

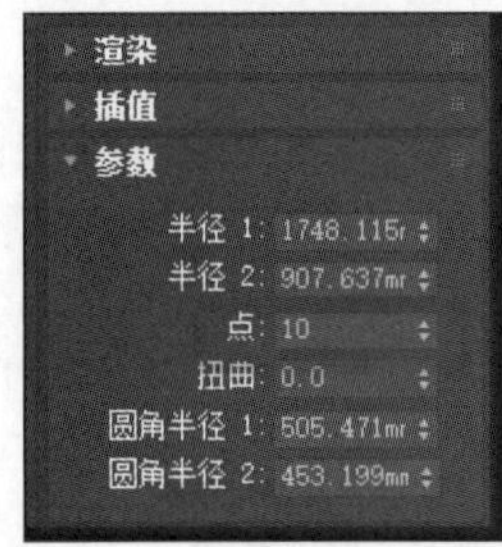

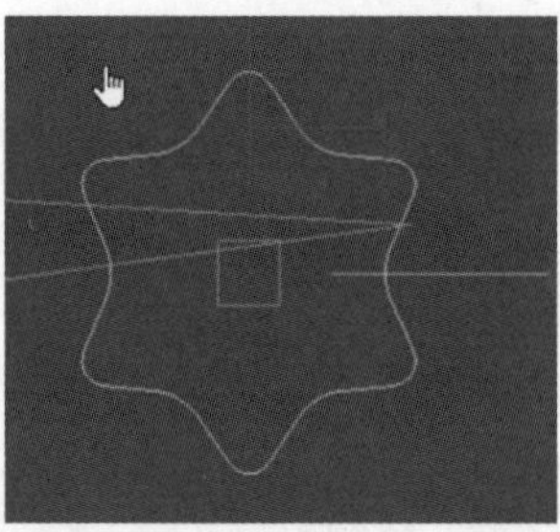
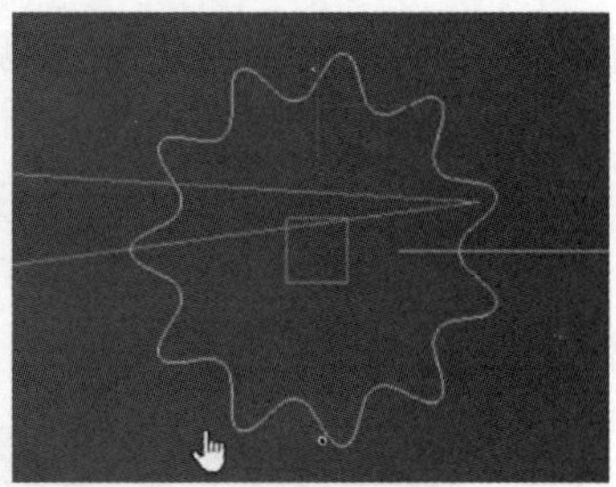

图 8.32 复制星形

步骤 4：删除顶点。将复制的星形转换为可编辑样条线，选择“顶点→显示顶点编号”，将顶点删除一些，使其与原星形具有一样的点数，如图 8.33 所示。

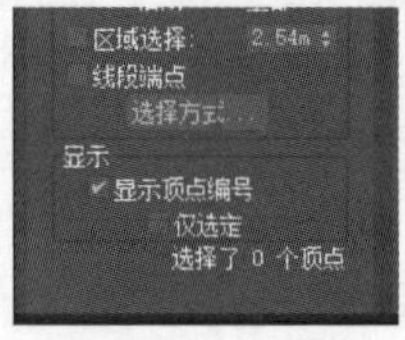

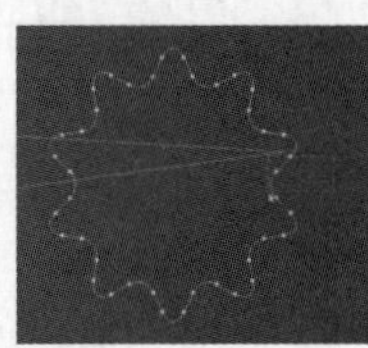
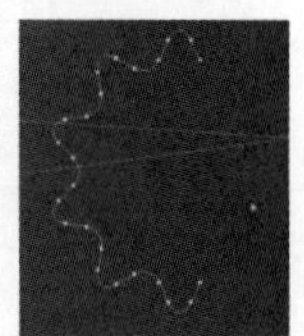

图 8.33 删除顶点

步骤 5：绘制直线。在所有图形上方利用“线”命令绘制一条直线，共针对五个图形，包括两个侧面图形、一个路径、一个星形和一个半星形，如图 8.34 所示。

图 8.34　绘制直线

步骤 6：获取图形。接下来开始进行放样操作。选择直线，在“命令”面板中选择“几何体→复合对象→放样→获取图形”，点击头部星形，将“路径”改为 100%路径: 100.0后再次点击“获取图形”，点击尾部星形，如图 8.35 所示。

步骤 7：选择拟合。选择放样对象，在“放样”参数面板中点击“变形→拟合”，如图 8.36 所示。

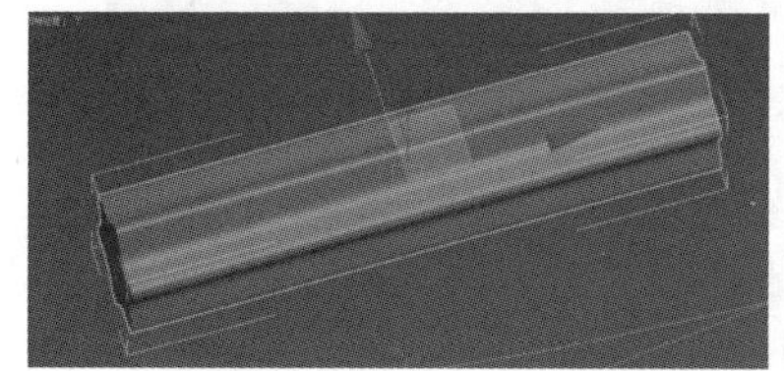

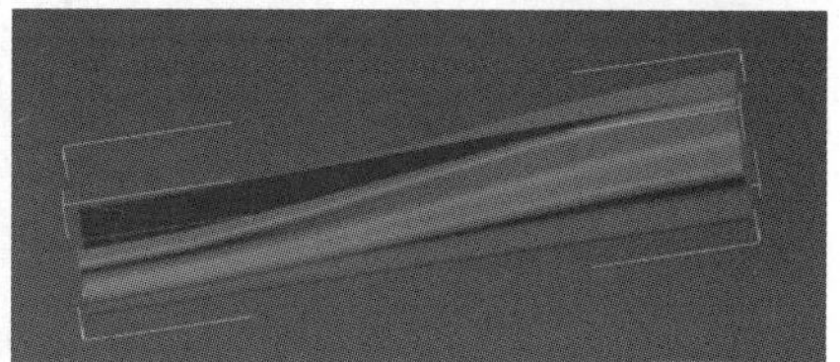

图 8.35　获取图形

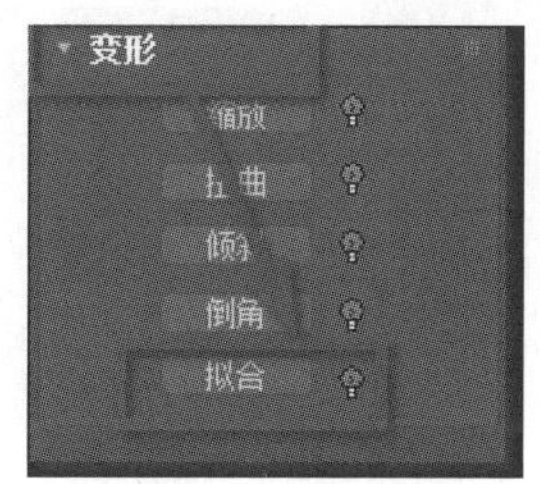

图 8.36　选择拟合

步骤 8：获取 X 轴拟合图形。在“拟合”修改器中点击“解锁选择 X 轴→获取图形”，点击绘制其中的一个侧面形状，用移动控制图标根据绘制图形进行调节，再根据形状要求使用旋转工具进行调整，如图 8.37 所示。

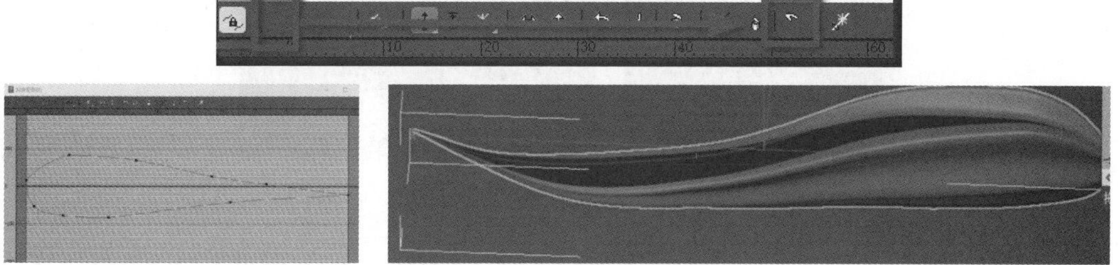

图 8.37　获取 X 轴拟合图形

步骤 9：获取 Y 轴拟合图形。在“拟合”面板中选择绿色的“Y 轴→获取图形”，点击另外一个侧面的图形，用移动控制图标根据绘制图形进行调节，再根据形状要求使用旋转工具进行调整，如图 8.38 所示。

步骤 10：复制并调整。根据花朵的花瓣数量，把做好的花朵形状复制几个，继续使用拟合编辑面板命令进行调整，使其形状各有不同，如图 8.39 所示。

步骤 11：加点调节。通过加点，在“修改器”中选择“路径”和“顶点”进行调节，使各个花瓣拥有不同的形状，如图 8.40 所示。

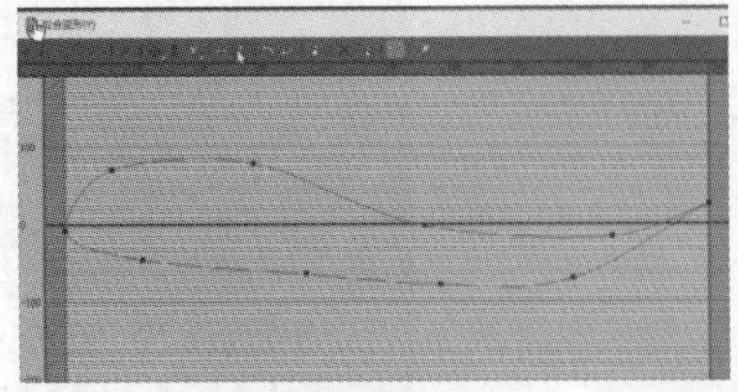
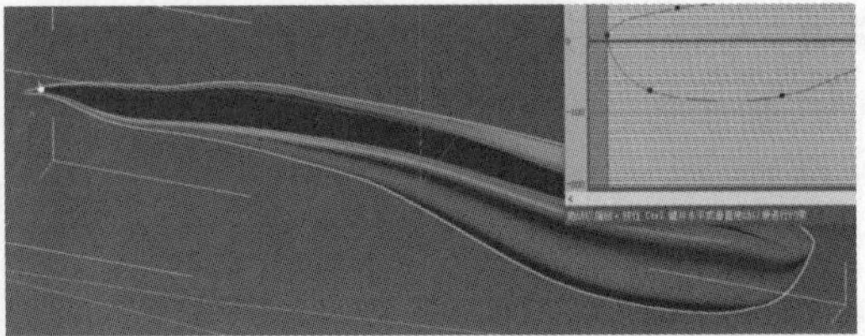

图 8.38 获取 Y 轴拟合图形

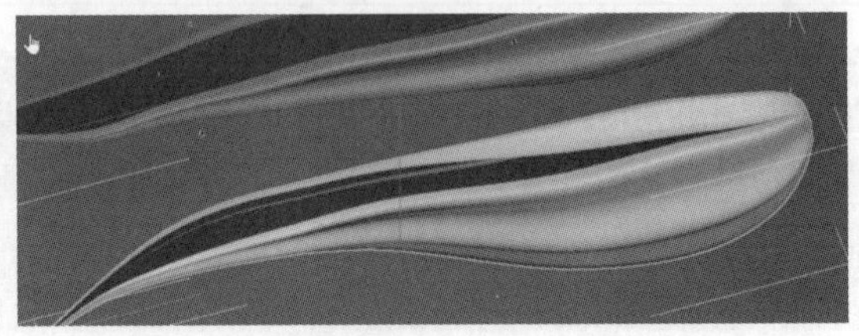

图 8.39 复制并调整

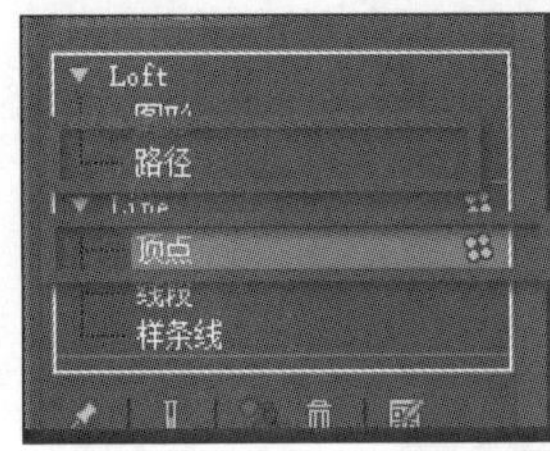

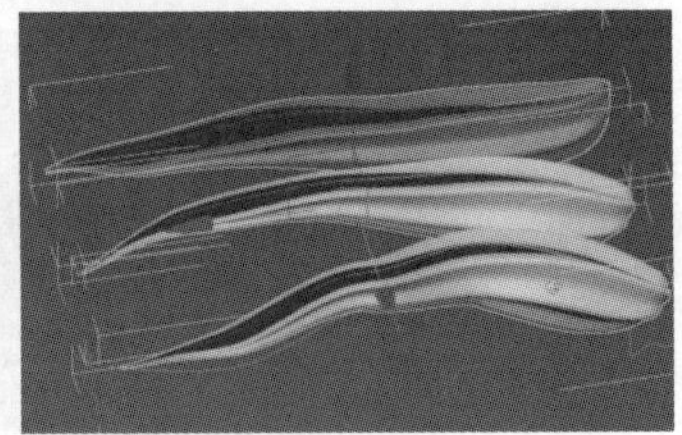

图 8.40 加点调节

步骤 12：更改轴心点。更改三片花瓣的轴心点，其形状也会发生改变，如图 8.41 所示。

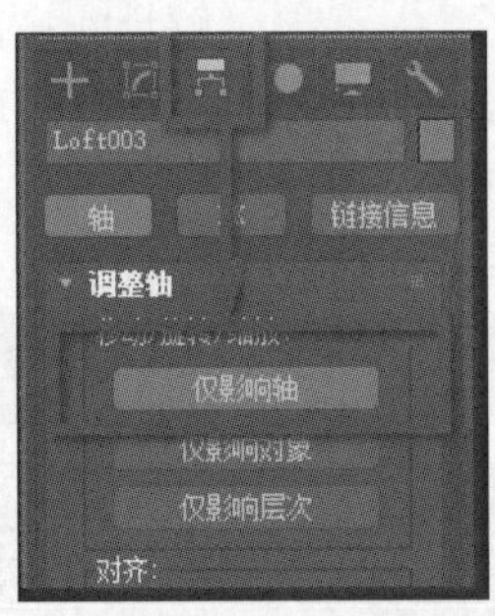

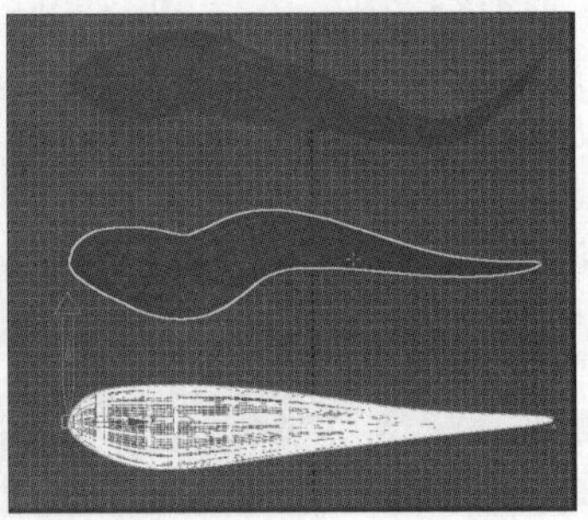

图 8.41 更改轴心点

步骤 13：组合。按照绘制的图形进行旋转、移动、缩放，而后根据花朵的位置，将其组合在一起，如图 8.42 所示。

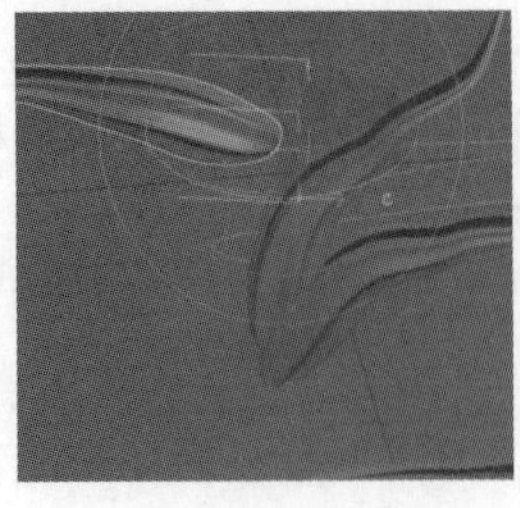
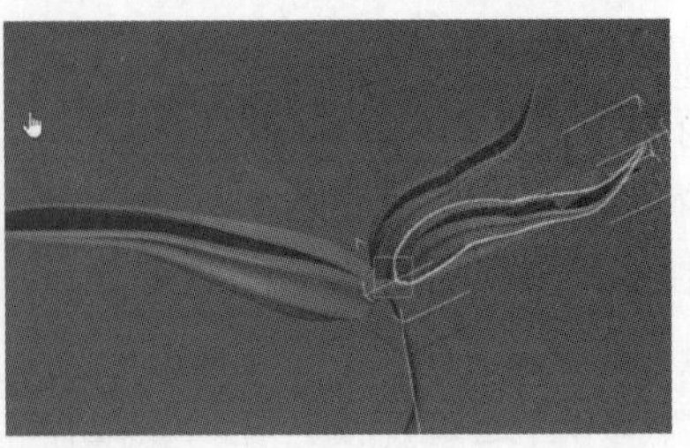

图 8.42 组合

步骤 14：渲染。切换至前视图，利用“线”绘制花杆，在“修改器”中点击“渲染→在视口中显示”，最后完成效果如图 8.43 所示。

图 8.43　最终效果

实验 8.5　图　形　合　并 

【概述】 图形合并是将二维线条印到三维实体上，这样可以将图片中的二维图形通过图形合并转化为 3ds Max 中的三维模型。图形合并用来在网格对象上凸出或凹陷对象的轮廓，或者直接提取轮廓对象。

【知识要点】 学会利用 Photoshop 获取所需图形的路径，并保存为 AI 文件；掌握如何在 3ds Max 中导入 AI 文件，对对象进行图形合并，获得所需图形的平面，并通过多边形编辑进行调整。

【操作步骤】

步骤 1：获取 AI 文件。首先打开 Photoshop 软件，使用魔棒工具画出叶片轮廓，将选区变作路径。如果路径有偏差，可选用钢笔工具进行调整。点击文件，导出为 AI 的工程路径，如图 8.44 所示。

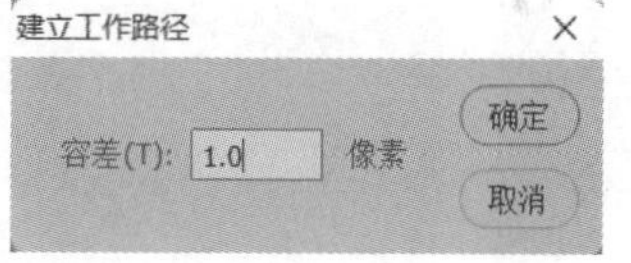

图 8.44　获取 AI 文件

步骤 2：打开 3ds Max 软件，文件重置，打开一个场景。点击 文件(F) ，在下方选择“导入”外部文件，将前面保存的 AI 文件导入 3ds Max 中。选择“图形导入”的“单个对象”，此时会出现“合并对象到当前场景”或者“完全替换当前场景”两个选项。如果提前有制作该场景，那么选择“合并对象到当前场景”；如果当前没有制作该场景，那么选择“完全替换当前场景”。导入后由于叶子太小，可点击图片，使用缩放命令将其放大到合适大小，这样相比使用 3ds Max 中的徒手描叶子，生成工作路径的方法要快捷精确得多。导入轮廓线如图 8.45 所示。

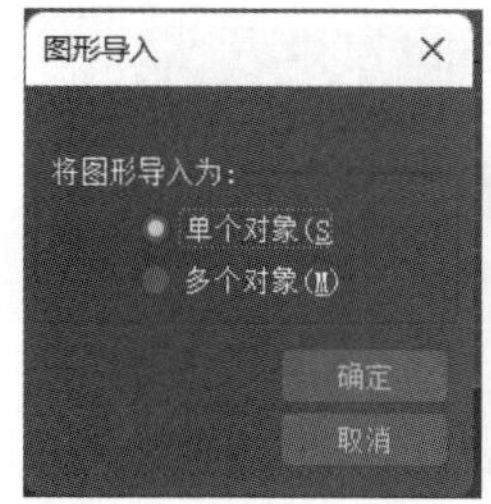

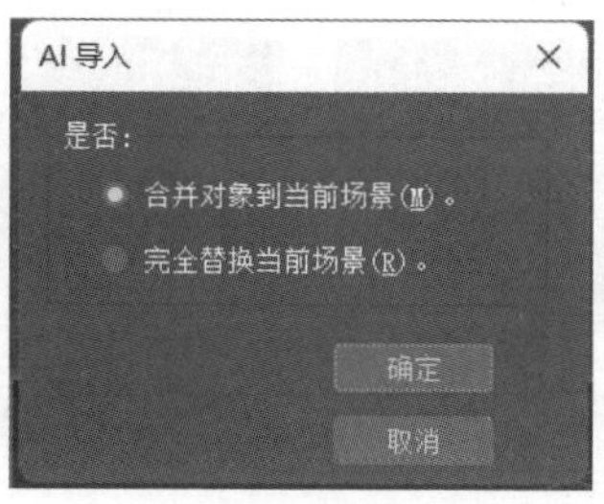

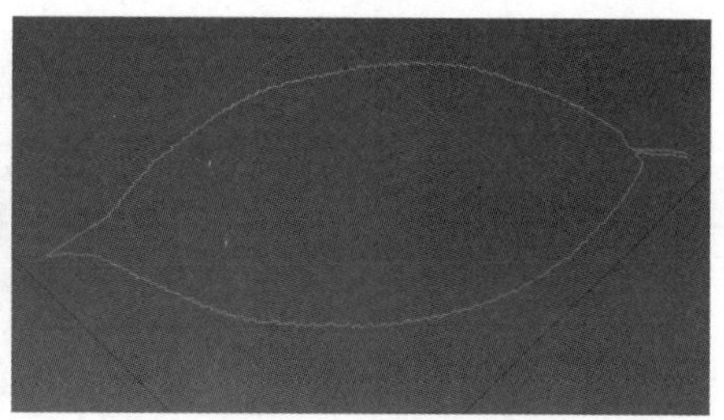

图 8.45　导入轮廓线

步骤 3：建立平面。按快捷键“Alt+W”将视角调整合适，选择“标准基本体→平面”，建立一个平面。由于平面不需要厚度，图形合并只针对平面的表面，增加段数便于后期使用软选择进行编辑。然后点击“移动”命令或者按快捷键“W”将叶子路径样条线移到实体的上方。建立平面如图 8.46 所示。

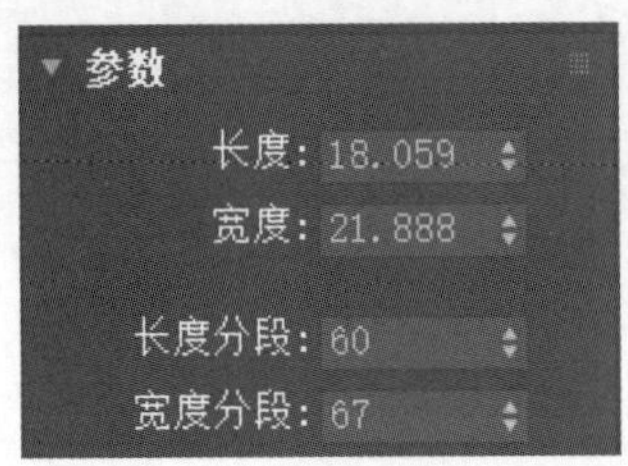

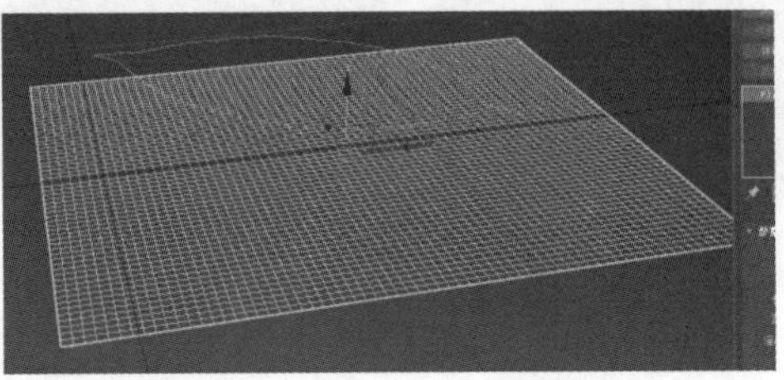

图 8.46　建立平面

步骤 4：添加“噪波”修改器。选择平面，在“修改器列表”找到“噪波”，添加“噪波”修改器，增加凹凸质感，如图 8.47 所示。

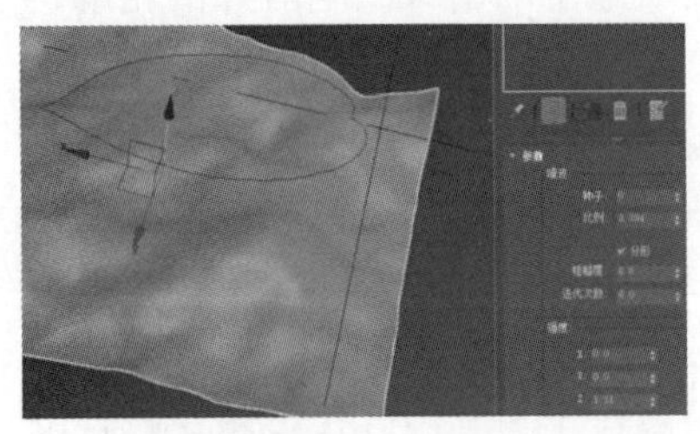

图 8.47　添加噪波修改器

步骤 5：使用图形合并。点击鼠标左键选择样条线底下的平面作为对象，在“修改器”中选择“复合对象”，点击“图形合并”，勾选“拾取运算对象”中的“实例”，选择“拾取图形”，点击轮廓线图形，就可看到样条曲线印到了平面上。这样得到的是图形投影，因为勾选的是“实例”选项，当移动平面上方的 AI 路径时，下方印到平面上的线条也会随之移动。使用图形合并如图 8.48 所示。

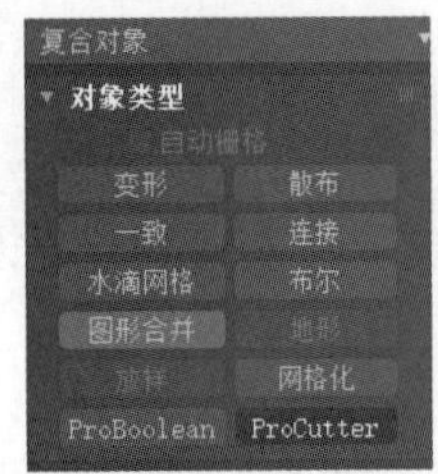

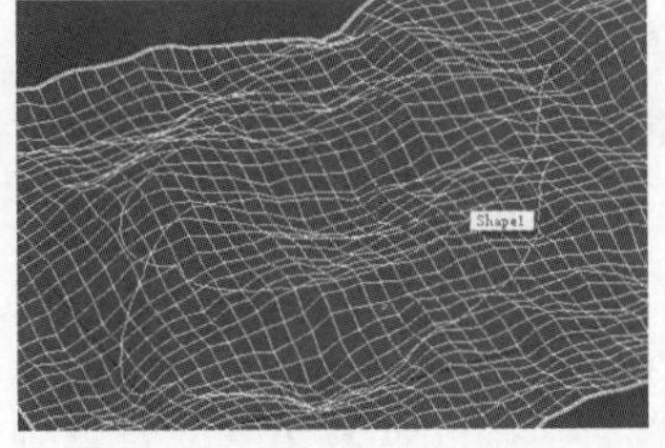
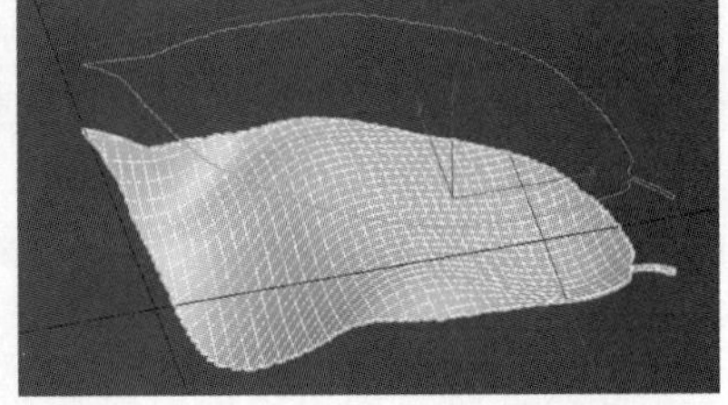

图 8.48　使用图形合并

步骤 6：饼切、反转。选择“修改器”中的“操作”，点击“饼切”“反转”，留下的叶子图形即为所需的图形，如图 8.49 所示。

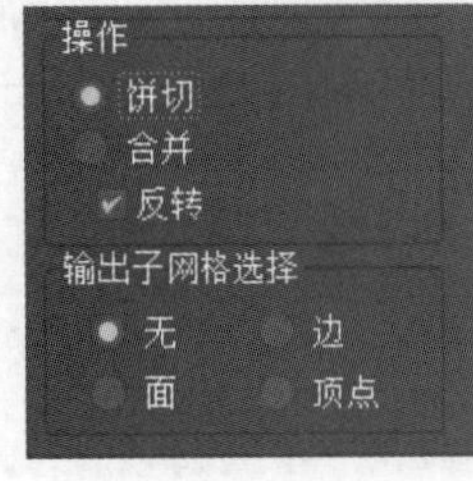

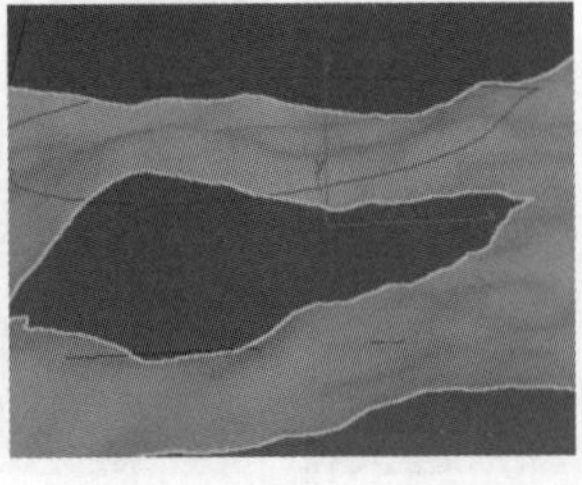
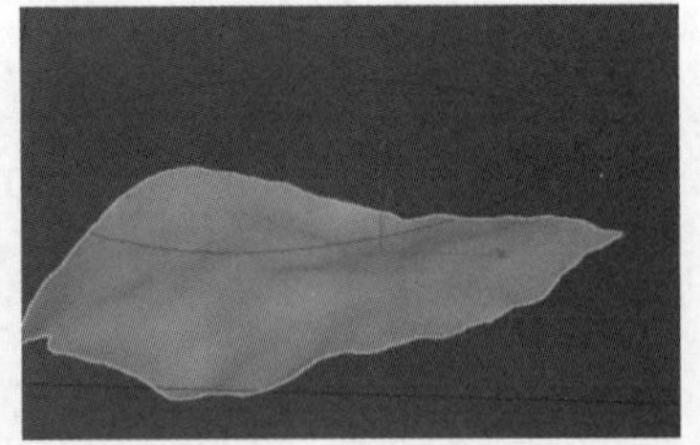

图 8.49　饼切、反转

⚠ 利用布尔运算中的“盖印”可以取得同样的效果，其操作方式为：选中对象，选择“复合对象→布尔”，打开布尔运算，选择“并集” 并集，点击“添加运算对象” 添加运算对象，选中对象，勾选“盖印” ✔盖印。

步骤 7：对所得到的叶面图形点击鼠标右键，选择“转换为可编辑多边形”，点击“顶点”，选择“软选择”，根据叶子的叶脉和叶面的结构调整出自己所需的叶子的自然形态，如图 8.50 所示。

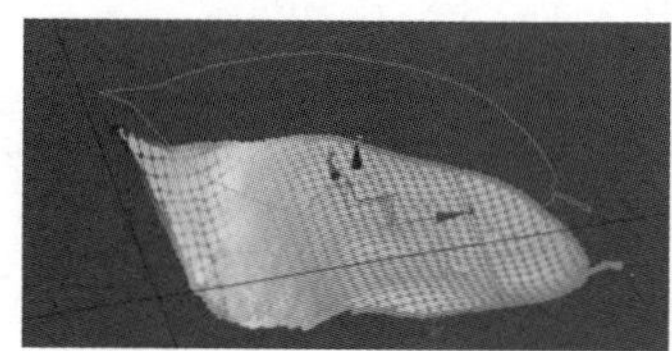

图 8.50　最终效果

⚠ 使用图形合并时可能会遇到无法“饼切”的问题，此时点击“饼切”会发现没有产生效果，这是因为只有样条线是封闭的图形才能进行饼切操作。

【小结】 本实验介绍了复合对象的图形合并，使读者不仅了解了如何利用 Photoshop 提取所需路径，如何转换为 AI 文件，导入建模软件，而且初步认识了复合对象、图形合并的使用方法，了解了如何利用“饼切”“反转”快速地建立由样条线构成的平面图形。

【拓展作业】 根据如图 8.51 所示的图片完成拓展作业。

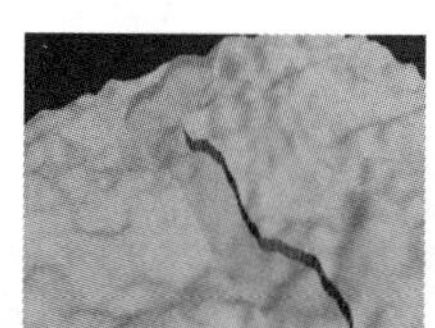

图 8.51　拓展作业——制作荷叶

实验 8.6　散　　布 

【概述】 散布就是将物体在选定的表面上散布开来。它是 3ds Max 中编辑制作密集物体或者进行多次复制的工具。散布可使物体的分布不再千篇一律，而具有丰富性。进行散布操作至少需要两个对象。“散布”对象的参数比较多，用于控制对象的分布和被分布。散布常用来模拟草地效果。灵活运用散布命令能创造各种各样的复合物体。

【知识要点】 了解创建和调整散布参数；掌握散布和多边形命令的配合使用；理解各种散布参数。

【操作步骤】

步骤 1：创建平面并修改。创建一个场景，在场景中创建一个平面对象，在“修改器”中添加“噪波”，修改参数，拖动沙石材质到平面对象中，如图 8.52 所示。

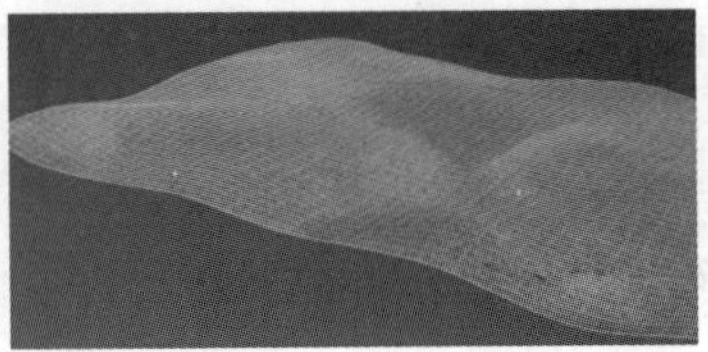

图 8.52 创建平面并修改

步骤 2：创建圆球并修改。创建一个圆球，在“修改器”中添加“噪波”，修改参数；复制一个圆球并修改参数使原来的圆球有所变化，如图 8.53 所示。

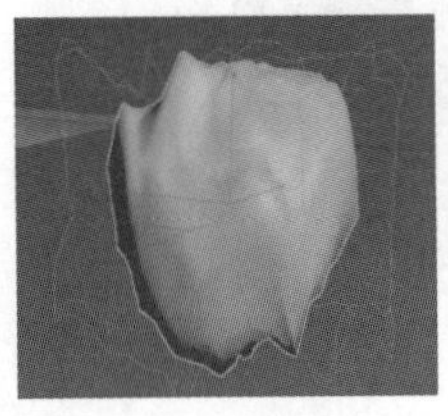
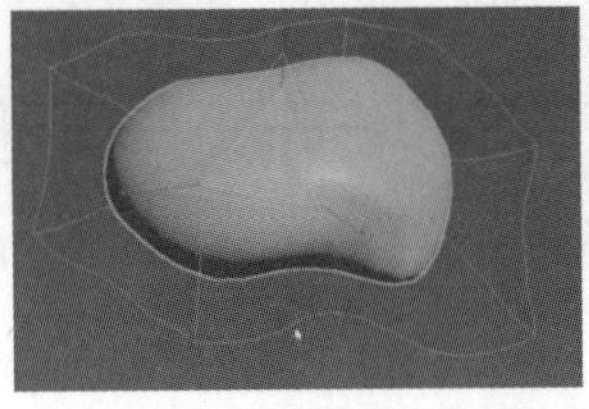

图 8.53 创建圆球并修改

图 8.54 贴上不同的材质

步骤 3：贴上不同的材质。给两个球体分别贴上不同的鹅卵石材质，如图 8.54 所示。

步骤 4：散布圆球。在面板中选择“复合对象”，点击圆球模型，在“对象类型”卷展栏中找到“散布”并点击，在“散布面板”中点击“拾取分布对象” 拾取分布对象 ，然后点击平面，修改散布参数，重复数为 50，分布对象参数为“随机面”，调整变换参数，使用旋转、平移和比例等参数进行调节，随机地让每个对象都有不一样的大小和位置，如图 8.55 所示。

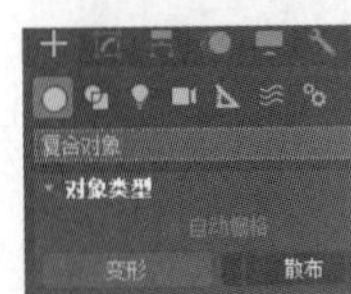

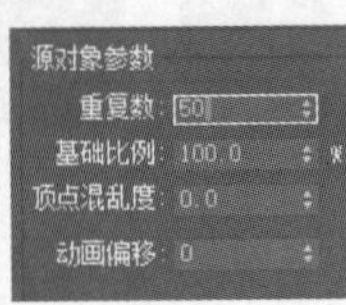

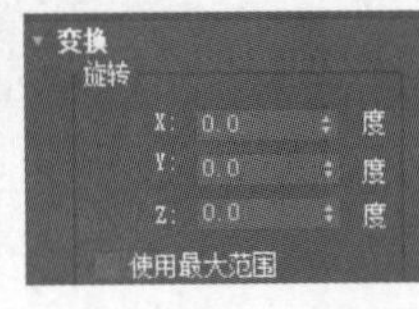

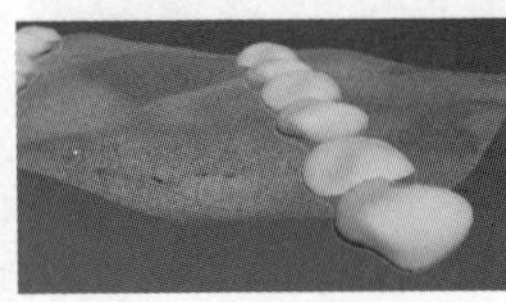

图 8.55 散布圆球

⚠ 重复数：用来指定需要进行散布的原对象的重复数量。但是，如果重复度过高，会对软件运行速度产生一定的影响。

步骤 5：散布另外一个圆球。同样进行相关设置，散布另外一个圆球，这样在平面上就分布了两种不同的圆球，如图 8.56 所示。

步骤 6：转化为可编辑多边形并调整。点击散布对象，按鼠标右键将其转化为可编辑多边形，此时对象又显示出原来的材质了，选择“元素”层级，调整移动鹅卵石的位置，如图 8.57 所示。

步骤 7：制作草。在前视图中点击“样条线”，选择“线”，绘制草的轮廓；单击鼠标右键，将草转化为可编辑网格；点击“材质”修改器添加材质，选择“漫反射”“渐变”，将材质赋予对象，如图 8.58 所示。

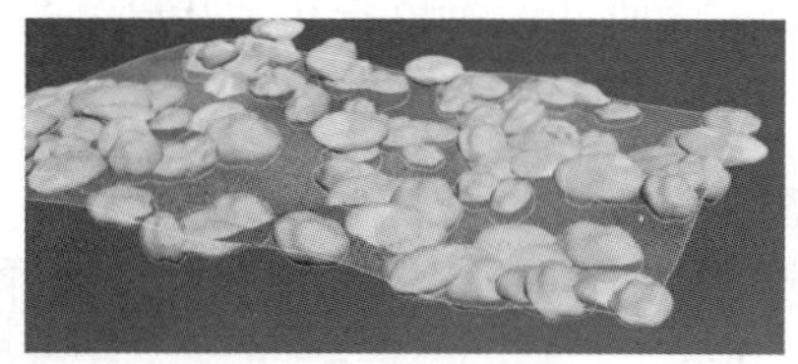

图 8.56　散布另外一个圆球

图 8.57　转化为可编辑多边形并调整

步骤 8：创建圆柱体。在“标准基本体”中选择“圆柱体”，点击创建一个圆柱体，厚度不要太大，如图 8.59 所示。

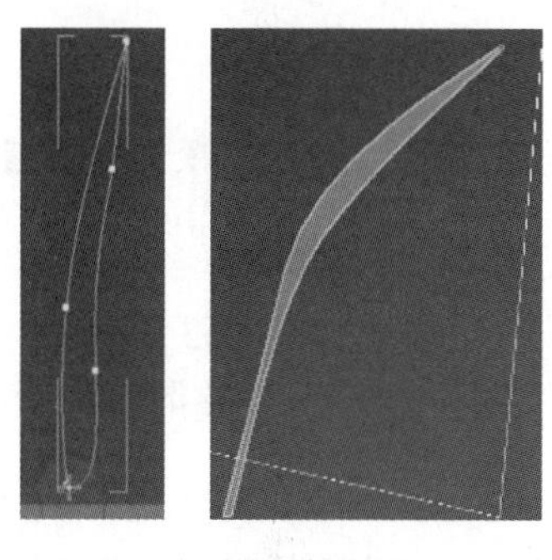

图 8.58　制作草

图 8.59　创建圆柱体

步骤 9：拾取分布对象。在面板中选择“复合对象”，点击草模型，在“对象类型”卷展栏中找到“散布”并点击，在“散布面板”中点击“拾取分布对象” 拾取分布对象 ，然后点击圆柱体，草就分布在圆柱体中了，如图 8.60 所示。

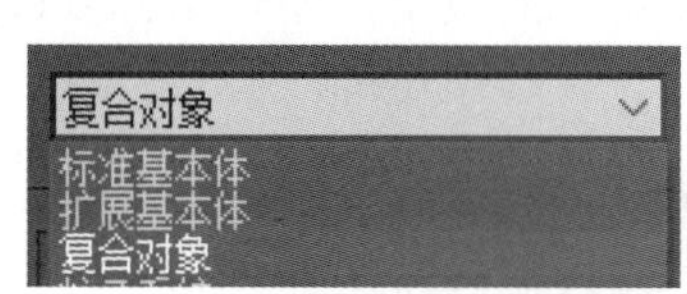

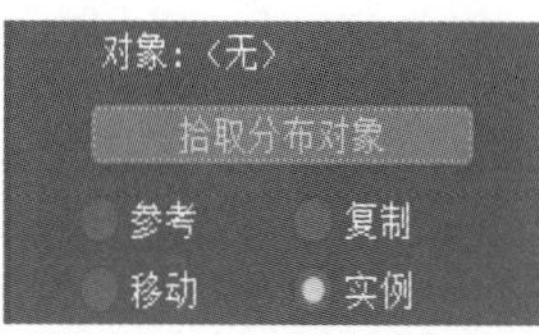

图 8.60　拾取分布对象

步骤 10：调节散布参数。修改参数，取消勾选“垂直”，将重复数提升至适当数量，勾选“隐藏分布对象”，如图 8.61 所示。

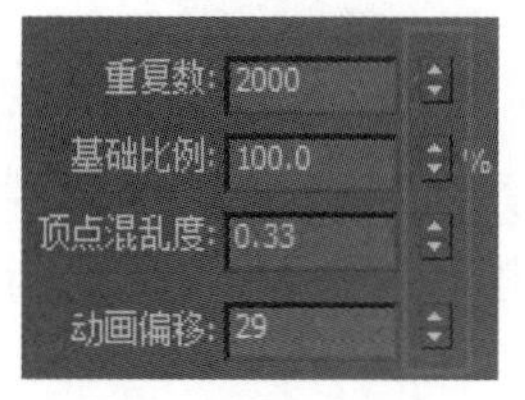

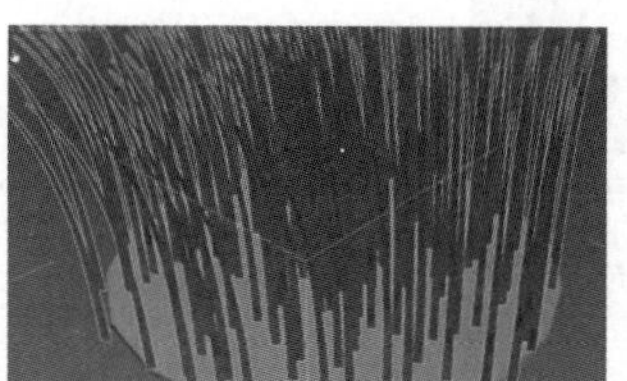

图 8.61　调节散布参数

步骤 11：更改变换参数。在“变换”卷展栏的“旋转”中，根据自己的需要调整所旋转的 X、Y、Z 轴的度数，旋转调节角度，变换不同方向，同时在原对象参数中找到基础比例、顶点混乱度和偏移并根据自己的需要进行调整，如图 8.62 所示。

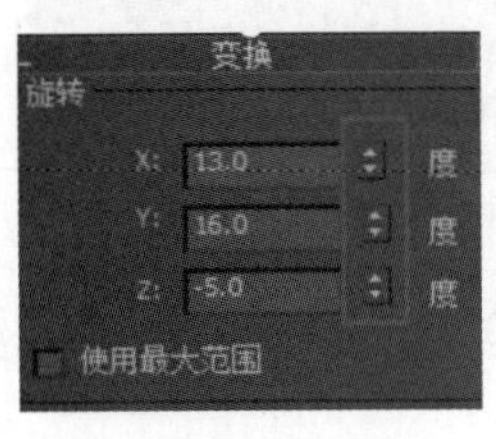

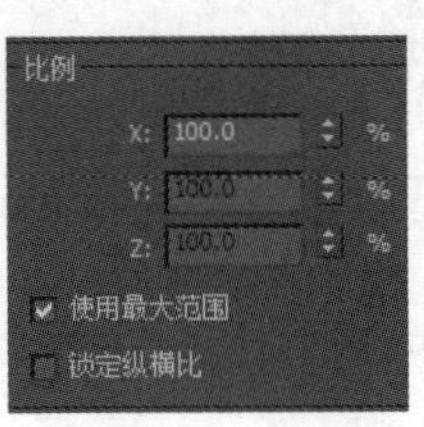

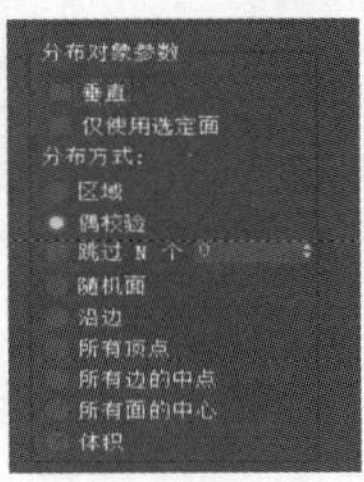

图 8.62　更改变换参数

⚠ 基础比例：用于将原对象和重复对象都进行一定比例的缩放。顶点混乱度：对散布的对象进行随机扰动，默认值是 0，其效果类似于噪波。

步骤 12：隐藏圆柱体。点击鼠标右键选择隐藏圆柱体对象，如图 8.63 所示。

步骤 13：最后调整。将做好的草移动到鹅卵石区，并复制多个，调整散布参数使其发生变化，如图 8.64 所示。

图 8.63　隐藏圆柱体

图 8.64　最终效果

【小结】 本实验介绍了复合对象的散布功能，但要取得好的效果，还要结合多边形编辑命令一起使用。

实验 8.7　制　作　飞　机 

【概述】 运用图形放样工具并结合多边形编辑命令制作飞机模型。

【知识要点】 学会绘制飞机大体部件的剖面图、调整各剖面图的对应点、创建和调整放样图形；掌握创建方法、路径参数和蒙皮参数的调整以及与多边形编辑的结合运用。

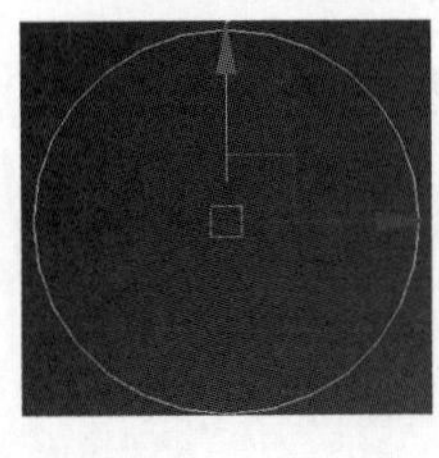

图 8.65　创建圆

【操作步骤】

步骤 1：创建圆。对飞机模型进行简化，分析其主要剖面图的大概图形，绘制剖面图形，创建图形，绘制一个圆并将其转换为可编辑样条线，如图 8.65 所示。

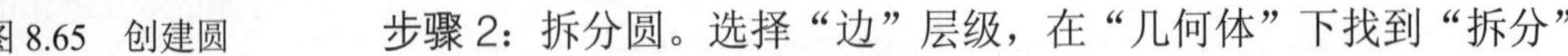

步骤 2：拆分圆。选择“边”层级，在“几何体”下找到“拆分”，

设置其数值为 2，然后执行命令，如图 8.66 所示。当然，可根据实际模型的需求调整更高的数值，使其更加细化。

步骤 3：调整状态为角点。回到“点”层级上，框选所有点，然后单击鼠标右键，在弹出的对话框中选择“角点”，将其从原先的“Bezier”状态改为“角点”，如图 8.67 所示。因为考虑到在“Bezier”状态下调整点会出现摇杆，不方便操作，所以将其改为“角点”状态以方便后期调整。

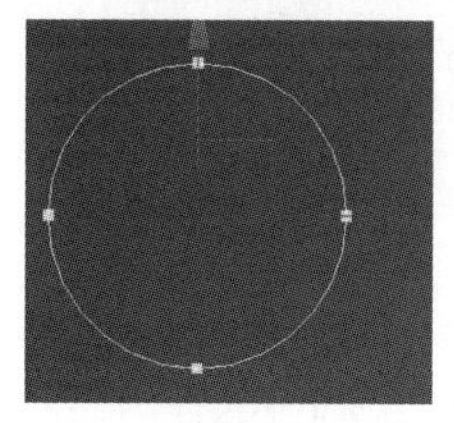

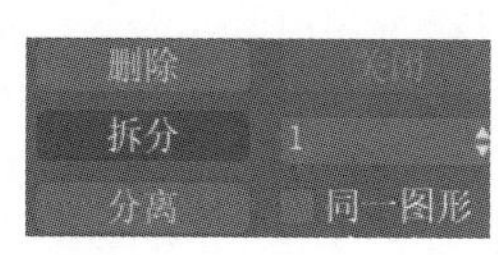

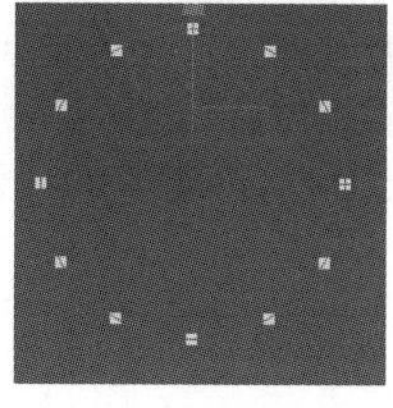

图 8.66　拆分圆

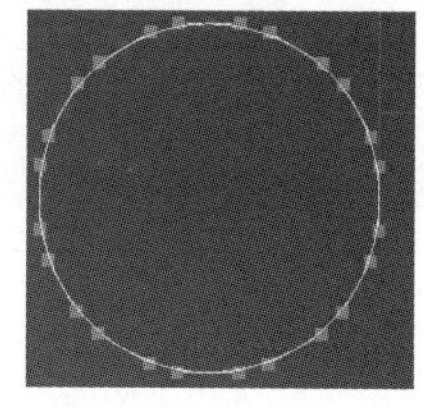

图 8.67　调整状态为角点

步骤 4：复制图形。将调整好的图形进行复制，选择“可编辑样条线”，按住“W”键调出移动命令在水平方向上拖动，到合适位置后松手，此时会弹出“克隆”对话框，勾选“复制”，数量为 6。由于考虑到飞机机身有大有小，且需要调整，所以一共复制六个左右。首先需要将复制出的六个图形都视为飞机的各个横截面，然后对六个图形分别进行缩放调整，尽量做到大小不一。这样做是为后期往线段上放样图形时方便操作与分辨，因为放样后的图形还需要调整其大小，使其具有整体性，使得模型更加好看。复制图形如图 8.68 所示。

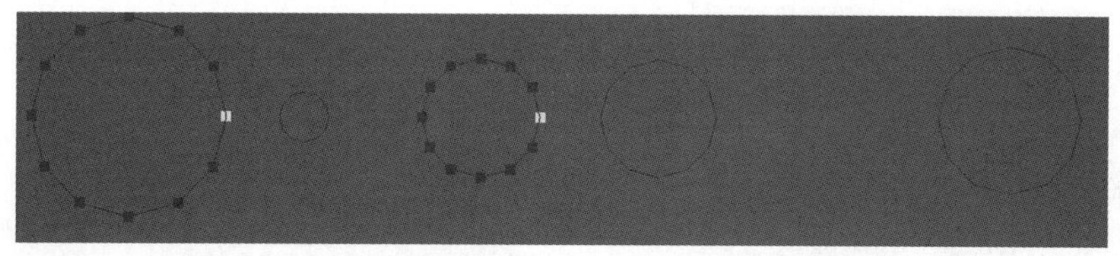

图 8.68　复制图形

步骤 5：绘制飞机正立面图形。选择其中一个图形，将其切换到“点”层级上，框选住左边三个顶点并删除，之后选择“镜像”，执行“镜像”命令，然后选择“实例”。这是为了使在调整图形其中一半的同时另一半也能出现同等变形。切换到“边”层级，删除图形中间的那条线。绘制飞机正立面图形如图 8.69 所示。

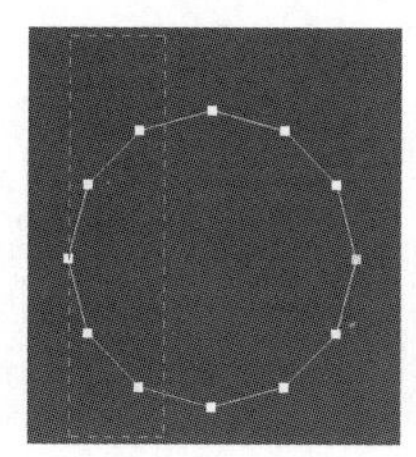

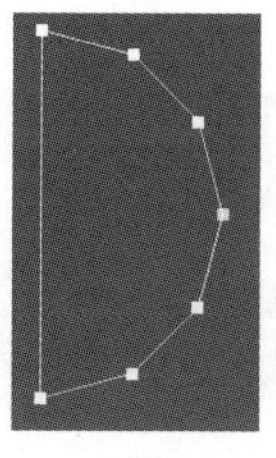

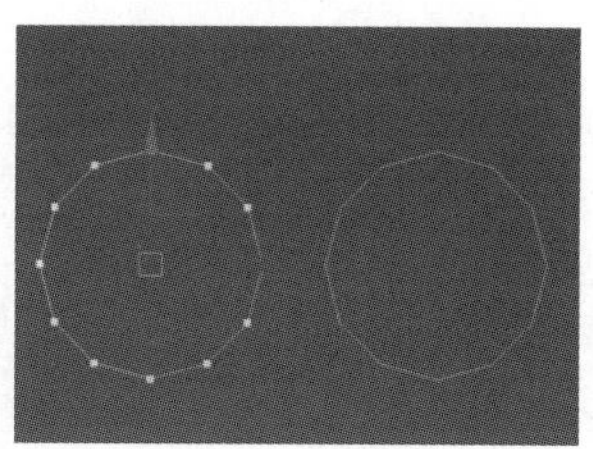

图 8.69　绘制飞机正立面图形

步骤 6：制作飞机的侧翼。用该图形作为飞机的侧翼，选择靠下方的两点进行拉长，使其接近飞机侧翼的剖面图，此时观察到使用实例复制的另一半图形也产生了同样的变形。对图形的大小、高度进行修改，完成后该图形并没有闭合，需要实施“焊接”命令；需要使其变为一个整体，选择一边去执行“附加”命令。在执行前将镜像的另一半去除勾选“使唯一”命令，然后选择其中一条执行命令，此时再框选顶点进行焊接。执行完以上操作后，选择“点”层级，勾选“显示顶点编号”选项，检查顶点编号是否正确，确定已焊接完成，方可进行下一步操作。制作飞机的侧翼如图 8.70 所示。

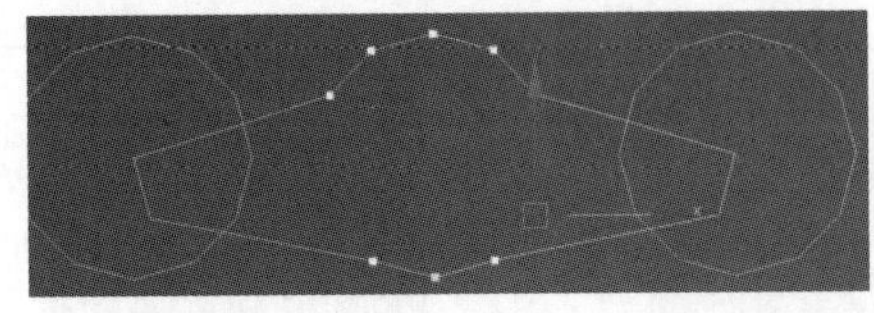
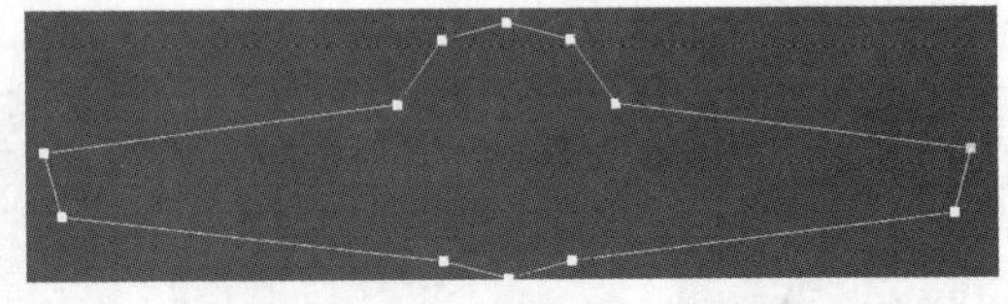

图 8.70 制作飞机的侧翼

步骤 7：制作飞机尾翼。接下来将该图形进行复制，勾选“复制”，共复制三个左右备用，然后开始制作飞机的尾翼。回到正视图，选择复制出来的图形，切换为“点”层级，选择上方三个顶点向上拖动；拉出一定高度后，分别选择左右两顶点向内收缩，对图形进行调整。至此已经完成了飞机剖面图三种形状的制作，复制作为备用。制作飞机尾翼如图 8.71 所示。

步骤 8：放样对象。以上就是所有剖面图形的准备工作，接下来切换到顶视图，绘制一根长度适中的直线段作为放样的路径对象，其长度也是飞机主体的长度。要特别注意的是，在绘制线段时，按“Shift”键，以保证所绘制出来的是一条直线段。选择线段，点击“创建”，将创建类型改为“复合对象”，然后选择“放样”命令，如图 8.72 所示。

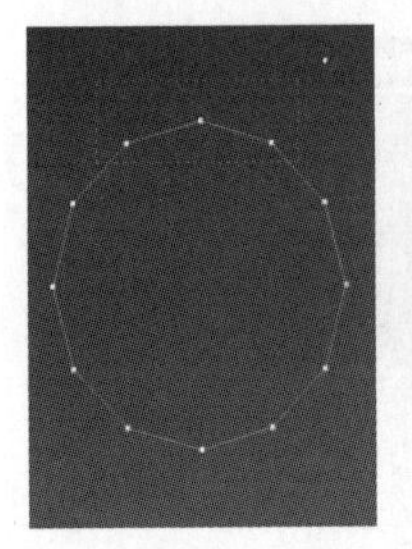
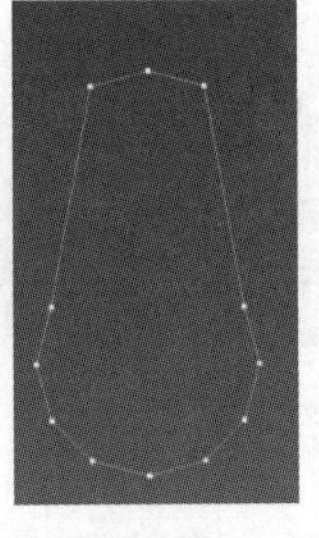

图 8.71 制作飞机尾翼

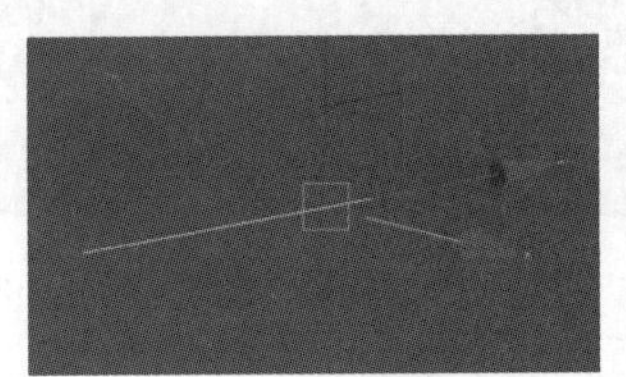

图 8.72 放样对象

步骤 9：放样圆形。点击“获取图形”，选择最小的圆形，完成以后获得的图形就像是圆柱，调整路径位置获得另外一个放样的图形，如图 8.73 所示。如果没有其他图形加入，那么从头到尾都是一样的。

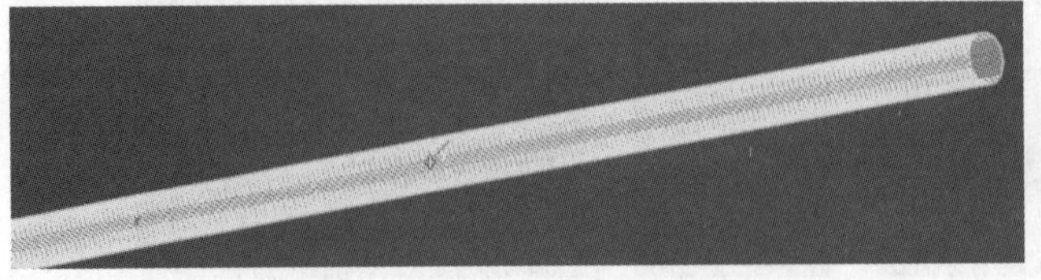
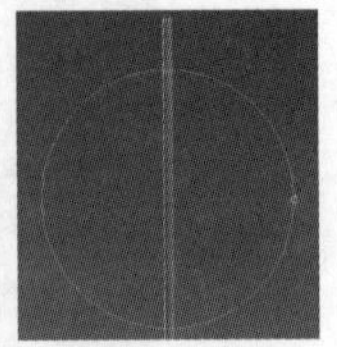

图 8.73 放样圆形

步骤 10：获取不同的圆形。继续操作，在变形路径上 20%的位置，点击“获取图形”选择大一些的圆形。重复上述步骤，在 30%处获取更大一些的圆形，之后在 40%处继续获取再大一些的圆形，如图 8.74 所示。

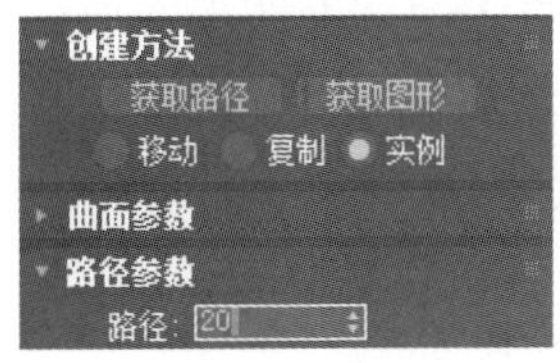

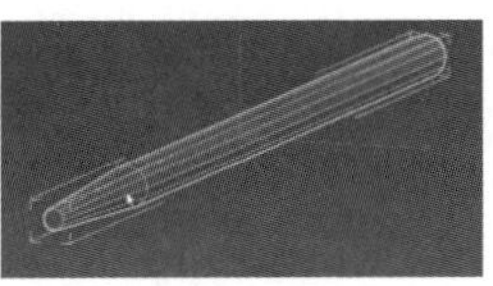
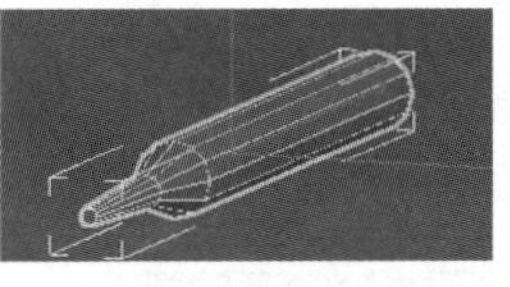
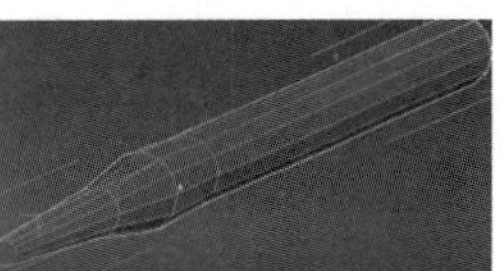

图 8.74　获取不同的圆形

步骤 11：在路径的不同位置上获取图形。在 70%处放置侧翼图形，在 80%处放置同样的侧翼图形，卡住图形，防止其走形；在 85%处放置圆形进行收口；在 90%处选择尾翼的图形；在 98%处选择尾翼图形；最后在 99%处选择圆形作为排气管。若在放样过程中图形扭曲或者线条关系出现杂乱，则是因为剖面图形的首顶点对应方式出现了问题，即各个剖面图的首顶点是不同的。该问题一般出在绘制的侧翼图形与尾翼图形上，因为在绘制过程中，对其进行了另外的编辑导致首顶点移位。此时，只需要回到前视图检查这两类图形的顶点编号，如出现首顶点偏移，则通过设置“首顶点”更改其对应关系，使其与之前的圆形首顶点对应一致，此时对应关系无误，则飞机模型大致就完成了。接下来不断回到样条线编辑以使模型更加美观。调整完后的飞机模型如图 8.75 所示。

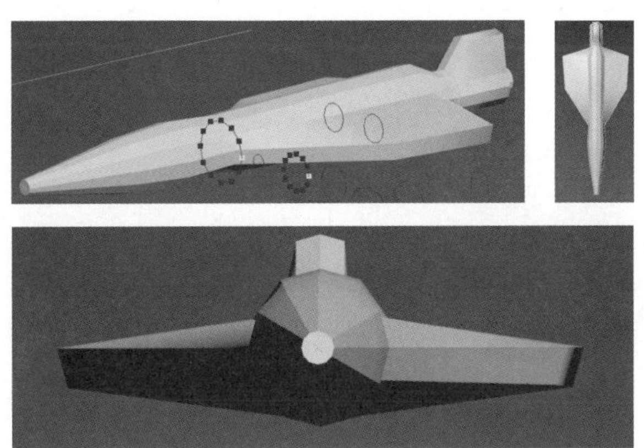

图 8.75　在路径的不同位置上获取图形

步骤 12：调整图形。模型初步完成后，在放样的堆栈卷展栏中选择图形，对放样的图形进行调整，使其形象更加贴近飞机造型，并做出驾驶舱，拉长尾翼，如图 8.76 所示。

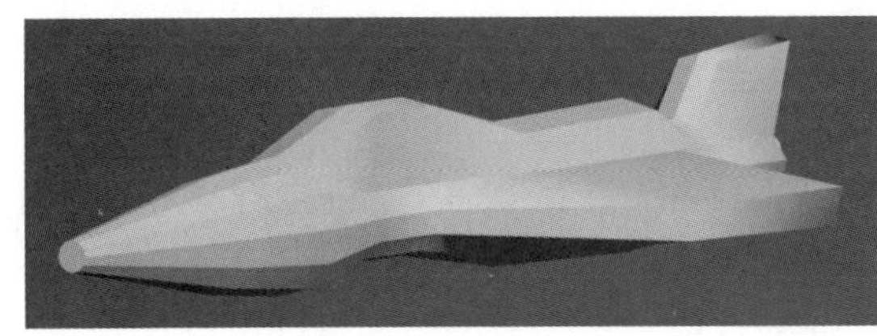
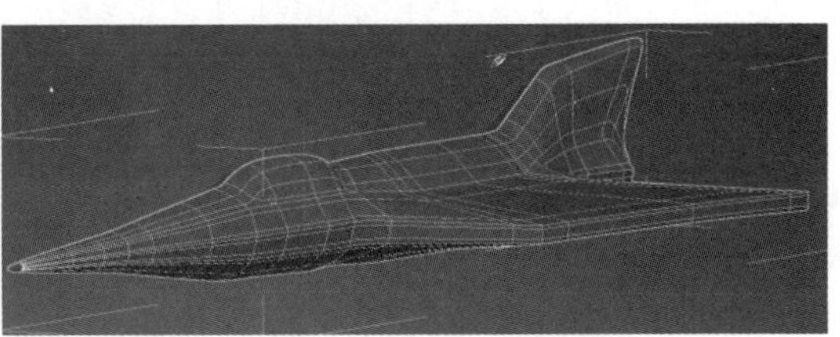

图 8.76　调整图形

步骤 13：最后调整。飞机大体模型完成后，将其转换为可编辑多边形进行后续编辑与操作。完成后最终效果如图 8.77 所示。

【小结】 本实验介绍了如何利用放样工具制作飞机模型，以使读者了解剖面图形在放样中对形体的意义。需要注意的是，在样条线的绘制中，剖面图形虽然有不同的形状，但在“点”层级中却有相同数量的点。

【拓展作业】 制作如图 8.78 所示的飞机模型，完成拓展作业。

图 8.77　最终效果

图 8.78　拓展作业——制作飞机模型

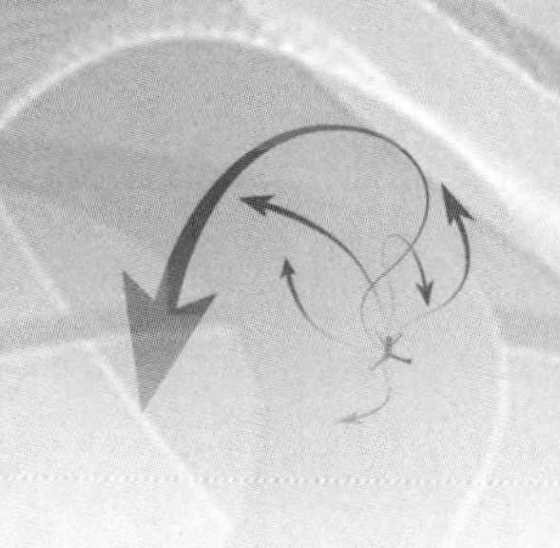

第 9 章　3ds Max 材质

实验 9.1　台　球　贴　图 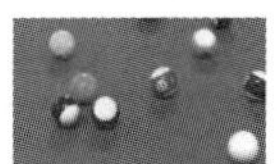

【概述】 利用材质编辑器进行台球贴图。

【知识要点】 了解基本的材质编辑器，学会复制材质球，掌握反射材质的制作以及反射、高光、高光强度的调整。

【操作步骤】

步骤 1：创建球体。重置视图，按快捷键“Alt+W”切换到最大视图，创建一个球体，如图 9.1 所示。

步骤 2：设置扫描线渲染器。在“渲染设置”中把渲染器设置为“扫描线渲染器”，如图 9.2 所示。

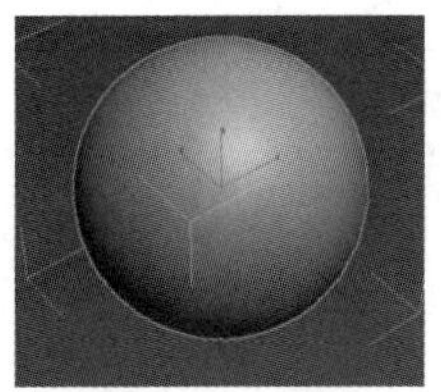

图 9.1　创建球体

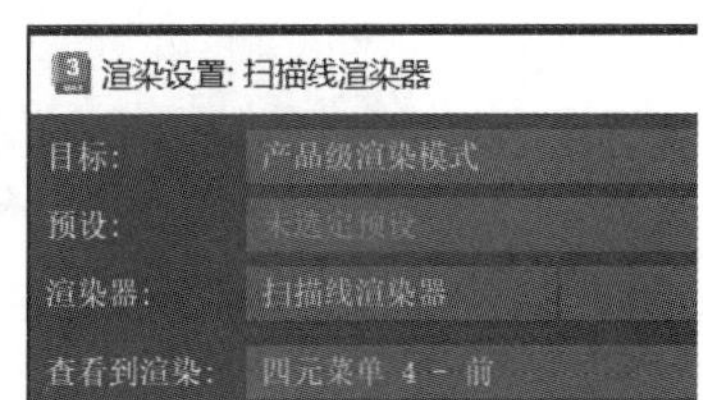

图 9.2　设置扫描线渲染器

步骤 3：点击图标，点击“精简材质编辑器”选项，打开材质编辑器，点击“物理材质” 物理材质 ，选择“扫描线→标准（旧版）”，在计算机“文件管理器”中选择标有 3 字样的红色贴图，将其拖动放置到材质球里去，如图 9.3 所示。

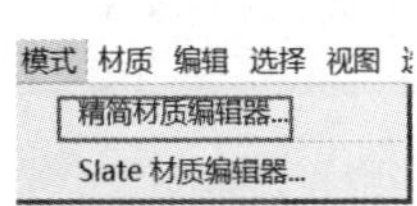

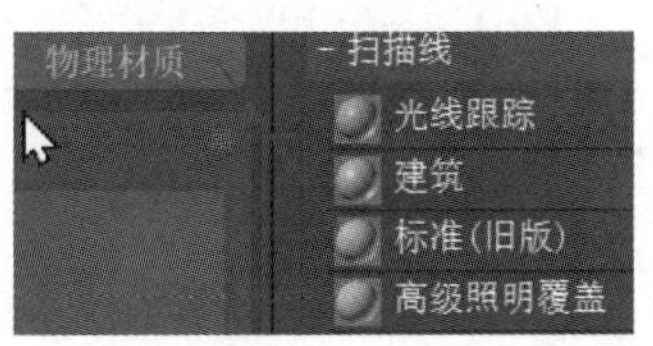

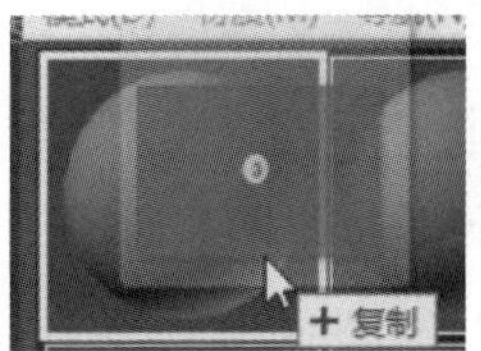

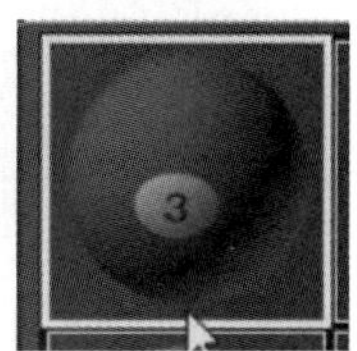

图 9.3　打开材质编辑器

步骤 4：将材质赋予场景中的对象。拖动材质球到场景中的对象中，这样就给场景中的球体赋予了 3 字样的红色贴图；如果没有在视图中显示出来，按图标在视口中显示明暗处理材质，就可以看到，如图 9.4 所示。

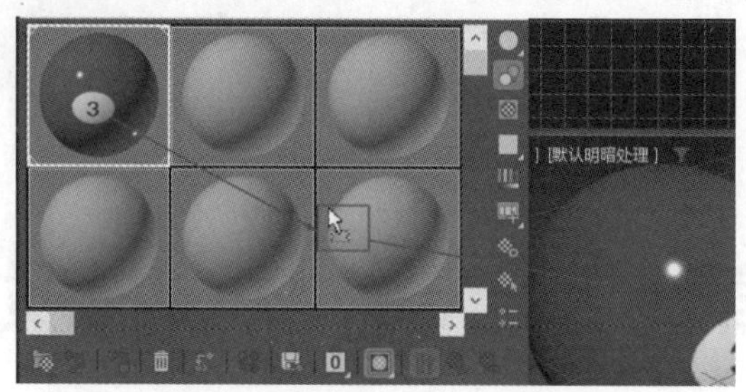

图 9.4　将材质赋予场景中的对象

步骤 5：单独预览大图。接下来开始调整它的基本参数，首先查看“材质球”窗口右边的选项 。显示形状可以是圆形，也可以是圆柱体或方形。如果是做透明的材质或是反光的材质，要按 按钮，让它显示背景，双击材质球可清楚地看到单独预览的大球，如图 9.5 所示。

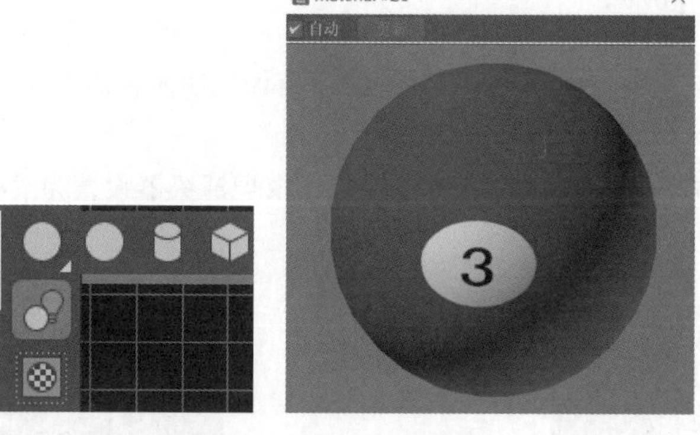

图 9.5　单独预览大图

步骤 6：漫反射贴图。在“漫反射”位置上，右边贴图位置显示“M”字样，表示已经有贴图；如果要换其他贴图，则可从这里点进去添加，如图 9.6 所示。

步骤 7：调整高光级别和光泽度。将高光级别调到 180，将光泽度调到 90，如图 9.7 所示。

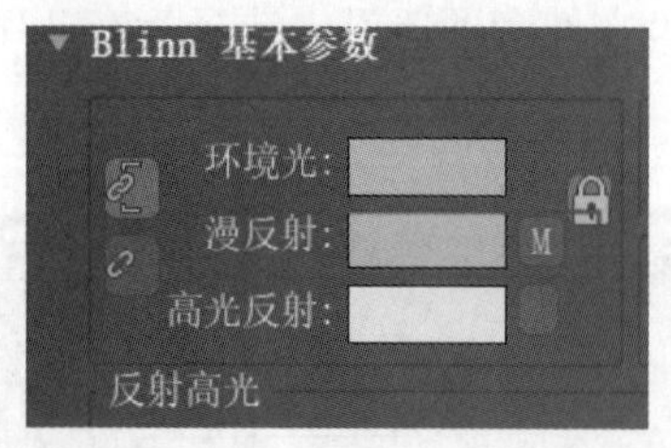

图 9.6　漫反射贴图

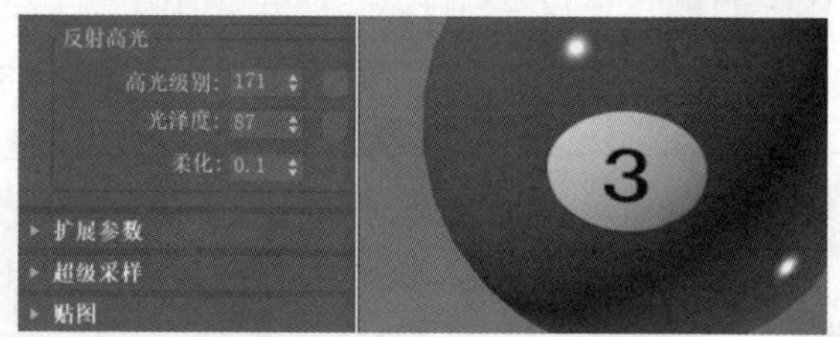

图 9.7　调整高光级别和光泽度

步骤 8：调整瓷砖（重复次数）。按快捷键“Shift+Q”进行渲染，观察效果，若感觉球的带字部分不是圆形，点击“漫反射”位置右边的贴图位置“M” ，在“瓷砖”位置放大或者缩小其比例关系，将其调整到合适的大小，即可得到所需要的贴图效果，如图 9.8 所示。

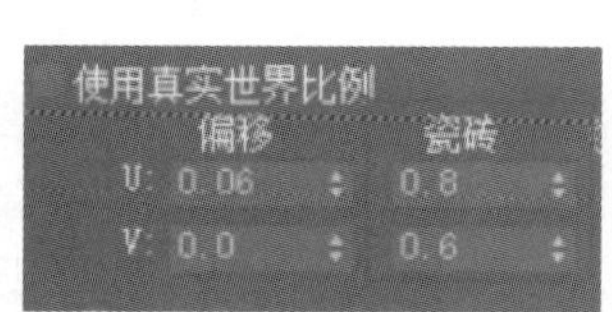

图 9.8　调整瓷砖（重复次数）

步骤 9：赋予反射贴图。点击退回到上一级，找到“贴图”栏，勾选“反射”，点击“无贴图”，在“材质/贴图浏览器”中点击位图，在打开的计算机文件中选择需要的贴图文件，这里使用 HDR 这种高动态材质来做贴图，然后渲染查看是否有效果，如图 9.9 所示。

图 9.9　赋予反射贴图

步骤 10：调整反射强度。点击“转到父对象”，反射不能像镜子一样清晰，在“贴图→反射”栏中，默认数值为 100，将其改为 10；由于是圆对象，它不能太清晰，点击“贴图”调整瓷砖数和模糊偏移，这样效果更真实一些，如图 9.10 所示。

图 9.10　调整反射强度

步骤 11：复制材质球。把做好的材质球根据需要复制几个，即利用鼠标左键拖动已经做好的材质球到空白的材质球中。把每个材质球的贴图用其他不同颜色的贴图替换掉，并重命名该材质球，如图 9.11 所示。

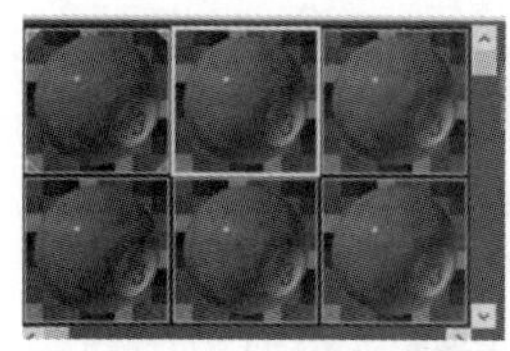

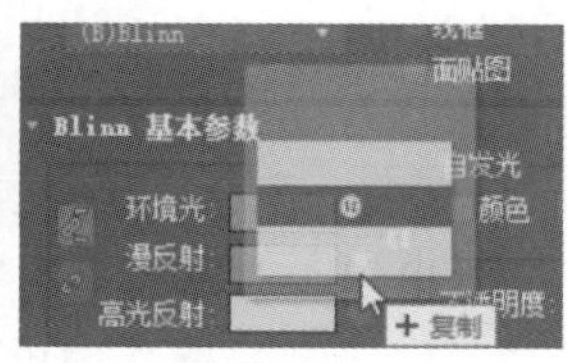

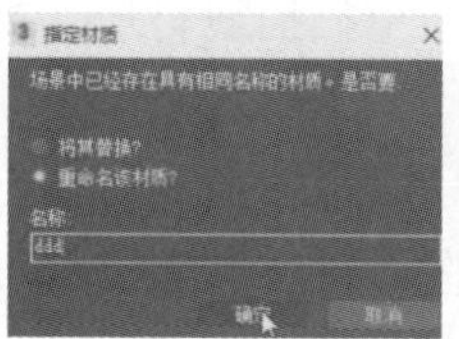

图 9.11　复制材质球

步骤 12：赋予材质并调整位置。在场景中复制多个圆球，依次把材质球中的材质拖动到每个不同的对象，并调整场景中台球的位置，完成效果如图 9.12 所示。

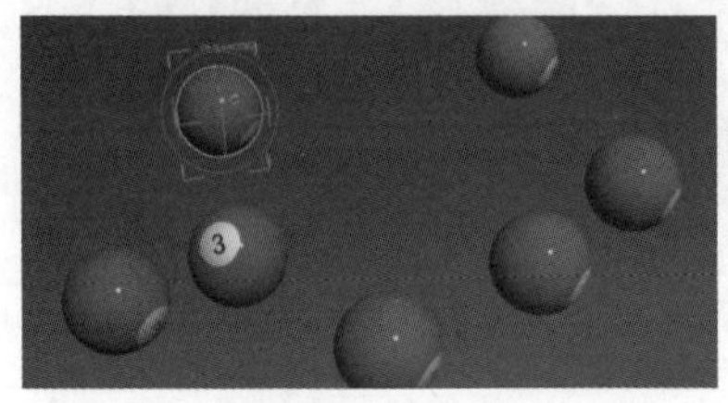

图 9.12 完成效果

【小结】 本实验初步介绍了材质的制作。在制作材质的过程中，要想体现材质的质感，材质的高光、高光强度以及反射色是至关重要的。

实验 9.2 透 明 贴 图 

【概述】 利用材质来建模是一种快速高效且不占资源的一种建模方式。可利用透明贴图制作镂空的材质。

【知识要点】 掌握材质贴图的透明化处理，其中材质透明度的运用是本实验的难点和重点。

【操作步骤】

步骤 1：创建平面并调整。文件重置，打开一个场景，切换到透视图，选择合适的角度，在右侧“对象类型”中选择“平面”，在场景中创建一个平面；按“F4”键显示线框，在修改器参数栏下拉菜单中增加平面的段数，如图 9.13 所示。

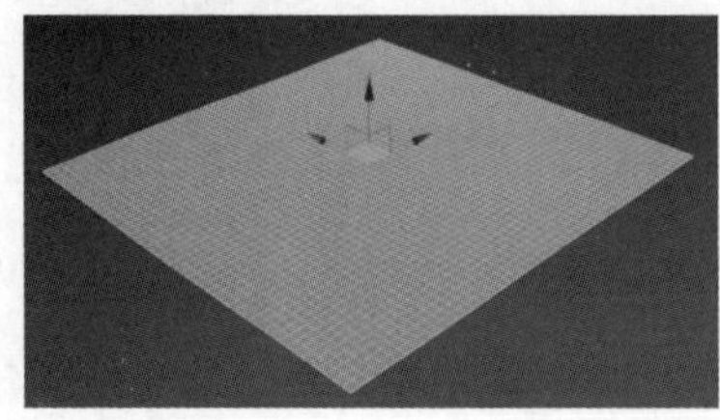

图 9.13 创建平面并调整

步骤 2：打开 Slate 材质编辑器。在菜单栏的“渲染”中点击“材质编辑器”（快捷键为“M”），打开“材质编辑器”，选择“Slate 材质编辑器”，如图 9.14 所示。

步骤 3：创建扫描线材质。在“Slate 材质编辑器”中点击鼠标右键，选择“材质→扫描线→标准（旧版）”，创建一个扫描线材质，如图 9.15 所示。

步骤 4：拖动节点材质球。用鼠标拖动节点材质球到平面对象上，如图 9.16 所示。

步骤 5：选择荷叶图片进行贴图。使其显示第一层材质，并点击该层“漫反射”颜色后面的按钮，，在“材质/贴图浏览器”中找到并双击“位图”，在文件中选择荷叶图片作为材质贴图，单击“打开”，贴图完毕；在“材质编辑器”中单击（在视口中显示标准贴图），即可在视图中看到贴图效果，如图 9.17 所示。

图 9.14　打开 Slate 材质编辑器

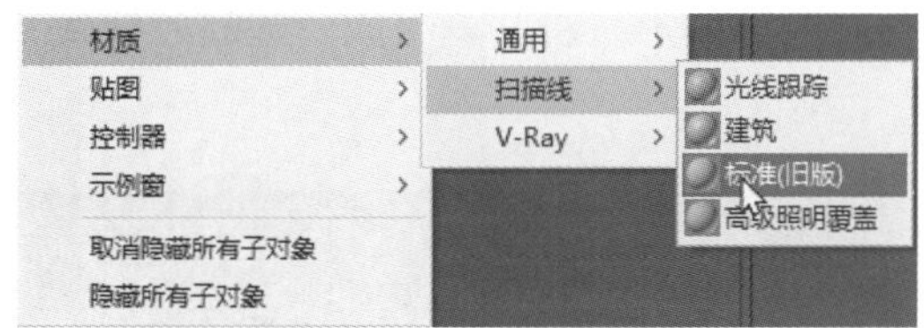

图 9.15　创建扫描线材质

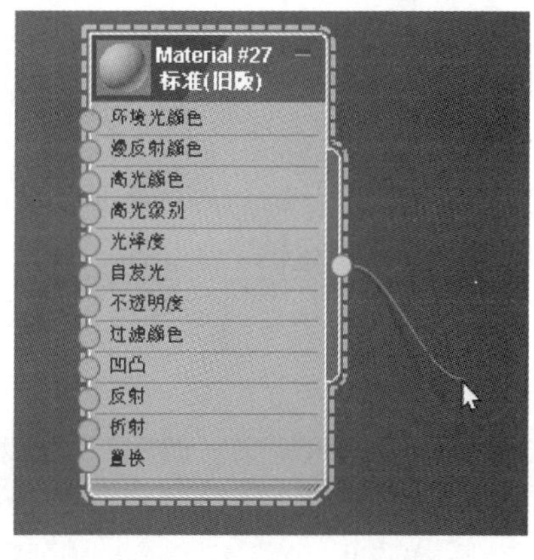

图 9.16　拖动节点材质球

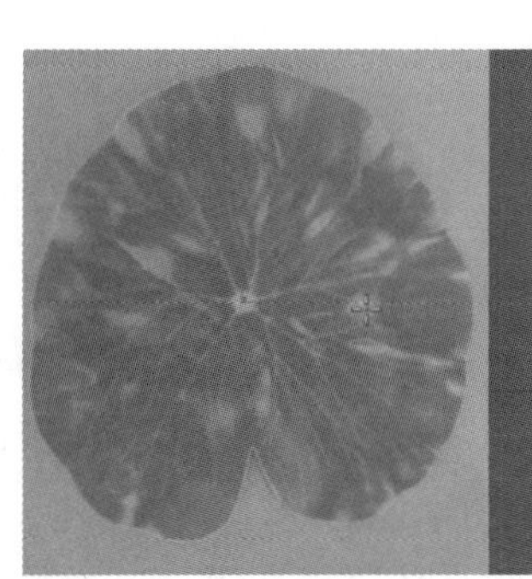

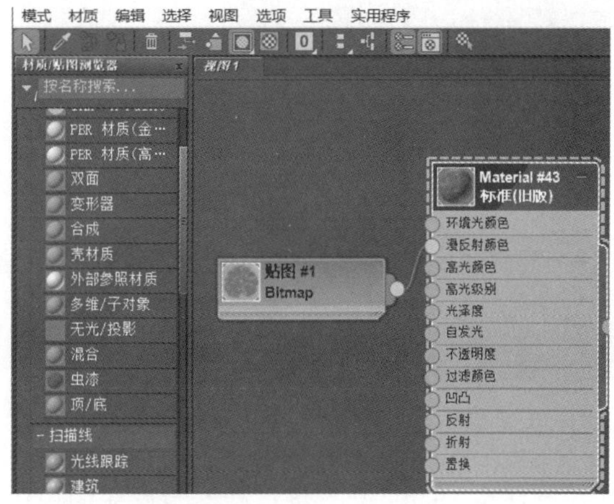

图 9.17　选择荷叶图片进行贴图

步骤 6：在“修改器列表”中调出“UVW 贴图”，调整贴图的各项参数，点击“位图适配”，打开刚才所用的荷叶贴图，回到平面参数界面，调整至合适的长度和宽度，以展示最佳的贴图效果。

步骤 7：制作透明贴图。把文件中的黑白荷叶贴图拉到“材质编辑器”中，将其与“不透明度”相连，双击“不透明度”，打开“不透明度编辑器”，调整高光级别和光泽度至合适程度，如图 9.18 所示。

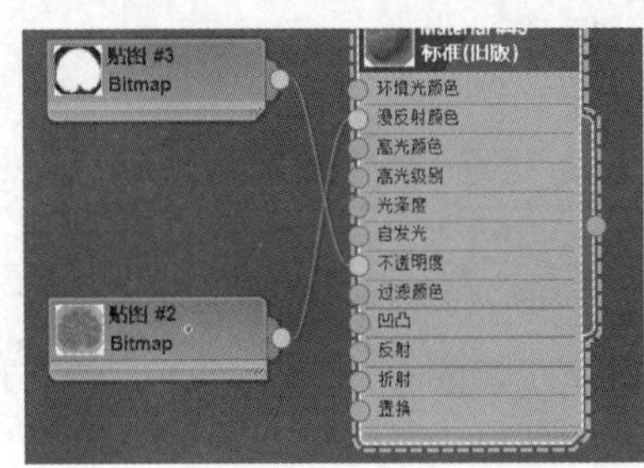

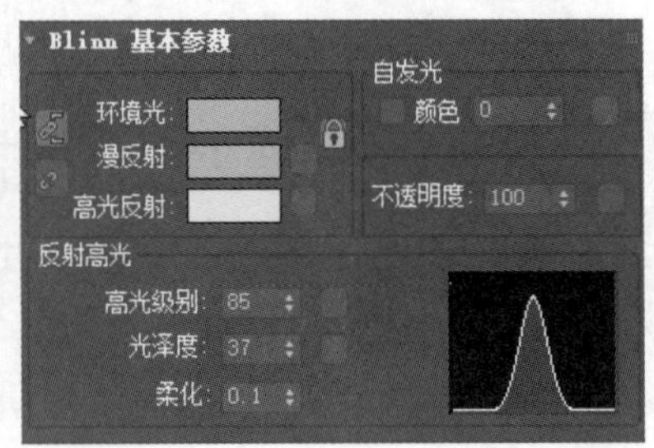

图 9.18 制作透明贴图

步骤 8：利用“软选择”调整荷叶。点击鼠标右键将平面转化为可编辑多边形，打开“软选择”按钮，按“W”键打开移动命令，按照荷叶的凹凸变化将荷叶调整到合适的样子，如图 9.19 所示。

步骤 9：调整叶脉。因为荷叶上的叶脉也有一定的起伏变化，所以要把叶脉的起伏变化表现出来。选择“边”层级，将“软选择”中的“衰减值”调小一些；按住“Ctrl”键依照叶脉形状将边选中，用移动命令进行调整，观察荷叶叶脉的形状将其调整成合适的起伏状态，如图 9.20 所示。

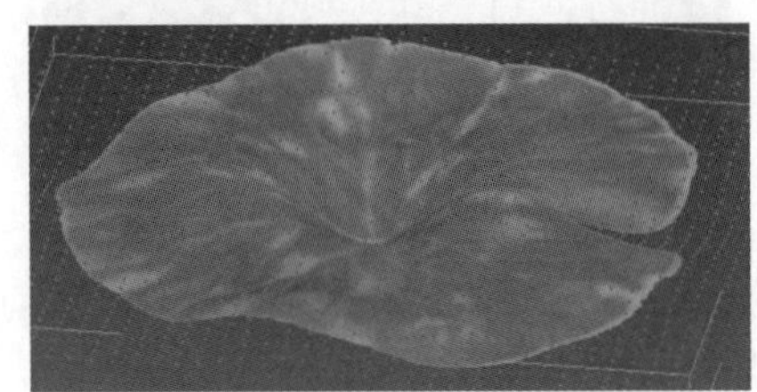

图 9.19 利用“软选择”调整荷叶

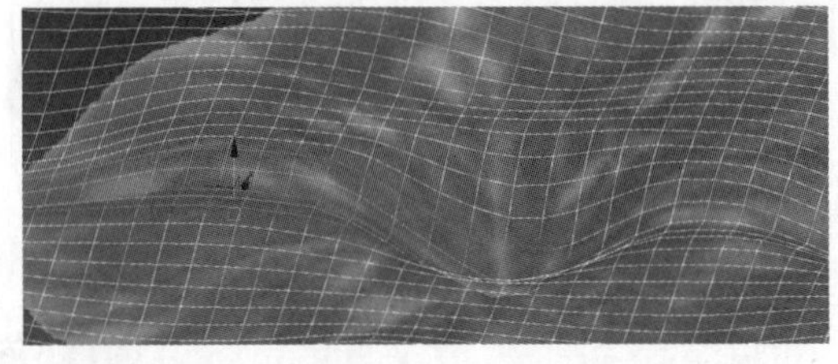

图 9.20 调整叶脉

步骤 10：添加“壳”。因为荷叶是有厚度的，这里所做都是基于图片的效果，不是真正的立体效果，所以要对其增加厚度。在“修改器列表”找到“壳”，点击添加给对象，将“外部量”调整到合适的大小，如图 9.21 所示。

图 9.21 添加“壳”

步骤 11：调整荷叶的颜色、高光。打开“材质编辑器”，勾选“自发光”参数中的颜色，点击“颜色”后面的空白按钮，选择“衰减”，如图 9.22 所示。

步骤 12：“衰减”的编辑。将衰减参数原先的白色调整为灰色，在“衰减类型”一栏选择“Fresnel”模式，在当前灰色那栏单击 无贴图 ；再次选择“衰减”，在“衰减

参数”中将原先的白色调整为嫩绿色，在“衰减类型”一栏选择“Fresnel”，如图 9.23 所示

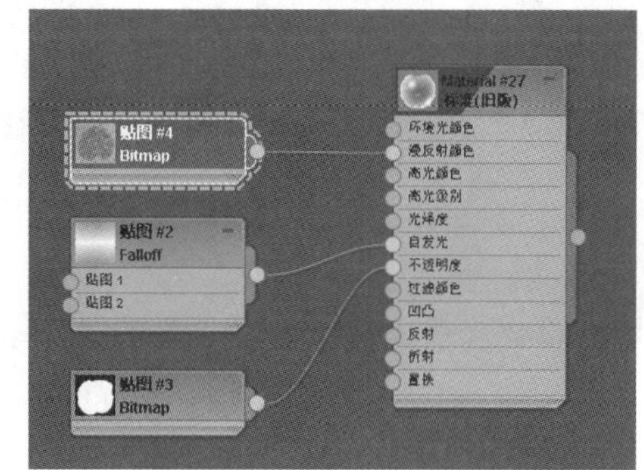

图 9.22　调整颜色

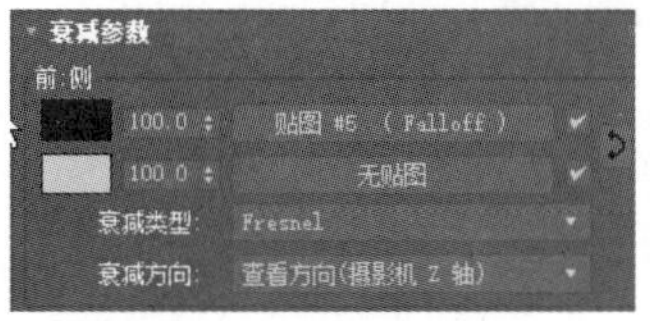

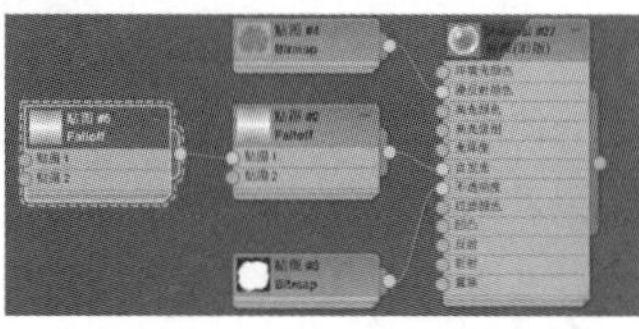

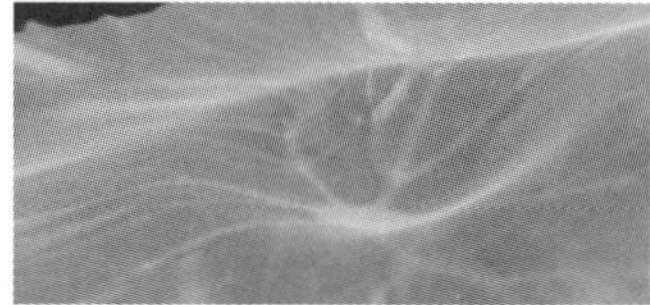

图 9.23　“衰减”的编辑

步骤 13：“凹凸”的编辑。把文件中的灰色荷叶贴图拉到“材质编辑器”中，将它与“凹凸”相连，双击“凹凸”，调整“凹凸”的数值为 10，如图 9.24 所示。

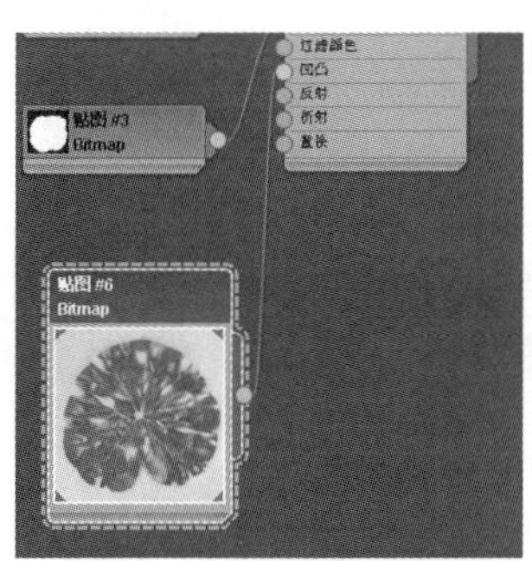

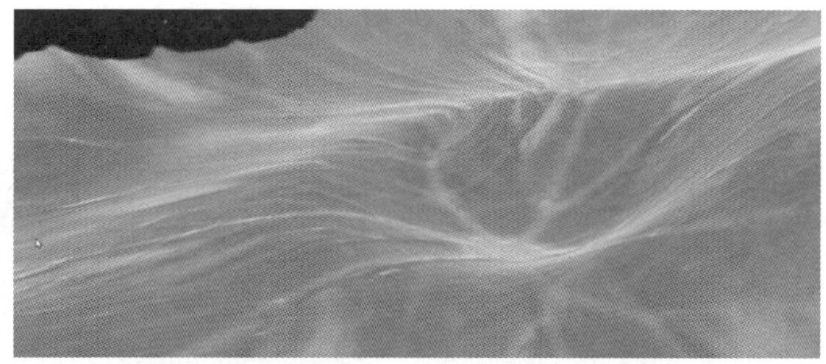

图 9.24　“凹凸”的编辑

步骤 14：渲染并调整。按快捷键“Shift+Q”进行渲染，若还想增加荷叶的数量，可以复制粘贴，并稍加放缩、旋转、变形，即可得到多片荷叶，最后效果如图 9.25 所示。

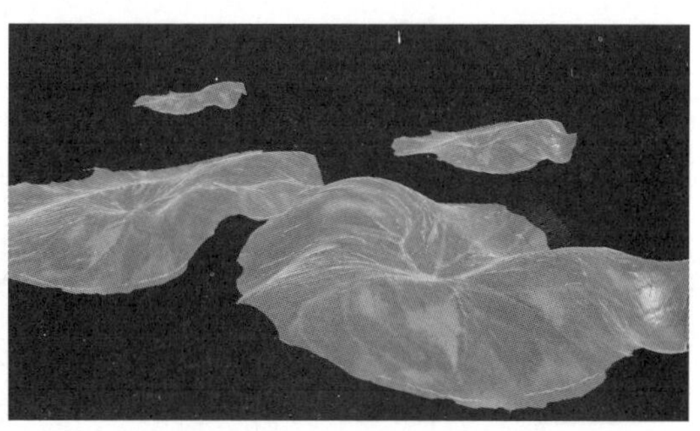

图 9.25　最后效果

【小结】 本实验介绍了透明贴图荷叶的制作，以使读者进一步熟悉材质编辑器以及透明材质、凹凸材质和衰减贴图的使用方法。

【拓展作业】 利用透明贴图的方法制作如图 9.26 所示的镂空草帽和藤椅，完成拓展作业。

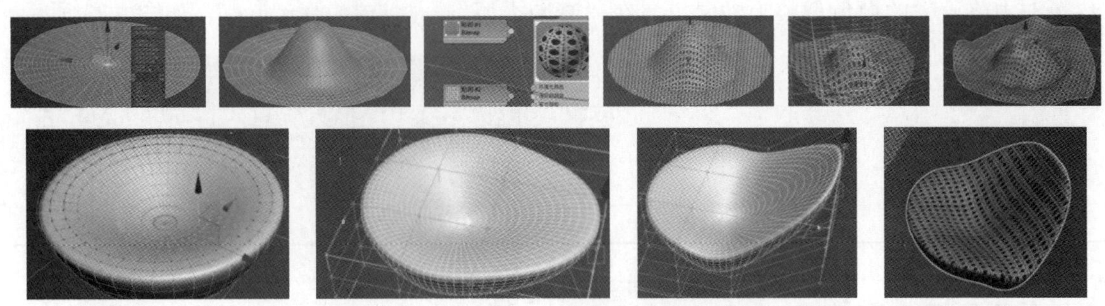

图 9.26 拓展作业——制作镂空草帽和藤椅

实验 9.3 海 水 材 质

【概述】 海水材质是在噪波的基础上加上材质设置来呈现天空和水的效果。可用球体制作天空，用圆柱体通过增加端面段数和噪波等方法制作出水纹的效果。

【知识要点】 掌握天空、水、石头的创建；掌握噪波修改器的参数调整；掌握光线跟踪材质、透明度以及天空背景的调整。

【操作步骤】

步骤 1：创建圆柱体并调整。新建一个场景，首先模拟水的场景。点击，再点击创建圆柱体，使其高度略低些，按下“F3”“F4”键可查看；点击“修改”，在参数位置增加端面分段和边数，如图 9.27 所示。

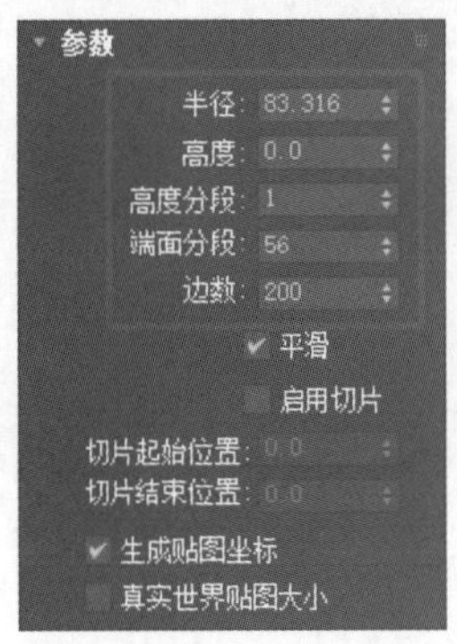

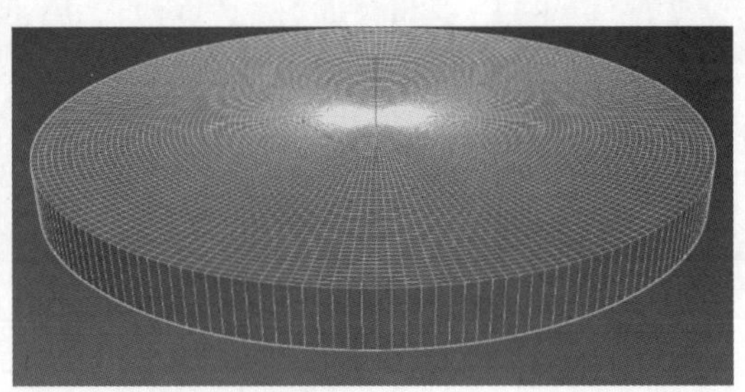

图 9.27 创建圆柱体并调整

步骤 2：调整噪波参数。调整到合适的视角，按快捷键“Ctrl+C”，创建摄影机，把角度固定下来。点击，在“修改器列表”中选择“噪波”命令（也可以使用绘制变形来操作，此时需要将其转换为多边形），在“噪波设置”中只需增大 X 轴方向的值，就会形成大波浪，如图 9.28 所示。

步骤 3：调整噪波分形。如果要使波浪变小，只要把“比例”的数值减小就行。点击“分形”，可增加更多的细节。只需将 Z 轴的数值再往下调小一些，使得视觉效果和谐即可。调整噪波分形如图 9.29 所示。

步骤 4：创建渐变材质。打开“渲染设置”将“渲染器”设置为“扫描线渲染器”。建立天空背景，背景是用贴图来做的。点击，调出“Slate 材质编辑器”，在“Slate 材质编辑器”中点击鼠标右键创建渐变材质，如图 9.30 所示。

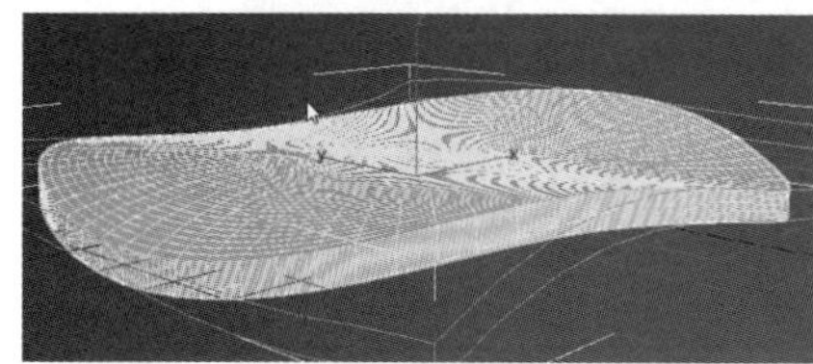
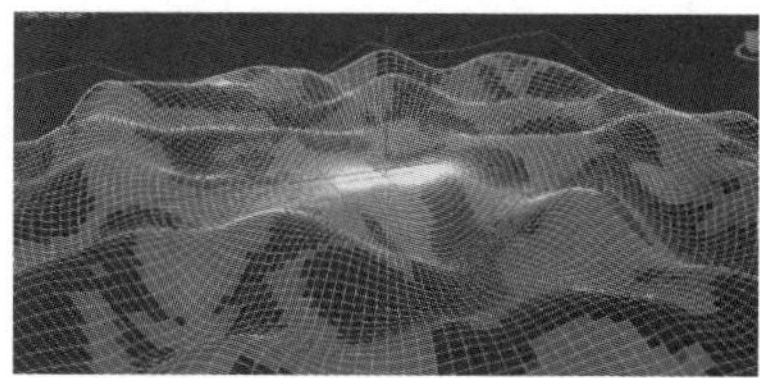
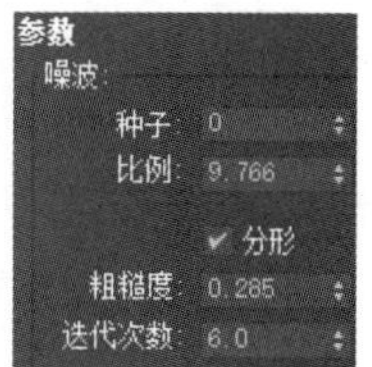

图 9.28　调整噪波参数

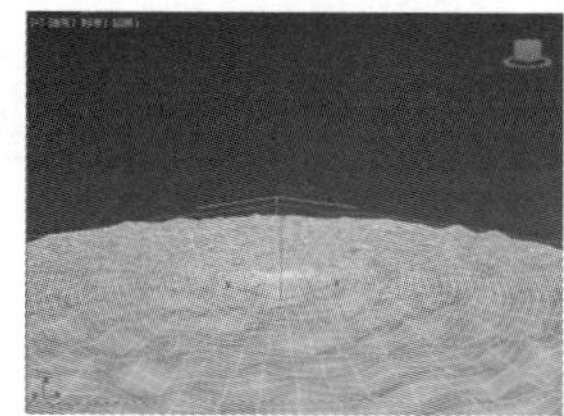

图 9.29　调整噪波分形

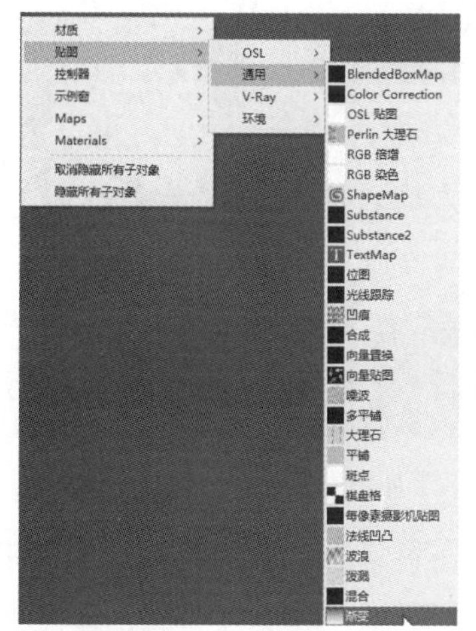

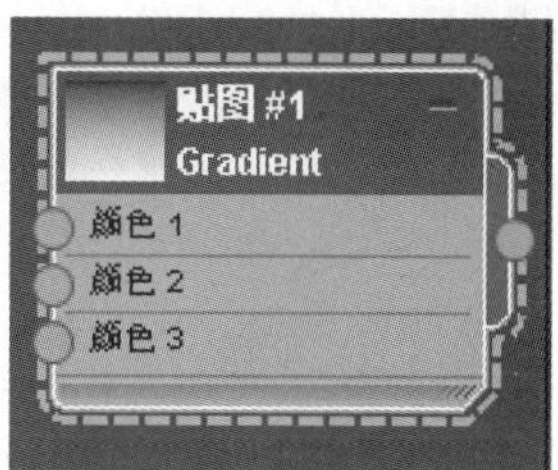

图 9.30　创建渐变材质

步骤 5：调整渐变参数。使用程序化方式用渐变材质给天空贴图。在“渐变参数”里选择颜色 #1，调整渐变参数，这里调整三个渐变颜色，顶上为深蓝色，用于制作蓝色的天空，中间为浅蓝色，底下为白色或者浅黄色，如图 9.31 所示。

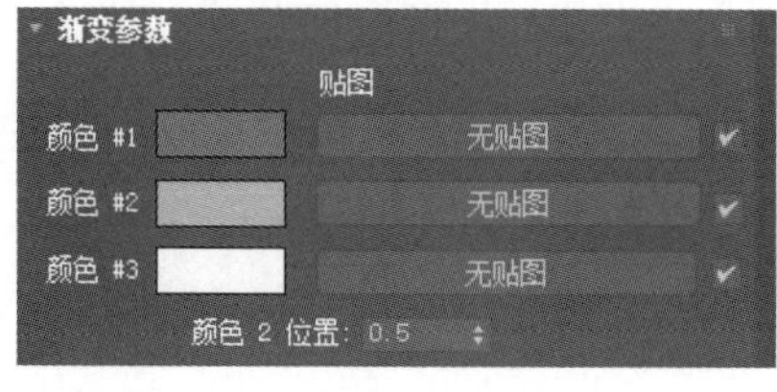

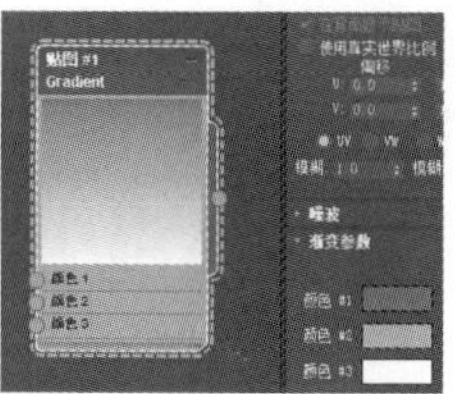

图 9.31　调整渐变参数

步骤 6：调整噪波参数。在“坐标”里勾选“环境” ● 环境 ，打开“渐变参数→噪波”，调整数量和大小，做出蓝天白云的效果，如图 9.32 所示。

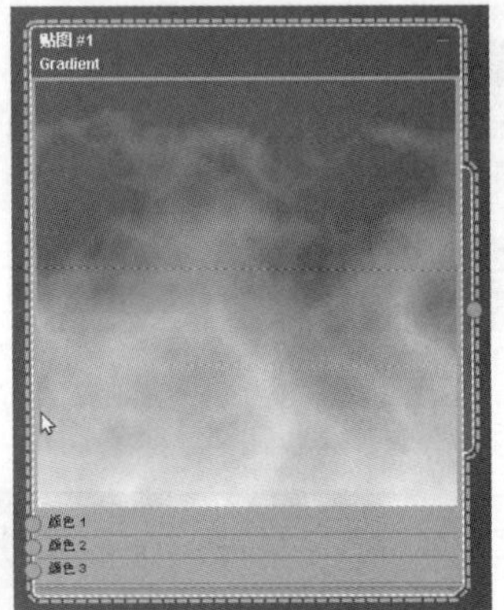

图 9.32　调整噪波参数

步骤 7：赋予环境贴图。在菜单栏中点击“渲染→环境”，拖动材质到环境“无”中，勾选“实例”如图 9.33 所示。

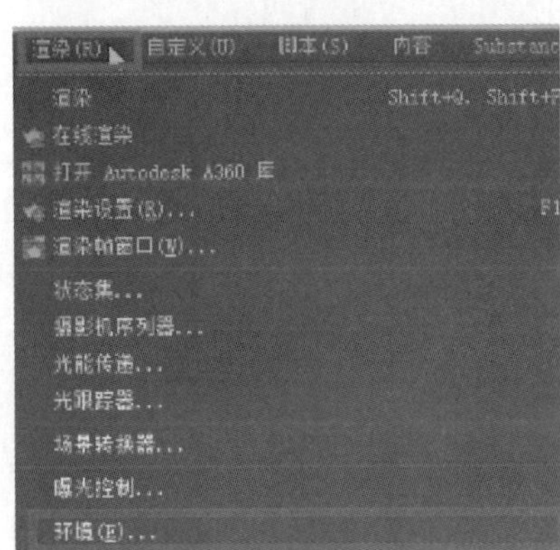

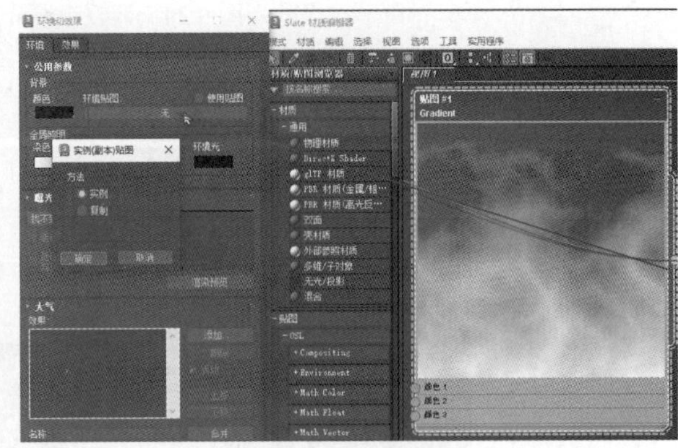

图 9.33　赋予环境贴图

步骤 8：渲染背景。点击“渲染”，这样在背景上就做出了天空的效果，如图 9.34 所示。

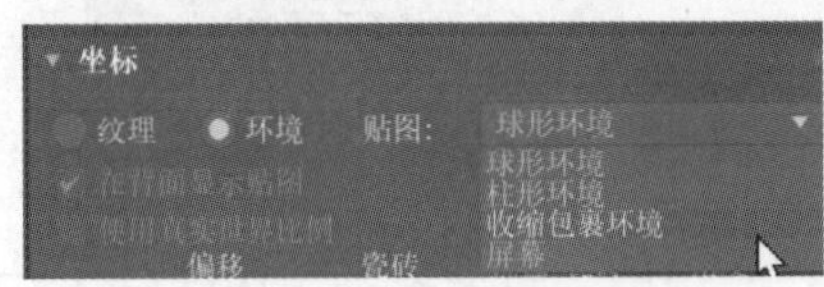

图 9.34　渲染背景

步骤 9：改变环境类型。调整环境地图所在的坐标位置，选择贴图类型，如球形环境、柱形环境以及收缩包裹环境，选择“屏幕”，再次调节噪波的数量和大小，如图 9.35 所示。

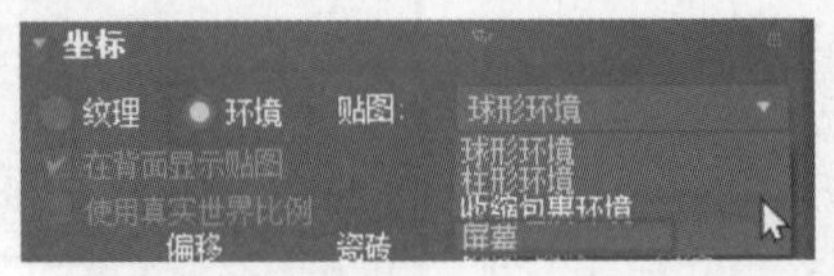

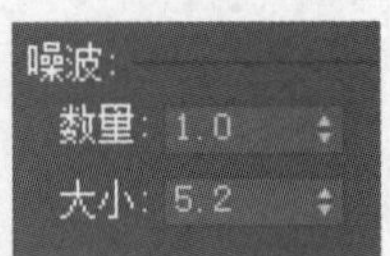

图 9.35　改变环境类型

步骤 10：创建天空球体并翻转法线。天空用几何球体实现，点击“创建”，选择“几何球体”，创建一个几何球体，球的大小要包住之前所做的圆柱体。选中“半球”，点击，使之盖在圆柱端面上。选择圆球体对象，找到，选择“法线”，点击“翻转法线”。因为球的内部是实心的，无法查看渲染出来的东西，若要查看内部对象，就要翻转法线，这样球体内部就有了颜色。创建天空球体并翻转法线如图 9.36 所示。

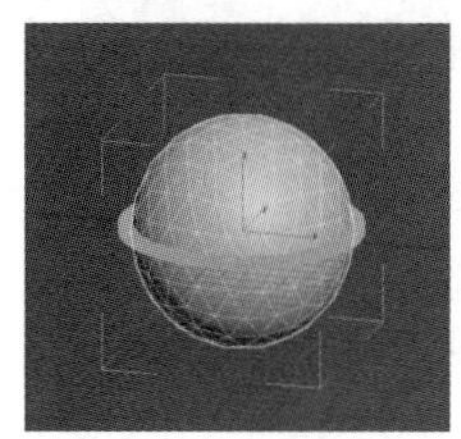
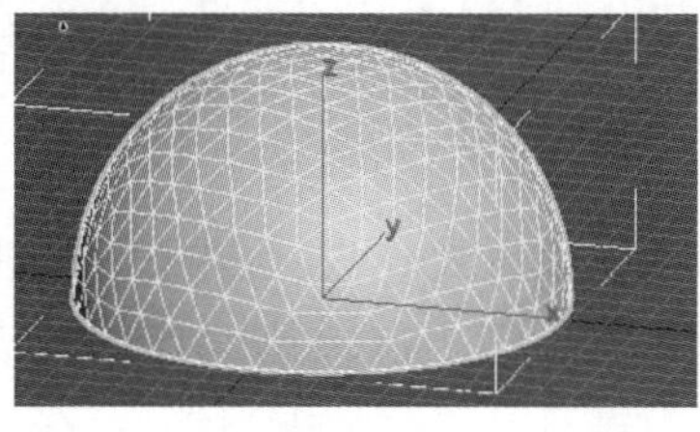
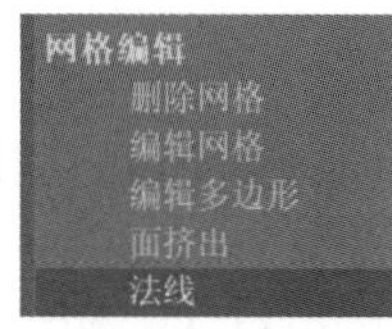

图 9.36　创建天空球体并翻转法线

步骤 11：查看渲染效果。按“C”键切换到摄影机视图，观察效果，如图 9.37 所示。

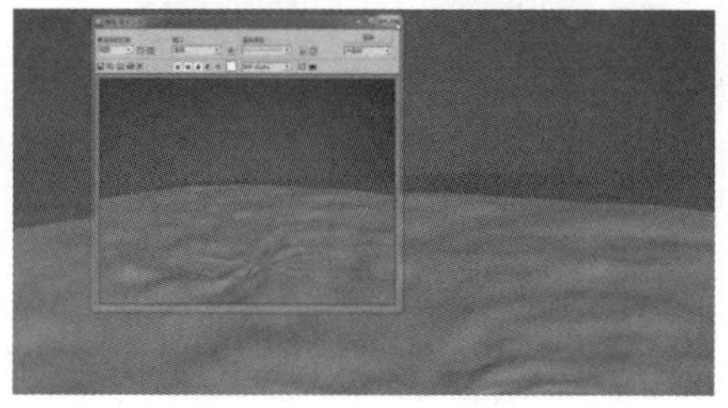

图 9.37　查看渲染效果

步骤 12：赋予材质。在“Slate 材质编辑器”中点击鼠标右键创建物理材质，将天空贴图拖动节点到物理材质的基础颜色贴图中，拖动物理材质节点将材质赋予球体对象，如图 9.38 所示。

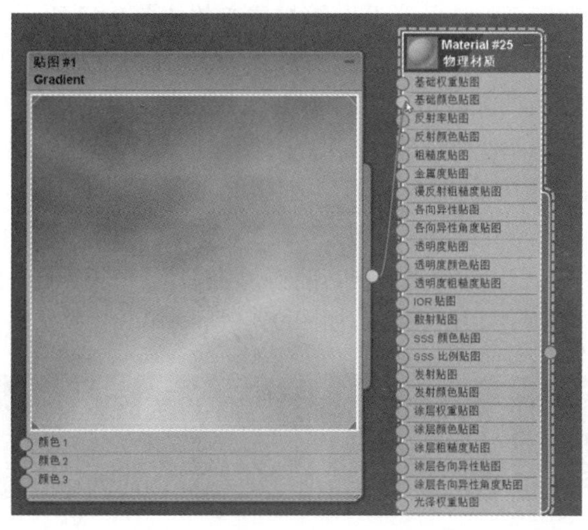

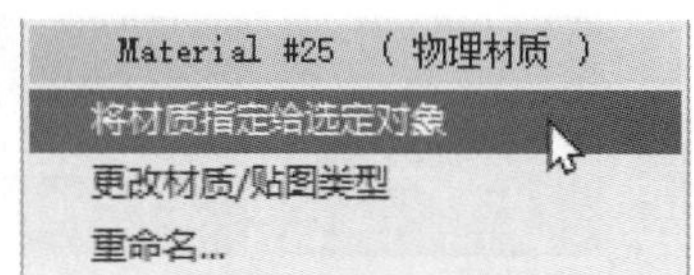

图 9.38　赋予材质

步骤 13：渲染并调整。再次渲染、调整噪波参数，这样得到的结果比直接在背景上贴图更加真实，如图 9.39 所示。

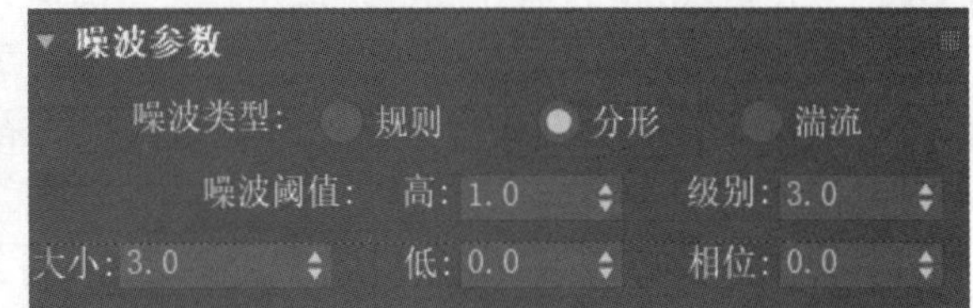

图 9.39　渲染并调整

步骤 14：调整摄影机的视角。将摄影机视角调大一些，这样观察范围更广，视野效果更好；将视角放低、放平一些，这样看的效果会更好、更接近真实情况，如图 9.40 所示。

步骤 15：创建光线跟踪材质。按“M”键打开“材质编辑器”，在“Slate 材质编辑器”中点击鼠标右键，选择“材质→扫描线→光线跟踪”，创建光线跟踪材质，拖动材质给用圆柱体表示的海面，如图 9.41 所示。

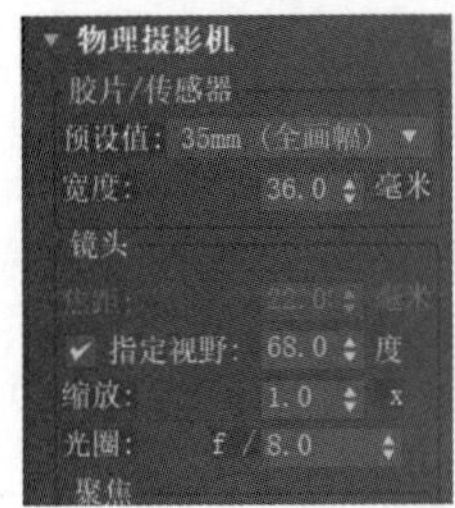

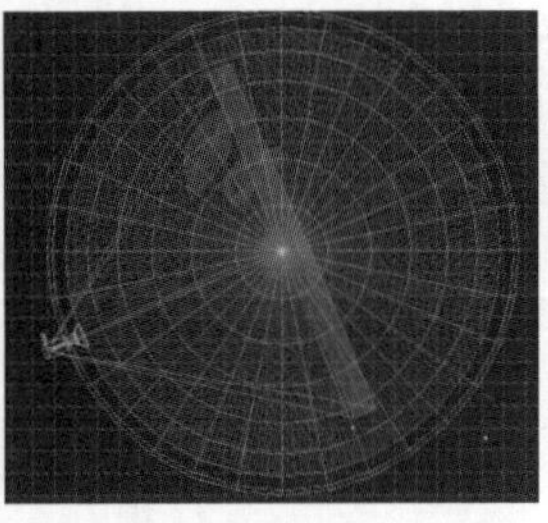

图 9.40　调整摄影机的视角

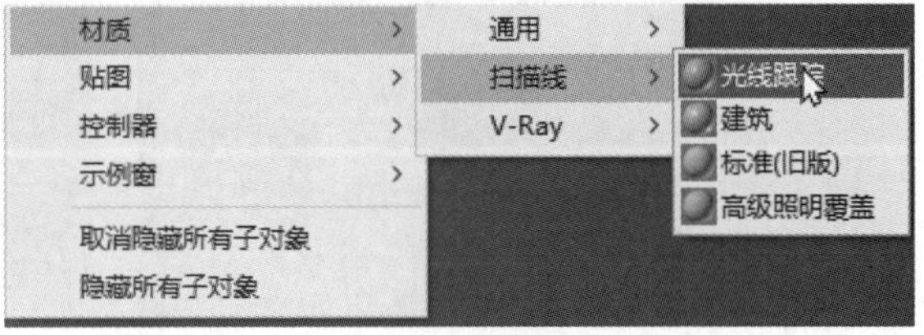

图 9.41　创建光线跟踪材质

步骤 16：调整光线跟踪材质参数。在“光线跟踪”基本参数面板上通过颜色来调整 光线跟踪基本参数：调整“漫反射” 漫反射，将颜色调整为蓝色；调整“反射” 反射，颜色越亮，反射度越高，这里把黑色调灰一些；调整【透明度】 透明度，颜色越亮，透明度越高。调整光纤跟踪材质参数如图 9.42 所示。

图 9.42　调整光纤跟踪材质参数

步骤 17：创建礁石。创建一个球体，将其孤立起来调整，适当增加段数。鹅卵石与水纹一样，用添加噪波的方式来实现。对其添加“噪波”，打开“分形”，调整比例和 X、Y、Z 轴的值使对象变形。按住“Shift”键，同时用鼠标移动自行复制一个鹅卵石在旁。选中第二块石头，调整“强度”下 X、Y、Z 轴的值和噪波的比例数，或者点击“改变半径和分段”便可改变石头的形状。随着“噪波”值的变化，会出现不同的形态。最后贴一些比较脏乱的岩石材质。创建礁石如图 9.43 所示。

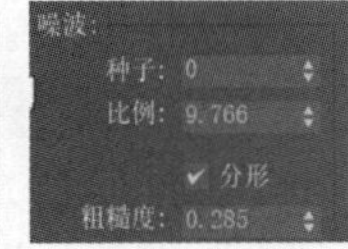

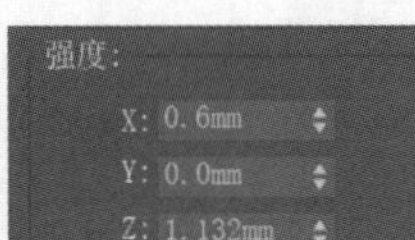

图 9.43　创建礁石

步骤 18：打开安全框并渲染。退出孤立状态，打开安全框；按“C”键回到摄影机视图，渲染整个图片，如图 9.44 所示。

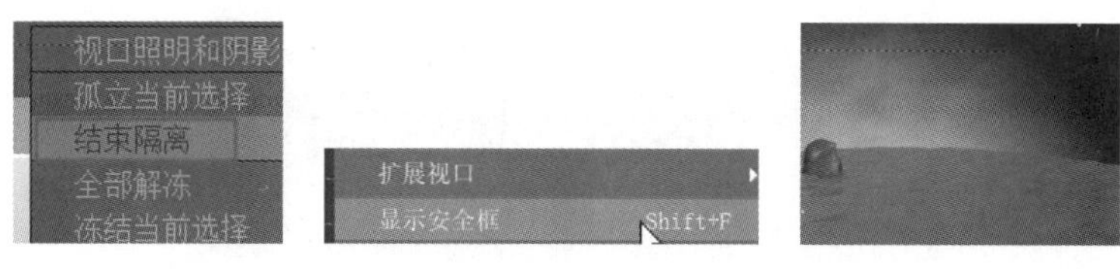

图 9.44　打开安全框

步骤 19：增加海水厚度。勾选“双面”明暗处理：Phong 双面 面贴图，使海水有厚度。

步骤 20：调整光线跟踪材质的环境。将渐变材质拖动到环境后面的“无”按钮 环境.............. 无 上，勾选“实例”，使海水反射时把天空反射到水面上，如图 9.45 所示。

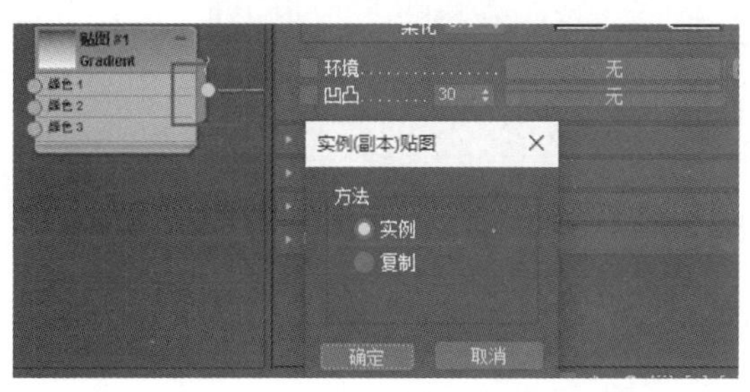

✔ 环境.............. 贴图 #1 (Gradient)

图 9.45　调整光线跟踪材质的环境

步骤 21：调整光线跟踪材质的凹凸。创建一个“噪波”贴图，将噪波贴图拖到“凹凸”后面的“无”按钮 凹凸........ 30 无 上，使其显示为 ✔ 凹凸........ 30 贴图 #2 (Noise)；勾选“实例”，给水面添加起伏，如图 9.46 所示。

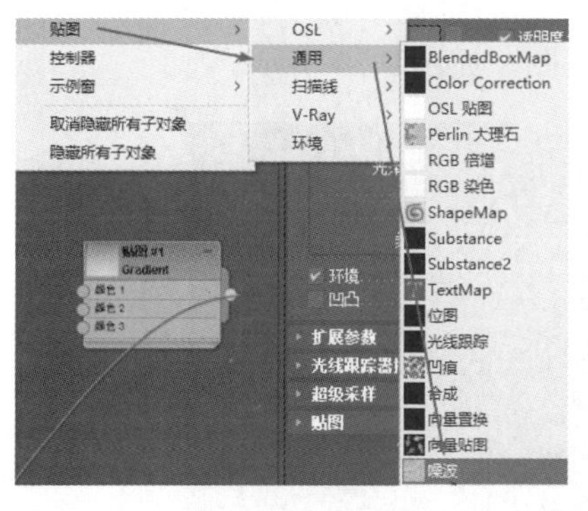

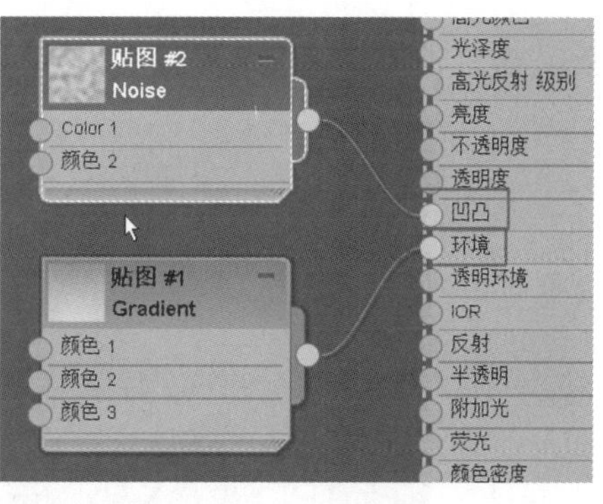

图 9.46　调整光线跟踪材质的凹凸

步骤 22：调整凹凸噪波的参数。应根据实际效果去调整噪波参数，主要是调整大小的值，以增加噪波效果让波纹更加明显，然后进行渲染并观察效果，如图 9.47 所示。

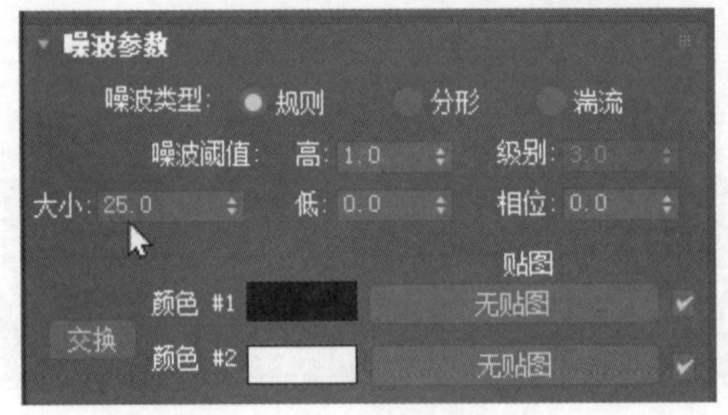

图 9.47 调整凹凸噪波的参数

步骤 23：增加海水贴图。回到水的材质的“漫反射”级别中，在“贴图”面板上，将“漫反射”选项的值由 100 改为 50，拖动一张海水贴图到“漫反射”后面的“无”按钮 漫反射....... 100 无 上，这样贴图和材质就结合到一起，再次渲染并观察，如图 9.48 所示。

贴图

	数量	贴图类型
环境光.......	100	无
✔ 漫反射.......	50	贴图 #5 (水074.tif)
漫反射.......	100	无

图 9.48 增加海水贴图

步骤 24：渲染尺寸设置。在“渲染设置”中调整渲染输出图的尺寸大小，如图 9.49 所示。

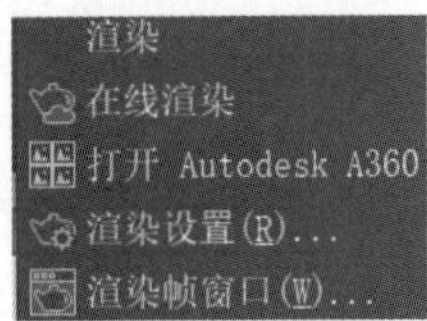

输出大小
HDTV（视频） 光圈宽度(毫米)：23.760
宽度：2560 1280x720 1920x1080
高度：1440 2560x1440 3840x2160
图像纵横比：1.77778 像素纵横比：1.00000

图 9.49 渲染尺寸设置

步骤 25：最后渲染。渲染完成后的海水效果图，如图 9.50 所示。

图 9.50 最终效果

【小结】 本实验使用光线跟踪贴图完成了海水材质的制作。在进行天空海水材质的制作时，需要注意通过噪波、凹凸、透明度、反射等进行细节润色，并结合渐变贴图、噪波贴图等使得景色更加生动。

实验 9.4　贴　图　展　开 

【概述】 当模型表面过于复杂且贴图坐标不规则时，仅通过“UVW 贴图”修改器是不够的，这时需要使用更加高级的处理贴图坐标的工具——“UVW 展开”修改器。UV 贴图用于 3D 模型表面的平面表示，创建 UV 贴图的过程称为 UV 展开。它定义了图片上每个点的位置信息。UV 就是将图像上的每个点精确对应于模型物体的表面。点与点之间的间隙位置由软件进行图像光滑插值处理。使用“UVW 展开”修改器可以将 3D 模型的贴图坐标进行平展，从而在平面上对贴图进行绘制。

【知识要点】 正确理解贴图展开的意义，掌握贴图展开的操作手法。

【操作步骤】

步骤 1：打开模型。模型是已经创建好的，如图 9.51 所示。

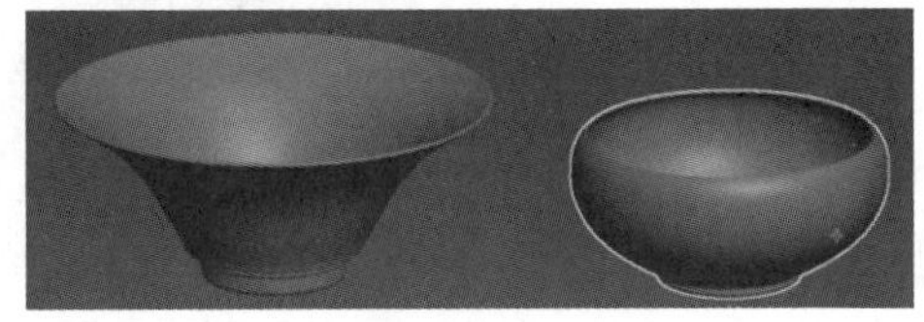

图 9.51　打开模型

步骤 2：添加 UVW 展开。选择右边的那个杯子，点击鼠标右键将其转化为可编辑多边形，在“修改器列表”中找到“UVW 展开”，给对象添加“UVW 展开”修改器，如图 9.52 所示。

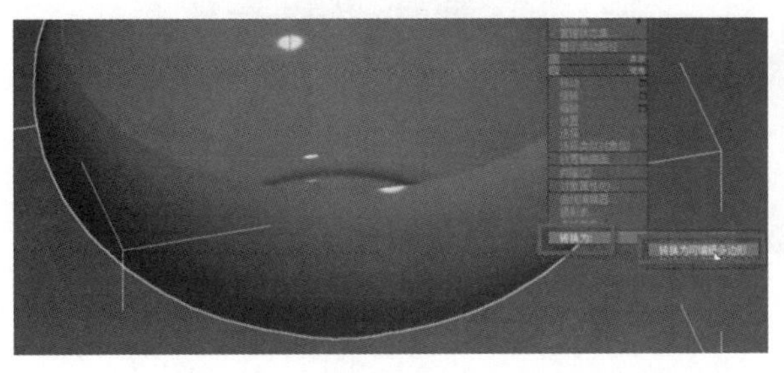

UVW 贴图 | UVW 展开
UVW 变换 | 贴图缩放器
贴图缩放器（WSM） | 摄影机贴图
摄影机贴图（WSM） | 曲面贴图（WSM）
投影 | UVW 贴图添加
UVW 贴图清除 | 按通道选择
UVW 展开
可编辑多边形

图 9.52　添加 UVW 展开

步骤 3：分离底部。在 UVW 堆栈中，选择“边”层级，分离底部；双击边，形成环形循环，按快捷键“Shift+R”切开，如图 9.53 所示。

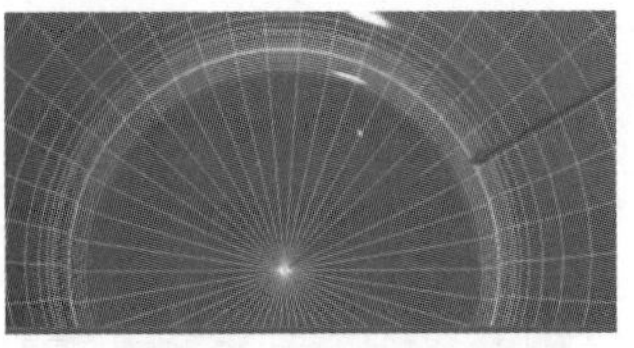

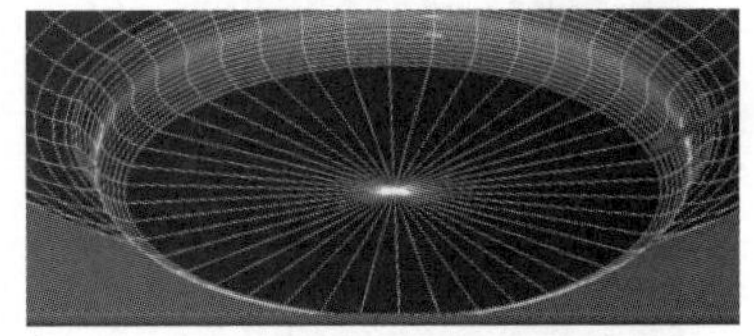

图 9.53　分离底部

步骤 4：分离底部里面的边。在 UVW 堆栈中，选择“边”层级，双击底部里面的“边”，形成环形循环，按快捷键“Shift+R”切开，如图 9.54 所示。

步骤 5：分离杯缘边。双击杯缘边，形成环形循环，按快捷键“Shift+R”切开，如图 9.55 所示。

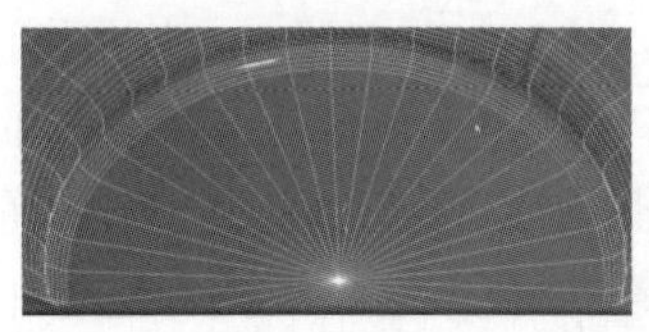
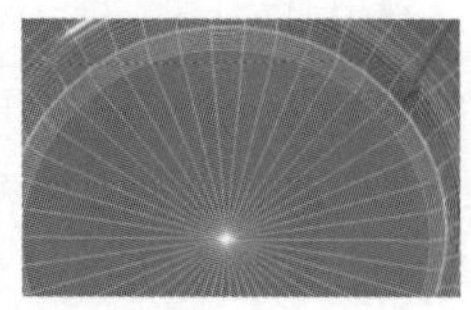

图 9.54 分离底部里面的边

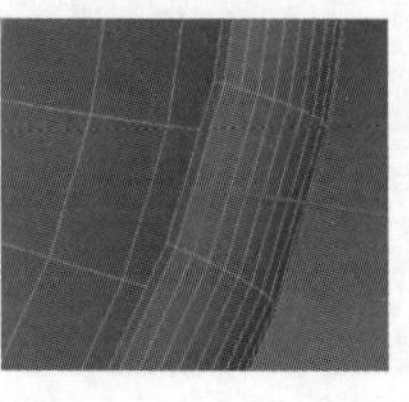

图 9.55 分离杯缘边

步骤 6：纵向切开里面的边。选择边，在“UV 编辑器”中找到“循环 UV”，并且按快捷键“Shift+R”切开，如图 9.56 所示。

图 9.56 切开纵向里面的边

步骤 7：纵向切开外面的边。选择边，在“UV 编辑器”中找到“循环 UV”，并且按快捷键“Shift+R”切开，如图 9.57 所示。

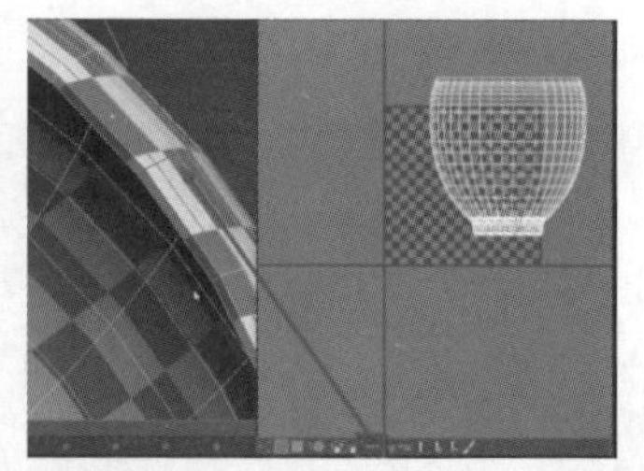

图 9.57 切开纵向外面的边

步骤 8：切开底足一圈的边。选择边，在“UV 编辑器”中找到“循环 UV”，并且按快捷键“Shift+R”切开，如图 9.58 所示。

步骤 9：快速剥离。选择“剥离”面板中的“快速剥离”，展开图形，如图 9.59 所示。

图 9.58 切开底足一圈的边

图 9.59 快速剥离

步骤 10：重新塑造元素。全选对象，点击面板上的 打开 UV 编辑器... 选项后，再点击面板中的“重新塑造元素”，如图 9.60 所示。

步骤 11：渲染 UVW 模板。在“编辑 UVW 面板”上，选择“工具”中的“渲染 UVW 模板”，设置尺寸并渲染，如图 9.61 所示。

步骤 12：保存 UVW 图形。保存渲染后的 UVW 图形，如图 9.62 所示。

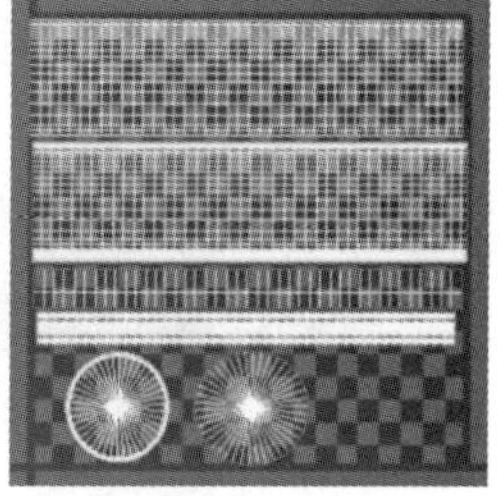

图 9.60　重新塑造元素

步骤 13：复制粘贴图片。打开 Photoshop，打开保存的已展开的图片，用选区工具选取所需的图形后，先按快捷键“Ctrl+C”进行复制，再按快捷键“Ctrl+V”进行粘贴，如图 9.63 所示。

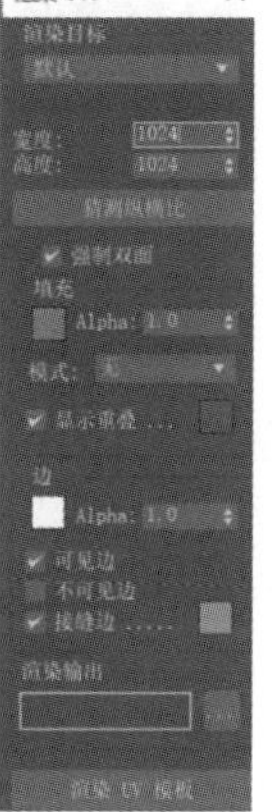

图 9.61　渲染 UVW 模板

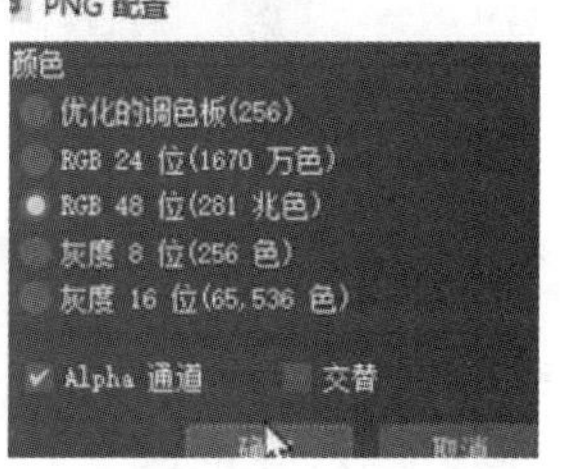

图 9.62　保存 UVW 图形

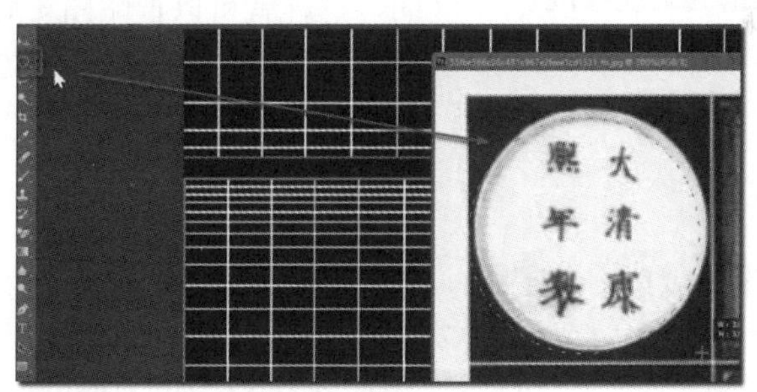

图 9.63　复制粘贴图片

步骤 14：编辑贴图并调整。编辑贴图图案，改变底色，添加贴图并调整至合适的位置，如图 9.64 所示。

图 9.64　编辑贴图并调整

步骤 15：保存图片。将编辑图片保存为 JPG 格式。

步骤 16：打开材质编辑器并赋予材质。回到 3ds Max 中，打开“材质编辑器”，将刚才制作好的图片拖入“材质编辑器”中，将其与“基础颜色贴图”相连，并赋予对象，得到最终图片，如图 9.65 所示。

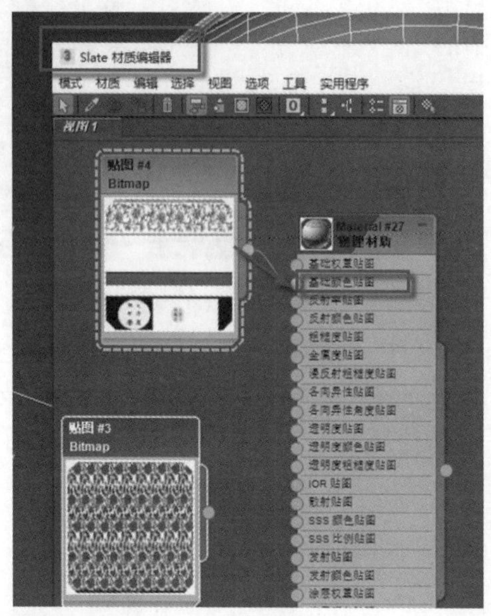

图 9.65 打开材质编辑器并赋予材质

图 9.66 最终效果

步骤 17：渲染。渲染得出最终效果图，如图 9.66 所示。

【小结】 本实验旨在使读者快速理解贴图展开的意义和作用。对相对简单的模型来说，用贴图展开还是比较容易的。贴图展开的目的是让立体图形展开成平面的，这样就可以把贴图正确地贴在模型的相应位置。在此过程中，选择断开的边是很重要的。

实验 9.5 渐 变 贴 图

【概述】 模型制作完成后，为了表现物体的各种性质特征，需要给物体赋予不同的材质。它可使网格对象着色时以真实的质感出现，从而表现出布料、木头、金属等的性质特征。材质除了具有独特的质感，现实物体的表面都有丰富的纹理和图像效果，这就需要赋予对象丰富多彩的贴图。渐变材质是通过“颜色渐变”编辑器来给对象添加渐变效果。渐变材质经常用作表面贴图，也可以用作遮罩。Arnold 是一款跨平台的高级渲染器。与传统用于 CG 动画的扫描线渲染器不同，Arnold 是基于照片级的真实的物理光线追踪渲染器。将 Arnold 运用到 3ds Max 中，可极大地提高渲染的速度和质量。Arnold 渲染器使用前沿算法，充分利用包括内存、磁盘空间、多核、多线程等在内的硬件资源。Arnold 的设计构架能很容易地融入现有的制作流程。它建立在可插接的节点系统之上，用户可以通过编写新数据来扩展和定制系统。Arnold 为渲染提供了完整的解决方案。

【知识要点】 掌握渐变编辑渲染器的使用；理解渐变贴图（颜色参数调整、噪波参数调整、瓷砖参数调整）和凹凸贴图（噪波参数调整、高光参数调整）。

图 9.67　打开场景

【操作步骤】

步骤 1：打开场景。文件重置，打开一个场景，如图 9.67 所示。

步骤 2：确定渲染器。点击菜单栏中“渲染→渲染设置”将“渲染器”设置为“Arnold”；调整渲染视图的尺寸大小，在“输出大小”区域选择合适的尺寸，如图 9.68 所示。一般在建模调试材质的阶段不需要选择过大的尺寸。模型比较简单时可以选择较大的尺寸，反之可以选择较小的尺寸。将渲染器的输出大小调整为 800×600，方便预览观察效果。确定好合适的尺寸后可以直接关闭设置界面。

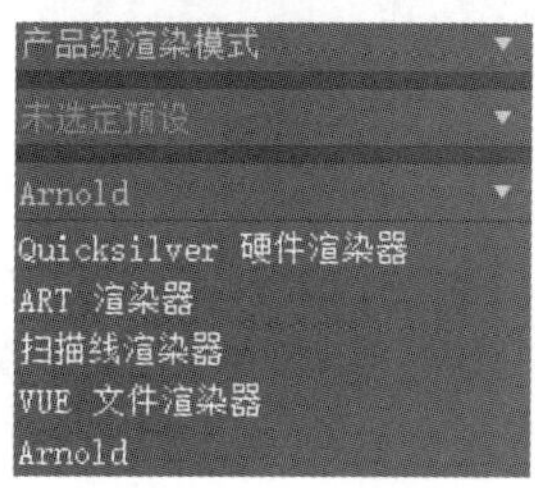

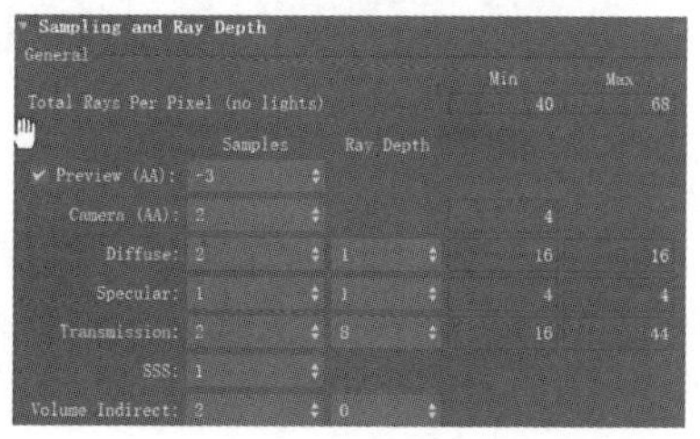

图 9.68　设置视图大小

步骤 3：查看曝光设置。点击菜单栏中“渲染→曝光控制”，将默认的“找不到位图代理管理器”改为 物理摄影机曝光控制 ，取消勾选 物理摄影机曝光 使用物理摄影机控件(如果可用) ，从而通过这种形式进行全局曝光的控制。然后调整曝光值，可以将其控制在 2.5EV 左右 全局曝光 曝光值: 2.5 EV ，不用太大。调整完成之后关闭设置界面。

步骤 4：打开实时渲染界面。接着可以打开 Arnold 的实时渲染界面，如图 9.69 所示。

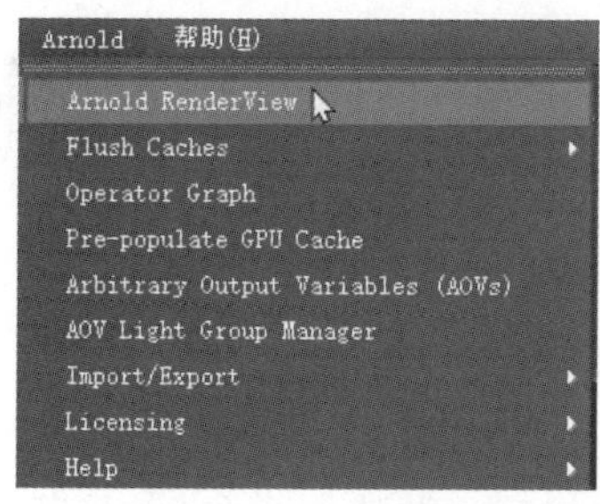

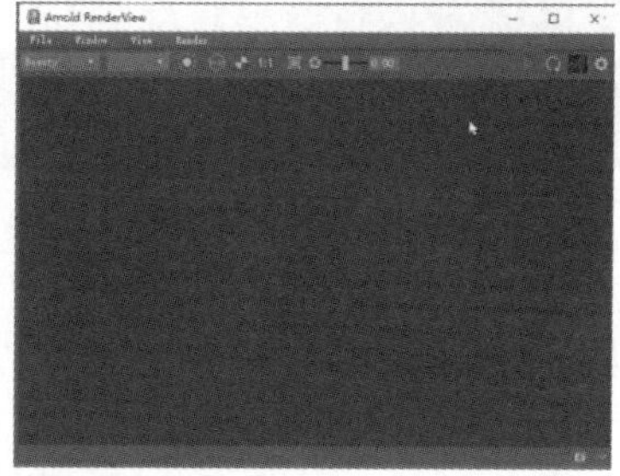

图 9.69　打开实时渲染界面

步骤 5：创建并调整灯光。选择 Arnold Light ，在侧视图上创建灯光，并在该视图上将灯光调整到合适的位置，如图 9.70 所示。

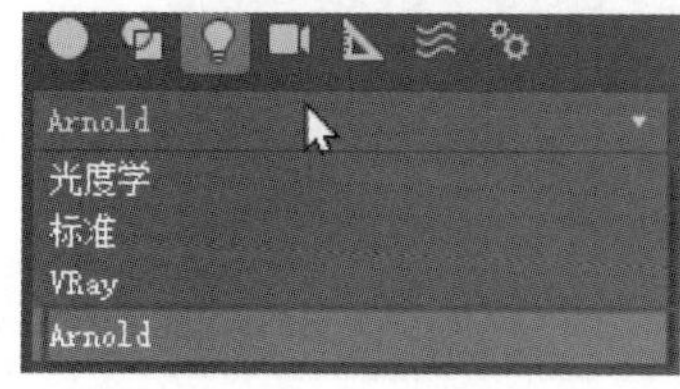

图 9.70　创建并调整灯光

步骤 6：调整灯光亮度。选择灯光，点击，设置默认的灯光为面光。调整灯光大小的方式有两种：一种是调整光的亮度，通过调整的长宽比来实现；另一种是通过曝光值，通过调整的大小来实现。可以通过其中一种方式或结合这两种方式来调整灯光至合适的大小，如图 9.71 所示。

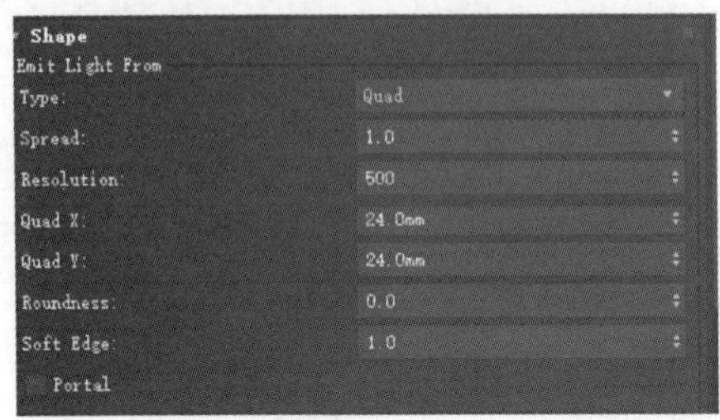

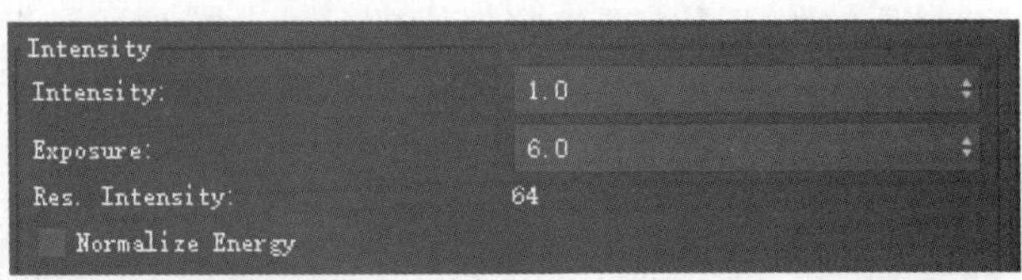

图 9.71　调整灯光亮度

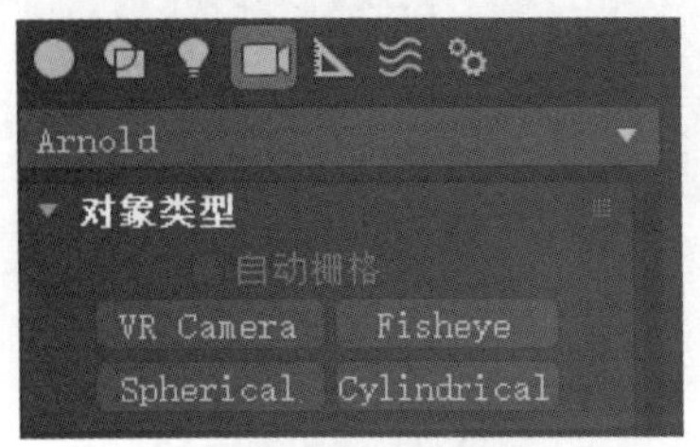

图 9.72　创建摄影机

步骤 7：创建摄影机。选择合适的场景角度，在透视图上通过快捷键“Ctrl+C”设置摄影机，左上角会出现物理摄影机标识，如图 9.72 所示。设置完成之后将无法再通过鼠标来移动缩放场景，需要通过快捷键和切换透视图来改变。

步骤 8：调整摄影机。摄影机的调整主要在于调整其镜头大小和焦距，需要通过角度切换来实现，可通过改变视野和光圈来调整到合适的角度；在“渲染设置”中，锁定为物理摄影机视图，然后进行渲染，如图 9.73 所示。

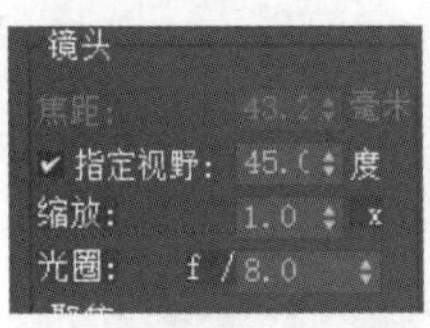

图 9.73　调整摄影机

步骤 9：添加材质。按下快捷键“M”打开“Slate 材质编辑器”界面，点击鼠标右键选择标准的表面材质，把默认材质拖动赋予苹果对象，如图 9.74 所示。这时看上去对象很有材质感，因为材质本身默认是一种像反光漆一样的材质，默认的是白色的，只要调整几个基本的参数即可。

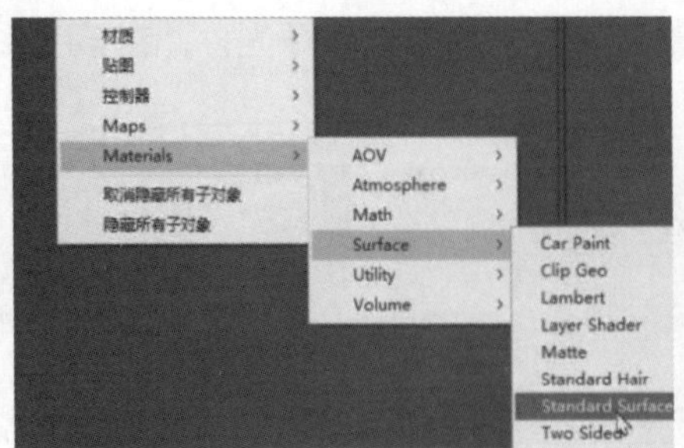

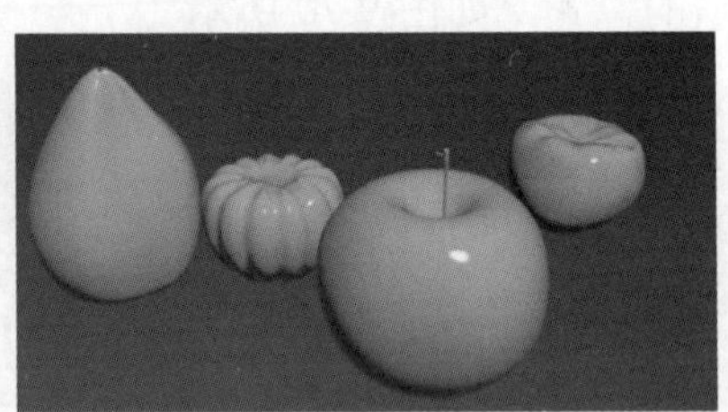

图 9.74　添加材质

步骤 10：添加颜色。打开材质的基本参数面板，调整默认材质的高光以及反光效果，在基础颜色里将其改为红色，如图 9.75 所示。

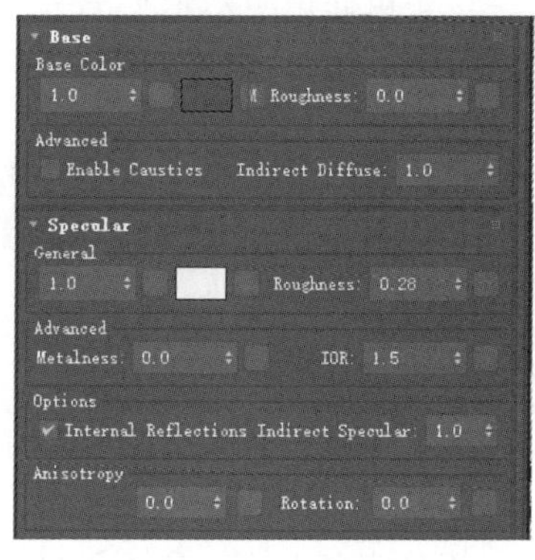

图 9.75 添加颜色

步骤 11：添加渐变贴图。用鼠标点击拖动基础材质会打开“贴图”，选择“通用”，在该层中找到并点击“渐变”，在“渐变参数” 渐变参数 中可以看到分为三个层次的颜色，如图 9.76 所示。

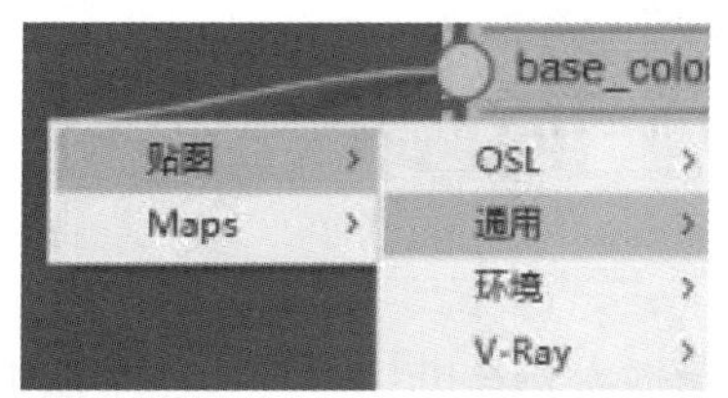

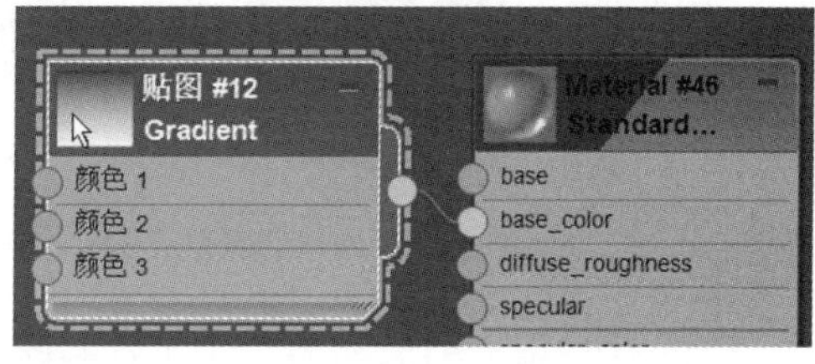

图 9.76 添加渐变贴图

步骤 12：编辑渐变贴图颜色。在“贴图/渐变”参数中点击颜色方框 颜色 #1 ，出现“颜色”选择器，用鼠标直接点击所需的颜色，将“颜色 1”的方框设置为红色，将“颜色 2”的方框设置为黄色或者黄绿色，将“颜色 3”的方框设置为淡黄色或者淡绿色，颜色分为上、中、下三个层次（也可以在颜色方框后的长方框 None 上添加位图），如图 9.77 所示。

步骤 13：调整颜色位置。点击箭头调整颜色位置 颜色 2 位置: 0.55 ，让三个颜色之间的位置发生变化。箭头向上走表示数值变大，红色部分向上，绿黄色变多了，红色变少了；如果箭头向下走，则红色变多了，绿色变少了，这样苹果就有了颜色变化。调整颜色位置如图 9.78 所示。

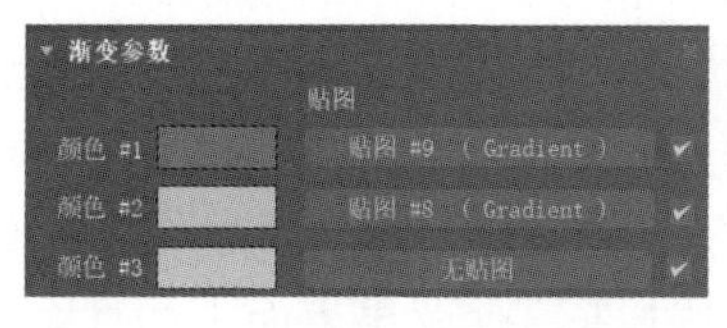

图 9.77 编辑渐变贴图颜色

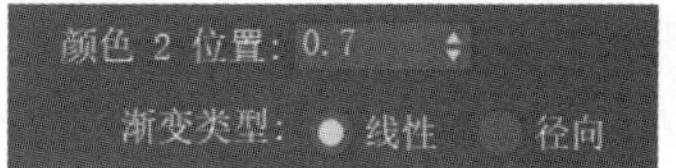

图 9.78 调整颜色位置

步骤 14：调整噪波参数。打开“噪波”修改器，通过调整数量与大小的数值，将绿、黄、红三种颜色进行相互融合，切记不可使波动过大，否则容易不真实。噪波越大，点状越明显，数量越多越模糊。配合着噪波大小和数量的调整，可选择“噪波”方式，噪波分为“规则、分形、湍流” 规则 分形 湍流 三种方式，这里选用“分形”的方式。调整噪波参数如图 9.79 所示。

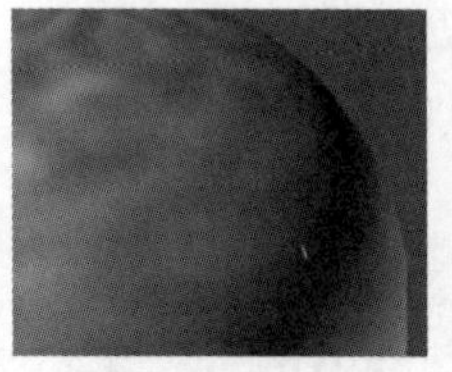

图 9.79 调整噪波参数

步骤 15：调整瓷砖参数。为了增加苹果表面的条状材质，需要调整瓷砖参数。当继续调整平铺时，噪波的大小也要随之进行调整，否则太大会显得很生硬。配合着图，可以适当调整颜色的分布，得到合适的苹果颜色贴图。调整瓷砖参数如图 9.80 所示。

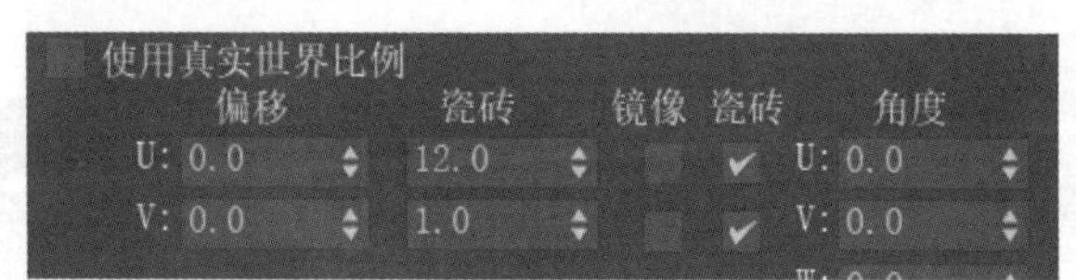

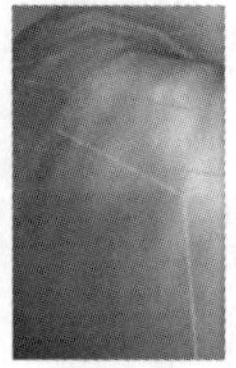

图 9.80 调整瓷砖参数

步骤 16：增加渐变贴图。在原有的渐变颜色贴图上再添加渐变颜色贴图，可以让颜色更加细腻一些。在“颜色 2”无贴图位置点击添加渐变，继续调整渐变。在操作渐变 2 时，渐变 1 的颜色效果保持不变，调整渐变 2 的颜色效果的步骤同上，并且可通过调整渐变多种颜色形成更加细腻的效果。增加渐变贴图如图 9.81 所示。

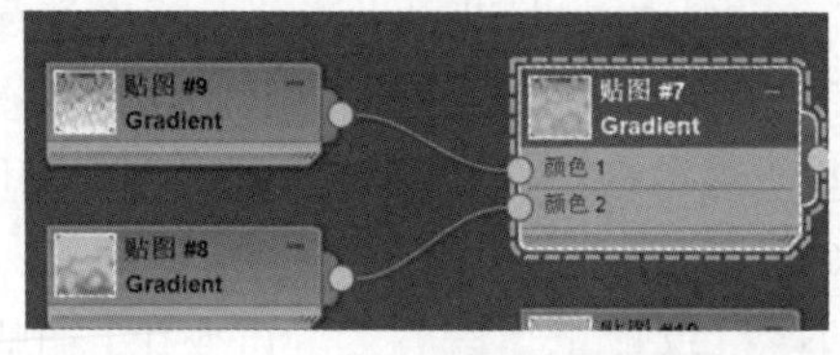

图 9.81 增加渐变贴图

步骤 17：噪波凹凸贴图。因为苹果的表面可能会有颗粒和一些不平滑的地方，点击“Normal”按钮拖出，选择“Map、Bump”，选择三维贴图。选择“bump_map”并拖出，选择“贴图→通用→噪波”，这时对象的表面会出现凹凸的感觉。苹果表面的凹凸程度，可以通过改变噪波的大小来调整，还可以通过改变法线“normal”的 X、Y、Z 三个方向的大小来调整。通过不断地调整选择合适的数值，可使渲染画面更加美观丰富，使苹果表面更加真实自然。当然，从材质球看到的效果和本身渲染出来的效果并不相同，按快捷键“Shift+Q”进行渲染，发现出现的是类似于橘子皮一样的效果。噪波凹凸贴图如图 9.82 所示。

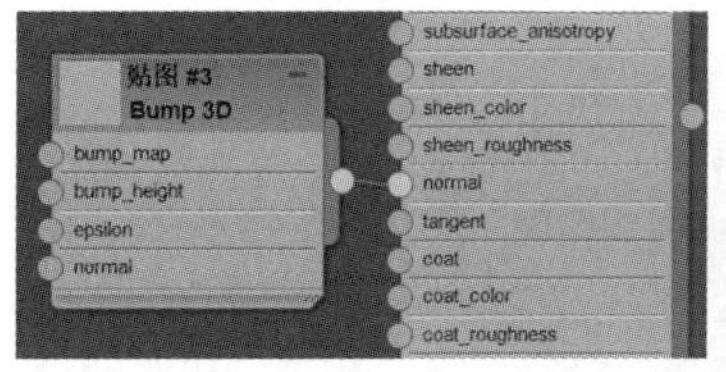

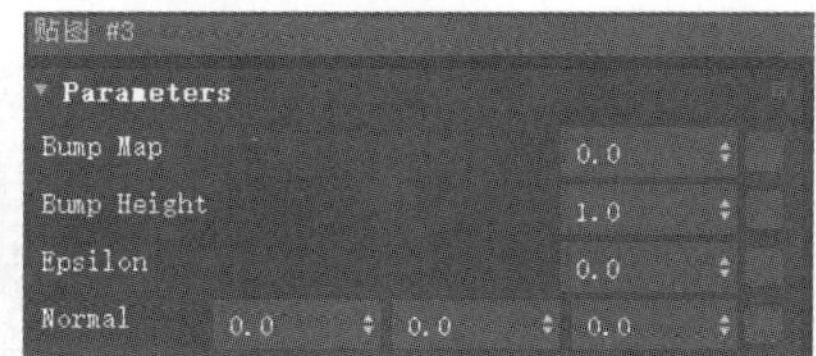

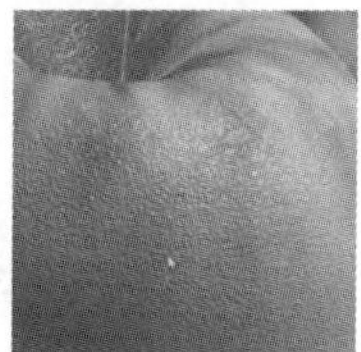

图 9.82　噪波凹凸贴图

步骤 18：调整高光。完成之后如果觉得不够，可以添加高光。回到材质界面，调整其高光位置，这样凹凸效果会更加明显，如图 9.83 所示。

步骤 19：分配材质。将材质直接分配给其他对象，如图 9.84 所示。

图 9.83　调整高光

图 9.84　最后效果

【小结】 本实验介绍了 3ds Max 渐变材质，使读者通过学习渐变贴图，学会如何调整参数从而改变对象的颜色、高光、凹凸等，通过修改贴图的噪波、分形、湍流实现渐变材质的效果。

【拓展作业】 根据如图 9.85 所示的步骤制作苹果模型并贴图，完成拓展作业。

  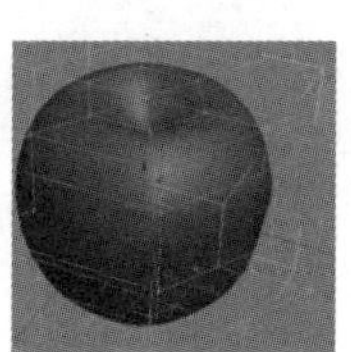 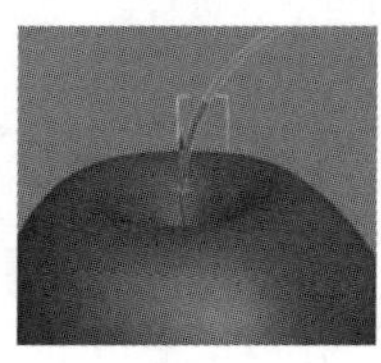 

图 9.85　拓展作业——制作苹果模型并贴图

实验 9.6　双　面　材　质 

【概述】 材质与贴图是 3ds Max 中非常重要的一部分。当完成模型后，就要通过材质与贴图来修饰对象的外表，使其更加漂亮和逼真。双面材质是给物体内外表面分别指定不同的材质，使物体产生双面材质的效果。制作没有厚度的对象时就需用到双面材质。

【知识要点】 熟悉材质编辑器中“Slate 材质编辑器”和“精简材质编辑器”的运用，掌握双面材质贴图的使用。其中，材质双面贴图是本实验的难点和重点。

【操作步骤】

步骤 1：打开场景。文件重置，打开一个场景，如图 9.86 所示。

步骤 2：调整视图尺寸。点击“渲染”，打开“渲染设置”，调整尺寸（宽度和高度），得到长条形的视图，如图 9.87 所示。

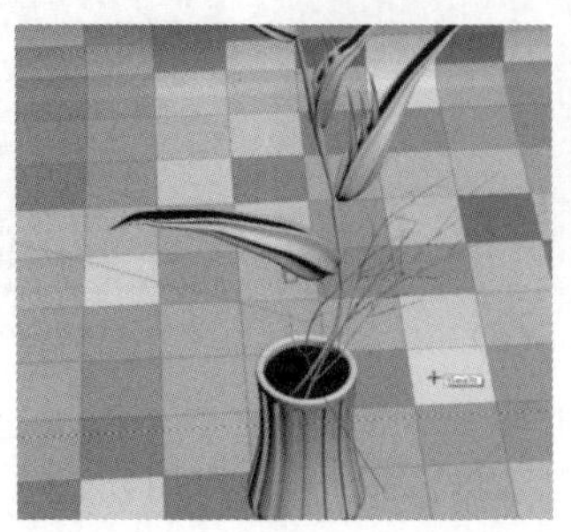

图 9.86 打开场景

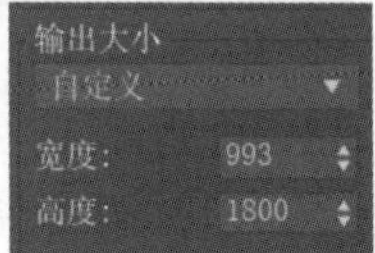

图 9.87 调整视图尺寸

图 9.88 创建双面材质

步骤 3：确定渲染器。打开 Arnold 实时渲染器 。

步骤 4：创建双面材质。打开“材质编辑器”，点击鼠标右键，选择“材质→双面”，创建双面材质，如图 9.88 所示。

步骤 5：调整颜色和粗糙度。在双面材质的正面和背面上各添加一种物理材质，分别调整颜色；由于物理材质自带反射功能，可通过调整粗糙度来改变反射的效果，如图 9.89 所示。

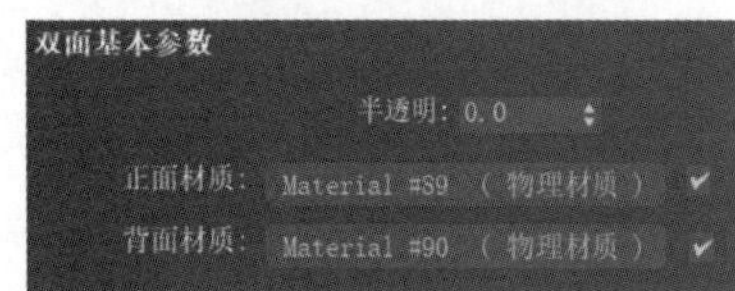

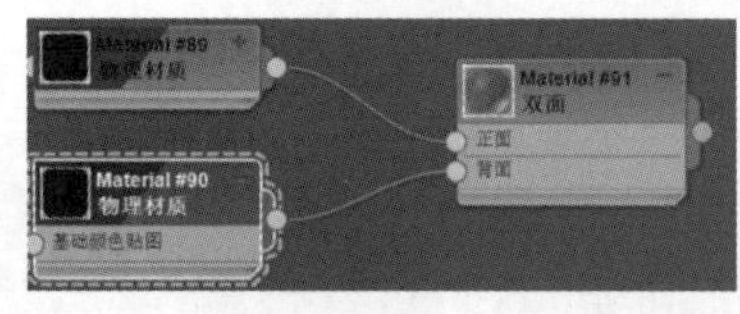

图 9.89 调整颜色和粗糙度

步骤 6：添加斑点花纹。在正面材质上点击“贴图→通用→斑点”，并调整斑点参数的大小，为正面材质添加斑点花纹，如图 9.90 所示。

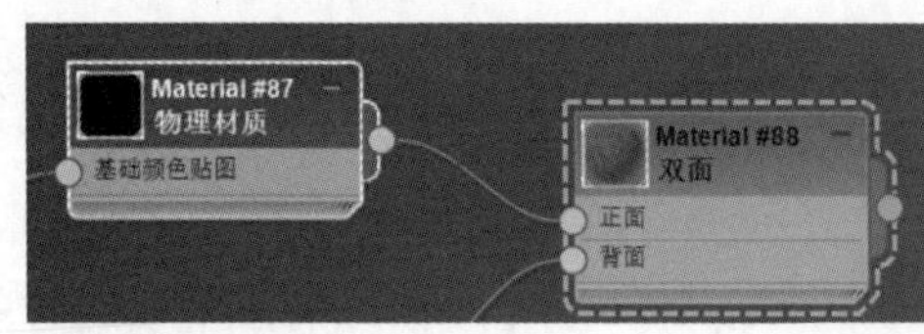

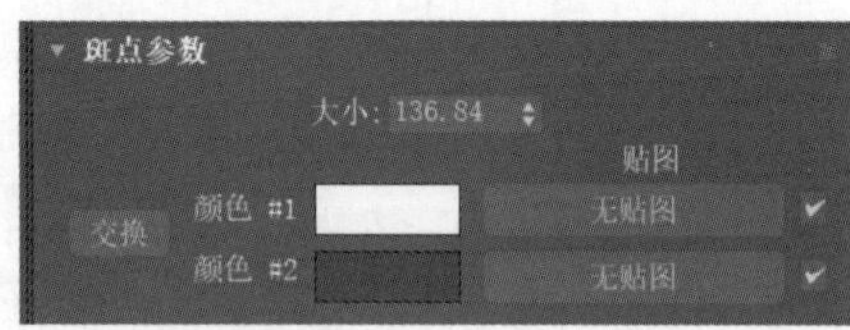

图 9.90 添加斑点花纹

步骤 7：调整粗糙度。正面颜色需要高光，调整粗糙度为 0.0；背面颜色直接设置为白色，不需要高光，调整粗糙度为 1.0，将里外区分开来，如图 9.91 示。

步骤 8：调整花背面颜色。在背面物理材质上添加“渐变贴图”，调整背面颜色，点击“基础颜色贴图→贴图→通用→渐变”，为背面添加由红色到浅绿色的渐变效果，如图 9.92 所示。

步骤 9：调整花外部颜色。调整花外部的颜色，点击“基础颜色贴图→贴图→通用→渐变”，为背面添加由红色到黄色的渐变效果。由于红色占花朵的大部分，将颜色 2 位置下移，增加红色部分；增加基础材质的粗糙度，减少高光效果；为了让花朵的颜色有一定的穿插度，调整噪波的数量和大小，尽量使颜色柔和地穿插变化。调整花外部颜色如图 9.93 所示。

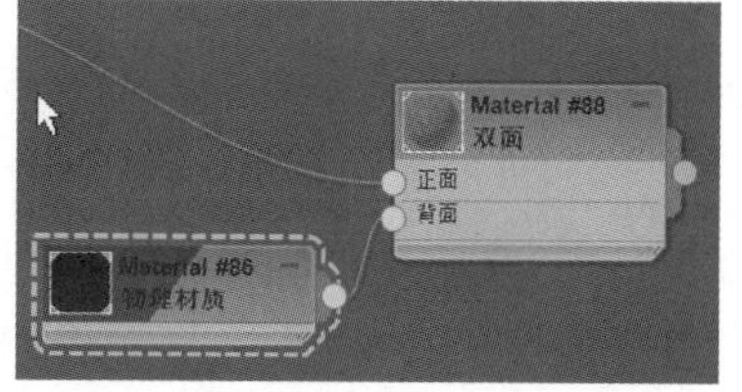

图 9.91　调整粗糙度

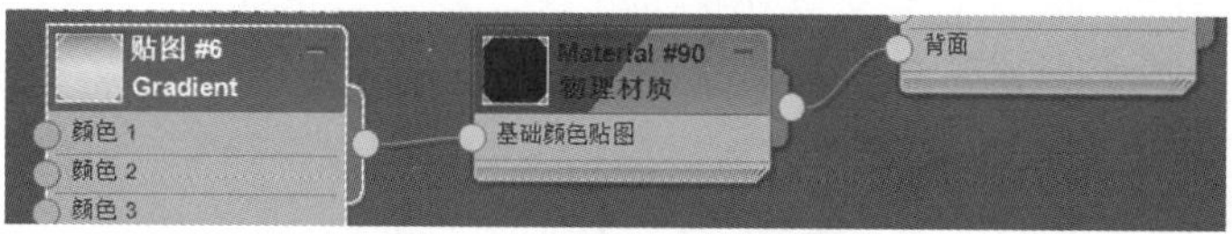

图 9.92　调整花背面颜色

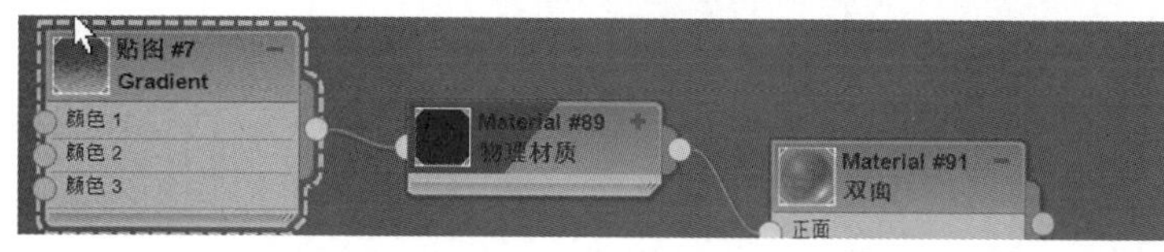

图 9.93　调整花外部颜色

步骤 10：将材质赋予对象。将上述材质拖动到指定的对象上，或选中对象后点击“将材质指定给选定对象”或点击鼠标右键选择“将材质指定给选定对象”，如图 9.94 所示。

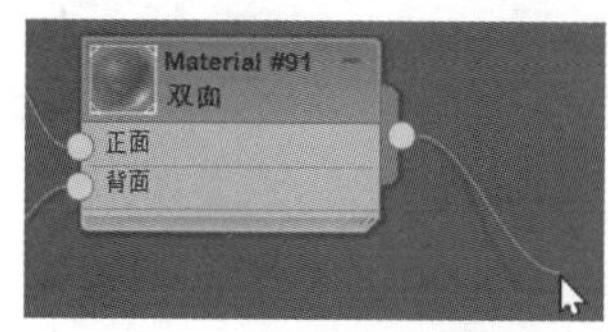

图 9.94　将材质赋予对象

步骤 11：对草赋予材质。对草的部分赋予同样的材质，并调整视图的远近及角度，如图 9.95 所示。

步骤 12：渲染。为了得到更加清楚的图片，点击上方的“渲染→渲染设置”，改变输出尺寸的大小，将宽度设置为 993，高度设置为 1800，点击“渲染”，渲染结果如图 9.96 所示。

图 9.95　对草赋予材质

图 9.96　渲染结果

【小结】 本实验介绍了 3ds Max 中双面材质的运用，使读者进一步熟悉材质编辑器的使用。要想给厚度为零的对象贴材质，双面材质是很好的选择。

实验 9.7 多维子对象材质 

【概述】 多维子对象材质是 3ds Max 中添加材质制作特效的重要工具。使用多维子对象材质时，可以采用几何体的子对象级别分配不同的材质。其操作方法是：创建多维材质，将其指定给对象并使用“多边形”层级中的“选择”修改器选中多边形，分配不同的材质 ID 号，然后选择多维材质中的子材质指定给选中的面。

图 9.97 打开材质编辑器

【知识要点】 掌握给模型赋予多维子材质的方法，学会多维子材质的调整。

【操作步骤】

步骤 1：打开材质编辑器。用 3ds Max 软件打开一个场景，按“M”键打开“材质编辑器”，如图 9.97 所示。

步骤 2：给地面贴材质。点击鼠标右键选择“材质”，创建新的材质，选择“物理材质”；找到“基础颜色贴图”并调整，找到瓷砖材质贴图，将瓷砖材质贴图与地面相连，赋予地面，如图 9.98 所示。

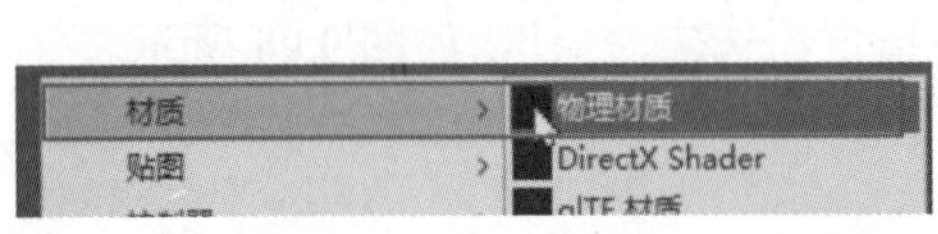

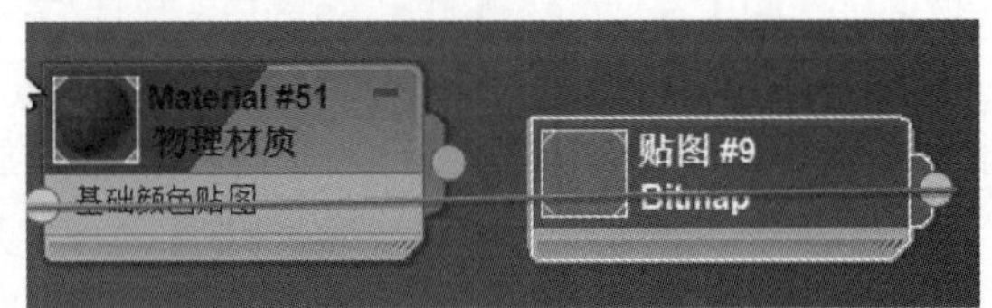

图 9.98 给地面贴材质

步骤 3：调整瓷砖参数。调整瓷砖的大小，双击“材质编辑”中的“反射”进行调整，做出亮面瓷砖材质，如图 9.99 所示。

步骤 4：创建多维子对象材质。一个对象是由多个部件构成的，各个部件的材质又不相同，而对象又是一个整体，这时就可以使用次物体材质，给多个部位贴上不同的材质。打开“材质编辑器”，创建新的材质，用鼠标右键点击编辑器中的“获取材质”，打开“材质/贴图浏览器”，双击“多维/子对象”，在“多维/子对象”基本参数下设置 ID 号，因消防栓有 5 个部分，所以设置 5 个 ID 号即可，如图 9.100 所示。

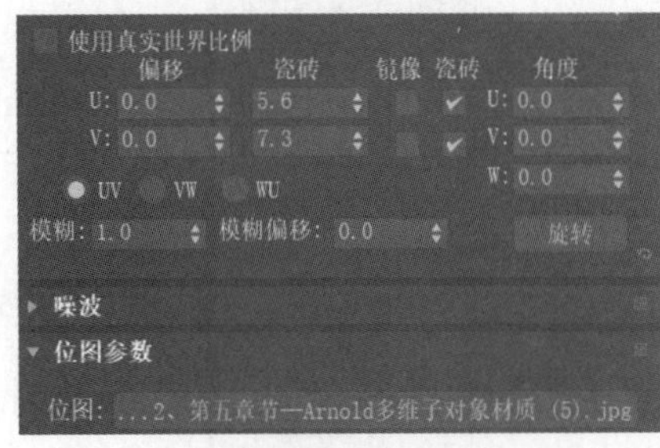

图 9.99 调整瓷砖参数

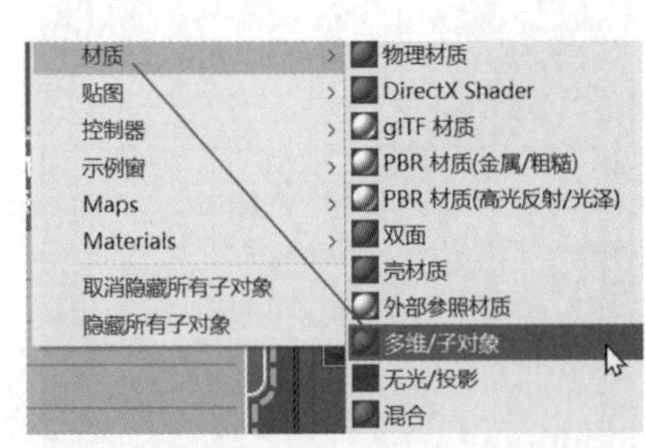

图 9.100 创建多维子对象材质

步骤 5：设置各个部分材质。点击“设置材质数量”，将材质数值改为 5，单击“确定”。在各部位 ID 后可以设置不同的颜色和不同的材质，通过位图键，可以使每个部位的设置回到基本对话框里面去，然后设置不同的参数效果，可以直接选择漫反射颜色，也可以在漫反射颜色后的小方框上贴图。设置完毕后，退回“多维/子对象”设置对话框，按照同样的步骤继续设置其他四个部分的参数，这样材质球就拥有五种不同的颜色。设置各个部分材质如图 9.101 所示。

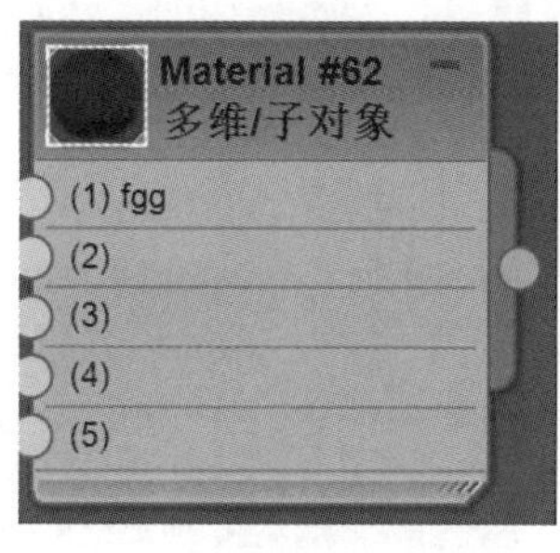

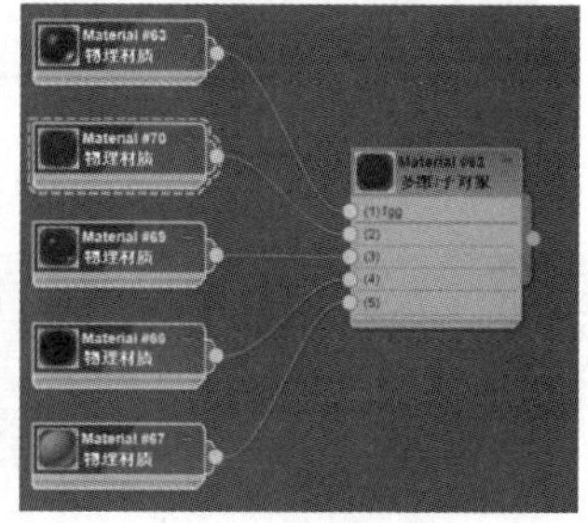

图 9.101　设置各个部分材质

步骤 6：分配 ID 通道。对每个材质都要分配 ID 通道，如图 9.102 所示。

图 9.102　分配 ID 通道

步骤 7：设置部件 ID。渲染后对象材质却没显示出来，这是因为对象默认只有一个 ID，需要在“可编辑多边形”中编辑每个元素或者在“多边形”层级中设置对象 ID。要根据需要选择消防栓不同的部位，修改 ID，把 1～5 号对象的多边形材质 ID 都改过来，使对象的各个部分都有不同的 ID 号，这样才能将各个材质区分出来。也就是说，“材质编辑器”只能编辑各个部分的材质效果，确定材质在哪个部位却是在“可编辑多边形”中通过编辑 ID 来确定的。设置部件 ID 如图 9.103 所示。

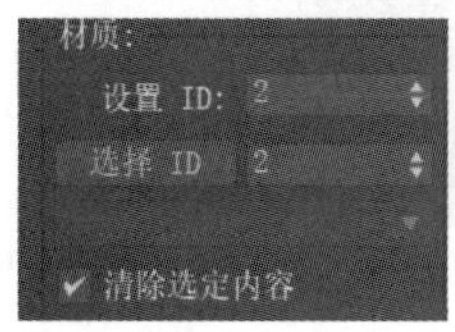

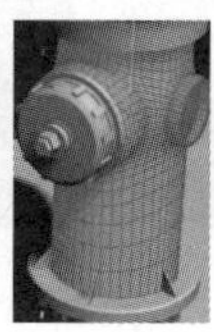

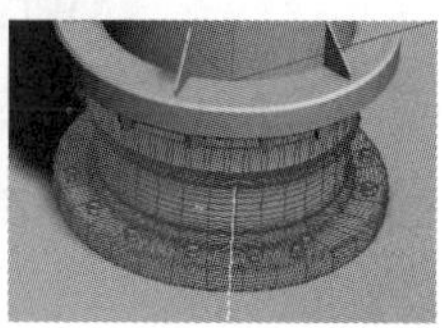

图 9.103　设置部件 ID

步骤 8：修改 1 号材质。消防栓顶部材质是 1 号，这时消防栓就贴上了 1 号材质。将消防栓的基础颜色改为红色，然后进行调整。修改粗糙度，粗糙度越小，高光越大，修改金属度为 1，这样环境能更好地表现出物体的质感；将材质的金属度和反射率调高，使材质更具金属质感。当然，亮度跟折射率还有粗糙度都有关系，如果不需要使其太亮，可以增大粗糙度。修改 1 号材质如图 9.104 所示。

步骤 9：修改 2 号材质。选择 ID 赋予其 2 号材质，点击“涂层”参数添加自己喜欢的颜色，制造出环境色，使其偏蓝，如图 9.105 所示。

步骤 10：修改 3 号材质。选择 ID 赋予其 3 号材质，对 3 号材质进行编辑，修改颜色，添加涂层。因为这里要做的是金属材质，一般而言做金属材质跟做玻璃材质是不一样的，做金属材质时折射率不要太大。金属材质和周围环境有很大的关系，对最终结果也需要进行整体渲染，这样才能获得比较好的效果。还要调整各向异性，改变材质的高光和反射方向等。修改 3 号材质如图 9.106 所示。

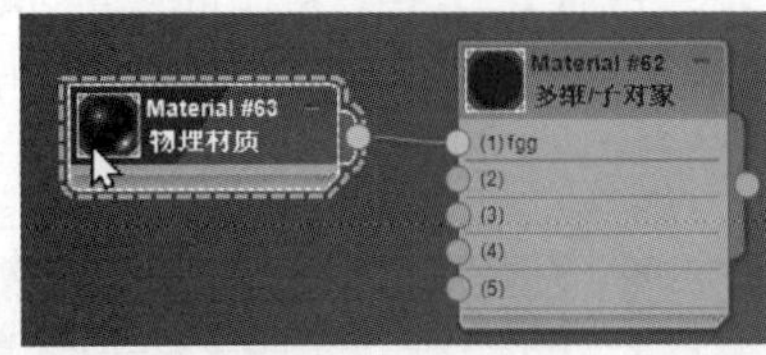

图 9.104 修改 1 号材质

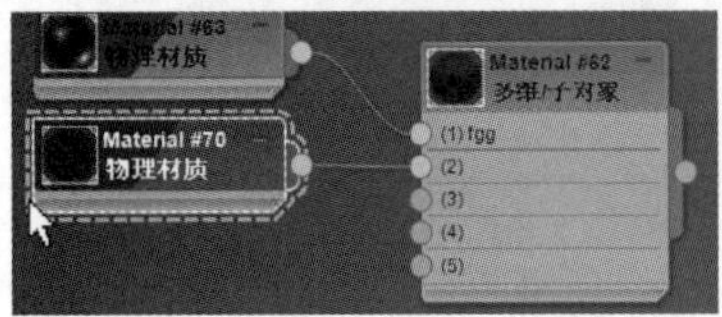

图 9.105 修改 2 号材质

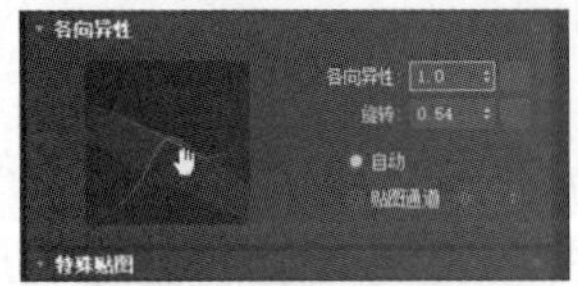

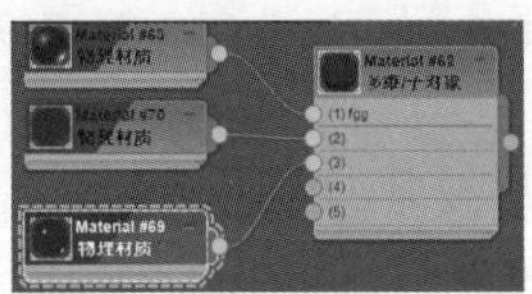

图 9.106 修改 3 号材质

步骤 11：修改 4 号材质。选择 4 号材质进行修改，如图 9.107 所示。

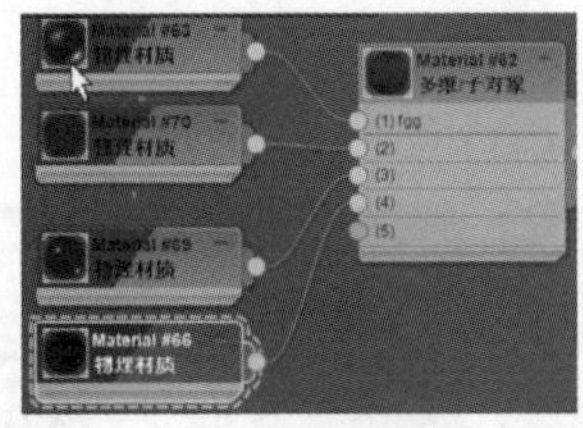

图 9.107 修改 4 号材质

步骤 12：修改 5 号材质。将底座部分赋予 5 号材质，如果金属表面要有一些颗粒感、不要太光滑的话，要添加噪波，点击“凹凸”贴图，选择“bump_map”贴图，点击“Bump Height”，找到“噪波”，给表面添加凹凸纹理或者贴图，如图 9.108 所示。

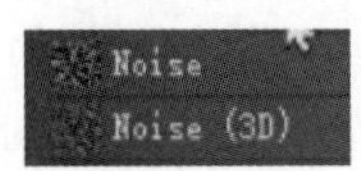

图 9.108 修改 5 号材质

步骤 13：给墙面贴材质。为了能取得更好的效果，再给墙面贴一个材质。选择“贴图”，创建一个材质，选择“物理材质”，将材质赋予“基础颜色”，再将材质与背景相连，这样会使画面更好看，如图 9.109 所示。

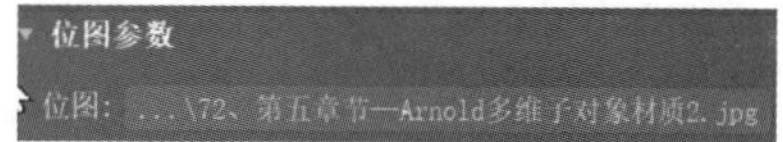

图 9.109 给墙面贴材质

步骤 14：渲染。最后对对象进行整体渲染，得到材质在对象中不同的显示效果，如图 9.110 所示。

【小结】 本实验通过制作消防栓，介绍了多维子对象材质的使用方法。在制作次物体材质时要注意，当物品的复杂变化部位较多时，要学会采用子对象材质进行贴图，贴图时要对应各自的 ID 号，否则容易出现错误。

【拓展作业】 利用多维子对象材质制作如图 9.111 所示的物体，完成拓展作业。

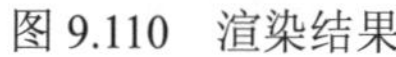

图 9.110 渲染结果

图 9.111 拓展作业——制作多维物体

实验 9.8 镂空和置换材质

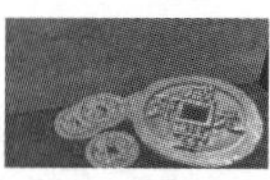

【概述】 在进行建模的过程中，经常需要把对象变成凹凸不平的形态。改变的方法有很多种：一是采用多边形编辑器，将编辑对象转换为可编辑多边形，通过置换、移动、挤出、倒角、软选择等工具对对象进行凹凸变化编辑；二是通过绘制变形，选择推拉做出凹凸不平的形态；三是通过噪波命令对对象进行噪波处理，通过调整参数中“噪波”的比例值，使对象呈现出高低起伏的不同形态；四是通过 Arnold“置换”修改器，将图像映射到物体表面，使物体表面产生凹凸的效果，利用黑白图像中白色的部分突起、黑色的部分凹陷的原理进行图形变换。置换贴图可以使曲面的几何体产生置换。对比传统的置换编辑器，Arnold“置换”修改器不仅效果好，而且速度快。它可以重塑对象的几何外形。使用“置换”修改器的基本方法有两种：一种是通过设置“强度”和“衰退”值，直接应用置换效果；另一种是应用位图图像的灰度组件生成置换。在二维图像中，较亮的颜色相比较暗的颜色更多地向外突出。

【知识要点】 掌握 Arnold“置换”修改器的使用方法。

步骤 1：创建圆柱体并调整。创建一个场景，绘制一个平面，并将其复制并旋转后作为墙面。创建一个圆柱体，将其调整到合适的高度，修改对象的分段，使其更圆滑一些。按快捷键“Ctrl+C”创建一个物理摄影机，调整观察角度，按“C”键切换到摄影机视图。创建圆柱体并调整如图 9.112 所示。

步骤 2：建立灯光。在前视图上创建 Arnold 灯光，选择合适的角度，在修改栏里修改灯光强度，按快捷键“Ctrl+L”在视图框里会显示效果；在“渲染设置”中将“渲染器”指定为“Arnold 渲染器”，调整图片的大小，如图 9.113 所示。

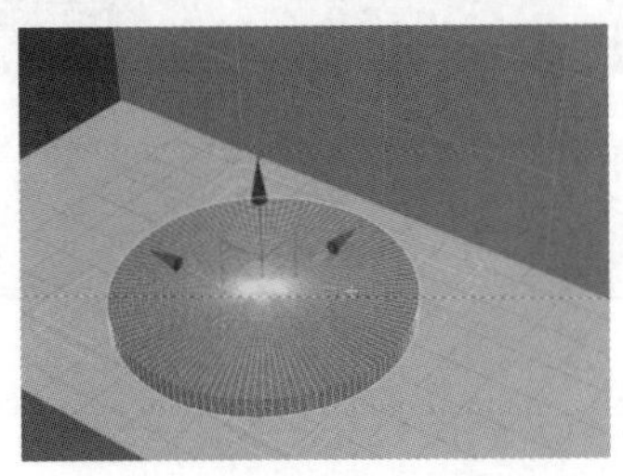

图 9.112 创建圆柱体并调整

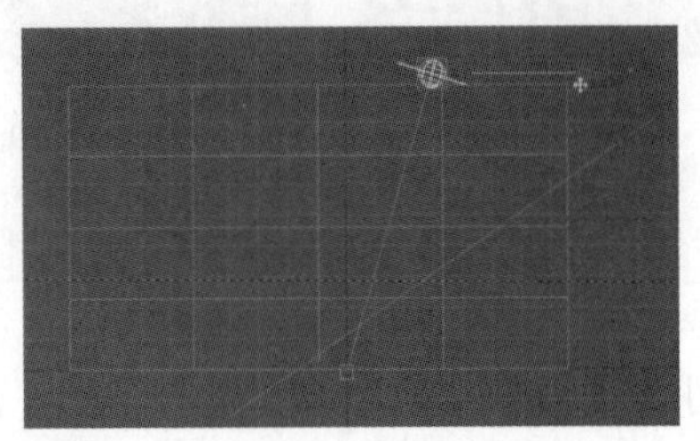

图 9.113 建立灯光

步骤 3：修改光的类型。打开“层管理器”，修改灯光的类型，目前默认的是“面光”，选择“天光→太阳光”，天光默认是白色；打开“Arnold 实时渲染器”，查看渲染状况，如图 9.114 所示。

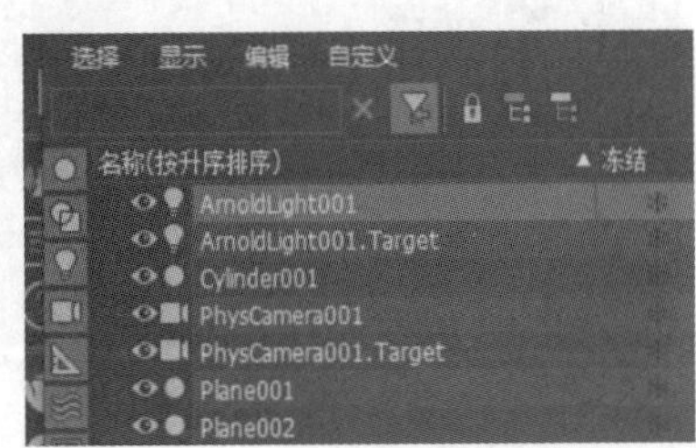

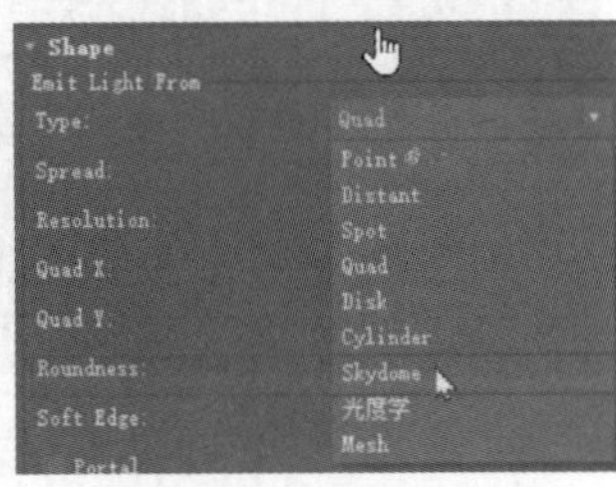

图 9.114 修改光的类型

步骤 4：将贴图赋予太阳光。如果觉得天光太均匀了不好看，可在天光上加一张贴图。选择贴图，该贴图需要打开“Arnold 材质编辑器”，可通过按“M”键打开或者在工具栏里打开，会出现“Slate 材质编辑器”，选择需要的环境贴图，这是 HDR 高动态贴图，将其拖动赋予天空，勾选“实例”。该图就像是一盏灯，它不是用来贴给对象，而是环境贴图，此处选择“球形包裹”。将贴图赋予太阳光如图 9.115 所示。

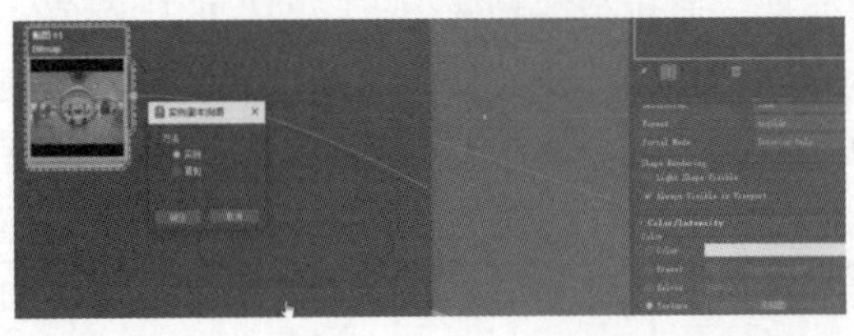

图 9.115 将贴图赋予太阳光

步骤 5：将材质赋予对象。将一枚古钱币材质拖入“材质编辑器”中，创建标准的表面材质赋予圆柱体，把古钱币材质连接到基础颜色贴图，并给圆柱体图指定为“UVW 贴图”，如图 9.116 所示。

步骤 6：匹配贴图。回到顶视图，调整贴图，添加金属效果。当前贴图和圆柱体并不匹配，需要调整贴图的大小，点击“UVW 贴图”中的轴心，通过缩放命令使对象刚好可以匹配，如图 9.117 所示。

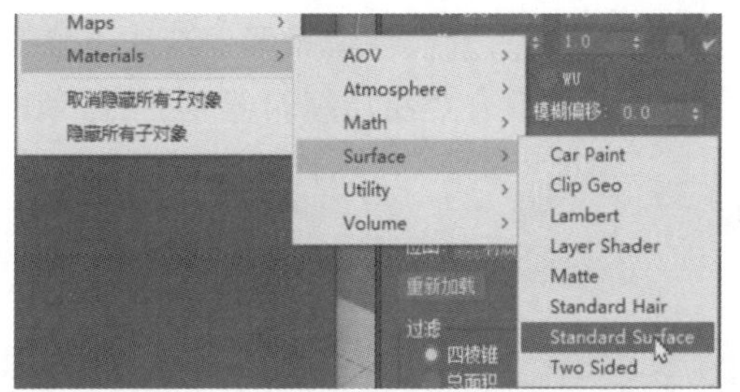

图 9.116　将材质赋予对象

图 9.117　匹配贴图

步骤 7：制作镂空贴图。把镂空的黑白贴图拖到 opacity 贴图中，如图 9.118 所示。

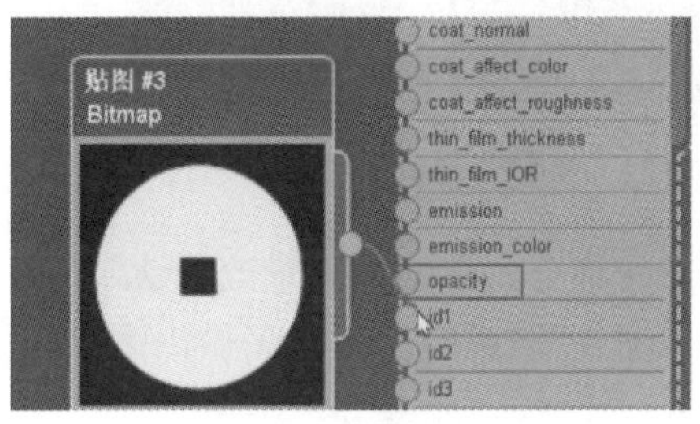

图 9.118　制作镂空贴图

步骤 8：调整对象位置。回到摄影机视图，把对象移高一点，离开地面一些可看到投影，如图 9.119 所示。

步骤 9：制作墙面和地面材质。将砖块的材质给墙面，将红色的瓷砖材质给地面，并调整材质，如图 9.120 所示。

图 9.119　调整对象位置

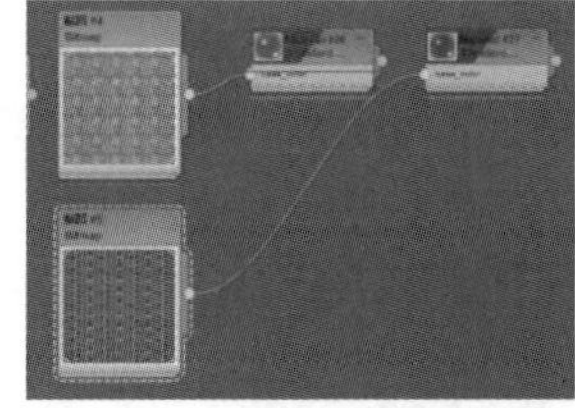

图 9.120　制作墙面和地面材质

步骤 10：调整灯光亮度。控制灯光的亮度和曝光度，观察效果，如图 9.121 所示。

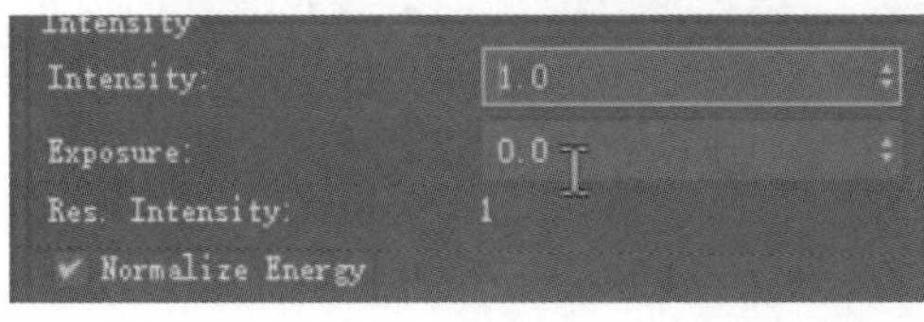

图 9.121　调整灯光亮度

步骤 11：添加置换编辑器。若要添加“置换”编辑器，选择“修改器”，找到“Arnold 属性”，选择“置换”；激活“置换”，把放置在“材质编辑器”上的一张黑白的古钱币图片拖到“User Map”位置的长条按钮上，勾选“实例”，这样就可以进行置换，如图 9.122 所示。

图 9.122 添加置换编辑器

步骤 12：调整置换。因为对象也要有贴图坐标，把“UVW 贴图”放到最上面去，这样才会匹配得上。修改刚才所做的置换，将其强度增大一些，将数值改为 2；调整角度以及零轴上的偏移位置，有时会出现一些错位，通过调整就可以做出立体感效果，如图 9.123 所示。

图 9.123 调整置换

步骤 13：使用 Arnold 的细分。激活表面细分，将细分数量改为 2，一定要注意细分数量不能增加太多，否则会使速度很慢，这样就把古钱币的大致样子做出来了，如图 9.124 所示。

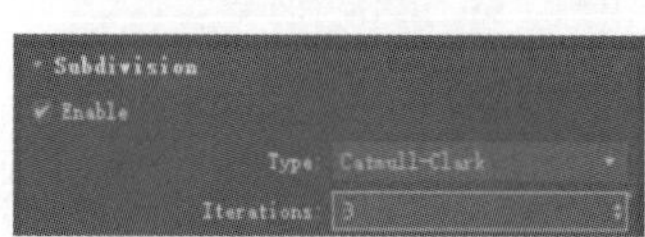

图 9.124 使用 Arnold 的细分

步骤 14：添加破损插件。由于古钱币的边缘太锋利了，可使用“破损插件”。打开这一插件，选择应用破损，古钱币的边角会出现一些破损，然后在“材质编辑器”中调整材质的金属效果，如图 9.125 所示。

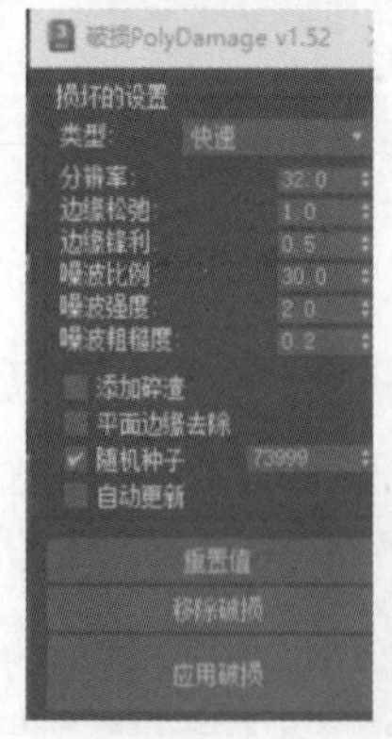

图 9.125 添加破损插件

步骤 15：制作墙面的凹凸效果。要想在墙面做凹凸效果，可加个纹路进去。重复之前的步骤，运用一张玉佩图，使用置换即可，如图 9.126 所示。

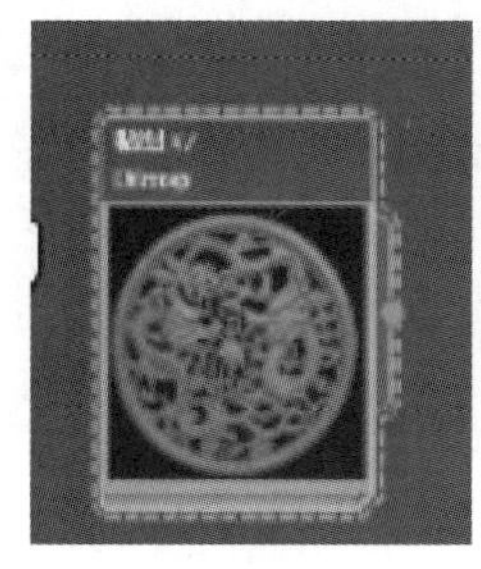

图 9.126　制作墙面的凹凸效果

步骤 16：渲染。做好以后选调整至合适的角度，渲染时设置分辨率、渲染，这就是 Arnold 凹凸镂空贴图的做法，如图 9.127 所示。

图 9.127　最终效果

【小结】 本实验介绍了如何使用材质编辑器中的凹凸和置换方式，以及透明镂空贴图的使用方法，不仅可使平面材质向立体呈现，更使得整体效果更加真实，从而使读者更充分地了解材质对于物体三维效果的重要性。

实验 9.9　制作花纹彩色玻璃 

【概述】 Arnold 的与众不同之处在于它是高度优化的。它不使用引入光子贴图和最终聚集等伪影的缓存算法。它旨在有效地渲染动画和视觉效果设施所需的日益复杂的图像。Arnold 材质中变化最多的就是玻璃材质和半透明水晶玻璃材质。

【知识要点】 掌握 Arnold 渲染玻璃材质的设置，以及与混合材质的结合应用。

【操作步骤】

步骤 1：打开场景并设置。打开一个文件，在此场景中先做好几个模型。在“渲染设置”中，调整模型的大小，以及确定 Arnold 渲染器的设置，打开 Arnold 的实时渲染，如图 9.128 所示。

步骤 2：创建标准表面材质。打开材质，创建标准表面材质：“Materials→surface→Standard Surface”，默认该材质是灰色的，并将其分配给场景中的对象，按“P”键回到透视图，如图 9.129 所示。

图 9.128　打开场景并设置

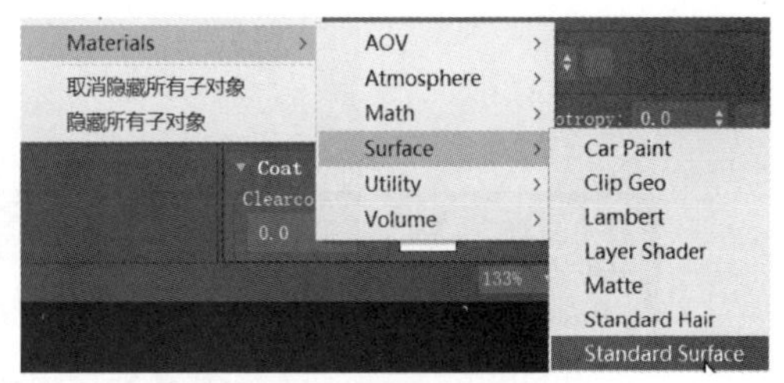

图 9.129　创建标准表面材质

步骤 3：添加蓝色贴图。在“基础颜色”栏中添加蓝色的花纹贴图，如图 9.130 所示。

图 9.130 添加蓝色贴图

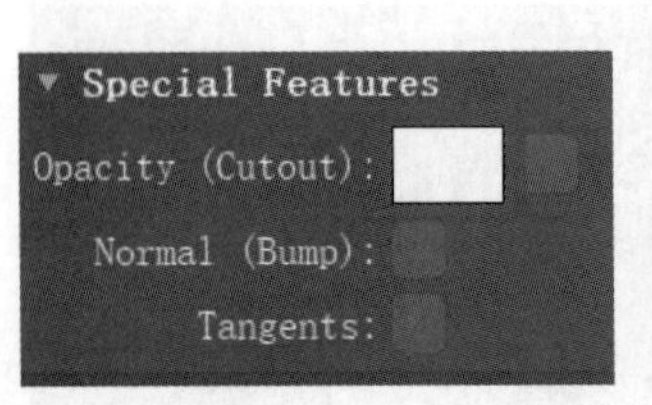

图 9.131 调整 Opacity 的颜色

步骤 4：调整透明度。透明度的几个调整方法中，最常用的就是直接调整 Opacity (Cutout): 的颜色。白色的不透明，黑色的全透明。如果放在中间灰色的位置，就是半透明状态。这种方法一般不用来制作玻璃，利用这一特点找一个花纹贴图，将其放到透明贴图的位置，这时对象就会有部分透明了。调整 Opacity 的颜色如图 9.131 所示。

步骤 5：调整折射。透明效果通常在折射参数里调整，参数 1 就是全透明，这里的参数不受基础颜色的控制，因为全都被折射了；若要使表面带磨砂效果，就需要增加高光的粗糙度，如图 9.132 所示。

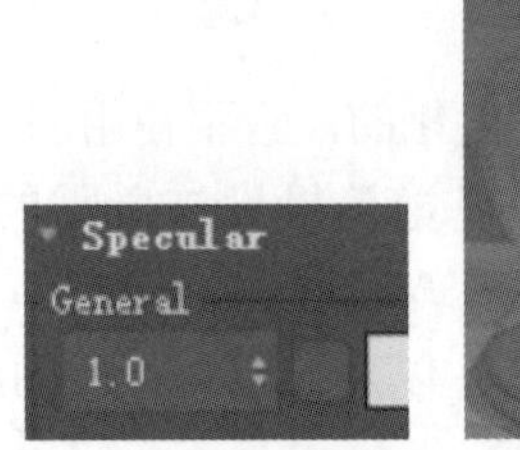

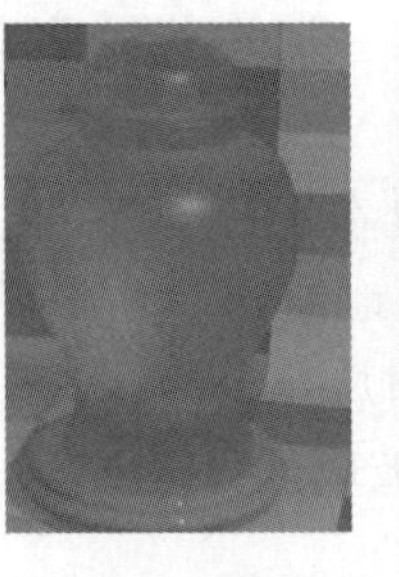

图 9.132 调整折射

步骤 6：调整花纹的磨砂效果。通过加一张贴图到表面发光的贴图位置，可使玻璃表面出现磨砂效果，如图 9.133 所示。经常会见到这种玻璃表面感觉是凹凸不平的，这是利用高光产生了折射效果。

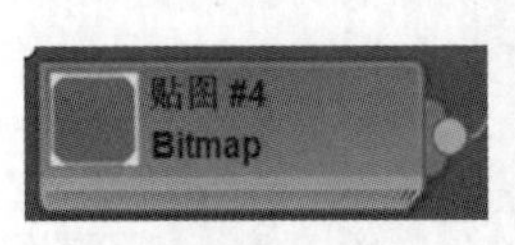

图 9.133 调整花纹的磨砂效果

步骤 7：增加法线贴图。将贴图放到法线贴图里面，使用法线贴图来增加物体表面的凹凸感。选择 3D 的贴图，在凹凸位置进行贴图，法线贴图一般情况下是一种蓝色形态的图纸。如果要改变玻璃颜色，可通过调整折射颜色贴图，添加一些颜色。增加法线贴图如图 9.134 所示。

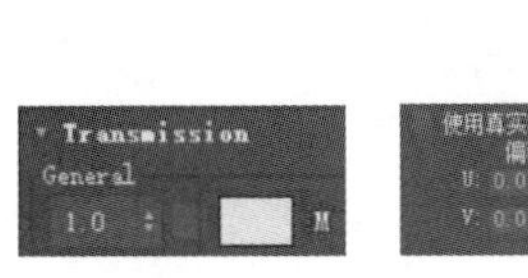

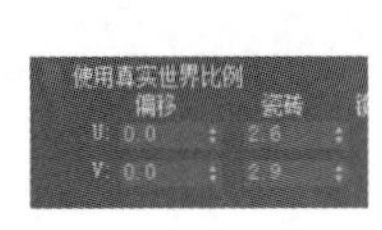

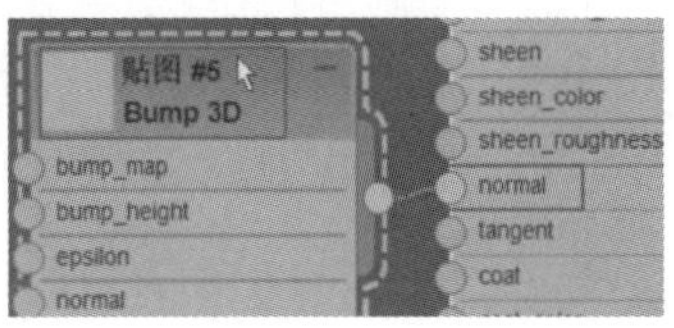

图 9.134　增加法线贴图

步骤 8：调整玻璃颜色。表面带一些花纹的玻璃效果，同时如果把透明度再降一些，就能做出彩色玻璃的效果。要增加这种颜色变化，可通过透明度的颜色值去调整，如图 9.135 所示。

步骤 9：观察最终效果。打开“图层管理器”，选择“点光源开关”，整个具有半透明效果的灯光就会照射出来。打开“渲染设置”，调整对象的反弹次数以及深度，最后效果如图 9.136 所示。

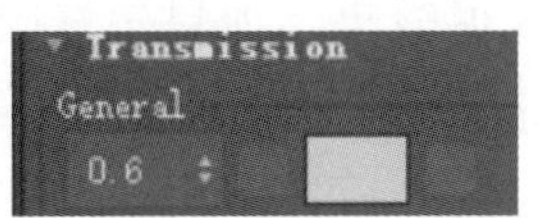

图 9.135　调整玻璃颜色

图 9.136　最终效果

【小结】 本实验介绍了花纹彩色玻璃的制作，重点在于在“法线”或者“透明贴图”里增加凹凸、在“折射率”面调整颜色和透明度效果的方法。

实验 9.10　制作水晶玻璃效果 

【概述】 制作水晶玻璃材质时，其透明率由折射、反射数值的高低来决定。通过“Materials”中的“Surface”可以做出物体的透明度变化，通过调整“贴图”及“Transmission”里的数值可以做出十分真实且具有良好材质效果的玻璃物体。

【知识要点】 掌握折射、反射、高光、粗糙度的调整。

【操作步骤】

步骤 1：打开场景并设置。打开一个场景，在该场景中有一个龙的造型。首先设置 Arnold 渲染器，将其调整到合适的尺寸，如图 9.137 所示。

步骤 2：设置区域。打开“Arnold 的实时渲染” Arnold RenderView ，如果想加快渲染速度的话，框住某个区域来渲染，其他无关的对象则不需要渲染，如图 9.138 所示。

图 9.137　打开场景并设置

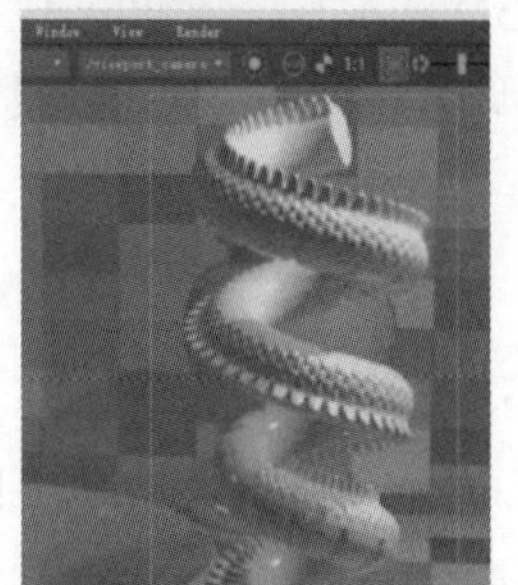

图 9.138　设置区域

步骤 3：创建材质。打开“Slate 材质编辑器”，点击鼠标右键，选择“Materials→Surface→Standard Surface”，创建一个标准材质并将其赋予对象，如图 9.139 所示。

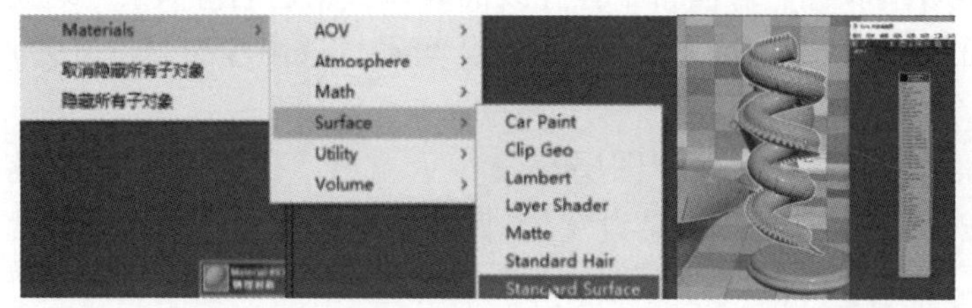

图 9.139　创建材质

步骤 4：调整玻璃颜色。点击“Base→Base Color”，再点击其中第一行的白色方块进行颜色调整，任意选择颜色，因为不是在基础颜色上进行对象颜色的调整的，点击透明度上将其拉到 1.0，就看到渲染的对象呈现出透明的白色玻璃效果。如果想修改颜色，可以选择“Transmission”里的“General”进行颜色的调整变更，对象渲染后无论厚薄都差不多，这样不符合真实的效果，也不够生动。调整玻璃颜色如图 9.140 所示。

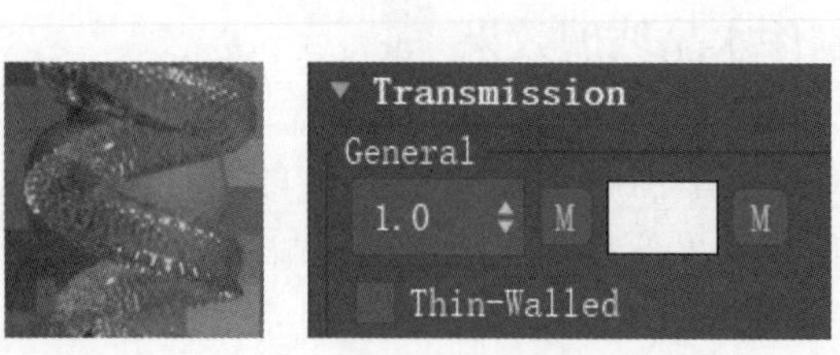

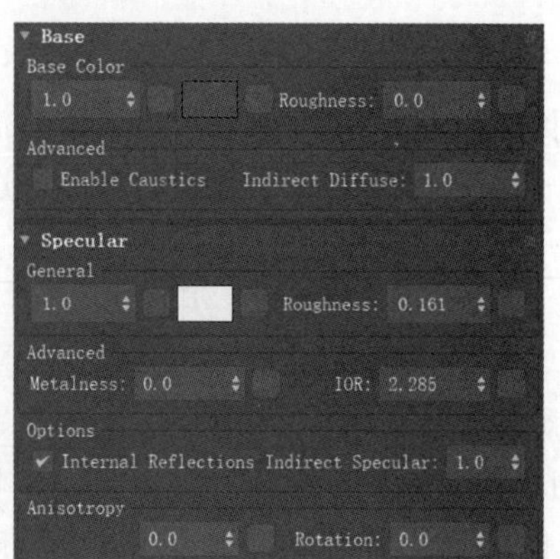

图 9.140　调整玻璃颜色

步骤 5：添加衰减。点击“Transmission”的“贴图→通用”，找到“衰减”选项，增加“衰减贴图”，将“衰减类型”改为“Fresnel”；调整好之后，交换颜色，对象就会呈现出边上相对来说更加厚实，且有清楚、有模糊的地方，这才符合真实的玻璃材质效果，如图 9.141 所示。

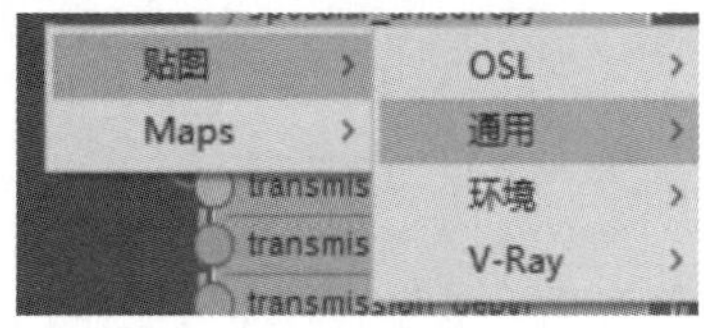

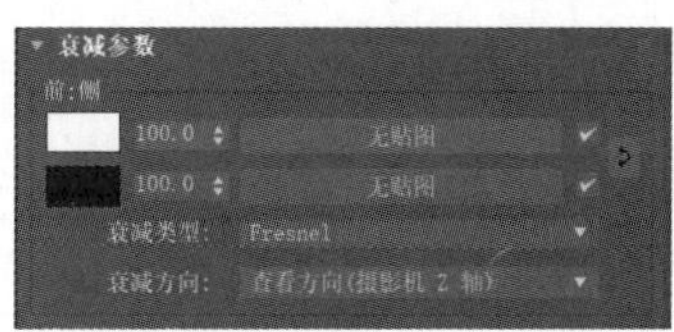

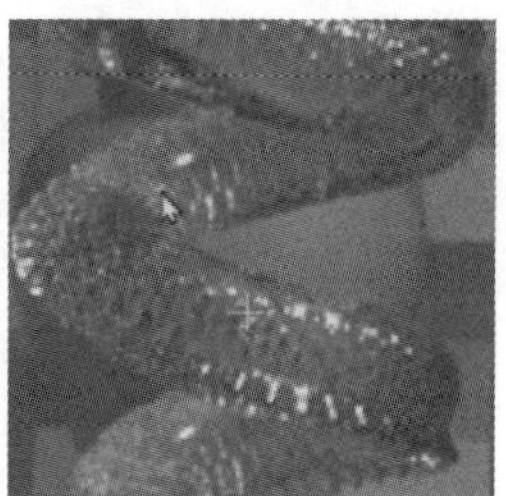

图 9.141　添加衰减

步骤 6：制作蓝色的玻璃效果。在“Transmission”中颜色后面的按钮上加入一张水的贴图，通过点击这张贴图调整模糊度等数值，调整细节位置，这样就可看得出来有蓝色的玻璃效果，如图 9.142 所示。

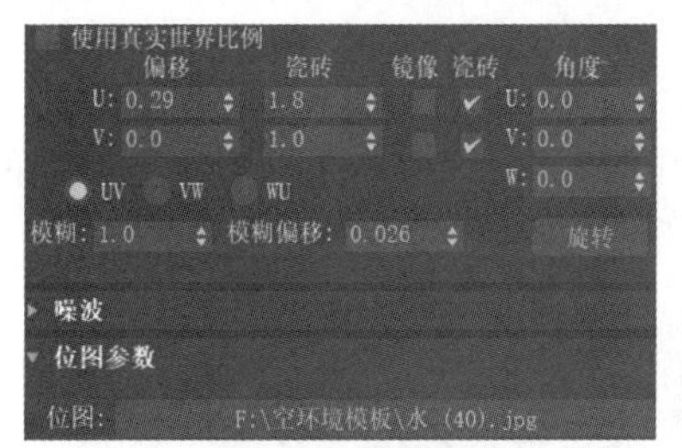

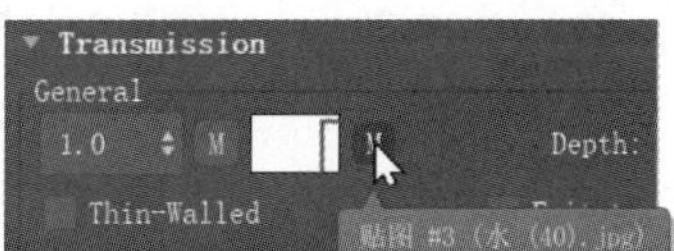

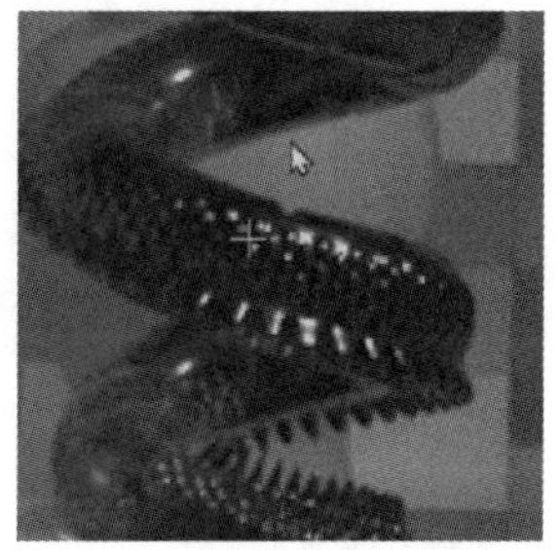

图 9.142　制作蓝色的玻璃效果

步骤 7：制作胶状玻璃的效果。调整光的穿透性，将蓝色调浅一些，点击“Transmission”里的“Depth” Depth: 1000.437 进行数值调整，数值取决于整个场景的大小和对象的高度。继续加大光让它穿透对象，光穿过对象后，折射效果就变得很透明了。再点击“Soatter”，将“Aanistorpy”的数值改为 1，因为它是实心的物体，不像玻璃杯那样，用这种方式来做结果会更真实一些。制作胶状玻璃的效果如图 9.143 所示。

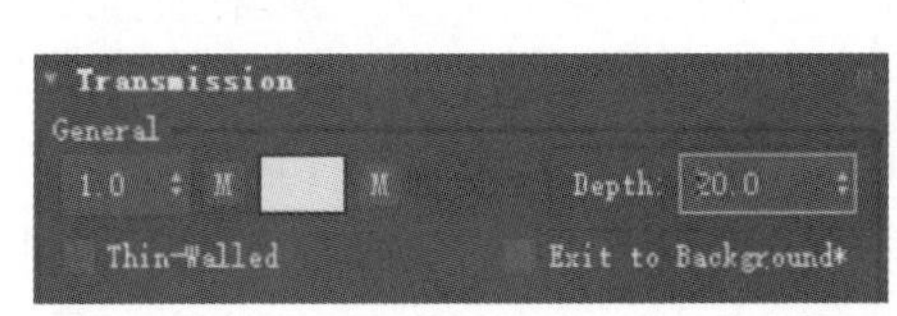

图 9.143　制作胶状玻璃的效果

步骤 8：增加发射绿点效果。点击“Soatter”里的“Color”，将其设置为浅一些的蓝色；点击“Subsurface”，对物体进行表面抛光的效果处理。通过更改这些数值，使得表面出现亮的效果。接着点击“Subsurface”里的“Scale”的数值，增加散碎的绿色，通过渲染可以看到这些散碎的绿点，从而增加画面的整体效果，如图 9.144 所示。

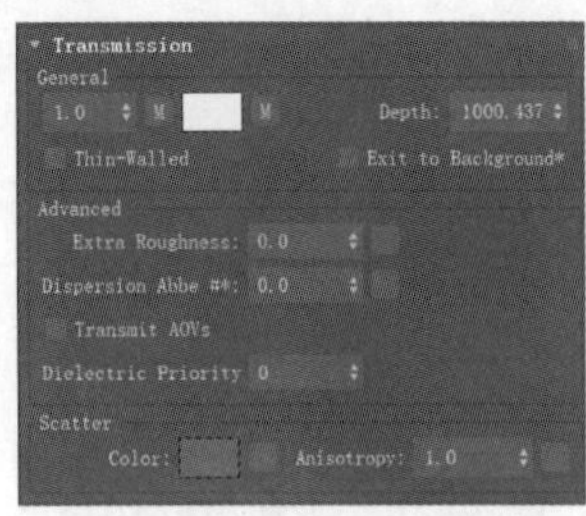

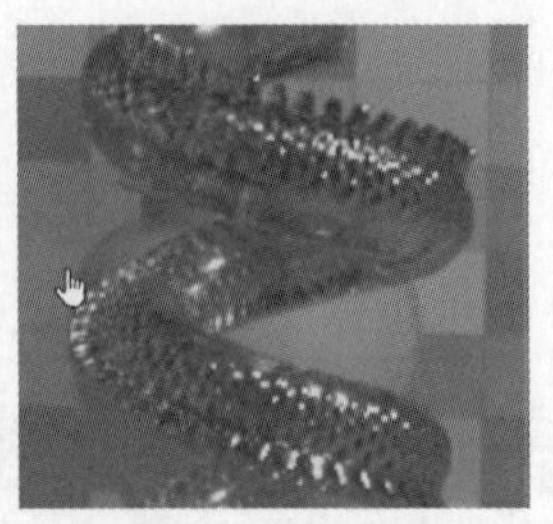
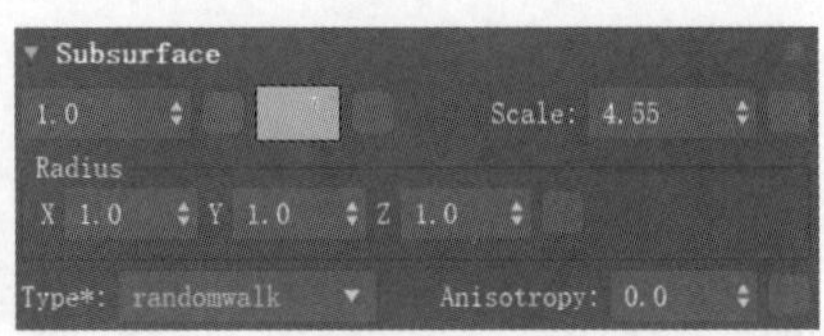

图 9.144　增加发射绿点效果

步骤 9：添加环境贴图。打开环境，在“材质编辑器”中加入一张 HDR 环境贴图，拖动赋予环境，勾选“实例”，如图 9.145 所示。

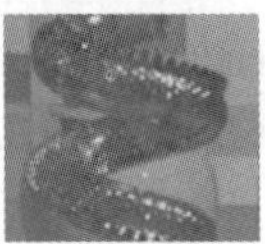

图 9.145　添加环境贴图

步骤 10：调整自发光参数。光点还不够晶莹透亮，为让光照有发散的感觉，需要调整自发光的参数，往下拖动鼠标找到“Emission”，添加闪电贴图，即将贴图拖到自发光的“Emission”里，这样就可做出自发光的效果，如图 9.146 所示。

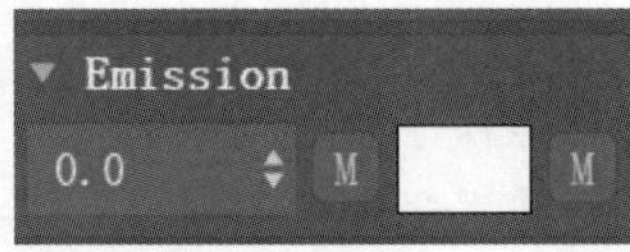

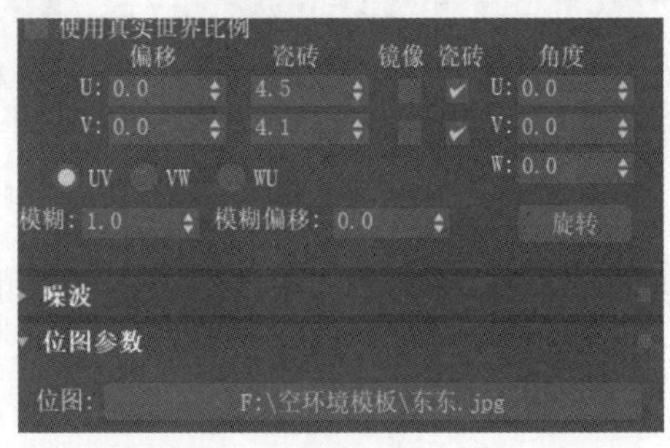

图 9.146　调整自发光参数

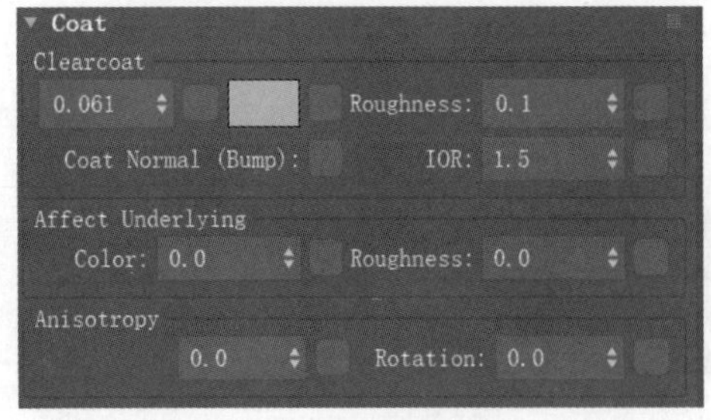

图 9.147　继续调整透明度和深度

步骤 11：继续调整透明度和深度。可以在“衰减颜色”里调整透明度，也可以在“Cost”里调整一些表面的特殊效果，如增加强度、调整颜色，将做好的材质拖到其他对象上，如果需要变化，只需调整颜色即可，如图 9.147 所示。

步骤 12：渲染。调整摄影机的一些参数，加大反弹次数，就可以开始渲染，最后查看渲染效果，如图 9.148 所示。在对象的渲染上要花一些时间，因为它是玻璃材质，尺寸的大小直接影响到现场的时间和速度。

【小结】 本实验了水晶玻璃材质的调整制作，以使读者进一步熟悉 Arnold 渲染器的使用，了解如何改变物体的透明度以及玻璃材质的更替使用。

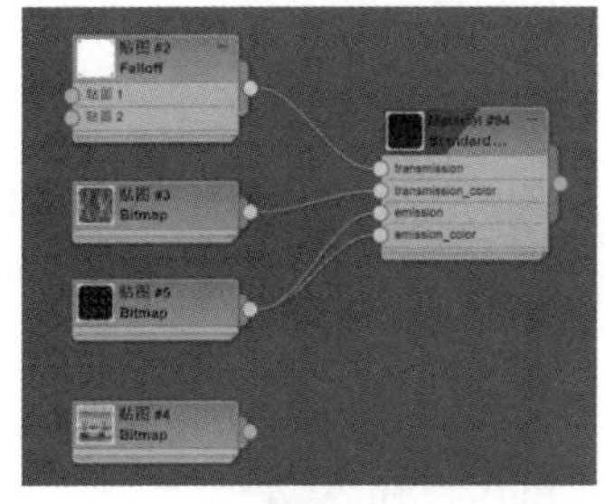

图 9.148　最终效果

实验 9.11　半 透 明 材 质 

【概述】 无论是模型还是游戏等，都需要材质来修饰，给产品制作特效。3ds Max 中的半透明明暗器可用于模拟半透明对象允许光线通过，并在对象内部使光线散射。可以使用半透明明暗器来模拟被霜覆盖和被侵蚀的玻璃半透明效果。

【知识要点】 学会材质编辑器中“Transmission”一栏中折射和深度的调整，掌握材质编辑器和渲染的结合使用。其中，利用材质编辑器制作半透明明暗材质是本实验的重点。

【操作步骤】

步骤 1：打开场景。打开一个场景，在该场景中创建两盏灯、一台摄影机和一个杯子，对杯子进行了“破损”插件处理，如图 9.149 所示。

步骤 2：将材质赋予对象。按“M”键或者选择界面上的材质编辑器按钮来调取材质编辑器，选择“Materials→Surface→Standard Hair”，创建标准材质，通过拖动将材质赋予对象，按鼠标右键选择指定对象，如图 9.150 所示。

图 9.149　打开场景

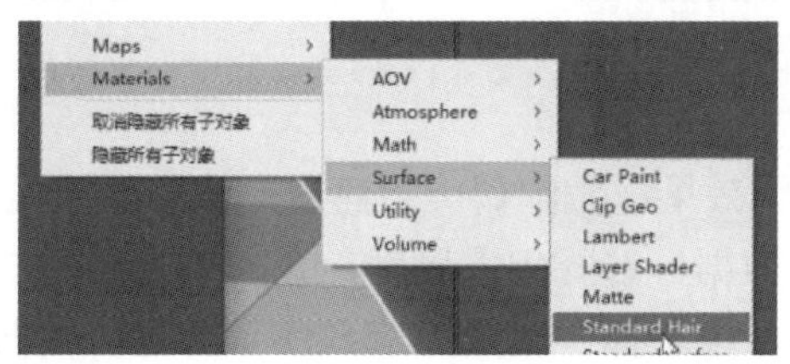

图 9.150　将材质赋予对象

步骤 3：调整基础颜色和添加纹理。调整对象的基础颜色，将粗糙度设为 0.2，这样能够增强其高光效果；在基础材质中添加白灰色的纹理，添加“UVW 贴图”坐标，如图 9.151 所示。

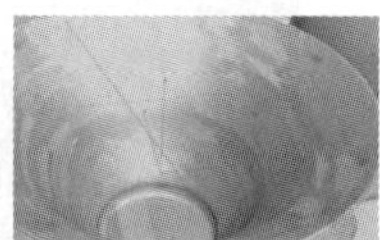

图 9.151　调整基础颜色和添加纹理

步骤 4：渲染并观察效果。打开“Arnold 实时渲染器”，对材质进行渲染并观察效果，如

图 9.152 渲染并观察效果

图 9.152 所示。

步骤 5：添加环境贴图。在“环境”中勾选“实例”，添加一个环境贴图，如图 9.153 所示。制作金属玻璃类对象时，都要添加环境，这样看上去会更加真实。

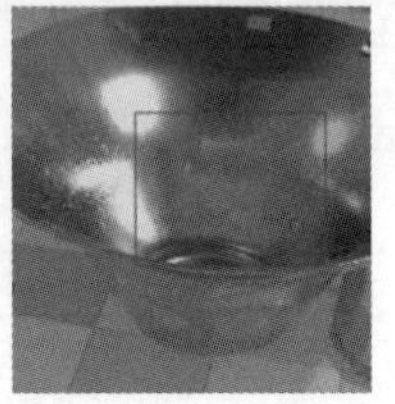

图 9.153 添加环境贴图

步骤 6：调整折射数量。将折射数量调到 1，将“Metalness”调为 0，关闭金属效果，如图 9.154 所示。

图 9.154 调整折射数量

步骤 7：制作绿色杯子效果。将“General”中的颜色调整为浅绿色，杯子会呈现出绿色效果，如图 9.155 所示。

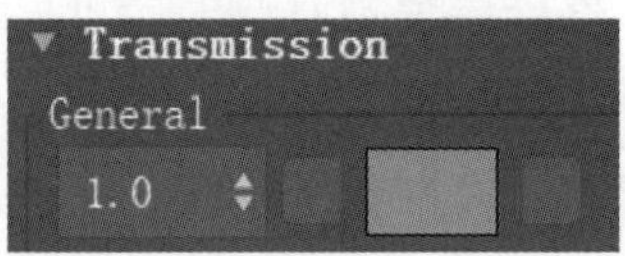

图 9.155 制作绿色杯子效果

步骤 8：增加积雪效果。做浓稠类“建盏”的釉面效果，用的是“积雪”的积雪助手插件，增加积雪效果的输入数据，选择积雪厚度，选择“雪雕刻”，选择“路”，调整“全球实力”笔刷强度，用“油漆”擦除掉，如图 9.156 所示。可以根据自己的喜好去制作这种釉面比较厚的效果。

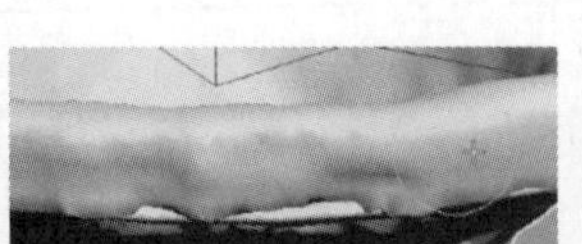

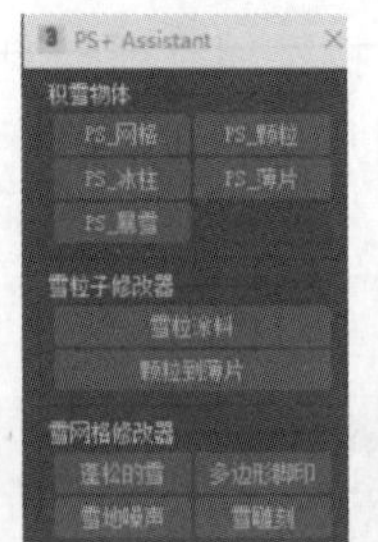

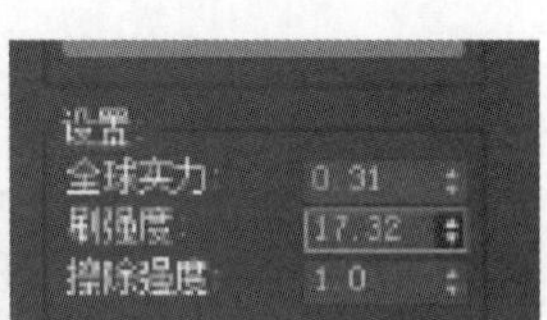

图 9.156 增加积雪效果

步骤 9：给釉面添加标准材质。给釉面部分的积雪对象添加标准材质，如图 9.157 所示。

步骤 10：调整基础材质颜色。在“基础材质”中将颜色改为红色，看上去就像装了一碗油漆一样，浓稠且不平，但其实和普通材质没有任何区别，如图 9.158 所示。

图 9.157　给釉面添加标准材质

图 9.158　调整基础材质颜色

步骤 11：修改折射率。将折射率调为 1，对象就根据其厚薄显示，它是全透明的，这里只是对透明度的调整，如图 9.159 所示。

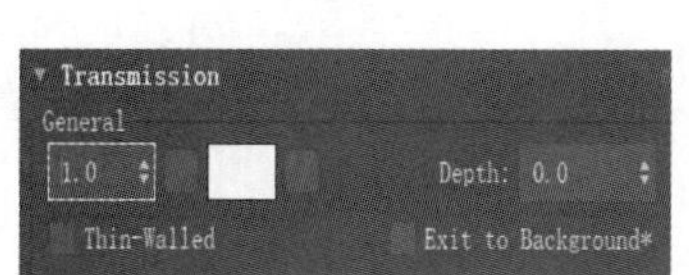

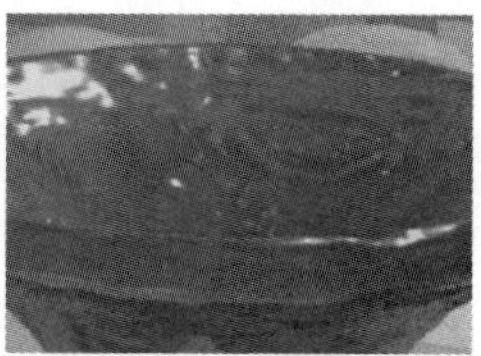

图 9.159　修改折射率

步骤 12：调整 Depth 值。可通过调整光线穿透力增加它的效果，只要把 Depth: 0.001 改为 0.001，它就是黑色而不是透明的，如图 9.160 所示。

图 9.160　调整 Depth 值

步骤 13：调整透明度。可通过表面散射 Scatter Color 来改变它的颜色。玻璃制品是有厚度的，厚度的大小可通过光的穿透力来调整。当 Depth: 数值增大时，对象的透明度就增大了。当 Depth: 增大到 20 时，就有了胶状的感觉，但没有厚薄之分，虽然光已经穿透到里面去了；Depth: 增大到 50 时，就会更接近胶状对象；Depth: 增加到 200 时候，就会出现厚薄之分了，薄的地方会露出来，在边角的地方形成厚薄效果。所以，光线“Depth”的深度数值非常重要，数值越大，其穿透力越强。调整透明度如图 9.161 所示。

Depth: 200.0

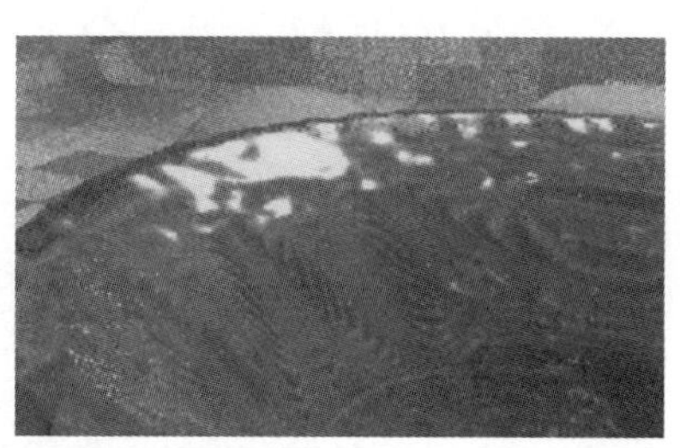

图 9.161　调整透明度

图 9.162　分配材质给其他对象

步骤 14：分配材质给其他对象。利用这种胶状半透明材质的做法，将材质分配给其他几个对象，如图 9.162 所示。

步骤 15：制作材质并调整。将材质多做几个，再根据需要进行参数调整，每个对象的厚薄不一样，其需要的穿透光线也不一样。整个材质的结构如图 9.163 所示。

步骤 16：渲染。选择合适的角度，然后进行渲染，最终效果如图 9.164 所示。

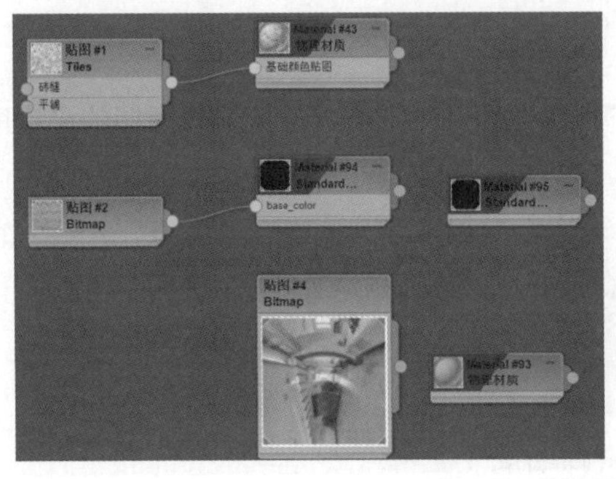

图 9.163　材质结构

图 9.164　渲染效果

【小结】 本实验介绍了带有积雪效果的半透明材质的制作，以及“UVW 贴图”的修改对材质的影响和光线深度的调整方法。

【拓展作业】 制作如图 9.165 所示的半透明的蜡烛，完成拓展作业。

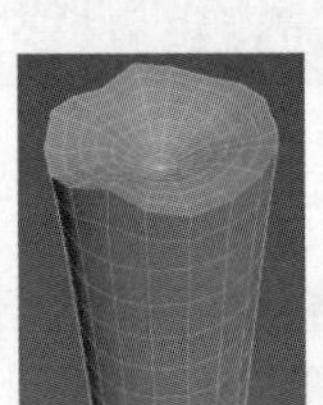

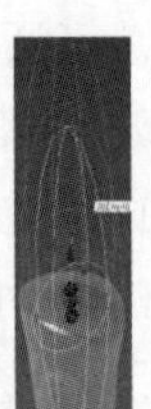
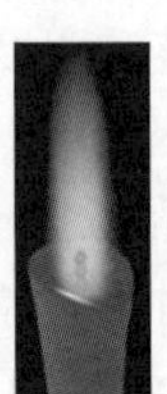
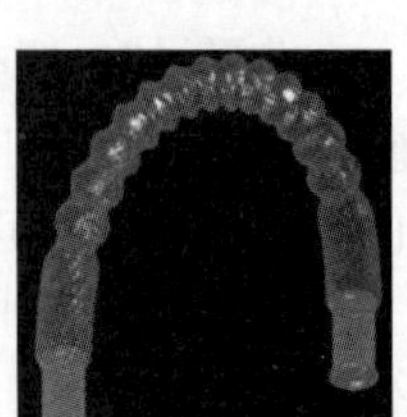

图 9.165　拓展作业——制作半透明的蜡烛

实验 9.12　混　合　材　质 

【概述】 混合材质是将不同的材质通过遮罩等方式融合到一起，产生多层次材质的混合效果。

【知识要点】 了解混合材质的使用方法以及遮罩的应用。

【操作步骤】

步骤 1：打开模型文件。打开轮胎模型文件（场景已创建，设置为物理摄影机、Arnold 面光），如图 9.166 所示。

步骤 2：设置 Arnold 渲染器。通过点击菜单栏中的“渲染→渲染设置”或者通过快捷键“F10”打开“渲染设置”窗口，点击“渲染设置”窗口中的“预设”，设置为“Arnold 渲染器”；锁定 Arnold 的物理摄影机为“四元菜单 4-PhyCamera001”，选择合适的输出大小进行预览，如图 9.167 所示。

图 9.166　打开模型文件

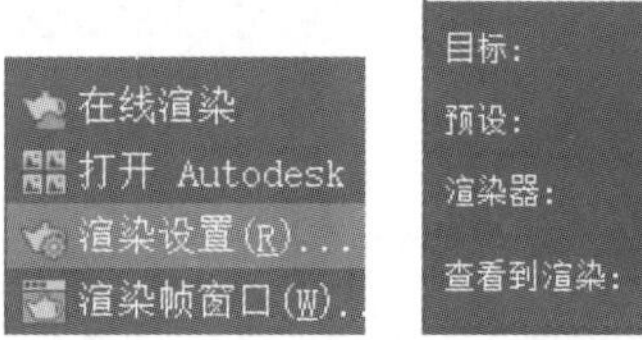

图 9.167　设置 Arnold 渲染器

步骤 3：打开 Arnold 预渲染。打开 Arnold 菜单中的第一项“Arnold 预渲染（Arnold RenderView）”如图 9.168 所示，Arnold 预渲染窗口如图 9.169 所示。

图 9.168　Arnold RenderView

图 9.169　Arnold 预渲染窗口

步骤 4：编辑材质。打开“材质编辑器”，用鼠标拖动文件中的不同图片到“材质编辑器”中，分别将物理材质拖动到墙面和地面上，并调整参数，将反射参数调为 0。设置完毕后，点击“Arnold 渲染（Arnold RenderView）”，可看到墙面与地面渲染后的效果，如图 9.170 所示。

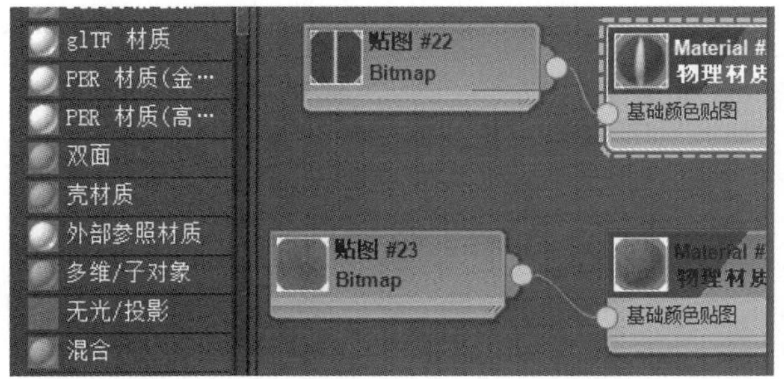

图 9.170　编辑材质

步骤 5：创建混合材质。在“材质 1”中选择“基础颜色贴图→贴图→通用→混合”，建立混合贴图 24，将所创建的混合材质分配给相应的对象轮胎，混合材质由材质 1、材质 2 和遮罩组成，如图 9.171 所示。

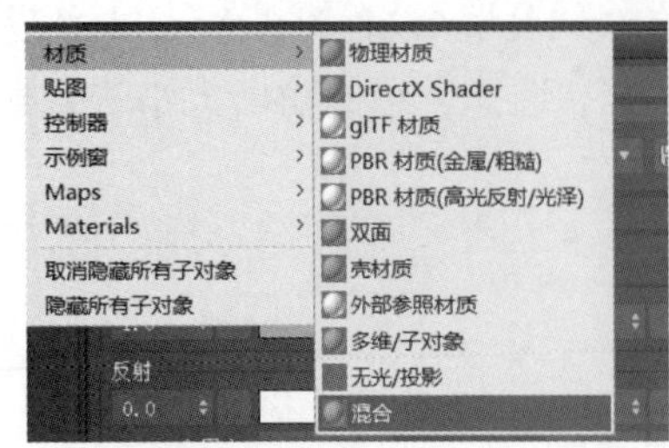

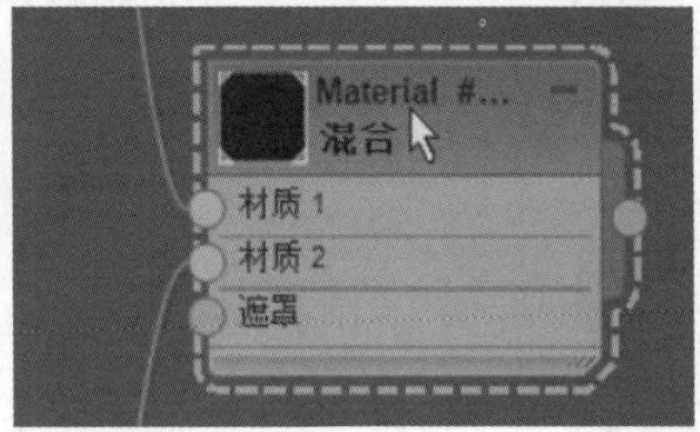

图 9.171 创建混合材质

步骤 6：编辑贴图 2。从文件夹中拖入黑色贴图 3 连到贴图 2 的“Color 1”，拖入绿色草地贴图 5 连到贴图 2 的“颜色 2”，拖入黑白贴图 6 连到贴图 2 的“混合量”，如图 9.172 所示。

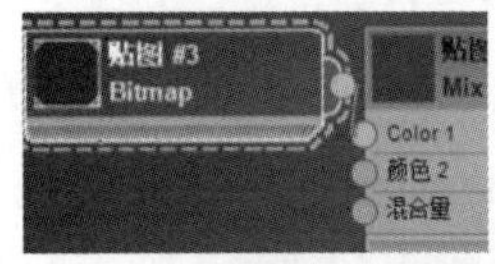

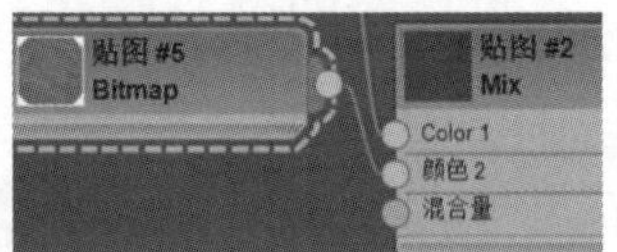

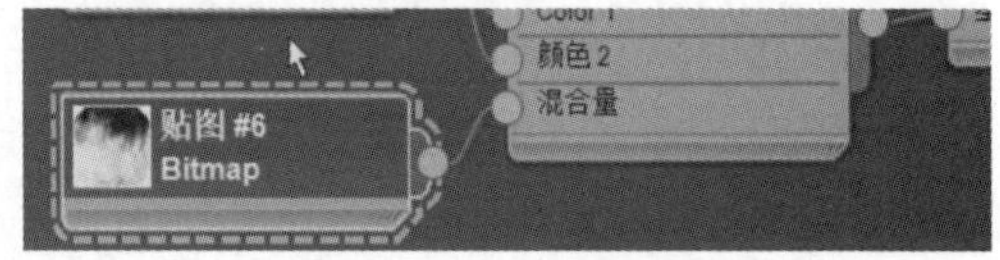

图 9.172 编辑贴图 2

步骤 7：编辑混合参数。对编辑好的贴图 2 使用混合曲线进行调整，如图 9.173 所示。

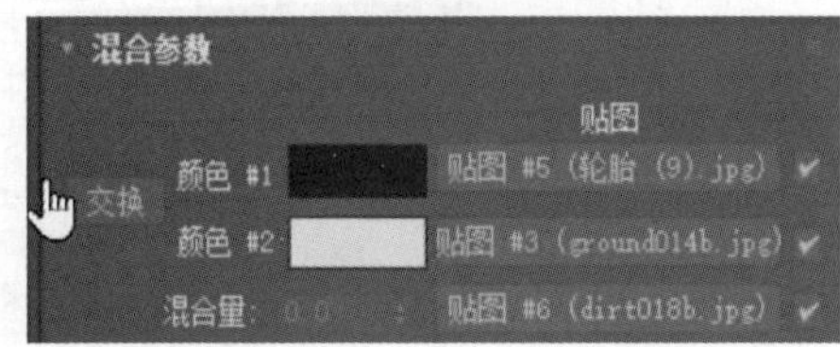

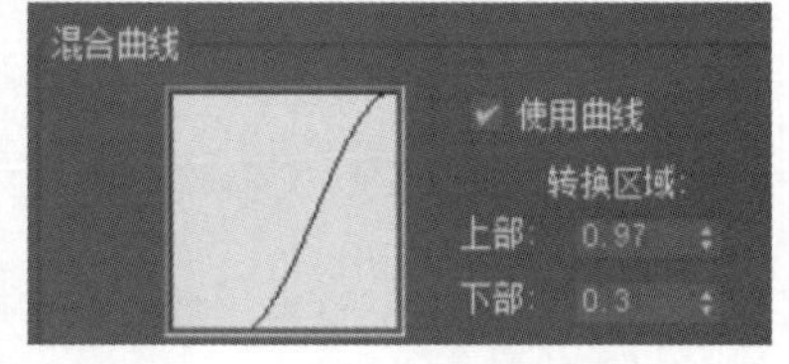

图 9.173 编辑混合参数

图 9.174 渲染并观察效果

步骤 8：渲染并观察效果。点击“Arnold 渲染（Arnold RenderView）”可看到外轮胎混合材质中材质 1 的渲染效果，如图 9.174 所示。

步骤 9：拖入贴图。拖入泥巴材质贴图连到材质 2 的基础颜色贴图，如图 9.175 所示；拖入黑白贴图连到混合材质的“遮罩”，如图 9.176 所示。

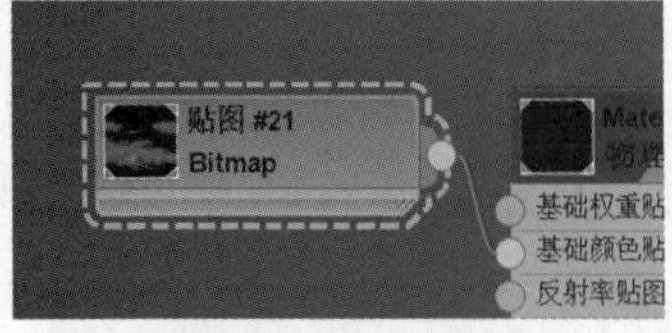

图 9.175 拖入泥巴材质贴图

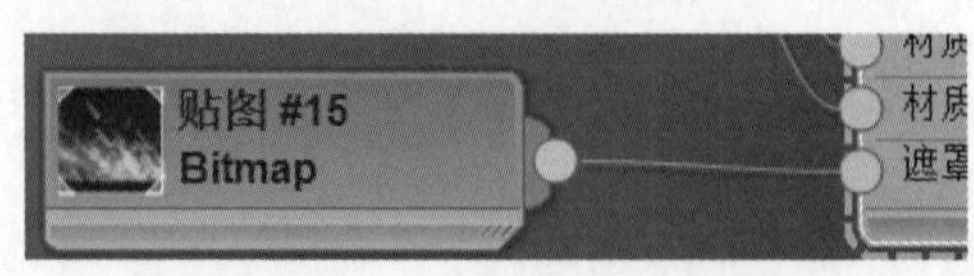

图 9.176 拖入黑白贴图

步骤 10：渲染轮胎混合材质。点击“Arnold 渲染（Arnold RenderView）”，可看到外轮胎混合材质渲染的泥巴与草粘在轮胎上的效果，如图 9.177 所示。

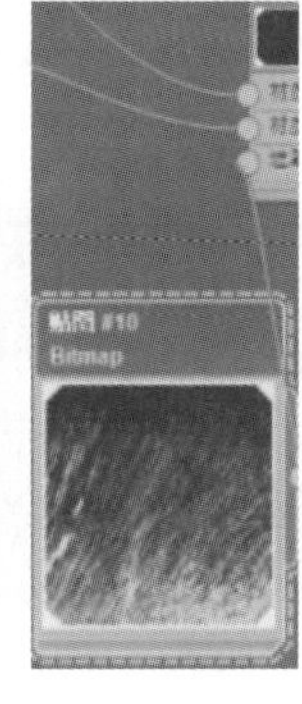

图 9.177　渲染轮胎混合材质

步骤 11：新建混合材质用于轮毂。创建一种混合材质，把轮毂混合材质中材质 1 的基础颜色改为所需颜色，并调整反射参数与金属度参数，使之达到金属效果，如图 9.178 所示

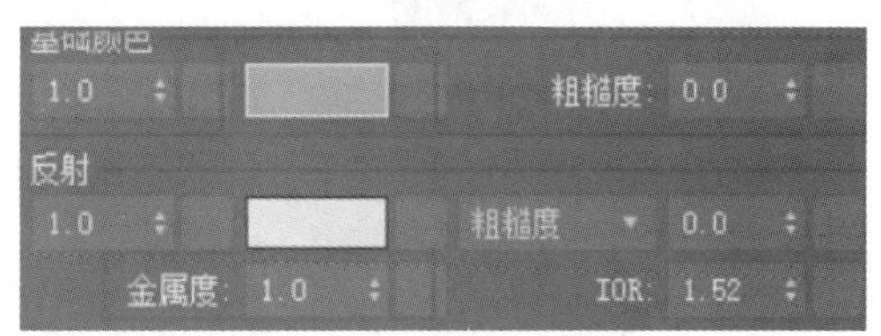

图 9.178　编辑轮毂混合材质中的材质 1

步骤 12：编辑金属度。对于金属度的调整，也可通过点击“金属度”，选择“衰减”并对其参数进行调整来实现，如图 9.179 所示。

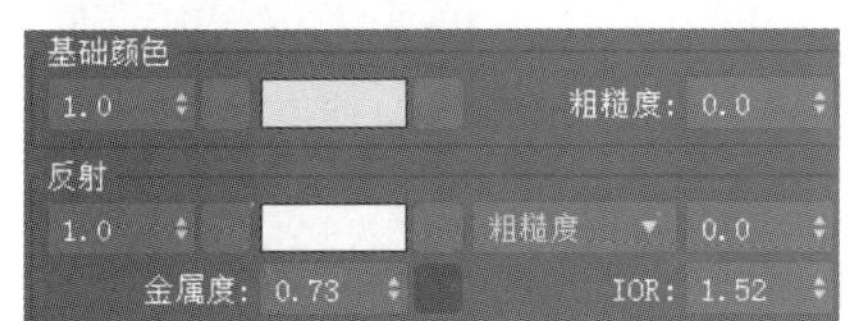

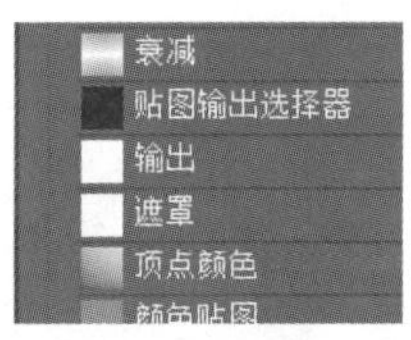

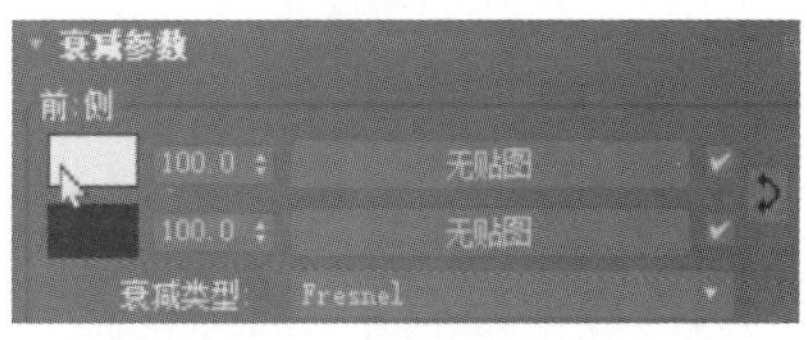

图 9.179　编辑金属度

步骤 13：调整涂层参数。对涂层参数的调整，可在原有基础上覆盖另一种颜色而达到所需效果，如图 9.180 所示。

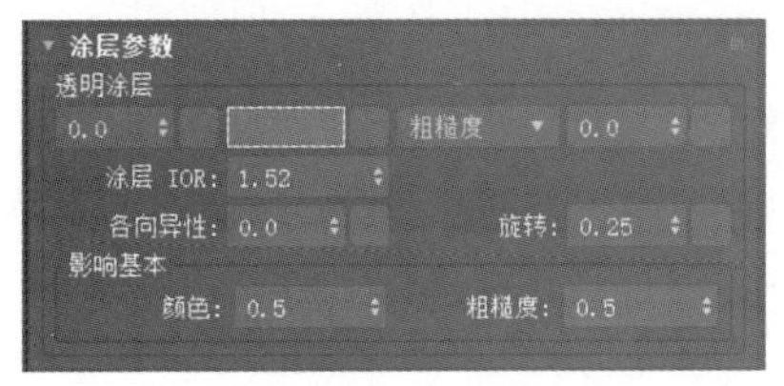

图 9.180　调整涂层参数

步骤 14：编辑基础参数并渲染。对“基础参数”中的“粗糙度”与“IOR”进行调整，如图 9.181 所示；点击“Arnold 渲染（Arnold RenderView）”，得到渲染效果图，如图 9.182 所示。

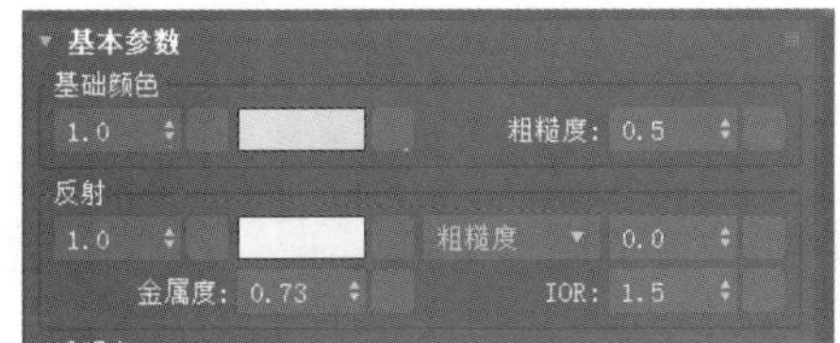

图 9.181　编辑基础参数

图 9.182　轮毂材质渲染效果图

步骤 15：拖入泥巴材质贴图。从文件夹中拖入泥巴材质贴图连到材质 2 中的基础颜色贴图，如图 9.183 所示。

步骤 16：拖入黑白贴图。将黑白贴图拖入混合材质的“遮罩”，可使泥巴材质显示在轮毂上，如图 9.184 所示。

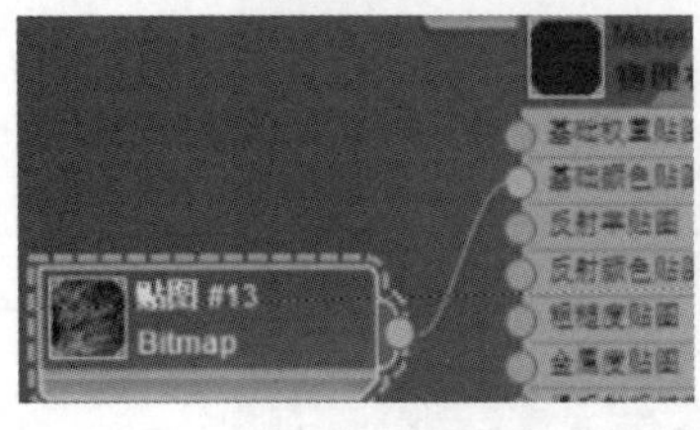

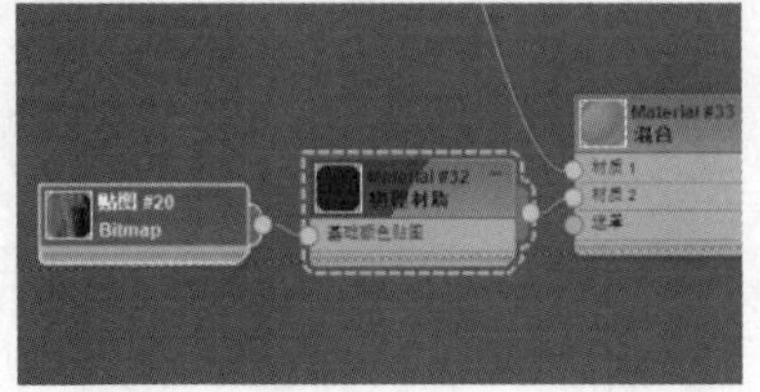

图 9.183　拖入泥巴材质贴图

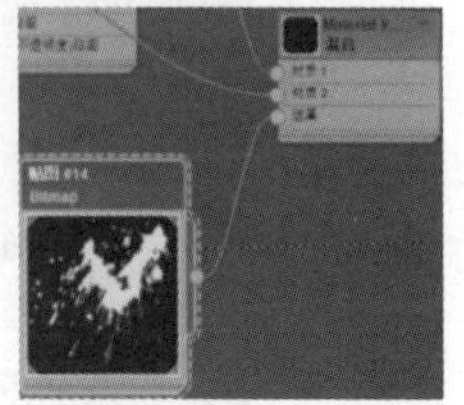

图 9.184　拖入黑白贴图

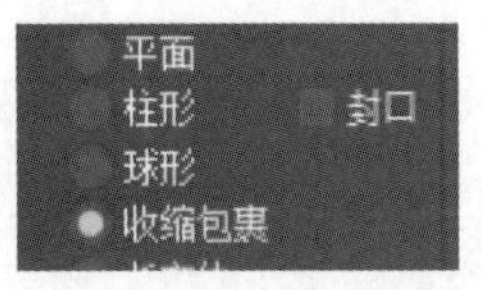

图 9.185　调整 UVW 贴图参数

步骤 17：调整 UVW 贴图参数。打开“UVW 贴图”，可通过对“UVW 贴图”参数的调整，改变泥巴在轮毂上的位置，如图 9.185 所示。

步骤 18：渲染轮毂混合材质。调整“基础颜色”中的“金属度”和“折射栏”中的“不透明度”，点击“Arnold 渲染（Arnold RenderView）”，可看到轮毂混合材质渲染的泥巴在轮毂上的效果，如图 9.186 所示。

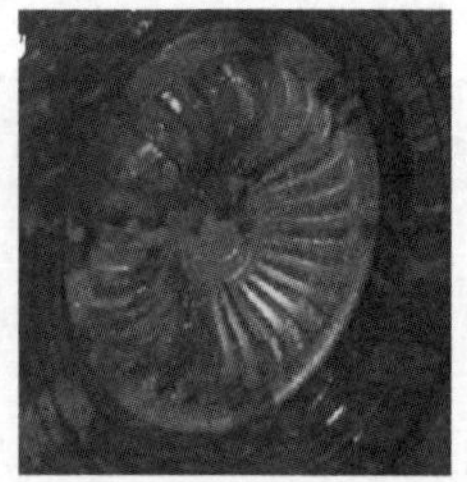

图 9.186　渲染轮毂混合材质

步骤 19：调整模型位置进行最终渲染。调整轮胎模型的方位与数量，打开“渲染设置”，调整合适参数以输出效果好的图片，将输出大小改为 HDTV 视频，尺寸为 1920×1080，如图 9.187 所示。

图 9.187　设置渲染参数

步骤 20：渲染。点击“渲染”或使用快捷键“Shift+Q”，得出最终效果图，如图 9.188 所示。

图 9.188　Arnold 混合材质渲染效果图

【小结】 本章介绍了 3ds Max 中的 Arnold 混合材质，以使读者进一步熟悉材质编辑器的使用，了解混合材质和混合贴图的区别，特别是认识到黑白贴图在遮罩中的作用以及混合材质中的多次混合。

实验 9.13　物理灯光和置换

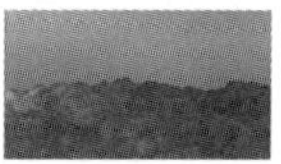

【概述】 利用 Arnold 渲染器、材质结合置换命令制作山脉。

【知识要点】 掌握 Arnold 置换、物理天光的应用。

【操作步骤】

步骤 1：创建平面对象并赋予材质。按快捷键“Alt+W”最大化视图。创建平一个面对象，将长度设置为 50000，宽度也设置为 50000，分段设置为 100，其实这里设置为多少差异不是太大，然后选择合适的角度，按快捷键“Ctrl+C”创建物理摄影机。给对象创建一个物理材质，随便先赋予一个颜色，因为该材质并不是所需要的，这里只是为了更好地观察对象而已。创建平面对象并赋予材质如图 9.189 所示。

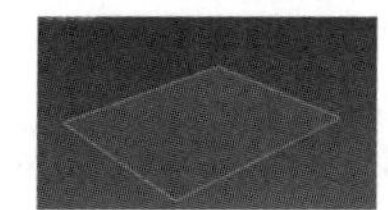

图 9.189　创建平面对象并赋予材质

步骤 2：打开 Arnold 的“置换”修改器。在“修改器列表”中添加“Arnold Properties”，选择“Displacement Map”，勾选“Use Map”，在“无贴图”位置添加贴图，如图 9.190 所示。

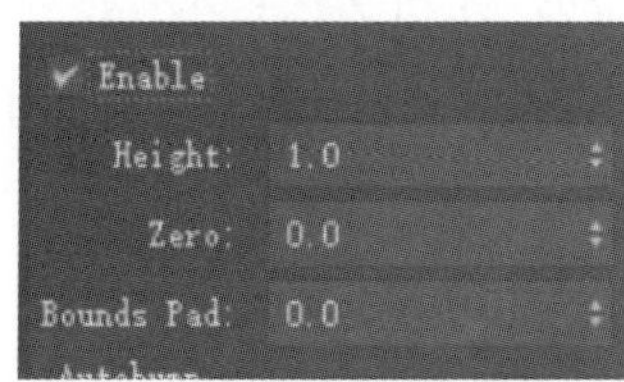

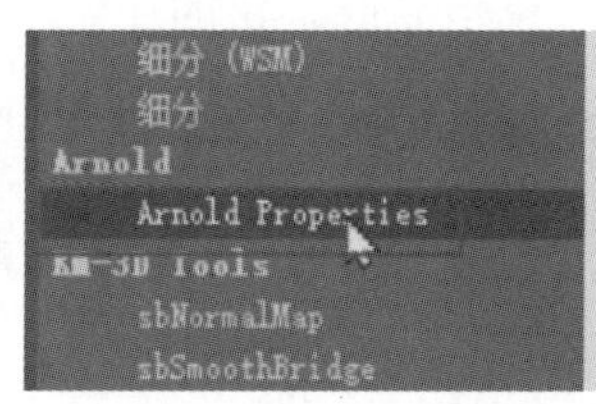

图 9.190　打开 Arnold 的“置换”修改器

步骤 3：添加“Noise”贴图。在“材质编辑器”中点击鼠标右键，选择“贴图→OSL→Noise”，选择开放式的贴图，这种贴图类型比较适合制作山脉，因为它有很多可调的参数。将贴图拖动到右边 Arnold 命令面板中的“无贴图”位置，勾选“实例”，此时没有看到山脉发生变化，还是平面的。打开“实时渲染”，就可看到表面有些高低起伏了。添加“Noise”贴图如图 9.191 所示。

图 9.191　添加【Noise】 贴图

步骤 4：设置 Height。由于最初高度设置得不够，所以起伏不明显。把“Height”设置成 200，如此山脉的形状就做出来了，这是根据对象的段数做出来的，如图 9.192 所示。

步骤 5：调整贴图噪波比例和大小。噪波“比例”直接影响着山脉的形状，将噪波“比例”和“Height”值的大小配合起来调整，才会得到比较理想的效果。还要结合调整对象的长度和分段，山形是根据位图来设定的（可从网络上下载一些开放式的 OSL 噪波贴图），这样就可改变山形的基本结构，可选择合适的角度去观察对象。调整贴图噪波比例和大小如图 9.193 所示。

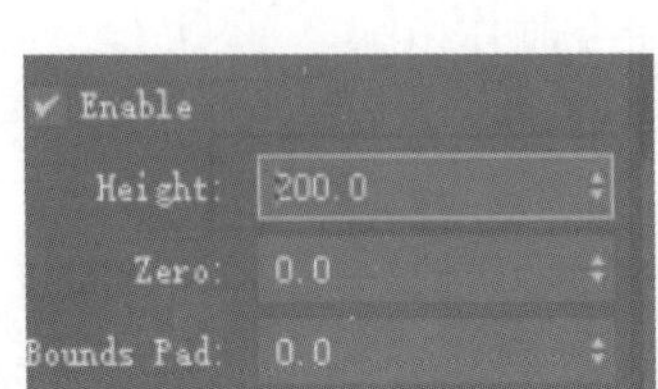

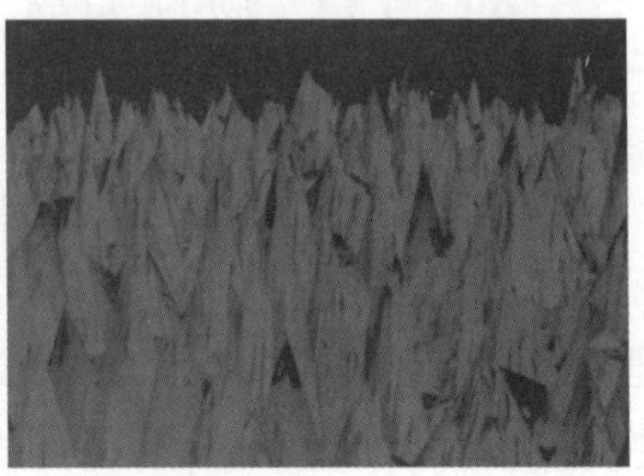

图 9.192　设置 Height

图 9.193　调整贴图噪波比例和大小

步骤 6：调整 Octaves 值。在“OSL 贴图”参数中，调整 Octaves 值，确定对象的复杂程度；勾选“Step Function”，调整确定对象是高低起伏的还是平坦的，如图 9.194 所示。

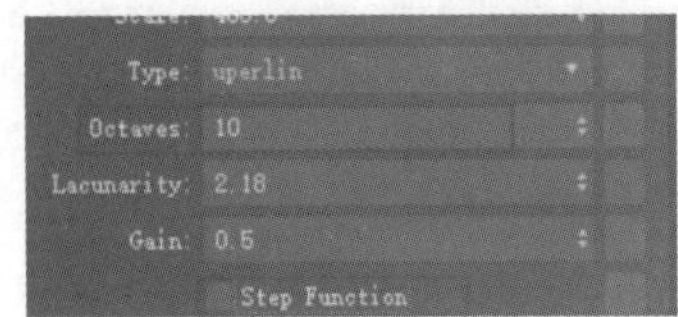

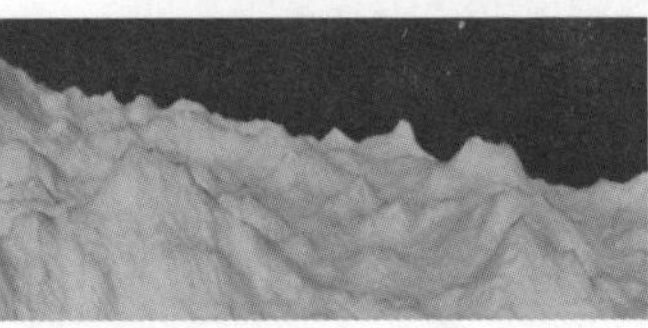
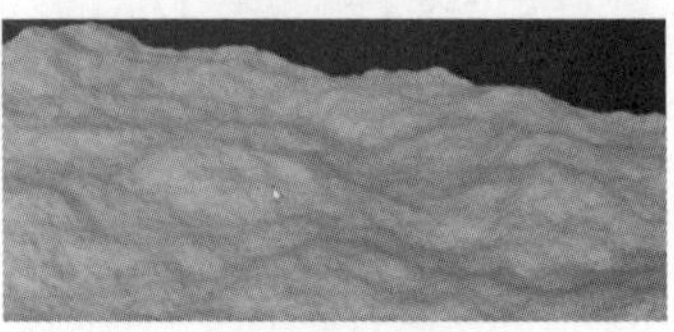

图 9.194　调整 Octaves 值

步骤 7：创建灯光。选择 Arnold 灯光，创建灯光，然后把灯光的类型改为太阳光，这时场景对象会变得更亮，如图 9.195 所示。

图 9.195　创建灯光

步骤 8：添加高动态风景图片。在“无贴图”位置添加高动态风景图片贴图以做天光。在“材质编辑器”中点击鼠标右键，选择“贴图”，找到位图。在文件夹中选择 HDR 贴图，用它来做环境的光，否则整体环境会太单调。将 HDR 贴图拖动到环境贴图里，勾选“实例”，在“环境”中改为“球形环境”，调整纹理的位置，得到所需要的环境背景效果。添加高动态风景图片如图 9.196 所示。

步骤 9：旋转灯光。通过旋转灯光来获得合适的环境背景效果，如图 9.197 所示。

图 9.196 添加高动态风景图片

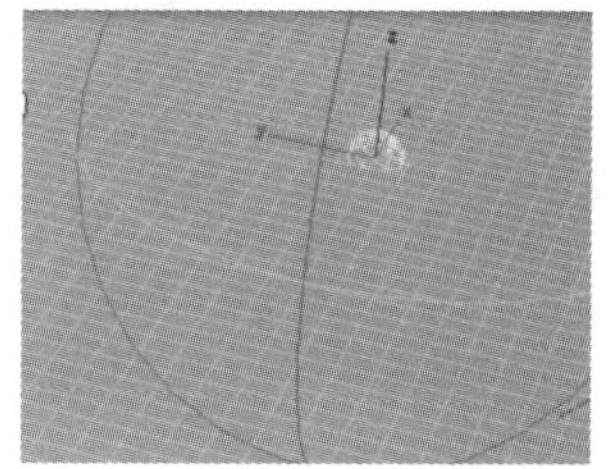

图 9.197 旋转灯光

步骤 10：给对象贴材质。创建材质，选择混合材质类型，把混合材质赋予对象，混合材质分为“shader 1”“shader 2”和“mix”，如图 9.198 所示。

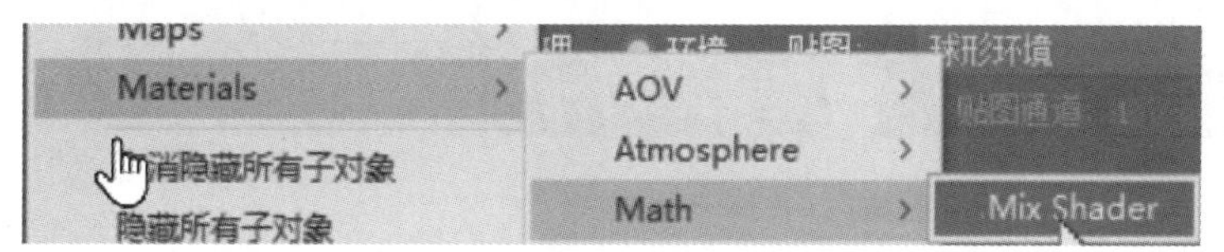

图 9.198 给对象贴材质

步骤 11：添加渐变材质。在“shader 1”里添加“物理材质”，在“物理材质”的“基础颜色”上添加“渐变”，如此就有 3 个颜色了，将颜色 1 改为白色，颜色 2 为岩石材质的颜色，在颜色 3 里添加绿色（岩石材质色），这样从上到下颜色就发生了变化，如图 9.199 所示。

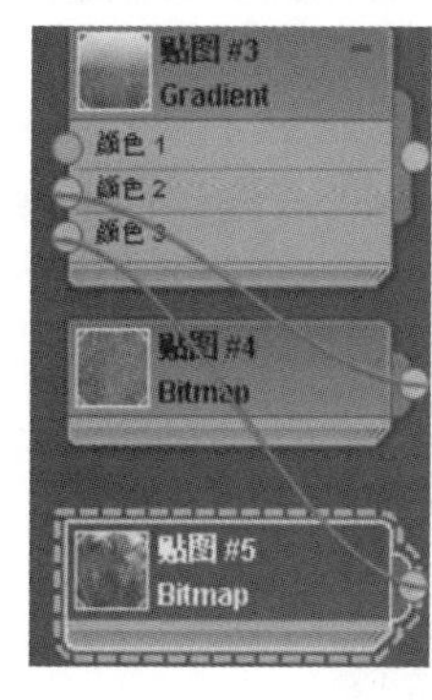

图 9.199 添加渐变材质

步骤 12：添加草坪贴图。在“shader 2”里添加“物理材质”，在“物理材质”的“基础颜色”上添加“渐变”，材质 1 使用物理材质颜色，材质 2 选择草坪贴图，如图 9.200 所示。

步骤 13：调整混合模式。若不想绿色出现太多，就要通过“遮罩”，调整混合模式和“add”模式。“add 模式”是为了让对象出现更亮的效果，相当于在图层颜色之间进行混合的效果。然后调整 Mix 的值以取得合适的效果。调整混合模式如图 9.201 所示。

步骤 14：添加黑边噪波贴图。如果要使混合模式更紊乱一些，可在“Mix”参数后面的按钮中添加黑白噪波贴图，这样就可做成上面亮一些，从白色慢慢下降到绿色的效果，如图 9.202 所示。

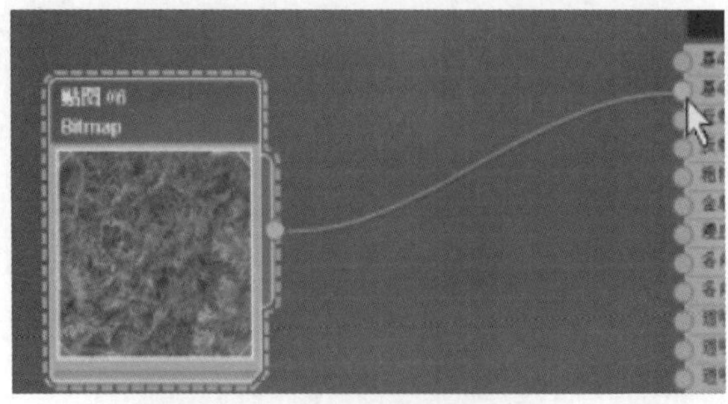

图 9.200 添加草坪贴图

图 9.201 调整混合模式

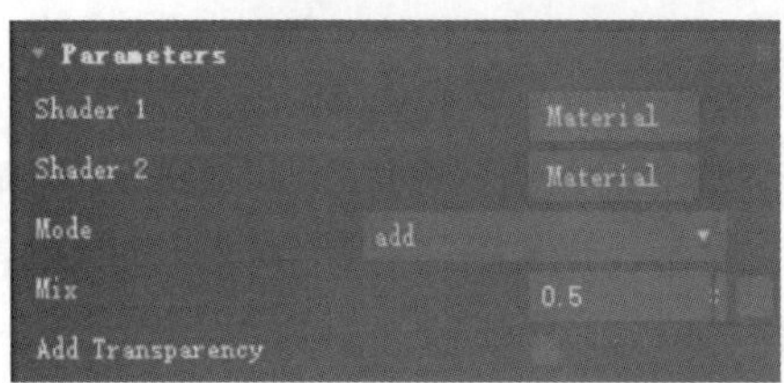

图 9.202 添加黑边噪波贴图

步骤 15：复制远山并观察渲染效果。完成以后复制整个图形，移动到后面作为远山，调整对象噪波的凹凸以及段数，然后调整到合适的角度来观察渲染效果，如图 9.203 所示。

图 9.203 复制远山并观察渲染效果

【小结】 本实验介绍了利用物理灯光和置换来制作山脉。Arnold 的置换不同于 3ds Max 的置换。只要有合适的 OSL 贴图，就能够做出很明显的凹凸效果。天光可以调整为不同时期（早晨、中午、黄昏）的光线效果。

第 10 章　3ds Max MassFX 动力学和粒子系统

实验 10.1　超级喷射粒子系统 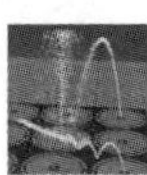

【概述】 粒子系统用来模拟粒子的各种基本动力学运动，在动画制作中经常用到。利用超级喷射粒子系统，可制作下雨、下雪、火、爆炸、烟、水流、云、尘、发光轨迹等视觉效果。

【知识要点】 学会创建和使用粒子系统；掌握粒子参数的设置；了解常用空间扭曲中导向板、重力和风的创建和使用方法。

【操作步骤】

步骤 1：创建几个管状体。文件重置，打开制作好的场景，使用快捷键“Alt+W”放大视图；按“F10”键打开“渲染设置”，设置为“Arnold 渲染器”，在场景中创建几个管状体，如图 10.1 所示。

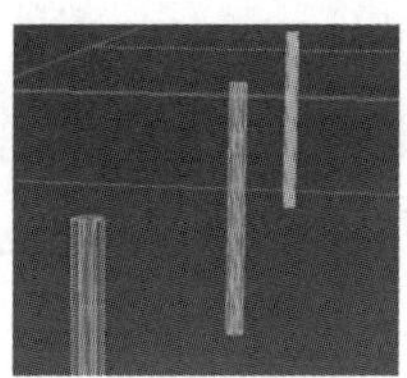
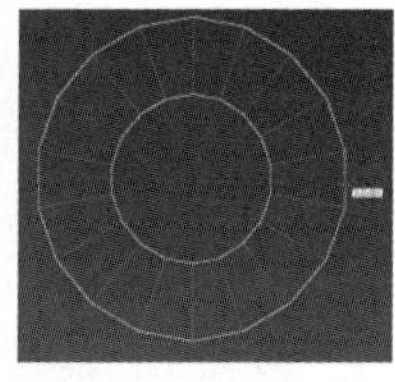

图 10.1　创建几个管状体

步骤 2：创建超级喷射粒子。粒子系统在“创建”面板里，选择“几何体→粒子系统→超级喷射 超级喷射”，按住鼠标左键在视图上创建超级喷射粒子系统。完成后将喷射粒子选中，点击顺时针旋转 180°，并把粒子移动到管状体的口边缘上。调整“视口显示”为“十字叉”，让粒子向上喷射。创建超级喷射粒子如图 10.2 所示。

步骤 3：播放动画。点击▶，移动播放帧，可看到发射器里的粒子喷射出来，如图 10.3 所示。

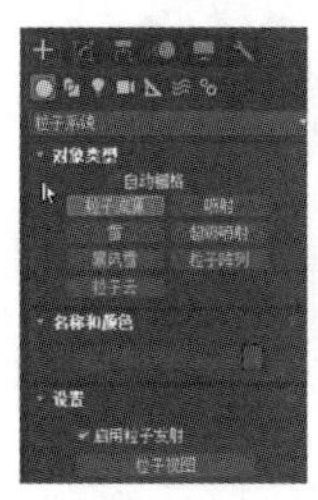
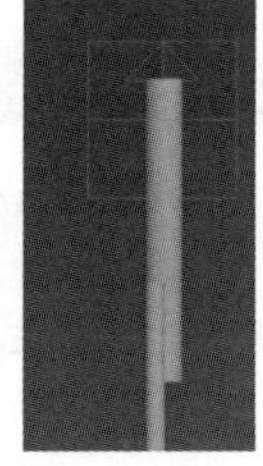

图 10.2　创建超级喷射粒子

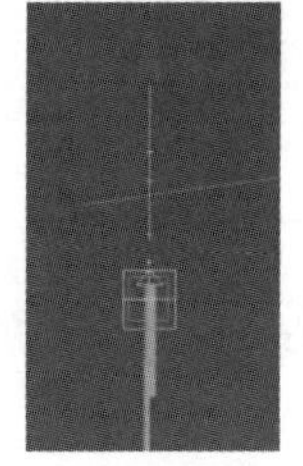

图 10.3　播放动画

步骤 4：调整粒子生成。调整发射器中粒子的形态、粒子数目、视口数目，勾选“使用总数”，输入 2000，看到粒子是粘在一起的，这需要在“粒子分布”栏上进行调整，如图 10.4 所示。

步骤 5：调整扩散角度。在“粒子分布”栏中调整参数，打开角度，这样粒子就散开了。一般在测试阶段不要测太多。观察粒子的整体形状，发现它是扁状的，呈现出的是扇形，要调整其扩散角度，原来是 0°，调整为 90°，这样就会变成圆形，在 360°范围内都有粒子。调整扩散角度如图 10.5 所示。

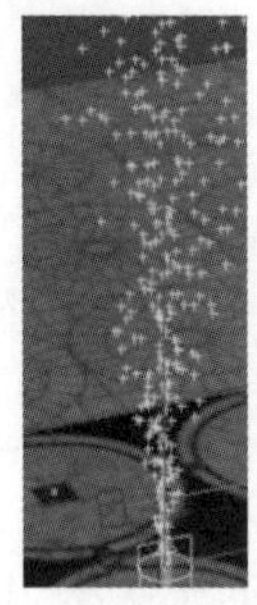

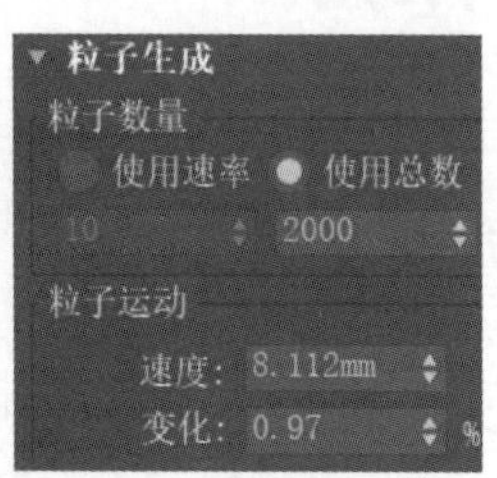

图 10.4　调整粒子生成

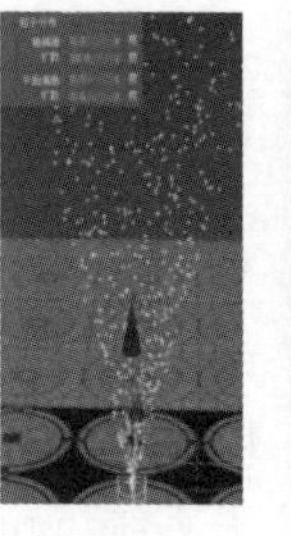

图 10.5　调整扩散角度

步骤 6：调整播放帧和反射时间。调整粒子开始时间，把开始时间改为负数。点击面板中的计时选项，把开始时间改为–30，这样第 30 帧以后就会一直不停地发射。要让它不停地生长，就必须把寿命改大，将其改为 200，并把播放帧改为 200，默认是 100。通过鼠标右键点击播放，调整时间为 200。调整播放帧和反射时间如图 10.6 所示。

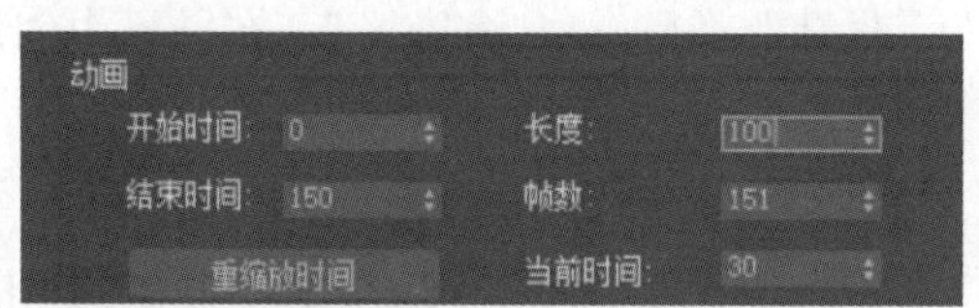

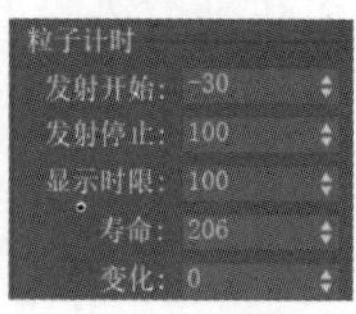

图 10.6　调整播放帧和反射时间

步骤 7：隐藏发射器。勾选“发射器隐藏”，发射器是渲染不出来的，这只是为了看得清楚，否则可以不隐藏，如图 10.7 所示。

步骤 8：调整粒子运动。调整“速率”，速率值越大，同样的时间段里面其走的距离越长。速率值也可以称为变化值，有的变化快，有的变化慢，如图 10.8 所示。

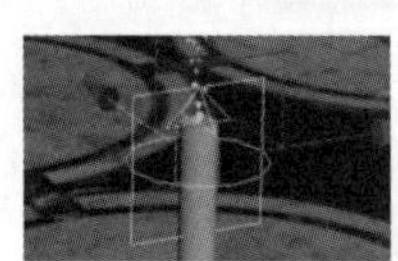

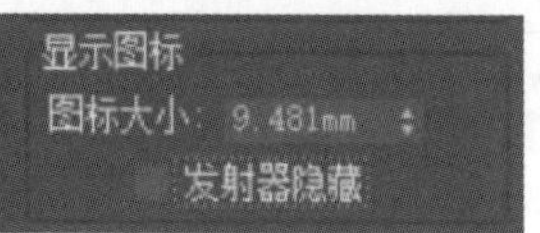

图 10.7　隐藏发射器

图 10.8　调整粒子运动

步骤 9：调整粒子的大小。只要通过渲染就会看得到，对粒子贴上相应的贴图就可以做成材质，如水或火焰等，设定粒子类型为标准粒子，如图 10.9 所示。

步骤 10：添加重力。设置好以后播放动画，就会发现问题，粒子不停地往上喷，如果是喷泉的话应该向上喷后还会向下，第 100 帧以后就没有了，烟才会这样。要做出水喷到一定程度以后，喷不上去了就往下落的动画，就要增加空间扭曲，点击“空间扭曲”系统，选择

“力→重力”。在视图中拖出，使用左上角的“绑定到空间扭曲” 命令，把喷射的粒子系统用鼠标左键拖到重力上进行绑定。选中“重力”修改，调整重力的强度，随着重力强度的增加，粒子开始往下，这时就看到粒子冲上去以后就往下落。添加重力如图 10.10 所示。

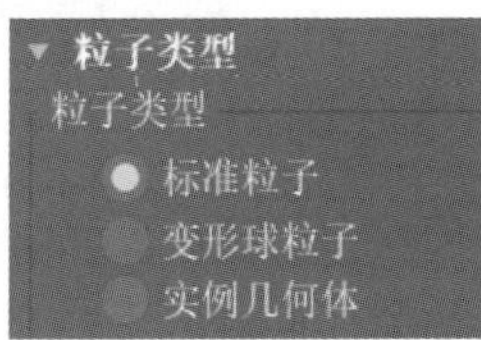

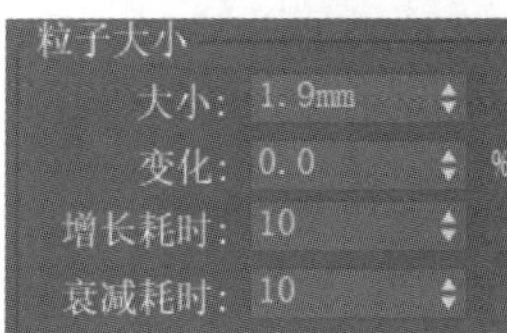

图 10.9　调整粒子的大小

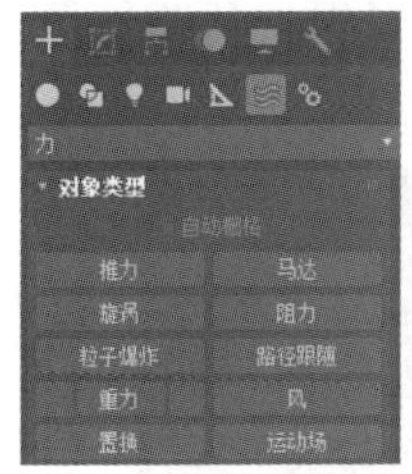

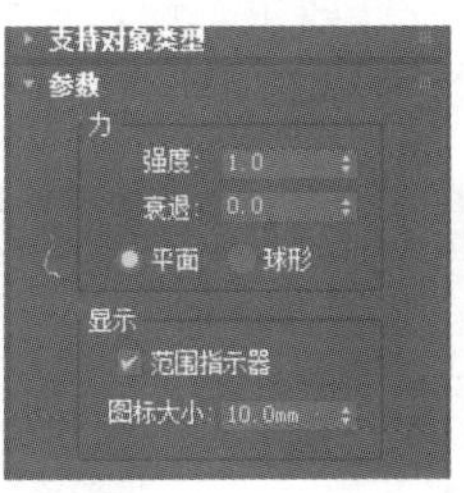

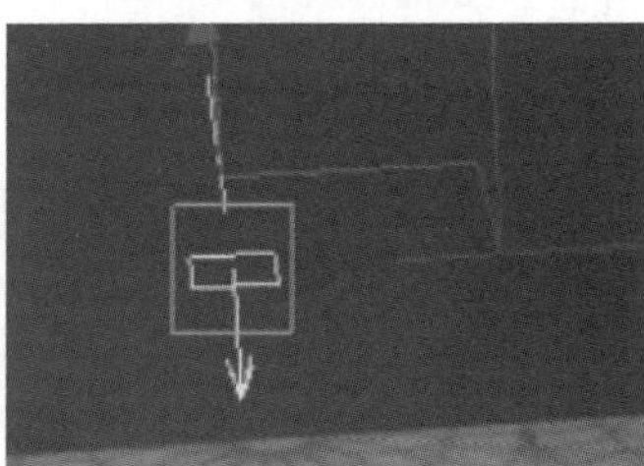

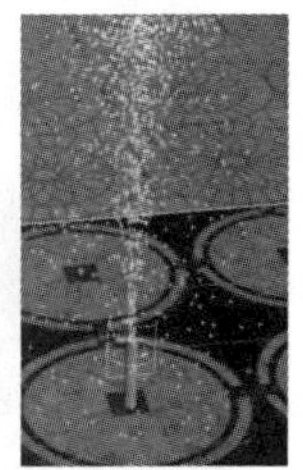

图 10.10　添加重力

步骤 11：制作全导向器。粒子往下落后穿过地面，这不符合真实的效果，如水落下来就不能穿过地面，这时就要创建导向器。点击“空间扭曲”系统，选择“导向器”中的“全导向器”。在视图中拖出，在“拾取对象”按钮上点击，拾取地面对象，把喷射粒子绑定到全导向器上。在“全导向器”和“重力”参数面板中进行适当调整以达到想要的效果。修改反弹的强度值，就可以做出喷泉效果。制作全导向器如图 10.11 所示。

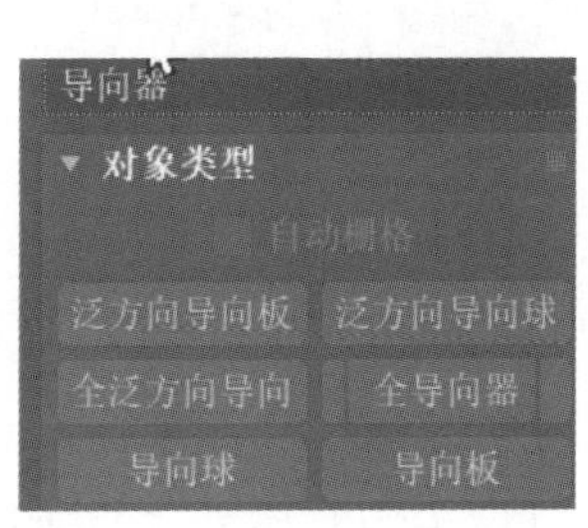

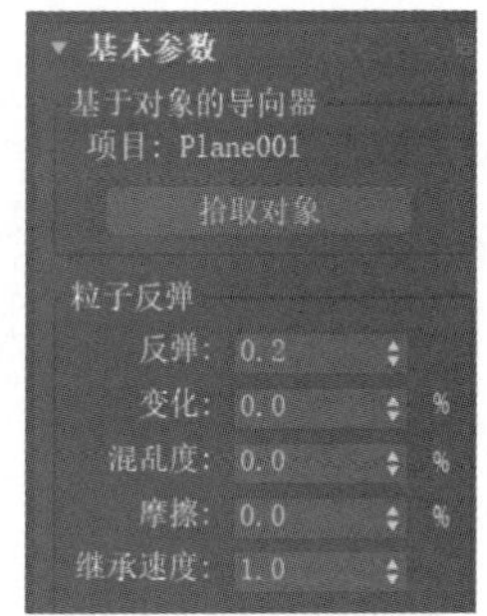

图 10.11　制作全导向器

步骤 12：复制喷泉。要做第二个喷泉的话，使用复制即可。由于它用的是挡板和重力，对对象重新添加导向板和重力，利用不同的导向板的力度才能做出不同的变化，如图 10.12 所示。

步骤 13：调整旋转角度。将对象旋转一个角度，让水喷到中央去。可以改变对象的数目、大小以及它的寿命值，因为力度不同，在地上多弹几次，设置的效果也就不同，如图 10.13

所示。

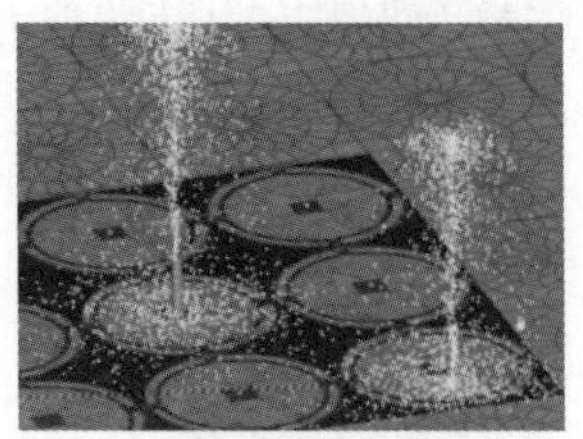

图 10.12 复制喷泉

图 10.13 调整旋转角度

步骤 14：调整参数。再复制一个，将导向板也要重新绑定给对象，此处方向很重要，可以直接朝向地面，也可以直接打向高点，而重力的大小将决定水被溅开的效果，如图 10.14 所示。

步骤 15：根据设计要求调整参数。根据设计要求，慢慢地增加其形状扩散值、导向器数量和重力大小，对速率等也做一些调整，这样才能取得比较好的效果，如图 10.15 所示。

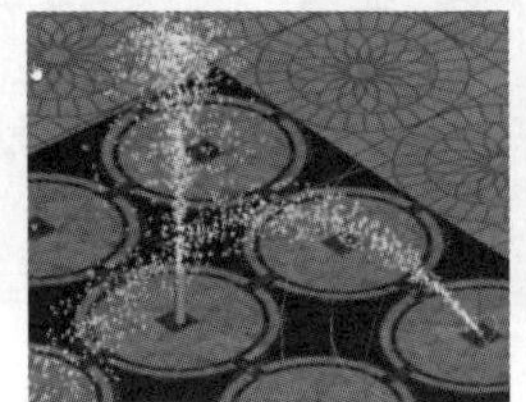

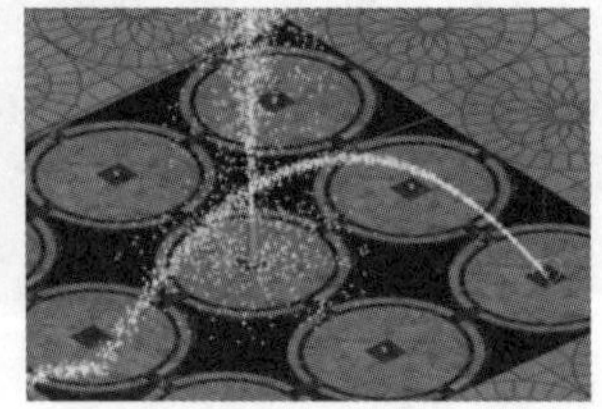

图 10.14 调整参数

图 10.15 根据设计要求调整

步骤 16：最后调整。通过复制在四周再做一些喷泉，调整参数，制作材质，并赋予水具有透明度的材质，打上灯光，调整后的效果如图 10.16 所示。

图 10.16 调整后的效果

【小结】 本实验介绍了超级喷射粒子的制作方式，通过粒子数目、粒子形态的调整，以及空间扭曲的利用，可以做出不同类型的喷泉效果。

实验 10.2 粒子爆炸效果 

【概述】 通过粒子阵列和大气装置可以制作出爆炸效果。制作过程中要把粒子和要被爆炸的物体进行绑定。

【知识要点】 学会创建和使用粒子阵列系统；理解粒子类型的不同；掌握大气装置和空间扭曲的使用。

【操作步骤】

步骤 1：创建手雷。先创建一个圆柱体，将平滑去掉，将对象转化为可编辑多边形，如图 10.17 所示。

步骤 2：编辑圆柱体。选取多边形的面，按住“Ctrl”键进行选择，不选上面和下面。使用倒角命令倒出一些面，再使用“锥化”命令，如图 10.18 所示。

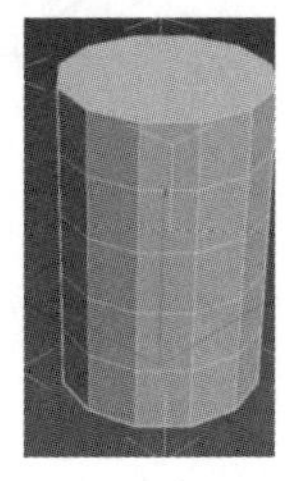

图 10.17　创建圆柱体

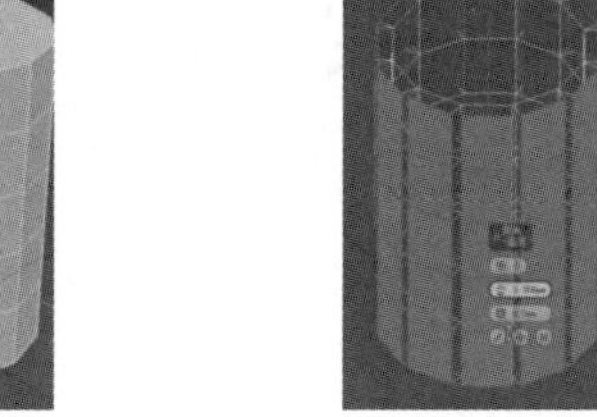

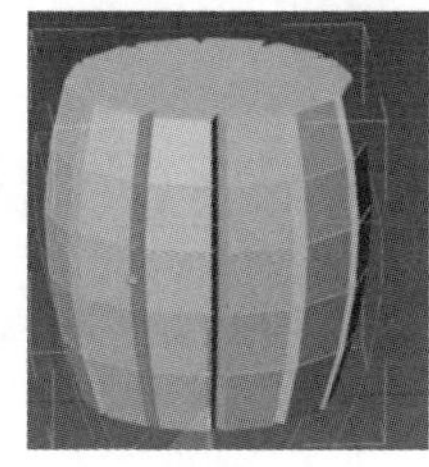

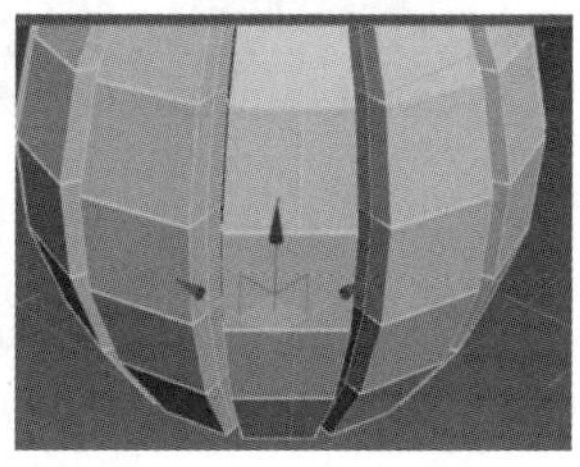

图 10.18　编辑圆柱体

步骤 3：创建手雷部件。创建一个倒角立方体，将其放置到圆柱体上面。利用圆柱体进行布尔运算，挖出一个洞。再创建两个圆环作为拉环使用。将全部部件附加到一起，这样一个简单的手雷就制作完毕了，如图 10.19 所示。

步骤 4：赋予材质。打开“材质编辑器”，拖入一张生锈的绿色材质，将其赋予对象并调整高光，如图 10.20 所示。

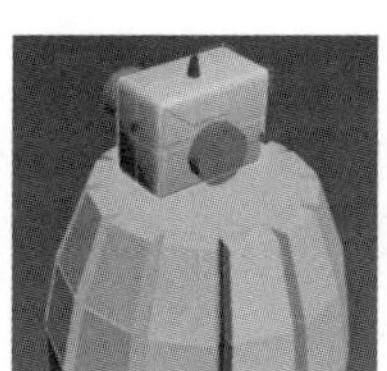

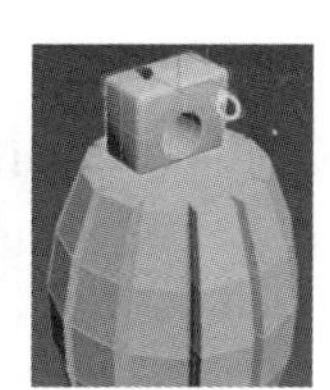

图 10.19　创建手雷部件

图 10.20　赋予材质

步骤 5：创建粒子阵列。接下来开始做爆炸效果。点击“粒子系统”，选择“粒子阵列”，在视图中创建粒子阵列，将其放在哪个位置不重要，它只是个图标而已；在命令面板中点击“拾取对象”，在修改栏中拾取刚刚设置的手雷，如图 10.21 所示。

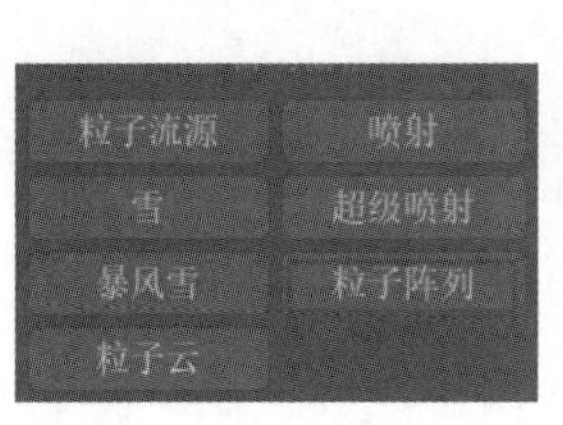

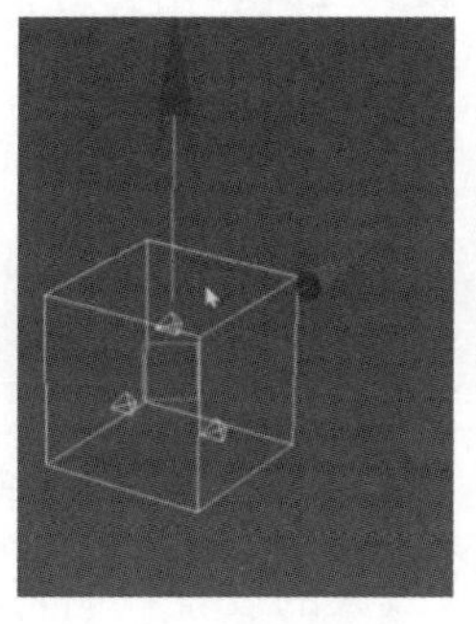

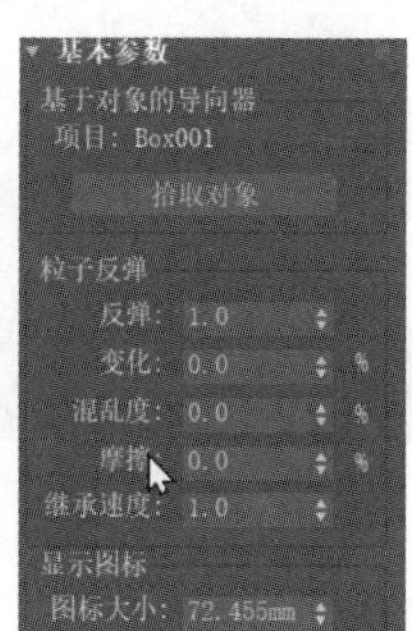

图 10.21　创建粒子阵列

步骤 6：设置粒子阵列参数。此时拖动时间滑块，可看到手雷上有粒子发射出来。设置粒子阵列的参数，在“视口显示”中选择“网格”，将“粒子类型”设置为“对象碎片”，在“对象碎片控制”中选择“碎片数目”，将最小值调整至 80，将厚度调整至 6，如图 10.22 所示。

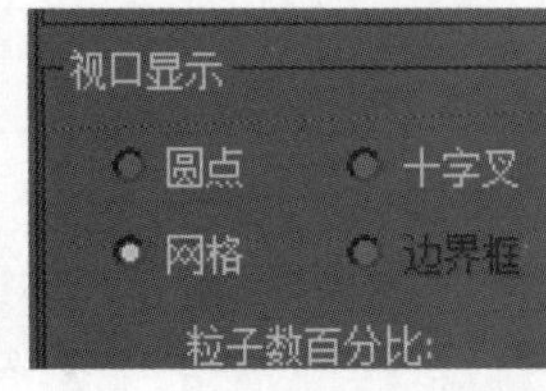

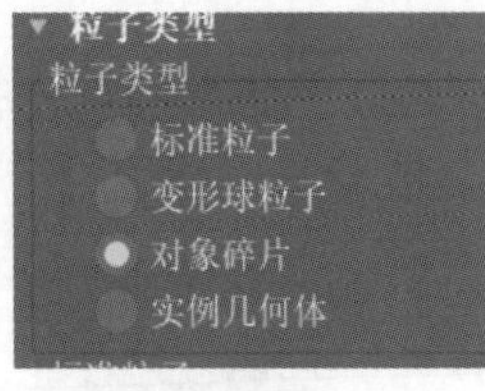

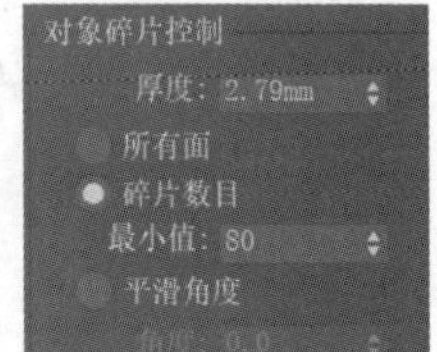

图 10.22 设置粒子阵列参数

步骤 7：设置粒子计时。在“材质贴图和来源”中选择“拾取的发射器”，在“粒子计时”中进行参数调整，将发射开始时间设置为 20，将寿命设置为 100，如图 10.23 所示。

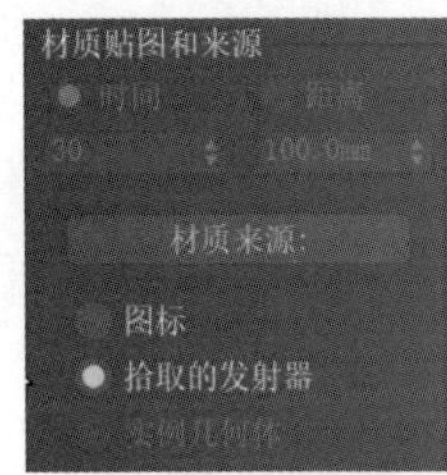

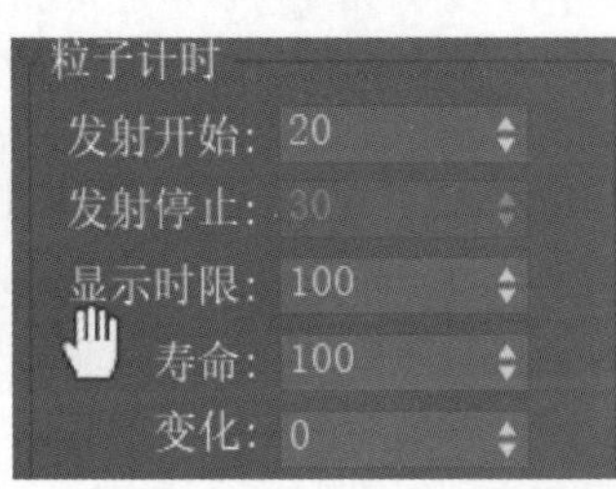

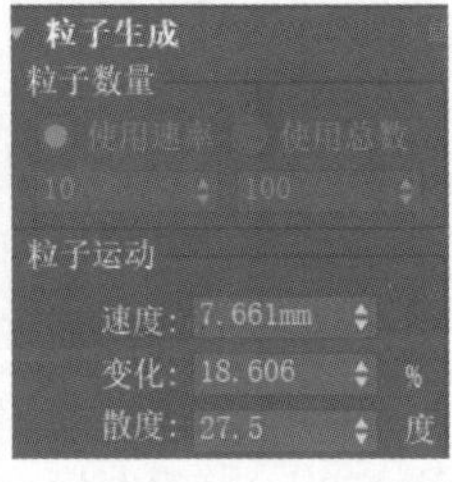

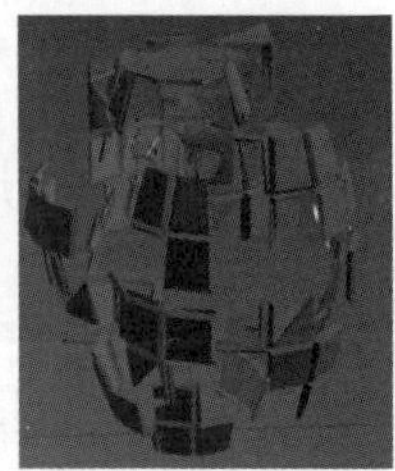

图 10.23 设置粒子计时

步骤 8：添加大气装置。接着在手雷中心做一个火的效果。在“辅助对象”面板中点击“大气装置”，在“对象类型”中选择设置“球体 Gimo”，将设置好的球体移动到球体的中心位置；将火球体的半径调整至 109，并且在“大气和效果”点击“添加”，选择添加“火效果”，如图 10.24 所示。

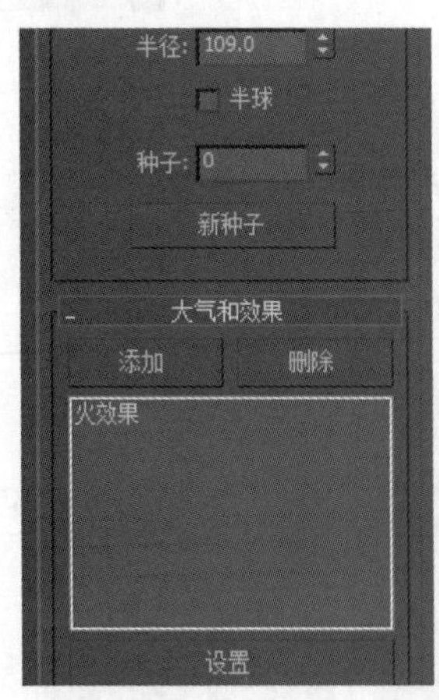

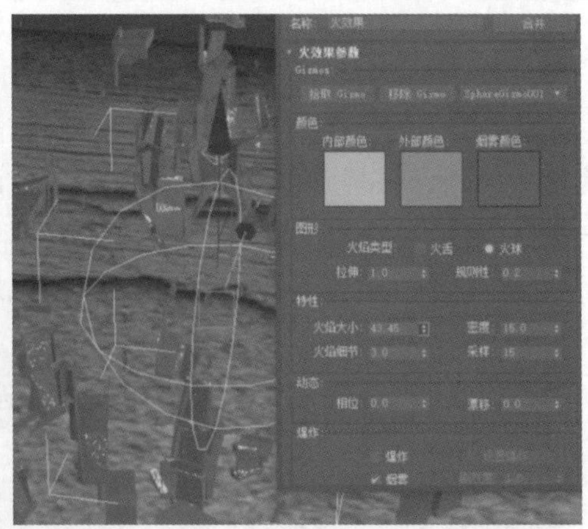

图 10.24 添加大气装置

步骤 9：设置火效果。点击火效果的设置，调整参数。选择火球，调整火焰大小和火焰细节，将时间滑块拖至 30 帧的位置。再次调整火效果的参数，拉伸参数，将火焰大小改为

40，将火焰细节改为 3.2。设置爆炸剧烈度为 1.32，调整爆炸结束时间为 80。将时间滑块拖至 1 帧的位置，设置火效果的参数，将火焰大小改为 32，调整火球的半径大小为 126，并且勾选“爆炸”。调整剧烈度参数，设置爆炸开始时间为 20 帧，爆炸结束时间为 40 帧。设置火效果如图 10.25 所示。

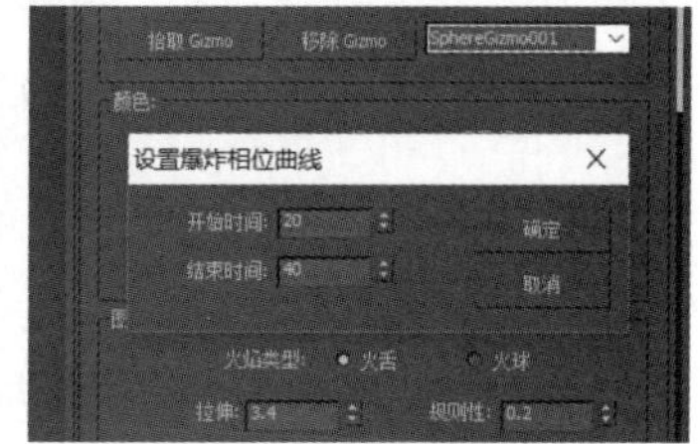

图 10.25　设置火效果

步骤 10：修改对象属性。对象爆炸后不可能手雷还在，这时就要把中心的手雷在爆炸后隐藏起来。点击“自动关键点”，将时间滑块拖至 20 帧的位置。按鼠标右键点击“属性”，并且将步骤 1 中设置的手雷“对象属性”的可见性改为 0；再拖至 19 帧处，将可见度改为 1。修改对象属性如图 10.26 所示。

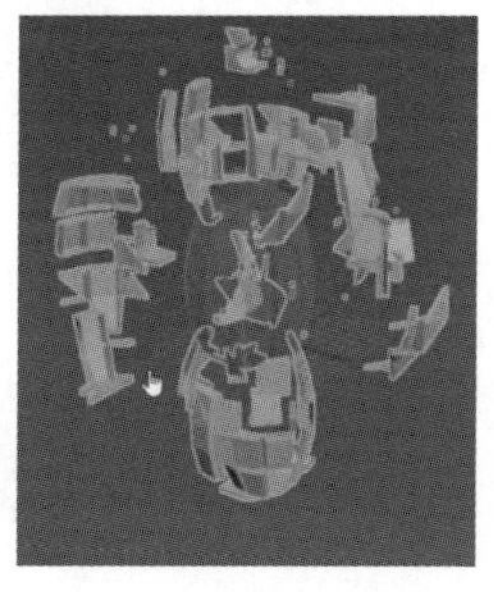
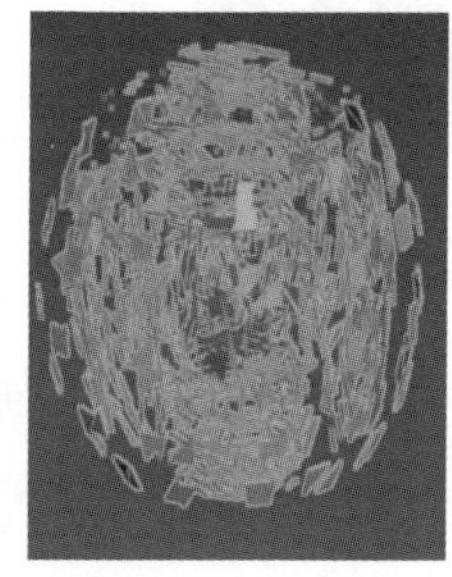

图 10.26　修改对象属性

步骤 11：创建长方体。创建一个长方体作为地面，给地面贴一个材质，并且使地面与手雷有一段距离，如图 10.27 所示。

步骤 12：制作动力学动画。把手雷做成“动力学刚体”，把地面做成“静态刚体”，如图 10.28 所示。

步骤 13：创建空间扭曲。给粒子阵列增加空间扭曲：重力 Gravity → 重力 和导向板→ 全导向器。创建好导向板和重力，将导向板绑定到地面，将重力绑定到粒子上，并调整相关参数，如图 10.29 所示。

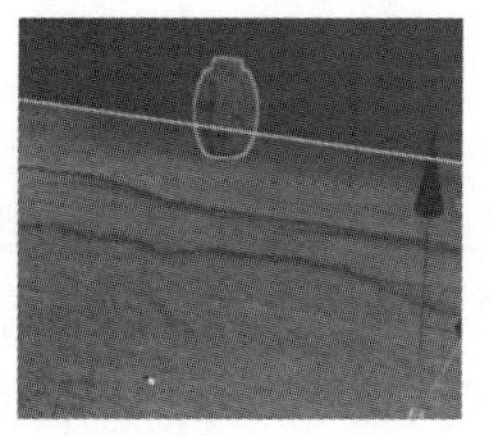

图 10.27　创建长方体

MassFX Rigid Body
可编辑多边形

图 10.28　制作动力学动画

步骤 14：创建泛光灯。在场景中创建一盏泛光灯，以增加氛围，如图 10.30 所示。

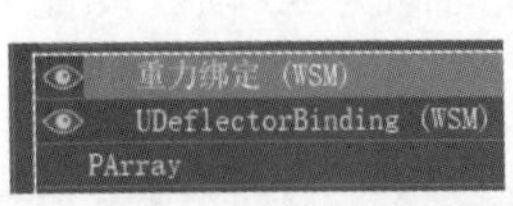

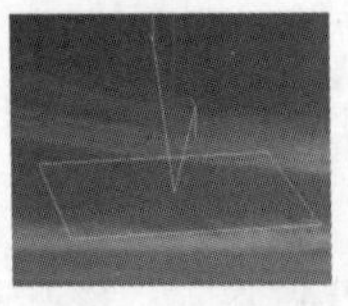

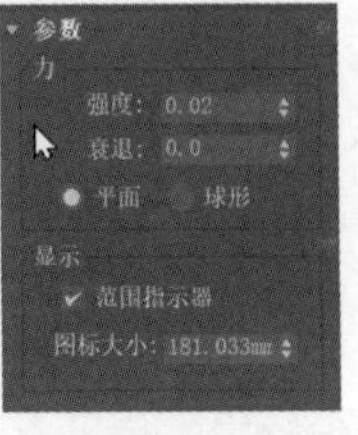

图 10.29 创建空间扭曲

步骤 15：渲染设置。该场景时间很短，仅为查看效果之用。在渲染“文件”中，创建一个文件夹，打开“渲染设置”，在时间输出一栏勾选“活动时间段”，选择输出大小为 1280×720，文件保存为 JPG 格式，渲染成序列图片。在“渲染输出项”中确定在计算机中保存文件的位置和文件夹。点击“渲染”，完成后找到“渲染”，打开 RAM 播放器，找到刚才存放文件的位置，点击“播放”，观看动画效果。最终效果如图 10.31 所示。

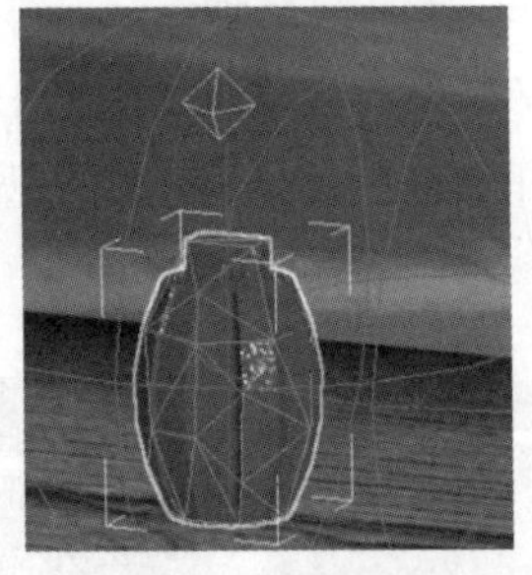

图 10.30 创建泛光灯

图 10.31 最终效果

【小结】 本实验介绍了粒子阵列的使用方法，并融合了大气效果、动力学系统以及建模材质的应用。要做动画，必须把材质、建模、渲染、灯光结合到一起，才能做出良好的效果。

实验 10.3 球 体 碰 撞 

【概述】3ds Max 中的 MassFX 工具提供了用于为项目添加真实物理模拟效果的工具集。运用 MassFX 动力学原理并且将动画和动力学刚体相结合，可以实现球体碰撞墙体而墙体倒塌的效果。

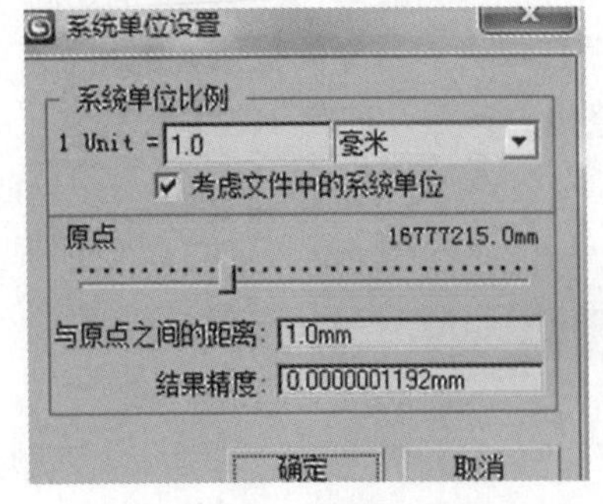

图 10.32 设置系统单位

【知识要点】 掌握动力学刚体的设置，学会利用轨迹视图制作动画。

【操作步骤】

步骤 1：设置系统单位。首先打开一个场景，按快捷键“Alt+W”最大化视图。在菜单栏中点击“自定义→单位设置”，选择“系统单位”，将其单位设置改为毫米，将显示单位比例中的“公制”也改为毫米，如图 10.32 所示。

步骤 2：创建长方体。选择“标准基本体→长方体”，创建一个长方体，点击鼠标右键结束。在右边第二个选项中点击“修改”，将长度改为 12000mm，宽度改为 3000mm，高度改为 200mm，将该长方体作为地面，如图 10.33 所示。

步骤 3：创建简单地面材质。将石头材质赋予地面长方体，点击“漫反射”后面的“M”，将平铺次数 U 改为 3.7，将 V 改为 3.9，如图 10.34 所示。

图 10.33　创建长方体

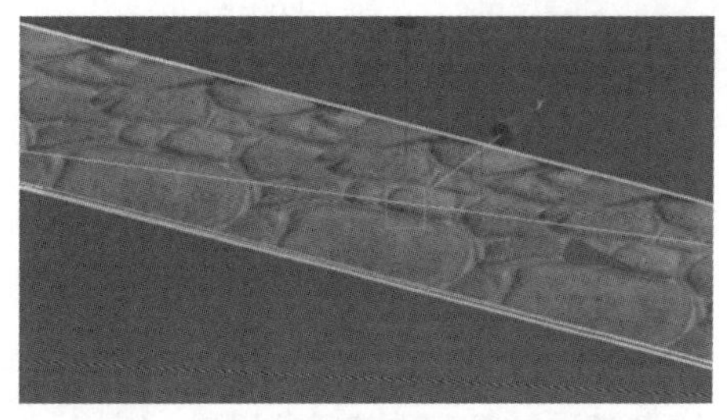

图 10.34　创建简单地面材质

步骤 4：创建砖块。按“Z”键显示全部，按“P”键切换到透视图，拉近视图，勾选“自动栅格”，这样就可以在平面上创建一个长方体，按真实的尺寸，将长度设置为 240，将宽度设置为 60，将高度设置为 120，这是一块标准大小的砖块。按“G”键可关闭栅格，并将其移到合适的位置。创建砖块如图 10.35 所示。

图 10.35　创建砖块

步骤 5：给砖块贴材质。按“F3”键显示“着色显示状态”，按“M”键打开“材质”对话框，将砖块材质拖入“材质”窗口，将砖块材质赋予长方形。点击砖块材质，找到“裁剪”，勾选“应用”，查看图像，裁剪出其中一块砖，再勾选“应用”。给砖块贴材质如图 10.36 所示。

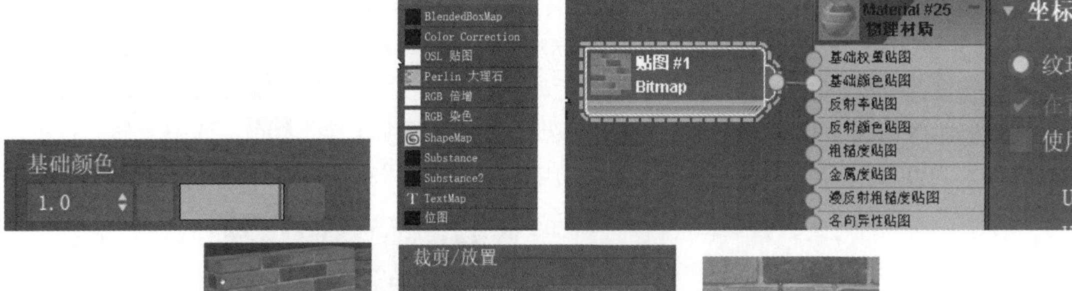

图 10.36　给砖块贴材质

步骤 6：阵列砖块。利用阵列命令复制砖块，并与底下的一层交错布置。再次使用阵列命令，这样先做出砖块的模型，创建一堵墙，如图 10.37 所示。

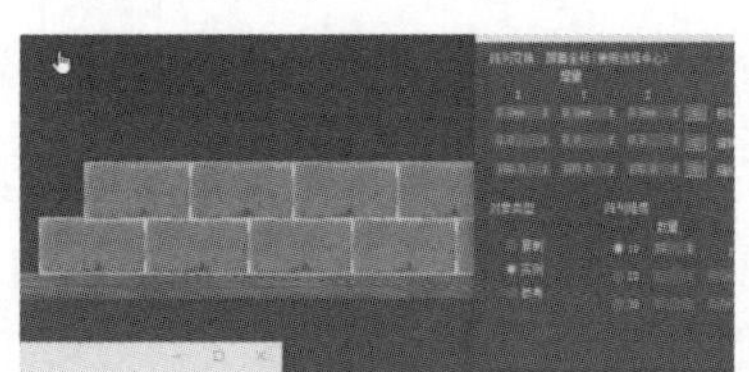

图 10.37　阵列砖块

步骤 7：创建球体。创建一个合适大小的球体，切换至前视图，使用移动工具移动球体，使球体位置在地面上方略高一些，对齐墙体，如图 10.38 所示。

图 10.38 创建球体

步骤 8：设置动画长度。用鼠标右键点击“播放工具”，在弹出的“动画”对话框中，在“长度”一栏输入 300，根据动画的需要，修改整体动画的长度。

步骤 9：设置球体动画。点击“自动关键帧”，设置一段球体弹跳滚动的动画。打开“轨迹视图”面板，选择球体，在“参数曲线超出范围类型”中选择“相对重复”，制作一段球体动画，如图 10.39 所示。

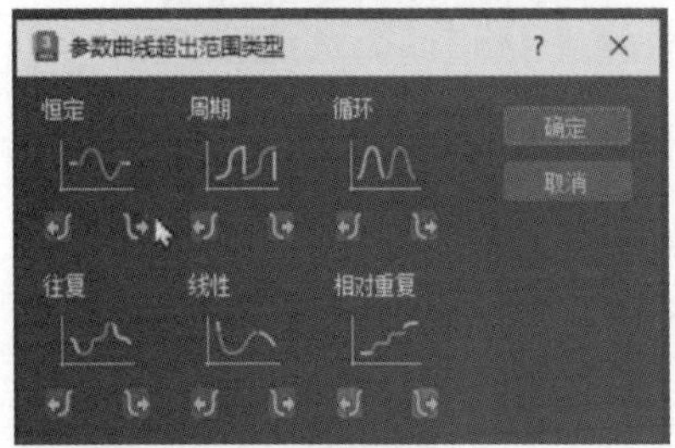

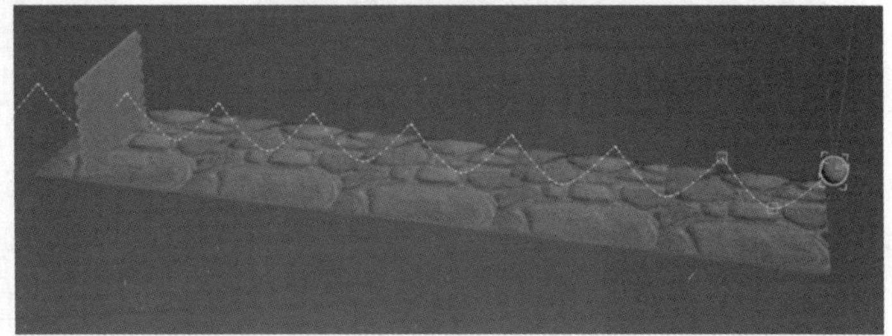

图 10.39 设置球体动画

步骤 10：设置动力学参数。打开动力学“MassFX 面板”，默认它是不在主工具栏中的，需要在主工具栏的空白处单击鼠标右键，在弹出的菜单中选择“MassFX 工具栏”命令，调出“MassFX 工具栏”，这样就可以在工具栏中使用了。选择地面，点击“将选定项设置为静态刚体”。所谓静态刚体，就是固定在此处不动，但是参与动力学的计算。将球体和砖块全部选中，点击“将选定项设置为运动学刚体”。在有外力的情况下，运动学缸体会发生运动。默认的外力是重力，也可以在右边命令面板中设置。在 MassFX 中选择“多对象编辑器”，选中墙体，设置质量（Mass）为 0.5，球体质量为 10。设置动力学参数如图 10.40 所示。

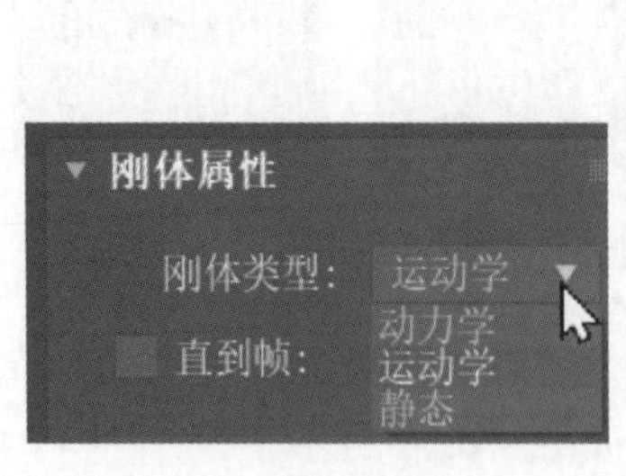

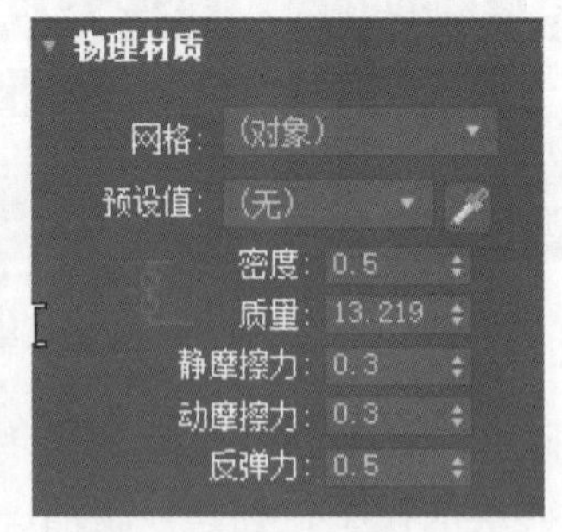

图 10.40 设置动力学参数

步骤 11：模拟动画。点击，打开“MassFX 工具”，选择，点击来模拟效果。因为涉及一些对象的“质量”问题，发现刚开始模拟时，球体未碰到砖块，砖块自己会弹起来。这是因为每个对象都有其弹力跟摩擦力，包括运动的一些其他属性。对砖块来说，默认有弹力和摩擦力，因此球还没有开始撞击，砖块就开始掉落。模拟动画如图 10.41 所示。

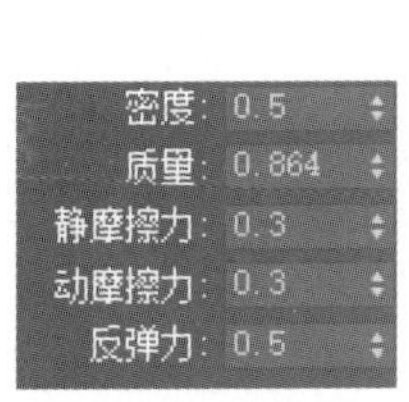

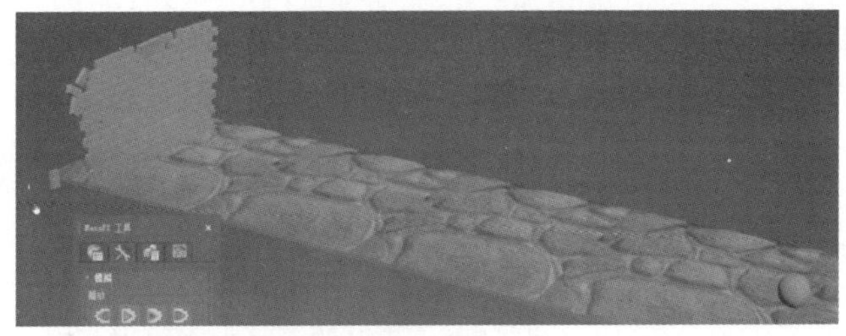

图 10.41　模拟动画

步骤 12：在睡眠模式下启动。如果需要在球碰到以后砖块才会倒下，则要勾选“在睡眠模式下启动”。如果启用该选项，刚体将以睡眠模式开始模拟，这表示在刚体碰撞之前，它不会运动。在睡眠模式下启动如图 10.42 所示。

图 10.42　在睡眠模式下启动

步骤 13：设置加速。预览动画时，发现加速度不够。选中球体，点击鼠标右键选择“曲线编辑器”，将球体运动轨迹点全部框选，选择 X、Y、Z 轴旋转和 X、Y、Z 轴位置，点击“设置为快速”，关闭“曲线编辑器”，如图 10.43 所示。

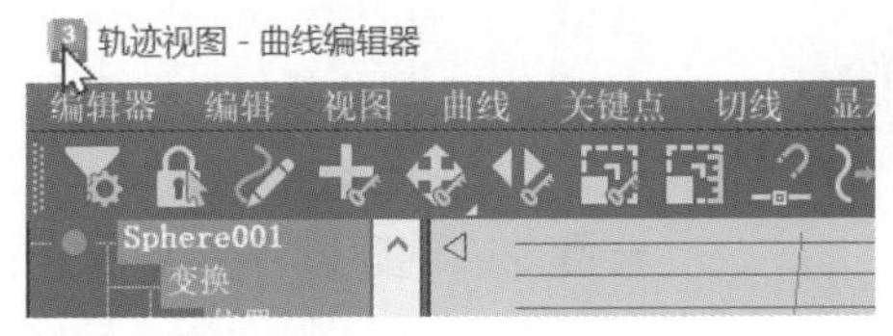

图 10.43　设置加速

步骤 14：烘焙处理。将墙面砖头全部选中，调整砖头和球体质量；选择工具栏中的“烘焙所有”，生成动画帧，如图 10.44 所示。

图 10.44　烘焙处理

【小结】 本实验介绍了 MassFX 工具的应用。在球体碰撞动画的制作过程中，只有把墙体和球体都调到合适的质量、摩擦力和反弹力，动画才能准确地演示出来。

【拓展作业】 制作如图 10.45 所示的保龄球的撞击动画，完成拓展作业。

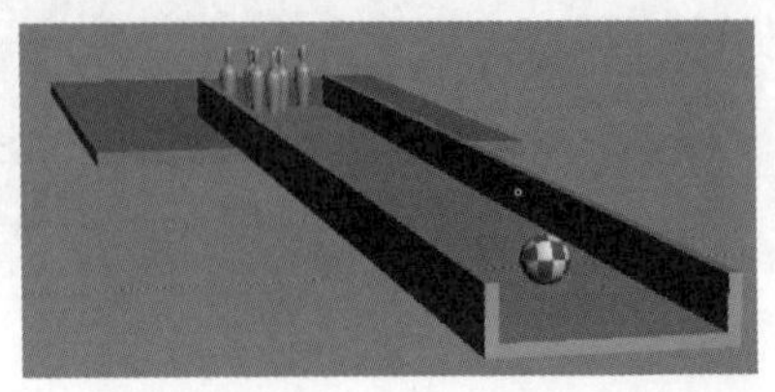

图 10.45 拓展作业——制作保龄球的撞击动画

实验 10.4 凹 面 体 模 拟

【概述】 动力学系统几乎在每个版本中都有新的变化，是制作动画必不可少的工具。3ds Max 2023 中 MassFX 工具的动力学系统功能非常强大，远远超越了之前的任何版本。动力学系统能快速地制作出物体与物体之间真实的物理效果，用于定义物理属性和外力，当对象遵循物理定律相互作用时，会让场景自动生成最终的动画关键帧。在 3ds Max 2012 之前的版本中，一直使用 Reactor 来制作动力学效果，但是 Reactor 存在很多漏洞，如卡机、容易出错等。MassFX 的主要优势在于操作简单，可进行实时运算，并且解决了由于模型面数过多而无法运算的问题。

图 10.46 打开场景

【知识要点】 掌握动力学系统和 MassFX 工具，学会使用凹面体和对象的破裂。

【操作步骤】

步骤 1：打开场景。打开事先做好的场景，该场景中点了两盏灯光，一个是暖色调点光源，另一个是冷色调射灯，创建了两个立方体，并贴上了材质，如图 10.46 所示。

步骤 2：创建圆环并复制旋转。在侧视图上创建圆环，调整其段数、边数、大小，并复制一个，旋转 90°，只要这两个对象不交错就可以，如图 10.47 所示。

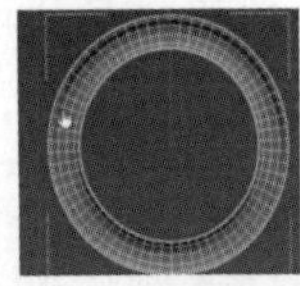  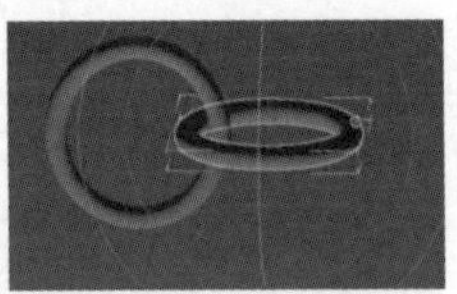 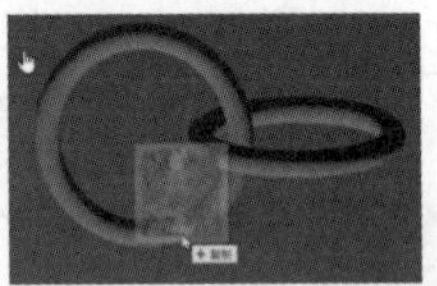

图 10.47 创建圆环并复制旋转

步骤 3：设置圆环的动力学属性。调出 MassFX 工具栏，选中圆环，打开工具栏。在“动力学”面板中，将第一个圆环设置为静态刚体，即点击“将选定项设置为静态刚体”，将图形类型设置为“原始对象”，即“图形类型：原始的”，将复制出来的圆环设置为动力学刚体，即点击“将选定项设置为动力学刚体”，将动力学对象的图形类型设置为“凹面”，并且点击“重新生成选定对象”。点击“模拟”，圆环就挂住了。设置圆环的动力学属性如图 10.48 所示。

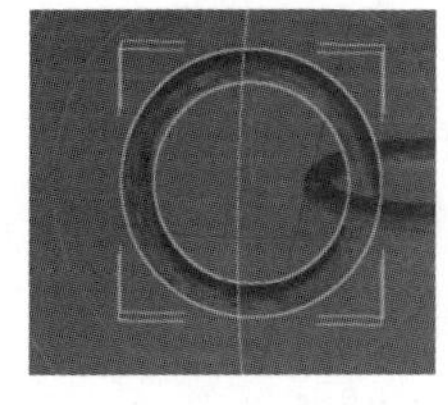
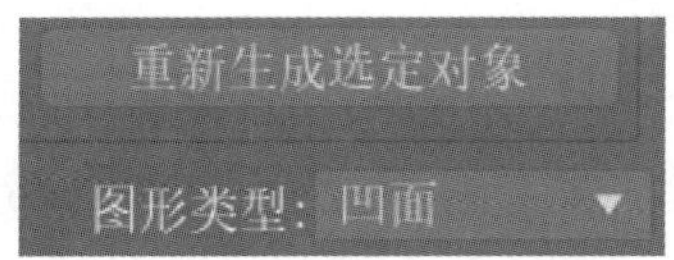

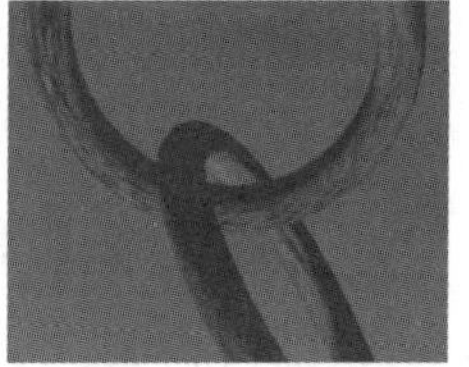

图 10.48　设置圆环的动力学属性

步骤 4：设置接触距离。模拟两个圆环挂住以后，发现它们并不是靠在一起的，而是有一段距离。该距离就是在网格中设置的距离，对其可以进行调整；设置适配率参数，使内外两个边缘始终适配；可以通过动力学设置调整对象的接触距离。设置接触距离如图 10.49 所示。

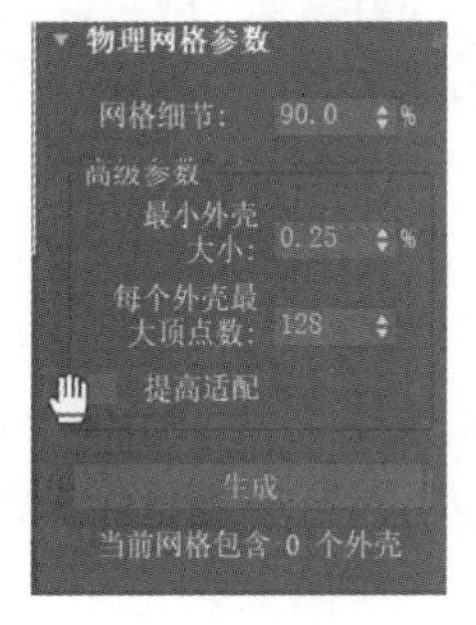

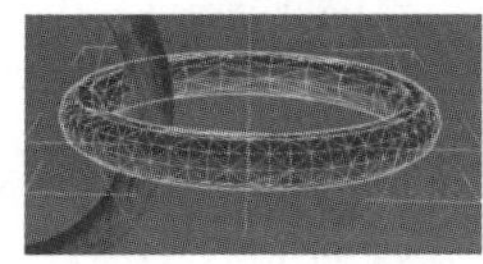
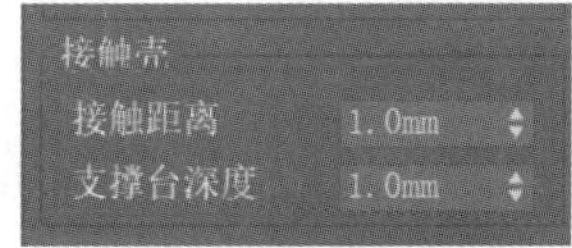

图 10.49　设置接触距离

步骤 5：重新生成网格。设置好参数后，再复制时就不用单个去设置了。再复制 4 组，新复制的对象还没有网格，要重新生成，如图 10.50 所示。

图 10.50　重新生成网格

步骤 6：调整质量重新模拟。圆环可以打到箱子上，但是打不动，可能是因为质量不够。虽然看上去很大，但是要看每个对象所显示出来的质量是多少。对其进行统一设置，勾选“在睡眠模式中启动” ✔ 在睡眠模式中启动，再次模拟效果，这时打动没问题了，然后取消模拟，如图 10.51 所示。

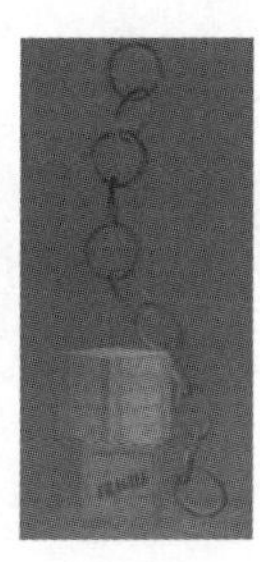
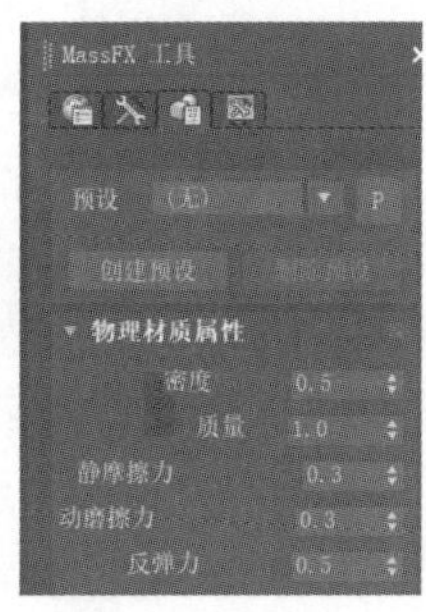

图 10.51　调整质量重新模拟

步骤 7：快速剪切并分离。要做箱子破裂的效果，先创建一个长方体，勾选“自动栅格”，贴一个箱子贴图，这样做出来更逼真一些。为了裂开成几块，将箱子对象转化为可编辑多边形，利用“快速循环”命令为其加一些段，利用“快速剪切”命令切除一些不规则的分段。选中各个“多边形”层级进行分离，需要对破碎的各块都做分离，分离对象是多个对象而不是单对象，做完后退出多边形状态。快速剪切并分离如图 10.52 所示。

图 10.52 快速剪切并分离

图 10.53 模拟碰撞

步骤 8：模拟碰撞。选中这三个长方体对象，点击一个动力学刚体对象。首先模拟一下，发现对象还没有碰到就裂开了。选择对象，勾选“在睡眠模式中启用” ✔ 在睡眠模式中启动 ，则可先睡眠，在没碰到时不会动，这样模拟就完成了，如图 10.53 所示。

步骤 9：设置厚度。模拟完成后，发现最上面的对象破裂以后，对象的厚度为 0。在编辑器中选择“壳”命令，设置厚度，这时再看就有厚度了，如图 10.54 所示。

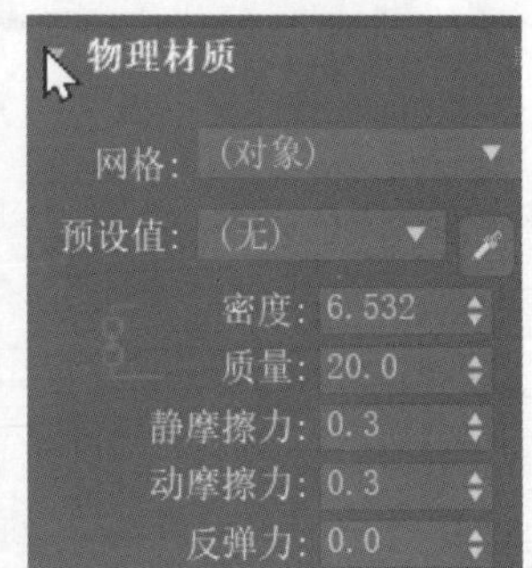

图 10.54 设置厚度

步骤 10：烘焙处理。模拟完成后若觉得效果可以，就可将这张图进行烘焙处理。选择“烘焙所有”，将其生成动画，点击“播放帧”按钮就可以直接播放，看到动画的最终效果，如图 10.55 所示。

【小结】 本实验介绍了对象的凹面体，以及对象的分离破碎。其中涉及的一个命令就是“在睡眠模式中启用”。

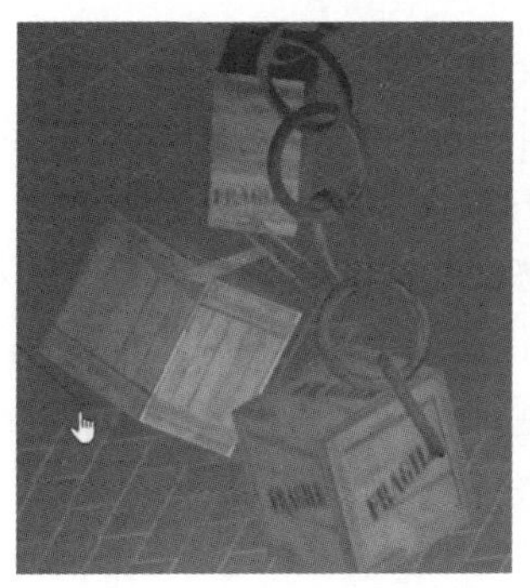

图 10.55　最终效果

实验 10.5　动 力 学 布 料 

【概述】 利用动力学布料来制作飘动的窗帘效果。

【知识要点】 掌握动力学布料的设置，学会绑定到空间上的应用。

【操作步骤】

步骤 1：打开场景。打开事先做好的场景，窗帘材质指定为花纹布料材质，如图 10.56 所示。

步骤 2：模拟窗帘。调出MassFX 工具栏，选中窗帘布，打开，添加布料的“动力学”修改器，点击。在早期的版本中要添加两次，即先将其改为布料，后添加布料集合；在新版本中直接添加布料即可。这里选择将选定的对象设置为布料对象，布料是动态的，点击“模拟”观看效果，布料就往下掉到地面上了，重置“模拟”，如图 10.57 所示。

图 10.56　打开场景

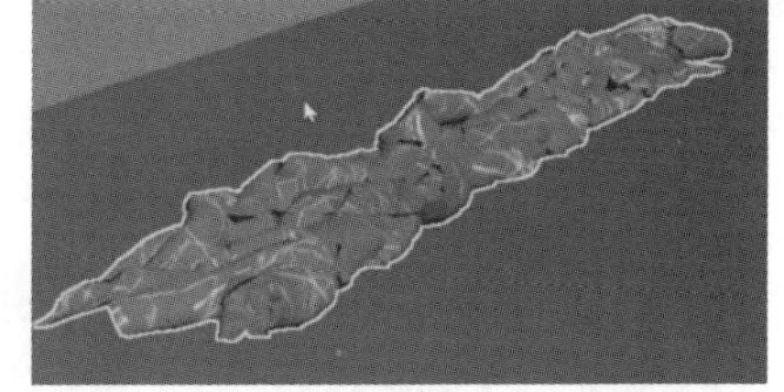

图 10.57　模拟窗帘

步骤 3：绑定枢轴。在“编辑器列表”中选择“mCloth→顶点”，选中一排或两排都可以，隔一段选择一段也可以，实际的窗帘也不是全部都绑住的。在约束栏里选择“枢轴”，继续点击“模拟”，窗帘因其自身重量在飘动，毕竟它是一块布，如图 10.58 所示。

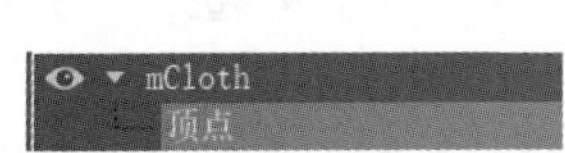

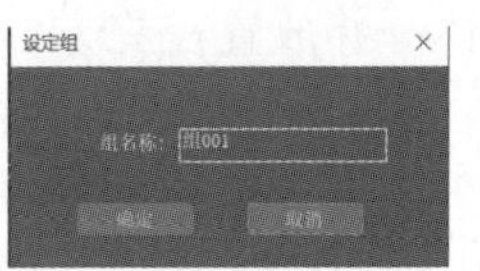

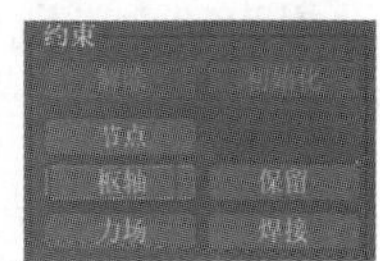

图 10.58　绑定枢轴

步骤 4：设置墙为静态刚体。可看到窗帘飘向墙里，因为墙没有参与动力学的计算，为了保证对象不会飘到墙里去，要把墙设定“刚体”，点击 将选定项设置为静态刚体 即可，这样窗帘在运动时就不会撞到墙里去，如图 10.59 所示。

步骤 5：调整布料参数。对于布料的参数也要进行一些调整，如重力比、密度、延展性、弯曲度、阻尼力、摩擦力、抗拉伸参数等。“自相碰撞”也很重要，特别是布料飘动时自身会出现穿插，所以要勾选“自相碰撞”以解决问题。点击“模拟”，看到窗帘在飘动，在没有外力时只能上下运动，这是正常的。调整参数如图 10.60 所示。

图 10.59　设置墙为静态刚体

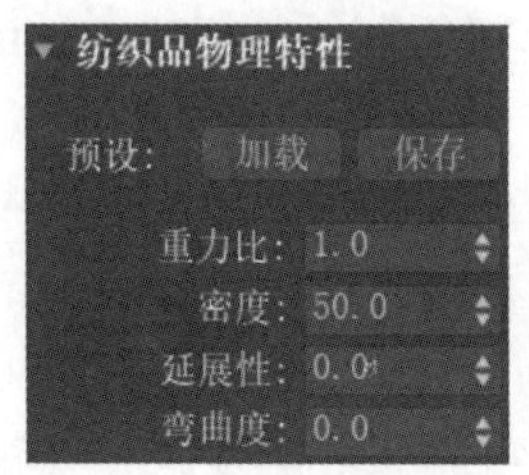

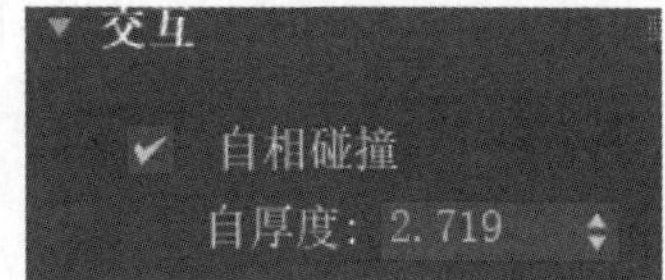

图 10.60　调整布料参数

步骤 6：创建风。重力已经有了，点击“空间扭曲”，创建风，把风添加给布料。选择布料，在布料参数里选择“力”进行添加，点击创建好的“风”图标即可。继续点击“模拟”，观察效果。重置“模拟”，如果觉得风力不够，可以进行调整。调整好风的方向，调整强度、衰退值、频率、比例，再点击“模拟”，观察效果。如果不满意可以继续调整，直至达到所需的效果。创建风的过程如图 10.61 所示。

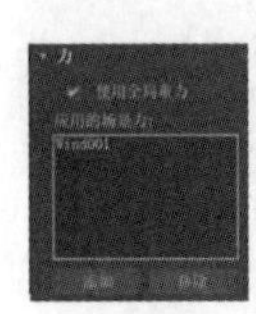

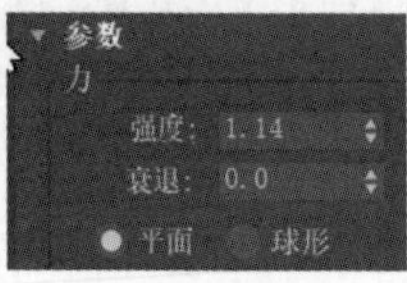

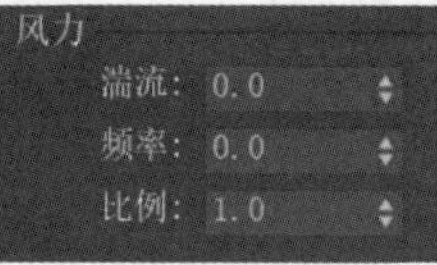

图 10.61　创建风的过程

步骤 7：制作枕头效果。创建一个长方体，调整分段，中间有一个段即可，因为中间有一个缝线比较好看，高度可以扁一些。添加布料的“动力学”修改器，创建一个球体，将其设置为动力学刚体，并放置在立方体上方。在模拟的过程中，打开布料的体积特征，勾选“启用气泡式行为”，调整“压力”。点击“模拟”，在掉落过程中枕头就会鼓起来，如果觉得不够，可以适当增大“压力”，观察最终效果。制作枕头效果如图 10.62 所示。

步骤 8：烘焙处理。都完成以后进行烘焙处理。点击 烘焙所有 ，生成动画。如果要将场景渲染得更漂亮，可从窗户外面打一个体积光，在窗户打开时在地面投影。

 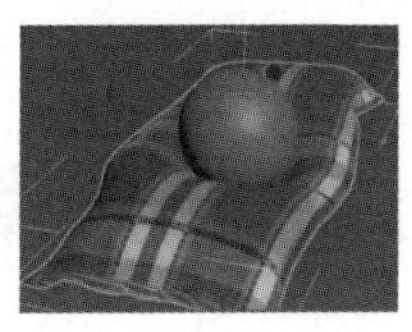 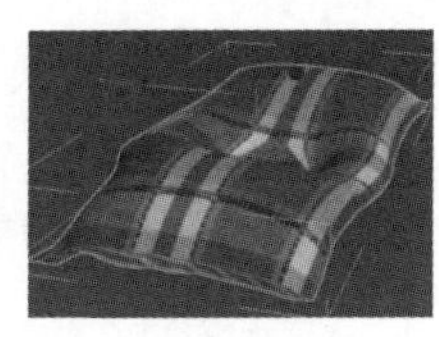 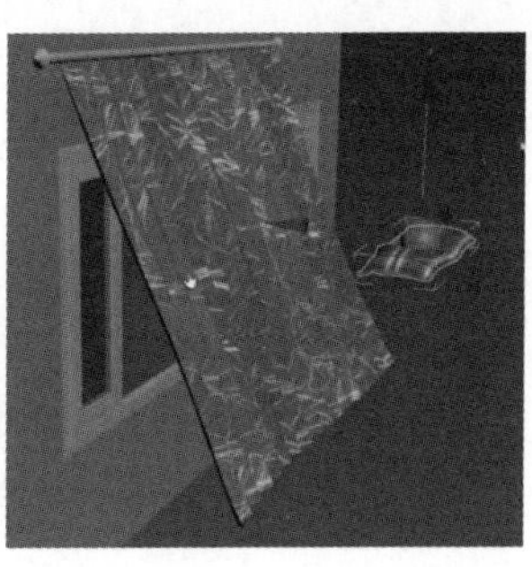

图 10.62　制作枕头效果

【小结】 本实验介绍动力学的布料系统。在利用动力学布料制作飘动的窗帘的过程中，无论是刚体还是布料，对其物理特征如重力、密度等都要进行调整。布料“组”的绑定是本实验的重点与难点。

第 11 章　3ds Max 特效

实验 11.1　文　字　特　效

【概述】 使用 3ds Max 中的视频后期处理来制作文字特效动画。文字发光特效是在文字的基础上加上发光的动画效果。可以通过对灯光、材质、多边形的 ID 处理来做一些特效，通过像素或者渐变类型改变字体颜色，最后通过 VP 队列和预览查看图像。一般情况下，渲染出片段或者序列以后，还需其他软件进行处理。

【知识要点】 学会创建和调整文字，掌握材质编辑器和动画的结合运用，掌握视频后期处理的使用方法。

【操作步骤】

步骤 1：打开场景。打开一个场景，该场景中有灯光和摄影机，还有已经做好的文字模型，字是通过加强型文本创建出来的，如图 11.1 所示。

图 11.1　打开场景

步骤 2：渲染设置。选用 Arnold 渲染器，选定 800×600 大小的渲染尺寸，打开 Arnold 实时预览窗口（Arnold RenderView），如图 11.2 所示。

步骤 3：创建混合材质。打开“材质编辑器”，在其中点击鼠标右键，选择“材质→通用→混合”，创建混合材质，并用鼠标拖动材质到对象上，如图 11.3 所示。

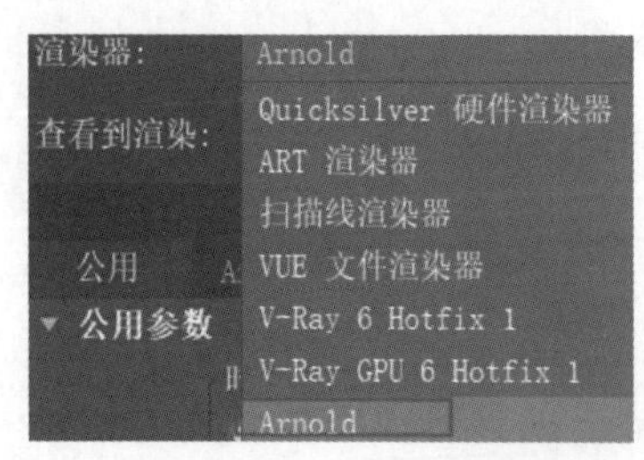

图 11.2　渲染设置

图 11.3　创建混合材质

步骤 4：材质 1 添加星空风景贴图。混合材质分“材质 1”“材质 2”和“遮罩”。在“材质 1”里，通过拖动创建“物理材质”，在其“基础材质颜色”里添加蓝色的星空风景贴图，通过打开预览窗口来观察所做的材质效果，如图 11.4 所示。

步骤 5：材质 2 添加混合贴图。在“材质 2”里，通过拖动创建“物理材质”，在其“基础材质颜色”里添加混合贴图；混合贴图和混合材质是不一样的，在材质贴图的“Color1”

里，给“噪波”贴图，如图 11.5 所示。

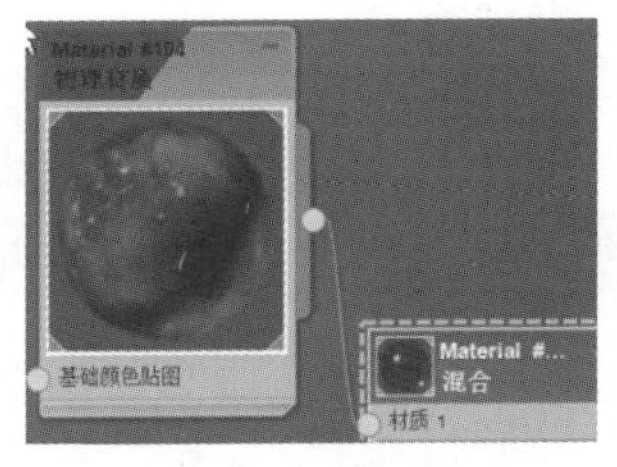

图 11.4　材质 1 添加星空风景贴图

图 11.5　材质 2 添加混合贴图

步骤 6：设定材质 ID 号。在材质贴图的“颜色 2”里添加渐变贴图，并修改渐变参数；长按，设定材质 ID 号，并把贴图的 ID 号改为 1，如图 11.6 所示。

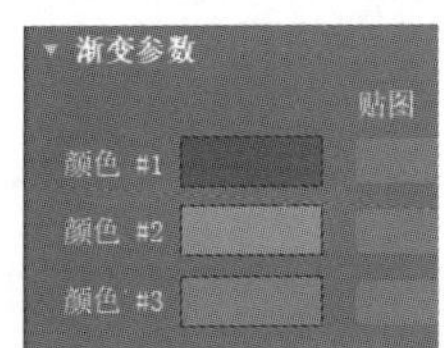

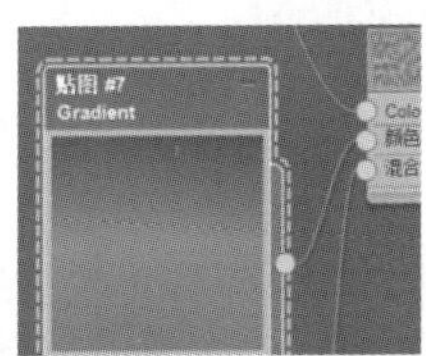

图 11.6　设定材质 ID 号

步骤 7：给“混合量”添加贴图并调整渐变坡度参数。在材质贴图的“混合量”里添加“渐变坡度”贴图，并修改渐变坡度参数。在“渐变坡度参数”里，修改坡度插值类型为“实体”；制作材质动画效果，打开“自动”关键点，拖到 100 帧；双击“浮标”，出现“颜色选择器”窗口，拖动颜色条使浮标右侧变为白色，在该浮标右侧的色块上单击添加浮标并用同样的方法调整颜色，关闭“自动”关键点，拖动时间轴时“遮罩”就会发生变化。如果“渐变坡度参数”中的白色部分在左右移动，则完成操作。在 0 帧和 100 帧上的状态，如图 11.7 所示。

图 11.7　给“混合量”添加贴图并调整渐变坡度参数

步骤 8：给“遮罩”添加贴图并调整渐变坡度参数。在混合材质的“遮罩”中同样添加“渐变坡度”贴图，并修改渐变坡度参数，修改方法同上。在 0 帧和 100 帧上的状态，如图

11.8 所示。

图 11.8 给“遮罩”添加贴图并调整渐变坡度参数

步骤 9：完成动画材质制作。拖动关键帧可以看到蓝色星空贴图，这样贴图就完成了。此时要注意，第二个混合层中的漫反射蓝色条状要露出来，否则会影响发光效果。完成材质编辑器中参数的调整，效果如图 11.9 所示。

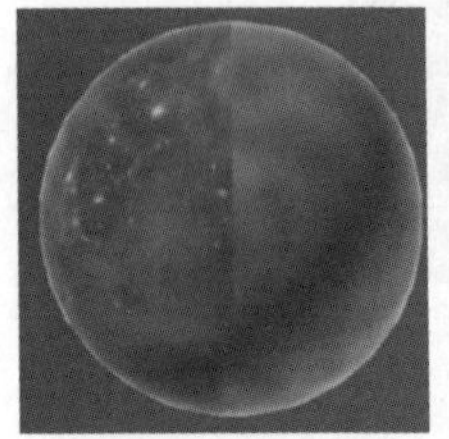
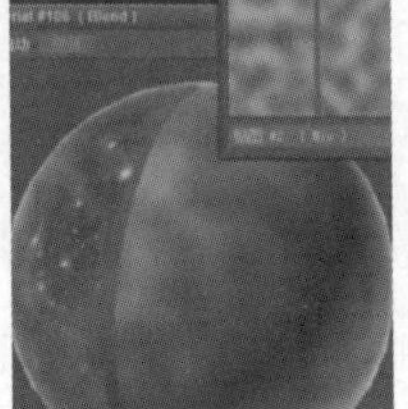

图 11.9 动画材质完成效果

步骤 10：设置视频后期处理特效。通过快捷键“Alt+R+V”打开“视频后期处理”，单击添加事件，将场景调至透视图，在弹出的窗口中点击“确定”，创建透视事件。在“图像过滤器事件”中单击选择特效的效果，点击“镜头效果光晕”，点击“确定”。在“队列栏”中双击“镜头效果光晕”，点击“设置”，进入“镜头效果光晕”窗口，依次单击“预览”“更新”和“VP 队列”，即可看到预览效果。设置视频后期处理特效如图 11.10 所示。

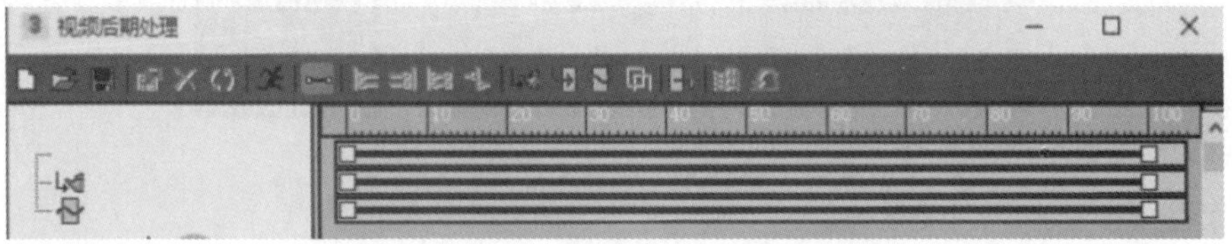

图 11.10 设置视频后期处理特效

步骤 11：预览效果。打开“自动”关键点，拖动时间轴分别到不同的帧数。进入“属性”栏，勾选“效果 ID”，并取消选择“对象 ID”。如果此时没有明显的光晕效果，可切换到“首选项”调整“效果”中“大小”的数值，并在“颜色”一栏中选择“渐变”。预览效果，若仍然没有明显的效果，则应当检查“材质编辑器”的调整是否正确。预览效果如图 11.11 所示。

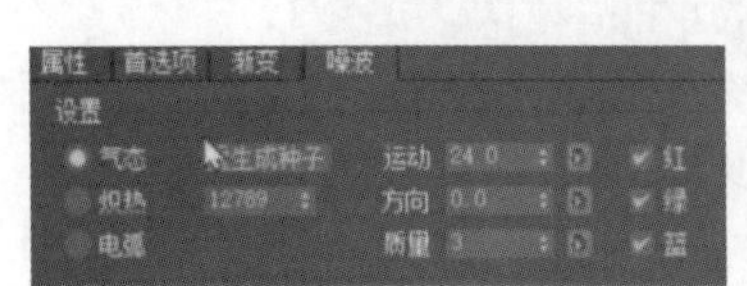

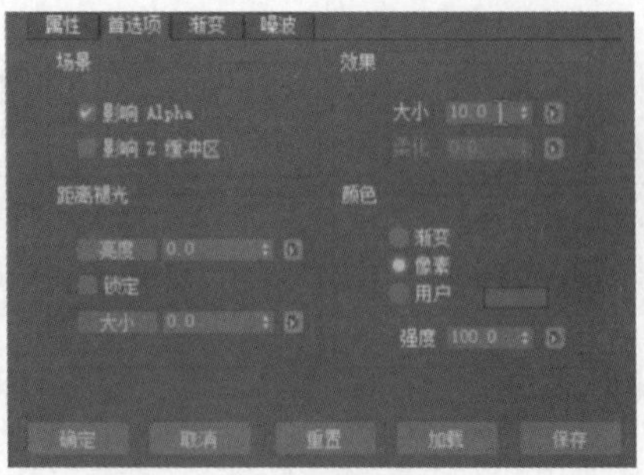

图 11.11 预览效果

步骤 12：调整参数。拖动时间轴并更新预览，最终显示结果为：当时间轴在开始时刻，文字左端出现光晕效果，并且光晕会随着时间轴的移动而向右变化，光晕扫过的地方，噪波被位图图像覆盖。接下来根据效果可适当调整光晕的大小以及噪波的形态、气态、炽热、电弧等，如果满意效果，则点击“确定”，效果如图 11.12 所示。

图 11.12 调整参数后效果

步骤 13：制作灯效果动画。除渲染的后期特效处理以外，3ds Max 还提供了“渲染→效果 效果(F)... ”，点开“效果”，有光晕、光环、射线等；选择“箭头”效果，是针对灯光的一些参数；点击“拾取灯光”，调整参数。将灯光在位置上的运动做成动画，打开“自动”关键点，拖到最后一帧，调整灯光的运动。在任何位置上都可以设置它的关键点，当然还可以设置更多其他参数，如旋转、灯的颜色都可以进行调整。最后关闭“自动”。制作灯效果动画如图 11.13 所示。

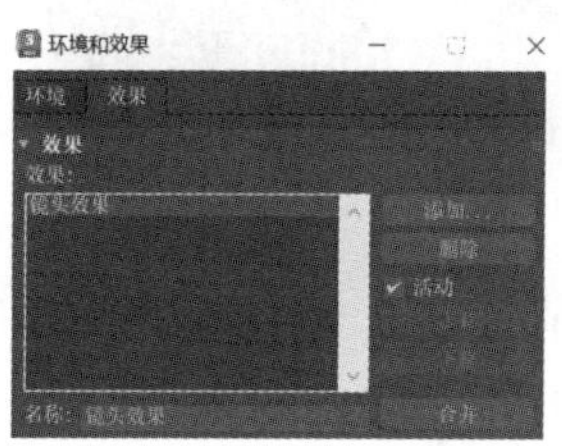

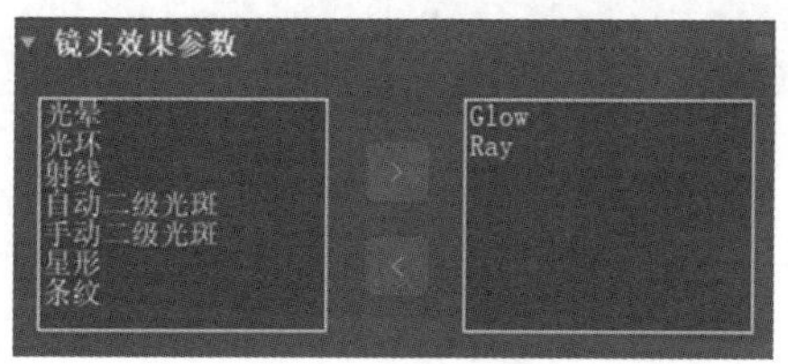

图 11.13 制作灯效果动画

步骤 14：调整效果参数。打开“自动”关键帧，通过预览查看灯光效果，调整强度、种子、角度，结果要通过渲染才可看到，如图 11.14 所示。

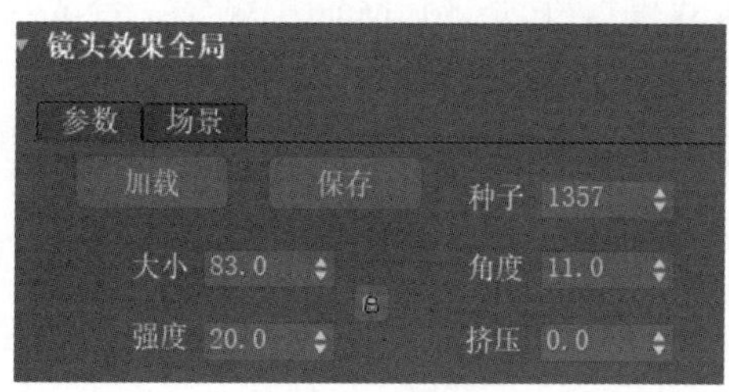

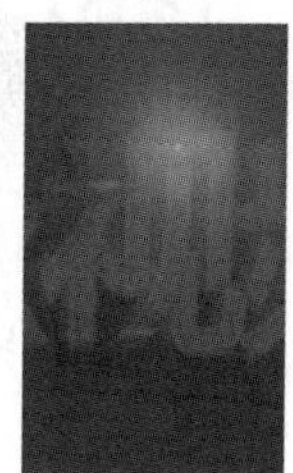

图 11.14 调节效果参数

步骤 15：添加图像输出事件。完成后在“视频后期处理事件”工具栏中点击“添加图像输出事件”，单击“文件”选择要输出的路径，一般采用的都是文件序列，为了其他软件编辑方便，可选择 JPG 或者 PNG 文件格式。在弹出的窗口中选择压缩器格式为“MJPEG Compressor”，点击“确定”，在“添加输出事件”窗口中再次点击“确定”。单击“执行序列”，在弹出的窗口中选择“800×600”的输出大小，点击“渲染”，查看渲染结果。添加图像输出事件如图 11.15 所示。

步骤 16：查看渲染效果。渲染完成后，点击“渲染→比较 RAM 播放器中的媒体”，找到输出的文件，查看渲染结果。可见闪动的部分颜色为材质编辑器中第二层混合层中的漫反射颜色，闪光左侧为位图材质，右侧为噪波材质，完成效果如图 11.16 所示。

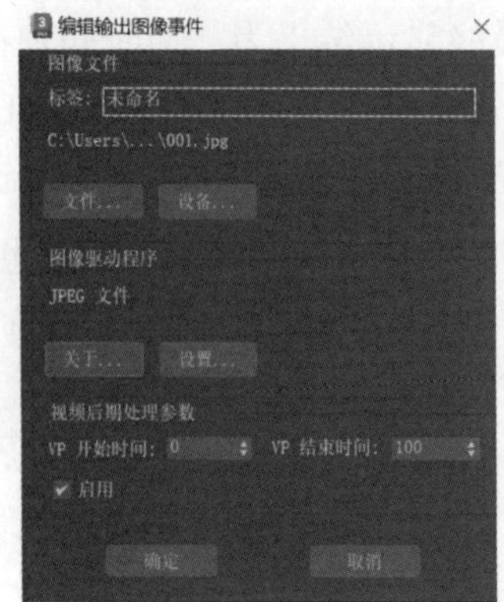

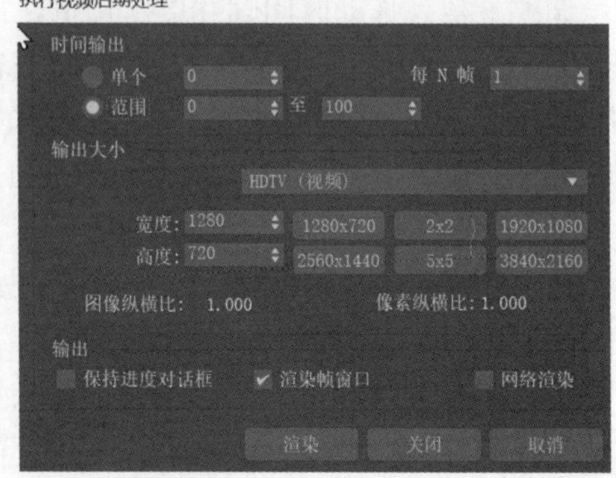

图 11.15　添加图像输出事件

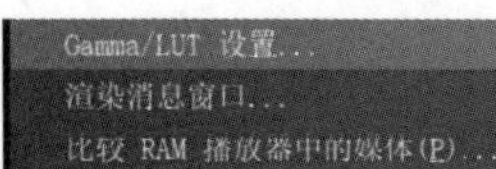

图 11.16　完成效果

【小结】 本实验介绍了利用视频后期处理来制作文字特效和灯光效果。其中材质制作、渐变坡度、遮罩的调整是本实验的难点，需要认真体会，理清它的脉络，为做好视频后期合成制作提供必要的条件。

实验 11.2　发　光　墙　面 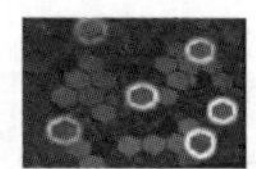

【概述】 视频后期处理的就是“镜头效果”，它是 3ds Max 中编辑、合成与处理特效的工具，可以提供不同类型事件的合成渲染输出，包括当前场景、位图图像、图像处理功能等。

【知识要点】 学会创建多边形并修改多边形的材质 ID，掌握材质编辑器和动画的结合运用，以及利用视频后期处理制作特效。

【操作步骤】

步骤 1：创建平面。重建一个场景，在前视图上创建一个平面对象，设置其长度为 12，高度为 10；选中平面对象，按鼠标右键，将其转化为可编辑多边形，如图 11.17 所示。

步骤 2：生成拓扑。选择对象的“边”层级，选中一个段，点击显示功能区，在多边形“建模”中选择“生成拓扑”，这样就把蜂窝状做出来了，如图 11.18 所示。

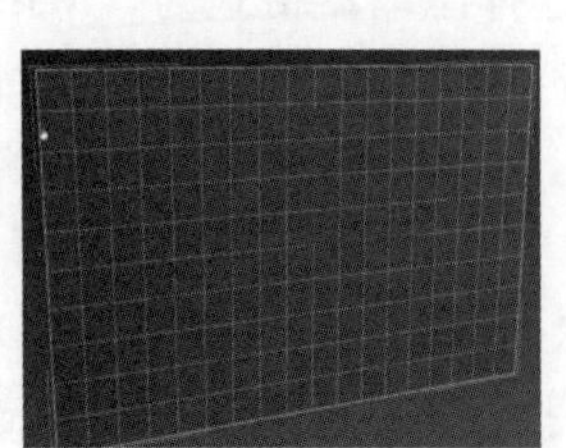

图 11.17　创建平面

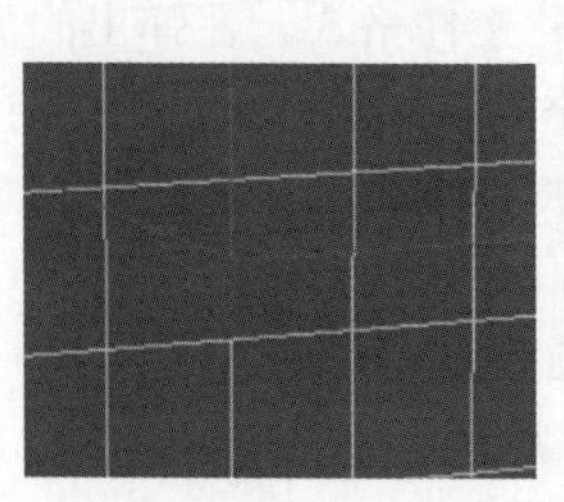

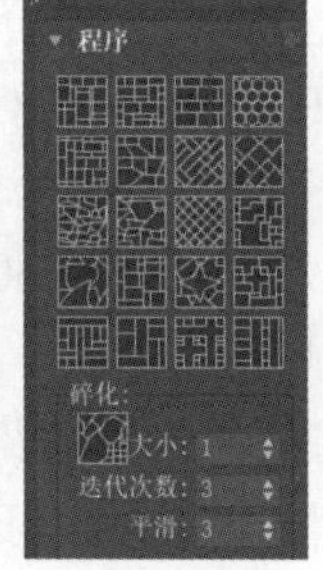

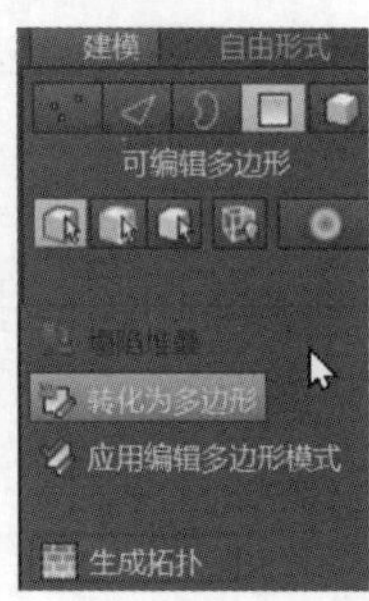

图 11.18　生成拓扑

步骤 3：倒角处理。选择“多边形”层级，全选对象，进行“倒角”处理。输入倒角的厚度，在“倒角”中选择多边形，这样可以使裂缝小一些；把倒角的距离缩小一些，这样可以使缝隙大一些，点击“确定”。倒角处理如图 11.19 所示。

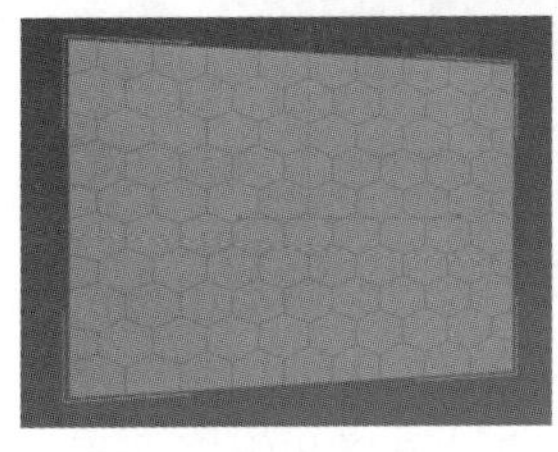
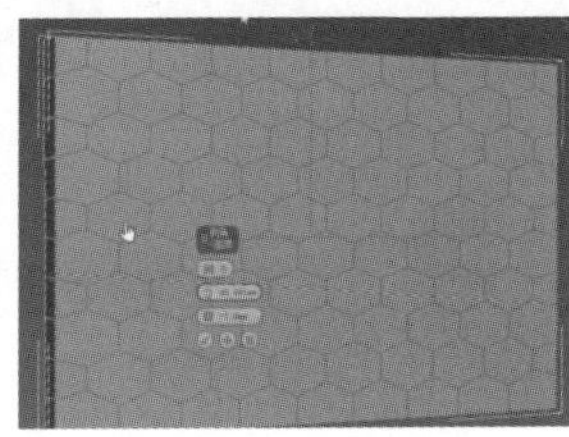
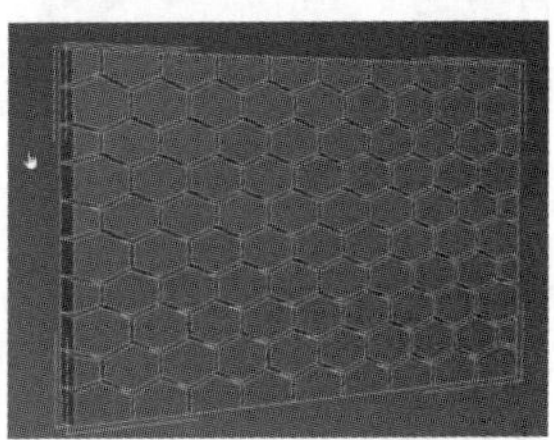

图 11.19　倒角处理

步骤 4：创建多维子对象材质。打开“材质”对话框，按鼠标右键创建材质类型，选择“多维子对象”材质，默认为 10 个材质，将数值改为 5，如图 11.20 所示。

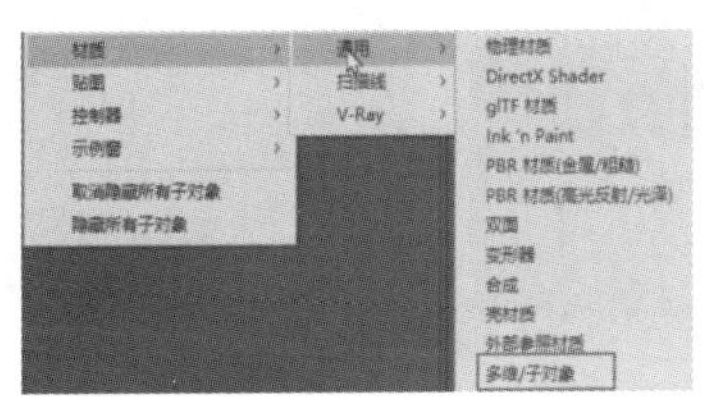

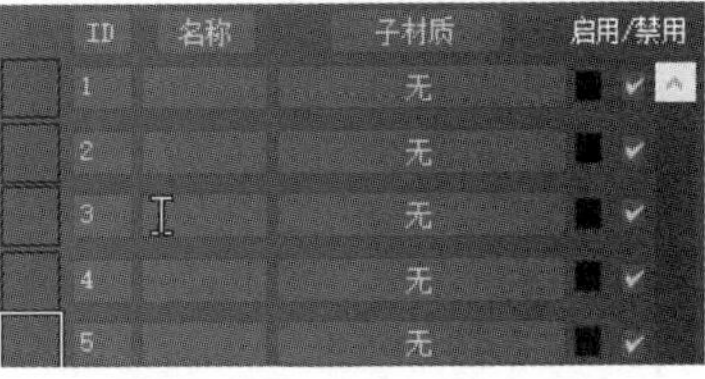

图 11.20　创建多维子对象材质

步骤 5：创建物理材质。在“材质编辑器”中放置 5 张不同颜色的贴图，拖到多维子对象材质的右边节点，创建物理材质，把材质拖动赋予平面对象，如图 11.21 所示。

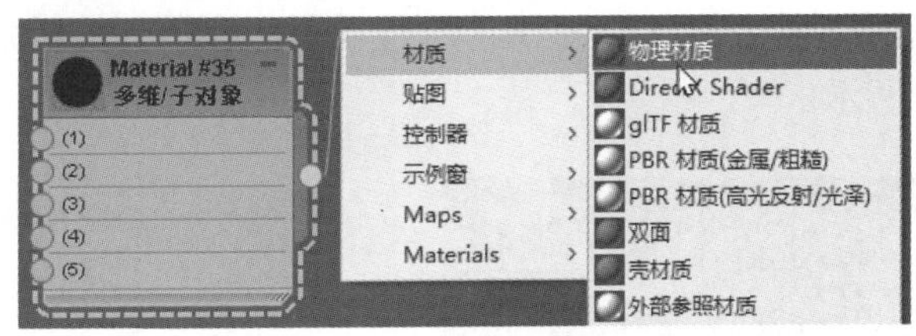

图 11.21　创建物理材质

步骤 6：添加物理材质并相连。将 5 个多维子对象贴图分别添加给 5 种物理材质，每种物理材质分别和“材质编辑器”中的 5 张图片相连，按鼠标右键选择“布局子对象”，这样会比较整齐一些，如图 11.22 所示。

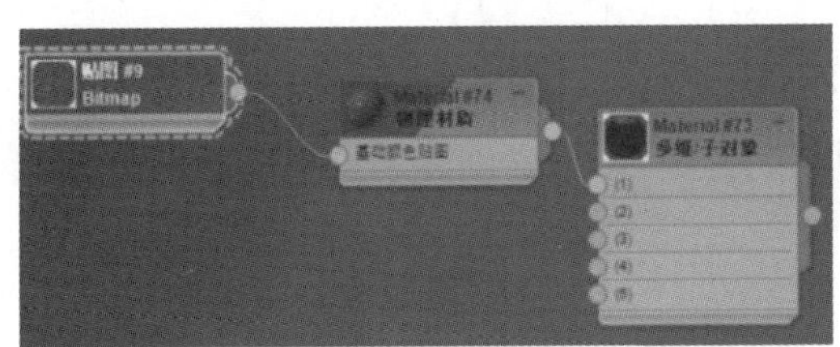
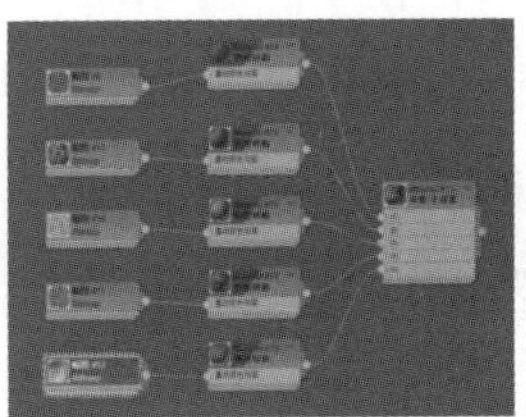
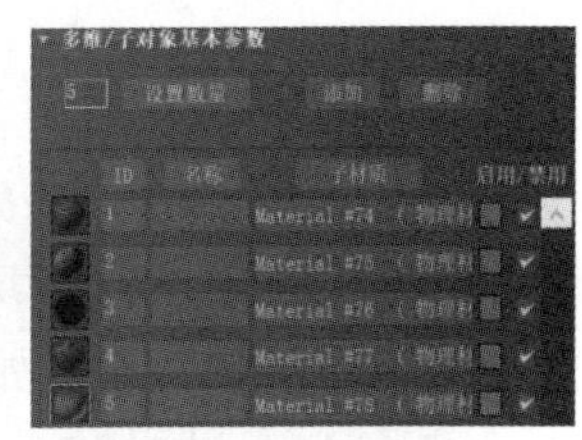

图 11.22　添加物理材质并相连

步骤 7：分配 ID 通道。选择 5 个图片，给每个图片分配 ID 通道，这是为了在后面进行合成时选择不同的 ID，按不同的顺序来进行发光，如图 11.23 所示。

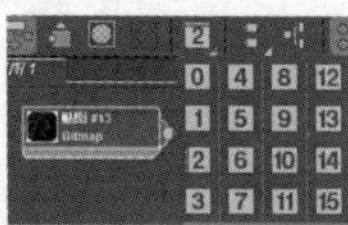

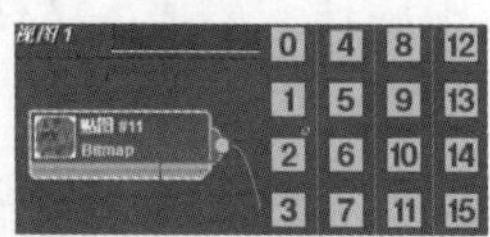
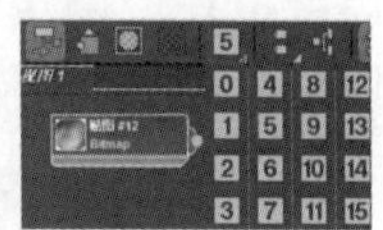

图 11.23　分配 ID 通道

步骤 8：修改多边形材质 ID。预览时，材质虽然赋予了对象却没显示出来，这是因为每个对象默认的多边形材质 ID 都是 1。修改对象“多边形”层级的 ID 号：点击“可编辑多边形层级”，按“Ctrl”键，可以单选也可以加选，选择几组多边形改为 2 号材质 ID，点击“选择 ID”，再选择几组改为 ID3 号，还可以继续选择多边形层级，把 4、5 号对象的多边形材质 ID 都改过来，剩下的就是 1 号 ID，这样各个对象都有了不同的 ID 号。修改多边形材质 ID 如图 11.24 所示。

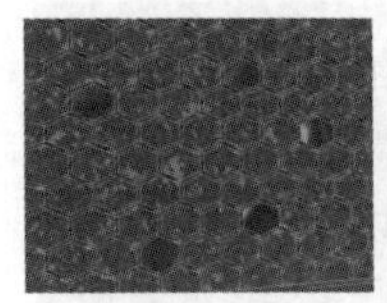
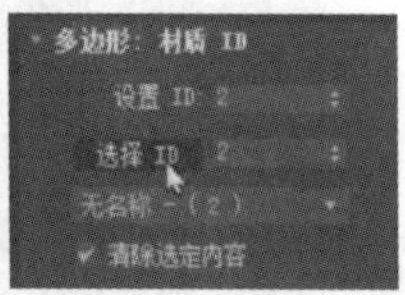

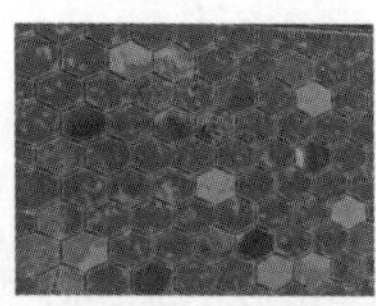
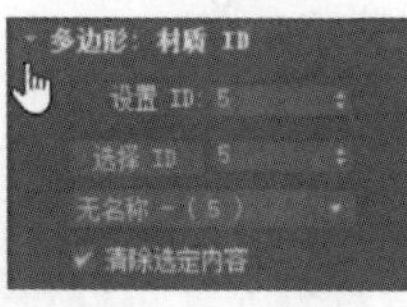

图 11.24　修改多边形材质 ID

步骤 9：给材质添加动画。按快捷键“Ctrl+C”创建摄影机，设置好角度。先给材质简单地设置动画，按“自动关键帧”，在“材质编辑器”中对每个材质的明暗程度进行调整，可通过输出量来调整，将其输出量设置为 0，到 100 时增加其输出量，关闭“自动关键帧”。可以看到对象材质由暗变亮的过程，对 5 个贴图都进行设置，在不同的级别上都进行调整。给材质添加动画如图 11.25 所示。

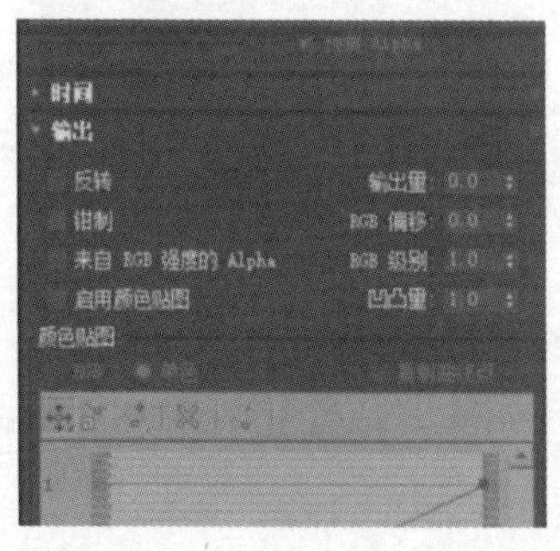

图 11.25　给材质添加动画

步骤 10：添加光晕效果。打开“渲染→视频后期处理”，首先创建场景视图，点击选择摄影机，点击选择场景事件，选择“光晕效果”，点击“确定”，然后双击“设置”就进入了对象的设置窗口，如图 11.26 所示。

步骤 11：设置 ID1 气态效果。打开“预览”“VP 队列”，按“自动关键帧”记录动画。选择“特效 ID”，设置 1～5 号的发光效果。选择效果 ID1，设置为“气态”方式，要把红、绿、蓝三个通道都勾选才会有变化。设置 ID1 气态效果如图 11.27 所示。

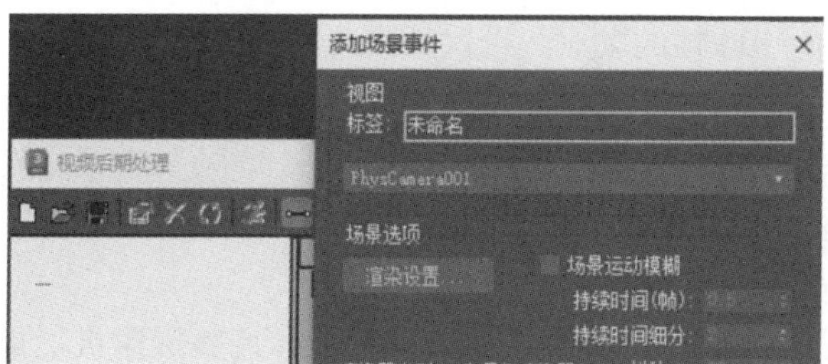

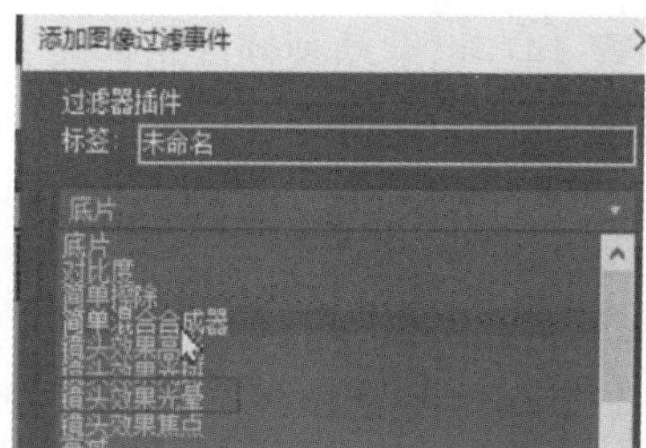

图 11.26　添加光晕效果

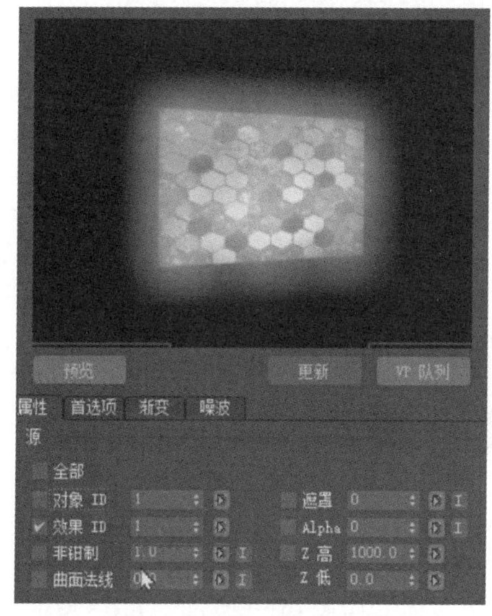

图 11.27　设置 ID1 气态效果

步骤 12：设置 ID1 属性效果。调整效果大小，选择“像素”，改为自己喜欢的颜色；选择“气态”，对其密度、大小、速度等参数都可以进行调整；“种子数”主要是对象随机生成的参数，包括亮度、大小等；对于“属性”，只能勾选“效果 ID”。设置 ID1 属性效果如图 11.28 所示。

步骤 13：设置 ID2～ID5。按相同方法调整“效果 ID2”“效果 ID3”“效果 ID4”和“效果 ID5”，如图 11.29 所示。

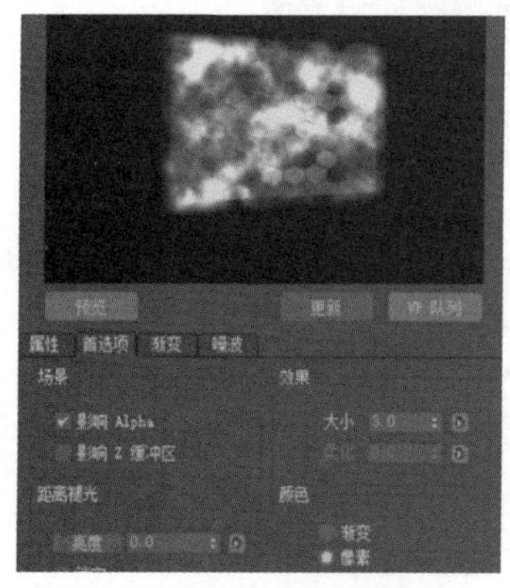

图 11.28　设置 ID1 属性效果

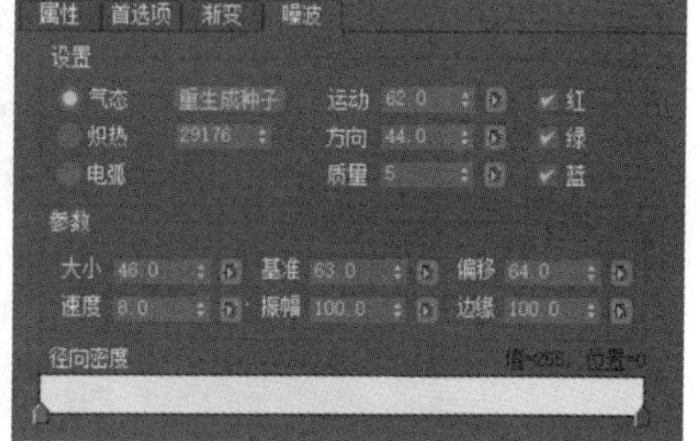

图 11.29　设置 ID2～ID5

步骤 14：记录动画帧。总体设置 0～100 帧的动画，再次按“自动关键帧”。将 1～20 帧设置为 1 号“效果 ID”并调整其他参数；将 20～40 帧设置为 2 号“效果 ID”；将 40～60 帧设置为 3 号“效果 ID”；将 60～80 帧设置为 5 号“效果 ID”；将 80～100 帧又设置回到 1 号“效果 ID”，单击“确定”。记录动画帧如图 11.30 所示。

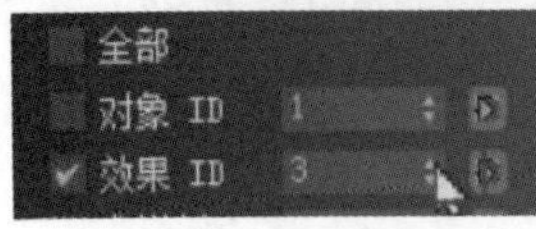

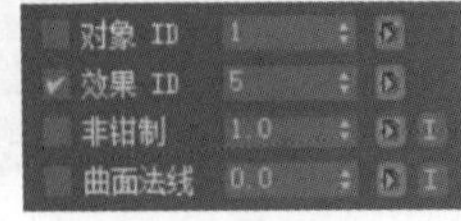

图 11.30 记录动画帧

步骤 15：设置输出。调整摄影机，点击渲染输出图形，选择 JPG 文件格式，点击“保存→确定”，如图 11.31 所示。

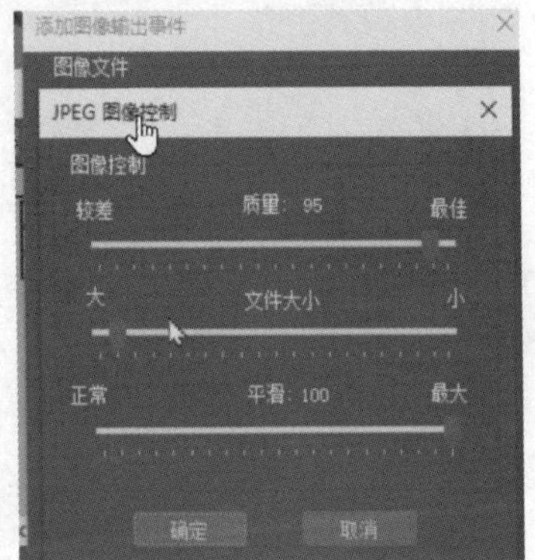

图 11.31 设置输出

步骤 16：设置输出渲染。在“渲染设置”中设置分辨率，设置活动时间段为 0～100 帧；回到“视频后期处理”，点击，设置尺寸大小，选择“范围”为 0～100，点击“渲染”。渲染时会根据设置的不同时间段出现不同的渲染效果。设置输出渲染如图 11.32 所示。

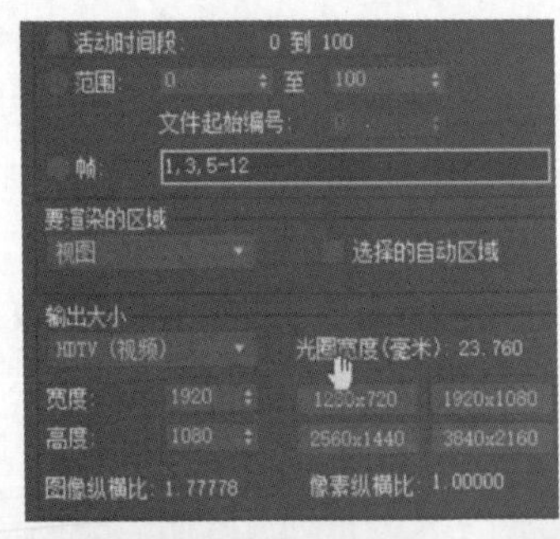

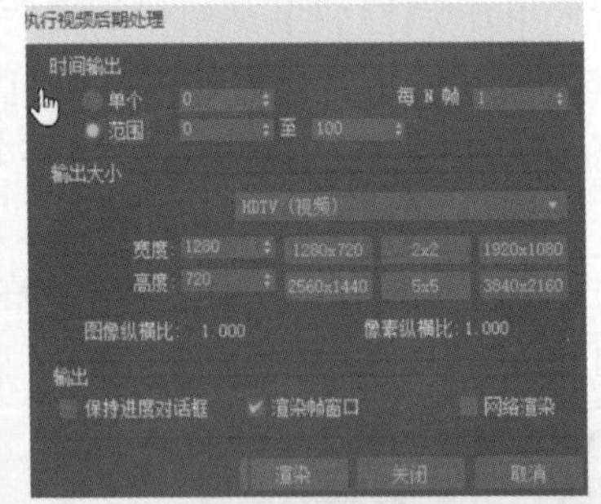

图 11.32 设置输出渲染

步骤 17：播放完成效果。完成以后关闭“渲染”，预览动画。在菜单栏中选择“渲染→比较 RAM 播放器中的媒体”，打开渲染后的图片。选择第一张图片，勾选“序列” ✓序列，然后打开，计算机将自动加载播放，从而完成闪光墙面的特效。播放完成效果如图 11.33 所示。

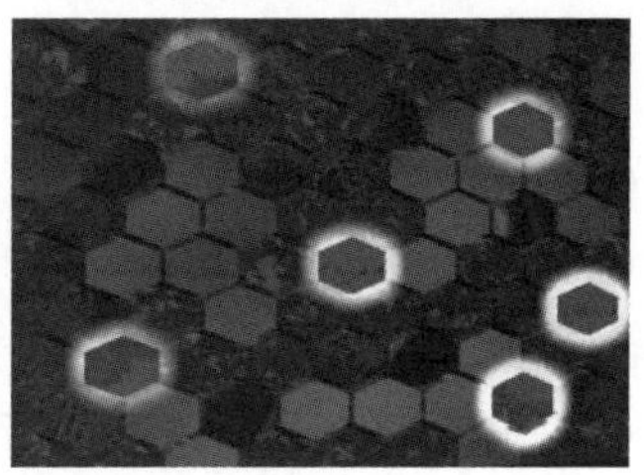

图 11.33　播放完成效果

【小结】 本实验利用 3ds Max 的视频后期处理完成了发光墙面的制作，使读者进一步熟悉多维子对象材质多边形材质 ID 的编辑，以及如何利用多维子对象材质的 ID 和多边形材质的 ID 来制作特效。

参 考 文 献

［1］3ds Max 2023 官方简体中文帮助文档［EB/OL］. https：//help.autodesk.com/view/3DSMAX/2023/CHS/?guid=GUID-F5D297BB-5141-4395-9FFE-3CAD86204D64.

［2］周晓成．3ds Max 软件基础教程［M］. 上海：上海交通大学出版社，2017.

［3］赵岩．3ds Max 2015 命令参考大全［M］. 北京：中国铁道出版社，2015.

［4］李洪发．3ds Max 2016 中文版完全自学手册［M］. 北京：人民邮电出版社，2017.

［5］唯美世界．中文版 3ds Max 2018 从入门到精通［M］. 北京：中国水利水电出版社，2019.

［6］任媛媛．中文版 3ds Max 2020 基础培训教程［M］. 北京：人民邮电出版社，2022.

［7］王涛，任媛媛，孙威，等．中文版 3ds Max 2021 完全自学教程［M］. 北京：人民邮电出版社，2021.

［8］范景泽．3ds Max 2016 中文版完全精通自学教程［M］. 北京：电子工业出版社，2018.

［9］柏松．3ds Max 从零开始完全精通［M］. 上海：上海科学普及出版社，2016.

［10］时代印象．3ds Max 2016 基础培训教程［M］. 北京：人民邮电出版社，2017.